Exkursionsfauna von Deutschland

Band 2/2

Wirbellose
Insekten – Zweiter Teil

Begründet von Prof. Dr. Erwin Stresemann †
Herausgegeben von Prof. Dr. Hans-Joachim Hannemann,
Prof. Dr. Bernhard Klausnitzer und Prof. Dr. Konrad Senglaub
in Zusammenarbeit mit zahlreichen Fachleuten

7. Auflage

Mit 800 Abbildungen

SEMPER BONIS ARTIBUS

Gustav Fischer Verlag Jena · Stuttgart

Die 1.–4. Auflage dieses Buches wurde bearbeitet von Dr. Wolfgang Crome, Berlin: Allgemeine Charakteristik der Insekten; Prof. Dr. Hans-Joachim Hannemann, Berlin: *Lepidoptera*, Kleinschmetterlinge; Dr. Hermann Haupt, Halle: *Auchenorrhyncha, Psyllina, Aleyrodina;* Dr. Stefan von Kéler, Berlin: Hauptschlüssel; Prof. Dr. Günter Morge, Eberswalde: *Diptera;* Prof. Dr. Fritz Paul Müller, Rostock: *Aphidina;* Prof. Dr. Fritz Peus, Berlin: *Siphonaptera;* Prof. Dr. H. Schmutterer, Gießen: *Coccina;* Dr. Ernst Urbahn, Zehdenick: *Lepidoptera*, Großschmetterlinge.

Die neue Auflage wurde bearbeitet von Dr. Rudolf Bährmann, Jena: *Aleyrodina;* Dr. Jörg Gelbrecht, Berlin: *Lepidoptera*, Großschmetterlinge; Prof. Dr. Hans-Joachim Hannemann, Berlin: *Lepidoptera*, Kleinschmetterlinge; Prof. Dr. Bernhard Klausnitzer, Dresden: *Psyllina;* Prof. Dr. Günter Morge, Eberswalde: *Diptera;* Dr. Bernd Müller, Berlin: *Lepidoptera*, Großschmetterlinge; Prof. Dr. Fritz Paul Müller, Rostock: *Aphidina;* Prof. Dr. Hans Joachim Müller, Jena: *Auchenorrhyncha;* Dr. Hans Schiemenz, Dresden: Allgemeines zur entomologischen Arbeit, System der Insekten, Allgemeine Charakteristik der Insekten, Hauptschlüssel; Prof. Dr. H. Schmutterer, Gießen: *Coccina;* Dr. Hubert Schumann, Berlin: *Siphonaptera*, Durchsicht *Diptera*.

Alle Abbildungen (außer Abschnitt „Blattläuse") wurden von Herrn Hans-Jürgen Ehricht, Köthen, nach Originalen oder Vorlagen der Autoren gezeichnet. Die Abbildungen für den Abschnitt „Blattläuse" fertigte Herr Prof. Dr. Fritz Paul Müller, Rostock, nach Originalen an.

Die Deutsche Bibliothek – CIP-Einheitsaufnahme

Exkursionsfauna von Deutschland / begr. von Erwin Stresemann.
Hrsg. von Hans-Joachim Hannemann ... – Jena; Stuttgart: G. Fischer
Teilw. im Verl. Volk und Wissen, Berlin
Früher u.d.T.: Exkursionsfauna
ISBN 3-334-60826-3 (G. Fischer)
ISBN 3-06-012558-9 (Volk und Wissen)
NE: Stresemann, Erwin [Hrsg.]; Hannemann, Hans-Joachim [Hrsg.]

Bd. 2. Wirbellose, Insekten.
Teil 2. [Bearb. von Rudolf Bährmann ... Alle Abb. (ausser Abschn. „Blattläuse")
wurden von Hans-Jürgen Ehricht nach Orig. oder Vorlagen der Autoren gezeichn.
Die Abb. für den Abschn. „Blattläuse" fertigte Fritz Paul Müller nach Orig. an].
7. Aufl. 1990, Neuausg. – 1994
ISBN 3-334-60824-7
NE: Bährmann, Rudolf [Bearb.]

Villengang 2, D-07745 Jena

Die vorangegangenen Auflagen erschienen im Verlag Volk und Wissen, Berlin.

Gesamtherstellung
Printed in Germany
ISBN 3-334-60824-7
ISBN (Gesamtwerk) 3-334-60826-3

Inhalt

Vorwort zur 1. Auflage

Die Benutzer der „Exkursionsfauna" können nun endlich auch diesen, das Gesamtwerk abschließenden Halbband zur Hand nehmen, auf den viele von ihnen jahrelang mit steigender Ungeduld gewartet haben. Herausgeber und Verlag haben diese Ungeduld als ein Zeichen dafür gewertet, daß die vorangegangenen Teile dazu angetan waren, ein weit verbreitetes Bedürfnis zu stillen und das Interesse an der genauen Kenntnis der heimischen Tierwelt, ihrer Gestalt und ihrer Lebensäußerungen kräftig zu unterstützen. Unsere Zielsetzung und deren Durchführung sind, soweit sie die Insektenkunde angehen, schon im Vorwort zum 1. Halbband (Wirbellose 2/1) erläutert worden und sollen daher nicht abermals auseinandergesetzt werden.

Wiederholen möchte ich aber zum Schluß meinen Dank an die vielen Zoologen, die als Spezialisten einer Tiergruppe ihre Kenntnisse in den Dienst des großen Vorhabens gestellt und sich dabei der für alle Abschnitte geltenden Planung, trotz der ihnen dadurch abgeforderten Mühen, willig gefügt haben. Einige davon werden von diesem Dank nicht mehr erreicht: Die Herren Dr. WOLFGANG CROME, Dr. h. c. HERMANN HAUPT, Dr. STEFAN VON KÉLER und Prof. Dr. KLAUS ZIMMERMANN haben den Abschluß dieses 1955 begonnenen Werkes nicht erlebt.

Wesentlich zum Gelingen des zweiten Bandes beigetragen hat Herr Dr. HANS SCHIEMENZ, der (anfangs in Verbindung mit Herrn Dr. W. CROME) die besonders mühsame Redaktion der beiden Teile mit großer Umsicht durchgeführt hat, wobei ihm Frau UTE PÜSCHEL tatkräftig zur Seite stand. Über dem ganzen Unternehmen aber waltete die Sorgfalt und didaktische Erfahrung von Frau HANNELORE PLOOG und Herrn ERICH PÜSCHEL, die in unbeirrbarer Entschlossenheit den eingeschlagenen Pfad mit fester Zuversicht verfolgt und alle Dornen und Disteln aus dem Wege geräumt haben. Diese verdienstvolle Arbeit wurde mit dem 2. Teil des Insektenbandes von Frau GERTRUD KUMMER zum Abschluß gebracht.

Mein Dank gilt auch den Mitarbeitern des Ateliers und der technischen Herstellung im Verlag, die trotz mancher Schwierigkeiten dafür Sorge getragen haben, daß die Bände in der vorliegenden Qualität erscheinen konnten.

Berlin, 1969 E. Stresemann

Vorwort zur 6. Auflage

Die „Exkursionsfauna Insekten – Zweiter Teil“ erschien in erster Auflage im Jahre 1969. Damit war, wie der damalige Herausgeber Prof. Dr. ERWIN STRESEMANN im Vorwort erleichtert feststellte, die Exkursionsfauna komplett. Danach erlebte der vorliegende Band drei weitere Auflagen (1974, 1976, 1984). 1986 wurde die fünfte, stark bearbeitete Auflage einem offensichtlich wachsenden Kreis von Interessenten übergeben. Diese stark überarbeitete Auflage war sehr schnell vergriffen. Wir freuen uns deshalb, schon jetzt die 6., durchgesehene Auflage vorlegen zu können.
Was über Grundsätze und Zielsetzungen im Vorwort zu Band 2/1 „Insekten – Erster Teil“ aufgeführt wurde, gilt auch für den Band 2/2. Das Hauptaugenmerk betraf bei der Bearbeitung selbstverständlich die Bestimmungsschlüssel, ihre möglichst unkomplizierte Handhabbarkeit bei Verzicht auf mikroskopische Untersuchungsmethoden und eine Zergliederung der Objekte.
Es wurden auch alle Abbildungen überprüft und die meisten neu gezeichnet. Die Qualität der Abbildungen konnte wesentlich verbessert werden. Herrn HANS-JÜRGEN EHRICHT danken wir für die sorgfältige und einfühlsame Ausführung der Zeichnungen.
Die Überarbeitung berücksichtigte mancherlei Hinweise von Benutzern dieses Bestimmungswerkes, denen wir hiermit Dank sagen. Von den Erstbearbeitern des Bandes 2/2 sind Dr. WOLFGANG CROME, Dr. h. c. HERMANN HAUPT, Dr. STEFAN VON KÉLER, Prof. Dr. FRITZ PEUS, Dr. ERNST URBAHN und Prof. Dr. GÜNTER MORGE nicht mehr am Leben. Neue Bearbeiter sind an ihre Stelle getreten. Sie haben ihre Kenntnisse und reichen Erfahrungen in das Bestimmungswerk eingebracht.
Sehr zu danken haben wir auch den Mitarbeitern des Verlages, besonders Frau GERTRUD KUMMER und Herrn KLAUS HEINZEL, für die verständnisvolle und hilfreiche Zusammenarbeit.

Wir wünschen dem Buch weitere Verbreitung und den Benutzern erfolgreiche Arbeit. Für Hinweise, die zur Verbesserung des Werkes beitragen können, sind wir dankbar.

Berlin, 1988

H.-J. Hannemann B. Klausnitzer K. Senglaub

Hinweise zur Benutzung des Buches

1. Anlage der Bestimmungsschlüssel. – Bei der Anlage der Bestimmungsschlüssel wurde Zweckmäßigkeit höher bewertet als Einheitlichkeit. Die Schlüssel sind auf ihre Brauchbarkeit im Gelände ausgerichtet. Für die Bestimmung von getrocknetem oder in Flüssigkeiten konserviertem Sammlungsmaterial sind sie daher in manchen Fällen nicht geeignet.
   Der Hauptschlüssel ist nur für den Anfänger bestimmt. Der Fortgeschrittene wird gleich bei der Ordnung beginnen. Nach dem Hauptschlüssel können häufigere Larvenformen auf ihre Ordnungszugehörigkeit bestimmt werden. In den speziellen Schlüsseln sind Larven in einigen Fällen bis zur Familie bestimmbar. In der Regel werden die Larven bei den biologischen Angaben, die den speziellen Schlüsseln vorangestellt sind, behandelt.
2. Handhabung der Bestimmungsschlüssel. – Die Bestimmungsschlüssel fußen auf paarweise angeordneten Gruppen von gegensätzlichen Merkmalen (**1** – **1***, **2** – **2*** usw.). Der Benutzer hat sich nach Prüfung dieser Merkmale für die zutreffende Gruppe zu entscheiden. Dort wird er auf eine engere Gruppe verwiesen und so fort und gelangt schließlich zum Namen des Tieres.
   Beispiel für den Bestimmungsweg: Schmetterling (*Papilio machaon* L. – Schwalbenschwanz). Sogleich als Schmetterling erkennbar, daher beginnt man auf S. 172 bei der Familientabelle für Falter. Die Merkmale unter **1** treffen zu: Körper schlank, Fühlerenden keulen- oder knopfförmig, Ocellen fehlen, Hinterflügel haben keine Haftborste. Wir werden auf die Nummer **2** verwiesen. Hier treffen die unter **2*** genannten Merkmale zu: Mindestens 2 Adern sind gestielt, die Hinterschienen haben keinen Mitteldorn. Das Tier gehört also zu den *Papilionoidea*, den Echten Tagfaltern, die unter den Merkmalsgruppen **4** und **4*** weiter aufgeschlüsselt werden. Dabei treffen die bei **4** genannten Merkmale zu: Grundfarbe der Flügel hell, Vorderbeine stets voll ausgebildet, immer mit Endklauen. Wir werden zum Merkmalspaar **5** – **5*** verwiesen, entscheiden uns für **5** und gelangen zur Familie *Papilionidae* – Ritter. In der Tabelle der *Papilionidae* auf S. 180 treffen die Merkmale unter **1** zu; wir werden auf **2** – **2*** verwiesen und finden hier die für den Schwalbenschwanz zutreffenden Merkmale unter **2**. Damit wurde der genannte Schmetterling bis auf die Art bestimmt.
3. Grenzen der Bestimmbarkeit. – Die „Exkursionsfauna“ soll eine Bestimmung im Gelände ermöglichen, wobei als optisches Hilfsmittel nur eine zehnfach vergrößernde Lupe vorausgesetzt wird. Viele Arten (z. B. der „Ur-Insekten“, Fransenflügler, Schlupfwespen) sind nur bei stärkerer Lupenvergrößerung bzw. unter dem Mikroskop, andere (z. B. viele Wanzen, Zikaden) nur nach Herstellung von Genitalpräparaten bestimmbar. Hinzu kommt die ungeheure Artenfülle mancher Ordnungen. Aus all dem ergibt sich die Unmöglichkeit, Angehörige aller Ordnungen bis auf die Art zu bestimmen. So führen die Bestimmungstabellen in vielen Fällen nur bis zu

einer höheren Kategorie (Gattung, Familie usw.). In Ausnahmefällen (Staubläuse, Fransenflügler) werden Bestimmungsmöglichkeiten für stärkere als zehnfache Vergrößerungen gegeben.

4. Kennzeichnung der Taxa. – Aus räumlichen Gründen konnten die einzelnen Taxa in diesem Band längst nicht so ausführlich behandelt werden wie im Band „Wirbeltiere", doch werden in Kurzform Angaben über Gestalt (**G.**), Verbreitung (**V.**), Lebensstätte (**L.**) und Biologie (**B.**) angestrebt, mit besonderer Berücksichtigung der für Mitteleuropa zutreffenden Tatsachen. Kennzeichen (auch solche ökologischer Art), die für höhere Sippen (Gattungen, Familien, Ordnungen usw.) gelten, findet man nur bei diesen (und nicht bei ihren Untereinheiten) erwähnt.
5. Deutschsprachige Bezeichnungen. – Für die weitaus meisten Arten der Insekten gibt es keine deutschen Bezeichnungen. Soweit solche „Trivialnamen" bestehen, sind sie hier angeführt worden. Es wurde darauf verzichtet, neue Kunstnamen zu erfinden oder Übersetzungen der wissenschaftlichen Namen einzuführen. Der Benutzer, der gebräuchliche Trivialnamen in diesem Buch vermißt, wird gebeten, sie zu künftiger Verwendung mitzuteilen.
6. Maße. – Größenangaben ohne besondere Bemerkungen betreffen Körperlängen ohne Anhänge, wie Fühler, Hinterleibsanhänge u. dgl. Werden andere Maße verwendet, so ist das jeweils am Schluß des allgemeinen Teils bei jeder Insektenordnung angegeben oder bei der Maßangabe vermerkt.
7. Abbildungen. – Auf Abbildungen wird im Text durch Seitenzahl und Abbildungsnummer hingewiesen; (Abb. **126/2**) heißt, daß die Abbildung auf Seite 126 als zweite Abbildung steht.
8. Abkürzungen. – Die Abkürzungsliste befindet sich auf dem Vorsatzblatt (Buchdeckelinnenseite). Bei der Verwendung der Abkürzungen wurde Brauchbarkeit höher bewertet als Einheitlichkeit.
9. Fachausdrücke. – Fachausdrücke sind im Abschnitt „Allgemeine Charakteristik der Insekten" auf Seite 22 ff. zu finden, soweit sie allgemeingültig sind. Werden sie nur für eine Gruppe gebraucht, sind sie im einleitenden Abschnitt dieser Gruppe erläutert. Vor dem Bestimmen sollten daher die einleitenden Abschnitte durchgelesen werden.
10. „Im Gebiet?" – bedeutet, daß mit dem Vorkommen im Gebiet zu rechnen ist, obwohl noch keine Fundmeldungen vorliegen.
11. Betonung der Namen. – Die Betonung der wissenschaftlichen Gattungs-, Familien- und Ordnungsnamen ist nicht angegeben.
12. Autorennamen. – Wie in den anderen Bänden, so sind auch hier die Autorennamen ausgeschrieben. Ausnahmen: L. (LINNAEUS) und F. (FABRICIUS).
13. Gebietsabgrenzung. – Bei Häufigkeits- und Verbreitungsangaben werden für das Gebiet der Deutschen Demokratischen Republik in einer Reihe von Fällen die Bezeichnungen der ehemaligen Länder verwendet, da sich so die Gegebenheiten einfacher ausdrücken lassen als bei Angabe der Bezirke. Es entsprechen also Mecklenburg den Bezirken Rostock, Schwerin und Neubrandenburg; Brandenburg den Bezirken Potsdam, Frankfurt, Cottbus und Berlin; Anhalt den Bezirken Magdeburg und Halle; Sachsen den Bezirken Dresden, Leipzig und Karl-Marx-Stadt; Thüringen den Bezirken Erfurt, Gera und Suhl.
14. Literatur. – Das Literaturverzeichnis befindet sich jeweils am Ende des betreffenden Abschnitts. Es handelt sich dabei um weiterführende Literatur für die Benutzer, nicht um Quellenverzeichnisse.

Allgemeines zur entomologischen Arbeit

In diesem Kapitel werden Standardgeräte für Fang, Sammeln, Transport, Lebendhaltung, Tötung, Präparation u. Aufbewahrung in der Sammlung sowie die entsprechenden Arbeitsmethoden behandelt.
Die nachstehend aufgeführten Geräte u. Utensilien können vom Entomologischen Fachversand Rosemarie Richter, 7401 Haselbach, Ramsdorfer Straße 12, bezogen werden.

Fanggeräte

Wassernetz od. Wasserkescher (Abb. **13**/1). Besteht aus kräftigem Metallbügel mit etwa 30–40 cm größter Breite. Der Bügel ist halbkreisförmig; dadurch ist es möglich, mit der geraden Seite den Gewässergrund auf breiter Fläche zu bestreichen. Der Netzbeutel besteht aus festem, dichtem Stoff (Glasbatist od. Dederon), der trotzdem leicht Wasser durchläßt. Der Beutel hat die Lg der größten Bügelbreite u. ist unten breit abgerundet. Wird er so genäht, daß er an einer Ecke in eine kleine Spitze ausläuft, kann er auch gut zum Planktonfang verwendet werden. Der Beutel ist oben mit kräftigem Stoff umsäumt u. wird über den – möglichst zusammenklappbaren – Bügel gestreift. Praktisch sind durchlöcherte Bügel, an denen der Netzbeutel mit fester Dederon-Angelschnur angebracht wird; man schont so den Beutelsaum gegen mechanische Einwirkungen. Am Bügel befindet sich eine Metallhülse mit Flügelschraube, in die ein Stock aus haltbarem Holz gesteckt wird. Der Stock ist 1,50–1,80 m lg, sollte aber möglichst (wie eine Angelrute) mehrteilig u. zerlegbar sein. Das Netz zieht man durch freies Wasser, durch WasserPfl od. durch den Bodenschlamm. Beim Herausnehmen aus dem Wasser das Netz nicht heben, sondern ziehen, da sonst bei der oft großen Masse des gefüllten Beutels leicht der Stock bricht! Netz dann auf freiem Platz in genügender Entfernung vom Ufer (!) umstülpen – am besten in weiße Schalen – u. den Inhalt nach Insekten durchsuchen.
Zum Fang nachtaktiver Wasserinsekten und ihrer Larven hat Dr. H.-D. ENGELMANN (Görlitz) eine **Unterwasser-Lichtfalle** konstruiert u. seit Jahren mit Erfolg eingesetzt. Die Falle ist folgendermaßen gebaut: In einer wasserdicht verschließbaren Glasröhre wird eine kleine Stabtaschenlampe (ohne Reflektor) untergebracht. Um die Stabtaschenlampe sind vier pyramidenförmige Reusen angeordnet. Eine den vier Reusen gemeinsame Grund- und eine Deckplatte aus PVC sowie Piacrylscheiben als Lichtfenster zwischen den Reusen schließen das Gerät ab. Als Schwimmkörper dient ein Balkenkreuz aus Holz. In mondhellen Nächten ist das Fangergebnis minimal.

Luftkescher, „Schmetterlingsnetz“ (Abb. **13**/2). Zum Fang fliegender Insekten. Besteht aus leichtem, kreisrundem Drahtbügel (möglichst Duraluminium, zusammenlegbar) von 30–40 cm ∅ mit ähnlicher Stockhülse wie Wassernetz. Netzbeutel aus festem Tüll (Maschenweite 1,5–2,0 mm) od. aus Dederon.

Beutel konisch, unten abgerundet, mindestens doppelt so lg wie Bügeldurchmesser. Der Stock muß leicht sein; seine Lg soll 130 cm nicht übersteigen. Häufig wird das Netz auch ohne Stock benutzt. Mit dem Netz wird von der S geschlagen, danach wird durch eine Sofortdrehung des Handgelenks die Netzöffnung durch den umschlagenden Beutel geschlossen.

Schlagnetz, Streifsack (ähnlich Abb. **13**/2). Kreisrunder u. kräftiger, aber nicht zu schwerer Metallbügel; 25–30 cm ∅. Auch hier sind durchlöcherte Bügel vorteilhaft, da die über den Metallbügel gestreiften Säcke sehr bald an den Pfl zerschlagen werden. Als Material für den Beutel kommt nur äußerst fester Stoff (Grobleinen od. Dederon) in Frage. Die Lg des unten breit abgerundeten Sackes soll etwa das Zweifache des Bügeldurchmessers betragen. Stock 60 cm lg od. für beidhändiges Schlagen 120 cm lg. Mit dem Schlagnetz fängt man auf Pfl sitzende Insekten aller Art, indem das Netz – mit der Öffnung nach vorn – ständig durch diese Pfl hin u. her geschlagen wird. Die Pfl werden also abgestreift, wobei alle daransitzenden Tiere in den Beutel fallen. Besonders lohnend sind Feldraine, Waldwiesen, Waldränder usw. Es ist erstaunlich, welch oft ungeheure Mengen der verschiedensten Tierarten sich schon nach wenigen Schlägen im Sack befinden; z. B. Spinnen, Raupen, Wanzen, Zikaden, Mücken, Fliegen, Käfer, Heuschrecken, Blatt-, Gall- u. Schlupfwespen usw. – alles Tiere, von denen man im Vorbeigehen nichts od. nur wenig sieht. Der Beutel muß, um das Entweichen flugfähiger Insekten zu unterbinden, so lange mit der Öffnung voran hin u. her bewegt werden, bis er durch einen raschen Griff unterhalb des Bügels zusammengehalten wird. Seine Innenfläche wird nun allmählich immer mehr freigegeben; die dabei erscheinenden Tiere werden mit einem Sammelgläschen od. besser mit dem Exhaustor (s. S. 14) aufgenommen.

Klopfschirm. Mit ihm werden die auf Baumzweigen u. Gebüsch sitzenden Kleintiere eingefangen. Ein normales Regenschirmgestell wird mit möglichst weißem, ungemustertem Stoff bespannt. Der Schirm wird aufgespannt, umgekehrt unter Zweige und Gebüsche gehalten. Mit einem Stock werden kurze Schläge gegen Gebüsch od. Zweige über dem Schirm geführt; zum Schütteln höherer Äste dient ein lg, am E hakig gebogener Schüttelstock. Das Ergebnis ist oft ein wahrer Kleintierregen in den aufgespannten Schirm, aus dem man nun mit dem Exhaustor mühelos die gewünschten Tiere aufnehmen kann.

Bodensieb (Abb. **13**/3). Hiermit werden in der Bodenstreu lebende Insekten erbeutet. Das Sieb besteht aus einem stabilen, kreisrunden Drahtbügel (etwa 30 cm ∅) mit Handgriff, einem grobmaschigen (1 cm) Metallsieb in rundem Bügel mit Griff (gleicher ∅ wie der erste Bügel) u. einem lg, unten offenen Sack aus festem Stoff (Grobleinen). Der erste Bügel bildet die Sacköffnung, 25 cm darunter wird der Siebbügel so in den Sack eingenäht, daß dessen Griff rechtwinklig zum Griff des oberen Bügels steht. Der Sack ist 70–80 cm lg, zylindrisch u. auch unten offen. Vor dem Sieben wird der Sack oberhalb der unteren Sacköffnung mit einer Schnur zugebunden. Man füllt nun oben in den Sack Bodenmaterial (Laub, Nadeln, sonstige Bodenstreu, obere Erdschicht), faßt den Bügelgriff mit der einen, den Siebgriff mit der anderen Hand u. schüttelt das Sieb eine Weile kräftig. Das feine Material mit den Tieren fällt dabei durch das Sieb in den Sack, grobes Material bleibt oben zurück u. wird entfernt. Den ganzen Vorgang wiederholt man mehrmals, bindet den Sack dann unten auf u. füllt das Gesiebe in Leinenbeutel. Zu Hause wird ihr Inhalt in kleinen Portionen auf weißem Papier genau durchsucht. Die auftauchenden Kleintiere werden mit weichen Pinzetten, mit einem angefeuchteten Pinsel od. Finger aufgenommen u. in Gläschen mit 75%igem Äthanol gebracht. Genaues Durch-

suchen ist sehr zeitraubend, deshalb ist eine fraktionierte Siebung zu empfehlen: 2–3 hocheingefaßte, feinere Siebe (5 mm, 3 mm, 1 mm Maschenweite) werden der Reihe nach mit dem gesiebten Material aus den Beuteln angefüllt u. durchgesiebt. Durchsucht werden nur jeweils die in den Sieben verbleibenden Reste. Dieses Verfahren erleichtert u. beschleunigt die Durchsicht des Materials.
Ausleseapparat (Abb. **13**/4). Dieser Apparat kann in zahlreichen Variationen mit verschiedenstem Material u. verschiedenen Wärmequellen angewendet werden. Das Prinzip ist folgendes: Das Gesiebe wird in einen Behälter gebracht, der an der tiefsten Stelle eine Öffnung besitzt (Glasröhrchen), die in ein Gefäß mit Konservierungsflüssigkeit (z. B. Äthanol) führt. Von oben her wird das Gesiebe erwärmt (z. B. Glühbirne, durch Bunsenbrenner erhitztes Blech, starke Besonnung), so daß das gesiebte Material – nach unten fortschreitend – austrocknet. Die im Gesiebe befindlichen Kleintiere wandern mit zunehmender Austrocknung immer tiefer in noch feuchte Schichten u. gelangen schließlich in den Behälter mit Konservierungsflüssigkeit. Ein großer Trichter, von oben angestrahlt, unter dem ein Becherglas mit Äthanol steht, erfüllt bereits die Aufgabe eines Ausleseapparates.
Ähnlich funktionieren **Auslaufkästen**. Sie bestehen aus einer flachen Kiste, deren eine Schmalseite mit einer Glasscheibe versehen ist. Im Kasten befindet sich in halber Höhe ein schräger, mit Plast od. Blech beschlagener Zwischenboden, der sich zur Glasscheibe hin neigt. Er endet 5–10 cm vor der Glasscheibe. Der Zwischenraum bis zum Kastenboden ist hier verschlossen, so daß parallel zur Schmalseite eine Rinne entsteht. Diese Rinne ist ebenfalls nach einer Kastenecke zu geneigt u. mit Plast od. Blech beschlagen. Die tiefste Stelle hat eine Öffnung mit nach unten außen verlaufendem Stutzen, an dem ein Röhrchen mit feuchtem Fließpapier befestigt wird. Oberhalb des Zwischenbodens ist ein grobmaschiges Sieb angebracht, auf welches das Gesiebe ausgebreitet wird. Danach wird der Kasten verschlossen. Die im Gesiebe befindlichen Insekten fallen nach einiger Zeit durch das Sieb, laufen auf dem Zwischenboden zum Licht, fallen in die Rinne u. gelangen schließlich in das Röhrchen. Dieses sollte zweimal täglich geleert werden, damit räuberische Arten keinen Schaden anrichten.

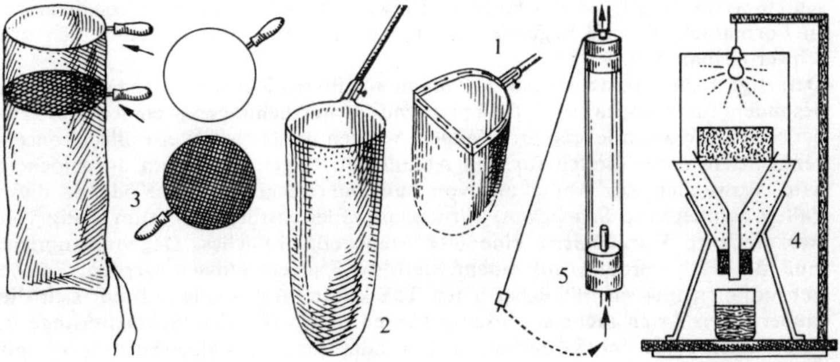

Abb. 13/1–5. **1** Wassernetz; **2** Luftkescher; **3** Bodensieb; **4** Ausleseapparat; **5** Exhaustor.

Exhaustor (Abb. **13**/5). Er dient zum Aufsaugen kleiner u. kleinster Insekten. Der Exhaustor besteht aus einem 12–15 cm lg Zylinder aus durchsichtigem Plast od. Glas von 2,0–2,5 cm ∅, der an beiden S durch Stopfen verschlossen ist. Beide Stopfen sind von kurzen Glasröhrchen (6–7 mm ∅) durchbohrt. Auf die InnenS des einen Stopfens wird feinmaschiger Tüll geleimt, am Glasrohr dieses Stopfens ein etwa 30 cm lg Gummischlauch befestigt. Für das Glasröhrchen des zweiten Stopfens verwendet man möglichst noch einen kleinen Stopfen, um das Glasröhrchen verschließen zu können. Der Exhaustor ist unentbehrlich zum Einsammeln kleiner u. kleinster Insekten aus Klopfschirm, Streifsack od. direkt vom Erdboden (auf den Boden legen u. zw Gras u. Bodenstreu nach Insekten suchen).
Der Gummischlauch wird in den Mund genommen, das vorstehende Glasröhrchen der anderen S vor das aufzunehmende Insekt gehalten u. dann kurz ruckartig angesaugt. Die Tiere werden mit dem Luftstrom in den Zylinder gerissen. Das Tüllsieb verhindert, daß sie in den Gummischlauch gelangen, während der kleine Stopfen ein späteres Entweichen durch das Ansaugrohr unmöglich macht. Ab u. zu wird der Inhalt des Exhaustors in ein Sammelgläschen entleert.
Fallen u. Köder. Zum Fang versch. Insekten, bes. der nächtlich lebenden, werden Fallen u. Köder benutzt. Bei den BARBER-Fallen handelt es sich um Gläser (z. B. Senf-, Marmeladen- od. Einweckgläser), die, zur Hälfte mit Konservierungsflüssigkeit (z. B. 4%ige Formaldehydlösung) gefüllt, so in die Erde eingegraben werden, daß ihr Oberrand genau mit der Erdoberfläche abschließt. Gegen Regen u. Verschmutzung kann noch ein Schutzdach (z. B. Blech, Dachschiefer, Kunststoffplatte) mit 3–5 cm lichter Höhe, das auf drei in die Erde gesteckte Holzstöckchen gelegt u. mit einem Stein beschwert wird, angebracht werden. In regelmäßigen Zeitabständen werden die Fallen geleert u. neu mit Konservierungsflüssigkeit gefüllt.
Besonders praktisch sind **Einsatzbodenfallen**, die in einen unten offenen Führungszylinder aus Plast eingesetzt werden. Das Einsatzgefäß muß einen nach außen verbreiterten oberen Rand besitzen, mit dem es im Führungszylinder hängt. Bei Fallenkontrollen brauchen dann nur die Einsatzgefäße ausgewechselt zu werden.
Als Konservierungsmittel kann Äthylenglykol verwendet werden, das die Insekten weich erhält, sie bei längerer Einwirkung jedoch zu zersetzen beginnt. In Formaldehydlösung liegende Insekten werden sehr hart u. lassen sich nur schwer präparieren.
Derartige Fallen, in denen sich vor allem am Boden lebende Tiere fangen, sind besonders für quantitative u. für lgdauernde Untersuchungen geeignet. Um räuberische Käferarten lebend zu erlangen, werden in gleicher Weise Blechkonservenbüchsen, deren Boden für den Abfluß von Regenwasser fein durchlöchert wird, verwendet. Zur Anlockung von Laufkäfern legt man als Köder in diese Fallen zerquetschte Schnecken, Birnen- od. Fleischstückchen, zum Fang von Aaskäfern u. Kurzflüglern eine tote Maus od. ähnliches. Gegen Raubtiere muß die Fallenöffnung mit einem Stein zu $^2/_3$ verschlossen werden. Solche Lebendfallen müssen möglichst jeden Tag kontrolliert werden, damit sich die räuberischen Arten nicht gegenseitig fressen. Auch für viele Schmetterlinge u. Hautflügler kann der Köderfang angewendet werden: Zäher Sirup wird mit dunklem Bier gemischt, bis ein dickflüssiger Saft entsteht; kurz aufkochen, etwas Rum beigeben! Mit dieser Mischung werden Schnüre mit getrockneten Apfelscheiben getränkt u. diese abends in Zweigen aufgehängt. Der Saft kann

auch mit etwas Glyzerol versetzt, in Augenhöhe an Baumstämmen u. Masten in dünner Schicht aufgetragen werden; er wirkt mehrere Abende. In der Dunkelheit werden (bei Lampenlicht) die am Köder versammelten Insekten abgelesen.

Photoeklektoren sind Fallen für Insekten, die zum Licht streben. Sie werden vor allem bei biozönotischen Untersuchungen verwendet. Ein Bodeneklektor besteht aus einem Zelt aus möglichst dichtem, wenig Licht durchlassenden Stoff, das oben pyramidenförmig zuläuft (Grundfläche z. B. 1 m^2). Die Zeltspitze ist mit einer Öffnung versehen, in der ein Glasbehälter mit Konservierungsflüssigkeit angebracht wird. Von Vorteil ist das zusätzliche Aufstellen einer Barberfalle im Boden in einer Zeltecke. Die aus dem Boden hervorkommenden Insekten fliegen od. laufen zum Licht u. gelangen in die Falle an der Zeltspitze. Arten, die am Boden verbleiben, gelangen in die Bodenfalle. Mit dem Aufstellen eines derartigen Photoeklektors über einem Bachabschnitt können die sich im Bach entwickelnden Insekten u. mit einem Baum-Photoeklektor (doppelte dunkle Stamm-Manschette mit entsprechend eingefügten Konservierungsgläschen) die auf Bäumen lebenden Insekten gefangen u. quantitativ erfaßt werden.

Lichtquellen. Zum Anlocken vieler flugfähiger Nachtinsekten eignen sich starke Lichtquellen (starke Karbidlampe, Benzinhochdrucklampe, Mischlichtlampe, Quarzlampe). Die Lampe wird in 1,0–1,5 m Höhe über dem Boden aufgehängt, ringsum werden weiße Tücher ausgebreitet. Die zahlreich anfliegenden Insekten, vor allem Nachtfalter, umkreisen die Lampe u. werden mit dem Luftkescher gefangen, andere setzen sich auf die Tücher u. können dort mit dem Sammelgläschen aufgenommen werden. Bes. an Berghängen, Waldrändern, in Gärten u. Wiesentälern ist der Lichtfang lohnend. Man kann bereits in der Dämmerung beginnen u. den Fang bis gegen Morgen ausdehnen. Helle Mondnächte sind für den Lichtfang ungünstig; bei windigem Wetter hat man meist keinen Erfolg!

Weitere Fang- u. Ködermethoden beschreibt PIECHOCKI (1985).

Behälter für Insekten

Transportgefäße u. Tötungsgläser. Für den Lebendtransport werden je nach Insektengruppe versch. Behälter benutzt. Für Wasserinsekten u. aquatile InsektenL eignen sich alle Behälter (z. B. Marmeladengläser, feste Pappschachteln, Blechbüchsen mit Deckel). Man beachte, daß selbst kiemenatmende Wasserinsekten niemals in Wasser, sondern zw feuchten Pfl (Moos, WasserPfl, nassem Gras) transportiert werden müssen; in Wasser gehen die meisten nach kurzer Zeit an Sauerstoffmangel zugrunde. Auch viele Landinsekten kann man zu mehreren in einem mit etwas Gras versehenen Behälter lebend transportieren, wogegen andere unbedingt einzeln verpackt werden müssen, um gegenseitige Beschädigungen zu vermeiden (z. B. Schmetterlinge, Heuschrecken, Libellen). Diese werden eingetütet od. einzeln in kleinen Glasröhrchen, die mit einem zur Belüftung eingekerbten Stopfen verschlossen werden, lebend transportiert; Schmetterlingsweibchen, die zur Eiabl gebracht werden sollen, kommen einzeln in kleine Schachteln; Heuschrecken werden einzeln in Papierröllchen gesteckt. Diese rollt man vor der Exkursion in genügender Anzahl u. versch. Größe aus festem Papier (dreischichtig!) u. kneift sie an einem E zu. Die Heuschrecken werden dann, K voran, in das Röllchen gesteckt, HB gestreckt, wonach das andere E des Röllchens ebenfalls zugekniffen wird (Vorsicht, nicht die HB dabei umknicken!). Meist werden die gefangenen Insekten sofort in das Tötungsglas (Sammelgläschen) gebracht, das gleichzeitig als Transportglas dient. Für kleinere Insekten verwendet man etwa 8 cm lg Glasröhrchen von 18 bis 20 mm ∅, die mit einem Stopfen verschlossen sind. Auf den Boden gibt man einen Fließpapierpfropf, der vor der Exkursion mit einigen Tropfen „Essigäther" (Essigsäureäthylester = Äthyläthanat) getränkt wird (weitaus bestes Tötungsmittel!). Für größere Insekten benutzt man Weithalsflaschen von 100 bis 250 cm³ Inhalt, auf deren Boden ebenfalls eine Schicht Fließpapier fest eingedrückt u. leicht mit „Essigäther" getränkt wird. Besser noch ist es, ein kleines Glasröhrchen mit Watte zu füllen, diese mit „Essigäther" zu tränken, wonach das Röhrchen so mit Papier umwickelt wird, daß es sich leicht am Boden der Tötungsflasche festklemmen läßt. Das ist vor allem beim Sammeln zarter Insekten zu empfehlen, um deren Befeuchtung durch das Tötungsmittel zu vermeiden. Aus dem gleichen Grund u. um eine gegenseitige Beschmutzung u. Beschädigung der Insekten zu vermeiden, werden einige Fließpapierschnitzel in die Tötungsflasche gegeben. Für manche Insektengruppen (bes. Schmetterlinge, Köcherfliegen, Eintagsfliegen u. a.) ist das sog. Zyankaliglas vorzuziehen. Herstellung: Boden einer Weithalsflasche 1 cm hoch mit trockenem Gips bedecken, darauf 3–5 Brocken Zyankali legen, trockenen Gips nachfüllen, bis diese Brocken bedeckt sind. Dann 1 cm hoch dickflüssigen Gipsbrei eingießen, 24 Stunden offen stehenlassen. Bei gut schließendem Stopfen u. sachgemäßem Gebrauch ist ein solches Giftglas 2 J verwendbar. Giftgesetz beachten! Glas nicht Jugendlichen od. Kindern in die Hand geben!

Behälter zur Lebendhaltung von Landinsekten. Je nachdem, ob der Behälter zur Zucht od. für Beobachtungen dienen soll, verwendet man Raupenzuchtkästen od. ein Insektarium. Raupenzuchtkästen bestehen aus einem Holzrahmengestell mit Boden- u. Deckplatte aus Holz, während die S mit Dederongaze bespannt sind. Eine S bildet eine in Scharnieren drehbare Tür, die statt der Gaze eine Glasscheibe tragen kann. In die Zuchtkästen gibt man die FutterPfl der zu züchtenden Insekten, nachdem zur besseren Reinigung der Boden des Kastens mit Papier ausgelegt wurde.

Als Insektarium dient am besten ein Terrarium, notfalls auch ein Aquarium. Die Einrichtung (Erde, Sand, Bepflanzung) bleibt dem persönlichen Geschmack überlassen. Die meisten Insektenimagines sind zur Lebendhaltung wenig geeignet, zumal sie meist bald nach erfolgter Paarung od. Eiabl absterben. Dagegen hat man Laufkäfer, die keine Gelegenheit zur Paarung hatten, schon viele Jahre in Gefangenschaft gehalten.

Aquarium für Wasserinsekten u. aquatile InsektenL: Einrichtung wie beim Fischaquarium, wobei man sich den Bodengrund auch sparen kann. Es genügen meist kleine Vollglasbecken, in die einige Sprosse Wasserpest, Tausendblatt, Hornkraut, Wasserlinsen, Froschbiß o. a. gebracht werden. Die Lebendhaltung von Wasserinsekten ist stets lohnend, zumal man die Tiere immer sieht, Vor allem sind zu empfehlen: Gelbrandkäfer u. a. Wasserkäfer mit ihren L. Ruderwanzen, Rückenschwimmer, Libellen- u. KöcherfliegenL. Die Becken sind stets abzudecken u. zu beschweren, da die meisten Wasserinsekten gute Flieger sind u. manche über erstaunliche Kräfte verfügen. Räuberische InsektenL möglichst einzeln halten, da sie sich u. U. gegenseitig anfallen.

Bei Fang u. Haltung von Tieren die Artenschutzbestimmung vom 1. 10. 1984 einhalten!

Präparation der Insekten

Die Präparation der Insekten ist bei den einzelnen Ordnungen, ja manchmal selbst den Familien derart unterschiedlich u. z. T. kompliziert, daß hier nur Allgemeines gesagt werden kann. Unterschieden werden Trockenpräparation (die meisten Ordnungen, insbesondere größere u. stark chitinisierte Arten), Äthanolkonservierung (L u. größere zarte Insekten) u. mikroskopische Dauerpräparate (bes. kleine zarte Insekten).

Zur **Trockenpräparation** werden folgende Hilfsmittel gebraucht: Eine weiche Pinzette (aus Uhrfederstahl), eine kräftige, spitze Pinzette, eine feine Schere, ein feiner Pinsel, eine Präpariernadel mit Holzgriff (möglichst mit gebogener Spitze); Torfplatten, die mit dünnem Papier überzogen sind (säurefreien Leim verwenden!); Insektennadeln (feinste Stärke Nr. 000, dickste Stärke Nr. 6; am gebräuchlichsten Nr. 0, 1, 2, 3); Spannbretter (möglichst verstellbare), dazu Spannstifte u. Steckzange od. Spannadeln; Spannstreifen; Minutienstifte für kleinste Insekten; Aufklebeplättchen; guter, wasserlöslicher Leim; ein feiner, weicher Pinsel. Die meisten Insekten können nach dem Abtöten ohne weitere Vorbereitungen genadelt werden (z. B. Käfer, die meisten Schmetterlinge, Fliegen, Hautflügler, Wanzen). Für die zu verwendenden Nadelstärken mag als Richtmaß gelten: Mulmbockkäfer Nr. 3, Maikäfer Nr. 2, große Marienkäfer Nr. 1, Stubenfliege Nr. 0. Die Nadel wird senkrecht von oben durch den BrAbschnitt gestochen, bei zu spannenden Tieren u. solchen mit zarten Fl in der M, bei Insekten mit stärker chitinisierten VFl im vorderen Teil der rechten FlDecke. Das Insekt muß – von allen S betrachtet – senkrecht zur Nadel stehen, die zu einem Drittel ihrer Lg oben aus dem genadelten Tier herausragt. Die B müssen dem Körper dicht anliegen od. nach unten gerichtet sein. F werden nach hinten über den Körper od. längsseits gelegt. Auf diese Weise wird ein Abbrechen der Extremitäten beim Hantieren mit den genadelten Insekten weitgehend verhindert. Die Insekten müssen vor allem stets so genadelt werden, daß die zur Bestimmung benötigten Merkmale leicht untersucht werden können. Da dies bei jeder Gruppe andere sein können, kann hier nichts Allgemeingültiges gesagt werden. Genadelt werden sollten nur Insekten über 5 mm Größe. Kleinere Tiere werden auf Plättchen aufgeklebt; entweder so, daß sie in ganzer Lg u. Breite auf dem Plättchen liegen, falls die US zur Bestimmung nicht gebraucht wird (viele Käfer u. Wanzen), od. aber, indem sie auf die Spitze dreieckiger Plättchen so aufgeklebt werden, daß auch ihre US zur besseren Bestimmung größtenteils freiliegt. Dem gleichen Zweck dienen Minutienstifte, mit denen kleine Insekten derart auf dem Plättchen befestigt werden, daß auch ihre US zugänglich ist. Am HRand der Plättchen werden Insektennadeln eingestochen u. die Plättchen daran bis zum oberen Drittel der Nadel hochgeschoben. Manche Insekten (Laubheuschrecken, Libellen, manche Käfer) müssen vor dem Nadeln ausgenommen u. mit Watte od. ähnlichem Material ausgelegt werden.

Das **Spannen der Fl** muß bei Schmetterlingen u. Köcherfliegen zur Gewährleistung der Artbestimmung vorgenommen werden. Auch Libellen, Steinfliegen u. Netzflügler kann man spannen; nötig ist es nicht. Bei Heuschrecken sollten die Fl einer S gespannt werden, da man die sonst verdeckten HFl oft zur Bestimmung braucht. Das zu spannende genadelte Insekt wird so tief in die Spannbrettrinne gesteckt, daß die FlWurzeln in Höhe der Spannbrettebene stehen. Mittels weicher Pinzette od. Präpariernadel werden nun vorsichtig die Fl auf dem Spannbrett ausgebreitet, mit Spannstreifen (1,5–3,0 cm breit, aus glattem Papier) bedeckt u. diese mit Nadeln od. Spannstiften auf dem Spannbrett befestigt. Die FlStellung soll so sein, daß bei Schmetterlingen, Köcherfliegen u. Heuschrecken die HRänder der VFl, bei Libellen, Steinfliegen u. Netzflüglern die VRänder der HFl senkrecht zur Körperlängsachse stehen. Die genadelten od. gespannten Insekten sollten mindestens 2–3 Wo an der Luft trocknen, ehe sie in den Sammlungskasten gesteckt werden.

Die **Aufbewahrung in Äthanol** (70%iges Äthanol) empfiehlt sich für alle L u. für Eintagsfliegen, deren zur Bestimmung wichtige Genitalarmatur an der Luft schrumpft. Mit Vorteil können aber auch Zikaden, kleine Dipteren, Plecopteren, Neuropteren, Trichopteren u. Hymenopteren sowie Blattläuse u. Blattflöhe in Äthanol aufbewahrt werden. Man verwendet dazu kleine Glasröhrchen, die mit Äthanol gefüllt u. mit genauen Funddaten versehen werden. Als Verschluß dient ein Wattepropfen; die Röhrchen werden in äthanolgefüllten Standgläsern mit eingeschliffenem Deckel aufbewahrt. Weiße InsektenL sollten vor dem Einlegen in Äthanol kurz gekocht werden, da sie sonst nachdunkeln.

Mikroskopische Dauerpräparate – Einbetten in Kanadabalsam nach Entwässern in der Alkoholreihe u. Xylol (Dimethylbenzol) – werden bei folgenden Insektengruppen hergestellt: Collembolen u. a. „Apterygoten“, Staubläuse, Lauskerfe, Fransenflügler u. Flöhe; evtl. auch zarte Blattläuse, Blattflöhe, Schildläuse, Mücken. Auch die für die Bestimmung bei vielen Gruppen unbedingt benötigten Genitalapparate werden als mikroskopische Dauerpräparate konserviert u. gesondert od. beim zugehörigen Insekt im Sammlungskasten aufbewahrt.

Spezifische Präparations- u. Konservierungsmethoden (auch für L) werden z. T. in den allgemeinen Abschnitten bei den Ordnungen sowie bei PIECHOCKI (1985) beschrieben.

Anlegen einer Insektensammlung

Daß versch. Gruppen nur als Äthanolpräparate bzw. mikroskopische Dauerpräparate aufbewahrt werden können, wurde bereits erwähnt. Hier sei noch darauf hingewiesen, daß es zur Aufbewahrung von Dauerpräparaten im Handel Holz- od. Kunststoffschachteln für jeweils 25, 50 od. 100 Objektträger gibt. Die Im. der meisten Ordnungen werden genadelt od. auf Kartonplättchen in **Insektenkästen** aufbewahrt. Diese Kästen haben bei versch. Größe eine Höhe von 6 cm, sind mit Torf- od. Mollplatten (notfalls mit Glasfaser- od. Piathermplatten) ausgelegt, die ihrerseits mit weißem od. kariertem Papier beklebt sind. Dazu darf nur PflLeim aus Maisstärke, Weizenmehl od. ähnlichem verwendet werden, da andere Leime früher od. später zum Durchrosten der Insektennadeln führen. Der Deckel des Kastens besteht aus einer gerahmten Glasscheibe; dieser Deckel muß mit der Kastenwand in Nut u. Feder schließen, u. zwar in feinster Maßarbeit. Nur darauf spezialisierte Fachleute können diese Kästen sachgemäß herstellen; nur beste Kästen bieten Schutz gegen das Eindringen von Museums- u. Speckkäfern, Motten u. Staubläusen. Neue Kästen sind daher teuer (M 20,– bis 40,–). Selbstherstellung lohnt aber aus den erwähnten Gründen nicht.

Die präparierten Insekten bekommen sämtlich ein **Fundortetikett**, das unterhalb der Tiere an die Nadel gesteckt wird. Es muß Funddatum, genauen Fundort u. den Namen des Sammlers enthalten. Sammlungen ohne Fundortangaben sind wissenschaftlich völlig wertlos. Die Tiere werden in systematischer Reihenfolge in den Kasten gesteckt. Links neben dem ersten Tier jeder Art wird das

Artetikett mit besonderen kurzen Etikettenstiften angebracht. Ob man die Insekten in Reihen von links nach rechts od. von oben nach unten steckt, ist Ansichtssache.

Zur Vermeidung von Fraßschäden durch **Sammlungsschädlinge** wird zweimal im J ein Eßlöffel „Globol" (Paradichlorbenzol = 1,4-Dichlorbenzol) in den Kasten gegeben. Es stellt i. allg. einen ausreichenden Schutz dar. Die Mittel sollten in Desinfektionsgläschen od. in besonderen kleinen offenen Schälchen in den Kasten gestellt werden, die auf der Torfunterlage festzustecken sind; Schaumpolystyrol wird von „Globol" aufgelöst. Sollte trotz dieser Bekämpfungsmaßnahmen Fraßmehl gefunden werden, das die Anwesenheit von Schädlingen anzeigt, so hilft rasch u. sicher nur Schwefelkohlenstoff (Kohlendisulfid) od. Tetrachlorkohlenstoff (Tetrachlormethan), die in kleinen offenen Glasbehältern (Wägegläschen, kleinen Petrischalen) einige Tage in den Kasten gestellt werden. Einen sicheren Schutz bilden auch in Drogerien käufliche „Texyl"-Papierstreifen od. 10 cm lg, mit Lindanlösung getränkte Papierstreifen, die nach Trocknung in die Kästen eingebracht werden. Das Lindan verdampft u. setzt sich als unsichtbarer Überzug überall fest. 100 mg Wirkstoff je Kasten schützen für 5 J, 200 mg sogar für 10 J.

Insektenkästen müssen dunkel u. trocken aufbewahrt werden, da sonst viele Arten ausbleichen bzw. schimmeln. Schimmel kann man vorsichtig mit einem Pinsel mit Brennspiritus od. Äthanol (einige Tropfen Phenol zusetzen!) entfernen. Manche Käfer, Schmetterlinge u. Wanzen verölen nach einiger Zeit in der Sammlung. Diese wäscht man mit einem weichen Pinsel vorsichtig mit Äther (Äthoxyäthan), Benzin od. Tetrachlorkohlenstoff ab. Längeres Einlegen in Xylol verhindert Verölen u. Schädlingsbefall. Die leicht verölenden Hlb mancher Schmetterlinge bricht man am besten vorsichtig ab u. legt sie einige Zeit in die genannten Flüssigkeiten. Nach gründlichem Trocknen werden sie wieder angeleimt.

Das **Aufweichen** von erhärteten Insekten, die umpräpariert werden sollen od. schon vor der Präparation steif wurden, geschieht mit Ausnahme der Schmetterlinge u. Köcherfliegen durch ein- bis zweitägiges Einlegen der Tiere in 2%ige Essigsäure. Die Insekten werden darin vollkommen weich u. können nicht schimmeln. Schmetterlinge u. Köcherfliegen, auch stark behaarte Bienen, Fliegen usw., können nicht in Essigsäure gelegt werden. Sie kommen unter die Aufweichglocke: Eine flache Schüssel od. ein tiefer Teller wird am Boden mit sterilem (ausglühen!) feinem Sand bedeckt; der Sand wird gut angefeuchtet. Darüber wird eine Torfplatte od. Löschpapier mit den aufzuweichenden Insekten gelegt. Etwas übergestreutes „Globol" od. Paradichlorbenzol verhindert Schimmelbildung. Über alles stülpt man eine Glasglocke (z. B. Käseglocke), die einige Millimeter tief in den Sand eingedrückt wird. Das Aufweichen dauert einige Tage.

LITERATURVERZEICHNIS

Koch, M. (Hrsg.): Präparation von Insekten. Radebeul u. Berlin 1963.

Koch, M.: Wir bestimmen Schmetterlinge. Bearbeitet von W. Heinicke. Radebeul u. Berlin 1985.

Piechocki, R.: Makroskopische Präparationstechnik, Teil II, Wirbellose. Jena 1985.

Das System der Insekten

Die Insekten bilden innerhalb des Tierreiches die Klasse *Insecta* (Eingekerbte) od. *Hexapoda* (Sechsfüßer). Zusammen mit der Klasse *Myriopoda* (Tausendfüßer) stellen sie den Unterstamm der *Tracheata* od. *Antennata* (Röhrenatmer, Antennentiere) dar, der mit den Unterstämmen *Chelicerata* (Spinnentiere u. Verwandte) u. *Branchiata* (Krebse) den großen Stamm der *Arthropoda* (Gliederfüßer) bildet. Er wird mit den Stämmen *Pentastomida* (Zungenwürmer), *Tardigrada* (Bärtierchen), *Onychophora* (Stummelfüßer) u. *Annelida* (Ringelwürmer) zur Stammgruppe *Articulata* (Gliedertiere) zusammengefaßt. Während die Insekten noch vor einigen Jahrzehnten in nur etwa 12 Ordnungen eingeteilt wurden, hat die moderne Systematik ca. 33 Ordnungen aufzuweisen, wobei näher verwandte zu Überordnungen zusammengefaßt sind. Eine einheitliche Benennung der Ordnungen – bes. im Hinblick auf die Wortendung – hat sich noch nicht allgemein durchgesetzt. Für die niederen Kategorien sind die Endungen für das gesamte Tierreich festgelegt (*-idae* für Familien, *-inae* für Unterfamilien, *-ini* für Triben).
Das nachstehende System der Insekten richtet sich im wesentlichen nach A. Kaestner, „Lehrbuch der Speziellen Zoologie, Bd. I, 3. Teil" (Jena 1972). Es werden alle Ordnungen angeführt, wobei die in der heimischen Fauna nicht vertretenen an Stelle der Seitenangabe durch – gekennzeichnet sind.

Klasse *Hexapoda* [*Insecta*] – Insekten

Unterklasse *Entotropha* [*Entognatha*]

1. Ordnung *Diplura* – Doppelschwänze	Bd. 2/1
2. Ordnung *Protura* – Beintastler	Bd. 2/1
3. Ordnung *Collembola* – Springschwänze	Bd. 2/1

Unterklasse *Ectotropha* [*Ectognatha*]

4. Ordnung *Archaeognatha* – Felsenspringer	Bd. 2/1

Dicondylia

5. Ordnung *Zygentoma* – Fischchen	Bd. 2/1

Pterygota

Palaeoptera

6. Ordnung *Ephemeroptera* – Eintagsfliegen	Bd. 2/1
7. Ordnung *Odonata* – Libellen	Bd. 2/1

Neoptera

8. Ordnung *Plecoptera* – Steinfliegen, Uferfliegen	Bd. 2/1

Paurometabola

9. Ordnung *Embioptera* – Embien, Spinnfüßler	–

10. Ordnung *Notoptera* [*Grylloblattodea*]	–
11. Ordnung *Dermaptera* – Ohrwürmer	Bd. 2/1
12. Ordnung *Mantodea* – Fangschrecken	Bd. 2/1
13. Ordnung *Blattodea* – Schaben	Bd. 2/1
14. Ordnung *Isoptera* – Termiten	Bd. 2/1
15. Ordnung *Phasmatodea* – Gespenstschrecken	–
16. Ordnung *Saltatoria* – Heuschrecken	Bd. 2/1
Paraneoptera	
17. Ordnung *Zoraptera* – Bodenläuse	–
18. Ordnung *Psocoptera* [*Corrodentia, Copeognatha*] – Staubläuse	Bd. 2/1
19. Ordnung *Phthiraptera* – Lauskerfe (Mallophagen u. Läuse)	Bd. 2/1
20. Ordnung *Thysanoptera* – Fransenflügler, Blasenfüße	Bd. 2/1
21. Ordnung *Heteroptera* – Wanzen	Bd. 2/1
22. Ordnung *Homoptera* – Pflanzensauger, Gleichflügler	S. 45
Holometabola	
23. Ordnung *Megaloptera* – Schlammfliegen	Bd. 2/1
24. Ordnung *Raphidioptera* – Kamelhalsfliegen	Bd. 2/1
25. Ordnung *Planipennia* – Hafte, Echte Netzflügler	Bd. 2/1
26. Ordnung *Coleoptera* – Käfer	Bd. 2/1
27. Ordnung *Strepsiptera* – Fächerflügler, Kolbenflügler	Bd. 2/1
28. Ordnung *Hymenoptera* – Hautflügler	Bd. 2/1
29. Ordnung *Trichoptera* – Köcherfliegen	Bd. 2/1
30. Ordnung *Lepidoptera* – Schmetterlinge	S. 168
31. Ordnung *Mecoptera* – Schnabelfliegen	Bd. 2/1
32. Ordnung *Diptera* – Zweiflügler	S. 306
33. Ordnung *Siphonaptera* [*Aphaniptera*] – Flöhe	S. 299

Die Ordnungen 1–5 bilden genealogisch keine Einheit, obwohl sie früher als *Apterygota* zusammengefaßt wurden. Aus praktischen Gründen wird in der Exkursionsfauna der Name „*Apterygota*“ – „Ur-Insekten“ als Sammelbezeichnung beibehalten.

Allgemeine Charakteristik der Insekten

Klasse des Stammes *Arthropoda* (Gliederfüßer), die mit etwa 800000 bislang beschriebenen Arten mehr als 75% aller gegenwärtig bekannten Tierarten umfaßt u. damit die weitaus größte Tiergruppe darstellt. Im. können meist fliegen u. sind primär Land- u. Lufttiere, die mit Hilfe eines Röhrensystems im Körperinnern (Tracheen) atmosphärische Luft atmen. Die L sind vielfach ganz anders gebaut u. führen oft eine andere Lebensweise als die Im. Von der enormen Vielgestaltigkeit kann nur ein allgemeiner Überblick gegeben werden. Einzelheiten des äußeren Körperbaus usw. bei den einzelnen Ordnungen. Innerer Körperbau bleibt weitgehend unberücksichtigt.

G. der **Imago:** Weniger als 1 mm bis mehrere cm lg. FlSp mitunter größer als KörperLg. Körper von einem Chitinpanzer umgeben (Außenskelett), der von der Haut abgesondert u. während des Wachstums in ± periodischen Abständen mehrmals erneuert wird (Häutungen). Panzer nicht überall gleich dick. Wenigstens am Hlb sind die Platten der Sgm fast immer durch dünnere u. weichere Gelenkhäute kerbartig gegeneinander abgesetzt (Kerbtiere). Auch an den B sind die einzelnen Gld durch solche Gelenkhäute verbunden. Fast immer sind 3 Körperabschnitte ausgebildet (Abb. **22**/1); vorn der K, dahinter Br od. Thorax u. dahinter Hlb od. Abdomen. Manchmal sind K u. Br sekundär zu einem Cephalothorax (VKörper) verschmolzen (Abb. **22**/2). Bei einigen L

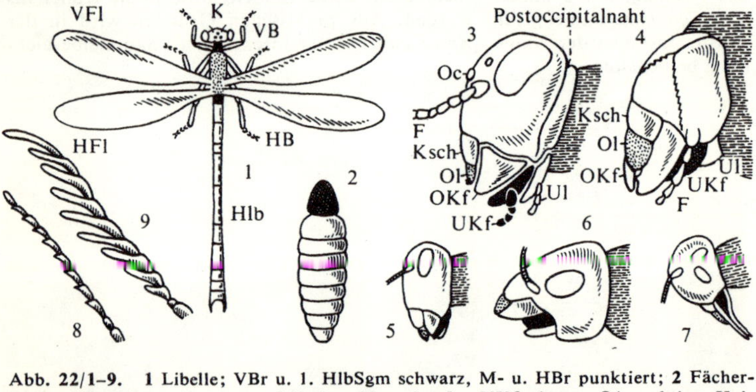

Abb. **22**/1–9. **1** Libelle; VBr u. 1. HlbSgm schwarz, M- u. HBr punktiert; **2** Fächerflügler – ♀; VKörper schwarz; **3** K einer Heuschrecke; UKf schwarz, Ol punktiert, Hals schraffiert; **4** K eines Engerlings; KKapsel mit Y-förmiger Häutungsnaht, Ukf schwarz, VBr schraffiert; **5–7** Kopfstellungen: Mundwerkzeuge nach unten (**5**), nach vorn (**6**) od. nach hinten (**7**) gerichtet Ol punktiert, UKf schwarz, Hals schraffiert; **8–9** Geschlechtsunterschiede im F-Bau einer Schnellkäferart; ♀ (**8**) u. ♂ (**9**).

sind sogar alle Körperabschnitte nur undeutlich od. überhaupt nicht gegeneinander abgesetzt (Abb. **28A**/4, 6), desgleichen bei Schildläusen (*Coccina*).
Der **Kopf** trägt wichtige Sinnesorgane, die Mundöffnung sowie zur Aufnahme der Na dienende Mundgliedmaßen (Abb. **22**/)3. Er besteht aus dem Kopflappen (Akron) u. 6 nachfolgenden Sgm (Gliederung aber nur beim Embryo zu erkennen). Schon bei der L sind alle Sgm verschmolzen u. von einer gemeinsamen ± kugeligen, stark gepanzerten, hinten offenen KKapsel umgeben. Von den Nähten am K der Im. bezeichnet nur die Postoccipitalnaht im Bereich des HHaupts eine echte SgmGrenze (Abb. **22**/3). Für L typisch ist eine Y-förmige Naht auf dem VK (Abb. **22**/4), an der der Panzer zu Beginn einer Häutung aufplatzt (Häutungsnaht). KStellung bei den einzelnen Ordnungen versch. Mundöffnung u. Mundgliedmaßen können nach unten (orthognath, Abb. **22**/5), nach vorn (prognath, Abb. **22**/6) od. nach hinten (hypognath, Abb. **22**/7) weisen.
An die hintere Öffnung der KKapsel (HHauptsloch) setzt der Hals an, der K u. Br verbindet u. KBewegungen ermöglicht. An der KUS liegt die Mundöffnung u. setzen die Mundgliedmaßen an. Dahinter ist die KUS durch die Kehle (Gula) verschlossen, die oft auch das HHauptsloch ± stark verengt. Die KOS wird Scheitel, die KVWand Stirn u. die KSWände (unter od. hinter den Au) werden Wangen (Genae) genannt. Stirn-VRand vielfach durch eine quer verlaufende Epistomalnaht gegen den Ksch (Clypeus) abgesetzt (Abb. **22**/3). An den KS je ein halbkugeliges bis nierenförmiges, 6eckig gemustertes Komplex- od. FacettenAu, das manchmal durch vorspringende Streifen der Wange ± vollständig geteilt ist (Abb. **22**/7). Außerdem oft 3 EinzelAu od. Oc in 3eckiger Anordnung; vorderer Oc auf der Stirn, die beiden hinteren auf dem Scheitel. Manchmal nur 2 od. s nur 1 Oc.
Auf der Stirn sind in versch. Lage zu den Au 1 Paar F eingelenkt (Abb. **22**/3). Collembolen u. Dipluren besitzen GliederF, die in allen Gld (außer im EndGld) Muskeln enthalten. Alle übrigen Insekten tragen GeißelF, bei denen Muskeln nur im GrundGld (Schaft) ausgebildet sind. Nach der äußeren Gestalt sind die F borstenförmig, fadenförmig, perlschnurförmig, gesägt, ein- od. zweiseitig gekämmt, gefiedert, gekeult, gekniet, geblättert od. pfriemenförmig. Mitunter auch Kombinationen mehrerer FTypen (z. B. gekniet-gekeult, Abb. **23**/1–11) F dienen hauptsächlich als Tast- u. Geruchssinnesorgane. Sie sind deshalb meist bei nach chemischen Reizen sich orientierenden Dämmerungs- od. Nacht-

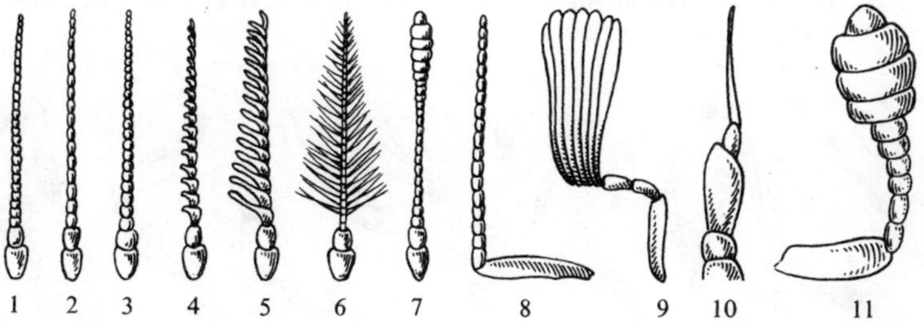

Abb. **23/1–11.** FFormen. **1** borstenförmig; **2** fadenförmig; **3** perlschnurförmig; **4** gesägt; **5** gekämmt; **6** gefiedert; **7** gekeult; **8** gekniet; **9** geblättert; **10** pfriemenförmig; **11** gekniet-gekeult.

tieren besser entw als bei gut sehenden Tagtieren. Außerdem tragen ♂♂ vielfach größere u. leistungsfähigere F als ♀♀ (Abb. **22**/8–9) (Zusammenfinden der Geschlechter). Alle Insekten mit GeißelF besitzen im ersten auf den Schaft folgenden GeißelGld ein Sinnesorgan (JOHNSTONsches Organ) zur Wahrnehmung von FBewegungen, Luftströmungen u. Erschütterungen.

An der KUS ist der Mundraum nach vorn durch die unpaare, schuppen- od. plattenförmige Ol (Labrum) begrenzt, die vor der Mundöffnung am VRand der Stirn od. des Ksch ansetzt (Abb. **22**/3). Neben u. hinter dem Mund 3 Paar umgewandelte Gliedmaßen, die ursprünglich zum Kauen u. Beißen dienen u. deshalb zangenartig gegeneinander wirken (Abb. **24**/1): 1 Paar OKf (Mandibeln) halten die Na fest u. zerkleinern sie, 1 Paar UKf (Maxillen 1) schaufeln die zerkleinerte Na in die Mundhöhle, 1 Paar 2. UKf (Maxillen 2) verhindern das Herausfallen dieser NaTeile aus dem Mund. Meist ist das hintere Paar UKf in der KörperM wenigstens am Grunde verwachsen u. bildet so eine unpaare Ul (Labium). Beide Paare UKf sind mit fühlerähnlichen Tst ausgestattet, die nach ihrer Lage als KfTst u. UlTst bezeichnet werden. Häufig sind die Mundgliedmaßen für andere Formen der NaAufnahme eingerichtet u. ganz od. teilweise zu stechenden, saugenden od. leckenden Mundwerkzeugen umgewandelt (Abb. **24**/2–4). Gelegentlich sind auch einzelne od. alle Mundgliedmaßen ± rückgebildet u. verkümmert.

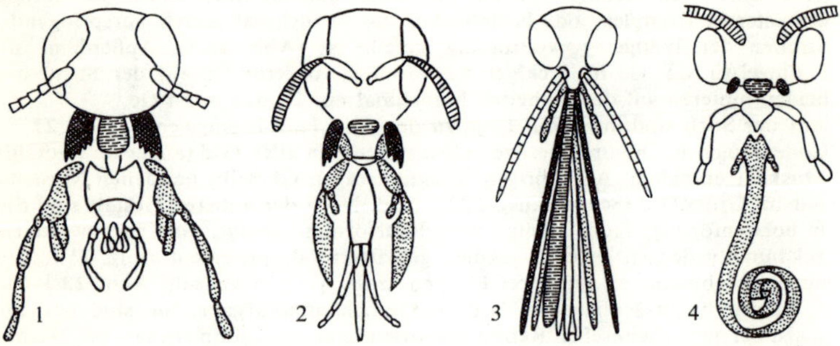

Abb. 24/1–4. Bau der Mundwerkzeuge. **1** Schabe (beißend); **2** Biene (leckend-saugend); **3** Mücke (stechend); **4** Schmetterling (leckend). OKf schwarz, Ol schraffiert, UKf punktiert, Ul ohne Struktur gezeichnet.

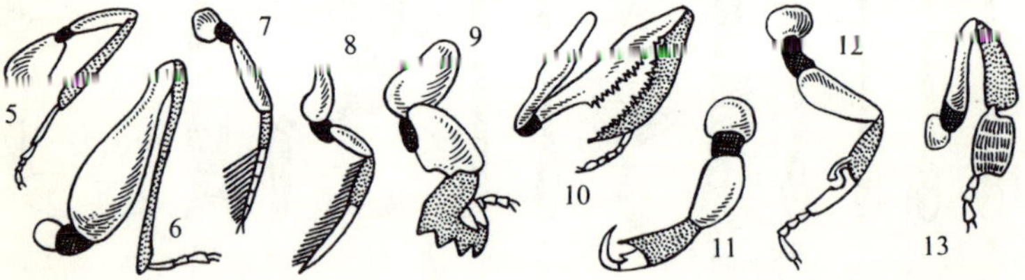

Abb. 24/5–13. Beinformen. **5** SchreitB; **6** SprungB; **7** SchwimmB; **8** RuderB; **9** GrabB; **10** RaubB; **11** KlammerB; **12** PutzB; **13** SammelB. Schenkelring schwarz, Schiene punktiert.

Die Brust besteht aus 3 Sgm, die fast immer (wenigstens an der US) deutlich gegeneinander abgesetzt sind. Sie trägt bei den Im. alle Organe der Fortbewegung. An jedem BrSgm ein Paar B, die versch. gestaltet sein können: Lauf- od. SchreitB (Abb. **24**/5), SprungB (Abb. **24**/6), SchwimmB (Abb. **24**/7), RuderB (Abb. **24**/8), GrabB (Abb. **24**/9), RaubB (Abb. **24**/10), KlammerB (Abb. **24**/11), PutzB (Abb. **24**/12) u. SammelB (Abb. **24**/13). Jedes B ist gegliedert in Hü (Coxa), Schenkelring (Trochanter), Schenkel (Femur), Schiene (Tibia), 1- bis 5gld Fuß (Tarsus) u. Klauen- od. KrallenGld (Praetarsus, Abb. **26**/1). KrallenGld oft mit bes. Hafteinrichtungen zum Laufen an glatten u. steilen Flächen (z. B. Gruppen u. Büschel bes. geformter Haare, Haftballen an den FußGld, versch. geformte, paarige od. unpaare, feststehende od. einziehbare Haftlappen, die meist mit bes. Drüsensekreten befeuchtet werden).
M- u. HBr tragen an der OS meist je 1 Paar Fl. Nur die im System auf S. 20 unter 1.–5. genannten u. traditionell als „*Apterygota*" zusammengefaßten Ordnungen sind ursprünglich (primär) flügellos. Wo flügellose Im. bei den *Pterygota* auftreten, sind die Fl immer sekundär rückgebildet; die betreffenden Arten stammen stets von geflügelten Vorfahren ab. Ursprüngliche Insekten haben gleichartige FlPaare. Bei den meisten heutigen Ordnungen sind aber VFl u. HFl versch. gebaut. Manchmal sind die Fl nachträglich vereinfacht u. dadurch sekundär wieder ± gleich. Von ursprünglich gleichflügeligen Formen sind solche Arten meist leicht daran zu unterscheiden, daß die Aderung der Fl weitgehend rückgebildet ist. Oft ist ein FlPaar umgestaltet. VFl der Wanzen meist am Grunde verstärkt u. nur zur FlSpitze hin häutig (Halbdecken, Abb. **25**/1). VFl der Käfer ganz u. gar stark chitinisiert (Abb. **25**/2). VFl der Fächerflügler-♂♂ (Abb. **25**/3) u. HFl aller Zweiflügler (Abb. **25**/4) gänzlich umgestaltet (Schwingkölbchen od. Halteren), dienen als Sinnesorgane zum Regulieren des Gleichgewichts beim Fliegen.

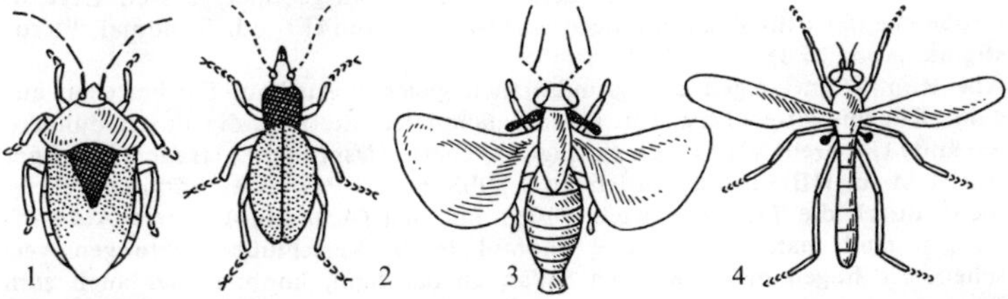

Abb. **25**/1–4. **1** Baumwanze, Sch schwarz; **2** Laufkäfer, Hsch schwarz; **3** Fächerflügler – ♂, VFl schwarz; **4** Holzfliege, HFl schwarz.

Die Fl entstehen aus doppelwandigen Hautausstülpungen der Rückenplatten-SRänder von M- u. HBr. Vor dem Schlüpfen der Im. sind sie stark gefaltet. Vor dem ersten Gebrauch werden die Fl meist durch eingepumptes Blut aufgebläht u. gestreckt. Sie werden von zahlreichen Tracheen durchzogen, die als Adern od. Nerven vielfach für Bestimmungen sehr wichtig sind; vor allem die Längsadern (Abb. **26**/2). Den FlVRand bildet die Costa (Randader, c). Parallel dazu die Subcosta (sc). Dahinter Radius (r), Media (MAder, m), Cubitus (cu), Postcubitus (pcu) u. der FlHTeil mit den fächerförmigen Analadern (a). Alle Adern zw Costa u. den Analadern können zur FlSpitze hin ein- od. mehrfach

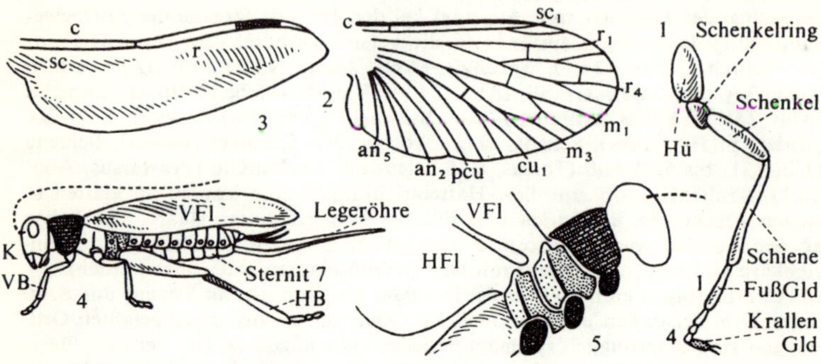

Abb. **26/1–5.** **1** Beingliederung; **2** Flügeladerung; **3** Fl einer Libelle, FlMal schwarz, nur randnahe Adern eingezeichnet; **4** Laubheuschrecken – ♀, VBr u. Cerci schwarz, HBr punktiert; **5** VKörper einer Heuschrecke, Bau der BrSgm; Hü schwarz, Paranotum der VBr dunkel, Episternum fein punktiert, Epimerum grob punktiert, zw Episternum u. Epimerum die Naht der Pleuralleiste.

gegabelt sein. Oft sind auch Queradern ausgebildet, so daß „Zellen" entstehen, die nach den sie vorn begrenzenden Längsadern benannt werden (Radialzelle, Cubitalzelle, usw.). In den Abb. sind die Adern mit kleinen Anfangsbuchstaben des Adernamens u. die Zellen mit großen Anfangsbuchstaben ihres Namens bezeichnet; Gabeläste der Längsadern sind außerdem – am FlVRand beginnend – fortlaufend numeriert (Abb. **26**/2). Vielfach ist am FlVRand ein stärker verhornter u. intensiver gefärbter Fleck ausgebildet, dessen Lage u. Größe ebenfalls für Bestimmungen wichtig sein kann (Fl- od. Randmal, Pterostigma, Abb. **26**/3).

Alle RumpfSgm zeigen den grundsätzlich gleichen Aufbau. Sie bestehen aus einer Rückenplatte (Tergit) u. einer Bauchplatte (Sternit), die durch dünnere SWände (Pleuren) verbunden sind (Abb. **26**/4). Ursprünglich tragen 2 BrSgm (meist M- u. HBr) u. die vordersten 8 HlbSgm je 1 Paar Atemöffnungen (Stigmen), durch die Tracheen nach außen münden (Abb. **26**/4). Diese Atemöffnungen sind manchmal mit ± komplizierten Verschlußeinrichtungen versehen. Sie liegen meist auf den SWänden der Sgm, können aber auch zum Rücken od. zum Bauch hin verlagert sein. Oft ist die Anzahl der Stigmenpaare reduziert.

Die BrSgm sind im Zusammenhang mit der FlAusbildung u. dem Ansatz der B meist ± abgewandelt. An den SWänden treten plattenförmige Verfestigungen auf, die manchmal für die Bestimmung wichtig sind: Episternum vor dem HüAnsatz, Epimerum hinter ihm u. wulstartige Pleuralleiste über ihm (Abb. **26**/5). Wo diese Skelettstücke mit dem Sternit u. Tergit enger verbunden werden od. sogar verwachsen, bilden die BrSgm mehr od. weniger starre Ringe. An flügellosen BrSgm sind die SRänder der Tergite meist faltenartig mehr od. weniger weit bauchwärts herabgezogen (Paranota, Abb. **26**/5). An flügeltragenden BrSgm dagegen sind umgekehrt die Tergitplatten meist nicht mehr deutlich zu erkennen. Erhalten bleibt nur das Tergit der VBr (Hsch od. Pronotum, Abb. **25**/2) u. häufig ein Tergitrest der MBr (Sch od. Scutellum, Abb. **25**/1).

Im **Hinterleib** liegen die Verdauungs-, Geschlechts- u. Kreislauforgane. Er bestand ursprünglich aus 11 Sgm u. dem Schwanzlappen (Telson) des Embryos. Die volle SgmZahl tritt aber nur bei den Proturen auf; sonst werden die EndSgm (von Sgm 8 ab) meist abgewandelt bzw. ± rückgebildet. Bei „*Apterygota*" bleiben vielfach zeitlebens Reste von HlbGliedmaßen erhalten. Sonst treten HlbGliedmaßen bei Im. nicht auf, wohl aber Abkömmlinge embryonaler Gliedmaßenanlagen, wie z. B. tasterförmige Schwanzanhänge (Cerci, Abb. **26**/4). od. Kopulations- u. Legeapparate an den GenitalSgm 8 u. 9 (Abb. **26**/4). Bes. die Anhänge der GenitalSgm sind oft artspezifisch gestaltet u. deshalb für genaue Artbestimmungen wichtig.

G. der **Larven:** Sie können den Im. sehr ähnlich sehen u. sich praktisch nur durch Fehlen der Fl u. Genitalanhänge von diesen unterscheiden (6.–22. Ordnung, Abb. **27**/1–3), od. sie sind völlig anders gestaltet u. zeigen keine Ähnlichkeit mit den Im. (*Holometabola*, Abb. **27**/4–6). Bei *Holometabola* kann die Anzahl der Sgm am Hlb der L vollständig ausgebildet (Abb. **28A**/1–4) od. ± stark vermindert sein (Abb. **28A**/6). Bei vollzählig entw. HlbSgm können B auch am Hlb auftreten (z. B. viele Raupen, Abb. **28A**/1), nur auf den VKörper beschränkt sein (z. B. Engerlinge, Abb. **28A**/2) od. nicht vorhanden sein (z. B Maden, Abb. **28A**/3). Maden haben oft auch keine vom übrigen Rumpf ab

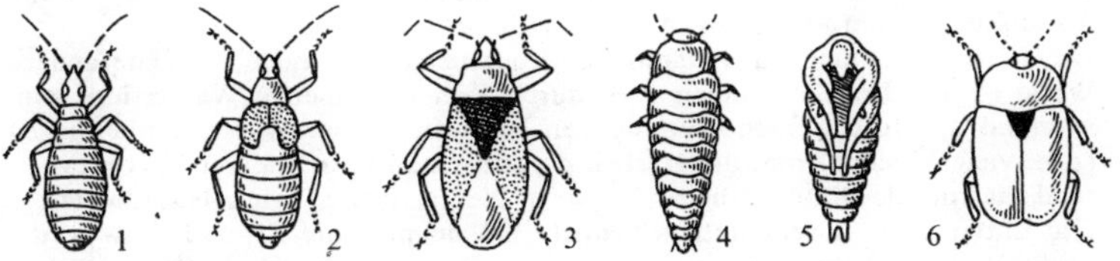

Abb. 27/1–6. **1–3** Unvollständige Verwandlung einer Wanze; FlScheiden u. Halbdecken der VFl punktiert, Sch schwarz; **4–6** vollständige Verwandlung eines Käfers (L, P, Im.); Sch schwarz.

gesetzte KKapsel (Abb. **28A**/4), Häufig sind bei L bes. Organe ausgebildet, die die Im. nicht haben (z. B. Tracheenkiemen, Abb. **28A**/5). Als JungL, PrimärL od. EiL wird das erste LStadium nach beendeter EiEntw bezeichnet, als AltL das letzte LStadium vor der Umwandlung.

Oft wird für die Umwandlung ein bes. Übergangsstadium ausgebildet, das meist ruht u. keine Na aufnimmt. Bei abgeleiteten *Paraneoptera* tritt dabei eine Nymphe (Abb. **28B**/1), bei allen *Holometabola* eine P auf. An dieser P sind meist schon die FlScheiden, B, F, Mundgliedmaßen usw. zu erkennen (Abb. **28B**/3–5). Manchmal liegt die P in der letzten, verhärteten LHaut (TönnchenP. Abb. **28B**/2), Bei P mit sichtbaren Gliedmaßen sind diese frei (freie P, Abb. **27B**/3–4) od. mit dem Rumpf fest verklebt (MumienP, Abb. **28B**/5). Freie P können zum Durchbeißen des Kokons bereits stärker chitinisierte u. bewegliche OKf besitzen (Abb. **28B**/4).

V. Alle Erdteile. – **L.** Alle Lebensräume, sogar in Wüsten, auf Gletschern usw. Die Im. leben ganz überwiegend auf dem Lande u. sind größtenteils flugfähig. Viele Arten (vor allem Schädlinge) werden mit Frachten usw. regelmäßig verschleppt u. sind heute z. T. bereits weltweit verbreitet.

B. Sehr unterschiedlich, meistens sogar innerhalb einer Ordnung recht versch.

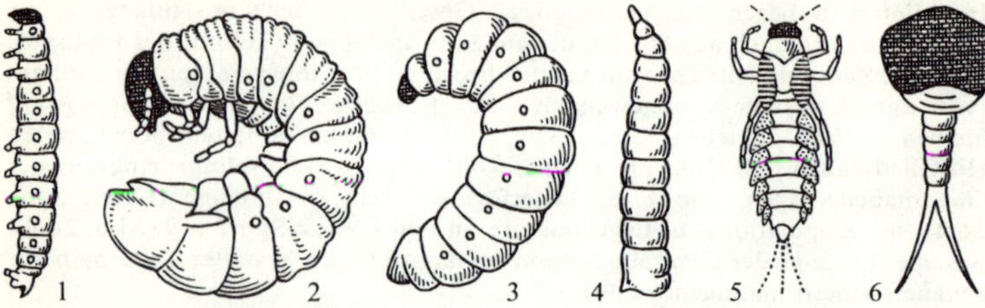

Abb. **28A/1–6.** InsektenL. K schwarz, FlScheiden schraffiert, Kiemen punktiert, Atemöffnungen als Kreise eingezeichnet. **1** Raupe; **2** Engerling; **3** Bienenmade; **4** Fliegenmade; **5** EintagsfliegenL; **6** parasitische WespenL.

Bei den niederen Pterygota (6.–22. Ordnung) gleichen sich die L von Häutung zu Häutung mehr den Im. an, indem FlScheiden u. Genitalanhänge allmählich auswachsen (Abb. **27**/1–3); mitunter wird aber die Entw der Fl u. Genitalanhänge auch ± lg verzögert, so daß flügellose L u. Nymphen mit FlScheiden unterschieden werden können. Bei den *Holometabola* erfolgt die Umwandlung der L zu den gänzlich anders aussehenden Im. in einem bes. ruhenden u. keine Na aufnehmenden PStadium (Abb. **27**/4–6).
Die L leben vielfach an anderen Lebensstätten u. oft auch auf ganz andere Weise als die Im. Sie können z. B. durch Kiemen atmende Wassertiere sein, während die durch Tracheen atmenden Im. weitab vom Wasser umherfliegen (z. B. viele Mücken); od. die L leben parasitisch an u. in anderen Tieren, während die Im. als Blütenbesucher Pollen u. Nektar fressen (viele Hautflügler).
Die EntwDauer ist sehr unterschiedlich. Oft nehmen die Ei- u. LEntw u. die nachfolgende PRuhe zusammen nur wenige Wo in Anspruch, u. die Im. leben noch einmal etwa ebenso lange (viele Fliegen). In anderen Fällen dauert die Ei- u. LEntw. mehrere (4–10) J, die PRuhe einige (6–9) Mon, u. die Im. leben nur wenige (höchstens 2–3) Wo (manche Käfer). Deshalb tritt bei vielen Arten jährlich nur eine Gen in einer bestimmten JZeit auf, während bei anderen Arten alle warmen Mon hindurch mehrere bis viele Gen aufeinanderfolgen. Arten mit mehreren Gen zeigen häufig ein jahreszeitlich verschiedenes Aussehen

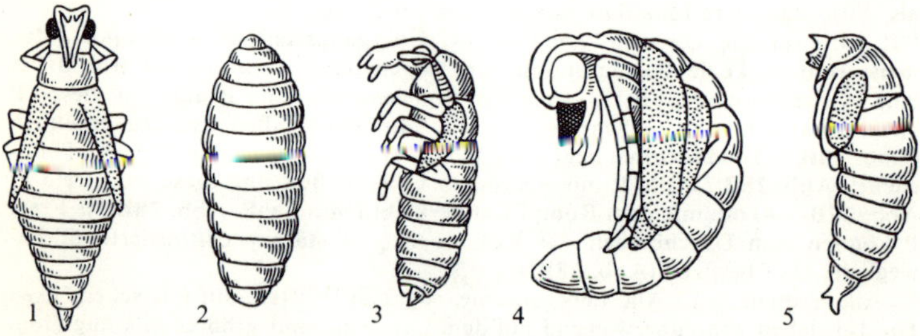

Abb. **28B/1–5.** **1** Nymphe eines Fransenflüglers, Au schwarz, FlScheiden punktiert; **2** TönnchenP (Fliege); **3** freie P (Käfer); **4** freie P (Ameisenjungfer); **5** MumienP (Raubfliege).

(Färbung u. Zeichnung der Fl, Körpergröße usw.). Solcher Saisondimorphismus od. -polymorphismus ist bes. bei Schmetterlingen verbreitet u. oft von Einwirkungen der Temperatur, Luftfeuchtigkeit od. Tageslänge auf die Entw abhängig. Manche Arten entw sich überhaupt nur unter bestimmten Umweltbedingungen u. treten deshalb nicht jedes J an allen Fundplätzen in gleicher Häufigkeit auf.

Die meisten heimischen Insekten müssen ungünstige Witterungsperioden, vor allem den Winter, in versch. EntwStadien in einem Ruhezustand (Dormanz) verbringen, in dem Energieverbrauch u. Stoffwechsel stark herabgesetzt sind. Es gibt 3 Stufen der Dormanz: Quieszenz, Parapause u. Diapause. Quieszenz tritt in jedem EntwStadium ein, wenn die normalen Lebensbedingungen (z. B. Temperatur, Feuchtigkeit, Na) unter den Bereich der ökologischen Potenz sinken. Die Entw kommt zum Stillstand, der aber nicht lange anhalten darf, soll das Tier nicht absterben. Die Parapause entsteht unter günstigen Lebensbedingungen beim Erreichen eines bestimmten EntwStadiums u. endet mit dem Eintritt suboptimaler Außenbedingungen, wobei die Winterkälte hier keine Bedeutung hat. Eine Parapause gibt es z. B. bei den Gonaden der Laufkäfer, die im Herbst die P verlassen, sich aber erst im kommenden Frühj fortpflanzen. Damit wird erreicht, daß die kälteanfälligen L nicht schon im Herbst, sondern erst im Frühj auftreten. Die vollkommenste Anpassung an ungünstige Jahreszeiten ist die Diapause, bei der der gesamte Organismus ruht u. der Stoffwechsel auf ein Minimum eingeschränkt ist. Die Diapause ist an ein bestimmtes EntwStadium gebunden, wobei vorher u. nachher herrschende Bedingungen ohne Einfluß sind. Sie wird bereits lange vor ihrem Eintritt unter noch günstigen Bedingungen induziert. Der wichtigste Induktionsfaktor ist die Tageslänge (Photoperiode), die alljährlich gleich u. vom Wetter unabhängig ist. Mit der frühzeitigen Determinierung zur Diapause wird verhindert, daß sich in günstigen Vorwintern die Tiere weiterentw u. bei plötzlich einsetzender Kälte zugrunde gehen. Die Diapause wird erst beendet, wenn die Winterkälte vorüber ist. Bei diapausierenden Arten mit 2 Gen im J – eine mit, eine ohne Diapause – können sich diese in Form u. Färbung unterscheiden (z. B. Landkärtchenfalter).

Die Diapause ist auch die Voraussetzung für die große Kälteresistenz vieler Insekten, die im Winter unterkühlt u. frosthart werden. Im Blut solcher Insekten bildet sich im Herbst viel Glyzerin od. Zucker, wodurch der Gefrierpunkt des Blutes herabgesetzt wird (bis −20 °C). Die meisten Insekten überw zudem an geschützten Orten, viele im Erdboden, wo die Temperatur bereits in 1 cm Tiefe wesentlich höher ist als an der BodenOFläche.

Die Lebensdauer der Im. ist vielfach selbst innerhalb einer Familie od. Gattung recht unterschiedlich. Allgemein sterben die ♂♂ bald nach der Paarung ab u. haben deshalb meistens eine kürzere Lebensdauer als die ♀♀. Bes. lglebig sind die ♀♀ derjenigen Arten, die eine ± intensive Brutfürsorge od. -pflege treiben. Höchstentw Form der Brutpflege bei staatenbildenden Insekten (Hautflügler, Termiten).

Als Na kommen fast alle organischen Stoffe in Betracht. Viele Arten sind nicht auf bestimmte Na angewiesen (polyphag), andere dagegen haben sich auf eine Na spezialisiert (monophag). Oft sind die L stärker auf bestimmte Na spezialisiert als die Im. u. können sich nur an bestimmten PflArten od. als Parasiten in artlich genau festgelegten Wirten entw. Zahlreiche NaSpezialisten verursachen durch verheerenden Fraß an KulturPfl, Vorräten usw. enormen Schaden. In menschlichen NaVorräten lebende Schädlinge sind bes. schwer zu bekämpfen

(Gefahr der Vergiftung von NaMitteln). Viele andere Insekten haben als Parasiten od. Krankheitsüberträger große Bedeutung. Manche von ihnen leben als L in Haut, Nase u. anderen Organen von Haus- u. Nutztieren. Blutsaugende Arten übertragen zahlreiche Krankheiten u. Viehseuchen. Viele PflSaft saugende Arten spielen auch als Überträger von Krankheiten auf KulturPfl eine Rolle. Eine große Anzahl von Arten ist aber auch nützlich. Die Blütenbesucher sind für die Bestäubung zahlreicher PflArten unentbehrlich. Räuberisch lebende Insekten sind für die bioligische Schädlingsbekämpfung wichtig. Als Haustiere wirtschaftlich genutzt werden aber nur die Honigbiene u. der Seidenspinner.
Etwa 800000 Arten, im Gebiet etwa 31000.

LITERATURVERZEICHNIS

Friese, G.: Insekten. Taschenlexikon der Entomologie. Leipzig 1964.

Kaestner, A.: Lehrbuch der Speziellen Zoologie, Bd. I, 3. Teil A u. B. Jena 1972/73.

Metzger, R.: Die Ordnungen und Familien der einheimischen Insekten. Potsdam 1960.

Sedlag, U.: Wunderbare Welt der Insekten, Leipzig, Jena, Berlin 1984.

Weber, H., Weidner, H.: Grundriß der Insektenkunde, 5. völlig neu bearb. Aufl. Stuttgart 1974.

Hauptschlüssel heimischer Insektenordnungen

Der insektenkundige Benutzer wird die Ordnungszugehörigkeit des zu bestimmenden Insekts erkennen und mit der Bestimmung bei der betreffenden Ordnung, Familie od. Gattung beginnen. Der Hauptschlüssel für die Ermittlung der Ordnung ist bes. für den weniger erfahrenen Benutzer bestimmt. Der besseren Übersichtlichkeit u. leichteren Handhabung wegen wurde der Ordnungsschlüssel in 5 Schlüssel aufgeteilt.
In den Schlüssel für freilebende Insekten wurden solche Parasiten, die oft auch abseits ihrer Wirte anzutreffen sind, zusätzlich aufgenommen. Junge LStadien von Insekten mit unvollkommener Verwandlung besitzen keine, ältere haben meist FlAnlagen; sie sind daher z. T. sowohl in den Larventabellen wie in der Tabelle für flügellose Insekten enthalten. FlAnlagen bei InsektenL dürfen nicht mit FlResten von Im. verwechselt werden! Verkümmerte Fl treten bei vielen Insektenordnungen auf. Wie Insekten haben MilbenL nur 6 Beine, können also irrtümlich für Insekten gehalten werden! Andererseits gibt es einzelne Insekten, die als Im. od. L gar nicht insektentypisch aussehen. Es kann Einzelfälle geben, in denen die Bestimmung nach den folgenden Schlüsseln nicht zum Ziel führt.

Beachte: Nicht besonders gekennzeichnete Größenangaben betreffen die GesamtLg des Körpers ohne Anhänge.

1 Freilebend 2

1* Parasiten an Säugern, Vögeln, an od. in Insekten. Oft in Nestern von Säugern u. Vögeln, in Wohnungen u. Ställen. Meist kleine Tiere u. meist ohne Fl.
Schlüssel 3 – Parasitische Insekten S. 38

2 Mindestens 1 Paar Fl vorhanden. Fl häufig stark verkürzt, meist deutlich geadert.
Schlüssel 2 – Geflügelte Insekten S. 34

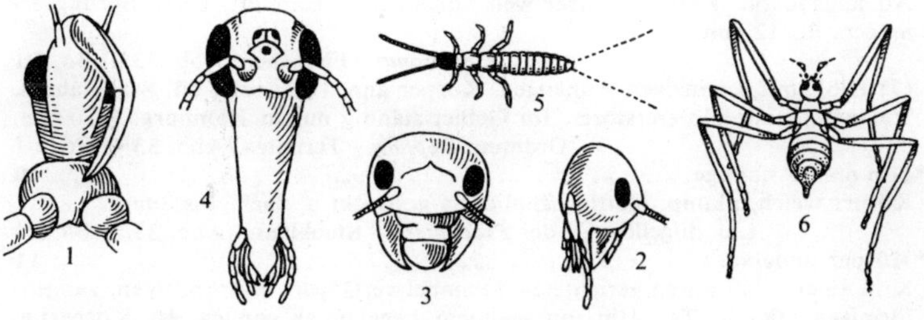

Abb. 31/1–6. **1** Raubwanze; K u. BrV (Bauchansicht); **2** Grille, K in SAnsicht; **3** Grille, K in VAnsicht; **4** Skorpionsfliege, K in VAnsicht; **5** Doppelschwanz; **6** Schneeschnake.

2* Fl fehlen völlig (bei L z. T. FlAnlagen vorhanden).

a) **Schlüssel 1 – Flügellose Insekten** S. 32
b) **Schlüssel 4 – Insektenlarven an Land** S. 39
c) **Schlüssel 5 – Insektenlarven im Wasser** S. 42

Schlüssel 1 – Flügellose Insekten

1 B gut entw u. deutlich sichtbar **2**
1* B fehlend od. kaum erkennbar **17**
2 Mit unpaarigem SaugR (Abb. **31**/1, **33**/11), an dem niemals Tst od. F auftreten. R kann sehr kurz u. auf der KUS verborgen od. als schräg nach hinten gerichteter, kurzer Mundkegel ausgebildet sein **13**
2* Mit paarigen, beißenden, oft undeutlichen od. verkümmerten Mundwerkzeugen (Abb. **31**/2–3). K manchmal rüsselartig verlängert, dann aber stets am VE mit kleinen Kf u. seitlich mit gegliederten Tst (Abb. **31**/4) **3**
3 Mundwerkzeuge verkümmert **4**
3* OKf u. UKf deutlich sichtbar **7**
4 Am HlbE 2 lg, fadenförmige Schwanzfäden, F lg, perlschnurförmig, Weiß od. gelblich, schlank, blind, wendig. Bodenbewohner. Ca. 2 mm.
Ordnung *Diplura* – **Doppelschwänze** (Abb. **31**/5) Bd. 2/1
4* HlbE ohne lg Schwanzfäden **5**
5 F 7–10gld, fadenförmig, in der Außenhälfte behaart. B auffallend lg. Auch auf Schnee. 3–5 mm.
Chionea – **Schneeschnake** (Abb. **31**/6) (zu *Diptera*) S. 349
5* F 4–6gld od. ohne F. B normal **6**
6 Hlb mit höchstens 6 Sgm, unten meist mit Sprunggabel. F 4–6gld, kurz u. dick bis fadenförmig lg. Können meist springen. Schwarz, hell od. bunt. 0,25–2,50 (s bis 5) mm. Ordnung *Collembola* – **Springschwänze** (Abb. **33**/1) Bd. 2/1
6* Hlb mit 11–12 Sgm, stets ohne Sprunggabel. Ohne F (verlängerte VB werden tasterartig erhoben wie F getragen). Blind, kein Sprungvermögen. Gelbliche od. farblose, sehr langsame Bodentiere. 1–2 mm.
Ordnung *Protura* – **Beintastler** (Abb. **33**/2) Bd. 2/1
7 (3) HlbE mit 3 lg Schwanzfäden. Hlb unten mit Bauchstiften **8**
7* HlbE ohne od. mit 2 winzigen Anhängen **9**
8 Au sehr groß, in der KM ± aneinanderstoßend. Mit Sprungvermögen. Bis 20 mm. Ordnung *Archaeognatha* – **Felsenspringer** Bd. 2/1
8* Au fehlend od. klein u. dorsal weit voneinander getrennt. Ohne Sprungvermögen. Bis 12 mm.
Ordnung *Zygentoma* – **Fischchen** (Abb. **33**/3) Bd. 2/1
9 (7) HlbE mit 2 winzigen Anhängen. Körper ähnelt Ameisen od. Staubläusen. Staatenbildende Holzzerstörer. Im Gebiet ständig nur in Hamburg. 3–20 mm.
Ordnung *Isoptera* – **Termiten** (Abb. **33**/4) Bd. 2/1
9* Hlb ohne Anhänge **10**
10 Körper weich, plump, blattlausähnlich; s gestreckt u. flach. Bis 3 mm.
L u. flügellose ♀♀ der *Psocoptera* – **Staubläuse** (Abb. **33**/5) Bd. 2/1
10* Körper anders **11**
11 K in einen nach unten gerichteten Schnabel verlängert, mit kräftigen, zangenförmigen OKf u. Tst. Hlb mit geradem Legebohrer von ca. $^1/_2$ KörperLg. Ca. 3,5 mm.
♀♀ von *Boreus* – **Winterhaft** (Abb. **33**/6) (zu *Mecoptera*) Bd. 2/1
11* K nicht schnabelartig verlängert **12**

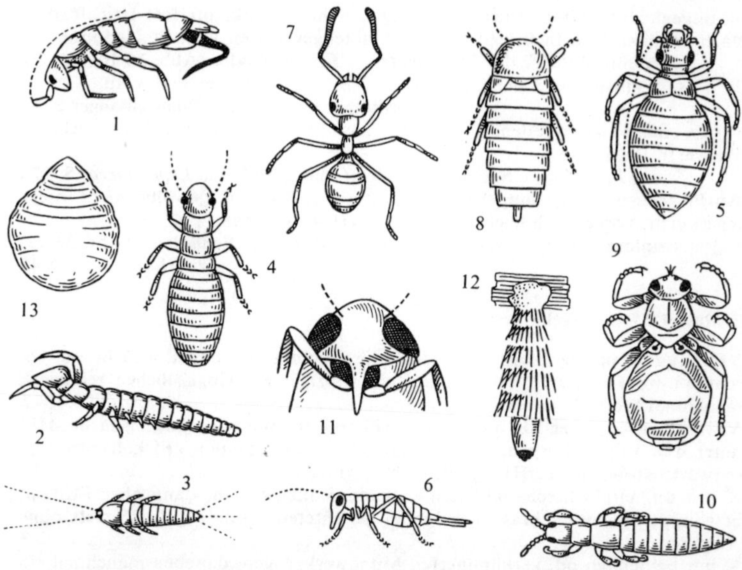

Abb. 33/1–13. **1** Springschwanz, Sprunggabel schwarz; **2** Beintastler; **3** Silberfischchen; **4** Termiten-Arbeiter; **5** Staublaus – ♀; **6** Schneefloh – ♀; **7** Ameise; **8** Leuchtkäfer – ♀; **9** Lausfliege; **10** Fransenflügler – ♀; **11** Zikade, VEnde in Bauchansicht, Au u. VHüfte schwarz; **12** Sackträgermotten – ♀ im Wohnsack; **13** Schildlaus – ♀.

12 Hlb mit der Br stielartig verbunden (Wespentaille). 1–10 mm.
Flügellose *Hymenoptera* (z. B. Ameisen) – **Hautflügler** (Abb. **33**/7) Bd. 2/1

12* Ohne Wespentaille, abgeflacht, weich, schwarzbraun mit hellen SRändern der HlbSgm. Hlb auf der US mit 3 hellen Leuchtflecken. 16–18 mm.
♀♀ von *Lampyris noctiluca* (L.) – **Leuchtkäfer** (Abb. **33**/8) (zu *Coleoptera*) Bd. 2/1

13 (2) B lg, kräftig, mit starken Krallen, spinnenähnlich weit abstehend **14**

13* B nicht spinnenähnlich **15**

14 K sehr klein, zurückklappbar. Hlb nicht breit eiförmig abgeflacht. Blutsauger an Fledermäusen. Bis 5 mm.
Familie *Nycteribiidae* – **Fledermauslausfliegen** (zu *Diptera*) S. 402

14* K größer, nicht zurückklappbar. Hlb breit eiförmig, abgeflacht, lederartig, dunkelbraun. Blutsauger an Vögeln, Huf- u. Raubtieren. Bis 9 mm.
Familie *Hippoboscidae* – **Lausfliegen** (Abb. **33**/9) (zu *Diptera*) S. 401

15 (13) R entspringt unter der KSpitze u. wird in Ruhe meist nach hinten zw die Hü zurückgelegt. K oft stark bauchwärts gebogen.
L u. flügellose Im. der *Heteroptera* – **Wanzen** (Abb. **31**/1) Bd. 2/1

15* R entspringt weit hinten an der KUS (Abb. **33**/11), oft scheinbar zw den VHü od. bildet einen schräg nach hinten gerichteten Mundkegel. (Dann mit 6–9gld, perlschnurförmigen F) **16**

16 R ungegliedert, bildet einen Mundkegel. Sehr schlank, oft fast strichförmig, flachgedrückt. Bes. in Blüten von Korbblütengewächsen u. a. Pfl. 1–5 mm.
L u. flügellose ♀♀ der *Thysanoptera* – **Fransenflügler** (Abb. **33**/10) Bd. 2/1
16* R 2–4gld, entspringt scheinbar von der VBr zw od. hinter den VHü.
Ordnung *Homoptera* – **Pflanzensauger** S. 45
17 **(1)** In einem aus PflTeilen, Sand u. dgl. zusammengesponnenen Sack (nicht im Wasser!). Bis 10 mm.
♀♀ der *Psychidae* – **Sackträgermotten** (Abb. **33**/12) (zu *Lepidoptera*) S. 226
17* An Pfl festgesaugt, schuppen- od. schildförmig, flach od. gewölbt, nicht insektenähnlich. Lassen sich leicht von der Unterlage abheben.
L, P u. beinlose ♀♀ der *Aleyrodina* u. *Coccina* – **Motten-** u. **Schildläuse** (Abb. **33**/13) (zu *Homoptera*) S. 45

Schlüssel 2 – Geflügelte Insekten

1 VFl wie HFl häutig, meist ± glasartig durchsichtig, manchmal gefärbt od. beschuppt bzw. verkürzt. HFl oft auf ein winziges Schwingkölbchen reduziert, manchmal fehlend **2**
1* VFl härter u. fester als die zarten HFl, meist undurchsichtig, gefärbt. HFl unter den VFl verborgen, oft verkürzt od. fehlend. Selten VFl kolbenförmig, seitwärts abstehend u. HFl groß, fächerförmig **18**
2 K mit unpaarem Stech- od. SaugR (kann reduziert sein, dann aber Fl dicht beschuppt) od. mit schräg nach hinten gerichtetem Mundkegel. RS stets ohne Anhänge **3**
2* K mit beißenden od. verkümmerten Mundwerkzeugen, daneben manchmal ein vorstreckbarer R. Wenn K rüsselartig, dann am E stets mit Kf u. Tst (Abb. **31**/4) **6**
3 R entspringt weit hinten an der KUS, in Nähe od. scheinbar zw den VHü (Abb. **33**/11) od. bildet einen Mundkegel **4**
3* R entspringt vorn an der KUS (Abb. **35**/1, 5) **5**
4 Beide FlPaare sehr schmal bandförmig, am Rande mit lg Fransen. Sehr schlank. Bes. in Blüten häufig. 1–5 mm.
Ordnung *Thysanoptera* – **Fransenflügler** (Abb. **35**/2) Bd. 2/1
4* Fl nicht schmal bandförmig, ohne lg Randbewimperung, 1–38 mm.
Ordnung *Homoptera* – **Pflanzensauger** (Abb. **35**/3) S. 45
5 **(3)** R in Ruhe zusammengerollt (Rollzunge), manchmal reduziert. VFl u. HFl dicht beschuppt, oft bunt, stark gezeichnet, s glasartig durchsichtig. Körper dicht anliegend pelzig behaart. F lg, deutlich sichtbar. Fl s verkürzt, in Ruhe dachförmig zusammengelegt, waagerecht ausgebreitet od. nach oben zusammengeklappt. 3–60 mm.
Ordnung *Lepidoptera* – **Schmetterlinge** (Abb. **35**/4–5) S. 168
5* R waagerecht od. senkrecht, nicht zusammengerollt, VFl meist glasartig durchsichtig, manchmal z. T. gefärbt, nie dicht beschuppt. Körper kahl od. behaart, immer jedoch zw Haaren Chitinhaut sichtbar. HFl zu kleinen Schwingkölbchen umgebildet. F lg u. deutlich od. kurz, plump, mit 1 Bo. Fl in Ruhe flach, s (*Psychodidae*) dachförmig auf dem Hlb zusammengelegt. 1–20 mm.
Ordnung *Diptera* – **Zweiflügler** (Abb. **35**/1, 6–7) S. 306
6 **(2)** HFl zu Schwingkölbchen reduziert od. fehlend. Mundwerkzeuge verkümmert. Keine lg, gegliederten Schwanzfäden am HlbE **7**
6* HFl vorhanden, normal ausgebildet; wenn fehlend, dann mit 2 od. 3 lg Schwanzfäden am HlbE **8**

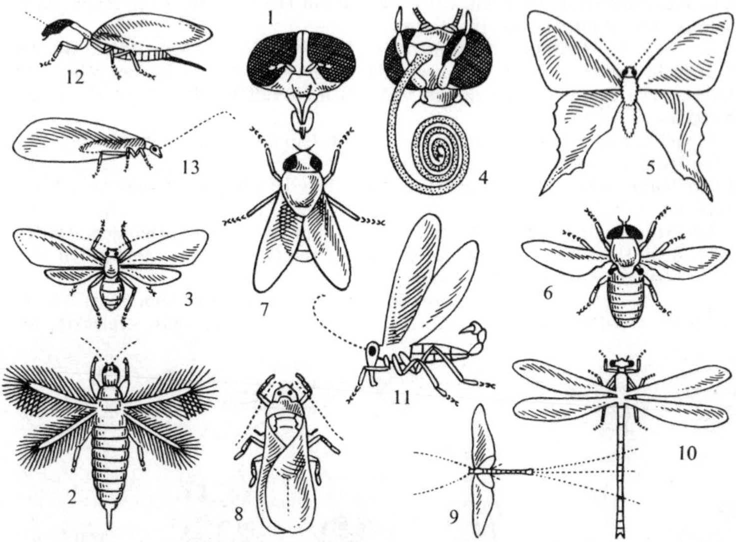

Abb. **35/1–13.** **1** Bremse, K von vorn, **2** Fransenflügler – ♀; **3** Blattlaus – ♀; **4** Schmetterling, K von vorn; **5** Schmetterling; **6** Bremse, Schwingkölbchen u. Au schwarz; **7** Fliege in Ruhestellung; **8** Schildlaus – ♂; **9** Eintagsfliege; **10** Libelle; **11** Skorpionsfliege; **12** Kamelhalsfliegen – ♀, K u. Legeröhre schwarz; **13** Florfliege.

7 HFl zu Schwingkölbchen reduziert, Füße 3–5gld. HlbE ohne Forts u. ohne Wachsfäden.
Ordnung *Diptera* – **Zweiflügler** (Abb. **35**/6) S. 306

7* Ohne HFl. Füße 1gld. HlbE meist mit stielartigem Forts u. 2 weißen od. 1 Büschel Wachsfäden. 1–3 mm.
♂♂ der *Coccina* – **Schildläuse** (Abb. **35**/8) (zu *Homoptera*) S. 77

8 **(6)** F winzig, höchstens so lg wie der K breit **9**

8* F gut entw, meist mehrfach länger als der K **10**

9 HlbE mit 3 od. 2 lg, zarten, gegliederten Schwanzfäden. Mundwerkzeuge verkümmert. VFl breit, etwa dreieckig, HFl viel kleiner, manchmal ganz fehlend. Schwacher, tanzender, zielloser Flug. 5–35 mm.
Ordnung *Ephemeroptera* – **Eintagsfliegen** (Abb. **35**/9) Bd. 2/1

9* HlbE mit 2–4 kurzen, kräftigen, versch. gebauten Anhängen. Mundwerkzeuge kräftig entw. VFl schmal, HFl genau so groß od. an der Basis breiter. 20–85 mm.
Ordnung *Odonata* – **Libellen** (Abb. **35**/10) Bd. 2/1

10 **(8)** K nach unten schnabelförmig verlängert, VFl u. HFl gleich groß, glasartig durchsichtig, meist gefleckt; od. beide FlPaare zu lg, schräg nach hinten oben gerichteten Greifhaken umgewandelt (♂ von *Boreus*, 3–4 mm) 10–30 mm.
Ordnung *Mecoptera* – **Schnabelfliegen** (Abb. **31**/4, **33**/6 u. **35**/11) Bd. 2/1

10* K nicht schnabelförmig verlängert **11**

11 VBr mehrfach so lg wie breit, halsartig. VB am HE der VBr. Fl in Ruhe dachförmig. Alle B gleichartig. 10–15 mm.
Ordnung *Raphidioptera* – **Kamelhalsfliegen** (Abb. **35**/12) Bd. 2/1

11* VBr nicht halsartig, wenn verlängert, dann VB (RaubB!) am VE der VBr . **12**

12 HFl ebenso lg od. fast so lg wie VFl, oft breiter. Hlb oft mit paarigen Anhängen **13**

12* HFl viel kürzer, mit kleinerer Fläche als VFl, Hlb ohne paarige Anhänge . . **17**

13 Fl in Ruhe dachförmig **15**

13* Fl in Ruhe flach übereinanderliegend od. den Hlb halbscheidenförmig überdeckend **14**

14 F höchstens so lg wie K u. Br zusammen. Fl nur kurze Zeit vorhanden, werden nach dem Hochzeitsflug abgeworfen (bisher im Gebiet keine geflügelten Geschlechtstiere gefunden). Bis 20 mm.
Ordnung *Isoptera* – **Termiten** (Abb. **36**/3) Bd. 2/1

14* F länger (50–100 Gld), borstenförmig. VFl länglich, HFl meist dreieckig, die

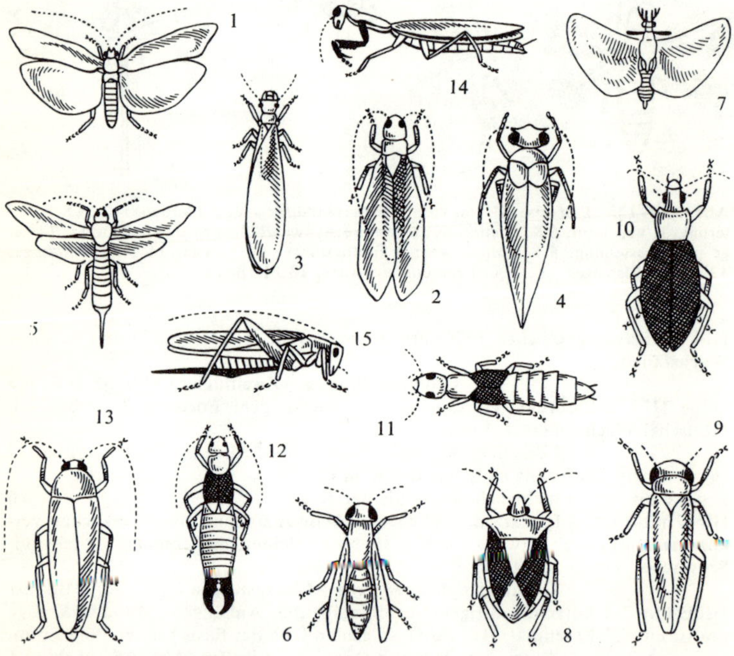

Abb. **36/1–15.** **1** Köcherfliege; **2** Schlammfliege; **3** Termite, geflügeltes Geschlechtstier; **4** Staublaus – ♀; **5** Holzwespen – ♀; **6** Faltenwespe, Fl in Ruhestellung; **7** Fächerflügler – ♂, VFl schwarz; **8** Baumwanze, verstärkte Basis der VFl schwarz; **9** Zikade; **10** Laufkäfer, Fld schwarz; **11** Kurzflügler, Fld schwarz; **12** Ohrwurm – ♂, VFl u. Hlb-Anhänge schwarz; **13** Schaben – ♂; **14** Gottesanbeterin – ♀, RaubB schwarz; **15** Laubheuschrecken – ♀, Legeröhre schwarz.

3 BrAbschnitte ± gleichgestaltig. Mit 2 HlbAnhängen, die lg (vielgld), verkürzt (5–6gld) od. verkümmert (1gld) sein können. Bes. an fließenden Gewässern. 3,5–30,0 mm.

Ordnung *Plecoptera* – **Steinfliegen** Bd. 2/1

15 **(13)** VFl mit ± zahlreichen Queradern. Wenn Adern spärlich, dann Fl weiß od. bräunlich bestäubt, nicht behaart. Kf gut entw **16**

15* VFl mit wenigen Queradern. Fl ± behaart, nie weiß od. bräunlich bestäubt. Mundwerkzeuge verkümmert. An Gewässern. 5–30 mm.

Ordnung *Trichoptera* – **Köcherfliegen** (Abb. **36**/1) Bd. 2/1

16 Hsch etwa rechteckig, schildförmig. Fl dunkelbraun getrübt. An Gewässern. 8–15 mm.

Ordnung *Megaloptera* – **Schlammfliegen** (Abb. **36**/2) Bd. 2/1

16* Hsch niemals schildförmig, an den S bis zu den VHü herabgezogen. Fl mit od. ohne Zeichnung, manchmal bunt, tagfalterartig (*Ascalaphus*), 1–40 mm.

Ordnung *Planipennia* – **Hafte** (Abb. **35**/13) Bd. 2/1

17 **(12)** Fl in Ruhe dachförmig zusammengelegt, oft ± verkürzt od. rückgebildet. F lg borstenförmig. Körper weich, plump, blattlausähnlich. 1–4 mm.

Ordnung *Psocoptera* – **Staubläuse** (Abb. **36**/4) Bd. 2/1

17* Fl in Ruhe flach auf dem Rücken übereinander od. (*Vespoidea*) gefaltet nebeneinander. Körper hart. Oft mit vorstreckbarem R. 0,2–30,0 mm.

Ordnung *Hymenoptera* – **Hautflügler** (Abb. **36**/5–6) Bd. 2/1

18 **(1)** VFl kolbenförmig, starr seitwärts abstehend. HFl groß, fächerförmig, in Ruhe längs auf dem Rücken zusammengefaltet. Mundwerkzeuge verkümmert. Bis 3 mm.

♂♂ der Ordnung *Strepsiptera* – **Fächerflügler** (Abb. **36**/7) Bd. 2/1

18* VFl anders gestaltet **19**

19 VFl nur im größeren Basalteil verdickt, im Spitzenteil mit scharf abgesetzter, häutiger Membran. Mit SaugR, der vorn unter dem K entspringt u. in Ruhe meist zw die Hü zurückgelegt wird. Fl in Ruhe flach übereinander. 1–40 mm. Einige Arten im od. auf dem Wasser.

Ordnung *Heteroptera* – **Wanzen** (Abb. **31**/1, u. **36**/8) Bd. 2/1

19* VFl in ganzer Ausdehnung ± verdickt, ohne deutlich abgesetzte Spitzenmembran **20**

20 Mit kurzem SaugR, der hinten unter dem K entspringt (nicht mit rüsselartig verlängertem K mit seitlichen F, Kf u. Tst am E verwechseln!). Fl, wenn nicht verkürzt, in Ruhe stets dachförmig. Mit Sprungvermögen. 1,5–38,0 mm.

Unterordnung *Auchenorrhyncha* (*Cicadina*) – **Zikaden** (Abb. **33**/11, **36**/9) (zu *Homoptera*) S. 46

20* Mit beißenden Mundwerkzeugen. K manchmal rüsselartig. Fl in Ruhe nie dachförmig **21**

21 HlbE mit paarigen Anhängen (Cerci) **22**

21* HlbE ohne Cerci. VFl zu (meist) sehr festen Fld umgewandelt, den ganzen Hlb bedeckend od. verkürzt. HFl zart, glasartig durchsichtig, in Ruhe zusammengefaltet unter den VFl, oft verkürzt od. ganz fehlend. Einige Familien im Wasser. 0,5–60,0 mm.

Ordnung *Coleoptera* – **Käfer** (Abb. **36**/10–11) Bd. 2/1

22 Körper lggestreckt, abgeflacht, am E mit 2 kräftigen, ± stark gebogenen, ungegliederten Zangen. VFl kurz, erreichen höchstens die HlbBasis, lederartig, braun, ohne Spur von Adern. K nach vorn gerichtet. 4–26 mm.

Ordnung *Dermaptera* – **Ohrwürmer** (Abb. **36**/12) Bd. 2/1

22* Merkmalskombination trifft nicht zu **23**

23 Körper ± oval, abgeflacht, am E mit 2 kurzen spindelförmigen, gegliederten Anhängen. Hsch breit, vorn abgerundet. K von oben gesehen unter Hsch verborgen. VFl mit deutlichen Adern, so lg od. länger als Hlb, oft verkürzt. Laufen sehr schnell. 7–45 mm.
Ordnung *Blattodea* – **Schaben** (Abb. **36**/13) Bd. 2/1

23* Körper nicht oval u. abgeflacht. K von oben stets sichtbar **24**

24 K von vorn gesehen dreieckig, sehr beweglich. VBr stark verlängert, schmal, am VE mit kräftigen RaubB. HlbAnhänge konisch, gegliedert. Laufen sehr langsam, springen nicht. Im SW; sehr s. 40–50 mm.
Ordnung *Mantodea* – **Fangschrecken** (Abb. **36**/14) Bd. 2/1

24* K von vorn gesehen nicht dreieckig, wenig beweglich. VBr nicht lg u. schmal. VB wie MB gebaut. HB als SprungB entw. HlbAnhänge konisch od. borstenförmig, ungegliedert. VFl so lg, länger od. kürzer als Körper od. nur schuppenförmige Reste. ♂♂ können zirpen. 7–65 mm.
Ordnung *Saltatoria* – **Heuschrecken** (Abb. **36**/15) Bd. 2/1

Schlüssel 3 – Parasitische Insekten

1 Parasiten an Vögeln u. Säugern, oft in deren Nestern **2**

1* Parasiten in od. an Insekten **8**

2 Mit häutigen Fl, die oft sehr kurz od. stummelförmig sind. Körper flach, lederartig, B lg u. kräftig, weit abstehend (spinnenähnlich), mit kräftigen Krallen. Können rasch laufen. Im Gefieder von Vögeln u. im Fell von Huf- u. Raubtieren. Blutsauger. Bis 9 mm.
Familie *Hippoboscidae* – **Lausfliegen** (Abb. **33**/9) (zu *Diptera*) S. 401

2* Ohne Fl (nur bei Plattwanzen sind VFl zu fest aufliegenden Platten verkümmert) **3**

3 Körper stark seitlich zusammengedrückt u. bedornt. HSchenkel stark ver-

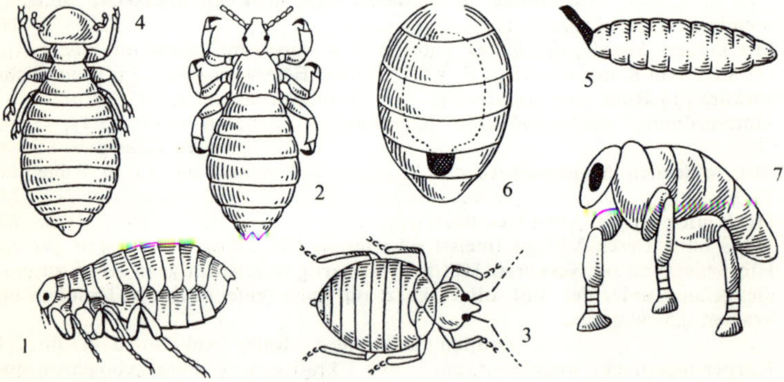

Abb. **38**/1–7. **1** Menschenfloh; **2** Kleiderlaus; **3** Bettwanze; **4** Läusling; **5** Fächerflügler – ♀, VKörper schwarz; **6** Fächerflügler – ♀ im Hlb einer Sandbiene, VKörper schwarz; **7** Bienenlaus.

dickt, mit Sprungvermögen. SaugR mit 2–17 Gld. Auf Vögeln u. Säugern, in Nestern, Wohnräumen, Ställen. Blutsauger. 1–5 mm.
Ordnung *Siphonaptera* – **Flöhe** (Abb. **38**/1) S. 299

3* Körper von oben nach unten zusammengedrückt. HSchenkel nicht verdickt, kein Sprungvermögen 4

4 B spinnenähnlich weit abstehend, kräftig, lg, mit kräftigen Krallen 5

4* B nicht spinnenähnlich 6

5 K sehr klein, nach hinten zurückschlagbar. Hlb nicht breit eiförmig. Nur auf Fledermäusen. Blutsauger. Bis 5 mm.
Familie *Nycteribiidae* – **Fledermauslausfliegen** (zu *Diptera*) S. 402

5* K anders, nicht zurückschlagbar. Hlb breit eiförmig, lederartig, dunkelbraun. Auf Vögeln, Huf- u. Raubtieren. Blutsauger. Bis 9 mm.
Familie *Hippoboscidae* – **Lausfliegen** (Abb. **33**/9) (zu *Diptera*) S. 401

6 (4) Mit beißenden Mundwerkzeugen, F kürzer als K. Leben im Vogelgefieder od. Säugerfell, fressen Haare od. Federn, teils blutsaugend. 1–11 mm.
Unterordnung *Mallophaga* – **Läuslinge** (Abb. **38**/4) (zu *Phthiraptera*) Bd. 2/1

6* Mit stechenden u. saugenden Mundwerkzeugen, F mindestens so lg wie K . 7

7 B mit je 1 auffallend großen, gebogenen Kralle. F etwa so lg wie K. Träge Tiere. Nur auf Säugetieren, auch Menschen. Blutsauger. 1–6 mm.
Unterordnung *Anoplura* – **Läuse** (Abb. **38**/2) (zu *Phthiraptera*) Bd. 2/1

7* B ohne auffallend große, stark gebogene Kralle. F viel länger als K. Körper sehr flach, Umriß rundlich-oval. Blutsauger an Menschen (in Wohnungen), Fledermäusen, Vögeln (auch Tauben u. Hühnern) u. in deren Nestern u. Ställen. Bis 6 mm.
Familie *Cimicidae* – **Plattwanzen** (Abb. **38**/3) (zu *Heteroptera*) Bd. 2/1

8 (1) Innenparasiten bei Bienen, Wespen od. Zikaden. B fehlen. Tiere ragen zw 2 Sgm des Wirtes wie braune od. schwarze Warzen (Abb. **38**/6) hervor u. sind nur teilweise sichtbar. Herauspräpariert bis ca. 5 mm. (♂ mit kolbenförmigen VFl u. großen, fächerförmigen HFl; Abb. **36**/7).
♀♀ od. P der *Strepsiptera* – **Fächerflügler** (Abb. **38**/5–6) Bd. 2/1

8* Außenparasit auf Bienen. B kräftig, lg, spinnenartig. Bis 1,5 mm.
Braula coeca – **Bienenlaus** (Abb. **38**/7) (zu *Diptera*) S. 392

Schlüssel 4 – Insektenlarven an Land

1 Freilebend od im Inneren von Pfl 2

1* Innen- od. Außenparasiten bei Insekten, im K von Kröten od. in Huftieren 22

2 B gut entw u. deutlich sichtbar 3

2* B fehlend od. kaum erkennbar 16

3 Mit paarigen beißenden Mundwerkzeugen (Abb. **31**/2–3) od. einem Paar sichel- od. stilettförmiger SaugKf (Abb. **40**/1) 4

3* Mit unpaarigem SaugR (Abb. **31**/1, **33**/11). R kann sehr kurz u. auf der KUS verborgen od. als schräg nach hinten gerichteter kurzer Mundkegel ausgebildet sein 13

4 OKf u. Ukf zu einem Paar lg, stilett- od. sichelförmiger SaugKf vereinigt. Bis 10 mm.
L der *Planipennia* – **Hafte** (Abb. **40**/1) Bd. 2/1

4* Keine SaugKf, Okf stets selbständig, beißend 5

5 HlbE mit zangenförmigen Anhängen, 1gld, nackt, Bis 10 mm.
L der *Dermaptera* – **Ohrwürmer** (Abb. **40**/2) Bd. 2/1

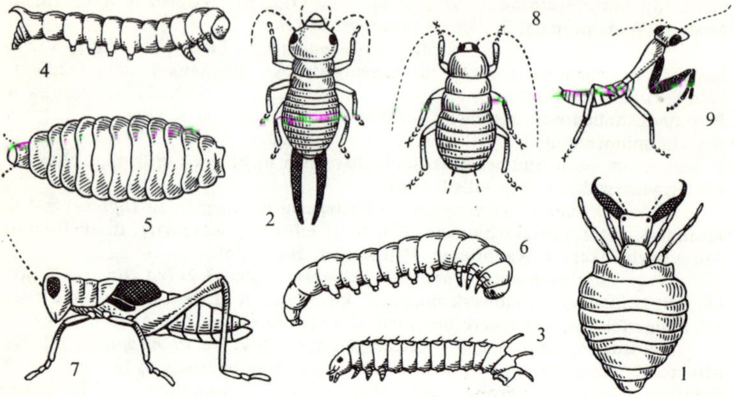

Abb. 40/1–9. **1** Ameisenlöwe, KfZangen schwarz; **2** Ohrwurm-L, HlbAnhänge schwarz; **3** SkorpionsfliegenL; **4** Schwärmerraupe; **5** Urmottenraupe; **6** BlattwespenL; **7** HeuschreckenL, FlScheiden schwarz; **8** SchabenL; **9** FangschreckenL, RaubB schwarz.

5* HlbE ohne zangenförmige Anhänge **6**

6 Raupen od. raupenähnlich, manchmal auch asselähnlich, oft in sackartigen Gehäusen **7**

6* Nicht raupen- od. asselähnlich **9**

7 KS mit je 1 Gruppe von mehr als 10 PunktAu. Körper mit dornenartigen od. bizarren Auswüchsen. Bis 10 mm.
L der *Mecoptera* – **Schnabelfliegen** (Abb. **40**/3) Bd. 2/1

7* KS mit 1–6 PunktAu **8**

8 2–5 Paar Bauchfüße (bei minierenden Raupen z. T. fehlend) mit Hakenkränzen od. Krallen. Wenn 7 Paar, dann asselartig. Bis 60 mm.
L (Raupen) der *Lepidoptera* – **Schmetterlinge** (Abb. **40**/4–5) S. 168

8* 6–8 Paar Bauchfüße ohne Hakenkränze od. Krallen. Meist 1 deutliches PunktAu an jeder KS. Wenn ohne Bauchfüße, dann KörperE oben mit 1 spitzen Dorn nach hinten (*Siricidae*) od. nur letztes Bauchfußpaar vorhanden, griffelartig, gegliedert (z. B. *Pamphiliidae*). Bis 40 mm.
L der *Symphyta*– **Pflanzenwespen** (Abb. **40**/6) (zu *Hymenoptera*) Bd. 2/1

9 **(6)** Körper meist höher als breit od. walzenförmig (heuschreckenähnlich). Hsch an den S bis zu den VHü herabgezogen. HB mit verdickten Schenkeln (Sprungvermögen!) od. VB zu GrabB umgebildet. K ± senkrecht. Ältere L mit FlScheiden. Bis 50 mm.
L der *Saltatoria* – **Heuschrecken** (Abb. **40**/7) Bd. 2/1

9* Körper abgeflacht od. VBr mehrfach länger als breit. Keine SprungB **10**

10 VBr mehrfach so lg wie breit. VB am VE der VBr, als RaubB ausgebildet (Schienen können taschenmesserartig an Schenkel zurückgelegt werden). K frei sichtbar. Langsam laufend. Bis 20 mm. SW, sehr s.
L der *Mantodea* – **Fangschrecken** (Abb. **40**/9) Bd. 2/1

10* VBr nicht mehrfach so lg wie breit **11**

11 K unter Hsch verborgen u. nach hinten gerichtet. Körper flach u. breit. Hsch groß, schildförmig. Rasch laufend. Ältere L mit FlScheiden. Bis 25 mm.
L der *Blattodea* – **Schaben** (Abb. **40/8**) Bd. 2/1

11* K frei, Körper flach bis rund, lggestreckt **12**

12 HschS bis zu den VHü herabgezogen, ein etwas abgeflachtes Rohr bildend. Hlb spindelförmig, hinten zugespitzt, vorn verengt. K länger als breit, mit kleinem Mundfeld. Sehr flink u. wendig, oft rückwärts laufend. Räuber. Bis ca. 10 mm. L der *Raphidioptera* – **Kamelhalsfliegen** (Abb. **41**/1) Bd. 2/1

12* Hsch flach od. an den S ± herabgezogen, aber niemals röhrenförmig. Körper versch. gestaltet, meist engerlingsartig, weich, gekrümmt od. mehlwurmartig, hart, gestreckt. Bis ca. 50 mm.
L versch. Familien der *Coleoptera* – **Käfer** (Abb. **41**/2–3) Bd. 2/1

13 **(3)** SaugR entspringt unter der KSpitze u. wird in Ruhe meist nach hinten zw die Hü zurückgelegt. K oft stark bauchwärts gebogen. Bis ca. 12 mm.
L (u. flügellose Im.) der *Heteroptera* – **Wanzen** (Abb. **31**/1) Bd. 2/1

13* R entspringt weit hinten an der KUS, oft scheinbar zw den VHü, od. bildet einen schräg nach hinten gerichteten Mundkegel (dann mit 6–9gld, perlschnurförmigen F) **14**

14 R ungegliedert, entspringt an der KBasis dicht vor den VHü od. bildet einen Mundkegel **15**

14* R 2–4gld, entspringt scheinbar von der VBr zw od. hinter den VHü.
Ordnung *Homoptera* – **Pflanzensauger** S. 45

15 Sehr schlank, oft fast strichförmig, abgeflacht. F deutlich sichtbar, mit 6–9 ± gleichartigen Gld. Kein Sprungvermögen. Bes. in Blüten von Korbblütengewächsen u. a. 1–5 mm.
L (u. flügellose ♀♀) der *Thysanoptera* – **Fransenflügler** (Abb. **33**/10) Bd. 2/1

15* Robuster, nur sehr s abgeflacht. F winzig, bestehen aus 2 GrundGld u. 1 EndBo. Mit Sprungvermögen. Bis 30 mm.
L der *Auchenorrhyncha* – **Zikaden** (Abb. **41**/4) (zu *Homoptera*) S. 46

16 **(2)** In Baumstämmen, Zweigen od. anderen verholzten PflTeilen od. in Nestern (oft in Brutzellen). Körper stets weichhäutig u. bleich, K deutlich erkennbar **17**

16* Freilebend od. in nichtverholzten PflTeilen od. in einem Sack aus PflTeilen od. Sand eingesponnen; nicht in Nestern **18**

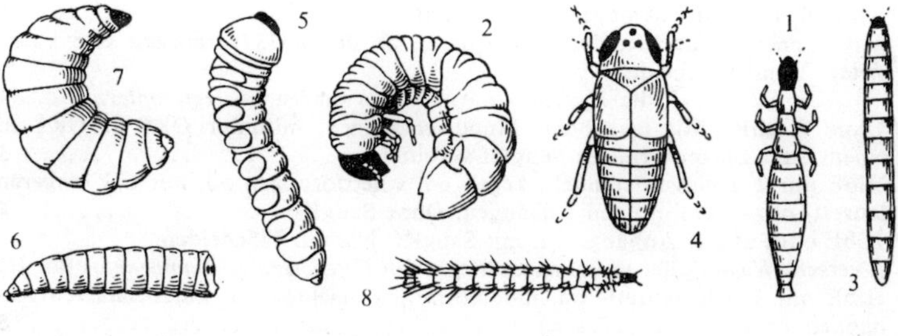

Abb. **41/1–8.** **1** KamelhalsfliegenL; **2** Engerling; **3** MehlkäferL; **4** ZikadenL; **5** BockkäferL; **6** FliegenL; **7** BienenL; **8** FlohL.

17 In Baumstämmen, Zweigen od. anderen verholzten PflTeilen. Bis 70 mm.
L vieler *Coleoptera* – **Käfer** (Abb. **41**/5) Bd. 2/1

17* In Nestern (oft in Brutzellen), zusammen mit (meist geflügelten) Im. od. in PflGallen. L vieler *Hymenoptera* – **Hautflügler** (Abb. **41**/7) Bd. 2/1

18 **(16)** In einem aus PflTeilen, Sand u. dgl. zusammengesponnenen Sack (nicht im Wasser!). Bis 10 mm.
L (u. ♀♀) der *Psychidae* – **Sackträgermotten** (Abb. **33**/12) (zu *Lepidoptera*) S. 226

18* Nicht in einem Sack eingesponnen **19**

19 An Pfl festgesaugt, schuppen- od. schildförmig, flach od. gewölbt, nicht insektenähnlich. Lassen sich leicht von der Unterlage abheben.
L, P u. beinlose ♀♀ der *Aleyrodina* u. *Coccina* – **Motten-** u. **Schildläuse** (Abb. **33**/13) (zu *Homoptera*) S. 45

19* Tiere anders gestaltet **20**

20 Mit deutlich sichtbarem K **21**

20* Ohne sichtbaren K, oft mit schwarzem Mundhaken am VE. In faulenden organischen Stoffen, an od. in nichtverholzten Pfl u. Pilzen (Gallen, Minen, Fraßgängen), in Erde u. Mulm.
L vieler *Diptera* – **Zweiflügler** (Abb. **41**/6) S. 306

21 In feuchtem Boden, unter Moos u. dgl.
L vieler *Diptera* – **Zweiflügler** S. 306

21* In Nestern, Wohnungen, Stallungen usw. frei lebend. Gestreckt, jedes Sgm mit 1 Querreihe langer Bo. Meist ohne A u,mit kurzen, 2gld F. 4–5 (s 10) mm.
L der *Siphonaptera* – **Flöhe** (Abb. **41**/8) S. 299

22 **(1)** Innenparasiten in Insekten, im K von Kröten, in Huftieren od. unter der Haut derselben in Dasselbeulen **23**

22* Außenparasiten an Insekten. Bis ca. 5 mm.
L von *Hymenoptera* – **Hautflügler** (Abb. **41**/7) Bd. 2/1

23 Mit K u. ± deutlichen OKf. Bis 15 mm.
L von *Hymenoptera* – **Hautflügler** (Abb. **41**/7) Bd. 2/1

23* Ohne K, am VE mit schwarzem Mundhaken. 1–30 mm.
L von *Diptera* – **Zweiflügler** (Abb. **41**/6) S. 306

Schlüssel 5 – Insektenlarven im Wasser

1 B gut entw u. deutlich sichtbar **2**

1* Ohne B. Nie mit FlAnlagen (FlScheiden) **11**

2 Mit unpaarem StechR, der sehr kurz u. an der KUS verborgen sein kann. Ältere L mit FlScheiden.
L der *Hydrocorisae* – **Wasserwanzen** (zu *Heteroptera*) Bd. 2/1

2* Ohne StechR. Mit beißenden Mundwerkzeugen, mitunter OKf u. UKf zu einem Paar zangenförmiger SaugKf verbunden **3**

3 HlbE mit 2–5 kurzen spindel-, kegel- od. stilettförmigen od. mit 1–3 längeren lanzett- od. fadenförmigen Anhängen. Ohne SaugKf **4**

3* HlbE ohne solche Anhänge od. mit SaugKf. Nie mit FlScheiden.
L versch. **Wasserkäfer** u. **Schwammfliegen** (zu *Coleoptera* u. *Planipennia*) Bd. 2/1

4 HlbE mit 1–3 lg lanzett- od. fadenförmigen, nackten od. kurzbehaarten Anhängen **5**

4* HlbE mit kurzen stift-, stilett- od. spindelförmigen Anhängen **9**

5 Mit 7 Paar lg beinartigen Kiemenfäden seitlich am Hlb od. ganzer Körper mit dornenartigen, ungegliederten Forts besetzt. Nie mit FlScheiden **6**

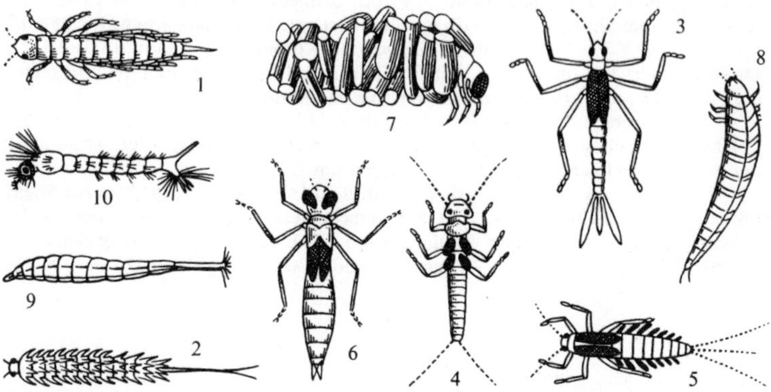

Abb. **43/1–10.** **1** SchlammfliegenL; **2** WassertreterL; **3** KleinlibellenL, FlScheiden schwarz; **4** SteinfliegenL, FlScheiden schwarz; **5** EintagsfliegenL, FlScheiden u. Kiemenblättchen schwarz; **6** GroßlibellenL, FlScheiden schwarz; **7** KöcherfliegenL im Köcher; **8** KolbenwasserkäferL; **9** WaffenfliegenL; **10** MückenL.

5* Ohne beinartige Kiemenfäden am Hlb, keine Dornen auf dem gesamten Körper. HlbE mit 2 od. 3 lg Anhängen. Ältere L mit FlScheiden **7**

6 HlbE mit 1 lg, kurz behaarten, am E nicht gegabelten, fadenartigen Forts. Jederseits am Hlb 7 lg, beinartige, gegliederte u. behaarte Kiemenfäden. B lg. Am Grunde langsam fließender od. stehender Gewässer. Bis 15 mm.
L der *Megaloptera* – **Schlammfliegen** (Abb. **43**/1) Bd. 2/1

6* HlbE mit 1 lg, am E gegabelten, fadenartigen Forts. Alle Sgm mit je 4 dornen- od. fadenartigen, ungegliederten Forts. B kurz. Bis 7 mm.
L der *Haliplidae* – **Wassertreter** (Abb. **43**/2) (zu *Coleoptera*) Bd. 2/1

7 (5) Schwanzanhänge kürzer als Hlb, lanzettförmig, 1gld. Ul zu einer spatelförmigen, vorschnellbaren Fangmaske umgestaltet. F etwa so lg wie K. Ältere L mit FlScheiden. Bis 30 mm.
L der *Zygoptera* – **Kleinlibellen** (Abb. **43**/3) (zu *Odonata*) Bd. 2/1

7* Schwanzanhänge lg, mehrgld, borstenförmig. Ul bildet keine Fangmaske . **8**

8 2 Schwanzfäden. Kleine Kiemenbüschel meist an der Br, s am HlbE, nie an den HlbS, fehlen oft ganz. F lg, Füße mit 2 Krallen. Ältere L mit FlScheiden Bis 30 mm. L der *Plecoptera* – **Steinfliegen** (Abb. **43**/4) Bd. 2/1

8* 3 od. 2 Schwanzfäden. HlbS mit versch. geformten Kiemenblättchen. F sehr klein, Füße mit 1 Kralle. Ältere L mit FlScheiden. Bis 35 mm.
L der *Ephemeroptera* – **Eintagsfliegen** (Abb. **43**/5) Bd. 2/1

9 (4) Mit 5 stilettförmigen, kurzen Anhängen am HlbE, die zusammengelegt eine Pyramide bilden. Ul zu einer vorschnellbaren Fangmaske umgebildet. Ältere L mit FlScheiden. Bis 60 mm.
L der *Anisoptera* – **Großlibellen** (Abb. **43**/6) (zu *Odonata*) Bd. 2/1

9* Höchstens 2–4 kurze Anhänge am HlbE. Keine vorschnellbare Fangmaske. Nie mit FlScheiden **10**

10 In Köchern aus PflTeilen, Sand, Kies od. Schneckenschalen, s frei in Gespinsten; ± raupenähnlich. Br u. Hlb mit fadenartigen Tracheenkiemen. Bis 25 mm.
L der *Trichoptera* – **Köcherfliegen** (Abb. **43**/7) Bd. 2/1

10* Ohne Köcher, frei im Wasser. HlbE z. T. mit 2–4 kurzen Anhängen. Oft treten die Anhänge auch am ganzen Hlb auf. Bis ca. 70 mm.
L versch. **Wasserkäfer** – Familien (Abb. **43**/8) (zu *Coleoptera*) Bd. 2/1

11 **(1)** Mit deutlich sichtbarem K. Mit Bo u. versch. gestalteten, der Atmung an der Wasseroberfläche dienenden Anhängen am HlbE.
L versch. **Mücken** – Familien (Abb. **43**/10) (zu *Diptera*) S. 350

11* Ohne deutlich sichtbaren K. Oft mit versch. gestalteten, der Atmung an der Wasseroberfläche dienenden Anhängen am HlbE (z. B. BoKranz, lg Schwanzfaden). L versch. **Fliegen** – Familien (Abb. **43**/9) (zu *Diptera*) S. 359

Ordnung *Homoptera* – **Pflanzensauger, Gleichflügler**

G. Meur Arten 1–17 mm (ausnahmsweise 38 mm). Mundwerkzeuge: stechend-saugender R. Na: als PflSaftsauger (Phloem-, seltener Xylemsauger od. Zellsaftschlürfer) fast ausnahmslos an terrestrische Vegetation (**L.**) gebunden, nie im Wasser. Fl in sich gleichmäßig, VFl aber oft stärker sklerotisiert, evtl. fehlend. – **B.** Unvollkommene Verwandlung mit 5, bei Blattläusen 4 u. Schildläusen 3 (♀) – 2 (♂) LStadien. Jungfernzeugung (bei Blattläusen, einigen Schild- u. Mottenläusen) u. Viviparie (bei vielen Blattläusen u. Schildläusen) häufig. Jährlich 1–3 u. mehr (Blattläuse) Gen.

1 M- u. HB mit 3 FußGld. F sehr klein, mit 1–3 dickeren GrundGld u. längerer, dünner EBo. VFl s verkürzt, oft ledrig u. ± gefärbt. Meist starkes Sprungvermögen. Freilebend. 1,75–38 mm.
Unterordnung *Auchenorrhyncha* (*Cicadina*) – **Zikaden** S. 46

1* Alle B mit 1–2 FußGld. F länger, mehrgld, ohne feine EBo. Fl glasig durchscheinend, s mehlig-weiß bestäubt, häufig fehlend. Manche schildförmig, festsitzend (PflParasiten). Freilebende Arten stets sehr klein **2**

2 Festsitzend, meist unter flachem od. buckelig gewölbtem Schild verborgen. Ohne Fl. B reduziert, oft fehlend. Bis 8 mm.
♀♀ der Unterordnung *Coccina* – **Schildläuse** S. 77

2* Frei beweglich, ohne Schild, stets mit B **3**

3 Mit 1 FußGld u. 1 Kralle, ♀ ohne Fl; ♂-VFl mit 2–3 einfachen Adern, HFl verkümmert. F der ♂♂ lg u. vielgld.
Unterordnung *Coccina* – **Schildläuse** S. 77

3* Meist 2 FußGld, stets mit 2 Krallen. Wenn geflügelt, dann Tiere mit gut entw HFl **4**

4 Fl gut entw **5**

4* Ohne Fl od. (L) mit FlStummeln **6**

5 Schenkel dünn, kaum dicker als Schienen **7**

5* Schenkel verdickt, viel dicker als Schienen. SprungB. VFl mit 3 gegabelten Adern. Unterordnung *Psyllina* – **Blattflöhe** S. 70

6 **(4)** Mit seitlich abstehenden FlStummeln. F mit 2 EBo. Schenkel verdickt.
L der *Psyllina* – **Blattflöhe** S. 70

6* Ohne Fl od. mit nicht abstehenden FlStummeln. F ohne Bo. B dünn.
Unterordnung *Aphidina* – **Blattläuse** S. 87

7 **(5)** Fl glashell, VFl vorn mit dicker Ader bis zum Randmal. F 3- bis 6gld. 4 mm. Unterordnung *Aphidina* – **Blattläuse** S. 87

7* Fl u. Körper mehlig bestäubt. F 6- bis 7gld. 3 mm.
Unterordnung *Aleyrodina* – **Mottenläuse** S. 73

Unterordnung *Auchenorrhyncha* (*Cicadina*) – **Zikaden**

G. Die im Körperbau am wenigsten abgeleiteten Homopteren, deren Ul am ventralen HRande des K (der „Kehle") entspringt, so daß der 3gld SaugR frei ausgeschwenkt u. auf das Substrat gesetzt werden kann. Von insgesamt etwa 35000 bisher bekannten Arten sind nur knapp 500, meist kleine (1,75 mm) bis mittelgroße (38 mm) Arten heimisch. Bei diesen: HB meist mit stark verlängerten Schenkeln u. Schienen zu sehr wirksamen SprungB entw, deren Muskulatur jedoch in Br verborgen. Fl in der Ruhe dachförmig getragen. VFl stets größer als HFl, beide bisweilen ± stark verkürzt, meist glasartig durchscheinend. VFl aber oft kräftiger sklerotisiert u. pigmentiert (selten bunt), nur bisweilen elytrenartig gewölbt. Flugvermögen meist mäßig entw, nur bei einigen Delphaciden u. Cixiiden sowie vielen Typhlocybinen besser. ♀♀ mit meist säbelartigem Legebohrer, mit dem die Eier in lebendes PflGewebe (s in Erde) versenkt werden. Alle Arten erzeugen mit Schallmembranen (an der Basis des Hlb) artspezifische Rufe u. Balzgesänge, die für das menschliche Ohr nur bei Singzikaden (bei uns *Cicadetta montana* u. *Tibicina haematodes*) ohne Verstärkung wahrnehmbar sind. Wachsdrüsen bes. auf dem Hlb, aber auch auf den Fl (*Cicadellidae*) häufig. – **V.** Weltweit. – **L.** Alle terrestrischen Lebensräume. An krautigen Pfl u. Gehölzen. – **B.** NaAufnahme ausschließlich in flüssiger Form aus lebendem PflGewebe durch Anzapfen der Phloeme, nur bei den Typhlocybinen durch Aussaugen von Mesophyllzellen. Schäden, auch bei dichtem Befall, meist geringfügig, eher durch Übertragung phytopathogener Viren. Bindung weniger an die Nähr- als an die Brutwirte (zur Eiabl). Meist eine, häufig 2, s mehrere Gen im J. Überw meist im Eistadium, vielfach als Adulte, seltener als ältere L. Entw mit unvollkommener Verwandlung (Hemimetabolie) über 5 den Im. schon ähnelnden LStadien, in denen nur die FlAnlagen u. die äußeren Geschlechtsorgane erst allmählich angelegt werden. – Exakte Bestimmung oft nur am hochdifferenzierten äußeren Genitalapparat der ♂♂ nach Präparation u. mit Spezialliteratur möglich. Im folgenden daher nur die ohnedies auffälligen sowie häufigsten Arten (od. Formen) berücksichtigt, so daß der Schlüssel zwar vereinfacht, aber für spezielle Studien in der Regel nicht ausreichend ist. – Getrocknete Zikaden können etwas verblassen. Bei Konservierung in Äthanol bleibt die Färbung besser erhalten.

1 MBHü (wie VBHü) lggestreckt, weit voneinander entfernt, an den S eingelenkt. Über VFlBasis eine – bisweilen kleine – Deckschuppe (Tegula, T). F unter Au eingelenkt (Abb. **47**/2, 5). [Überfamilie *Fulgoroidea* KIRKALDY (*Fulgoromorpha* EVANS)] **2**

1* MBHü kurz, dicht beisammenstehend, median eingelenkt. Über VFlBasis keine Deckschuppe (Tegula). F stehen zw. Au ± auf Stirn (od. Scheitel) (Abb. **47**/3, 6). [Überfamilie *Cicadoidea* KIRKALDY (*Cicadomorpha* EVANS)] **10**

2 K flach, abgeplattet. VRand schneidenförmig. Paarige Oc an unteren Innenecken der Au, nach vorn bzw. abwärts gerichtet (Abb. **47**/4). Gedrungen käferförmig, mit relativ kurzen, von oben kaum sichtbaren B. 4–6 mm. Etwa 6 s Arten, oft unter Steinen u. bei Ameisen. Familie *Tettigometridae* S. 54

2* K kastenförmig mit steil (sagittal) gestellten SFlächen, die von der Stirn durch Kanten od. erhabene Leisten scharf abgegrenzt sind u. die paarigen Oc tragen (Abb. **47**/5). B lg u. auch von oben gut sichtbar **3**

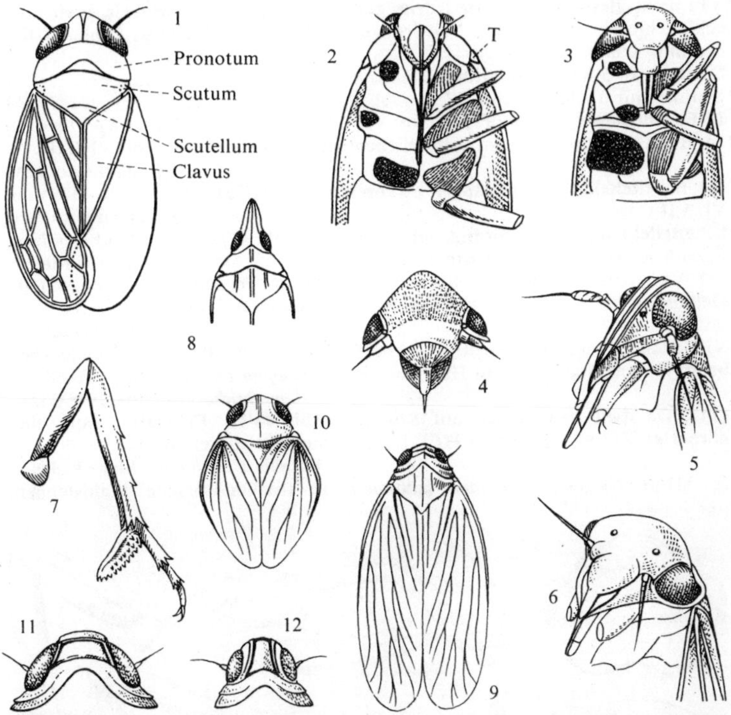

Abb. **47/1–12.** **1** Lage von Pronotum (Hsch), Scutum, Scutellum (Schildchen) u. Clavus (schematisch); **2** Stellung der Hü u. Lage der FlSchuppen (T) bei einer Fulgoroide, rechte B völlig, linke B bis zu den Schenkeln entfernt; **3** Stellung der Hü bei einer Cicadoide, rechte B völlig, linke B bis zu den Schenkeln entfernt; **4** K einer Tettigometride von unten; **5** K einer Fulgoroide schräg von links unten; **6** K einer Cicadoide schräg von links unten; **7** HB einer Spornzikade (*Delphacidae*) mit Sporn; **8** VKörper von *Dictyophara europaea* von oben; **9** Fliegenhabitus von *Cixius*; **10** Käferhabitus einer Isside (*Issus coleoptratus*); **11** Scheitelfeld von *Cixius*; **12** Scheitelfeld von *Myndus musivus*.

3 Tibien der HB am E mit großem, beweglichem, ± gezähntem Sporn (Abb. **47**/7). Familie *Delphacidae* – **Spornzikaden** S. 49

3* Tibien der HB am E ohne größeren Sporn **4**

4 Grün. K kegelig zugespitzt (Abb. **47**/8). VFl glasig, aber dicht grün geadert. 9–13 mm. VII–IX. *Dictyophara europaea* (L.) – **Laternenträger**

4* Nicht grün. K vorn abgestumpft. Unter 9 mm **5**

5 VFl (wie HFl) glasig, flach, ± braun bis schwarz gezeichnet. Hsch schmal, winkelig nach vorn geknifft, daher HRand tief eingeschnitten (Abb. **47**/11). Fliegen-Habitus (Abb. **47**/9). (Familie *Cixiidae*) **6**

5* VFl nicht glasig, elytrenartig ledrig, gewölbt. Hsch nicht gewinkelt, breit dreieckig, hinten fast gerade. Gedrungen käferartiger Habitus (Abb. 47/10). (Familie *Issidae*) 9
6 Scutum mit 5 Kielen. (Gattung *Oliarus* STÅL) 7
6* Scutum mit 3 Kielen (Abb. 47/9) 8
7 In Feuchtwiesen, an Schilf. 5–7 mm. VII–IX. *Oliarus leporinus* (L.)
7* In Halbtrockenrasen u. an wärmeliebenden Gebüschen. 6–9 mm. VI–VIII. *O. panzeri* O. LÖW
8 (6) Scheitelfeld kegelig, länger als breit (Abb. 47/12). An Weide. 5–6 mm. VI, VII. *Myndus musivus* (GERMAR)
8* Scheitelfeld mondsichelförmig, breiter als lg (Abb. 47/11). An Laubgehölzen. Etwa 8 schwer unterscheidbare Arten. Gattung *Cixius* LATREILLE
9 (5) VFl vorn bauchig, nach hinten keilförmig verschmälert (Abb. 47/10). Gelbbraun bis grünlich. In trocken-warmen Laubw. 6–7 mm. VI–IX. *Issus coleoptratus* (F.)
9* VFl schlank, ± parallelseitig, ± orangefarbig gestreift, am VRande (bes. beim ♂) dunkel gesäumt. In Hochmooren an *Eriophorum*. 3–4 mm. VII–IX. *Ommatidiotus dissimilis* (FALLÉN)
10 (1) 3 Oc dicht beisammen auf Scheitel (Abb. 48/1). Fl glasig, weit über körperlg; VFl viel länger als HFl. Über 16 mm, meist viel größer. Familie *Cicadidae* – **Singzikaden** ▽
In MEur *Cicadetta montana* (SCOPOLI). In trocken-warmen Waldsteppen.

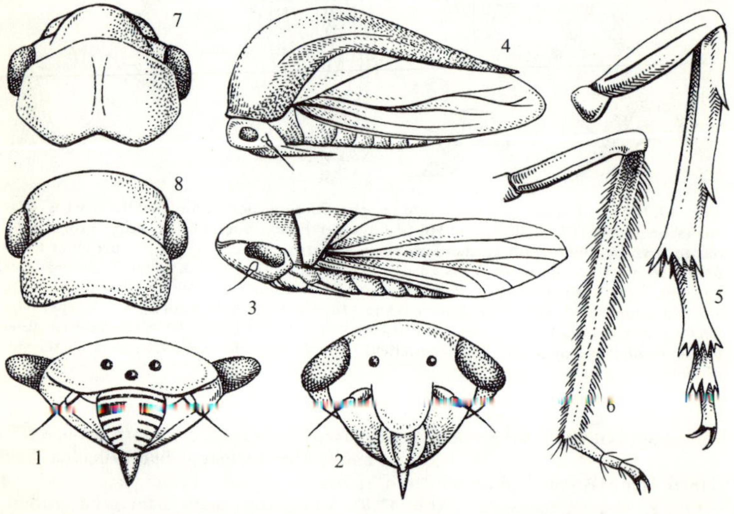

Abb. 48/1–8. **1** Anzahl u. Stellung der Oc bei den *Cicadidae*; **2** Anzahl u. Stellung der Oc bei den *Cicadellidae* (*Jassidae*); **3** Hsch bei einer Cicadellide; **4** Hsch bei einer Membracide; **5** HSchiene einer Schaumzikade (*Cercopidae*); **6** HSchiene einer Cicadellide; **7** K von *Megophthalmus scanicus*; **8** K von *Ulopa*.

16–20 mm, FlSp 42–52 mm. V–VI; u. *Tibicina haematodes* (SCOPOLI) in Weinbergen am Main, Neckar u. in Rheinhessen. 26–38 mm, FlSp 75–85 mm. VI, VII.

10* 2 Oc, ± voneinander entfernt stehend (Abb. **48**/2), od. keine. Unter 20 mm **11**

11 Hsch hochgewölbt buckelig, den K ± überdeckend, Scutum mit ± lg Forts überragend (Abb. **48**/4). (Familie *Membracidae* – Buckelzikaden) **12**

11* Hsch höchstens flach gewölbt, nur s mit seitlichen Forts, K u. Scutum freilassend (Abb. **48**/3) **13**

12 HschBuckel mit 2 dreieckigen zugespitzten SHörnern. An wüchsigen Kräutern. 8–10 mm. V–VIII. *Centrotus cornutus* (L.)

12* HschBuckel ohne SHörner. An *Genista* u. *Sarothamnus*. 5–6 mm. VII–IX. *Gargara genistae* (F.)

13 (11) Hsch dorsal mit 2 lappig-ohrförmigen SForts. Graubrauner Rindenbewohner. 13–17 mm. VII–IX. Einziger Vertreter der Unterfamilie *Ledrinae* der *Cicadellidae:* *Ledra aurita* (L.) – **Ohrzikade**

13* Hsch ohne ohrförmige SForts **14**

14 HSchienen nicht auffällig länger als MSchienen, ohne Dornen, ± unbehaart. Scheitelrand scharfkantig, glatt, ± gebogen (Abb. **48**/8). 3–4 mm. (Unterfamilie *Ulopinae* der *Cicadellidae*, nur Gattung *Ulopa* FALLÉN) **17**

14* HSchienen deutlich länger als MSchienen, mit Dornen u. (od.) Haaren besetzt **15**

15 HSchienen an den S mit einzelnen, am E – wie die Tarsen – mit Querkämmen derber Dornen besetzt (Abb. **48**/5). Als L in selbsterzeugten Schaumballen. Familie *Cercopidae* – **Schaumzikaden** S. 54

15* HSchienen längs der Kanten ± dicht mit Haaren od. (u.) Dornen besetzt, am E ohne Querkämme (Abb. **48**/6). Als L freilebend **16**

16 K vorn mit aufgefalteten Kanten, wellig profiliert (Abb. **48**/7). Hsch braun (♀♀) od. schwarzfleckig (♂♂), 2,5–4 mm. VI–IX. Einziger Vertreter der Unterfamilie *Megophthalminae* der *Cicadellidae: Megophthalmus scanicus* (FALLÉN).

16* K ohne wellige Kanten, abgerundet od. gewölbt, höchstens schaufelförmig aufgebogen. *Cicadellidae* – **Zwergzikaden** S. 56

17 (14) VFl grob braun, ± schräg, gefleckt. Scheitelrand ± gerade. An *Calluna*. 3–4 mm. VIII (Im.)–V. *Ulopa reticulata* (F.)

17* VFl auffällig dunkel längsgestreift (♂♂) od. fein braun gestrichelt (♀♀). Scheitelrand gebogen. In Halbtrockenrasen. 3–4 mm. VIII (Im.)–V. *U. trivia* GERMAR

Familie *Delphacidae* – **Spornzikaden**

Meist klein, gelblich-bräunlich bis schwarz, oft ± kurzflügelig. Bis auf *Stiroma pteridis* (an *Pteridium*) ausschließlich an Monocotylen u. deshalb meist in rasigen PflBeständen. Eiabl mit Legesäbel in Pfl. Ca. 80 Arten, palaearkt, z. T. holarkt. (♀♀ oft nicht berücksichtigt!)

1 VFl überragen (in Ruhelage) HlbE **2**

1* VFl erreichen höchstens HlbE, meist kürzer, hinten oft ± gerade (wie abgeschnitten) (Abb. **50**/1–4) **11**

2 1. FGld auffällig vergrößert u. blattförmig abgeflacht (Abb. **50**/5) **3**

2* 1. FGld nicht vergrößert, im Querschnitt drehrund (Abb. **50**/6) **5**

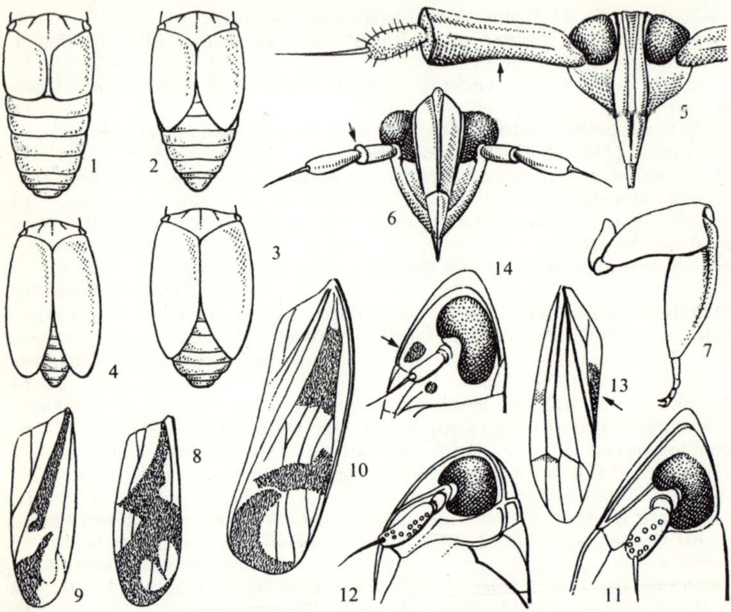

Abb. 50/1–14. **1** *Delphacinus mesomelas* ♀; **2** *Xanthodelphax flaveolus*; **3** *Muellerianella* spec.; **4** *Delphacodes paludosus*; **5** K von *Asiraca clavicornis* bzw. *Delphax*; **6** K von *Euides speciosa*; **7** VB von *Asiraca clavicornis*; **8** rechter VFl von *Delphax crassicornis*; **9** rechter VFl von *Delphax pulchellus*; **10** rechter VFl von *Euides speciosa*; **11** K von *Kelisia* bzw. *Stenocranus*; **12** K von *Javesella* bzw. *Laodelphax*; **13** linker VFl von *Laodelphax striatellus*; **14** Wangenflecke bei *Kelisia*.

3 Schenkel u. Schienen der VB blattartig verbreitert (Abb. **50**/7). Ca. 5 mm. VIII (Im.)–VI. *Asiraca clavicornis* (F.)

3* VB normal, nicht verbreitert. (Gattung *Delphax* F. ♂♂) **4**

4 VFl mit geschlossenem dunklem Zickzackband (Abb. **50**/8). An *Phragmites*. 6 mm. VII, VIII. *Delphax crassicornis* (PANZER)

4* VFl mit unterbrochenem dunklem Längsband (Abb. **50**/9). An *Phragmites*. 6 mm. VII, VIII. *D. pulchellus* (CURTIS)

5 (2) Blaß spangrün. An *Phragmites*. VI–VIII. Ca. 7 Arten. Gattung *Chloriona* FIEBER ♂♂

5* Gelblich-braun **6**

6 VFl mit großen dunklen Längsflecken (Abb. **50**/10). An *Phragmites*. 5 mm. VI–VIII. *Euides speciosa* (BOHEMAN)

6* VFl unauffällig, glasig, höchstens distal mit dunklem Längswisch **7**

7 K vorn ± kegelig, Au deutlich überragend (Abb. **50**/11) **9**

7* K vorn gerundet, Au kaum überragend (Abb. **50**/12) **8**

8 VFl glasig, ungefleckt, mit bräunlichen Adern. Hsch hinten breit weiß. 4 bis 5 mm. V–IX. *Javesella pellucida* (F.)

8* VFl mit dunklem Keilfleck in Clavusspitze (Abb. **50**/13). Hsch ohne Weiß. 3–4,5 mm. VII–IX. *Laodelphax striatellus* (FALLÉN)

9 **(7)** K mit dunklem, oft winzigem rundlichem Wangenfleck (Abb. **50**/14). Ca. 12 Arten. Gattung *Kelisia* FIEBER

9* K ohne dunklen Wangenfleck (Abb. **50**/11). (Gattung *Stenocranus* FIEBER) . **10**

10 Stirnfurchen hell blaßgelbbraun wie die Kiele (Abb. **52**/1). An *Dactylis glomerata*, in Laubw u. Gebüschen. 4,5–6 mm. (VIII (Im.)–V. *Stenocranus minutus* (F.)

10* Stirnfurchen ± geschwärzt (Abb. **52**/2). VIII (Im.)–V.
An *Phalaris arundinacea*. 5,5–6,5 mm. *St. major* (KIRSCHBAUM)
An *Carex* in anmoorigen Wiesen. 5–6 mm. *St. fuscovittatus* (STÅL)

11 **(1)** OS überwiegend einheitlich gefärbt **12**

11* OS uneinheitlich, auf hellem od. dunklem Grund teilweise dunkler bzw. heller gefärbt od. gezeichnet **20**

12 Kräftig spangrün (trocken vergilbend). An *Phragmites*. VI–VIII. Ca. 7 Arten. Gattung *Chloriona* FIEBER ♀♀

12* Nicht grün **13**

13 OS strohgelb bis gelblich-braun **14**

13* OS dunkelbraun od. schwarz **19**

14 4–5 mm **15**

14* Bis 3 mm **16**

15 1. FGld vergrößert, abgeflacht (Abb. **50**/5). An *Phragmites*. 2 Arten. Gattung *Delphax* F. ♀♀

15* 1. FGld nicht vergrößert, drehrund (Abb. **50**/6). An *Phragmites*. 5–6,5 mm. VI–VIII. *Euides speciosa* (BOHEMAN) ♀

16 **(14)** VFl fast quadratisch, hinten gerade „abgeschnitten" (Abb. **50**/1). Elfenbeingelb. 2,5–3 mm. V–VIII. *Delphacinus mesomelas* (BOHEMAN) ♀

16* VFl länglich, hinten gerundet (Abb. **50**/2) **17**

17 VFl bedecken letzte HlbSgm nicht (Abb. **50**/2–3) **18**

17* Fl bedecken gesamten Hlb. GenitalSgm schwarz (Abb. **50**/4). Auf moorigen Wiesen. 3,5–4 mm. V-IX. *Paradelphacodes paludosus* (FLOR)

18 Fl halblg, lassen letzte 3–4 HlbSgm unbedeckt (Abb. **50**/2). Goldgelb. 3 bis 3,5 mm. VI–IX. *Xanthodelphax flaveolus* FLOR

18* Fl dreiviertellg, lassen nur letzte 1–2 HlbSgm unbedeckt (Abb. **50**/3). Graugelb. 3 Arten. Gattung *Muellerianella* WAGNER

19 **(13)** OS völlig schwarz. ♂ GenitalSgm klein, unauffällig. 1,75 mm. IX (Im.) bis VI. *Jassidaeus lugubris* (SIGNORET) ♂

19* OS dunkelbraun bis schwärzlich. ♂ GenitalSgm tubusförmig, nach hinten etwas erweitert. 2–3 mm. Ca. 5 Arten. Gattung *Javesella* FENNAH

20 **(11)** Grundfärbung überwiegend hell, evtl. mit dunkleren Abzeichen **21**

20* Grundfärbung zumindest des Hlb überwiegend düster, evtl. mit helleren Abzeichen **31**

21 Hlb orangerot. Br gelblich. In Trockenrasen. 3,5–4 mm. VI, VII. *Chlorionidea flava* P. LÖW ♂

21* Hlb nicht orangerot **22**

22 Mit einzelnen schwarzen Flecken **23**

22* Dunkle Zeichnung ausgedehnter **24**

23 3 schwarze SFlecke auf letzten 3 HlbSgm (Abb. **52**/3). 2,5 mm. IX (Im.)–VI. *Jassidaeus lugubris* (SIGNORET) ♀

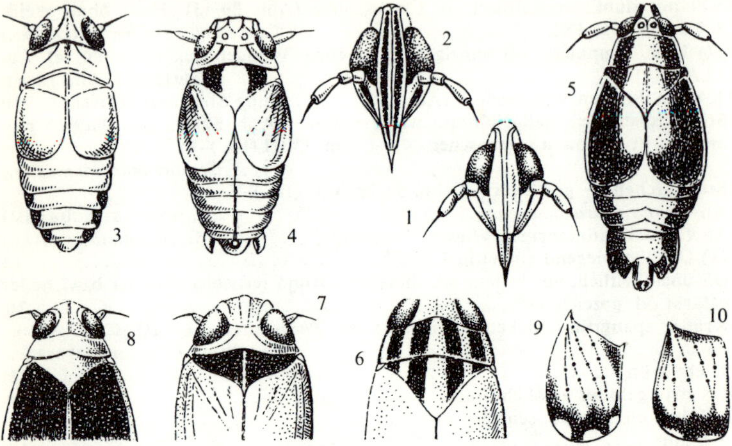

Abb. **52/1–10.** **1** K von *Stenocranus minutus*; **2** K von *Stenocranus major* u. *St. fuscovittatus*; **3** *Jassidaeus lugubris* ♀; **4** *Stiroma*; **5** *Megamelus notula* ♂; **6** *Eurybregma nigrolineata* ♂; **7** *Hyledelphax elegantulus*; **8** *Struebingianella lugubrina* ♂ bzw. *Oncodelphax pullulus* ♂; **9** linker VFl von *Euconomelus lepidus*; **10** linker VFl von *Conomelus anceps*.

23* 2 dunkle Flecke auf HschS (Abb. **52**/4). 3,5–4 mm. VI, VII. 2 Arten. Gattung *Stiroma* FIEBER

24 **(22)** Dunkle Zeichnung als Längsstreifung entw **25**

24* Dunkle Zeichnung nicht als Längsstreifung entw **28**

25 2 breite dunkle SStreifen rahmen ein helles Medianband ein (Abb. **52**/5). 3 mm. VII–X. *Megamelus notula* (GERMAR) ♂

25* 4 dunkle Längsstreifen (mindestens) auf Hsch u. Scutum (Abb. **52**/6) **26**

26 Scheitel stumpf, ohne Kiele, glatt **27**

26* Scheitel kegelig mit hellen Kielen. Auf Hochmoor an *Eriophorum*. VI–VIII. 2 Arten. Gattung *Tyrphodelphax* VILBASTE

27 Dunkler Stirnfleck unter Scheitel. 3,5–5 mm. V–VII. *Eurybregma nigrolineata* SCOTT ♂

27* Kein dunkler Stirnfleck. 3–4 mm. V–VII. *Eurysa lineata* (PERRIS)

28 **(24)** Scutum schwarz (Abb. **52**/7). VFl heller, durchsichtig **29**

28* Scutum weiß (Abb. **52**/8). VFl schwarz, hell gesäumt **30**

29 2,5 mm. Stirnkiele weißlich. VFl hellgrau, glasig. V–VIII. *Hyledelphax elegantulus* (BOHEMAN)

29* 3–4 mm. Stirnkiele bräunlich wie Stirn. VFl hell bräunlich, glasig. An Binsen. V–VIII. *Calligypona reyi* (FIEBER)

30 **(28)** 3 mm. An *Glyceria maxima*. V–VIII. *Struebingianella lugubrina* (BOHEMAN) ♂

30* 1,5–2 mm. In Flachmooren. V–VII. *Oncodelphax pullulus* (BOHEMAN) ♂

31 **(20)** Gesamte OS düster, evtl. mit hellerer Zeichnung **40**

31* Nur Hlb auffällig dunkel, meist schwarz **32**

32 VKörper (u. Fl) milchweiß. 2–2,5 mm. V–VIII. *Delphacinus mesomelas* (BOHEMAN) ♂

32* VKörper gelblich-braun **33**
33 VFl-Adern mit dunklen Punkten (Abb. **52**/9–10) **34**
33* VFl-Adern ohne Punkte **35**
34 VFl-Rand mit 3 hellen Halbmondflecken (Abb. **52**/9). In flachmoorigen Wiesen. 2–2,5 mm. VI–IX. *Euconomelus lepidus* (BOHEMAN)
34* VFl-Rand ohne deutliche Halbmondflecke (Abb. **52**/10). An *Juncus* (bes. *J. effusus*). 2,5–3 mm. VI–IX. *Conomelus anceps* (GERMAR)
35 **(33)** ♂ GenitalSgm ± zangenförmig (Abb. **53**/1) **36**
35* ♂ GenitalSgm nicht zangenförmig **37**
36 Scheitelspitze schwarz mit 4 hellen Parallelkielen. 3 mm. V–VIII. *Dicranotropis hamata* (BOHEMAN)
36* Scheitelspitze einheitlich lederbraun, auch Kiele. In Flachmoorwiesen. 2 bis 2,5 mm. V–VIII. *Acanthodelphax denticauda* (BOHEMAN)
37 **(35)** Rücken mit deutlichem hellem Medianstreifen (Abb. **53**/2) **38**
37* Rücken höchstens mit dünner heller Firstlinie (Abb. **53**/3) **39**
38 3,5 mm u. darüber. Fl gestreckt oval, hinten gerundet. In feuchten Wiesen. V–VIII. *Megadelphax sordidulus* (STÅL)
38* Ca. 2,5 mm. Fl ± quadratisch, mit geradem HRand. In Trockenrasen. III bis VIII. *Muirodelphax aubei* (PERRIS)
39 **(37)** ♂ GenitalSgm hinten mit Ventraldorn (Abb. **53**/4). In kurzrasigen Wiesen. 1,8–2,2 mm. IV–IX. *Acanthodelphax spinosus* (FIEBER)
39* ♂ GenitalSgm ohne Dorn. In trockeneren Rasen. 2–2,5 mm. IV–VIII. *Kosswigianella exigua* (BOHEMAN)
40 **(31)** VFl gestreckt oval, hinten gerundet. Bräunlich **41**
40* VFl ± quadratisch, HRand ± gerade. Braun-schwarz **42**
41 VFl erreichen fast HlbE, nur 1–2 Sgm freilassend. ± kastanienbraun, ohne helle Rückenlinie. 1,5–2 mm. IX (Im.)–VI. *Delphacodes venosus* (GERMAR)
41* VFl lassen 3 HlbSgm unbedeckt. Braun, mit schmalem milchweißem Rückenstreifen. In Trockenrasen. 2–2,5 mm. IV–VII, VIII–IX. *Ribautodelphax albostriatus* (FIEBER)
42 **(40)** VFl-HRand ohne hellere Abzeichen **45**

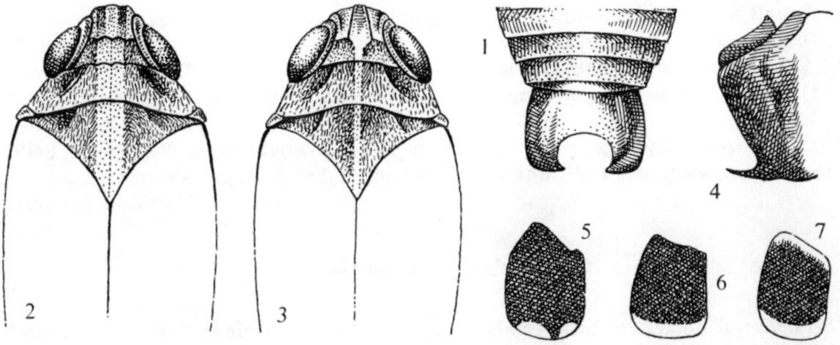

Abb. 53/1–7. **1** *Dicranotropis hamata* ♂, GenitalSgm von oben; **2** *Megadelphax sordidulus* bzw. *Muirodelphax aubei*; **3** *Acanthodelphax spinosus* bzw. *Kosswigianella exigua*; **4** Ventraldorn am Hlb von *Acanthodelphax spinosus*; **5** linker VFl von *Megamelodes quadrimaculatus*; **6** linker VFl von *Criomorphus albomarginatus*; **7** linker VFl von *Florodelphax leptosoma*.

42* VFl-HRand mit hellen Abzeichen (Abb. **53**/5–7) **43**
43 VFl-HRand mit ± breitem weißem Saum (Abb. **53**/6–7) **44**
43* VFl-HRand mit 2 schmalen weißlichen Flecken (Abb. **53**/5). Braun. In flachmoorigen Wiesen. Ca. 3 mm. VII–IX.
Megamelodes quadrimaculatus (SIGNORET)
44 VFlBasis weißlich aufgehellt (Abb. **53**/7). In Moorwiesen. 2–2,5 mm. V–IX.
Florodelphax leptosoma (BOHEMAN)
44* VFlBasis nicht aufgehellt (Abb. **53**/6). Braun bis schwarz. 2–3 mm. V–VII.
Criomorphus albomarginatus CURTIS
45 **(42)** Scheitel rötlich-braun **46**
45* Scheitel elfenbeinweiß. Körper glänzend schwarz. B weiß. An *Calamagrostis epigeios*. 2–2,5 mm. VIII (Im.)–V. *Delphacodes albifrons* (FIEBER)
46 An *Pteridium*. Braun bis schwarz. 2,5–3 mm. V–VII.
Ditropis pteridis (SPINOLA)
46* An *Calamagrostis epigeios*. ± schwarzbraun. 2,5–3,5 mm. V–VIII.
Eurysula lurida (FIEBER)

Familie *Tettigometridae*

Eine kleine (70 Arten), systematisch abseits stehende Familie, deren Vertreter häufig erdnah u. in Beziehung zu Ameisen leben. Eier werden frei abgesetzt, nicht wie sonst bei Zikaden in PflGewebe od. Erde versenkt (Abb. **47**/4).

1 OS weitgehend einheitlich gefärbt **2**
1* OS deutlich zweifarbig: K u. Hsch (vorn) gelblich bis hell rötlich-braun. Fl dunkel- bis schwarzbraun. 6 mm. *Mitricephalus macrocephalus* (FIEBER)
2 OS grün od. gelblich **3**
2* OS heller od. dunkler braun bis schwarz **4**
3 3–3,5 mm. Grün (beim Vertrocknen ± gelbbraun-grünlich).
Tettigometra virescens (PANZER)
3* 5–6 mm. Gelblich. Fl ± grünlich-gelb. *T. sulphurea* MULSANT et REY
4 **(2)** OS dunkel lederfarbig bis schwarzbraun **5**
4* OS hell schokoladenbraun bis graubraun **6**
5 5–6 mm. Glänzend schwarzbraun. *T. fusca* FIEBER
5* 2,5–3,5 mm. Dunkelbraun bis schwärzlich. *T. atra* HAGENBACH
6 **(4)** Scheitel vorn bogig gerundet, so lg wie Hsch. Gelbbraun bis dunkelbraun. 4 mm. *T. impressopunctata* DUFOUR
6* Scheitel dreieckig zugespitzt, länger als Hsch; rötlichbraun. VFl meist heller graubraun, evtl. mit 1–3 dunkler rotbraunen Schrägbinden. 4 mm.
T. obliqua (PANZER)

Familie *Cercopidae* – **Schaumzikaden**

So benannt nach den farblosen Schaumballen, die sich die ± bleichen L (durch Einblasen von Luft aus dem Stigmenkanal in die eiweißhaltige Kotflüssigkeit) als Schutz vor Verdunstung u. Feinden herstellen u. in denen sie bis zur letzten Häutung leben. Im. käferartig mit derben VFl, relativ wenig sprunglustig.

1 Schwarz mit roten Flecken u. Binden (Abb. **56**/1–2). (Gattung *Cercopis* F.) **2**
1* Gelb, grau od. braun, niemals rote Abzeichen **3**

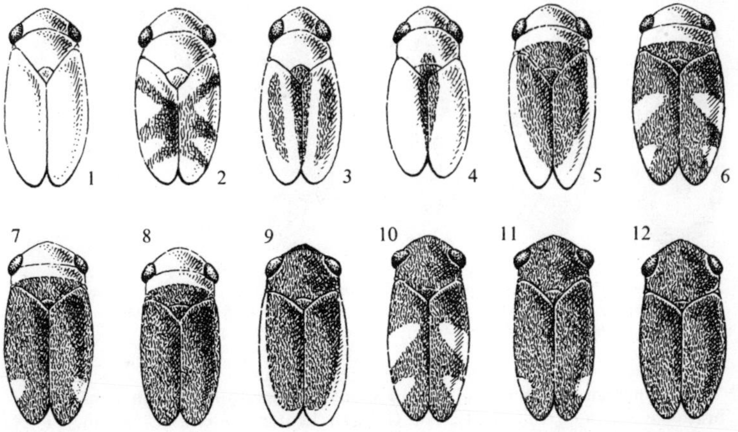

Abb. **55/1–12.** Genetischer Polymorphismus bei *Philaenus spumarius* (12 Farbvarianten): **1** *populi*; **2** *typica*; **3** *trilineata*; **4** *vittata*; **5** *marginella*; **6** *flavicollis*; **7** *gibba*; **8** *leucocephala*; **9** *lateralis*; **10** *quadrimaculata*; **11** *albomaculata*; **12** *leucophthalmus.*

2 Hintere rote FlBinde U-förmig gebogen (Abb. **56**/1). Bevorzugt frische Biotope. 9,5–11 mm. V–VII. *Cercopis vulnerata* ROSSI

2* Hintere rote FlBinde kaum gebogen (Abb. **56**/2). Auf trockenen kalkreichen Böden. 8–10 mm. V–VI. *C. sanguinolenta* (SCOPOLI)

3 (1) G. ± gestreckt, schlank oval od. keilförmig **4**

3* G. breit, gedrungen eiförmig. 6,5–7 mm. VI–IX. *Lepyronia coleoptrata* (L.)

4 Hsch mit MKiel. (Gattung *Aphrophora* GERMAR) **5**

4* Hsch ohne Kiel **7**

5 VFl gefleckt, mit ± deutlicher Sattelzeichnung **6**

5* VFl undeutlich od. nicht gefleckt, Sattelzeichnung kaum angedeutet. Lederbraun bis graugelb. Im. u. L an *Salix* u. *Populus*. 9–11 mm. VI–IX. *Aphrophora salicina* (GOEZE)

6 VFl graubraun, grob heller gefleckt. An Laubgehölzen; L (mit blaßrotem Hlb) an Kräutern. 8–11 mm. VI–X. *A. alni* (FALLÉN)

6* VFl rostbraun, feinfleckig marmoriert. An Koniferen, bes. *Pinus* u. *Abies*; L (mit dunkelrotem Hlb) an *Vaccinium myrtillus*. 6–11 mm. VI–X. *A. corticea* GERMAR

7 (4) Scheitel stumpfwinklig. G. gedrungen bis länglich oval. In ca. 12–15 Farbvarianten (Abb. **55**/1–12). Im. u. L an niederen Kräutern. 5–6 mm. VI–X. *Philaenus spumarius* (L.)

7* Scheitel recht- bis spitzwinklig. G. schlank, ± parallelseitig. 7 Arten. (Gattung *Neophilaenus* HAUPT) **8**

8 VFlGrundfärbung heller od. dunkler braun **9**

8* VFlGrundfärbung fahlgelb, strohfarben, ocker **10**

9 VFl ± verwischt grobfleckig auf heller gelb- od. dunkler rötlich-braunem Grund (Abb. **56**/3). In trockenen Rasen. 3,5–6 mm. VI–VIII. *Neophilaenus campestris* (FALLÉN)

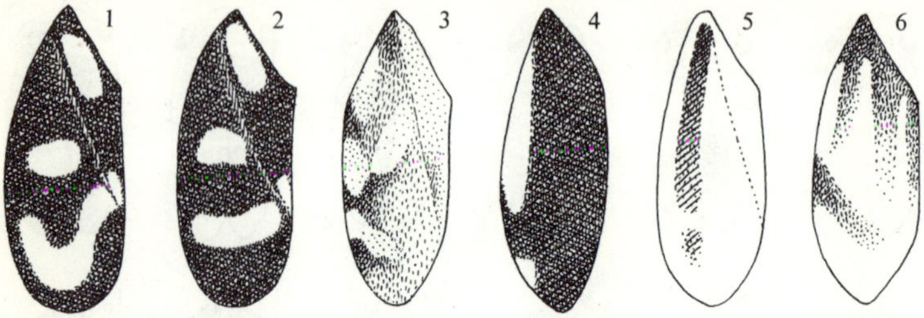

Abb. 56/1–6. VFl von Cercopiden. 1 *Cercopis vulnerata*; 2 *Cercopis sanguinolenta*; 3 *Neophilaenus campestris*; 4 *Neophilaenus exclamationis*; 5 *Neophilaenus minor* u. *N. lineatus*; 6 *Neophilaenus albipennis*.

9* VFl mit hellem Randwisch u. EFleck (wie ein Ausrufungszeichen!) auf dunkelbraunem Grund (Abb. **56**/4). An Gräsern lichter Nadelw. 3,5–5 mm. VI–IX. *N. exclamationis* (THUNBERG)

10 (8) VFl mit auffälliger dunkler Schrägbinde im weißlichen Spitzenteil (Abb. **56**/6). Wiesenbewohner. 4,5–6,5 mm. VI–IX. *N. albipennis* (F.)

10* VFl mit dunklem Längsstrich (u. Punkt) parallel zum VRande (Abb. **56**/5) 11

11 4–5 mm. In Sandtrockenrasen, bes. an *Corynephorus canescens*. VI–IX. *N. minor* (KIRSCHBAUM)

11* 5–7 mm. In Feuchtwiesen u. -wäldern. VI–IX. *N. lineatus* (L.)

Familie *Cicadellidae* (*Jassidae*) – **Zwergzikaden**

Einschließlich der oben behandelten sehr artenarmen Unterfamilien der *Ledrinae* (1), *Ulopinae* (2) u. *Megophthalminae* (1) (S. 49) sowie der noch gesondert zu behandelnden großen Unterfamilie (100) der *Typhlocybinae* (S. 65) mit über 300 Arten die bei weitem umfangreichste Familie der mitteleur Zikaden. K meist ± abgerundet, mit großem, aber kaum blasig aufgetriebenem Clypeus, der – mit der Stirn verschmolzen – oft auf den Scheitel übergreift. Hsch breit, ± schildförmig. HTibien auffallend lg, ihre Kanten mit ± dichten Dornenreihen besetzt. Gestört lebhaft springend. Eier in PflGewebe versenkt. Vorwiegend Laub-, Kraut- u. Grasbewohner.

1 KOS (im Profil) vorn deutlich schaufelartig aufgebogen (Abb. **57**/1) 2

1* KOS (im Profil) vorn eben (horizontal) (Abb. **57**/2) od. abwärts gewölbt (Abb. **57**/3) 9

2 K (von oben) viel breiter als Halsschild, auffallend spatenförmig (Abb. **57**/4). In trockenen, seltener in feuchten Rasen. 5–8 mm. V–X. *Eupelix cuspidata* (F.)

2* K (von oben) kaum breiter als Hsch, nicht spatenförmig 3

3 SRänder des Scheitels gerade (Abb. **57**/6). K zugespitzt, dreieckig. VFl median mit rotbraunem Zackenband. In Halbtrockenrasen. 5–7 mm. VII–IX. 3 Arten. Gattung *Platymetopius* BURMEISTER

3* SRänder des Scheitels ± konvex gebogen (Abb. **57**/5) 4

4 Scheitelrand vorn mit 3 dunklen Punkten. Hell gelblich-graugrün mit Perlmutterglanz. VFl meist sehr verkürzt, ± quadratisch. ♀ hinten zugespitzt mit

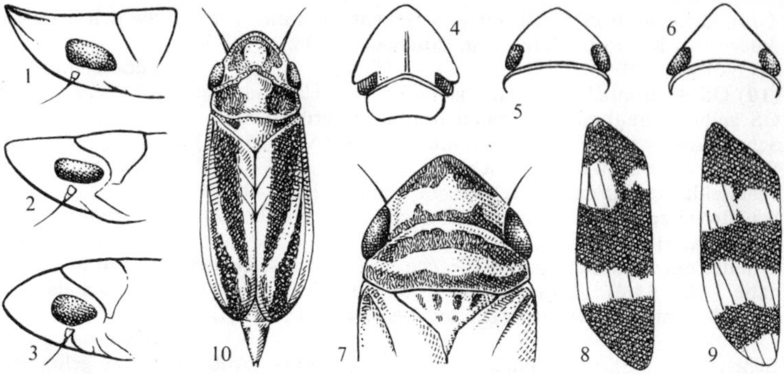

Abb. **57/1–10.** *Cicadellidae* (*Jassidae*). **1** KOS schaufelartig, ± aufgebogen; **2** KOS horizontal; **3** KOS abwärts gewölbt; **4** K von *Eupelix cuspidata*; **5** KS konvex: *Doratura*, *Aphrodes*; **6** KS gerade: *Platymetopius*; **7** *Aphrodes bicinctus* ♂, VKörper; **8** *Aphrodes bifasciatus* bzw. *A. nigritus*, VFl; **9** *Aphrodes trifasciatus* ♂, VFl; **10** *Evacanthus interruptus*.

lg Legesäbel, 3,5–4,5 mm. ♂ hinten kurz gerundet, 3–3,5 mm. Meist in trockenen Rasen. VII–VIII. 6 Arten. Gattung *Doratura* J. SAHLBERG

4* Scheitelrand vorn ohne Punkte. (Gattung *Aphrodes* CURTIS) **5**

5 Hsch mit hellem, ± gezacktem Querband **7**

5* Hsch ohne helles Querband. (*Aphrodes* ♀♀) **6**

6 Über 6 mm. Farbe hell ocker od. grünlich bis dunkelbraun u. fast schwarz, ± fein gestrichelt od. gefleckt. 6–8 mm. VII–IX (X). *Aphrodes bicinctus* (SCHRANK) ♀

6* Unter 6 mm. ♀♀ anderer *Aphrodes*-Arten

7 (5) Scheitel u. Hsch mit hellem Querstreifen (Abb. **57**/7). VFl ± deutlich längsstreifig. 4,5–5,5 mm. VII–IX, *A. bicinctus* (SCHRANK) ♂

7* Scheitel ohne hellen Querstreifen, völlig dunkel. VFl mit 2 hellen Querbinden **8**

8 VFlE milchweiß wie die 2 Querbinden der VFl (Abb. **57**/9). In montanen Wiesen. 3,5–4 mm. VII–IX. *A. trifasciatus* (FOURCROY) ♂

8* VFlE dunkel (Abb. **57**/8). 3,5–4,5 mm. VI–VIII.
In trockenen Wiesen. *A. bifasciatus* (L.)
In feuchten Waldwiesen. *A. nigritus* (KIRSCHBAUM)

9 (1) K (im Profil) oben flach, unterseits aufgebogen, dadurch vorn ± stumpfkantig **10**

9* K (im Profil) ober- u. unterseits gewölbt od. abgeschrägt, dadurch vorn im ganzen abgerundet **37**

10 KOS durch Kanten u. flache Vertiefungen uneben (Abb. **57**/10). (Gattung *Evacanthus* LE PELETIER et SERVILLE) **11**

10* KOS weitgehend eben, ohne Kiele od. Gruben **12**

11 Grundfarbe goldgelb, mit kräftigen schwarzen Längsstreifen (Abb. **57**/10). Auf frischen, staudenreichen Wiesen. 5–7 mm. VI–IX. *Evacanthus interruptus* (L.)

11* Grundfarbe graugelb. VFl mit verwaschenen braunen Flecken zw den helleren Adern. An Kräutern, Stauden u. Büschen. 5–6,5 mm. VI–IX.
E. acuminatus (F.)

12 (**10**) OS ± grünlich (blaßgrün, gelbgrün, malachit- od. blaugrün) **13**

12* OS gelblich-graubraun bis dunkelbraun, nie grünstichig **21**

13 Scheitel mit schwarzen Punkten od. Strichen (Abb. **59**/1–3) **14**

13* Scheitel ohne schwarze Abzeichen **17**

14 Scheitelfläche mit einigen schwarzen Punktflecken (Abb. **59**/2–3) **15**

14* Scheitelspitze mit 2 kleinen schwarzen Strichen (Abb. **59**/1). (Gattung *Arthaldeus* RIBAUT) **16**

15 Scheitel mit 2 großen eckigen Flecken in der M u. 2 kleinen Punkten in Randnähe (Abb. **59**/2). ♂ dunkel blaugrün bis schwarzviolett, 7 mm. ♀ malachitgrün, 8–9 mm. In Feuchtwiesen, an *Juncus* u. *Scirpus*. VII–X.
Cicadella viridis (L.)

15* Scheitel mit 4 kleinen Punkten in einer Querreihe (Abb. **59**/3). OS gelbgrün. G. etwas gedrungen. 5–6 mm. VI–VII. *Graphocraerus ventralis* (FALLÉN)

16 (**14**) Stirn dunkel mit hellem Längsstrich. OS fahl gelbgrün. In feuchten Wiesen. 3,5–4 mm. VI–IX. *Arthaldeus striifrons* (KIRSCHBAUM)

16* Stirn ohne hellen Längsstrich. OS strohgelb bis hell grünlich. Häufig in Wiesen. 3–3,5 mm. VI–X. *A. pascuellus* (FALLÉN)

17 (**13**) B auffällig orangerot-gelb. Fl gelbgrün, distal dunkelgrau. In trockenen Rasen, *Calluna*-Heiden. 2,5–3 mm. VI–X. (Eine Typhlocybine!)
Erythria aureola (FALLÉN)

17* B nicht auffällig rötlich-gelb **18**

18 VFl bleich graugrün bis bläulich-grün, ± glasig. In Trockenrasen. 3–3,5 mm. VI–IX. *Paluda vitripennis* (FLOR)

18* VFl gelbgrün **19**

19 US bis auf den Stirnrand völlig schwarz. OS gelbgrün. Häufig in Wiesen. 4–4,5 mm. V–IX. *Diplocolenus abdominalis* (F.)

19* US nicht schwarz **20**

20 VFl überragen HlbE. OS fahl gelbgrünlich. In montanen Trockenrasen. 2,7 bis 3,5 mm. V–VII, VIII–X. *Psammotettix cephalotes* (HERRICH-SCHÄFFER)

20* VFl lassen letzte HlbSgm unbedeckt. OS laubgrün. In krautreichen (Kalk-) Trockenrasen. 3,5–4,5 mm. VI–X. *Mocuellus collinus* (BOHEMAN)

21 (**12**) Scheitel breit dreieckig, breiter als lg. KSKanten schwach konvex gebogen (Abb. **59**/4) **22**

21* Scheitel spitz dreieckig, mindestens so lg wie breit. KSKanten gerade (Abb. **59**/5) **29**

22 Scheitel mit deutlichen dunklen Punkten, Strichen od. Streifen **23**

22* Scheitel höchstens ± bräunlich marmoriert. Fl mit milchweißen Flecken. In feuchten (Wald-) Wiesen. 3–4,5 mm. *Aphrodes albifrons* (L.) ♂

23 Scheitel mit dunklen Punkten (Abb. **59**/6–7) **24**

23* Scheitel mit dunklem Bogenstrich parallel zum VRand (Abb. **59**/8) **25**

24 Scheitel mit 2 dunklen Punkten am VRand (Abb. **59**/6). An *Filipendula ulmaria*. 3–4 mm. VII–IX. *Macrosteles septemnotatus* (FALLÉN)

24* Scheitel mit 4 (kreuzweise gestellten) Punkten (2 median u. 2 lateral) (Abb. **59**/7). 3,5–4 mm. VI–IX.
In Trockenrasen. *Paluda preyssleri* (HERRICH-SCHÄFFER)
In Feuchtwiesen u. Flachmooren. *P. adumbrata* (SAHLBERG)

25 (**23**) Bogenstrich am Scheitelrand kräftig, geschlossen (Abb. **59**/8) **26**

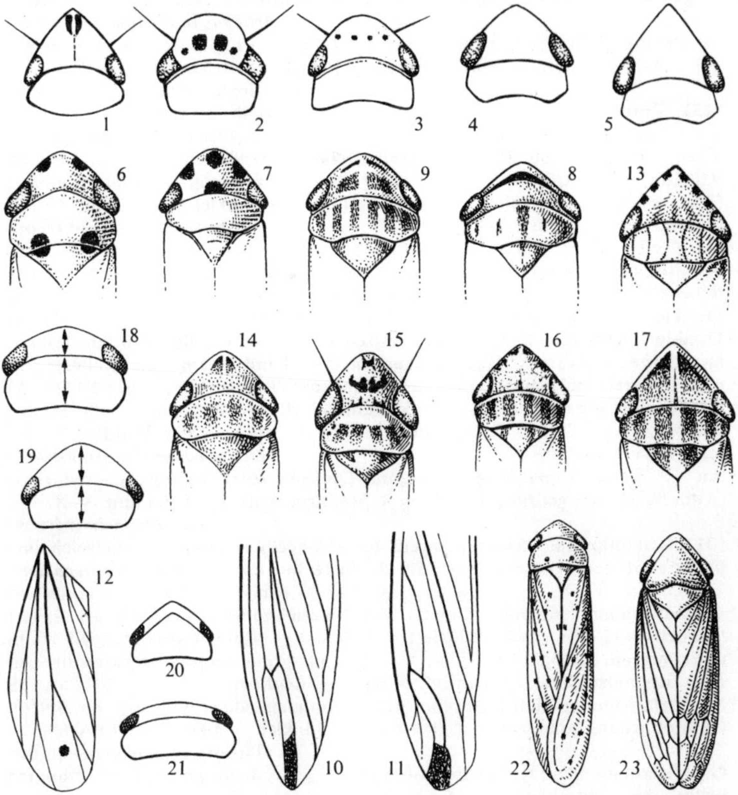

Abb. 59/1–23. **1** *Arthaldeus*: Scheitelspitze mit 2 Strichen; **2** *Cicadella viridis*: Scheitel mit Punkten; **3** *Graphocraerus ventralis*: Scheitel mit Punkten; **4** Scheitel breit dreieckig; **5** Scheitel spitz dreieckig; **6** *Macrosteles septemnotatus*; **7** *Paluda preyssleri* u. *P. adumbrata*; **8** *Paramesus obtusifrons*; **9** *Mocydia crocea*, KOS; **10** *Mocydia crocea*, linke VFlSpitze; **11** *Mocydiopsis*, linke VFlSpitze; **12** *Arocephalus punctum*, linker VFl; **13** *Recilia coronifera*; **14** *Turrutus socialis*; **15** *Adarrus multinotatus*; **16** *Psammotettix*; **17** *Diplocolenus bohemani*; **18** Scheitel < Hsch; **19** Scheitel ≧ Hsch; **20** Scheitel winklig; **21** Scheitel flach gebogen; **22** *Balclutha punctata*; **23** Vertreter der *Macropsinae*.

25* Bogenstrich am Scheitelrand schmal, mitten unterbrochen (Abb. **59**/9). Hsch mit blaß orangegelben Längsstreifen **28**

26 Gesamtfärbung bleich ockergelb **27**

26* Gesamtfärbung braun. VFlAdern hell, dunkel gesäumt. An *Scirpus maritimus* u. *Phragmites*. 5–7 mm. VII–VIII (Abb. **59**/8). *Paramesus obtusifrons* (STÅL)

27 G. gedrungen. VFl überragen Hlb nicht. In Sandtrockenrasen. 5 mm. VI–IX. *Artianus interstitialis* (GERMAR)

27* G. schlank. K u. Hsch blaß orangegelb gefleckt. Fl silberfleckig, Spitzenzelle mit dunklem Punkt. An *Phragmites* in Feuchtwiesen. 4–5 mm. VII–VIII. *Paralimnus phragmitis* (BOHEMAN)

28 (25) VFlE zugespitzt (Abb. **59**/10). Subapikalzelle spindelförmig, gerade. 4,5–5,5 mm. VIII (Im.)–V. *Mocydia crocea* (HERRICH-SCHÄFFER)

28* VFlE gerundet (Abb. **59**/11). Subapikalzelle bohnenförmig gebogen. 4–5 mm. VII (Im.)–IV. 4 Arten. Gattung *Mocydiopsis* RIBAUT

29 (21) Im ETeil der weißlich-gelben VFl ein kleiner dunkler Punkt (Abb. **59**/12). In Sandtrockenrasen. 2,5–3 mm. VI–IX. *Arocephalus punctum* (FLOR)

29* Im ETeil der VFl kein auffälliger Punkt **30**

30 Scheitelzeichnung scharf dunkelbraun bis schwarz **31**

30* Scheitelzeichnung ± unscharf, orange bis hellbraun **34**

31 Dunkle Scheitelzeichnung nur am VRande (Abb. **59**/13–14) **32**

31* Dunkle Scheitelzeichnung auf der ganzen Fläche, an der Spitze u. am HRand mit kleinen schwarzen Zackenflecken, in der M mit einem Paar größerer (oft median verschmolzener) Zackenbänder mit seitlichen Haken (Abb. **59**/15) . **33**

32 Scheitel mit gezackter schwarzer Randbinde, die diademartig 3 helle Punkte umgreift (Abb. **59**/13). In feuchten Sandrasen, auch lichter Wälder. 2,2 bis 3,2 mm. VII–IX. *Recilia coronifera* (MARSHALL)

32* An der Scheitelspitze 2 kleine braune Dreiecke (evtl. zu Strichen reduziert) (Abb. **59**/14). G. gedrungen. Häufig in Halbtrockenrasen. 3–3,5 mm. V–X. *Turrutus socialis* (FLOR)

33 (31) Grundfärbung fahl milchweiß bis strohgelb. Dunkle Scheitelzeichnung daher stark hervortretend (Abb. **59**/15). In Halbtrockenrasen an *Brachypodium*. 2,7–3,3 mm. VI–X. *Adarrus multinotatus* (BOHEMAN)

33* Grundfärbung rotbraun. Dunkle Scheitelzeichnung daher weniger scharf hervortretend, oft etwas reduziert. VFlZellen ± dunkel gerandet. In Halbtrockenrasen. 2,7–3,5 mm. V–IX. *Jassargus obtusivalvis* (KIRSCHBAUM)

34 (30) Scheitelzeichnung braun od. orange, ± deutlich **35**

34* Scheitelzeichnung blaß hellbraun, verschwommen od. erloschen (Abb. **59**/16). Gesamtfärbung graugelb. FlZellen s etwas dunkler. 3–4 mm. Ca. 10 Arten. Gattung *Psammotettix* HAUPT

35 Grundfärbung blaß strohgelblich-braun. G. gedrungen. Scheitel mit 2 breiten hellbraunen Längsbändern auf hellem Grund (Abb. **59**/17). FlZellen nur s mit schmalen dunklen Säumen. In Halbtrockenrasen. 4–5 mm. VI–IX. *Diplocolenus bohemani* (ZETTERSTEDT)

35* Grundfärbung kräftig braun. G. schlank. VFlZellen bes. an FlSpitze breit dunkelbraun gerahmt od. gefüllt. 3–4 mm. **36**

36 Scheitel, Hsch u. Scutum auf hellgelbem Grund orangerot gefleckt, zu VFl auffallend kontrastierend, da deren Zellen (meist) stark verdunkelt sind. Häufig in frischen u. feuchten Wiesen. V–X. *Adarrus ocellaris* (FALLÉN)

36* Scheitel, Hsch u. Scutum auf gelbbraunem Grund rotbraun gefleckt, zu den meist nicht verdunkelten VFlZellen aber kaum kontrastierend. Ca. 6 schwer unterscheidbare Arten. Gattung *Jassargus* ZACHVATKIN z. T.
Zum Beispiel in anmoorigen Wiesen mit *Molinia* häufig. *Jassargus sursumflexus* (THEN)
In trockenen Rasen saurer Böden, z. B. in lichten Kiefernwäldern mit *Calamagrostis epigeios*. *J. flori* (FIEBER)

37 **(9)** Scheitel viel kürzer als Hsch, ± bandförmig, in der M kaum länger als seitlich (Abb. **59**/18, 22–23) **38**
37* Scheitel so lg od. nur wenig kürzer als Hsch, ± dreieckig, in der M länger als seitlich (Abb. **59**/19) **46**
38 Scheitel gewinkelt (Abb. **59**/20, 23) **39**
38* Scheitel schwach gebogen (nicht gewinkelt) (Abb. **59**/21) **42**
39 G. sehr schlank. VFl punktiert (Abb. **59**/22). Grundfärbung rosa, bräunlich od. grünlich. Im Gras lichter Wälder. 3,5–4 mm. IV–IX. *Balclutha punctata* (F.)
39* G. robust, käferartig. K ± keilförmig (Abb. **59**/23). VFl ohne Punkte (Unterfamilie *Macropsinae*) **40**
40 HschOFläche winkelig gefurcht (Abb. **62**/1) **41**
40* HschOFläche flach bogig gefurcht (Abb. **62**/2). Auf *Betula*, *Carpinus* od. *Alnus*. 5–6 mm. 6 Arten. Gattung *Oncopsis* BURMEISTER
41 Hsch kapuzenartig hochgewölbt, den Scheitel von oben weitgehend überdeckend. An *Tilia*. 5–6 mm. VI–IX. *Pediopsis tiliae* (GERMAR)
41* Hsch flach gewölbt, verdeckt den Scheitel von oben nicht. An Laubgehölzen. Ca. 5 mm. 15 Arten. Gattung *Macropsis* LEWIS
42 **(38)** Hsch stark gewölbt (Abb. **62**/3). (Gattung *Jassus* F.) **43**
42* Hsch kaum gewölbt (Abb. **62**/4). (Unterfamilie *Idiocerinae*) **44**
43 Scheitel in der M etwas länger als an den S (Abb. **62**/6). Scheitel, Hsch u. Scutum grün, nur bei var. *purpurata* blutrot. Fl hellgrün. An *Ulmus*. 7–8 mm. VII–IX. *Jassus scutellaris* (FIEBER)
43* Scheitel in der MLinie nicht länger als an den S (Abb. **62**/5). Scheitel, Hsch u. Scutum ± fleckig braun. VFl grünlich od. bräunlich. An *Quercus*. 7–8,5 mm. VI–IX. *J. lanio* (L.)
44 **(42)** 4–4,5 mm. G. gedrungen (Abb. **62**/7). Dunkel- bis schwarzbraun. Fl mit einzelnen milchweißen Flecken. An *Prunus spinosa* u. *Crataegus*. VI–IX. *Chunrocerus larvatus* (HERRICH-SCHÄFFER)
44* Über 4,5 mm. G. schlank, ± keilförmig (Abb. **62**/8). Fl meist hell, höchstens dunkler geadert **45**
45 K u. Hsch derb quer gerunzelt. ♂ grau, FlAdern stellenweise schwarzbraun. ♀ gleichmäßig braun. An *Populus nigra* (auch var. *italica*). 7–8 mm. VII (Im.) bis IV. *Rhytidodus decimusquartus* (SCHRANK)
45* K u. Hsch nicht auffällig quer gerunzelt. Auf *Populus*, *Salix* u. *Acer*. 5–7 mm. Ca. 12 Arten. Gattung *Idiocerus* LEWIS
Gelbgrün mit 2 schwarzen Dreiecken (seitlich) auf dem Scutum (Abb. **62**/8). Auf *Populus tremula* häufig. VI–X. *Idiocerus populi* (L.)
46 **(37)** G. sehr schlank u. lggestreckt, zart (Abb. **62**/9). Oft lebhaft bunt gefärbt. Unterfamilie *Typhlocybinae* S. 65
46* G. schlank (aber nicht schmal) (Abb. **62**/10) bis gedrungen kräftig. ± einfarbig, s bunt. Nur Scheitel oft mit dunkler Zeichnung **47**
47 Scheitel scharf (dunkel) gezeichnet **48**
47* Scheitel ungezeichnet **65**
48 Scheitelzeichnung strich- od bandförmig **49**
48* Scheitelzeichnung punkt-, flecken- od strichelförmig **58**
49 Scheitelband gerade od. schwach gebogen, glatt (Abb. **62**/11–12, **63**/1–3) . **50**
49* Scheitelband ± gewinkelt, geknickt, unterbrochen od. gezackt (Abb. **63**/4–6) **54**
50 Scheitelband deutlich gebogen (Abb. **62**/11–12) **51**
50* Scheitelband fast gerade (Abb. **63**/1–3) **52**

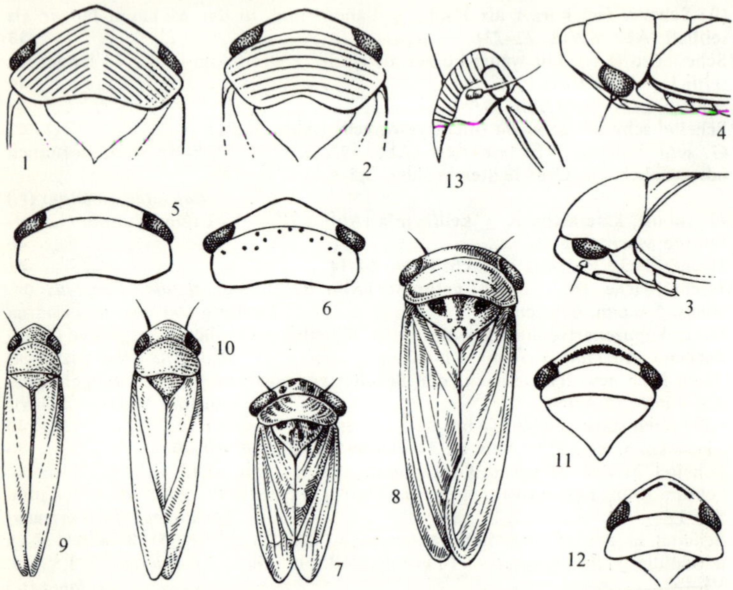

Abb. **62/1–13.** **1** K u. Hsch von *Macropsis* bzw. *Pediopsis*; **2** K u. Hsch von *Oncopsis*; **3** VKörper von *Jassus*; **4** VKörper der *Idiocerinae*; **5** *Jassus lanio*; **6** *Jassus scutellaris*; **7** *Chunrocerus larvatus*; **8** *Idiocerus*, z. B. *I. populi*; **9** Habitus der *Typhlocybinae*; **10** Habitus der übrigen *Cicadellidae*; **11** *Athysanus argentarius*; **12** *Speudotettix subfusculus*; **13** *Goniagnathus brevis.*

51 Dunkles Scheitelband, gleichmäßig flach gebogen, erreicht beiderseits die Au (Abb. **62**/11). OS bleich graugelb, zart längsgestreift. In Frischwiesen. 7–8 mm. VII–VIII. *Athysanus argentarius* METCALF

51* Dunkles Scheitelband, strichförmig, etwas winkelig gebogen, in der M meist unterbrochen, erreicht die Au nicht (Abb. **62**/12). OS schokoladenbraun. Häufig an Bodenvegetation lichter Laub- (Eichen-) Wälder. 4,5–5 mm. V–VII. *Speudotettix subfusculus* (FALLÉN)

52 **(50)** G. gedrungen plump. 6–7 mm. Dunkle Scheitelbinde erreicht die Au nicht (Abb. **63**/1). Grobfleckig dunkelbraun. Stirn braun. In flachmoorigen Wiesen. VII–IX. *Athysanus quadrum* BOHEMAN

52* G. schlank. Bis 5 mm. Schwarzes Scheitelband erreicht die vorderen Ecken der Au. Stirnrand schwarz gezeichnet (Abb. **63**/2–3) **53**

53 Hsch hell grüngelb, sein VRand höchstens mit vereinzelten dunklen Punkten. Schwarzes Scheitelband nur durch schmalen hellen Querstreifen von schwarzem Stirnband getrennt (Abb. **63**/2). In Feuchtwiesen. 4–5 mm. VII–IX. *Limotettix striola* (FALLÉN)

53* Hsch gelbbraun, sein VRand unregelmäßig geschwärzt. Schwarzes Scheitel-

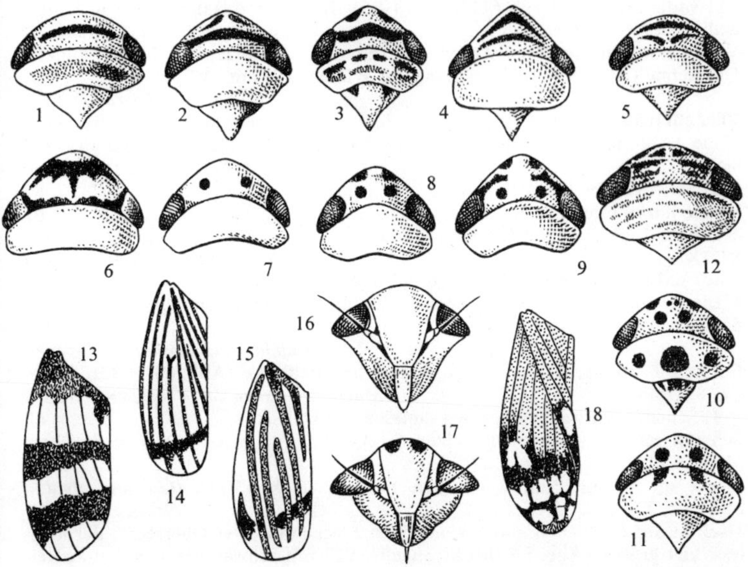

Abb. **63/1–18.** **1** *Athysanus quadrum*; **2** *Limotettix striola*; **3** *Scleroracus transversus*; **4** *Macustus grisescens*; **5** *Grypotes puncticollis*; **6** *Anoscopus serratulae*; **7** *Sagatus punctifrons*; **8** *Cicadula quadrinotata*; **9** *Macrosteles sexnotatus*; **10** *Stictocoris picturatus*; **11** *Agallia*; **12** *Allygus* u. *Euscelinae*; **13** *Anoscopus serratulae*, linker VFl; **14** *Anoscopus histrionicus*, linker VFl; **15** *Anoscopus flavostriatus*, linker VFl; **16** *Elymana sulphurella*, K von vorn; **17** *Idiodonus cruentatus*, K von vorn; **18** *Neoaliturus fenestratus*, linker VFl.

band durch flach dreieckiges helles Querfeld von der schwarzgefleckten Stirn getrennt (Abb. **63**/3). In Steppenrasen. 3–4 mm. VI–VIII. *Scleroracus transversus* (FALLÉN)

54 **(49)** Dunkles Scheitelband schmal, scharf nach vorn gewinkelt; ein zweites, weniger dunkles dahinter, schwach gebogen (Abb. **63**/4). In feuchten od. anmoorigen Wiesen. 4,5–5,5 mm. V–VII. *Macustus grisescens* (ZETTERSTEDT)

54* Dunkles Scheitelband ± nach hinten eingebogen, oft verbreitert od. unscharf begrenzt od. ± aufgelöst (Abb. **63**/5–6) **55**

55 Scheitelband strichförmig, in der M unterbrochen (Abb. **63**/5). G. schlank, keilförmig, da K (mit Au) auffallend breiter als Br. Fahl gelblich braun. Auf *Pinus*. 4–4,5 mm. VII–IX. *Grypotes puncticollis* (HERRICH-SCHÄFFER)

55* Scheitelband ± gezackt, verbreitert, oft durch medianen Stiel mit dem dunkel gefleckten HRand verbunden (Abb. **63**/6) (evtl. stark verwaschen). G. gedrungen (Gattung *Anoscopus* KIRSCHBAUM ♂♂) **56**

56 VFl auf hellem (gelblichweißem) Grund mit 3 dunkelbraunen Querbändern (Abb. **63**/13). Hsch hellbraun, s unscharf dunkler gezeichnet. In frischen Wiesen. 3–4 mm. VII–VIII. *Anoscopus serratulae* (F.)

56* VFl radial längsgestreift (Abb. **63**/14–15). Hsch mit dunklem, vorn u. hinten hell gesäumtem Querband **57**

57 VFlZellen weißlich-grau, Adern dunkelbraun. FlSpitze hell hinter dunkler Querbinde (Abb. **63**/14). G. schlank. In Wiesen. 3–4 mm. VI–IX. *A. histrionicus* (F.)

57* VFlZellen dunkelbraun, Adern weißlich. Vor der FlSpitze keine deutliche Querbinde (Abb. **63**/15). G. gedrungen. In Feuchtwiesen häufig. 2,5–3,5 mm. VII bis IX. *A. flavostriatus* (DONOVAN)

58 **(48)** Scheitelfarbe hell grünlich **59**

58* Scheitelfarbe bräunlich **61**

59 2 runde dunkle Scheitelflecke (Abb. **63**/7). Bleich grün. An *Salix*. 4–6 mm. VI–IX. *Sagatus punctifrons* (FALLÉN)

59* 4 od. 6 dunkle Scheitelflecke (Abb. **63**/8–9) **60**

60 4 runde, im Quadrat nahe der Scheitelspitze stehende dunkle Flecke (Abb. **63**/8). In Wiesen. 4–5 mm. VI–IX. Ca. 4 Arten. *Cicadula quadrinotata* (F.)-Gruppe

60* 6 nur z. T. runde, z. T. gezackte dunkle Scheitelflecke (Abb. **63**/9). Ca. 3 mm. Ca. 8 Arten. *Macrosteles sexnotatus* (FALLÉN)-Gruppe

61 **(58)** Scheitel mit wenigen großen dunklen Punkten **62**

61* Scheitel mit ± zahlreichen kleinen Punkten od./u. ± verworrenen Stricheln (Abb. **63**/12) **64**

62 Hsch am VRande mit 2 dunklen Flecken (Abb. **63**/11). (Gattung *Agallia* CURTIS z. T.) **63**

62* Hsch in der M mit 3 dunklen rundlichen Flecken in einer Querreihe; der mittlere viel größer (Abb. **63**/10). Strohgelb. VFl mit schwarzbraunen Längsstreifen. In Trockenrasen. 4–4,5 mm. VII–IX. *Stictocoris picturatus* (SAHLBERG)

63 VFl erreichen od. überragen HlbE. Scheitel (mindestens) mit 2 großen, runden, schwarzen Punkten. In Trockenrasen. 2,5–3,5 mm. VII (Im.)–IV. *Agallia venosa* (FOURCROY) od. *A. ribauti* OSSIANNILSSON

63* VFl verkürzt, schräg gestutzt, nur die HlbBasis deckend, dunkel fächerförmig gestreift. In Feuchtwiesen. 2,5–3,5 mm. VII–IX. *A. brachyptera* (BOHEMAN)

64 **(61)** VFl mit milchweißen Queradern. 5–8 mm. 4 schlanke, aber robuste, grau- bis gelbbraune Arten. Auf u. unter Laubbäumen, bes. *Quercus* u. *Ulmus*. Gattung *Allygus* FIEBER

64* VFl ohne milchweiße Queradern. 4–5 mm. Ca. 13 gedrungene, schwer unterscheidbare Arten der Gattungen *Euscelis* BRULLÉ (8), *Streptanus* RIBAUT (3) u. *Euscelidius* RIBAUT (2). Unterfamilie *Euscelinae*

65 **(47)** Scheitel ± (gelblich-)grün wie der gesamte Körper **66**

65* Scheitel ± bräunlich, graubraun od. schwarz **67**

66 FGrube schwarz (Abb. **63**/16). Hell gelbgrün. In Wiesen häufig. 5–5,5 mm. VI–IX. *Elymana sulphurella* (ZETTERSTEDT)

66* FGrube hell. VKörper gelbgrün, oft rötlich gesprenkelt. In Wäldern an Kräutern, Gebüschen u. Laubbäumen. 6–7 mm. VI–IX. *Thamnotettix confinis* ZETTERSTEDT

67 **(65)** Braun (bis gelbbraun) **68**

67* Grau(-braun) bis schwarz **70**

68 G. gedrungen eiförmig. Dunkel rotbraun (♀) bis schwarzbraun (♂). Wangenrand gelappt (Abb. **62**/13). In Trockenrasen. 5–6,5 mm. V–X. *Goniagnathus brevis* (HERRICH-SCHÄFFER)

68* G. gestreckt. Gelbbraun **69**

69 OS dicht blutrot gesprenkelt. Stirngipfel meist mit 2 schwarzen Punkten (Abb. **63**/17). In trockenen Bergwiesen. 5–6 mm. VII–IX. *Idiodonus cruentatus* (PANZER)

69* OS nicht blutrot gesprenkelt. Völlig gelbbraun (♀) bis braun (♂). VFl mit milchweißen Queradern. Nie dunkle Punkte auf der Stirn. Im Unterwuchs u. Rasen trockener Laubwälder. 5–7 mm. VI–X. *Thamnotettix dilutior* (KIRSCHBAUM)

70 **(67)** VFl dunkel braungrau bis schwarz mit runden glasigen Fensterflecken (Abb. **63**/18). In Trockenrasen. 3–4 mm. VI–IX. *Neoaliturus fenestratus* (HERRICH-SCHÄFFER)

70* VFl dunkel graubraun bis schwärzlich ohne Glasflecke, oft etwas verkürzt; Zellen ± verdunkelt. In feuchten Wiesen, bes. auch im Geb. 2,2–3,2 mm. VI–IX. *Deltocephalus pulicaris* (FALLÉN)

Unterfamilie *Typhlocybinae*

Große, weitverbreitete Unterfamilie, oft ± monophag an Laubgehölzen. Relativ gut fliegend. Von etwa 100 in MEur vorkommenden Arten nur typische Ausbildungen auffälliger u. häufiger Arten berücksichtigt!

1 Mit kräftigen schwarzen Punktflecken auf K u./od. Hsch **2**

1* Weder K noch Hsch mit scharf begrenzten Punktflecken **13**

2 VFl ± bräunlich längsstreifig **3**

2* VFl nicht gestreift, sondern mit dunkleren u. helleren Flecken ± dicht gescheckt-marmoriert **5**

3 Hsch mit 3(–5) großen schwarzen Punkten, der mittlere kommaförmig (Abb. **66**/**1**). Auf *Alnus*. 4–4,5 mm. VII, IX. *Eupterycyba jucunda* (HERRICH-SCHÄFFER)

3* Hsch ohne scharf begrenzte schwarze Flecke (Abb. **66**/2) **4**

4 Scheitel mit 3 schwarzen Punkten: 2 am V- u. einem am HRand (Abb. **66**/2). In trockenen Wiesen. 2,5–3 mm. VI–IX. *Eupteryx tenella* (FALLÉN)

4* Scheitel mit 2 schwarzen Punkten (Abb. **66**/8). VFl glasig mit zarten bräunlichen Längsstreifen. In lockeren Trockenrasen. 2,5–3 mm. VII (Im.)–V. *Arboridia parvula* (BOHEMAN)

5 **(2)** Scheitel (vorn) mit 2 (–4) kurzen dunkleren Schrägstrichen (Abb. **66**/7). G. gedrungen. Gesamtfärbung braun. In Bergwiesen. 3–3,5 mm. VIII (Im.)–VI. *Erythria manderstjernii* (KIRSCHBAUM)

5* Scheitel mit 2–3 (braun-)schwarzen Punktflecken. G. schlank **6**

6 Scheitel mit 2 Punktflecken, aber ohne Nackenfleck **7**

6* Scheitel mit 2 Punktflecken (vorn) u. einem (oft dreieckigen) Nackenfleck. (Gattung *Eupteryx* CURTIS) **9**

7 Hsch ohne schwarze Punktflecke. VFl: Spitzen der Adern ± geschwärzt (Abb. **68**/6). Auf *Ulmus*. 3,5–4 mm. VII–X. *Ribautiana ulmi* (L.)

7* Hsch mit schwarzen Punktflecken **8**

8 Hsch mit 4 schwarzen Punktflecken (Abb. **66**/6). An *Salix*; überw an Koniferen. 3,5–4 mm. VIII (Im.)–VI. *Linnavuoriana sexmaculata* (HARDY)

8* Hsch mit 6 schwarzen Punktflecken (Abb. **66**/5). An *Betula* od. *Alnus*. 3,5 bis 3,7 mm. VIII (Im.)–VI. *L. decempunctata* (FALLÉN)

9 **(6)** Stirn oben mit schwarzen Punktflecken **10**

9* Stirn oben ohne schwarze Punktflecke **12**

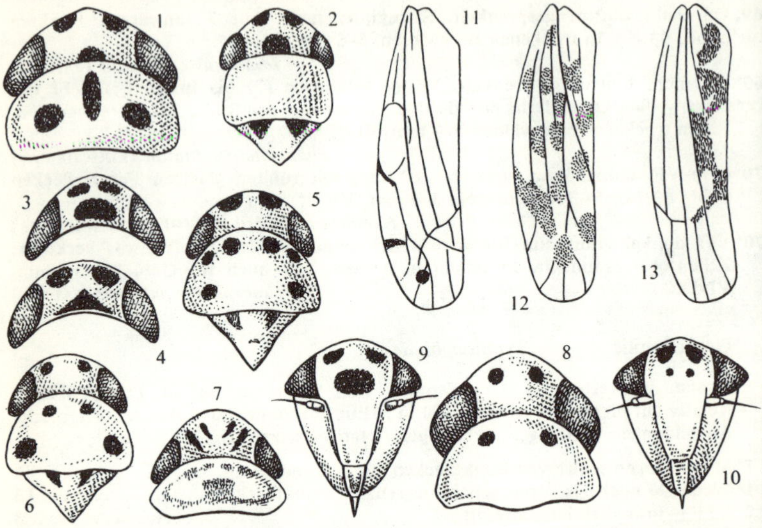

Abb. **66/1–13.** **1** *Eupteryx jucunda*; **2** *Eupteryx tenella*; **3** *Eupteryx stachydearum*; **4** *Eupteryx urticae*; **5** *Linnavuoriana decempunctata*; **6** *Linnavuoriana sexmaculata*; **7** *Erythria manderstjernii*; **8** *Arboridia parvula*; **9** *Eupteryx cyclops*; **10** *Eupteryx urticae*-Gruppe; **11** *Eurhadina pulchella*, linker VFl; **12** *Typhlocyba quercus*, linker VFl; **13** *Zygina flammigera*-Gruppe, linker VFl.

10 Ein (unpaarer) schwarzer Punktfleck auf der Stirn (Abb. **66**/9). Hinterer Scheitelfleck spitz dreieckig (höher als breit), evtl. mit vorderen zu einem Y verschmolzen. An *Urtica dioica*. 3–3,7 mm. VI–X.
Eupteryx cyclops MATSUMURA

10* Ein Paar schwarzer Punktflecke auf der Stirn (Abb. **66**/10). Hinterer Scheitelfleck breiter als hoch. An *Urtica dioica*, *Stachys* od. *Lamium*. 3–3,5 mm. VI–X. (*Eupteryx urticae* (F.)-Gruppe) **11**

11 An *Urtica*. Hinterer Scheitelfleck breit dreieckig (Abb. **66**/4). 3–4 mm. VI–X.
E. urticae (F.)

11* An *Stachys sylvatica*, *Lamium album*. Hinterer Scheitelfleck breit oval (Abb. **66**/3). 3 mm. VI–X. *E. stachydearum* (HARDY)

12 **(9)** Grundfärbung goldgelb bis orangegelb. An Kräutern feuchter Laubw. 3,5–4,3 mm. VI–X. *E. aurata* (L.)

12* Grundfärbung fahl grünlichgelb. Polyphag an Kräutern, auch Kartoffeln, Rüben häufig. 3,4–3,8 mm. V–X. *E. atropunctata* (GOEZE)

13 **(1)** VFl rot (bis orange) gezeichnet od. gefleckt **14**

13* VFl nicht rot (od. orange) gezeichnet **20**

14 VFlSpitzenteil mit schwarzem Punkt (Abb. **66**/11). VK oben goldgelb. Auf *Quercus*. 3,6–4,2 mm. VII–IX. *Eurhadina pulchella* (FALLÉN)

14* VFl ohne schwarzen Punkt **15**

15 VFl fast völlig rot(-braun) wie übrige OS. Auf *Fagus*. 3,5–4 mm. VI–IX.
Fagocyba cruenta (HERRICH-SCHÄFFER)

15* VFl mit roten (-orange) Streifen od. Flecken 16
16 VFl mit großen orange (-gelben) Punktflecken auf weißlich-gelbem Grund (Abb. **66**/12) Auf *Quercus*, *Carpinus* u. *Malus*, *Cerasus*. 3–3,5 mm. VI–VIII. *Typhlocyba quercus* (F.)
16* VFl mit roten (-orange) Streifen 17
17 VFl mit blutrotem Zickzackstreifen auf gelblichweißem Grund (Abb. **66**/13). An Laubgehölzen polyphag. 3–3,5 mm. VII (Im.)–VI. *Zygina flammigera* (FOURCROY)-Gruppe
17* VFl mit geraden (orangeroten) Streifen 18
18 VFl mit einem orangeroten (etwas gezackten) Band am Innensaum 19
18* VFl mit 3 orangeroten Längsbändern auf gelbweißem Grund. An *Quercus*. 3,5–4,5 mm. VII–IX. *Alebra albostriella* (FALLÉN) ♀
19 K, Hsch u. Scutum mit rotbraunem Medianstreifen (fehlt bei ♂). Auf *Hypericum perforatum* in Halbtrockenrasen. 2–2,5 mm. VI–IX. *Zygina hyperici* (HERRICH-SCHÄFFER) ♀
19* K, Hsch u. Scutum mit orangeroter, z. T. geteilter Medianbinde. An *Calluna*. 2–2,5 mm. IV, VII–IX. *Z. rubrovittata* (LETHIERRY)
20 (13) VFl mit ± ausgedehnten dunkelbraunen od. schwarzen Flächen 21
20* VFl ohne dunkle Flächen 27
21 OS vorherrschend schwarz, nur KSpitze u. runder Medianfleck an der FlBasis gelblich (Abb. **68**/1) 22
21* OS überwiegend hell, nur mit braunen Streifen od. Bändern 23
22 2–2,5 mm. In Trockenrasen. VI–X. *Eupteryx notata* CURTIS
22* 3–3,5 mm. In feuchten krautreichen Wiesen u. Gebüschen. VI–X. *E. vittata* (L.)
23 (21) VFl mit längs orientierten braunen Flecken 24
23* VFl mit braunen Querbändern 26
24 VFl: braunes Längsband hinten hakenförmig nach vorn gebogen, auf weißlich-grüngelblichem Grund (Abb. **68**/2). Auf *Acer pseudo-platanus*. 4–4,5 mm. VII–IX. *Eurhadina loewi* WAGNER
24* VFl mit braunem geraden Längsstreifen 25
25 Jeder VFl mit langem braunen Schrägstreifen (zusammen ein V bildend) auf gelblichweißem Grund (Abb. **68**/3). Hsch ± braun. Auf *Alnus*. 4–4,5 mm. VII–X. *Edwardsiana geometrica* (SCHRANK)
25* VFl: Clavus an Spitze u. Basis braun, sonst gelblichweiß (Abb. **68**/4). Auf *Alnus*. 4–4,5 mm. VII–IX. *E. gratiosa* (BOHEMAN)
26 (23) VFl mit 2 braunen Querbändern (evtl. in ein sehr breites verschmolzen) auf hellgelbem Grund (Abb. **68**/5). Vorwiegend auf *Carpinus betulus*. 3,5 mm. VII–IX. *Typhlocyba bifasciata* BOHEMAN
26* VFl mit einem braunen Querband vor der Spitze auf gelbweißlichem Grund. Auf Laubbäumen, bes. *Acer pseudo-platanus*. 3,5–4,5 mm. VII–IX. *Alebra wahlbergi* (BOHEMAN)
27 (20) VFl grün (gelbgrün, laubgrün, blaugrün od. graugrün) 28
27* VFl nicht grün 34
28 2,5–3 mm 29
28* Über 3 mm 30
29 B gelb bis orangerot. VFl graugrün (♂) od. gelbgrün (♀). In Trockenrasen, *Calluna*. VI–X. *Erythria aureola* (FALLÉN)
29* B grün wie die gesamte OS. Scheitel z. T. weißlich gefleckt. In trockenen Rasen, an *Artemisia campestris*. V–IX. *Chlorita viridula* (FALLÉN)-Gruppe

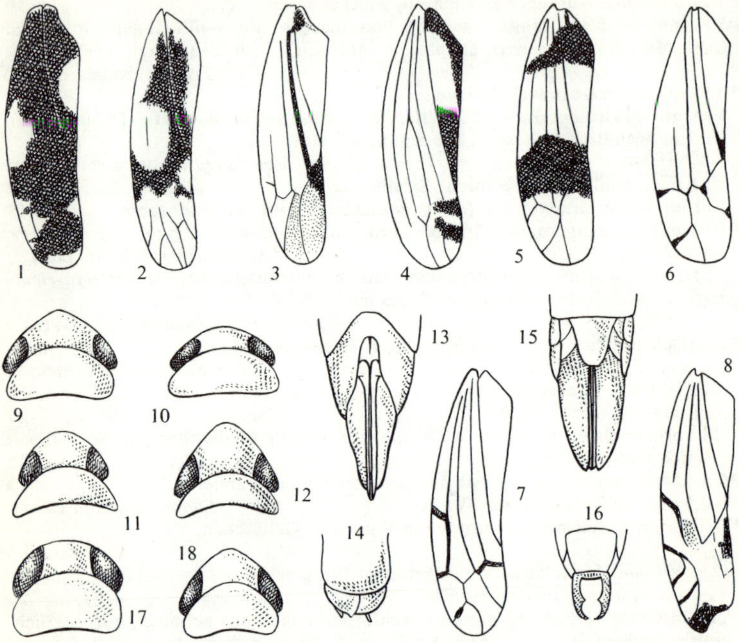

Abb. **68/1–18.** **1** *Eupteryx notata*-Gruppe, linker VFl; **2** *Eurhadina loewi*, linker VFl; **3** *Edwardsiana geometrica*, linker VFl; **4** *Edwardsiana gratiosa*; **5** *Typhlocyba bifasciata*; **6** *Ribautiana ulmi* u. *R. tenerrima*; **7** *Eurhadina concinna*; **8** *Aguriahana stellulata*; **9** *Aguriahana germari*; **10** *Kybos smaragdula*-Gruppe; **11** *Empoasca vitis*; **12** *Dikraneura variata*-Gruppe; **13** *Notus flavipennis* ♀, Legesäbel; **14** *Notus flavipennis* ♂, GenitalSgm; **15** *Forcipata* ♀, Legesäbel; **16** *Forcipata* ♂, GenitalSgm; **17** *Alebra wahlbergi*; **18** *Alnetoidea alneti*.

30 **(28)** 3–4 mm **32**

30* 4–4,8 mm **31**

31 Scheitel leicht gewinkelt, in der M etwas länger als seitlich (Abb. **68**/9). VFl blaß graugrün. An *Pinus*. VII–X. *Aguriahana germari* (ZETTERSTEDT)

31* Scheitel flach gebogen, in der M nicht länger als seitlich (Abb. **68**/10). VFl glasig laubgrün, innen bräunlich gerandet. An Laubgehölzen, bes. *Salix*, *Populus*, *Alnus*. VI–IX. *Kybos smaragdula* (FALLÉN)-Gruppe

32 **(30)** Scheitel gerundet (Abb. **68**/11). Grasgrün. VFl mit farblosem Längsstreifen. Polyphag an Kräutern, häufig an Kartoffeln, Rüben. Ganzjährig. *Empoasca vitis* (GÖTHE)

32* Scheitel in der M ± vorgezogen (Abb. **68**/12). Gelbgrün bis graugrün **33**

33 Blaß graugrünlich. Scheitel deutlich winkelig. K (u. Hsch) mit weißlicher Medianlinie. In trockenen Rasen (auch in lichten Kiefernwäldern). 3–4 mm. VI–VII, VIII (Im.)–IV. *Dikraneura variata* HARDY-Gruppe

33* Fahl gelbgrün. Scheitel flach vorgewölbt. K (u. Hsch) ohne helleren Dorsalstreifen. In Halbtrockenrasen. 3,5–4 mm. III–VI, VII–X. *Emeljanoviana mollicula* (BOHEMAN)

34 (**27**) Milchweiß od. gelblichweiß **35**

34* Goldgelb **38**

35 Perlweiß. VFlE dunkelbraun gezeichnet, mit bogig vorspringender VEcke (Abb. **68**/8). Auf *Cerasus* u. *Tilia*. 4–4,5 mm. VII–IX. *Aguriahana stellulata* (BURMEISTER)

35* Gelblichweiß. VFlE normal gerundet, höchstens die Aderenden gebräunt . **36**

36 VFl: Aderenden im Spitzenteil ± schwarzbraun gezeichnet (Abb. **68**/7) . **37**

36* VFl: Aderenden nicht pigmentiert. Häufig. An *Rosa* (auch *Rubus*, *Sorbus*). 3,5–4 mm. VI–X. *Edwardsiana rosae* (L.)

37 3,5–4 mm (Abb. **68**/7). An *Quercus* u. *Fagus*. VII–VIII. *Eurhadina concinna* (GERMAR)

37* 2,7–3,5 mm (Abb. **68**/6). An *Rubus* (aber auch an anderen Sträuchern). VII–X. *Ribautiana tenerrima* (HERRICH-SCHÄFFER)

38 (**34**) VFl im ETeil mit schwarzem Punkt (Abb. **66**/11). OS goldgelb. Auf *Quercus*. 3,6–4,2 mm. VII–IX *Eurhadina pulchella* (FALLÉN)

38* VFl ohne schwarzen Punkt **39**

39 VFl ± leuchtend gelb. G. sehr schlank. In Feuchtwiesen **40**

39* VFl bleich gelb. G. nicht überschlank. Auf Laubbäumen **41**

40 Kräftig zitronengelb. 4 mm. ♀ Genitalklappe deckt Legesäbelbasis nicht (Abb. **68**/13). ♂ GenitalSgm ohne abstehende Zangen (Abb. **68**/14). In Flachmooren. VI–X. *Notus flavipennis* (ZETTERSTEDT)

40* Goldgelb. 3–4 mm. ♀ Genitalklappe bedeckt Legesäbelbasis (Abb. **68**/15). ♂ GenitalSgm am E zangenförmig (Abb. **68**/16). In flachmoorigen Wiesen. VI–IX. 2 Arten. Gattung *Forcipata* DE LONG u. CALDWELL

41 (**39**) Scheitel gleichmäßig flach gebogen, in der M u. seitlich gleich lg (Abb. **68**/17). An *Acer pseudo-platanus*. 3,6–4,2 mm. VII–IX. *Alebra wahlbergi* (BOHEMAN)

41* Scheitel in der M vorgezogen, länger als an den S (Abb. **68**/18). Polyphag an Laubbäumen, bevorzugt an *Alnus* u. *Carpinus betulus*. 3,5–4,5 mm. VI–IX. *Alnetoidea alneti* (DAHLBOOM)

LITERATURVERZEICHNIS

DLABOLA, J.: Fauna ČSR I. Křísi – Homoptera. Praha 1954.

HAUPT, H.: Homoptera. In BROHMER: Die Tierwelt Mitteleuropas. Bd. IV, 3. Lfg., S. 115–262. Leipzig 1958.

LE QUESNE, W. J.: Hemiptera. In: Handbooks for the Identification of British Insects, Vol. II. Part 3 (1960): Fulgoromorpha, Part 2 (a) (1965): Cicadomorpha excluding Deltocephalinae and Typhlocybinae, Part 2 (b) (1969): Cicadomorpha Deltocephalinae, Part 2 (c) (1982): Cicadellidae (Typhlocybinae) with a Check List of the British Auchenorrhyncha (Hemiptera, Homoptera). Royal Entomological Society of London.

OSSIANNILSSON, F.: Svensk Insektfauna 7. Halvvingar, Hemiptera, Stritar Homoptera Auchenorrhyncha. Stockholm 1946/47.

–: The Auchenorrhyncha (Homoptera) of Fennoscandia and Denmark. In: Fauna Entomologica Scandinavica, Vol. 7, Part 1 (1978): Introduction, infra-order Fulgoromorpha, Part 2 (1981): The Families Cicadidae, Cercopidae, Membracidae, and Cicadellidae (excl. Deltocephalinae) Part 3 (1983): Deltocephalinae. Klampenborg – Denmark.

RIBAUT, H.: Faune de France 31. Homoptères Auchénorhynques I (Typhlocybidae). Paris 1936.

–: Faune de France 57. Homoptères Auchénorhynques II (Jassidae). Paris 1952.

VILBASTE, J.: Eesti Tirdid. Homoptera: Cicadinea I. Tallinn 1971.

Unterordnung *Psyllina* – **Blattflöhe**

G. 1–4 mm. Stets mit Fl, diese in Ruhe dachförmig. VFl u. viel kleinere HFl im Flug durch Bindevorrichtung vereinigt. Adern deutlich. Nur Längsadern, die sich gabeln, keine Queradern. Fl ± durchsichtig. 2 FußGld mit 2 Klauen u. Haftlappen. Große KomplexAu, 3 Oc. K nie zugespitzt, Stirn oft mit Wangenkegeln. SprungB mit verdickten Schenkeln. – **B.** Manche Obstbaumschädlinge, einige L erzeugen Gallen. Haben symbiontische Mikroorganismen. Nur Eistiel in PflGewebe versenkt od. Eier frei auf Pfl geklebt. 5 LStadien, das 1. beweglich, die anderen ± festsitzend, flach, z. T. mit Wachsausscheidungen, ab 3. Stadium mit FlStummeln. Meist 1 Gen jährlich. Mitunter Lautäußerungen bei beiden Geschlechtern. Über 1000 Arten, MEur ca. 100 Arten.

1 Mit Wangenkegeln (Abb. **70**/1) **2**
1* Ohne Wangenkegel (Abb. **70**/2) **3**
2 Die Adern Cu_1 u. M des VFl haben einen gemeinsamen Stamm, der aus der Ader R entspringt (Abb. **70**/5). Fl meist abgerundet. *Psyllidae* S. 72

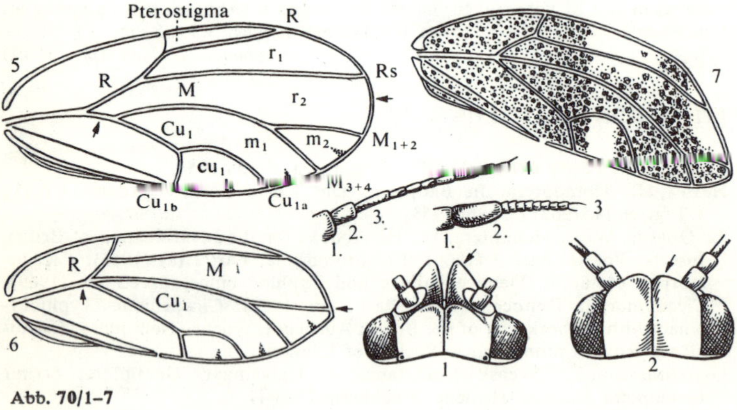

Abb. 70/1–7

2* Die Adern Cu_1 u. M des VFl haben keinen gemeinsamen Stamm, jede entspringt extra aus einem gemeinsamen Ursprung an der Ader R (Abb. **70**/6, 7). Fl gewöhnlich ± zugespitzt. *Triozidae* S. 73

3 (1) 2. FGld verbreitert u. stark verdickt, länger als das 3. FGld (Abb. **70**/3). *Liviidae* S. 71

3* 2. FGld nicht verbreitert, kürzer als das 3. FGld, dieses das längste (Abb. **70**/4). *Aphalaridae* S. 71

Familie *Liviidae*

1 2. FGld so lg wie das 3.–8. FGld zusammen (Abb. **70**/3). An *Juncus*. 2 bis 2,5 mm. *Livia juncorum* (LATREILLE) – **Binsenblattfloh**

1* 2. FGld so lg wie das 3.–5. FGld zusammen (Abb. **71**/1). An *Carex*. 2–3 mm. 2 Arten. Gattung *Diraphia* WAGA

Familie *Aphalaridae*

1 VFl mit Pterostigma (Abb. **70**/5, **71**/3–5) **2**

1* VFl ohne Pterostigma (Abb. **71**/2) **4**

2 VFl mit braunen Flecken (Abb. **71**/3). An *Populus*. 2–2,5 mm. *Camarotoscena speciosa* (FLOR)

2* VFl ohne braune Flecke, gelblich, lederartig, quer gerunzelt **3**

3 Die Ader M_{1+2} des VFl stark gebogen (Abb. **71**/4). An *Acer*. 1,5–2,5 mm. *Rhinocola aceris* (L.)

3* Die Ader M_{1+2} des VFl gerade od. schwach gebogen (Abb. **71**/5). An *Calluna vulgaris*, *Erica*. 1–1,5 mm. (*Aphalaroida ericae*). *Strophingia ericae* (CURTIS)

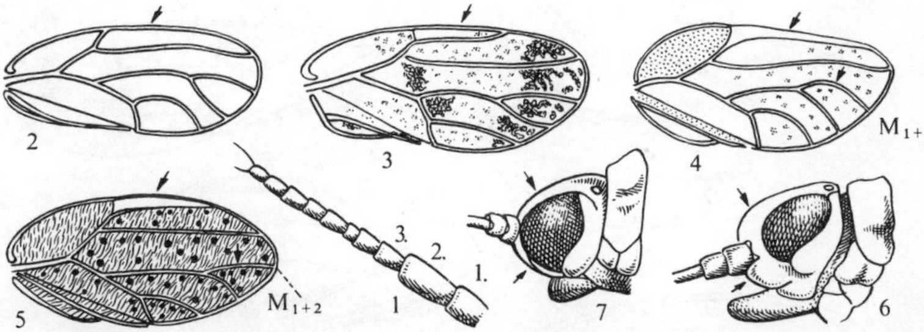

Abb. **71**/1–7

4 (1) Körperfarbe ziegelrot, weiß u. braun. KS wie Abb. **71**/6. An *Polygonaceae* (*Polygonum*, *Rumex*). 1,5–2,5 mm. Ca. 5 Arten. Gattung *Aphalara* FÖRSTER

4* Körperfarbe grün, gelb, braun od. schwarz u. blaßgelb. KS wie Abb. **71**/7. An *Asteraceae* (*Achillea*, *Artemisia*, *Chrysanthemum*, *Crepis*, *Hypochoeris*, *Leontodon*, *Leucanthemum*, *Sonchus*) u. *Onagraceae* (*Epilobium*). 1,5–4 mm. Ca. 9 Arten. Gattung *Craspedolepta* ENDERLEIN

Familie *Psyllidae*

1 VFl zugespitzt (Abb. **72**/1). An *Buxus*. 2,5–3 mm. *Spanioneura buxi* (L.)

1* VFl mit gerundeter Spitze (Abb. **72**/2) **2**

2 Die Zelle cu_1 des VFl breit u. hoch (Abb. **72**/2). An *Cotinus* u. *Rhus*. 1,5 mm. *Calophya rhois* (LÖW)

2* Die Zelle cu_1 des VFl kleiner u. niedriger (Abb. **70**/5) **3**

3 Schiene der MB mit 9 od. 10 starken, schwarzen Spitzendornen. An *Fraxinus*. 2–3,5 mm. Gattung *Psyllopsis* LÖW

Die 4 Arten lassen sich an der Färbung der VFl gut unterscheiden: *P. fraxinicola* (FÖRSTER) – Abb. **72**/3; *P. discrepans* (FLOR) – Abb. **72**/4; *P. distinguenda* EDWARDS – Abb. **72**/5; *P. fraxini* (L.) – Abb. **72**/6.

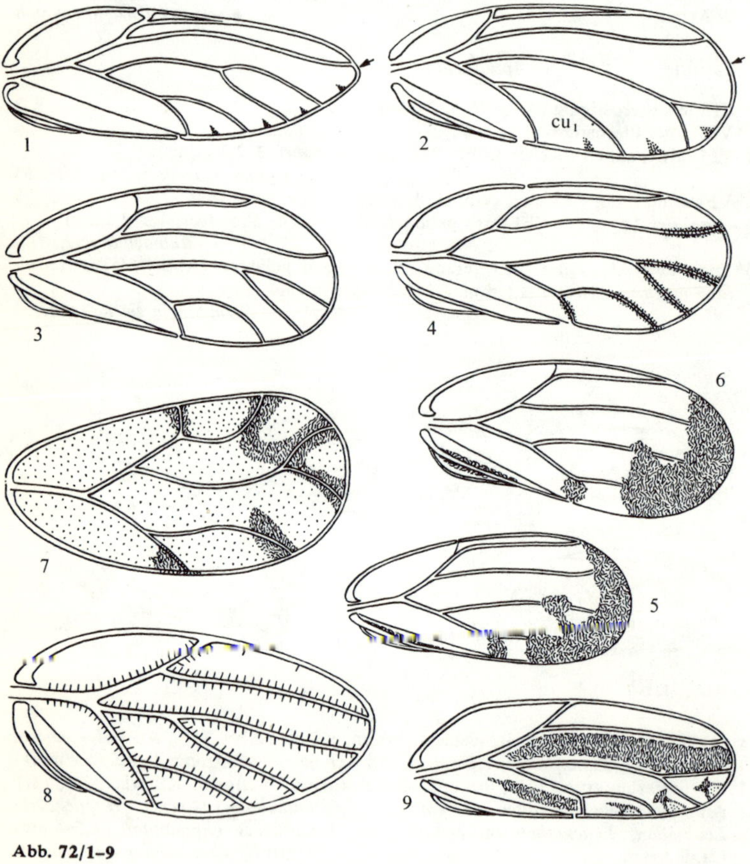

Abb. 72/1–9

3* Schiene der MB höchstens mit 6 solchen Dornen **4**

4 VFl oval (Abb. **72**/8), lederartig braun od. membranös mit charakteristischer Zeichnung (Abb. **72**/7) **5**

4* VFl länglich oval, nicht lederartig braun, sondern membranös u. gegebenenfalls anders gezeichnet **6**

5 VFl mit dunkler Zeichnung (Abb. **72**/7). An *Chamaecytisus*. 1,5–2 mm. *Alloeoneura radiata* (FÖRSTER)

5* VFl ohne dunkle Zeichnung, lederartig braun (Abb. **72**/8). An *Genista*, *Ononis*, *Ulex*. 1,5–2 mm. *Livilla ulicis* CURTIS

6 (4) VFl mit dunklen Streifen (Abb. **72**/9). 1. FußGld der HB mit 1 dicken dunklen Dorn. An *Chamaecytisus*, *Genista*, *Sarothamnus*, *Ulex*. 2,5–3 mm. *Arytaina genistae* (LATREILLE)

6* VFl ohne od. mit anderer Zeichnung. 1. FußGld der HB mit 2 solchen Dornen. An *Alnus*, *Betula*, *Buxus*, *Crataegus*, *Hippophaë*, *Ledum*, *Malus*, *Mespilus*, *Prunus*, *Pyrus*, *Rhamnus*, *Rhododendron*, *Salix*, *Sorbus*, *Ulmus*, *Vaccinium*, *Viburnum*, *Viscum*. 1,5–4 mm. Ca. 36 Arten.
Gattungen *Psylla* GEOFFROY u. *Cacopsylla* OSSIANNILSSON
Häufig an *Alnus*: *P. alni* (L.) – **Erlenblattfloh**. Schädlich an *Malus*: *C. mali* SCHMIDBERGER – **Apfelblattsauger**. Schädlich an *Pyrus*: *C. pyri* (L.), *C. pyricola* FÖRSTER, *C. pyrisuga* FÖRSTER – **Birnblattsauger.**

Familie *Triozidae*

1 VFl mit braunen Flecken (Abb. **70**/7). An *Frangula*, *Prunus*, *Rhamnus*. 3,5 bis 4 mm. *Trichochermes walkeri* (FÖRSTER)

1* VFl ohne braune Flecken, gelegentlich einfarbig gelb. An *Apiaceae*, *Asteraceae*, *Brassicaceae*, *Chenopodiaceae*, *Liliaceae*, *Quercus*, *Rosaceae*, *Salix*, *Solanaceae*, *Urtica* u. a. 1,5–3,5 mm. Ca. 28 Arten.
Gattungen *Bactericera* PUTON, *Heterotrioza* DOBREANU & MANOLACHE, *Trioza* FÖRSTER
Schädlich an Möhren: *B. nigricornis* (FÖRSTER) – **Schwarzer Möhrenblattfloh** u. *H. apicalis* (FÖRSTER) – **Gelbgrüner Möhrenblattfloh**

LITERATURVERZEICHNIS

HODKINSON, I. D. u. I. M. WHITE: Homoptera Psylloidea – Handb. Identif. British Ins. 2, 5 (a), 1–98. 1979.

KLIMASZEWSKI, S. M.: Koliszki Psyllodea – Katalog Fauny Polski, XXI, 2, Warszawa 1967.

KLIMASZEWSKI, S. M.: The Jumping Plant Lice or Psyllids (Homoptera, Psyllodea) of the Palaearctic. An annotated Check-List – Ann. Zool. 30, 155–286. 1973.

KLIMASZEWSKI, S. M.: Psyllodea, Koliszki (Ins., Homoptera). Warszawa 1975.

Unterordnung *Aleyrodina* – **Mottenläuse, Weiße Fliegen**

G. 1–2 mm; die geflügelten, mit weißem, mehlartigem Wachsstaub bepuderten Im. (Abb. **75**/1) ähneln kleinen Motten (Name!). Die bei einigen Arten in der EHälfte mit einem grauen Fleck versehenen, im übrigen durch den Wachs-

staub hellen Fl werden in der Ruhe dachförmig gehalten. – **V.** Die V. der in MEur vorkommenden Arten ist nur unzureichend bekannt. Einige Arten (z. B. *Aleyrodes proletella, A. lonicerae, Pealius quercus* u. *Asterobemisia carpini*) sind allgemein verbreitet. Andere (z. B. *Asterobemisia paveli* u. *A. obenbergeri*) sind offensichtlich wärmeliebend u. wahrscheinlich auf wärmebegünstigte Standorte beschränkt. – **L.** Sämtliche Arten sind PflSaftsauger. Die erwachsenen Mottenläuse fliegen flatternd und im allgemeinen nur bei geringer Luftbewegung. VFl u. HFl im Flug nicht miteinander verbunden. Die Tiere springen bei Störungen. Die HB sind als SprungB ausgebildet. Der Hlb ist durch das erste, stielförmige HlbSgm außerordentlich beweglich. – **B.** 4 LStadien, nur das 1. LStadium ist frei beweglich. Die folgenden 3 sitzen fest, u. zwar in der Regel auf der BlattUS ihrer WirtsPfl. Die L sehen Schildläusen ähnlich.
Das letzte LStadium wird zum Puparium (zur Artbestimmung am besten geeignet). Bei manchen Arten zwei Gen jährlich, verbunden mit einem Saisondimorphismus. Bei einigen Arten ist Parthenogenese bekannt. Bisher über 1100 Arten beschrieben, davon heimisch freilebend 12–17 Arten. Hinzu kommen einige in Gewächshäuser eingeschleppte Arten, die in der Bestimmungstabelle nicht berücksichtigt worden sind.

Bestimmungsschlüssel nach den Puparien

1 Puparien auf den BlattUS krautiger Pfl **2**
1* Puparien auf den BlattUS von Holzgewächsen **7**
2 Puparien an *Asarum europaeum* **3**
2* Puparien nicht an *Asarum europaeum* **4**
3 Puparien schwarz mit dorsalen u. randständigen, weißen Wachsausscheidungen, Puparien überw. *Aleurolobus wunni* (RYBERG)
3* Puparien hell. *Aleyrodes asari* (SCHRANK) (Abb. **75**/2)
4 **(2)** Transversalfalte (T) der Br endet nicht seitlich am Rand des Pupariums, sondern ist in sich geschlossen (Abb. **75**/4) **5**
4* Transversalfalte (T) der Br ist nicht in sich geschlossen, sondern verläuft zum SRand des Pupariums (Abb. **75**/2) **6**
5 Puparien an *Euphorbiaceae*, Puparien überw (Abb. **75**/4). *Asterobemisia paveli* (ZAHRADNIK)
5* Puparien an *Thymus*, Puparien überw. *Asterobemisia obenbergeri* (ZAHRADNIK)
6 **(4)** Dorsale Börstchen (B) vorhanden (Abb. **75**/2), häufig an *Aegopodium podagraria, Fragaria* u. a. *Aleyrodes lonicerae* WALKER
6* Dorsale Börstchen fehlen, häufig an *Chelidonium majus*. *Aleyrodes proletella* (L.) (Abb. **75**/3)
7 **(1)** Puparien an Spitz-, Feld- od. Bergahorn (*Acer platanoides, A. campestre, A. pseudoplatanus*) **8**
7* Puparien an anderen Holzgewächsen **12**
8 Puparien an Spitzahorn (*Acer platanoides*). *Aleurochiton aceris* (MODEER)
[Dunkle Puparien mit hellen Wachsmustern: Winterpuparien (Abb. **75**/5); kleinere weißliche Puparien: Sommerpuparien (Abb. **75**/6)]
8* Puparien an Feld- od. Bergahorn (*Acer campestre, A. pseudoplatanus*) **9**
9 Puparien an Feldahorn (*Acer campestre*). *Aleurochiton acerinus* HAUPT
[Dunkle Puparien mit hellen Wachsmustern: Winterpuparien (Abb. **75**/7); kleinere weißliche Puparien: Sommerpuparien]

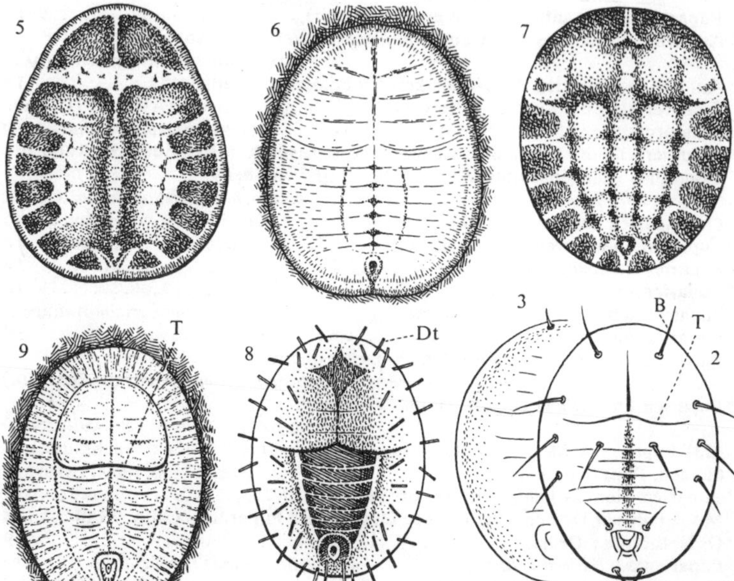

Abb. 75/1–12. **1** *Aleyrodes proletella* (rechts daneben ein Ei); **2** *Aleyrodes asari, Puparium*; **3** *Aleyrodes proletella*, Puparium, Teilansicht; **4** *Asterobemisia paveli*, Puparium auf einem Blättchen der Zypressenwolfsmilch; **5** *Aleurochiton aceris*, Winterpuparium; **6** *Aleurochiton aceris*, Sommerpuparium; **7** *Aleurochiton acerinus*, Winterpuparium; **8** *Siphoninus phillyreae*, Puparium; **9** *Asterobemisia carpini*, Puparium; **10** *Aleurochiton pseudoplatani*, Puparium; **11** *Pealius quercus*, hinterer Teil des Tupariums mit Analfeld; **12** *Asterobemisia carpini*, hinterer Teil des Pupariums mit Analfeld (alle Puparien in Rückenansicht; B = dorsale Börstchen, Dt = tubulöse Drüsen, Ka = Kaudalspalte, T = Transversalfalte im BrBereich).

9* Puparien an Bergahorn (*Acer pseudoplatanus*) **10**
10 Auf der DorsalS des Pupariums tubulöse Drüsen (Dt) (Abb. **75**/8).
Siphoninus phillyreae (HALIDAY)
10* Auf der DorsalS des Pupariums keine tubulösen Drüsen **11**
11 Transversalfalte (T) im BrBereich in sich geschlossen (Abb. **75**/9), ohne Kaudalspalte (Abb. **75**/12). Puparien überw. *Asterobemisia carpini* (KOCH)
11* Transversalfalte (T) nicht in sich geschlossen, sondern sie endet am Rand des dosenförmigen Pupariums (Abb. **75**/10). Puparien überw.
Aleurochiton pseudoplatani VISNYA
12 (7) Puparien an *Rhododendron*. *Dialeurodes chittendeni* LAING
12* Puparien an anderen Holzgewächsen **13**
13 Puparien an *Ericaceae* **14**
13* Puparien nicht an *Ericaceae* **16**
14 Puparien schwarz, Puparien überw. *Tetralicia ericae* HARRISON
14* Puparien nicht schwarz **15**
15 Puparien an *Vaccinium myrtillus*, Puparien überw.
Aleurotuberculatus similis europaeus (ZAHRADNIK)
15* Puparien an *Calluna vulgaris*, Puparien überw.
Calluneyrodes callunae (OSSIANNILSSON)
16 (13) Puparien schwarz mit dorsalen u. randständigen, weißen Wachsausscheidungen, Puparien überw. *Aleurolobus wunni* (RYBERG)
16* Puparien niemals ganz schwarz, oft hell **17**
17 Mit tubulösen Drüsen (Dt) auf der DorsalS des Pupariums (Abb. **75**/8) ... **18**
17* Ohne tubulöse Drüsen **19**
18 Puparien an *Hedera helix*. *Siphoninus immaculatus* (HEEGER)
18* Puparien an versch. Laubgehölzen, z. B. *Fraxinus*, *Crataegus*, *Pirus* u. a.
Siphoninus phillyreae (HALIDAY)
19 (17) Puparien dorsal flach, Rand zargenförmig (vgl. Pupariumrand in Abb. **75**/10). Färbung der Puparien gelblich, mit Kaudalspalte (Abb. **75**/11, Ka). Puparien überw. *Pealius quercus* (SIGNORET)
19* Puparien dorsal gewölbt, Rand nicht zargenförmig **20**
20 Transversalfalte (T) im BrBereich nicht in sich geschlossen, sie verläuft zum SRand des Pupariums (Abb. **75**/2). Auf versch. Laubgehölzen, z. B. *Lonicera*-Arten, *Clematis vitalba* u. a. *Aleyrodes lonicerae* WALKER
20* Transversalfalte (T) im BrBereich in sich geschlossen (Abb. **75**/9), ohne Kaudalspalte (Abb. **75**/12), Puparien überw. *Asterobemisia carpini* (KOCH)

LITERATURVERZEICHNIS

MOUND, L. A.: A Revision of the British Aleyrodidae (Hemiptera: Homoptera), Bull. British Mus. (Nat. Hist.) Entomol. **17**, 397–428, 1966.

MOUND, L. A. et S. H. HALSEY: Whitefly of the World. A Systematic Catalogue of the Aleyrodidae (Homoptera) with Hostplant and Natural Enemy Data. 340 pp. British Mus. (Nat. Hist.), 1978.

ZAHRADNIK, J.: Aleyrodina, in: Die Tierwelt Mitteleuropas **4**, 3, Xd, 19 S., 1963.

Unterordnung *Coccina* – Schildläuse

G. Durchweg kleine bis sehr kleine, meist 0,8–6 mm, seltener bis 10 mm lg Pflanzenläuse mit extremem Geschlechtsdimorphismus (Abb. **79**/1–2). ♀ in der Regel mit plumpem, sack-, beeren- od. napfförmigem Körper u. stets ohne Fl. Segmentierung ± stark verwischt; K, Br u. Hlb meist nicht deutlich voneinander abgesetzt. Fühler (F) u. B bei primitiveren Gruppen (*Ortheziidae*, *Pseudococcidae*, *Coccidae*) fast immer gut entw, bei spezialisierteren (*Asterolecaniidae*, *Diaspididae*) ± stark bzw. vollständig zurückgebildet (Mikroskop!). Mundwerkzeuge stechend-saugend, StechBo lg, Ul klein. Körper vielfach mit fädiger, pulveriger, manchmal auch schuppenartiger, meist weißlicher Sekretauflage, bei spezialisierteren Familien in kapselartiger Sekrethülle eingeschlossen (*Asterolecaniidae*) od. von deckelähnlichem, mit der Haut nicht fest verbundenem Schild bedeckt (*Diaspididae*). ♂ mit deutlich segmentiertem Körper, gut entw F u. B sowie nur einem mit spärlicher Aderung versehenen FlPaar, s ohne Fl. HFl zu stummelförmigen Halteren umgewandelt od. ganz reduziert. Au bei zwei Familien (*Ortheziidae*, *Margarodidae*) meist als FacettenAu, sonst als PunktAu (Oc) ausgebildet (Mikroskop!). Mundwerkzeuge zurückgebildet. JungL bei den meisten Arten primitiverer Familien (*Ortheziidae*, *Pseudococcidae*, *Coccidae*) den ♀♀ ± ähnlich, bei spezialisierten Gruppen (*Kermesidae*, *Asterolecaniidae*, *Diaspididae*) deutlich versch. F u. B stets gut entw. Segmentierung von B u. Hlb klar erkennbar (Mikroskop!). – **L.** An verholzten ober- u. unterirdischen PflTeilen sowie Blättern u. Früchten; ausschließlich PflSauger. Viele Arten wärmeliebend, daher warme Standorte (Weinbauklima) bes. artenreich. Einige Arten an Laubhölzern, Obstbäumen u. Beerensträuchern schädlich, andere (eingeschleppte) in Gewächshäusern sowie an Zimmer- u. KübelPfl. Versch. Nadelholz-Schildläuse (Gattung *Physokermes*) als Honigtauerzeuger für die Bienenzucht in waldreichen Gebieten von Bedeutung. – **B.** ♀♀ meist ovipar, in einigen Fällen ovovivipar od. vivipar; Parthenogenese bei vielen Arten nachgewiesen. Eiabl bzw. Abgabe von L vor allem im Frühj (V–VI), in einigen Fällen im Sommer (VII–IX). L setzen sich nach Wanderung von meist mehreren Stunden Dauer fest. Während der unvollkommenen Verwandlung bei ♀♀ 2–3, bei ♂♂ 4–5 Häutungen. Überw meist nur in einem Stadium (Ei, L od. ♀ Im.), bei manchen Arten in versch. Stadien (z. B. L u. ♀ Im. od. Ei u. ♀ Im.). Lebensdauer der ♀♀ wenige Wo bis mehrere Mon (bei Überw); ♂♂ sehr kurzlebig (wenige Stunden bis Tage). Vorkommen in Kolonien unterschiedlicher Stärke, seltener einzeln. Oft mit Ameisenbesuch (Trophobiose), bes. bei unterirdisch lebenden Arten. Natürliche Feinde vor allem Vögel, räuberische Coccinelliden u. parasitische Hymenopteren. – Mehrere Tausend Arten (davon heimisch ca. 90, einschließlich eingeschleppter). Artbestimmung anhand der ♀♀ u. meist nur mit mikroskopischen Hilfsmitteln mit Sicherheit möglich.

Tabelle nur auf ♀♀ aufgebaut!

1 Tier mit ziemlich festem, deckelartigem, mit dem Körper nicht fest verbundenem, meist leicht abnehmbarem Schild bedeckt (Abb. **86**/1, 8–9, 12, 15) od. in ± durchsichtiger, hornartiger Kapsel eingeschlossen (Abb. **83**/7). Ohne B, F sehr klein (Mikroskop!) **6**

1* Tier nicht mit deckelartigem, abnehmbarem Schild bedeckt od. in ± durchsichtiger, hornartiger Kapsel eingeschlossen. B u. F meist gut entw **2**

2 Haut der OS u. US ganz od. teilweise mit großen, weißen Sekretschuppen bedeckt (Abb. **79**/3–5). OS des Hlb mit Stigmen. B u. F gut ausgebildet. Hü (Coxa) u. Schenkelring (Trochanter) verschmolzen (Mikroskop!).
Familie *Ortheziidae* – **Röhrenschildläuse** S. 78

2* Haut der OS u. US nackt od. ± mit pulverigen, fädigen od. zuckergußähnlichen Sekreten bedeckt. Wenn B gut entw, Hü u. Schenkelring nicht verschmolzen (Mikroskop!) 3

3 Ohne Analring, Mundwerkzeuge vollständig zurückgebildet (Mikroskop!). Hlb mit Stigmen. Familie *Margarodidae* S. 80

3* Analring u. Mundwerkzeuge (Ul, StechBoBündel) vorhanden (Mikroskop!). Hlb ohne Stigmen 4

4 Analring ohne Bo u. Poren (Mikroskop!).
Familie *Kermesidae* – **Eichenschildläuse** S. 80

4* Analring mit Bo u. Poren (Mikroskop!) 5

5 HlbE mit Analspalte u. 2 lappenartigen, dreieckigen Analplatten (Mikroskop!) (Abb. **81**/3, 3 b) (bei Gattung *Physokermes* TARGIONI-TOZETTI nur bei L vorhanden). Haut der OS meist stärker sklerotisiert, oft lackartig glänzend. Körper kahn-, napf- od. beerenförmig, manchmal halbkugelig oder noch stärker gewölbt (Abb. **81**/4–10, 13). Seitlicher Körperrand vielfach mit charakteristischen Dornen (Mikroskop!) (Abb. **81**/3, 3 a).
Familie *Coccidae* – **Napfschildläuse** S. 80

5* HlbE ohne Analplatten u. Analspalte (Mikroskop!). Haut schwächer sklerotisiert, oft mit pulverigen od. fädigen Sekreten bedeckt. Segmentierung meist ± deutlich erkennbar (Abb. **83**/1–4). B normalerweise gut entw, s stark reduziert (Mikroskop!). Körperrand vielfach mit segmental angeordneten Sekretanhäufungen od. -fortsätzen (Abb. **83**/1–3). HlbE oft mit ± gut entw Anallappen u. längeren, endständigen Bo (Mikroskop!).
Familie *Pseudococcidae* – **Woll- od. Schmierläuse** S. 82

6 (1) Schild kapselartig, von hornartiger Konsistenz. US ± stark abgeflacht, OS stärker gewölbt. Randzonen der OS mit gepaarten, in 8-Form erscheinenden Hautdrüsenmündungen (Mikroskop!) (Abb. **83**/8).
Familie *Asterolecaniidae* – **Pockenschildläuse** S. 84

6* Schild deckelartig, ± stark gewölbt, aus 2 Exuvien, fädigen Hautdrüsensekreten u. Exkreten fest zusammengefügt, Färbung weiß, grau, schwarz od. braun. Körper sehr klein (1–2 mm), dorsoventral meist stark abgeplattet; HlbE als stärker sklerotisiertes Pygidium mit lappen-, kamm- od. dornartigen Anhängen entw (Mikroskop!) (Abb. **86**/3–7, 10–11, 14, 17–20).
Familie *Diaspididae* – **Deckelschildläuse, Echte Schildläuse** S. 84

Überfamilie *Archaeococcoidea*

Familie *Ortheziidae* – **Röhrenschildläuse**

Analring mit 6 lg B. Ältere ♀♀ mit Eisack (Abb. **79**/3–5). Tiere zeitlebens frei beweglich, Fortbewegung auffallend langsam; leben ober- od. unterirdisch. 5 Arten.

a) *Orthezia urticae* L. (Abb. **79**/3)
Mit Eisack 8–10 mm lg. Polyphag an krautigen Pfl wie *Urtica*, *Melampyrum*, *Achillea*, *Galium*, *Lathyrus* u. *Impatiens*; Überw als L u. ♀; v u. im Unterwuchs von Laubw oft häufig; V–IX.

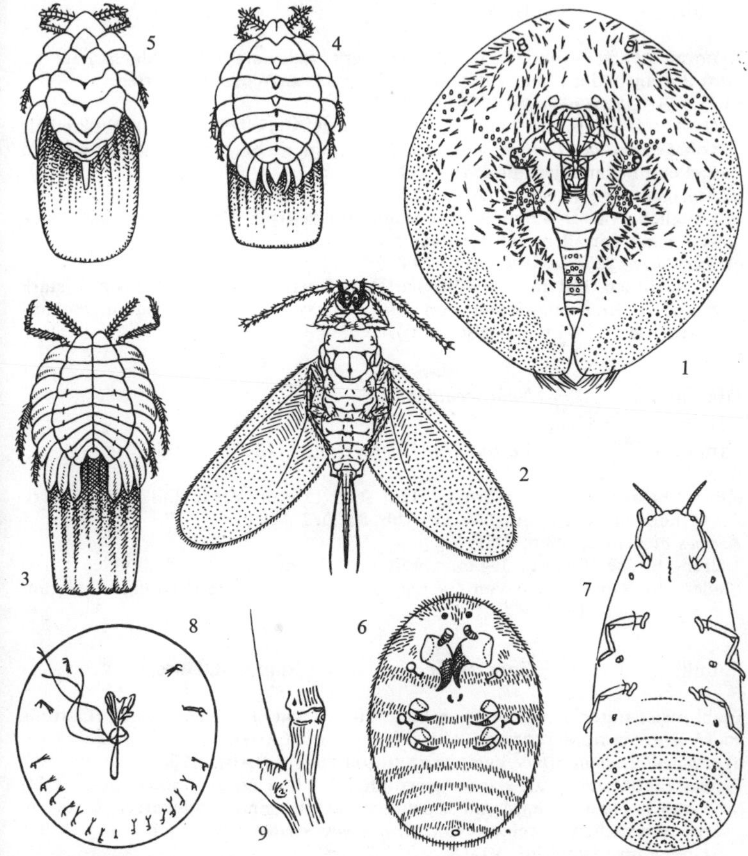

Abb. **79/1–9.** **1** *Physokermes hemicryphus* (♀); **2** *Physokermes hemicryphus* (♂); **3** *Orthezia urticae*; **4** *Arctorthezia cataphracta*; **5** *Newsteadia floccosa*; **6** *Porphyrophora polonica*; **7** *Matsucoccus pini*; **8** *Xylococcus filiferus*; **9** *Xylococcus filiferus* in Zweiggabelung mit Sekretfaden.

b) *Arctorthezia cataphracta* SHAW (Abb. **79**/4)
Mit Eisack 4–6 mm lg. An Wurzeln von *Saxifraga*, *Valeriana*, *Taraxacum* u. a.; bes. in höheren Lagen der Alp, stellenweise auch im MGeb (Riesen-Geb., Hohes Venn).

c) *Newsteadia floccosa* DE GEER (Abb. **79**/5)
Mit Eisack 4–6 mm lg. Bes. im Moos u. in der Humusschicht von Nadel- u. Laubw, an Wurzeln u. Pilzhyphen; v u. häufig.

Familie *Margarodidae*

B normal entw (Abb. **79**/7), seltener stark reduziert od. vorderes Paar zu GrabB umgebildet (Abb. **79**/6). Oberirdisch od. an Wurzeln. 6 Arten.

a) *Porphyrophora polonica* L. (Abb. **79**/6)
Oval, mit GrabB, 4–7 mm lg, dunkelviolett, stark behaart. Am Wurzelhals von *Scleranthus*, *Galium*, *Asperula*, *Dianthus* u. a., bes. an warmen, trockenen Stellen mit sandigem Boden; V–VI.

b) *Matsucoccus pini* GREEN (Abb. **79**/7)
Länglich-oval, 3–4 mm lg, hellbraun. Im zeitigen Frühj unter der Rinde von *Pinus* vor allem auf dürftigen Standorten; III–IV.

c) *Xylococcus filiferus* LÖW (Abb. **79**/8–9)
Oval, rötlich, HE mit lg, röhrenartigem Fortsatz (Abb. **79**/9). B u. F stark reduziert. In Zweigwinkeln von *Tilia* ganz von Rindengewebe eingeschlossen; stellenweise im S (Kaiserstuhl).

Überfamilie *Neococcoidea*

Familie *Kermesidae* [*Kermidae*] – **Eichenschildläuse**

Körper beeren- od. nierenförmig, Haut stark sklerotisiert u. dunkel gebändert. An verholzten Teilen von *Quercus* (Abb. **81**/1). 2 Arten.

Kermes quercus L. (Abb. **81**/1)
Nieren- bis herzförmig, 3–4 mm breit u. 2–3 mm lg, mit 7–8 dunklen Querbinden. In Rindenrissen von *Quercus* bes. an Waldrändern häufig u. oft mit Ameisenbesuch; IV–VI.

Familie *Coccidae* [*Lecaniidae*] – **Napfschildläuse**

Eiabl meist unter dem Körper, seltener hinter ihm in weißem Eisack (Gattung *Pulvinaria* TARGIONI-TOZETTI) (Abb. **81**/11). Ca. 40 Arten.

a) *Palaeolecanium bituberculatum* TARGIONI-TOZETTI (Abb. **81**/4)
Bei Eiabl breit-oval, stärker gewölbt, 2,5–6 mm lg, 3–5 mm breit u. 2 bis 3 mm hoch, RückenM mit 2 deutlich vorspringenden schwarzen Höckern. An schwachen Zweigen von *Crataegus*, stellenweise auch von *Malus*; Überw im Eistadium; VI–IX.

b) *Parthenolecanium corni* BOUCHÉ (Abb. **81**/2–3, 5)
Bei Eiabl napfförmig, meist weniger als halbkugelig gewölbt, 3–6 mm lg, 2–4 mm breit u. 1,5–2 mm hoch, braun bis schwarzbraun, glänzend. Polyphag an Laubhölzern u. Sträuchern wie *Fraxinus*, *Acer*, *Prunus*, *Pirus*, *Crataegus* u. *Ribes*; v, häufig u. stellenweise schädlich; V–VI.

c) *Parthenolecanium rufulum* COCKERELL
Während der Eiabl oval, mäßig gewölbt, bis 6 mm lg u. 4 mm breit, hellbraun bis glanzlos; vor der Eiabl hintere Körperhälfte mit rötlichem Fleck. An Zweigen, Trieben u. Stämmchen vor allem von *Quercus*, seltener von *Fagus*, *Castanea*, *Carpinus*, *Sarothamnus*, *Rubus*, *Vaccinium* u. a.; v u. häufig; IV–VII.

d) *Parthenolecanium fletcheri* COCKERELL (Abb. **81**/6)
Bei Eiabl oval bis rundlich, 3–4 mm lg u. 2–3 mm breit, halbkugelig od.

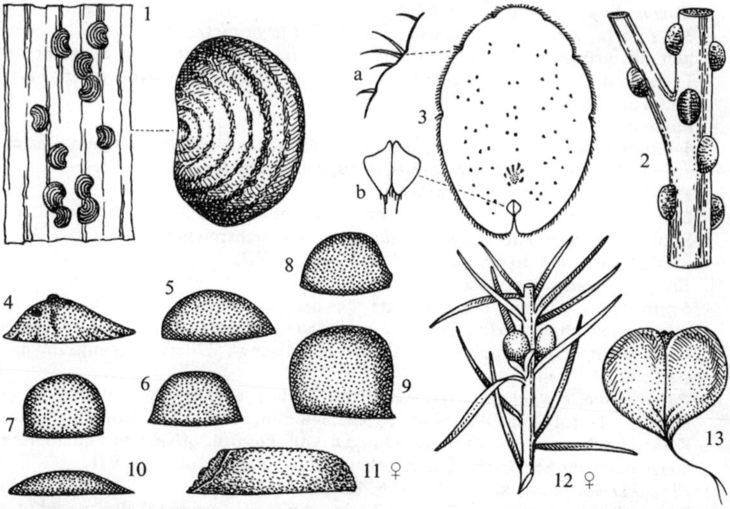

Abb. 81/1–13. **1** Kolonie von *Kermes quercus* in Rindenrissen von Eiche, daneben ein vergrößertes Einzeltier; **2** Kolonie von *Parthenolecanium corni* an einem Zweig; **3** *Parthenolecanium corni*, junges ♀ in Rückenansicht mit Stigmendornen (a) u. Analplatten (b); **4** Schild von *Palaeolecanium bituberculatum*; **5** Schild von *Parthenolecanium corni*; **6** Schild von *Parthenolecanium fletcheri*; **7** Schild von *Sphaerolecanium prunastri*; **8** Schild von *Saissetia coffeae*; **9** Schild von *Eulecanium mali*; **10** Schild von *Coccus hesperidum*; **11** Schild von *Pulvinaria betulae* (mit Eisack); **12** *Physokermes hemicryphus* an Fichtenzweig; **13** *Physokermes piceae*.

noch stärker gewölbt, hinten stark abfallend, hell- bis mittelbraun u. teilweise glänzend; vor Eiabl RückenM mit breitem, hellem Längsstreifen. An schwachen Zweigen von *Thuja* vor allem in Parkanlagen u. auf Friedhöfen häufig; IV–VI.

e) *Sphaerolecanium prunastri* FONSCOLOMBE (Abb. **81**/7)
Bei Eiabl mehr als halbkugelig gewölbt, etwa 3–3,5 mm lg u. 2,5–3,5 mm breit, nahezu rundlich, glänzend braun bis dunkelbraun. In kleinen bis großen Kolonien an schwächeren Zweigen u. Stämmchen von *Prunus spinosa*; ovovivipar; V–IX.

f) *Saissetia coffeae* WALKER (Abb. **81**/8)
Während Eiabl halbkugelig, hell- bis dunkelbraun, 1,5–4,5 mm lg, 1,5 bis 3 mm breit u. 1–3 mm hoch; OS vor der Eiabl mit ± deutlicher H-förmiger Wölbung. In Gewächshäusern u. an ZimmerPfl, häufig an Farnen, *Asparagus* u. a.; Fortpflanzung parthenogenetisch.

g) *Eulecanium mali* L. (Abb. **81**/9)
Während Eiabl etwa halbkugelig gewölbt, 3–5 mm lg u. breit u. 4–4,5 mm hoch, glänzend braun. In kleinen Kolonien od. einzeln an schwachen Zweigen von *Corylus*, *Acer*, *Aesculus*, *Crataegus*, *Prunus spinosa* u. a.; intensiv von Ameisen besucht; IV–VI.

h) *Coccus hesperidum* L. (Abb. **81**/10)
3–4 mm lg, ziemlich flach, oval, manchmal asymmetrisch, bräunlich, gelblich od. grünlichgelb. In Gewächshäusern u. an KübelPfl (im Sommer im Freien), d. h. oft an *Nerium*, *Hedera*, *Laurus*, *Anthurium*; ovovivipar, Fortpflanzung parthenogenetisch.

i) *Pulvinaria betulae* L. (Abb. **81**/11)
4–6 mm lg u. 3–4 mm breit; bei Eiabl mit schneeweißem, fädigem Eisack am HlbE. An *Populus*, *Crataegus*, *Vitis*, *Sarothamnus* u. a.; V–VI.

k) *Phyllostroma myrtilli* KALTENBACH
Oval, gelblich bis gelbgrün, 4–5 mm lg; Eisack am HlbE bläulichweiß. An Stämmchen von *Vaccinium myrtillus* in unterwuchsreichen, feuchteren Wäldern; Eiabl an BlattUS od. im Bodenlaub; V–VII.

l) *Eriopeltis festucae* FONSCOLOMBE
4 mm lg u. 1,5 mm breit, stärker gewölbt, intensiv orangegelb, OS mit zahlreichen abgestutzten Dornen. In fädiger, schneeweißer Hülle an Grasblättern im Unterwuchs von Laub- u. Mischw; Überwinterung im Eistadium.

m) *Physokermes hemicryphus* DALMAN (Abb. **79**/1–2, **81**/12)
Kleiner als folgende Art, d. h. ∅ ca. 3–4 mm, sonst sehr ähnlich. Unter Knospenschuppen an Zweiggabelungen von *Picea* u. *Abies*; Fortpflanzung meist parthenogenetisch; Überw als L_2; v u. meist häufig; V–VII.

n) *Physokermes piceae* SCHRANK (Abb. **81**/13)
Beerenförmig, rotbraun, ∅ ca 5–8 mm. Meist in Zweigwinkeln, manchmal auch an Zweigen von *Picea*; meist mit stärkerem Ameisenbesuch; Fortpflanzung bisexuell; IV–VI.

Familie *Pseudococcidae* – **Woll- od. Schmierläuse**

Meist bis zur Eiabl od zeitlebens frei beweglich. Ca. 65 Arten.

1 OS meist mit Sekretauflage (Abb. **83**/1–3) u. Ostiolen, d. h. 1–2 Paar schlitzförmigen Öffnungen im vorderen u. hinteren Körperdrittel (Mikroskop!). US oft mit Circulus (rundliches Organ an der Basis des Hlb) (Mikroskop!). Ausführgänge von Hautdrüsen auf der OS in der Regel in Scheiben mit mehreren Poren mündend (Mikroskop!). Eiabl zumeist in fädigen, lockeren Eisack am HlbE. Unterfamilie *Pseudococcinae* S. 82

1* OS meist nackt, fast stets mit zahlreichen, kräftigen Dornen (Abb. **83**/5), ohne Ostiolen (Mikroskop!). US ohne Circulus (Mikroskop!). Ausführgänge von Hautdrüsen auf der OS weitlumig u. mit ringförmiger Mündung (Mikroskop!). Körper während der Eiabl meist ganz in fädige Sekrethülle eingeschlossen. Unterfamilie *Eriococcinae* S. 83

Unterfamilie *Pseudococcinae*

a) *Pseudococcus maritimus* EHRHORN (Abb. **83**/1)
3,5–5 mm lg u. 1,2–2 mm breit, rötlichbraun, mit pulverigem Sekretbelag u. längeren Sekretfortsätzen am Körperrand, endständige Fortsätze etwa halb so lg wie Körper. In Gewächshäusern u. an ZimmerPfl wie *Clivia* u. Kakteen häufig (eingeschleppt)!

b) *Planococcus citri* RISSO (Abb. **83**/2)
Elliptisch, 3–5 mm lg, dunkelgelb bis gelblichbraun, mit weißlichem, pulve-

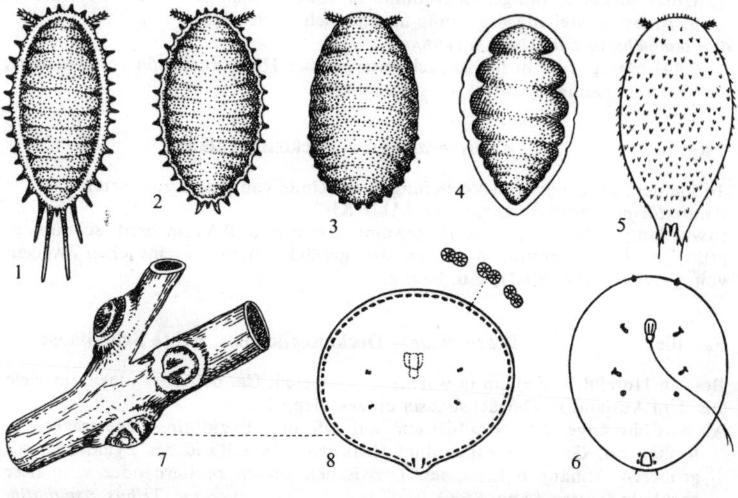

Abb. **83/1–8.** **1** *Pseudococcus maritimus*; **2** *Planococcus citri*; **3** *Phenacoccus aceris*; **4** *Gossyparia spuria*; **5** *Rhizococcus insignis*; **6** *Cryptococcus fagisuga*; **7** *Asterodiaspis variolosa* an Eichenzweig; **8** *Asterodiaspis variolosa* (♀), mit Mündungen marginaler Hautdrüsen.

rigem Sekretbelag mit Ausnahme eines nackten Medianstreifens, Sekretfortsätze am Körperrand einschließlich der endständigen relativ kurz. Polyphag in Gewächshäusern u. an ZimmerPfl (eingeschleppt).

c) *Euripersia tomlini* NEWSTEAD
Fleischrot, kugelig; in fädiger, weißer Sekrethülle an Graswurzeln an warmen, trockenen Standorten in Gesellschaft von Ameisen.

d) *Phenacoccus aceris* SIGNORET (Abb. **83**/3)
Graugrün bis gelblichgrün, 4–5 mm lg, mit stärkerem Sekretbelag u. undeutlich ausgeprägten Fortsätzen am Rand der hintersten Sgm. Polyphag an Laubhölzern wie *Acer*, *Crataegus*, *Corylus*, *Prunus spinosa* u. a.; Eiabl in großen, bis 10 mm lg, schneeweißen Eisack; V–VI.

Unterfamilie *Eriococcinae*

a) *Gossyparia spuria* MODEER (Abb. **83**/4)
Oval, 2,5–3 mm lg, dunkelviolett. Während der Eiabl (Ovoviviparie), in weißer, fädiger, den Rücken freilassender Sekrethülle in Rindenrissen von *Ulmus*, v u. meist häufig; V–VI.

b) *Rhizococcus insignis* NEWSTEAD (Abb. **83/5**)
Länglich-oval, 3–3,5 mm lg, blaßgelb. Auf Blättern versch. Gräser vorzugsweise an warmen Stellen; während der Eiabl in weißer, ovaler, fädiger Sekrethülle; VI–VII.

c) *Cryptococcus fagisuga* BÄRENSPRUNG (Abb. **83**/6)
Kugelig, sehr klein (∅ ca. 0,8–1 mm), blaßgelb, mit stark reduzierten B u. F.

Unter lockerer, fädiger Sekrethülle in Rindenrissen von *Fagus* in Wäldern u. Anlagen; stellenweise häufig u. schädlich.

d) *Pseudochermes fraxini* KALTENBACH
0,8–1 mm lg, rot; in filziger, schmutzigweißer Hülle an Rinde von *Fraxinus*; weit v u. häufig.

Familie *Asterolecaniidae* – **Pockenschildläuse**

In kleinen, grubenartigen Vertiefungen an Rinde von *Quercus*. 5 Arten.

Asterodiaspis variolosa RATZEBURG (Abb. **83**/7–8)
Etwas länger als breit, ± stark gewölbt, 2 mm lg u. 0,6 mm breit, schmutziggrün, gelblich od. bräunlich. In kapselartiger Sekrethülle an schwachen Zweigen von *Quercus* (Abb. **83**/7); v u. häufig.

Familie *Diaspididae* – **Deckelschildläuse, Echte Schildläuse**

Bes. an HolzPfl, vor allem in wärmeren Gebieten. Ca. 60 Arten (darunter viele aus dem Ausland in Gewächshäuser eingeschleppt).

A. Ausführgänge der Hautdrüsen auf OS des Pygidiums lggestreckt, in Reihen od. Gruppen angeordnet (Mikroskop!). HRand des Pygidiums mit größeren Anhängen („Lappen"), zwischen diesen breitere oder schmälere gezähnte Platten (Abb. **86**/6). *Tribus Aspidiotini*

a) *Quadraspidiotus gigas* THIEM et GERNECK (Abb. **86**/3)
Gelbgrün, birnenförmig; Schild grau bis schwarzgrau, ∅ 1,7–2 mm; Außenrand des medianen Lappenpaares meist deutlich gekerbt, zw den medianen Lappen kleine dornenförmige Platten. An verholzten Teilen von *Populus* u. *Salix*; VI–IX; stellenweise schädlich.

b) *Quadraspidiotus ostreaeformis* CURTIS (Abb. **86**/4)
Zitronengelb, rundlich; Schild dunkelgrau, ∅ 1,4–1,9 mm; medianes Lappenpaar mit schwach od. nicht gekerbtem Außenrand; laterale Platten zw 2. u. 3. Lappenpaar einander ähnlich u. mit wenigen Zähnchen. Polyphag an verholzten Teilen, seltener Früchten von Obstbäumen wie *Malus, Pyrus* u. *Prunus*; *Carpinus, Salix, Aesculus, Tilia* u. a.; v u. häufig; IV–VIII.

c) *Quadraspidiotus perniciosus* COMSTOCK (Abb. **86**/1–2, 5)
Ähnlich voriger Art; mediane u. laterale Platten lg u. gezähnelt, zw 2. u. 3. Lappenpaar gabelförmig. Polyphag an verholzten Teilen u. Früchten von Obstbäumen u. Beerensträuchern; Überw als L_1; SW eingeschleppt, schädlich.

d) *Quadraspidiotus pyri* LICHTENSTEIN (Abb. **86**/6)
Ähnlich voriger Art; Schild schwarzgrau, ∅ 1,8–2,1 mm; medianes Lappenpaar an beiden S od. nur außen gekerbt; laterale Platten zw. 2. u. 3. Lappenpaar teilweise verzweigt u. an der AußenS stärker gezähnt. An Laubhölzern einschließlich Obstbäumen (*Malus, Pyrus, Prunus*) häufig; V–VIII.

e) *Nuculaspis abietis* SCHRANK (Abb. **86**/7–9)
Gelb; Schild grau bis schwarzgrau, lggestreckt oval, 1,7–2,3 mm lg, SRänder nahezu parallel; mediane u. laterale Platten zw. 1. u. 2. Lappenpaar breit u. gezähnt. An Nadeln von *Pinus, Picea* u. *Abies*; v u. häufig; IV–VII.

B. Platten am Rand des Pygidiums meist breit u. kammförmig, manchmal lggestreckt u. schmal, ohne Platten; Ausführgänge dorsaler Hautdrüsen des Pygidiums in der Regel breit u. kurz (Mikroskop!). Tribus *Parlatorini*

a) *Leucaspis pini* HARTIG (Abb. **86**/10)
Grünlich; unter weißem, länglichem (2,4–2,8 mm lg) Schild in fester Hülle; Pygidium mit zahlreichen, lg, stumpf auslaufenden od. gezähnten Platten. An der InnenS der Nadeln von *Pinus*; Überw als L_2 u. ♀; weit v stellenweise häufig.

b) *Anamaspis löwi* COLVÉE (Abb. **86**/11–13)
Violett; unter weißem, ovalem (1,5–1,7 mm lg) Schild in fester brauner Hülle; ohne Platten. An Nadeln von *Pinus*; Überw wie vorige Art; v u. häufig.

C. Pygidiumrand mit dornenartigen Anhängen zw den Lappen, ohne Platten (Mikroskop!). Tribus *Diaspidini*

a) *Lepidosaphes ulmi* L. (Abb. **86**/14–16)
Länglich-oval, weißlich; Schild braun, 2–4 mm lg u. miesmuschelförmig. Polyphag. An vielen Laub- u. seltener auch Nadelhölzern sowie an Zier- u. Zwergsträuchern; Überw im Eistadium; Obstbaumschädling.

b) *Chionaspis salicis* L. (Abb. **86**/17)
Weinrot; Schild weiß, birnenförmig, 2,5–3 mm lg; medianes Lappenpaar groß, asymmetrisch u. leicht divergierend. An Rinde von *Salix, Populus, Alnus, Tilia* u. *Vaccinium myrtillus*; Überw im Eistadium; weit v u. häufig; VI–IX.

c) *Epidiaspis leperii* SIGNORET (Abb. **86**/18)
Weinrot bis orangegelb; Schild weißlich od. grauweiß, rundlich, ∅ 1,1 bis 1,4 mm; Pygidium mit nur einem Lappenpaar. An verholzten Teilen von Rosaceen wie *Pyrus, Malus, Prunus, Juglans* u. *Aesculus*; vor allem in klimatisch begünstigten Gebieten im W u. SW (Rhein-Main-Gebiet, Rhein-Neckar-Gebiet, Pfalz); stellenweise an Obstbäumen schädlich.

d) *Aulacaspis rosae* BOUCHÉ (Abb. **86**/19)
Pilzförmig, rötlich bis orangegelb; Schild grau bis grauweiß, rundlich, ∅ 1,5–2,2 mm; medianes Lappenpaar groß, tief eingesenkt u. stark divergierend. An verholzten Teilen von *Rosa* u. *Rubus* bes. in wärmeren Gegenden; örtlich an Zierrosen schädlich.

e) *Carulaspis juniperi* BOUCHÉ (Abb. **86**/20)
Orangegelb bis rötlich; unter weißem, rundlichem, leicht gewölbtem Schild mit 1,2–1,6 mm ∅; 1. u. 2. Lappenpaar gut entw, 3. höckerartig, Drüsendornen zw medianen Lappen sehr klein. An Nadeln von Koniferen wie *Juniperus* u. *Thuja*; Überw als ♀; v u. häufig.

LITERATURVERZEICHNIS

BALACHOWSKY, A. S.: Les cochenilles de France, d'Europe du Nord de l'Afrique et du bassin méditerranéen, **1–7**. Paris 1937–1953.

BALACHOWSKY, A. S.: Les cochenilles paléarctiques de la tribu des Diaspidini. Mem. scient. Inst. Pasteur. Paris 1954, 450 pp.

BORCHSENIUS, N. S.: Fauna der UdSSR, Pseudococcidae (russ.), Zool. Inst. Akad. Wiss. (N. S. 38), **7**. Moskau-Leningrad 1945, 383 pp.

BORCHSENIUS, N. S.: Coccoidea der UdSSR, Coccidae (russ.). Zool. Inst. Akad. Wiss. (N. S. 66), **9**. Moskau-Leningrad 1957, 493 pp.

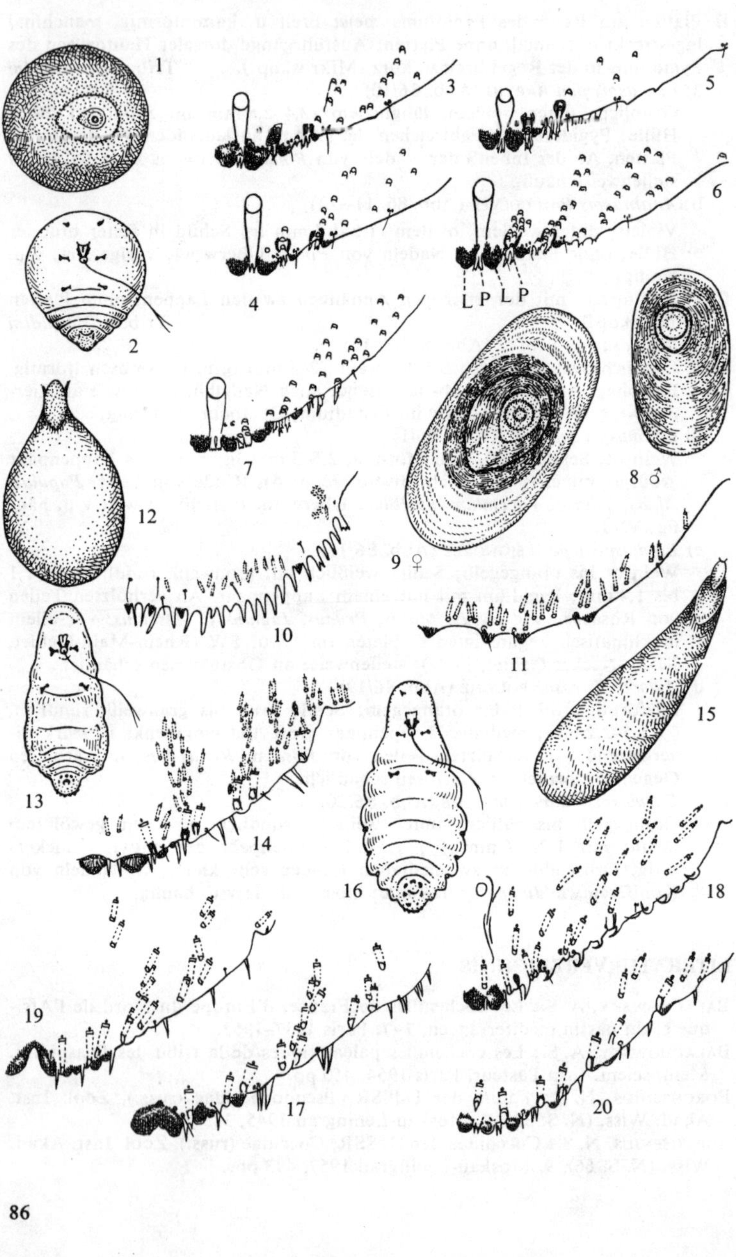
1
2
3
4
5
6
L P L P
7
8 ♂
9 ♀
10
11
12
13
14
15
16
17
18
19
20

BORCHSENIUS, N. S.: Fauna der UdSSR, Asterolecaniidae, Lecaniodiaspidae, Aclerdidae (russ.). Zool. Inst. Akad. Wiss. (N. S. 77), **8.** Moskau-Leningrad 1960, 282 pp.

FERRIS, G. F.: Atlas of the scale insects of North America, **1–7.** Stanford 1937–1955.

JAKUBSKI, A. W.: A revision of Margarodidae and Termitococcoidae (Hemiptera, Coccoidae). London 1965. 187 pp.

KOSZTARAB, M. et KOZAR, F.: Coccoidea in Fauna Hungariae No. 131, 1978.

LINDINGER, L.: Die Schildläuse (Coccidae) Europas, Nordafrikas und Vorderasiens, einschließlich der Azoren, der Kanaren und Madeiras. Stuttgart 1912, 388 pp.

LINDINGER, L.: Die Schildläuse der mitteleuropäischen Gewächshäuser. Ent. Jb., 1924/25, 167–191 (1924).

MORRISON, H.: Classification of scale insects of the subfamily Ortheziinae. J. agric. Res. **30**, 97–154, 1925.

MORRISON, H.: A classification of the higher groups and genera of the coccid family Margarodidae. US Dept. Agric. Techn. Bull. No 52, 1928, 240 pp.

PFLUGFELDER, O.: Coccina in Bronn „Klassen und Ordnungen des Tierreiches" **5**, 3. Abtlg. 8. Buch, Teil b. Jena 1939.

REHÁČEK, J.: Fauna puklic (Coccidae) Slovenska. Biol. prace **6**, 1–88, 1960.

REYNE, A.: Snavelinsecten – Rhynchota. 1. Nederlandse Schildluizen (Coccidae). Kon. Nederlandse Nat. Ver. No. **22**, 1–44, 1957.

SCHMUTTERER, H.: Die Ökologie der Cocciden (Homoptera, Coccoidea) Frankens. Z. ang. Ent. **33**, 369–420, 544–584; **34**, 66–100, 1952.

SCHMUTTERER, H.: Schildläuse oder Coccoidea, I. Deckelschildläuse oder Diaspididae. Tierw. Dtschl. 45. Teil, Jena 1959, 260 pp.

SCHMUTTERER, H., KLOFT, W. u. LÜDICKE, M.: Coccoidea in „Handbuch der Pflanzenkrankheiten" **5**, 403–520, 1955.

WILLIAMS, D. J.: The British Pseudococcidae (Homoptera, Coccoidea). Bull. Brit. Mus. (Nat. Hist.) Ent. **12**, 1–79, 1962.

ZAHRADNÍK, J.: Revision der tschechoslowakischen Arten der Schildläuse aus der Unterfamilie der Diaspidinae. Acta Ent. Mus. Nat. Pragae **27**, 89–200 1951.

Unterordnung *Aphidina* – **Blattläuse, Aphiden**

G. Körper rundlich bis lgoval. Oberfläche glänzend, matt od. mit ± Wachsbedeckung (z. B. bereift, bepudert, mit Wachsflaum). Rücken (OS) entweder unpigmentiert, so daß Grundfärbung voll zur Geltung kommt, od. mit Pigmentzeichnung, die jahreszeitlich od. durch Ernährungszustand verändert sein kann.

Abb. **86/1–20.** **1** *Quadraspidiotus perniciosus*, Schild in Rückenansicht; **2** *Qu. perniciosus*, ♀ in Bauchansicht; **3** *Qu. gigas*, *Pygidium*; **4** *Qu. ostreaeformis*, *Pygidium*; **5** *Qu. perniciosus*, *Pygidium*; **6** *Qu. pyri*, *Pygidium* (L = Lappen, P = Platten); **7** *Nuculaspis abietis*, Pygidium; **8** *N. abietis*, ♂-Schild; **9** *N. abietis*, ♀-Schild; **10** *Leucaspis pini*, Pygidium; **11** *Anamaspis löwi*, Pygidium; **12** *A. löwi*, Schild; **13** *A. löwi*, ♀ in Bauchansicht; **14** *Lepidosaphes ulmi*, Pygidium; **15** *L. ulmi*, Schild in Rückenansicht; **16** *L. ulmi*, ♀ in Bauchansicht; **17** *Chionaspis salicis*, Pygidium; **18** *Epidiaspis leperii*, Pygidium; **19** *Aulacaspis rosae*, Pygidium; **20** *Carulaspis juniperi*, Pygidium (Pygidium: jeweils rechte Seite in Rückenansicht).

Larven (L) u. Nymphen der *Aphididae* u. der meisten übrigen Gruppen niemals mit Pigmentzeichnung, auch nicht bei Arten, deren Erwachsene (Adulti od. Imagines, Im.) sehr stark gedunkelte OS haben. Bei vielen Arten erheblicher Unterschied in der Pigmentierung zw ungeflügelten u. geflügelten GenFormen (Morphen). Bei manchen Arten Ungeflügelte ohne jede Pigmentierung, Geflügelte jedoch mit sehr dunkler, ausgedehnter Zeichnung (Abb. **88**/4, **89**/4). K mit versch. langem, in Ruhelage an die KörperUS angeschmiegtem R u. 4- bis meist 6gld F. Wichtig für die Bestimmung ist die Betrachtung des KProfils (Stirnprofils) zw den FWurzeln. Bei manchen Arten Stirn mit FSockel, an denen nach innen od. vorn vorspringende Stirnhöcker vorhanden sein können. Stirn zw. den F mit versch. großem oder ohne MHöcker. Das letzte (in der Regel das 6.) FGld wird durch ein Sinnesorgan in Basis u. dünneren, versch. lg Processus terminalis geteilt (Abb. **89**/1). B meist verhältnismäßig lg u. dünn. Füße (Tarsen) in der Regel 2gld, das 1. Gld sehr klein. Charakteri-

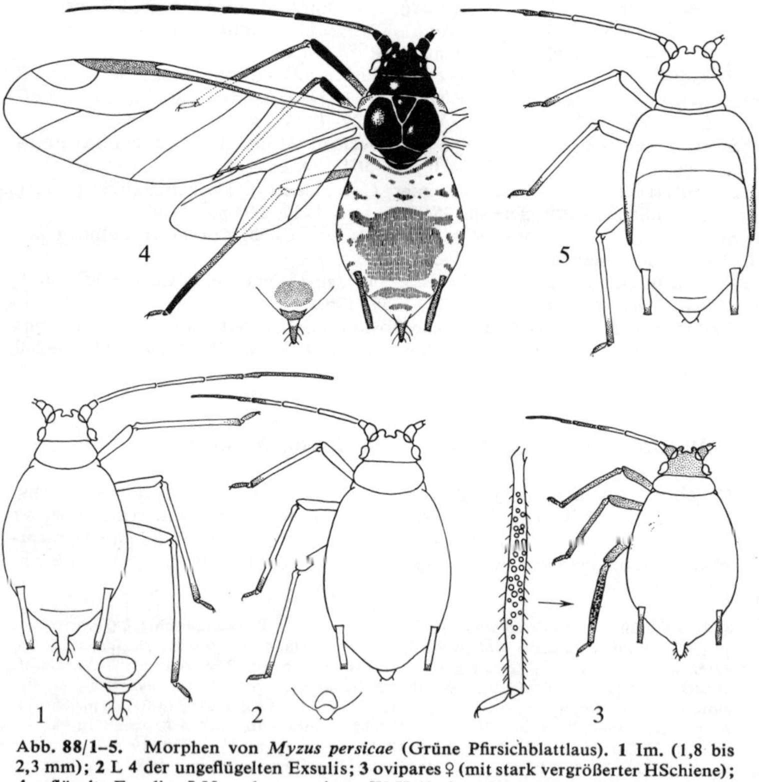

Abb. **88**/1–5. Morphen von *Myzus persicae* (Grüne Pfirsichblattlaus). **1** Im. (1,8 bis 2,3 mm); **2** L 4 der ungeflügelten Exsulis; **3** ovipares ♀ (mit stark vergrößerter HSchiene); **4** geflügelte Exsulis; **5** Nymphe von einem W II (**1**, **2** u. **4** mit US des HlbE).

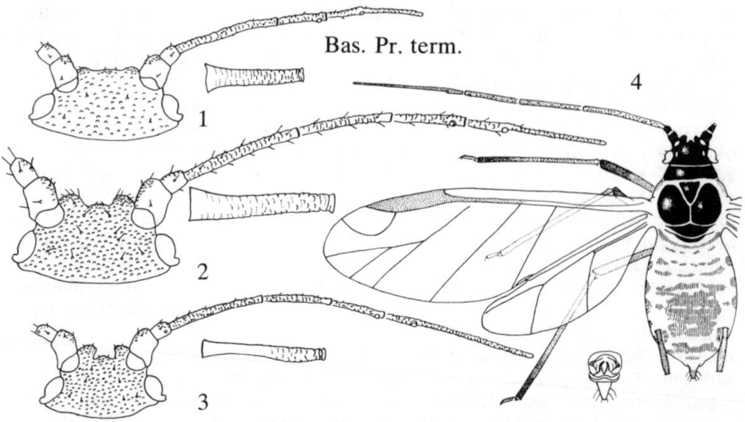

Abb. **89/1–4.** Morphen von *Myzus persicae.* **1** K u. Si der Fundatrix (Bas. = Basis, Pr. term. = Processus terminalis); **2** K u. Si der ungeflügelten Fundatrigenia; **3** K u. Si der ungeflügelten Exsulis; **4** ♂ (mit US des HlbE).

stisch sind die Rückenröhren od. Siphonen (Si), die nur in wenigen Gattungen fehlen. Die 2 Si sitzen auf der hinteren Hälfte des Hlb (auf 5. od. meist 6. Hlb-Sgm), sie sind poren-, knopf-, kegelstumpf- od. keulenförmig, schlauchförmig zylindrisch od. konisch zylindrisch. Bei Beunruhigung tritt bei vielen Arten aus den Si ein zähflüssiger Tropfen aus. – **L.** Sämtlich PflSauger, nicht wenige an bodennahen od. unterirdischen PflTeilen, einige an der Rinde von Stämmen u. starken Ästen saugend. Viele erzeugen Gallen od. andere Deformationen. Manche Arten auf eine einzige WirtsPflArt beschränkt (monophag), andere an mehreren (oligophag) bis vielen (polyphag). Zahlreiche PflSchädlinge u. Virusüberträger, z. T. von weltweiter Bedeutung. – **B.** Einige Arten nur mit eingeschlechtlicher Fortpflanzung (permanente Parthenogenese, Anholozyklie), diese in M- u. NEur nur in Gewächshäusern od. an anderen frostgeschützten Stellen (z. B. unterirdisch an Wurzeln) den Winter überdauernd. Die meisten mit GenWechsel (Heterogonie, zyklische Parthenogenese, Holozyklie). Im typischen Falle 5 Morphen: die aus dem überw Ei hervorgehende Stammutter od. Fundatrix (1), mehrere Gen von ungeflügelten (2) u. geflügelten (3) parthenogenetischen ♀♀ (Virgines), die Sexual♀♀ (4) (ovipare ♀♀, müssen begattet werden u. legen die überw Eier) u. die ♂♂ (5). Viele Arten der Familien *Aphididae*, *Pemphigidae*, *Thelaxidae*, *Adelgidae* u. *Phylloxeridae* mit Wirtswechsel (Ww), durch den der GenZyklus etwas kompliziert wird. Bei Aphiden mit Ww lebt die Fundatrix auf einem od. mehreren Holzgewächsen. Die NaPfl der Fundatrix bei Aphiden mit Ww werden Primärwirte (Haupt- od. Winterwirte, W I) genannt. Auf den W I entstehen aus der Fundatrix eine od. mehrere Fundatrigenien genannte Gen. Die in der ersten u./od. einer späteren fundatrigenen Gen auftretenden Geflügelten wandern ab zu den Sekundärwirten (Neben- od. Sommerwirte, W II), meist krautige Pfl. Auf W II lebende parthenogenetische Läuse werden Exsules od. Alienicolae genannt. Die herbstliche Rückwanderung zu den W I erfolgt im Ww der *Aphididae* durch Gynoparen, die auf W I parthenogenetisch die oviparen ♀♀ erzeugen u. durch die hier immer geflügelten ♂♂; beim Ww der übrigen Familien durch Sexuparen, die auf W I sowohl ovipare ♀♀ wie die hier immer ungeflügelten ♂♂ gebären. Zw den Morphen bei vielen Arten erhebliche morphologische Unterschiede. Die Fundatrix hat im allgemeinen kürzere F u. kürzere Si. Fundatrix von *Myzus persicae* (SULZER) z. B. mit nur 5gld F u. ohne die für die Gattung charakteristischen Stirnhöcker (Abb. **89**/1–3). – Bisher ca. 3000 Blattlausarten bekannt, davon 850 in MEur.

Sammeln u. Untersuchen. Die besiedelten PflTeile werden vorsichtig (die Im. mancher Arten lassen sich schon bei geringen Erschütterungen sofort fallen!) mit einer Schere abgeschnitten u. in Glastuben (z. B. 15 cm lg, 3 cm ∅) gebracht, die mit Watte od. durchbohrten Korken, deren Luftlöcher unten durch aufgeklebte feinmaschige Gaze abgedichtet sind, verschlossen werden. Mit 10fach vergrößernder Lupe untersuchen od. besser (nachdem man Färbung u. Aussehen der Oberfläche notiert hat!) in Äthanol unter einem Stereomikroskop. Aufbewahrung in 80%igem Äthanol.

Beachte: Bestimmungsschlüssel sind auf adulte, ungeflügelte Virgines (Ungeflügelte Im.) gegründet, da diese Morphe am häufigsten gefunden wird. Einigen Arten fehlt diese Morphe, hier wurden die geflügelten Virgines herangezogen. Zur Bestimmung sind adulte Tiere zu untersuchen. Blattlauskolonien bestehen jedoch zum weitaus größten Teil aus L, die den Adulten infolge der paurometabolen Entw weitgehend gleichen, aber viele für die Bestimmung wichtige Merkmale noch nicht aufweisen. Mit einiger Übung sind die adulten ungeflügelten Im. von den L mit 10fach vergrößernder Lupe gut zu unterscheiden. Bei Arten, deren Erwachsene Rückenpigmentierung haben, Unterscheidung von den meist viel helleren L schon mit bloßem Auge möglich. Bei Aphiden mit sehr dunkler Grundfärbung wird Grad der Rückenpigmentierung bei Untersuchung in Äthanol gut sichtbar. Wenn ungeflügelte Im. von L nicht durch Pigmentierung versch. sind, muß man das HlbE u. dessen BauchS betrachten. Die HlbSpitze („obere Afterklappe“) wird durch das Tergit des 9. HlbSgm gebildet. Sie wird bei den Adulten Cauda („Schwänzchen“) genannt. Die Im. vieler *Chaitophoridae*, *Callaphididae* u. vor allem *Aphididae* besitzen eine gegenüber der oberen Afterklappe der L verlängerte Cauda. Während die HlbSpitze der L u. Nymphen nur aus der oberen u. der unteren Afterklappe (Abb. **88**/2) gebildet wird, tritt bei den Im. noch die Genitalplatte hinzu (Abb. **88**/1, 4). Diese liegt ventral unmittelbar vor der unteren Afterklappe, ist bei manchen Arten pigmentiert u. entspricht dem 8. HlbSternit. Bei Arten, deren Im. keine verlängerte Cauda aufweisen, dient sie allein der Erkennung der Adulten. Das Erkennen der Adulten wird erleichtert, wenn die L im Gegensatz zu ihnen bepudert od. bereift sind (manche *Macrosiphum*- u. *Acyrthosiphon*-Arten) od. wenn der Rücken bei Im. glänzend, bei L dagegen matt ist (einige *Aphis*-Arten). L des 3. u. 4. (letzten) Stadiums, die Geflügelte ergeben u. deshalb FlAnlagen tragen, werden Pronymphen bzw. Nymphen (Abb. **88**/5) genannt. Die meisten in der Blattlaustaxonomie benutzten Merkmale werden erst nach entsprechender Präparation der Tiere unter dem Mikroskop sichtbar. Geflügelte Blattläuse, die nicht von ihrer NaPfl gesammelt wurden, sind mit relativ wenigen Ausnahmen nur durch mikroskopische Untersuchung vom Spezialisten bestimmbar.

1 In allen Gen Eier legend. Sehr klein, ohne Si. Nur an Gehölzen 2
1* Keine Eier in den Frühj- u. Sommerkolonien, da in allen parthenogenetischen Gen lebendgebärend 3
2 An Laubgehölzen. Familie *Phylloxeridae* S. 166
2* An Nadelhölzern. Familie *Adelgidae* S. 165
3 (1) Si poren- od. knopfförmig od. ohne Si 4
3* Si mindestens halb so lg wie breit bis sehr lg[1] 15
4 An Nadelhölzern 5
4* An anderen Pfl 6
5 Ohne Si. Klein, hell gefärbt, an Fichtenwurzeln. Familie *Pemphigidae* z. T. S. 160
5* Si vorhanden. Dunkel, meist groß bis sehr groß. Unterfamilie *Cinarinae*, Familie *Lachnidae* S. 93
6 (4) HFüße auffallend lg, meist mehr als halb so lg wie HSchienen. Groß, meist hell gefärbt, Wurzelläuse an Korbblütengewächsen u. Hahnenfußgewächsen. Immer mit Ameisen. Unterfamilie *Traminae*, Familie *Lachnidae* S. 96
6* HFüße normal 7
7 OS des K mit dem Rückenschild des 1. ThoraxSgm bei Ungeflügelten u. L verwachsen. Au deshalb scheinbar in der M der SLinie des K od. ungeflügelte Im. mit fast rundem Körperumriß, dann blattunterseits an *Betula*. Familie *Thelaxidae* S. 158
7* Au normal, manchmal sehr klein, immer in der Nähe der HEcken des K .. 8
8 Groß bis sehr groß; meist braun. An Zweigen, Ästen, Stämmen od. manchmal Wurzeln von *Quercus*, *Fagus* od. anderen Gehölzen. Unterfamilie *Lachninae*, Familie *Lachnidae* S. 95
8* Klein bis mittelgroß; anders gefärbt. Selten (z. B. die Blutlaus an Apfel) an der Rinde von verholzten PflTeilen saugend 9
9 Mit starken od. wolligen weißen Wachsausscheidungen 10
9* Ohne Wachsausscheidungen od. nur mit Puder bedeckt 12
10 Körper rundlich 11
10* Körper länglich od. oval. In den Blattwinkeln von *Carex* od. an Triebspitzen u. BlattUS von *Fagus sylvatica*. Familie *Callaphididae* z. T. S. 100
11 In eng gerollten roten Blattgallen an *Artemisia vulgaris*. *Cryptosiphum artemisiae* BUCKTON, Familie *Aphididae* S. 154
11* In Gallen an *Ulmus*, *Populus*, *Fraxinus*, an Zweigen od. Wurzeln anderer Holzgewächse od. unterirdisch an Gräsern u. Kräutern. Außerdem *Pemphigus filaginis* (BOYER DE FONSCOLOMBE), zw Blütenköpfen u. an oberen Stengelteilen von *Gnaphalium*- u. *Filago*-Arten. Familie *Pemphigidae* S. 160
12 (9) KörperS mit lg fingerförmigen Fortsätzen. An *Sarothamnus scoparius*. *Ctenocallis setosa* (KALTENBACH), Familie *Callaphididae* S. 102
12* KörperS ohne seitliche Fortsätze 13
13 Körper bepudert, oval od. länglichoval. Cauda zungenförmig. F ca. $^1/_3$ der KörperLg. Si meist flach kegelstumpfförmig. Familie *Aphididae* z. T. S. 104
a) an Süßgräsern od. *Asparagus officinalis:* Gattung *Diuraphis* AJZENBERG S. 143
b) an *Cerastium*, *Silene* od. *Stellaria:* Gattung *Brachycolus* BUCKTON S. 142

---

[1] Die Si sind höckerartig bei den Fundatrizen von *Hyalopterus pruni* (GEOFFROY) an Pflaume, Schlehe u. Pfirsich u. fehlen bei den Fundatrizen von *Longicaudus trirhodus* (WALKER) an Rosen.

13* Ohne Wachspuder. Körper schlank. Cauda anders. Si porenförmig od. nur wenig hervortretend **14**

14 F kürzer als $^1/_3$ der KörperLg, 5 Gld. An Süßgräsern.
Gattungen *Laingia* THEOBALD u. *Atheroides* HALIDAY, Familie *Chaitophoridae* S. 98

14* F länger als $^1/_3$ der KörperLg, 6 Gld. An *Carex*.
Gattung *Bacillaphis* QUEDNAU, Familie *Callaphididae* S. 103

15 **(3)** Ganzer Körper mit auffallend lg Bo. Si oft kegelstumpfförmig, höchstens doppelt so lg wie an der Basis breit. An *Acer*, *Populus*, *Salix*, Süßgräsern od. Riedgräsern. Familie *Chaitophoridae* S. 96

15* Bo nicht auffallend lg od. wenn lgborstig, dann Si von anderer Gestalt u. an anderen Pfl **16**

16 Si höchstens doppelt so lg wie breit **17**

16* Si reichlich doppelt so lg wie breit bis sehr lg **18**

17 Cauda zungenförmig, länger als an der Basis breit, od. – bei *Microsiphum* (CHOLODKOVSKY) – dreieckig u. so lg wie an der Basis breit.
Familie *Aphididae* z. T. S. 104

a) ohne Ww an Kreuzblütengewächsen.
Gattung *Semiaphis* VAN DER GOOT S. 141

b) ohne Ww an *Achillea* od. *Artemisia*, unterirdisch od. an bodennahen Stellen
Gattung *Microsiphum* CHOLODKOVSKY S. 118

c) mit Ww an *Rosa*, *Aquilegia*, seltener *Thalictrum*.
Gattung *Longicaudus* VAN DER GOOT S. 109

d) ohne Ww an *Cerastium*, *Silene* od. *Stellaria*.
Gattung *Brachycolus* BUCKTON S. 142

e) ohne Ww an Süßgräsern od. *Asparagus officinalis*.
Gattung *Diuraphis* AJZENBERG S. 143

17* Cauda sehr kurz u. breiter als lg od. mit abgeschnürtem, kugelförmigem EAbschnitt, ohne Ww an *Betula*, *Tilia*, *Carpinus betulus*, *Myrica gale*, *Quercus*, *Ulmus*, *Alnus*, *Juglans*, *Corylus*, Schmetterlingsblütengewächsen od. Riedgräsern. Familie *Callaphididae* S. 100

18 **(16)** An *Acer*. Groß. In allen Gen, mit Ausnahme des Geschlechts♀, geflügelt. Cauda mit abgeschnürtem kugelförmigem EAbschnitt.
Gattung *Drepanosiphum* KOCH, Familie *Callaphididae* S. 100

18* Nur ausnahmsweise an *Acer* (polyphage Arten). Alle Arten mit ungeflügelten Virgines. Mit od. ohne Ww. Cauda ohne abgeschnürten Kugelteil. Artenreichste Familie der Blattläuse. Familie *Aphididae* S. 104

Familie *Lachnidae* – **Baumläuse**

1 Grün od. meist braun bis sehr dunkel; an Gehölzen **2**

1* Mindestens L sehr hell; meist weiß. HFuß auffallend lg, mehr als halb so lg wie HSchienen. An den unterirdischen Teilen von Korbblütengewächsen u. *Ranunculus*-Arten. Geflügelte mit schwarzem K u. Thorax u. dunklen Querbinden auf dem Hlb. Immer mit Ameisen. Nur mit parthenogenetischer GenFolge. Unterfamilie *Traminae* S. 96

2 An Nadelhölzern. Unterfamilie *Cinarinae* S. 93

2* An Laubhölzern. Immer mit Ameisen. Unterfamilie *Lachninae* S. 95

Unterfamilie *Cinarinae*

1 Meist kleiner als 2,5 mm. Ohne Ameisen. An Nadeln von *Pinus* **2**
1* Meist größer als 2,5 mm u. meist mit Ameisen. An Zweigen, Ästen, Stämmen, auch Wurzeln von Nadelhölzern **3**
2 Körper schlank, mindestes doppelt so lg wie breit. 5 Arten. Gattung *Eulachnus* DELGUERCIO
a Ohne Wachspuder. Grundfärbung grün. 1,75–2,5 mm. An *Pinus sylvestris*, bei Störung sehr schnell laufend, Eur, NAm. *E. agilis* (KALTENBACH)
a* Mit Wachspuder. Grundfärbung dunkel olivgrün bis braun. 2,0–2,5 mm. An *Pinus nigra*. Eur, NAm. *E. rileyi* (WILLIAMS) (Abb. **94**/1)
2* Körper oval bis rundlich, ca. $1^2/_3$mal so lg wie breit, immer mit Wachspuder. Gattung *Schizolachnus* MORDVILKO
a Grundfärbung braun. 1,8–2,4 mm. An *Pinus sylvestris*. Eur. *S. pineti* (F.) (Abb. **94**/2)
a* Grundfärbung olivgrün. 1,8–2,5 mm. An *Pinus nigra*. Eur. *S. obscurus* BÖRNER
3 **(1)** Mit krümeligen Wachsausscheidungen. Grundfärbung olivgrün bis braun, grünes Querband bei den Si. 2,5 mm. An benadelten Zweigen von *Picea*. Ohne Ameisen. Eur bis Japan. *Lachniella costata* (ZETTERSTEDT)
3* Nur mit schwachem Wachspuder bis fast nackt, oft glänzend. Meist mit Ameisen. Ca. 25 Arten. Gattung *Cinara* CURTIS S. 93

Gattung *Cinara* CURTIS – **Kienläuse**

A an *Picea*

1 Sockel der Si groß, ∅ länger als die HFüße. Dunkel braunschwarz. 2,8 bis 3,5 mm. An Zweigen u. Stämmen, im Sommer an Wurzeln. Eur. *C. pruinosa* (HARTIG) (Abb. **94**/3)
1* ∅ des Si-Sockels höchstens so lg wie HFüße **2**
2 Dunkel braunschwarz, bis über 6 mm. An Zweigen u. Stämmen, im Sommer an Wurzeln. Eur. *C. piceae* (PANZER)
2* Braun od. heller braun od. grünlich, höchstens 4 mm lg **3**
3 Grundfärbung graubraun bis grünlich, 2 Reihen grüne Querstreifen. An 2jährigen u. älteren Zweigen, im Sommer an Wurzeln. Eur. [*C. piceicola* (CHOLODKOVSKY)] *C. cistata* (BUCKTON)
3* Hellbraun bis rostbraun, seltener graugrün. Lg behaart u. im Frühj bepudert. An Maitrieben u. jungen Zweigen. Eur, Island. *C. pilicornis* (HARTIG)

B An *Pinus*

1 Rückenzeichnung in Höhe der Si meist nur 6 Reihen dunkler Punkte (Muskelplatten). Braun, glänzend, seitlich u. auf dem Rücken Puderflecke, Bauch etwas bepudert. Körper oval. 3,0–3,5 mm. An 2–5jährigen, meist nicht mehr benadelten Zweigen von *Pinus sylvestris* u. *P. nigra*. Eur. *C. pini* (L).
1* Außer Muskelplatten noch weitere Rückenzeichnung. Körper rundlich. An jungen Zweigen **2**
2 HHälfte des HlbRückens der ungeflügelten Im. pigmentiert u. braun glänzend VHälfte matt gelbgrau. 2,5–3,0 mm. An *Pinus nigra*. Eur. *C. brauni* BÖRNER

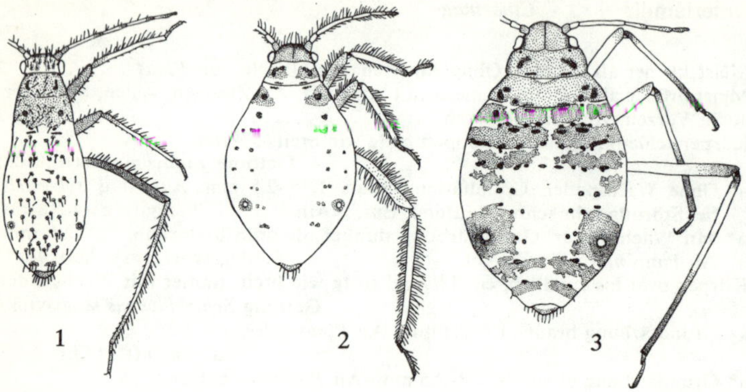

Abb. **94/1–3.** **1** *Eulachnus rileyi* (2–2,5 mm); **2** *Schizolachnus pineti* (1,8–2,4 mm); **3** *Cinara pruinosa* (2,8–3,5 mm).

2* Zusätzliche Zeichnung des HlbRückens aus zahlreichen kleinen dunklen Flecken. 4–5 mm **3**

3 Pigmentflecke des HlbRückens z. T. unter sich u. mit den Muskelplatten zu perforierter Zeichnung verwachsen. Rücken erzglänzend, aber auf der Rinde der Zweige im Bereich der Kolonien weiße Wachsablagerungen. An der Rinde 2jähriger Zweige von *Pinus sylvestris*. Eur. *C. hyperophila* (KOCH)

3* Pigmentflecke auf dem HlbRücken vollkommen getrennt. An der Rinde wachsender Jungtriebe **4**

4 Pigmentflecke etwa gleich groß wie Muskelplatten. Braun, seltener grün. An *Pinus sylvestris* u. *P. mugo*. Eur. *C. pinea* (MORDVILKO) (Abb. **95**/1)

4* Zw den Muskelplatten zahlreiche sehr kleine schwarze Punkte. Dunkelbraun. An *Pinus nigra*. Eur. *C. schimitscheki* BÖRNER

C An *Larix*

1 Rücken mit versch. großen schwarzen flachen Tuberkeln u. Puderflecken. Grundfärbung dunkelbraun. K u. Rücken lghaarig. 2,6–3,8 mm. An 2- und mehrjährigen Zweigen. Eur bis Mongolei. *C. laricis* (WALKER)

1* Rücken mit 6 Reihen dunkler Flecke (Muskelplatten), ohne sonstige Zeichnung. Dunkelbraun. Haare auf K u. Rücken kurz **2**

2 Oval, 5,3–6 mm. An mehrjährigen Zweigen, Stämmen u. Wurzeln. England u. MEur bis Japan. *C. kochiana* (BÖRNER)

2* Rundlich, 3–3,5 mm. An jungen Zweigen. Schweden u. MEur bis Mongolei. *C. boerneri* HILLE RIS LAMBERS

D An sonstigen Koniferen

1 Sockel der Si groß, sein ∅ länger als die HFüße. Körper 2,5 mm od. etwas kleiner. Oliv od. hellbraun, bepudert. An *Juniperus communis*. Eurasien, NAm, Grönland, Neuseeland. *C. juniperi* (DE GEER)

1* ∅ des Si-Sockels höchstens so lg wie der HFuß, meistens kleiner **2**

2 Oliv, bräunlich od. grün, dann mit 3 helleren Längsstreifen. OS glänzend, mit zahlreichen kleinen schwarzen Flecken. Ca. 3 mm. An *Abies*. M- u. SEur, SSchweden, Türkei. *C. pectinatae* (NÖRDLINGER)

2* Rötlich- bis zimtbraun, leicht bepudert, 2,8–3,2 mm. An *Thuja occidentalis*, manchmal schädlich. Eur, N- u. SAfrika, NAm. *C. juniperina* (MORDVILKO)

Unterfamilie *Lachninae*

1 R viel länger als Körper. Sehr groß, oval. Am Stammgrund von *Quercus*, *Betula*, *Populus*, *Salix* u./od. *Acer*. 5 Arten. Gattung *Stomaphis* WALKER
Häufigste Art: *Stomaphis quercus* (L.). Dunkelbraun, 5,5–7,5 mm, unter Borkenschuppen an Stämmen von *Quercus*, vom Erdboden bis ca. 1,5 m Höhe. Eur.

1* R kürzer als Körper 2

2 M des HlbRückens mit großem, schwarzem, kegelförmigem Höcker. Braun. 4–5 mm. An jüngeren, verholzten Zweigen von schmalblättrigen Weiden. Anscheinend nur anholozyklisch. Weltweit.
Tuberolachnus salignus (GMELIN) – **Große Weidenrindenlaus**

2* HlbRücken glatt 3

3 An verholzten Zweigen od. Wurzeln von *Rosa*. Braun bis dunkelbraun, 3,0 bis 3,5 mm. Eur, Naher Osten, NAm. *Maculolachnus submacula* (WALKER)

3* An *Quercus* od. *Fagus sylvatica* 4

4 Si auf großen dunkelbraunen Höckern. Braun. 4–5 mm. An 1- u. 2jährigen Zweigen von *Quercus*. Eur, medit. *Lachnus roboris* (L.)

4* Umgebung der Si nur schmale schwachpigmentierte Zone. Dunkelbraun bis fast schwarz. Gattung *Schizodryobius* VAN DER GOOT

a An 2- u. mehrjährigen Zweigen von *Quercus*. 3–4 mm. Eur.
S. longirostris (MORDVILKO)

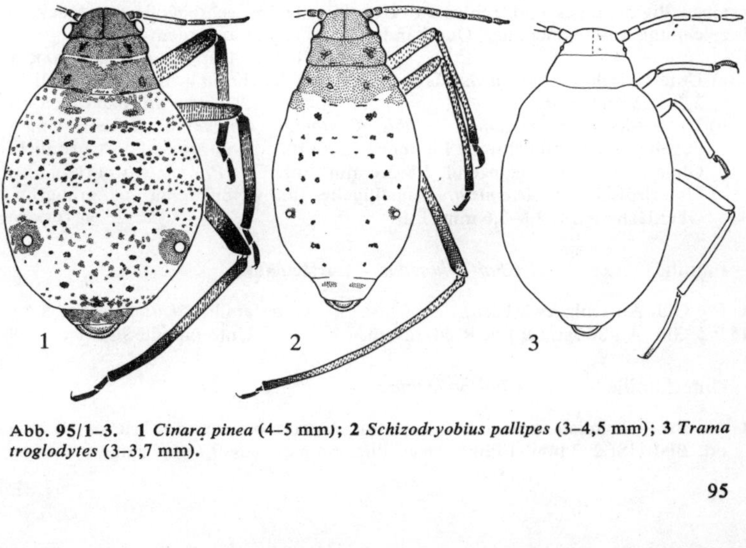

Abb. 95/1–3. **1** *Cinara pinea* (4–5 mm); **2** *Schizodryobius pallipes* (3–4,5 mm); **3** *Trama troglodytes* (3–3,7 mm).

a* An *Fagus sylvatica*, meist hoch in den Baumkronen, manchmal an Überwallungswülsten am Stamm. Bis 4,5 mm. Eur.
S. pallipes (HARTIG) (Abb. **95**/2)

Unterfamilie *Traminae*

1 Si vorhanden 2
1* Si fehlen. Gattung *Trama* VON HEYDEN
a) HFuß länger als 0,8 der HSchiene. Au fast normal groß, ∅ mindestens so groß wie ∅ des 1. FGld. Leicht bepudert. Ungeflügelte Im. hell grünlich bis gelblichweiß. 2,5–3,5 mm. Unterirdisch an *Taraxacum officinale*. Eur bis Japan, NAm. *T. rara* MORDVILKO
b) Ähnlich, wohl nur eine biologische Rasse der vorigen Art. Ohne Puder, etwas glänzend. Ungeflügelte Im. schmutzigweiß bis graugrünlich. 2,7 bis 3,0 mm. Unterirdisch an *Centaurea*. Eur. *T. centaureae* BÖRNER
c) HFuß kürzer als 0,8 der HSchiene. Au sehr klein u. unscheinbar. Schwach bepudert. Ungeflügelte Im. weiß bis sehr wenig gelblich HE oft grünlich. 3,0–3,7 mm. Unterirdisch an zahlreichen Korbblütengewächsen (*Achillea, Arctium, Artemisia, Chrysanthemum, Cirsium, Doronicum, Helianthus, Hieracium, Lapsana communis, Leontodon, Taraxacum officinale* u. a.). Formenkomplex, dessen Aufgliederung in Arten von einigen Autoren ohne Erfolg versucht wurde. Eur bis Sibirien.
T. troglodytes VON HEYDEN (Abb. **95**/3)
2 Si-Öffnung auf flacher kegelstumpfähnlicher Erhebung.
Gattung *Neotrama* BAKER
Einzige Art: *Neotrama caudata* (DEL GUERCIO). Ungeflügelte Im. schmutzig weiß bis blaß gelblich mit bräunlichweißem od. grünlichem HlbE, niemals mit Pigmentzeichnung. Oberfläche matt. 2,5–3,0 mm. Unterirdisch an Korbblütengewächsen (*Crepis, Cichorium, Hypochoeris, Lactuca, Leontodon, Picris, Sonchus, Taraxacum officinale* u. a.). Eur.
2* Si nicht od. nur wenig erhoben, bei ungeflügelten Im. u. bei Geflügelten in je einen Pigmentfleck eingeschlossen. Ungeflügelte Im. sehr häufig mit Rückenzeichnung aus segmentalen Querbändern, manchmal außerdem SFlecke.
Gattung *Protrama* BAKER
a) Unterirdisch an *Ranunculus*. Ungeflügelte Im. hell bräunlichgrau bis grünlich. 2,7–3,75 mm. Eur. *P. ranunculi* (DEL GUERCIO)
b) Unterirdisch an *Arctium, Carduus, Centaurea, Cirsium* u. *Cynara*. Ungeflügelte Im. bräunlichweiß bis meist graugrün, auch ältere L oft grünlich. Ohne Puder, etwas glänzend. 2,8–3,6 mm. Eur. *P. radicis* (KALTENBACH)
c) Unterirdisch an *Artemisia*. Ungeflügelte Im. weißlichgrau bis graugrün. Oberfläche matt. 2,8–3,6 mm. Eur. *P. flavescens* (KOCH)

Familie *Chaitophoridae* – **Borstenläuse**

1 F 6 Gld. An Holzgewächsen. Unterfamilie *Chaitophorinae* S. 96
1* F 5 Gld. An Süßgräsern u. Riedgräsern. Unterfamilie *Siphinae* S. 98

Unterfamilie *Chaitophorinae*

1 An *Acer*. Gelblich, grün od. braun, mit Ameisenbesuch. An Trieben, Blüten od. BlattUS. 2–3 mm. Einige Arten übersommern als 0,7 mm lange hellgrüne

LatenzL an den BlattUS. LatenzL häuten sich erst im IX, ergeben Sexupare. 6 Arten. Gattung *Periphyllus* VAN DER HOEVEN

Häufigste Art: *P. testutinatus* (THORNTON), tritt in dunkelbrauner u. grüner Form auf. Eur u. NAm.

1* An Weiden u. Pappeln. Gattung *Chaitophorus* KOCH S. 97

Gattung *Chaitophorus* KOCH

Klein, höchstens mittelgroß. Körper oval, meist nur wenig gewölbt. Geflügelte mit dunkelbraunem bis schwarzem K u. Thorax, auf der HlbOS mit dunklen Querbändern [fehlen bei *C. capreae* (MOSLEY) meist].

1 An *Salix* 2

1* An *Populus* 7

2 Rücken der ungeflügelten Im. weichhäutig u. unpigmentiert. Läuse gelblichweiß bis sehr hell gelblichgrün, auf BlattUS. Kein Ameisenbesuch 3

2* OS der ungeflügelten Im. sklerotisch, sehr oft mit brauner od. schwarzer Pigmentierung. Meist von Ameisen besucht. 4

3 An schmalblättrigen Weiden: *Salix viminalis, S. fragilis, S. babylonica.* 1,5 bis 1,9 mm. M-, O- u. NEur. *C. beuthani* (BÖRNER) (Abb. **97/1**)

3* An breitblättrigen Weiden: *Salix caprea, S. cinerea, S. aurita.* 0,8–1,7 mm. Eur bis MAs. *C. capreae* (MOSLEY)

4 (2) OS mit dunklen Querbändern. Dunkel oliv. 1,5–1,8 mm. An jungen verholzten Zweigen von *Salix caprea* u. *S. cinerea.* M-, O- u. NEur. *C. ramicola* (BÖRNER)

4* Rückenpigmentierung (wenn vorhanden) nicht in Querbändern 5

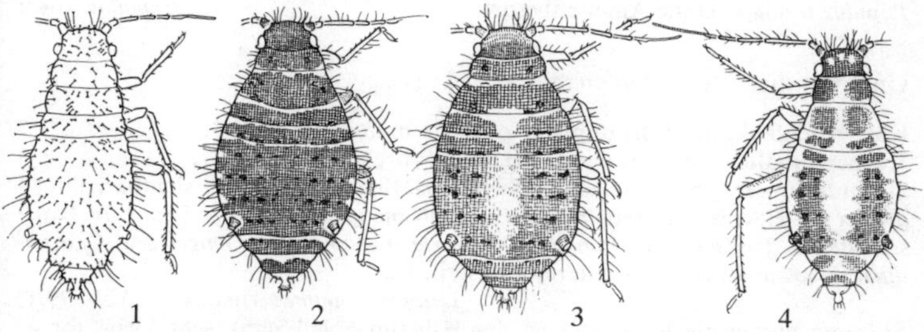

Abb. **97/1–4.** **1** *Chaitophorus beuthani* (1,5–1,9 mm); **2** *Chaitophorus niger* (1,2 bis 1,8 mm); **3** *Chaitophorus salicti* (1,2–1,8 mm); **4** *Chaitophorus leucomelas* (1,3–2,6 mm).

5 OS bis auf einige SgmGrenzen einheitlich schwarz. An Blättern von schmalblättrigen Weiden: *Salix alba, S. triandra, S. babylonica, S. fragilis, S. purpurea.* 1,2–1,8 mm. EurAs. *C. niger* MORDVILKO (Abb. **97/2**)

5* Zwischen dem Rückenpigment der SommerGen großer heller medianer Längsfleck 6

6 An BlattUS schmalblättriger *Salix*-Arten: *S. alba, S. fragilis, S. viminalis.* 1,5–1,9 mm. M-, O- u. NEur. *C. vitellinae* (SCHRANCK)

6* An BlattUS breitblättriger *Salix*-Arten: *S. caprea, S. cinerea, S. aurita.* 1,2 bis 1,8 mm. Eur bis MAs. *C. salicti* (SCHRANCK) (Abb. **97/3**)

7 (1) Rücken der ungeflügelten Im. nicht pigmentiert. Grundfärbung grünlichweiß bis hell gelblichgrün, grünfleckig, manchmal ganz weiß. 0,8–2,4 mm. An BlattUS von *Populus alba* u. *P. canescens*. Eur bis MAs, NAfrika.
C. populi-albae (BOYER DE FONSCOLOMBE)

7* Rücken der ungeflügelten Im. in verschiedenem Ausmaß pigmentiert **8**

8 Rückenpigmentierung auf 2 braune, von den Si nach vorn ziehende Längslinien beschränkt. Grundfärbung blaßgrün bis hell gelblichgrün. Erste FrühjGen grün u. ohne Pigment. 1,3–2,6 mm. An *Populus nigra* bes. var. *pyramidalis* u. *P. canadensis*, an Triebspitzen u. BlattUS. Oft in u. an Pemphigiden-Gallen. Im Frühj mit Ameisenbesuch. Eur bis MAs. [*C. versicolor* KOCH]
C. leucomelas KOCH (Abb. **97**/4)

8* Pigmentierung den gesamten od. den größten Teil des Rückens der ungeflügelten Im. umfassend **9**

9 Hinter den Si 2 Querbänder (7. u. 8. HlbTergit) von der dunklen Rückenplatte abgetrennt **10**

9* An der HlbSpitze nur 1 Querband (8. HlbTergit) abgesetzt. Unmittelbar vor der M des schwarz pigmentierten Rückens meist ein heller Fleck. Grundfärbung grün. 1,6–2,7 mm, rundlich. An jungen Trieben von *Populus alba*, *P. tremula*, *P. canescens*. Mit Ameisenbesuch. Eur bis MAs, NAfrika.
C. populeti (PANZER)

10 Grundfärbung hellbraun bis rötlichbraun. Rücken der ungeflügelten Im. mit hellerer MPartie. 1,25–2,3 mm. An jungen Zweigen u. insbesondere an der Basis der Blattstiele von *Populus nigra*, bes. var. *pyramidalis*. Mit Ameisenbesuch. Eur. *C. nassonovi* MORDVILKO

10* Grundfärbung weißlich bis hellgrün. Rücken der ungeflügelten Im. gleichmäßig schwarz, seltener mit heller MLinie. 1,1–1,9 mm. An BlattUS von *Populus tremula*. Ohne Ameisenbesuch. Eur. *C. tremulae* KOCH

Unterfamilie *Siphinae*

1 Körper schlank, mehr als doppelt so lg wie breit **2**

1* Körper rundlich, so breit wie halbe Lg od. breiter **3**

2 Si-Poren im letzten Drittel des Hlb (im 6. HlbSgm); deutlich sichtbar, ihr ∅ größer als HSchienen breit. Schmutzig gelb bis grünlich. 2,0–2,5 mm. In Blattscheiden u. Rispen von *Ammophila arenaria*, *Calamagrostis epigeios* u. *C. arundinacea* sowie an einigen weiteren Gräsern. Eur.
Laingia psammae THEOBALD (Abb. **99**/1)

2* Si-Poren nur wenig hinter der M des Hlb (im 5. HlbSgm), sehr klein, ihr ∅ höchstens so groß wie Breite der HSchienen (Abb. **99**/2). Gelblichbraun bis schwarz. Ca. 2 mm. An Süßgräsern, hauptsächlich an BlattUS in Rillen, seltener an Seggen. Gattung *Atheroides* HALIDAY S. 98

3 (1) Au etwas, aber deutlich gestielt. Dunkelbraun bis schwarz. 1,8–2,0 mm. An *Carex*-Arten an feuchten Stellen, sehr beweglich. Eur.
Caricosipha paniculatae BÖRNER (Abb. **99**/3)

3* Au normal. 3 Arten. Gattung *Sipha* PASSERINI S. 99

Gattung *Atheroides* HALIDAY

1 Körper mit langen stachligen Bo. Hlb etwas breiter als Thorax. OS dunkelbraun bis schwarz. US schmutzig gelb bis gelblichgrün. F $^1/_4$ der KörperLg. An *Deschampsia caespitosa*. Eur. *A. hirtellus* HALIDAY

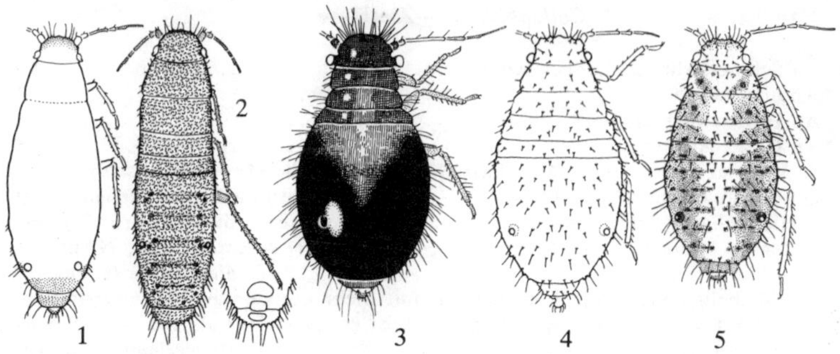

Abb. 99/1–5. **1** *Laingia psammae* (2–2,5 mm); **2** *Atheroides serrulatus* (2 mm); **3** *Caricosipha paniculatae* (1,8–2 mm); **4** *Sipha glyceriae* (1,7–2,5 mm); **5** *Sipha agropyrella* (1,6–2,2 mm).

1* Nur am HE u. zw den F lange stachlige Bo. Hlb nicht od. kaum breiter als Thorax **2**

2 Körper fast parallelseitig, gelblichbraun. F knapp $^1/_4$ der KörperLg. Besiedelt zahlreiche Gräser an trockenen Standorten, gelegentlich auch *Carex*-Arten. Bei starkem Befall werden die Blätter von *Festuca ovina* braun. Eur.
A. serrulatus HALIDAY (Abb. **99/2**)

2* Körper mit leicht gerundeten S, bleich braun bis schwarz, F nur $^1/_6$–$^1/_7$ der KörperLg. An *Puccinellia* u. *Festuca*-Arten an der Küste u. an Salzstellen des Binnenlandes. Eur. *A. brevicornis* LAING

Gattung *Sipha* PASSERINI

1 OS gleichmäßig glänzend schwarz. 1,6–1,8 mm. Kolonien an der Blattbasis von Gräsern, dort Braunfärbung verursachend. Oft mit Ameisen. Eur, die Nominatform *S. maydis* PASSERINI in SEur u. medit an *Zea mays* u. anderen Gräsern.
S. maydis graminis KALTENBACH

1* Nur schwach pigmentiert, wenn dunkler, mit heller MLinie **2**

2 Grün bis gelblich. Rücken ohne Pigmentzeichnung. Cauda mindestens so lg wie breit. 1,7–2,5 mm. An Süßgräsern, Binsen u. Simsen, bes. in Sümpfen. Manchmal mit Ameisen. Eurasien.
S. glyceriae (KALTENBACH) (Abb. **99/4**)

2* Bräunlichgelb bis gelblichbraun. Rücken mit segmentalen dunklen Flecken od. braun, immer mit heller MLinie. L grün, mit braungrauen Flecken, Cauda sehr kurz u.breit gerundet. 1,6–2,2 mm. An *Triticum*, *Agropyron* u. anderen Gräsern. Ohne Ameisenbesuch. Eur, Kanada.
S. agropyrella HILLE RIS LAMBERS (Abb. **99/5**)

Familie *Callaphididae* – **Zierläuse**

1 An Schmetterlingsblütengewächsen **17**
1* An anderen Pfl **2**
2 An Holzgewächsen **3**
2* An *Carex*-Arten **18**
3 Si 5mal so lg wie breit. An BlattUS von *Acer*. Alle Gen mit Ausnahme der Geschlechts♀ geflügelt. 4 Arten. Gattung *Drepanosiphum* KOCH
a Hlb hellgrün, mit 5–6 dunkelbraunen Querbändern, die bei FrühjTieren fehlen können. F 1,2–1,3 mal so lg wie Körper. 4–4,3mm. Eur, NAm. *D. platanoides* (SCHRANK)
a* Hlb hellgelblich, mit 2, manchmal mit mehr dunkelbraunen Querbändern. F 1,7–fast 2mal so lg wie Körper. Meist etwas kleiner als vor. Art. Bevorzugt an *Acer campestre*. Eur. *D. acerinum* (WALKER)
3* Si höchstens doppelt so lg wie breit. Nicht an *Acer*. Ungeflügelte Sommervirgines vorhanden od. fehlend **4**
4 An *Betula* **5**
4* An anderen Gehölzen **10**
5 Processus terminalis länger als Basis des 6. FGld **6**
5* Processus terminalis so lg od. kürzer als Basis des 6. FGld **8**
6 Processus terminalis mehr als 5mal so lg wie Basis des 6. FGld. Einzeln an BlattUS. Grün. 3,3–3,5 mm. F schwarz, länger als Körper, in der Ruhe nach hinten gebogen u. längs am Körper anliegend, deshalb an Bockkäfer erinnernd. Eur. *Monaphis antennata* (KALTENBACH)
6* Processus terminalis 2–3mal so lg wie Basis des 6. FGld. In Kolonien an BlattUS u. Triebspitzen. Kleiner als 3 mm **7**
7 Rücken ohne Pigmentzeichnung. F etwas länger als Körper. Ohne Ameisenbesuch. Gattung *Kallistaphis* KIRKALDY
a Hell gelblich, im Frühj hellgrün. Si farblos. 1,7–2,7 mm. Eur, verschleppt nach Australien. *K. basalis* STROYAN (Abb. **103**/1)
a* Hellgrün, Si meist dunkel. Ähnlich vor. Art, aber seltener. Eur. *K. betulicola* (KALTENBACH)
7* Rücken mit Pigmentzeichnung. F wenig kürzer als Körper. Mit Ameisen. Gattung *Calaphis* WALSH
a Ganzer Körper mit dunklen Querbändern. Grundfärbung grün. 1,7 bis 2,5 mm. Eur. *C. callipterus* (HARTIG)
a* Hintere Hälfte des Rückens mit großem grünlichschwarzem Fleck. Grundfärbung hellgelb. Basis des Hlb rötlichbraun. K, Hsch u. Flecke an den KörperS braun pigmentiert. Auffallend bunte Färbung. 1,7–2,2 mm. Eur. *C. tuberculata* (VON HEYDEN)
8 **(5)** 1,1–1,9 mm. Gelblichweiß bis hellgrün. Ohne Pigment, nur im Herbst u. Geschlechts♀♀ u. manchmal Geflügelte mit ± großen braunen Pigmentflecken auf K, Thorax u. Hlb. F halb so lg wie Körper. An BlattUS. Eur, NAm, Island, verschleppt nach Neuseeland. *Betulaphis quadrituberculata* (KALTENBACH) (Abb. **101**/1)
8* 3 mm u. länger. Im. auch im Sommer mit Pigmentzeichnung. F nur wenig kürzer als Körper **9**
9 Grundfärbung dunkelbraun. Ohne Wachs. 3,0–3,6 mm. An verholzten jüngeren Zweigen. Mit Ameisen. Eur. *Symydobius oblongus* (VON HEYDEN) (Abb. **101**/2)

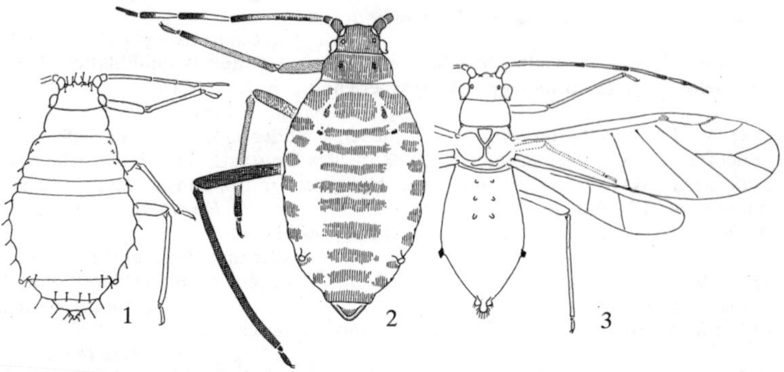

Abb. **101/1–3.** **1** *Betulaphis quadrituberculata* (1,1- 1,9 mm); **2** *Symydobius oblongus* (3–3,6 mm); **3** *Tuberculoides annulatus* (1,9–2,2 mm).

9* Grundfärbung hell gelblichgrün bis hellgrün. Alle Gen sind Geflügelte (Ausnahme Geschlechts♀♀). Geflügelte mit zartem Wachsflaum, schwarzem K u. Thorax, meist mit schwarzen Querflecken u. SFlecken auf dem Hlb. 3,5 bis 4,0 mm, schlank. An BlattUS u. Triebspitzen. Ohne Ameisenbesuch. Eur bis Japan, NAm, Island, Grönland. *Euceraphis punctipennis* (ZETTERSTEDT)

10 **(4)** Mit starken wolligen weißen Wachsausscheidungen. Grundfärbung hellgelblichgrün. 2–3 mm. An BlattUS u. Triebspitzen von *Fagus sylvatica*. Eur, Kanada. *Phyllaphis fagi* (L.) – **Wollige Buchenlaus**

10* Ohne Wachs od. **(13)** höchstens mit schwachem Puder, nicht an *Fagus sylvatica* **11**

11 Processus terminalis so lg wie Basis des 6. FGld od. kürzer **12**

11* Processus terminalis doppelt so lg wie Basis des 6. FGld. F so lg wie Körper. Alle Gen außer Geschlechts♀♀ geflügelt.
Gattung *Myzocallis* PASSERINI S. 103

12 F fast so lg od. so lg wie Körper od. etwas länger. An BlattUS von *Quercus*-Arten. Alle parthenogenetischen ♀♀ geflügelt **13**

12* F kürzer als der Körper. An anderen Gehölzen **14**

13 Großer 2teiliger dunkelbrauner Höcker auf dem vorderen Teil des HlbRückens, außerdem 1 (–3) seitliche Höcker. HSchenkel mit schwarzem Fleck vor der Spitze. Grundfärbung schmutzig grün. 2,2–2,4 mm. Eur.
Tuberculatus querceus (KALTENBACH)

13* Auf M des vorderen Teils des HlbRückens 3 Paar nicht od. nur wenig gedunkelte Höcker. Seitliche Höcker schwach. HSchenkel ohne dunklen Fleck. Gelblich od. graugrün. 1,9–2,2 mm. Eur, bis MAs, NAm, verschleppt nach Australien u. Neuseeland. [*Tuberculoides quercus* (KALTENBACH)]
Tuberculoides annulatus (HARTIG) (Abb. **101**/3)

14 **(12)** An *Juglans* **15**

14* An *Alnus* od. *Tilia* **16**

15 3,4–3,8 mm. Grundfärbung ockergelb. K u. Thorax dunkelbraun. Hlb mit dunkelbraunen Querbändern u. ebensolchen SFlecken. L u. Nymphen ähnlich

gezeichnet. Kolonien auf OS der Walnußblätter längs der MRippe. Alle parthenogenetischen ♀♀ geflügelt. Mit Ameisen. Eur.
Callaphis juglandis (GOEZE)

15* 1,6 mm od. kleiner. Gelblichweiß. Zerstreut an US der Walnußblätter. Ungeflügelte Virgines vorhanden. Ohne Ameisenbesuch. Eur, NAm.
Chromaphis juglandicola (KALTENBACH)

16 (14) An US der Blätter von *Tilia*. Alle Gen außer Geschlechts♀♀ geflügelt. Leuchtend gelb bis gelborange. S des K u. des Thorax braun, S des Hlb mit braunen Punkten. 2,8–3,0 mm. L u. Nymphen mit 2 Längsreihen brauner Punkte auf Hlb. Eur, bis MAs, NAm. *Eucallipterus tiliae* (L.)

16* An Blättern von *Alnus*. Ungeflügelte Virgines vorhanden.
Gattung *Pterocallis* PASSERINI

a) Weißlichgelb bis grünlichweiß. 1,7–2,0 mm. Zerstreut an BlattUS von *Alnus glutinosa*. Ohne Ameisen. Eur. *P. alni* (DE GEER)

b) Weiß. An Blatt US von *Alnus incana*. Ohne Ameisen. Eur.
P. albida (BÖRNER)

c) Querstreifig grün. 1,7–2,0 mm. In Kolonien an OS u. US der Blätter von *Alnus glutinosa*. Mit Ameisenbesuch. Eur. *P. maculata* (VON HEYDEN)

17 (1) Alle HlbSgm seitlich mit langen, fingerförmigen Fortsätzen. Gelblichgrau. 1,5 mm. An grünen Stengeln u. Blättern von *Sarothamnus scoparius*. Eur.
Ctenocallis setosa (KALTENBACH) (Abb. **102**/1)

17* Seitlich nur mit flachen Höckern, die je 1 Haar tragen u. meist braun pigmentiert sind. Ähnliche Höcker in segmentaler Anordnung auf dem Rücken, deshalb mit charakteristischer Fleckenzeichnung (Abb. **103**/2-3).
Gattung *Therioaphis* WALKER S. 103

18 (2) Birnenförmig, bei den Si am breitesten. Grundfärbung gelblichgrün, auf dem Rücken umfangreiche dunkelbraune Pigmentzeichnung (Abb. **102**/2). Si auf großen dunkelbraunen Pigmentflecken. F fast so lg wie Körper. An BlattOS von *Carex*, sehr beweglich. 1,5–1,8 mm. 4 Arten.
Gattung *Iziphya* NEVSKY

18* Länglich od. schlank parallelseitig. Rückenpigmentierung fehlend od. in Form von seitlichen od. segmental angeordneten Flecken od. als 2 breite braune

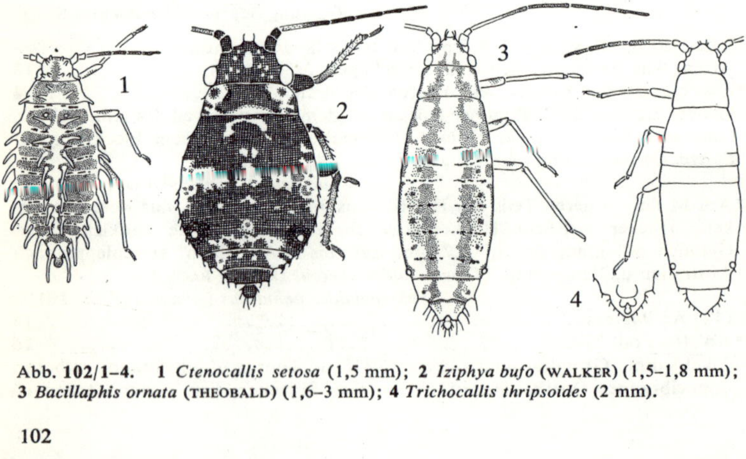

Abb. **102**/**1–4**. **1** *Ctenocallis setosa* (1,5 mm); **2** *Iziphya bufo* (WALKER) (1,5–1,8 mm); **3** *Bacillaphis ornata* (THEOBALD) (1,6–3 mm); **4** *Trichocallis thripsoides* (2 mm).

Längsbänder. F $^2/_3$ der KörperLg od. kürzer. An *Carex*, meist blattoberseits an der Basis der Grundblätter od. in den Scheiden der oberen Blätter. 1,6 bis 3,0 mm **19**

19 8. HlbTergit (letztes Sgm vor der Cauda) am HRand mit bogenförmigem Einschnitt (Abb. **102**/3). Ohne Wachsabscheidungen. 6 Arten.
Gattung *Bacillaphis* QUEDNAU

19* 8. HlbTergit am HRand gerundet, Cauda überdeckend (Abb. **102**/4). Mit Wachsflaum. Me, Br, Schweden, Polen.
Trichocallis thripsoides (HILLE RIS LAMBERS)

Gattung *Myzocallis* PASSERINI

1 Hlb mit braunen SFlecken u. ebenso gefärbten Querstrichen od. -flecken. Si dunkel. Grundfärbung gelb bis orange **2**

1* Ohne Pigmentflecken. Si farblos. Körper gelblichweiß **4**

2 Querstriche des HlbRückens schmaler als Si. 1,6–2,0 mm. An *Quercus cerris*. Eur. *M. boerneri* STROYAN

2* Querflecken so breit wie od. breiter als die Si **3**

3 An *Castanea sativa* u. gelegentlich an *Quercus*. Etwa 1,6 mm. Eur, NAm, SAfrika, Australien, Neuseeland. *M. castanicola* BAKER

3* An *Myrica gale*. 1,8–2,0 mm. Me, Dänemark, NEur, Polen, England.
M. myricae (KALTENBACH)

4 (1) An *Carpinus betulus*, BlattUS. 1,3–1,6 mm. Eur. *M. carpini* (KOCH)

4* An *Corylus avellana*, sonst wie vor. Art. Eur, NAm. *M. coryli* (GOEZE)

Gattung *Therioaphis* WALKER

1 Grundfärbung gelblichweiß bis hellgelb **2**

1* Grundfärbung gelborange bis orange. Parthenogenetische ♀♀ geflügelt u. ungeflügelt **3**

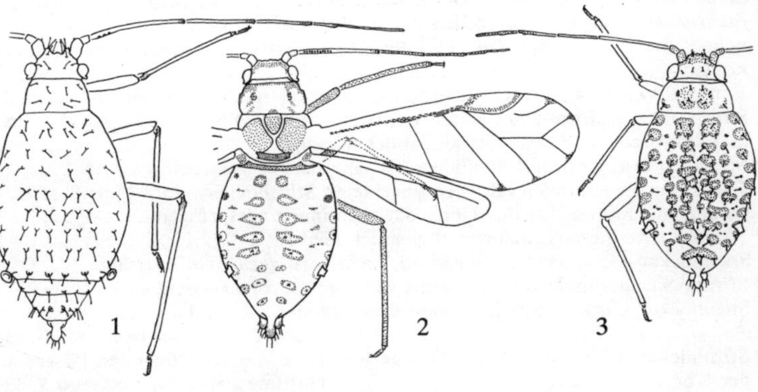

Abb. 103/1–3. **1** *Kallistaphis basalis* (1,7–2,7 mm); **2** *Therioaphis riehmi* (2–2,7 mm); **3** *Therioaphis trifolii* (1,6–1,9 mm).

2 Auf HlbRücken außer den seitlichen pigmentierten borstentragenden Höckern nur 2 Längsreihen von Pigmentflecken, deren vordere 5 Paare häufig bandartig verbreitert. Alle parthenogenetischen ♀♀ geflügelt. 2,0–2,7 mm. An BlattUS von *Melilotus albus*, seltener *M. officinalis*. Eur, NAm. *T. riehmi* (BÖRNER) (Abb. **103**/2)

2* 2 seitliche u. 4 mittlere borstentragende Höckerreihen, sämtlich nur schwach pigmentiert. Parthenogenetische ♀♀ geflügelt u. ungeflügelt. 1,7–2,0 mm. An BlattUS von *Trifolium pratense*. Eur. *T. luteola* (BÖRNER)

3 **(1)** Außer den Randhöckern auf dem Rücken 2 Reihen borstentragende große pigmentierte Höcker, deren Entfernung voneinander auf den einzelnen Sgm versch. 1,8–2,0 mm. An *Ononis*-Arten. Eur. *T. ononidis* (KALTENBACH)

3* Pigmentierte BoHöcker in 2 Rand- u. 6 weiteren Längsreihen, manchmal 2 nebeneinanderliegende Höcker verschmolzen. 1,6–1,9 mm. Vorwiegend an BlattUS von *Medicago*- u. *Trifolium*-Arten. EurAs, besondere Unterarten auch in Afrika u. NAm. *T. trifolii* (MONELL) (Abb. **103**/3)

Familie *Aphididae* – **Röhrenblattläuse**

1 Cauda nicht länger als breit, halbkreisförmig, 5- od. 3eckig **2**

1* Cauda länger als breit, zungen- od. fingerförmig od. spitz dreieckig. Unterfamilien *Aphidinae* u. *Macrosiphoninae* S. 104

2 Oft größer als 3 mm u. bräunlichgrau gefärbt, behaart. An Zweigen, Ästen u. Stämmen von *Salix* u. *Populus*. Unterfamilie *Pterocommatinae* S. 157

2* Anders aussehend u. an anderen Pfl. Unterfamilie *Anuraphidinae* S. 153

Unterfamilien *Macrosiphoninae* u. *Aphidinae*

1 F meist länger als $^3/_4$ KörperLg, oft länger als der Körper, auf deutlichen FSockeln. Wenn FSockel undeutlich, dann hell gefärbt mit langen, steifen Bo, bes. zw den FWurzeln (Gattungen *Pentatrichopus* BÖRNER, *Capitophorus* VAN DER GOOT, *Pleotrichophorus* BÖRNER) od. rötlich od. grün mit schwarzen F u. B in dichten Kolonien an *Tanacetum* mit regem Ameisenbesuch (*Metopeurum fuscoviride* STROYAN) od. rötlich bis dunkelbraun, unterirdisch u. an bodennahen Stellen an *Achillea* od. *Artemisia* (Gattung *Microsiphum* CHOLODKOVSKY) **2**

1* F meist kürzer als $^3/_4$ der KörperLg, FSockel niedrig od. fehlend, deshalb Stirnprofil sinusförmig od. gerade od. nach vorn gewölbt **32**

2 Si zylindrisch od. distalwärts allmählich verjüngt **3**

2* Si keulenförmig od. mit deutlicher bis sehr starker Schwellung **21**

3 FSockel mit nach innen od. vorn gerichteten Stirnhöckern, ihre InnenS deshalb parallel zur Längsachse des Tieres od. nach innen vorspringend **4**

3* FSockel divergierend, manchmal ziemlich niedrig **8**

4 Stirnhöcker wie stark nach innen od. nach vorn gerichtete Fortsätze **5**

4* Stirnhöcker gerundet od. nur wenig nach innen vorspringend **6**

5 Stirnhöcker konvergierend. F meist etwas länger als der Körper. 4 Arten. Gattung *Ovatus* VAN DER GOOT S. 138

5* Stirnhöcker nach vorn gerichtet, fingerförmig. F der Ungeflügelten kürzer als der Körper. 2 Arten. Gattung *Phorodon* PASSERINI S. 139

6 **(4)** Stirn mit deutlichem MHöcker. An *Ribes*-Arten u./od. Korbblütengewächsen u. *Veronica*-Arten. 4 Arten. Gattung *Nasonovia* MORDVILKO S. 125

6* MHöcker der Stirn undeutlich od. fehlend. An anderen Pfl; die polyphagen Arten *Myzus ornatus* LAING, *Aulacorthum solani* (KALTENBACH) u. *A. circumflexum* (BUCKTON) könnten jedoch gelegentlich auch an den bei **6** genannten Pfl saugen **7**

7 An Farnen, in Gewächshäusern, s im Freien. Schwarz mit weißen Rückenhaaren. 1,2–1,5 mm. F länger als der Körper. B einschließlich Schenkel weißlich. Si an Basis dunkel, sonst weiß. FlAdern der Geflügelten breit braun gesäumt. Anholozyklische Lebensweise. Weltweit.
Idiopterus nephrelepidis DAVIS

7* An anderen Pfl.
Gattungen *Myzus* PASSERINI u. *Aulacorthum* MORDVILKO S. 134

8 (3) Si etwa so lg wie breit. Gattung *Microsiphum* CHOLODKOVSKY S. 118

8* Si mindestens doppelt so lg wie ihr ∅, bei vielen Arten sehr lg **9**

9 Haare auffallend dick u. steif u. ziemlich lg (stärkere Vergrößerung!), an der Spitze geknöpft u. meist auf höckerartigen Sockeln stehend **10**

9* Haare anders gestaltet, auch bei lghaarigen Arten dünn u. fein **15**

0 F so lg wie Körper od. (meist) etwas kürzer **11**

0* F länger als Körper (bei *Pleotrichophorus duponti* HILLE RIS LAMBERS, grün od. sandfarbig, an der US der unteren Blätter von *Achillea millefolium*, nur körperlg) **12**

1 An *Fragaria*, *Potentilla anserina* od. *Rosa*.
Gattung *Pentatrichopus* BÖRNER S. 133

1* An anderen Pfl. Gattung *Capitophorus* VAN DER GOOT S. 133

2 (10) Körper rundlich, ± braun pigmentiert. F dunkel, B, Si u. Cauda braun. 1,4–2,0 mm. Grundfärbung grün mit rötlichen Flecken. Si etwa $^1/_5$ der KörperLg. An Gräsern, unmittelbar an der Erdoberfläche od. unter Steinen. MEur, Niederlande, England. *Cryptaphis poae* (HARDY)

2* Körper lgoval bis spindelförmig. Körper u. Körperanhänge nicht od. nur wenig pigmentiert. An oberen PflTeilen u. nicht an Gräsern **13**

3 An grünen Trieben u. jungen Blättern von *Corylus avellana*. Grün, manchmal etwas rötlich fleckig. 1,9–2,6 mm. Si $^1/_3$ od. fast $^1/_3$ der KörperLg. Cauda ziemlich kurz u. gerundet, $^1/_5$–$^1/_4$ der Lg der Si. Eur, Türkei.
Corylobium avellanae (SCHRANK) (Abb. **106**/1)

3* Nicht an *Corylus* **14**

4 Letztes RGld spitz, stilettförmig. Hlb der Geflügelten ohne dunklen MFleck. Einheimische Arten an *Artemisia* u. *Achillea* od. an *Gnaphalium* u. *Filago*.
Gattung *Pleotrichophorus* BÖRNER S. 132

4* Letztes RGld nichr stilettförmig. Hlb der Geflügelten mit dunklem MFleck. An *Ribes* spp. u./od. Lippenblütengewächsen.
Gattung *Cryptomyzus* OESTLUND S. 131

5 (9) Rot bis sehr dunkel braun od. schwarz erscheinend, niemals mit Wachspuder **16**

5* Anders gefärbt. Wenn rot od. braun, dann nicht stark glänzend od. mit Wachspuder **18**

6 Si $^1/_7$–$^1/_6$, F $^5/_6$–$^9/_{10}$ der KörperLg. Stirnprofil mit MHöcker. Dunkelbraun, Oberfläche matt. 1,4–1,4 mm. Si schwarz, etwas konisch, etwa $1^1/_3$mal so lg wie die schwarze Cauda. In Gewächshäusern, anholozyklisch lebend, an *Camellia*. Auch *Ficus*, *Citrus* u. andere in südlichen Ländern beheimatete Gehölze besiedelnd. Weltweit. *Toxoptera auranti* (BOYER DE FONSCOLOMBE)

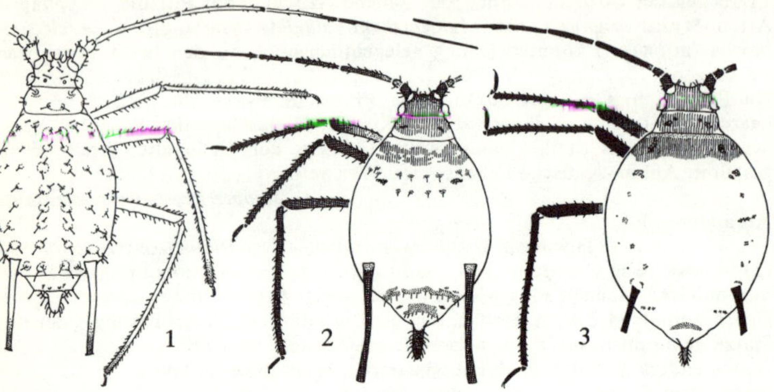

Abb. 106/1–3. **1** *Corylobium avellanae* (1,9–2,6 mm); **2** *Titanosiphon artemisiae* (2 bis 2,6 mm); **3** *Metopeurum fuscoviride* (2,2–2,8 mm).

16* Si länger. F wenig kürzer bis (meistens) länger als der Körper. Stirnprofil konkav **17**

17 Si sehr lg, $^1/_3$–$^4/_9$ der KörperLg, am distalen E etwas erweitert, deshalb in der M am dünnsten. Schwarz, manchmal sehr dunkel grün. 2,0–2,6 mm. Körperanhänge sehr dunkel. F etwa so lg wie der Körper. *Artemisia campestris*, an den oberen dünnen Stengelteilen. Eur.
Titanosiphon artemisiae (KOCH) (Abb. **106**/2)

17* Si $^1/_4$–$^1/_5$, nur bei einigen Arten bis $^1/_3$ der KörperLg, von der Basis bis zum distalen E wenig aber gleichmäßig verjüngt.
Gattung *Uroleucon* MORDVILKO S. 112

18 **(15)** Körper ganz od. wie ein Zeichnungsmuster od. nur auf der BauchS (*M. asteris* WALKER, an *Aster tripolium*) mit Wachsmehl bedeckt. Si meist schwarz, manchmal heller u. dann distalwärts dunkler. Nur an Korbblütengewächsen.
Gattung *Macrosiphoniella* DEL GUERÇIO S. 115

18* Körper glänzend od. matt, höchstens die L schwach bepudert **19**

19 Rundlich. Mit Ameisenbesuch. Grundfärbung bräunlichrot, Hlb of grün, mit großem, dunklem Fleck in der M. 2,2–2,8 mm. F so lg wie der Körper. Si $^1/_5$–$^1/_6$ der KörperLg, knapp doppelt so lg wie die Cauda, wie die übrigen Körperanhänge schwarz. An *Tanacetum vulgare*, in den Blütenständen u. an den oberen Stengelteilen. Eur.
Metopeurum fuscoviride STROYAN (Abb. **106**/3)

19* Lgoval bis spindelförmig. Ohne Ameisenbesuch **20**

20 An Rosen u./od. Gräsern. Si farblos.
Gattung *Metopolophium* MORDVILKO S. 124

20* An zahlreichen PflArten. Wenn an Rosen od. Gräsern, dann Si braun od. schwarz. Gattungen *Macrosiphum* PASSERINI, *Acyrthosiphon* MORDVILKO, *Microlophium* MORDVILKO S. 118

21 **(2)** Si stark geschwollen, an der breitesten Stelle mindestens doppelt so stark wie unmittelbar vor dem distalen E **22**

21* Si schwach keulig od. nur schwach geschwollen. ∅ an der breitesten Stelle höchstens doppelt so groß wie der ∅ unmittelbar vor dem distalen E **23**

22 Cauda fingerförmig, so lg od. länger als der Abstand zw FWurzeln, mindestens halb so lg wie die Si. An *Ribes* u./od. Korbblütengewächsen od. *Rhinanthus*.
Gattung *Hyperomyzus* BÖRNER S. 126

22* Cauda kurz zungenförmig od. dreieckig, kürzer als der Abstand zw den FWurzeln u. kürzer als die halbe SiLg. Gattung *Rhopalosiphoninus* BAKER S. 128

23 **(21)** Si höchstens so lg wie die Cauda, meist kürzer, braun od. schwarz, in der wenig deutlichen Anschwellung nicht od. kaum breiter als an der Basis. An *Lathyrus* u. *Vicia*. 2 Arten. Gattung *Megoura* BUCKTON S. 130

23* Si länger als die Cauda, farblos od. mit verschiedenem Pigmentierungsgrad. Schwellung gegenüber der Basis hervorgehoben. Nur ausnahmsweise (polyphage Arten) an Schmetterlingsblütengewächsen **24**

24 Haare auffallend dick u. steif u. ziemlich lg (stärkere Vergrößerung!), an der Spitze geknöpft u. auf höckerartigen Sockeln stehend. Körperanhänge farblos **25**

24* Haare bei Lupenvergrößerung kaum sichtbar. Körperanhänge mit od. ohne Pigment **26**

25 Cauda kurz u. gerundet, höchstens $^1/_3$ der Länge der Si. An *Ribes* (W I) u. Lippenblütengewächsen (W II). Gattung *Cryptomyzus* OESTLUND z. T. S. 131

25* Cauda zugespitzt, nur wenig kürzer als die halbe SiLg. An *Hippophaë* u. *Elaeagnus* (W I) u. *Polygonum* (W II).
Gattung *Capitophorus* VAN DER GOOT z. T. S. 133

26 **(24)** Processus terminalis höchstens 4,5mal so lg wie die Basis des 6.FGld. F kürzer als der Körper, wenn länger, dann FSockel mit konvergierenden Stirnhöckern **27**

26* Processus terminalis mindestens 5mal so lg wie Basis des 6. FGld. F in der Regel länger als der Körper **28**

27 Im Frühj an *Lonicera tatarica*, gelegentlich wohl auch an anderen *Lonicera*-Arten, Blätter nach unten gerollt u. gelb- u. rotfleckig (W I); die Herbstformen verursachen gelbe bis weiße Flecke an den Blättern von *Lonicera* u. *Symphoricarpus racemosus*. W II: *Typhoides arundinacea*. Blatt-US; an der forma *picta* oft schädlich, wobei die Blätter braun werden. Gelblichweiß, nicht glänzend. Oval. 2,0–2,8 mm. F $^2/_3$–$^9/_{10}$ der KörperLg, schwarz mit farbloser Basis. Übrige Körperanhänge farblos. Si $^1/_8$–$^1/_7$ der KörperLg, dick, aber deutlich geschwollen, $1^1/_4$ so lg wie die Cauda. Geflügelte mit dunkelbraunem K u. Thorax u. dunkelbraunem MFleck auf dem HlbRücken. Eur.
Rhopalomyzus (*Judenkoa*) *lonicerae* (SIEBOLD)

27* An anderen Pfl. Gattung *Myzus* PASSERINI S. 134

28 **(26)** Si sehr dunkel bis schwarz **29**

28* Si farblos od. von der Färbung des Körpers, höchstens an der Spitze gedunkelt **30**

29 Vor u. hinter den Si je ein dunkler Pigmentfleck. An *Pulmonaria*.
Gattung *Amphorophora* BUCKTON z. T. S. 130

29* Ohne Pigmentflecke neben der Si-Basis. An *Delphinium* u. *Aconitum* am Stengel. Bläulich grün, glänzend. 2,9–4,1 mm. Körperanhänge dunkel pigmentiert. Si $^1/_8$–$^1/_6$ der KörperLg. Eur. *Delphiniobium junackianum* (KARSCH)

30 **(28)** Cauda kürzer als der Abstand zw den FBasen. Geflügelte mit zentralem Pigmentfleck auf dem Hlb. Weiß od. gelb, glänzend. Körperanhänge vollkommen farblos. Si $^1/_5$ der KörperLg. An *Heracleum sphondylium* an der US der Blätter, Gelbfleckung hervorrufend. 1,3–1,8 mm. M- u. OEur, England.
Paramyzus heraclei BÖRNER

30* Cauda länger als der Abstand zw. den FBasen. HlbRücken der Geflügelten ohne zentralen Pigmentfleck **31**

31 An Azaleen. Grün, glänzend, 1,8–2,3 mm. Si reichlich $^1/_4$ der KörperLg, grün, distalwärts hell bräunlich. Oft schädlich. Eur, NAm
Masonaphis azaleae (MASON)

31* An *Rubus*- od. *Geum*-Arten od. Farnen.
Gattung *Amphorophora* BUCKTON z. T. S. 130

32 (1) Si kürzer als die Cauda **33**

32* Si so lg od. länger als die Cauda **47**

33 Si mindestens doppelt so lg wie an der Basis breit. Mit od. ohne Wachspuder **34**

33* Si höchstens doppelt so lg wie an der Basis breit. Meist mit Wachspuder od. Oberfläche matt od. mindestens die L bereift **44**

34 Mit Wachsbedeckung **35**

34* Zum mindesten die OS ohne Puder, jedoch manchmal die L bereift **39**

35 Grundfärbung sehr dunkel (dunkelbraun od. sehr dunkel grünlich), manchmal fast schwarz erscheinend. An *Bupleurum falcatum*, *Vicia cracca*, *Spiraea*, *Galium* od. *Asperula*. Gattung *Aphis* L. z. T. S. 146

35* Heller u. anders gefärbt, an anderen Pfl **36**

36 Cauda zungen- bis fingerförmig. HlbRücken ohne Pigmentzeichnung **37**

36* Cauda dreickig. HlbRücken der ungeflügelten Im. mit 2 Reihen schwarzer Querstriche. Durch Wachsmehl grau erscheinend; Grundfärbung grünlich. 2,0–2,6 mm. An Kreuzblütengewächsen. Sehr oft schädlich an *Brassica* durch Verunstaltung u. Aufhellung der Blätter. Weltweit.
Brevicoryne brassicae (L.) – **Mehlige Kohlblattlaus** (Abb. **139/1**)

37 Si halb so lg wie der Abstand zw FWurzeln Gattung *Hyalopterus* KOCH
Nur 1 Art: *Hyalopterus pruni* (GEOFFROY) s. str. – **Mehlige Pflaumenlaus** (Abb. **109/1**).
Mit Ww. W I: Pflaume u. Schlehe, dichte Kolonien auf der BlattUS bis in den späten Sommer. W II: *Phragmites* u. *Molinia coerulea*, s *Typha*. Grundfärbung an W I hellgrün, an W II hellgrün od. weinrot. 1,5–2,9 mm. Häufiger Schädling. Weltweit.
H. pruni amygdali (BLANCHARD) ähnliche Lebensweise, aber Fundatrix u. Fundatrigenien an *Persica vulgaris*, oft schädlich.

37* Si länger **38**

38 Si so lg wie der Abstand zw FWurzeln. An *Chenopodium* u. *Atriplex* die Blätter stark nach oben rollend. Grundfärbung gelblich bis bläulich grün. 1,9–2,1 mm. Eur, MAs, NAm. *Hayhurstia atriplicis* (L.)

38* Si etwa $^3/_4$ der Lg des Abstandes zw FWurzeln. Hell gelblichgrün od. bräunlich gelb. 1,0–2,1 mm. *Lonicera tatarica* u. einige andere *Lonicera*-Ziersträucher, Triebspitzen büschelartig verzweigt u. nach unten hängend, schwere Schäden verursachend. Ohne Ww. OEur bis Br u. Me, nach W vordringend.
Hyadaphis tataricae (AJZENBERG)

39 (34) Vorletztes HlbSgm mit großem schildartigem Fortsatz von der Form eines gleichseitigen Dreiecks u. mehr als doppelt so lg wie die Cauda, diese vollständig überdeckend. Si mit gerundetem E. Hell olivbraun bis hell grauolivgrün. Körper lgoval, am HE zugespitzt, 1,7–2,0 mm. Anhänge nicht pigmentiert. F etwas weniger als $^1/_3$ der KörperLg. Si halb so lg wie die Cauda u. halb so lg wie die HTarsen. Geflügelte: Grundfärbung hell olivbraun bis hellbraun, K u. MBr dunkelbraun, sonst wenig pigmentiert. An *Polygonum* *aviculare*, auf der US von nach unten längsgerollten, gelbadrigen Blättern, diese später gebleicht u. manchmal mit rötlichem Anflug. Eur, NAm, MAs. *Aspidaphis adjuvans* (WALKER) (Abb. **109**/2)

39* HlbSpitze nicht von schildartigem Fortsatz überdeckt. Si normal **40**

40 Grundfärbung sehr dunkel, schwarz erscheinend. An *Euphorbia*. Gattung *Aphis* L. z. T. S. 146

40* Grundfärbung meist heller, wenn dunkel, dann an anderen Pfl **41**

41 Si konisch breit. An *Galium*-Arten. Grundfärbung schmutzig dunkelgrün. 1,4–2,2 mm. Eur. *Staegeriella necopinata* (BÖRNER)

41* Si zylindrisch, an der Basis nicht od. nur wenig breiter. An Gräsern od. Birne **42**

42 Rücken der ungeflügelten Im. mit großem, zentralem Pigmentfleck. Grundfärbung braun. 1,7–2,0 mm. An Birne, Triebspitzen u. junge Blätter rollend. Mit Ameisen. Starker Befall im Frühj u. Frühsommer. Ww zu Gräsern (s. S. 145). Fundatrix u. Fundatrigenien von *Longiunguis pyrarius* (PASSERINI)

42* Rücken der Ungeflügelten ohne Pigment. An Gräsern, kein Ww, ohne Ameisen **43**

43 Länglich. Si $^1/_{25}$ der KörperLg. Gelblichgrün, 2,3–3,0 mm. An *Dactylis glomerata*. BlattOS, Läuse meist in 1 Reihe entlang der MRippe. Blätter oft rinnenartig nach oben eingeschlagen, gelb- od. braunfleckig. Eur, NAm. *Hyalopteroides humilis* (WALKER)

43* Oval. Si $^1/_{14}$ der KörperLg od. länger. Gattung *Schizaphis* BÖRNER z. T. S. 144

44 (33) Körper länglich. An Gräsern. Gattung *Diuraphis* AJZENBERG z. T. S. 143

44* Körper oval. An anderen Pfl **45**

45 Si farblos u. kurz zylindrisch, etwas konisch. Geflügelte auf der HlbOS mit zentralem Pigmentfeld, welches in Querbänder aufgelöst sein kann. Ww zw *Rosa* (W I) u. *Aquilegium* u. *Thalictrum* (W II). Auf W I hellgrün, auf W II gelblich. 1,8–2,4 mm. Fundatrizen ohne Si! Eur bis China u. Japan, NAm. *Longicaudus trirhodus* (WALKER) (Abb. **109**/3)

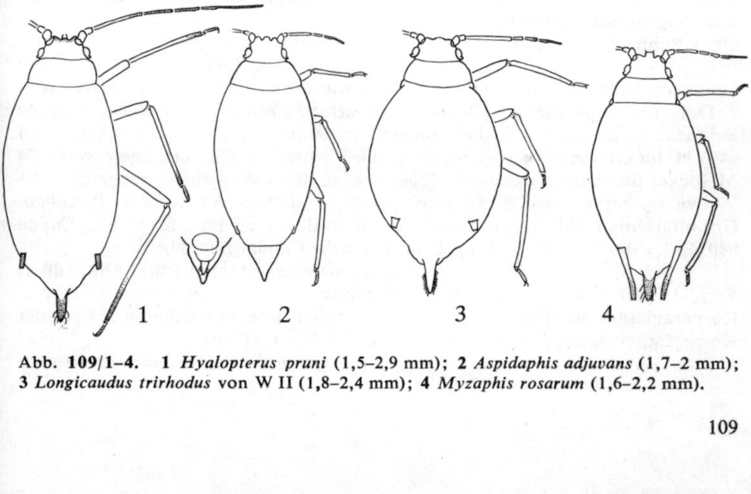

Abb. **109**/**1–4**. **1** *Hyalopterus pruni* (1,5–2,9 mm); **2** *Aspidaphis adjuvans* (1,7–2 mm); **3** *Longicaudus trirhodus* von W II (1,8–2,4 mm); **4** *Myzaphis rosarum* (1,6–2,2 mm).

45* Si schwarz od. warzenförmig u. schwach pigmentiert. Geflügelte ohne zentralen Pigmentfleck auf der HlbOS **46**

46 An *Apiaceae*, die Blätter rollend. 5 Arten.
Gattung *Semiaphis* VAN DER GOOT S. 141

46* An anderen Pfl
a) An *Cerastium arvense*, *Silene vulgaris* od. *Stellaria holostea*, zum mindesten im Frühj Verunstaltungen hervorrufend.
Gattung *Brachycolus* BUCKTON S. 142
b) An *Asparagus*, ebenfalls Verunstaltungen hervorrufend.
Gattung *Diüraphis* AJZENBERG, Untergattung *Brachycorynella* AJZENBERG S. 143
c) An *Barbarea*, zw aufwärts eng gerollten Blättern. Grundfärbung bräunlichgelb bis schmutzig gelblichweiß. 1,7–1,9 mm. MEur, SSchweden, England.
Brevicoryne buhri BÖRNER

47 **(32)**Stirnprofil fast gerade od. leicht gewölbt **48**

47* Stirnprofil sinusförmig, d. h. es sind 1 MHöcker u. je 1 Höcker neben den FWurzeln vorhanden; Höcker oft flach, nur MHöcker manchmal stärker hervortretend **53**

48 Si der Ungeflügelten braun bis sehr dunkel, auch F, B u. meist die Cauda pigmentiert **49**

48* Si der Ungeflügelten kaum od. höchstens gegen die Spitze etwas gebräunt, meist farblos. Ebenso F, B u. Cauda nicht od. nur sehr wenig pigmentiert . **51**

49 Si geschwollen. Ohne Ameisen. An *Lonicera* (W I) u./od. *Apiaceae* (W II) od. ohne Ww. 3 Arten. Gattung *Hyadaphis* KIRKALDY S. 141

49* Si nicht geschwollen. Mit Ameisen **50**

50 Si so lg wie die Cauda. Gattung *Hydaphias* BÖRNER
a) Grünlich od. hell bis dunkel olivbraun. VKörper braun. 1,7–2,3 mm. An *Galium mollugo*, durch Stauchung können die Blütenstände geknäuelt werden. W- u. MEur. *H. molluginis* BÖRNER (Abb. **142**/1)
b) Grünlichgelb, an *Galium verum*. W- u. MEur, England, SSchweden.
H. hofmanni BÖRNER

50* Si doppelt so lg wie die Cauda u. auffallend schlank, aus verbreiterter Basis entspringend. Grundfärbung schmutzig grün, an den S gelb. 1,8–2,6 mm. An *Falcaria vulgaris* am Stengel. W- u. MEur. *Ammiaphis sii* (KOCH)

51 **(48)** Vor der HlbSpitze, d. h. auf dem 8. HlbTergit, ein vorspringender Fortsatz (Supracaudalfortsatz) **52**

51* Ohne Supracaudalfortsatz. Ohne Ww, an Korbblütengewächsen.
Gattung *Coloradoa* WILSON S. 142

52 Supracaudalfortsatz von ähnlicher Form wie die Cauda. Ww zw *Salix* (W I) u. Doldenblütengewächsen (W II). Gattung *Cavariella* DEL GUERCIO S. 140

52* Supracaudalfortsatz ein flacher Höcker. An *Galium* **60**

53 **(47)** MHöcker der Stirn vorgewölbt u. die FWurzeln nach vorn überragend **54**

53* MHöcker nicht das Niveau der Höcker neben den FWurzeln überragend . **55**

54 F etwa $^1/_3$ der KörperLg. An Triebspitzen u. Blättern von *Rosa* u. *Potentilla*. Grundfärbung gelblichgrün. Spindelförmig oval, 1,6–2,2 mm. Si, F, B u. Cauda hell. Si $^1/_5$ der KörperLg, doppelt so lg wie die Cauda. Eur, NAm.
Myzaphis rosarum (KALTENBACH) (Abb. **109**/4)

54* F $^2/_5$–$^1/_2$ der KörperLg. In den Blütenständen von *Berteroa incana*. Körper u. Körperanhänge hellgrün bis graugrün. Länglich oval. 1,5–1,8 mm. Si $^1/_5$ der KörperLg, etwa doppelt so lg wie die Cauda. M- u. OEur.
Spatulophorus incanae F. P. MÜLLER

5 **(53)** Si deutlich angeschwollen **56**

5* Si zylindrisch od. gegen das E allmählich verjüngt od. unmittelbar vor dem E eingeschnürt u. dann leicht keulig erscheinend od. am E plötzlich stark verschmälert **58**

6 Si der Ungeflügelten braun bis sehr dunkel, auch F, B u. Cauda stärker pigmentiert. An *Lonicera* (W I od. ohne Ww) u./od. Doldenblütengewächsen (W II od. ohne Ww). 3 Arten. Gattung *Hyadaphis* KIRKALDY S. 141

6* Si u. übrige Körperanhänge bei Ungeflügelten nicht bes. gedunkelt **57**

7 Si so lg wie die zugespitzte Cauda. Gelb, glänzend, 1,2–1,7 mm. *Silene otites*, *Viscaria vulgaris* u. *V. atripurpurea*, die Blätter längs einrollend u. bleichend. Frankreich bis Ukraine, SSchweden. *Volutaphis centaureae* BÖRNER

7* Si doppelt so lg wie die stumpfe zungenförmige Cauda. Gelblich, gelblichgrün od. orangerot, glanzlos. 1,1–2,3 mm. *Berberis* u. *Mahonia*, Triebspitzen u. BlattUS. Holarkt, Türkei, Iran. *Liosomaphis berberidis* (KALTENBACH)

8 **(55)** Stirnprofil mit 3 auffallenden u. weit vorspringenden Höckern. F nur $^1/_3$ der KörperLg. Si am E plötzlich stark verschmälert. Körper u. Körperanhänge gelblichgrün. 1,7–2,1 mm. Körper flach. Auf der OS der Blätter von *Carex*, an feuchten Orten, Eur. *Trilobaphis caricis* THEOBALD

58* Keine weit vorstehenden Stirnhöcker. F meist etwas länger als $^1/_3$ der KörperLg. Si anders gestaltet **59**

59 Si am distalen E mit vorstehendem Rand (Flansche), vor dem sich eine Einschnürung befindet. (Diese Einschnürung ist bei der Gattung *Lipaphis* MORDVILKO, Bewohner von Kreuzblütengewächsen, oft undeutlich.) **60**

59* Si mit od. ohne deutliche Flansche, aber niemals mit Verengung vor der Spitze. Nur in wenigen Fällen an Kreuzblütengewächsen (Läuse der *Aphis frangulae*-Gruppe gelblich, grün od. dunkel olivgrün mit schwarzen Si an *Capsella bursa-pastoris*; *Aphis nasturtii* KALTENBACH gelblich bis gelblichgrün mit hellen u. an der Spitze etwas gedunkelten Si an *Nasturtium* u. *Rorippa*) **62**

60 **(52, 59)** Si unmittelbar unter der Flansche sehr stark verengt u. deutlich nach außen gebogen. An *Galium mollugo* u. *G. verum*, Triebe u. Blütenstände stauchend u. oft knäuelartig verbildend. Gelblich bis hellgrün, manchmal orangefarbig fleckig od. rötlich überlaufen. Rundlich oval. 1,3–1,9 mm. Körperanhänge nicht pigmentiert. F reichlich $^1/_3$, Si knapp $^1/_4$ der KörperLg. Si etwa $2^1/_2$mal so lg wie die dreieckige Cauda. Geflügelte schwarz erscheinend, da K, Thorax, Körperanhänge u. ein großer zentraler Fleck auf dem HlbRücken dunkel pigmentiert. Eur. *Galiobium langei* BÖRNER (Abb. **136**/2)

60* Si anders gestaltet, nicht an *Galium* **61**

61 An Kreuzblütengewächsen. 5 Arten. Gattung *Lipaphis* MORDVILKO S. 139

61* An anderen Pfl (*Prunus*-Arten, Pomoideen, Süßgräser, *Carex*, *Triglochin* u. monocotyle Sumpf- u. WasserPfl).
Gattungen *Schizaphis* BÖRNER u. *Rhopalosiphum* KOCH z. T. S. 144

62 **(59)** Wenigstens die L bereift od. bepudert. Einige Arten auch als ungeflügelte Im. mit Wachsmehl. Si von unterschiedlichem Pigmentierungsgrad. An sehr vielen PflArten. Zahlreiche Arten. Gattung *Aphis* L. z. T. S. 146

62* Nicht bereift, meist glänzend, niemals mit Wachspuder. Si der Ungeflügelten niemals schwarz **63**

63 An *Ericaceae*. 2 Arten. Gattung *Ericaphis* BÖRNER S. 139

63* An *Picea abies* u. einigen *Picea*-Arten ausländischer Herkunft, an den Nadeln. Grün. 1,8 mm. Körperanhänge sehr hell. Si $^1/_4$ der KörperLg, doppelt so lg wie die Cauda. Eur, Island, Kanada, NAm. Im NW oft schädlich.
Elatobium abietinum (WALKER)

Gattung *Uroleucon* MORDVILKO

In der gesamten Literatur wurde für diese Gattung zunächst der Name *Dactynotus* RAFINESQUE benutzt.

Groß, ziemlich schlank od. länglich birnförmig, rötlichbraun bis schwarzbraun, glänzend, größere Tiere oft mit Metallglanz, die meisten Arten mit regelmäßig angeordneten dunklen Punkten auf dem Rücken. Si lg u. schlank, $^1/_5$–$^1/_3$, meist $^1/_4$ der KörperLg. ♂♂ als L u. Adulte meist grün. Monophag od. oligophag an Korbblütengewächsen od. Glockenblumengewächsen. Die Kolonien enthalten große Mengen von rötlichen od. rötlichbraunen L u. sitzen bei den meisten Arten an den Stengeln von den Blütenköpfen abwärts. Läuse mit dem K nach unten festgesogen, lassen sich bei Störungen, die größeren Tiere zuerst, fallen. Einige Arten an der US älterer Blätter. 27 Arten.

Je eine *Uroleucon*-ähnliche Art der Gattungen *Paczoskia* MORDVILKO u. *Macrosiphoniella* DEL GUERCIO wurden aus bestimmungstechnischen Gründen mit in den *Uroleucon*-Schlüssel aufgenommen.

1 Cauda sehr hell, gelblichweiß. *Uroleucon* s. str. 2

1* Cauda schwarz, ebenso dunkel wie die Si. Untergattung *Uromelan* MORDVILKO 8

2 Cauda ziemlich kurz, so lg wie der Abstand zw den FWurzeln 3

2* Cauda lg, finger- od. säbelförmig, viel länger als der Abstand zw den FWurzeln 4

3 Si braun, nur an Basis u. Spitze dunkel. B gelblich, ohne dunkle Knie. Körper rot bis bräunlichrot, birnenförmig, 2,5–3,4 mm. An *Tanacetum*, an der US der unteren Blätter, welche gelb werden u. schließlich vertrocknen. Eur. [*U. tanaceticola* (KALTENBACH)] *U. tanaceti* (L.)

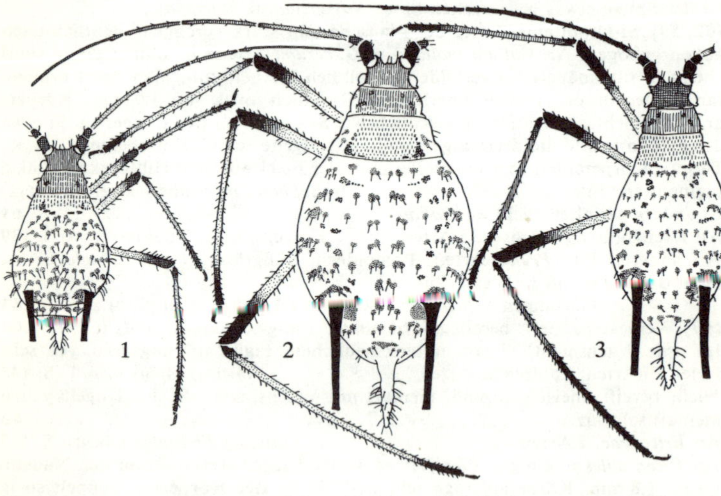

Abb. **112/1–3.** **1** *Uroleucon achilleae* (2–2,4 mm); **2** *Uroleucon cirsii* (4–5,2 mm); **3** *Uroleucon obscurus* (2,7–3,3 mm).

3* Si schwarz. B gelblich, aber SchenkelE u. Knie schwarz. Dunkel rotbraun, stark glänzend. An *Achillea millefolium*, an der US der unteren Blätter, welche braun u. trocken werden können. 2,0–2,4 mm. Eur.
U. achilleae (KOCH) (Abb. **112**/1)

4 (**2**) Rücken der ungeflügelten Im. mit dunklen segmental angeordneten schwarzen Punkten (Skleroite), welche 1 od. mehrere Haare tragen **5**

4* Auf der M des HlbRückens der ungeflügelten Im. keine od. nur undeutliche dunkle Punkte **7**

5 3. FGld u. basale Hälfte des 4. FGld gelb bis bräunlichgelb. Dunkelbraun, OS mit Erzglanz. Auffallend große Art. 4,0–5,2 mm. An *Cirsium oleraceum*, *C. arvense* u. a. *Cirsium*-Arten, an den oberen Stengelteilen u. zw den Blüten-
U. cirsii (L.) (Abb. **112**/2)

5* F in ganzer Lg dunkelbraun bis schwarz **6**

6 Unmittelbar vor der SiBasis ein bogenförmiger Pigmentfleck. Schenkel distal mindestens in $^{1}/_{3}$ der SchenkelLg schwarz.
a) An *Chondrilla juncea*. Braun, etwa 3,8 mm. S- u. MEur, Türkei, WAs.
U. chondrillae (NEVSKY)
b) An *Cichorium, Crepis, Leontodon* u. *Tragopogon*. Ein aus mehreren bionomischen Rassen bestehender Formenkreis. Braun. 3,1–4,4 mm. Eur, Türkei. *U. cichorii* (KOCH)
c) An *Hypochoeris radicata*. Braun. 3,1–3,7 mm. W- u. MEur, England, Dänemark, SSchweden. *U. hypochoeridis* HILLE RIS LAMBERS
d) An *Hieracium laevigatum, H. umbellatum* u. verwandten *Hieracium*-Arten. Rotbraun bis bronzebraun. 2,7–3,3 mm. Eur.
U. obscurus (KOCH) (Abb. **112**/3)
e) An *Hieracium pilosella*. Dunkel rötlichbraun. Etwa 2,4 mm. Eur.
U. pilosellae BÖRNER
f) An *Picris hieracioides*. Dunkelbraun. Etwa 3,5 mm. Eur, Türkei, Israel.
U. picridis (F.)

6* Unmittelbar vor der SiBasis kein Pigmentfleck. An den Schenkeln nur die E etwas gedunkelt. Dunkelbraun, OS stark glänzend. 2,2–3,0 mm. An *Lactuca muralis*, an Stengeln u. Blütenständen. Eur. *U. muralis* (BUCKTON)

7 (**4**) Si bräunlichgelb, nur Basis u. Spitze dunkel. SchenkelE nur wenig gedunkelt. Braun, manchmal braun mit grünlich. 3,0–3,8 mm. An *Tussilago*, BlattUS. Eur bis MAs. *U. tussilaginis* (WALKER) (Abb. **114**/1)

7* Si ganz schwarz, SchenkelE schwarz. Dunkelbraun, mit Metallglanz. 3,3 bis 4,5 mm. An *Sonchus*, vielleicht auch an *Lactuca sativa*. Eur u. Afrika bis MAs, Am. *U. sonchi* (GEOFFROY)

8 (**1**) Cauda zungenförmig, die halbe SiLg nicht erreichend **9**

8* Cauda finger- bis säbelförmig, mindestens halb so lg wie die Si **11**

9 Si ziemlich dick, ihr ∅ breiter als die HSchienen, etwa $^{1}/_{4}$ der KörperLg. Cauda etwa doppelt so lg wie an der Basis breit **10**

9* Si sehr schlank, gegen die Spitze gleichmäßig verjüngt, in der distalen Hälfte ebenso schmal wie die HSchienen, fast $^{1}/_{3}$ der KörperLg. Cauda 3mal so lg wie an der Basis breit. Schenkel u. Schienen überwiegend hell gelblichbraun. Braun, stark glänzend. 4,2–4,4 mm. An *Echinops sphaerocephalus*, BlattUS, auch Stengel. Eur, Türkei, Libanon, Israel, MAs. [*P. major* BÖRNER]
Paczoskia turanica NEVSKY

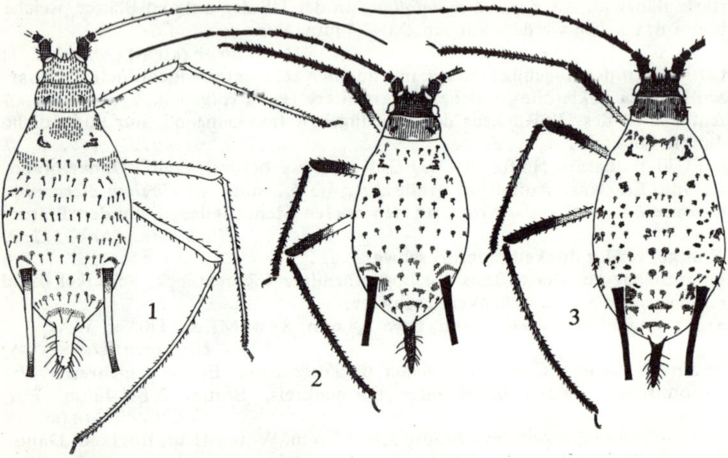

Abb. **114/1–3.** **1** *Uroleucon tussilaginis* (3–3,8 mm); **2** *U.* (*Uromelan*) *campanulae* (2,1–2,8 mm); **3** *U.* (*Uromelan*) *jaceae* (2,8–4,3 mm).

10 B hellbraun, nur BE u. distale Hälfte der Schenkel schwarz. Rötlichbraun, etwa 2,7 mm. *Carlina acaulis*, US u. Stiel der bodennahen Blätter. DDR, BRD, Polen, Ukraine, Frankreich. *U.* (*Uromelan*) *carlinae* BÖRNER

10* B mit Ausnahme der helleren Schenkelbasis ganz schwarz. Jedes RückenSgm mit einer Querreihe warzenförmiger Skleroite. Dunkelbraun, mit Bronzeglanz. 2,7–3,8 mm. An *Taraxacum officinale*. BlattUS. Eur, NAm. *U.* (*U.*) *taraxaci* (KALTENBACH)

11 **(8)** Si höchstens so lg wie die Cauda (nur bei Tieren an *Jasione montana* mitunter ganz wenig länger) **12**

11* Si deutlich länger als die Cauda **13**

12 Haare der OS auffallend lg, fast halb so lg wie Si, stehen auf sehr kleinen dunklen Punkten. Si $^1/_8$ der KörperLg, nur $^2/_3$ der Lg der Cauda. Schienen bis auf Knie u. distales E bräunlichgelb. Dunkelbraun, glänzend. 1,8–2,3 mm. An *Chrysanthemum indicum*, in Gewächshäusern an dieser Pfl ein häufiger Schädling. Während des Sommers auch im Freien. Vermehrung nur parthenogenetisch. Weltweit. *Macrosiphoniella sanborni* (GILLETTE)

12* Haare der OS nicht auffallend lg, auf deutlichen Skleroiten stehend. Si $^1/_5$–$^1/_4$ der KörperLg, so lg wie die Cauda. Schienen dunkelbraun bis schwarz. Dunkelrotbraun, glänzend. 2,1–2,8 mm. An *Campanula rotundifolia* u. *Jasione montana*, in kleinen Kolonien an den Blütenstengeln. Eur. *U.* (*U.*) *campanulae* (KALTENBACH) Abb. **114**/2)

13 **(11)** Si $^1/_3$ der KörperLg u. doppelt so lg wie die Cauda.

a) Dunkelrotbraun, glänzend. 2,3–3,4 mm. An *Solidago virgaurea*, Blütenstengel. Eur. *U.* (*U.*) *solidaginis* (F.)

b) Schwarzbraun, metallisch glänzend. 4,0–4,8 mm. An *Centaurea montana*, US der Stengelblätter. Ba. *U.* (*U.*) *montanivorus* MOSBACHER

13* Si $^1/_4$ der KörperLg u. $1^1/_2$mal so lg wie die Cauda.

a) Dunkelbraun, manchmal mit Metallglanz. 2,8–4,3 mm. An *Centaurea*, am Stengel, oft sehr große Kolonien. Eur, Ägypten, Israel, Türkei, MAs. *U.* (*U.*) jaceae (L.) (Abb. **114**/3)

b) Sehr dunkel braun, fast schwarz, mit Metallglanz, 4,0–4,8 mm. An *Carduus*, auch *Cirsium arvense*, *C. palustre*, am Stengel, oft sehr große Kolonien. Eur, Türkei, MAs. *U.* (*U.*) *jaceae aeneus* HILLER RIS LAMBERS

c) Rotbraun, glänzend. 3,1–3,7 mm. An *Erigeron acris*, am Stengel. Eur. *U.* (*U.*) *similis* HILLE RIS LAMBERS

d) Dunkelbraun, manchmal vermischt mit grünlichen Farbtönen u. mit Erzglanz. 2,8–3,9 mm. An Glockenblumen (*Campanula glomerata*, *C. latifolia*, *C. medium*, *C. trachelium* u. *C. rapunculoides*), am Blütenstengel u. an BlattUS. Blätter werden im Frühj gekräuselt u. längs nach unten gerollt, im Sommer gelbfleckig. DDR, BRD, England, SSchweden, Polen. *U.* (*U.*) *nigrocampanulae* (THEOBALD)

Gattung *Macrosiphoniella* DEL GUERCIO

Mittelgroß bis groß, oval bis länglichoval. Mit verschiedenartiger Wachsbedeckung, welche die SgmGrenzen u. einen ± großen Bezirk des Rückens frei lassen kann. (Einige Arten ohne Puder, diese s. unter *Uroleucon* u. *Macrosiphum*.) Au meist rot.
Leben an Anthemideen od. Asteroideen, meist an den Stengeln. Immer ohne Ameisenbesuch. Manche Arten lassen sich bei Störungen fallen u. stellen sich tot. 22 Arten.

1 Grundfärbung der Virgines grün bis gelblichgrün, im Spätsommer manchmal rötlichgelb **2**

1* Grundfärbung dunkelrot, rötlichbraun od. dunkelbraun. Si immer ganz schwarz **5**

2 Si, Cauda, F u. B bis auf die helleren Schenkelbasen schwarz. [SiBasis nur bei *M. ptarmicae* HILLE RIS LAMBERS (an *Achillea ptarmica*) gelegentlich etwas aufgehellt] **3**

2* Si an der Basis hell, nur an der Spitze dunkel. Cauda, F u. B zum mindesten in großer Ausdehnung hell **4**

3 Rücken mit zahlreichen haartragenden schwarzen Plättchen (Skleroite). An *Achillea millefolium*, gelegentlich auch an *A. ptarmica*, am Stengel u. zw den Blütenköpfen. Gelblichgrün bis grün, K braun. Weißgrauer Wachspuder auf dem Rücken in Querstreifen angeordnet, eine MLinie u. je einen Fleck vor den Si frei lassend. 2,5–3,6 mm. Si $^1/_8$–$^1/_7$ der KörperLg, $^3/_4$–$^4/_5$ der CaudaLg. Eur. *M. millefolii* (DE GEER)

3* Rücken ohne schwarze Punkte (Skleroite).

a) An *Artemisia vulgaris*, manchmal auf benachbarte andere *Artemisia*-Arten übergehend. Stengel u. US der oberen Blätter. Gelblichgrün mit grauem Wachspuder, SgmGrenzen der OS u. ein medianer Längsstrich ohne Puder. 2,1–2,9 mm. Si $^1/_8$–$^1/_7$ der KörperLg, etwa $^2/_3$–$^3/_4$ der CaudaLg. Holarkt, Türkei, NAfrika.
M. artemisiae (BOYER DE FONSCOLOMBE) (Abb. **116**/1, **117**/1)

b) An *Tanacetum vulgare*, obere Stengelteile. Grün, querstreifig bepudert. 3,2–3,9 mm. Si $^1/_7$ der KörperLg, $^7/_8$ der CaudaLg. Eur, Sibirien, NAm, Argentinien. *M. tanacetaria* (KALTENBACH)

c) An *Achillea ptarmica*, Triebspitzen u. zw den Blütenständen. Grün mit Querstreifen aus weißem Wachspuder, die in der M des HlbRückens breit unterbrochen sind. 2,5–3,6 mm. Si $^1/_8$–$^1/_7$ der KörperLg, $^3/_4$ der CaudaLg. MEur, S- u. MSchweden, Niederlande, England, Frankreich. *M. ptarmicae* HILLE RIS LAMBERS

4 (2) B hellgrün, nur die SchenkelE leicht u. die BE stärker gedunkelt. Si basal in größerer Ausdehnung grün u. gegen die Spitze allmählich dunkler werdend, im distalen Drittel am schmalsten, gegen die Spitze wieder leicht erweitert. Grün, mit dunkler grünem Längsstrich auf dem Rücken, querstreifig bepudert. Körper groß, länglich, 3,1–5,0 mm. Si so lg wie die Cauda, $^1/_8$ der KörperLg. *Artemisia vulgaris* BlattUS u. Stengel. Im Herbst häufig in Gewächshäusern an *Chrysanthemum indicum*, dort auch die schlanken, braunen, bereiften ♂♂. Eur, Türkei. *M. oblonga* (MORDVILKO) (Abb. **116**/2)

4* B hellbraun, Schenkel u. Schienen in größerer Ausdehnung dunkelbraun. Si zylindrisch, nach der Spitze wenig u. gleichmäßig verjüngt, braun mit heller Basis. Grün, mit grauweißem Wachsmehl, von einer der WirtsPfl ähnlichen Gesamtfärbung. 1,9–2,3 mm. Si $^1/_6$ der KörperLg, so lg wie die Cauda. An *Artemisia maritima*, an Blättern u. Trieben. Bei Störungen lassen sich diese Läuse im Gegensatz zu anderen *Macrosiphoniella*-Arten nicht fallen, sondern klammern sich an den Pfl bes. fest; offenbar eine Anpassung an den oft windgepeitschten Standort der WirtsPfl. Eur. *M. pulvera* (WALKER)

5 (1) HlbRücken der ungeflügelten Im. mit Pigmentflecken in der Form von haartragenden Punkten od. unterbrochenen Querbändern 6

5* HlbRücken der Ungeflügelten ohne Pigmentflecke 8

6 Cauda hellbraun. Wachspuder nur auf der BauchS u. nur als schwache Bereifung. OS etwas glänzend. Untergattung *Asterobium* HILLE RIS LAMBERS. Auf

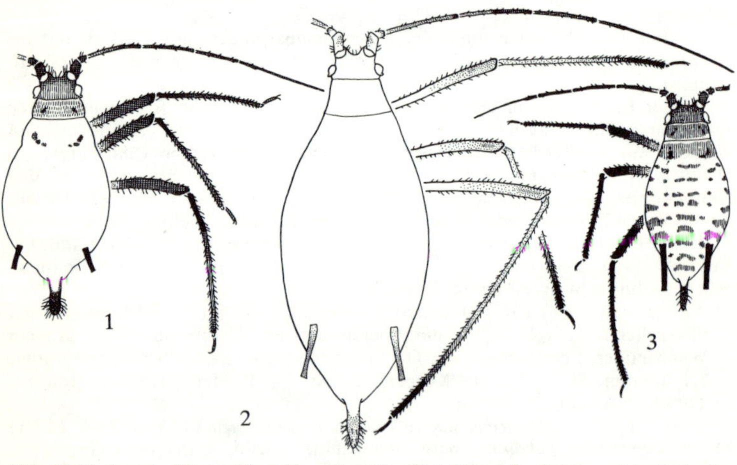

Abb. **116**/1–3. **1** *Macrosiphoniella artemisiae* (2,1–2,9 mm); **2** *Macrosiphoniella oblonga* (3,1–5 mm); **3** *Macrosiphoniella fasciata* (1,8–2,7 mm).

dem Rücken außer je einem bogenförmigen Pigmentfleck unmittelbar vor den Si nur regelmäßig angeordnete Skleroite, die nicht breiter sind als der ∅ der Si. VKörper dunkelbraun, Hlb vorn u. in der M grün, sonst braun. 2,3–2,9 mm. Si $^{1}/_{8}$ der KörperLg, so lg wie die Cauda. *Aster tripolium*, zw. den Blütenständen. Eur. *M.* (*Asterobium*) *asteris* (WALKER)

6* Cauda schwarz. Auch auf dem Rücken Wachspuder. Pigmentierung des Hlb-Rückens aus unterbrochenen Querbändern zusammengesetzt **7**

7 Si $^{1}/_{7}$ der KörperLg, so lg wie die Cauda. Dunkelrot bis dunkel bräunlichrot, violettweißlich bepudert. Auf dem Rücken ein puderfreier MFleck, auch die Umgebung der SiBasen ohne Puder. 2,1–2,8 mm. An *Artemisia absinthium*, an den Sproßspitzen. Eur, NAfrika, As. *M. absinthii* (L.)

7* Si $^{1}/_{5}$–$^{1}/_{4}$ der KörperLg, $1^{1}/_{2}$mal so lg wie die Cauda. Dunkelbraun. M des Hlb manchmal olivgrün. Bepuderung hellviolett. Seitliche Flecken u. auf der RückenM kurze Querstreifen puderfrei. 1,8–2,7 mm. An *Artemisia campestris*, Sproßspitzen. Italien, DDR, BRD, SSchweden, Polen. *M. fasciata* (DEL GUERCIO) (Abb. **116**/3, **117**/2)

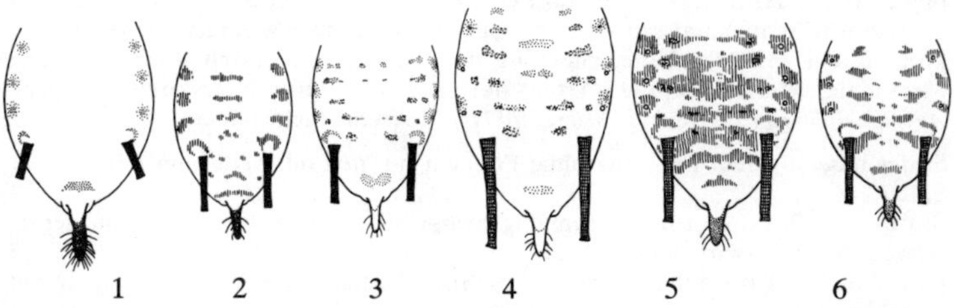

Abb. **117/1–6.** Zeichnung der OS des Hlb bei Geflügelten: **1** *Macrosiphoniella artemisiae*; **2** *Macrosiphoniella fasciata*; **3** *Macrosiphum* (*Sitobion*) *avenae*; **4** *Macrosiphum* (*Sitobion*) *fragariae* von W I; **5** u. **6** *Nasonovia ribis-nigri*.

8 **(5)** RSpitze die Hü des 3. BPaares nicht od. nur wenig überragend. Letztes RGld nur $^{1}/_{3}$–$^{1}/_{4}$ der CaudaLg. Cauda fingerförmig, so lg wie die Si **9**

8* RSpitze die Hü des 3. BPaares deutlich überragend. Letztes RGld lg u. schmal, etwas länger als die Cauda. Untergattung *Ramitrichophorus* HILLE RIS LAMBERS. Cauda spitz dreieckig, etwa halb so lg wie die Si. Rötlichbraun, in der Region der Si grünfleckig, mit bräunlich-weißem Wachspuder, ein runder Fleck auf der M des HlbRückens u. seitliche Flecke frei von Puder. 1,8–2,0 mm. Si $^{1}/_{5}$ der KörperLg. An *Helichrysum arenarium*, zw den Blütenständen. Me, Polen. *M.* (*Ramitrichophorus*) *janckei* BÖRNER

9 Dunkel rötlich mit grauem Wachspuder, spindelförmiger Fleck auf der M des Hlb-Rückens u. Umgebung der SiBasen ohne Puder. Etwa 3,3 mm. Si $^{1}/_{5}$ der KörperLg. An *Chrysanthemum maximum* u. *C. leucanthemum*, BlattUS, Gelbfleckung hervorrufend. Eur. *M. trimaculata* HILLE RIS LAMBERS

9* Braun mit grauem Wachspuder, spindelförmiger Fleck auf der M des Hlb-Rückens u. je ein Fleck vor den Si ohne Puder. 2,4–3,0 mm. Si $^{1}/_{6}$ der KörperLg. An *Achillea millefolium*, US der unteren Blätter, welche braun u. trocken werden können. Eur. *M. usquertensis* HILLE RIS LAMBERS

Gattung *Microsiphum* CHOLODKOVSKY

Ohne Ww in Kolonien unterirdisch sowie an unteren Stengelteilen u. am Rosettengrund von *Achillea-* u. *Artemisia*-Arten. Wahrscheinlich alle Arten monophag u. von Ameisen besucht. Körper meist 2,0–2,5 mm, birnenförmig, mit ziemlich breitem Hlb. Ohne deutliche FSockel, aber Stirnprofil konkav. Si nur etwa so lg wie breit. F u. B sehr dunkel. Bisher aus MEur nur 2 Arten bekannt.

1 Gelblichrot bis dunkelrot od. dunkelbraun. An *Achillea millefolium*. MEur, SSchweden. *M. millefolii* WAHLGREN

1* Dunkelrot. An *Artemisia vulgaris*. DDR, BRD, Polen. *M. woronieckae* JUDENKO

Gattungen *Acyrthosiphon* MORDVILKO, *Macrosiphum* PASSERINI u. *Microlophium* MORDVILKO

Mittelgroß bis groß, mit lg Si. Mehrere Arten mit grün od. rot gefärbten Rassen. Manche grüne Arten haben rote ♂♂ od. rote Sexuales. L bei den meisten Arten bereift od. bepudert. Geflügelte: K u. Thorax in verschiedenem Grade pigmentiert, HlbRücken bei stärker pigmentierten Arten oft mit dunklen SFlecken u. manchmal mit dunklen Querbändern, aber niemals mit zentralem, kompaktem MFleck. Unterscheidung der 3 Gattungen durch mikroskopische Merkmale. *Macrosiphum* (15 Arten) hat an den SiE eine Netzskulptur, welche *Acyrthosiphon* (10 Arten) u. *Microlophium* (2 Arten) nicht haben.

1 Si der ungeflügelten Im. ganz ohne Pigment od. hell od. hellbraun mit dunkler Spitze 2

1* Si der ungeflügelten Im. gleichmäßig braun bis schwarz, höchstens ein kleiner basaler Bezirk etwas heller 15

2 Ungeflügelte Im. auf der ganzen Körperoberfläche ebenso wie die L mit Wachspuder 3

2* OS der ungeflügelten Im. ohne Wachspuder, höchstens die SgmGrenzen u. die US schwach bereift 4

3 F $^4/_5$–$^8/_9$ der KörperLg. Hellgrün bis gelblichgrün mit feinem, grauem Wachspuder, der auf dem Rücken querstreifig angeordnet ist. Untergattung *Tlja* MORDVILKO. Breit spindelförmig, 2,5–2,8 mm. FSockel niedrig. Si $^2/_9$–$^1/_4$ der KörperLg. Si, F, B u. Cauda farblos, nur die Spitzen der Si u. F sowie die E des 3., 4. u. 5. FGld u. die BE gedunkelt. Geflügelte: Nur K, Thorax u. Körperanhänge leicht gebräunt. An *Lactuca serriola*, an den Blütenköpfen u. deren Stielen, auch an *Lactuca sativa* u. *L. virosa*. Eur, Türkei, WAs, Kanada. *Acyrthosiphon* (*Tlja*) *scariolae* NEVSKY

3* F ± so lg wie der Körper. Hellgrün mit grobem, grauem Wachspuder, der segmentale Anordnung erkennen läßt. Untergattung *Liporrhinus* BÖRNER. Oval, etwas gewölbt, etwa 2,2 mm. FSockel niedrig. Si $^1/_5$ der KörperLg, Körperanhänge hell bräunlich durchscheinend. Geflügelte: Nur K, Thorax u. Körperanhänge leicht gebräunt. An *Chelidonium majus*, einzeln od. in kleinen Gesellschaften an den Blütenstielen. Eur. *Acyrthosiphon* (*Liporrhinus*) *chelidonii* (KALTENBACH)

4 (2) L ohne Puder u. ohne Bereifung 5

4* L schwach bereift bis bepudert u. dadurch von den Im. verschieden 6

5 Letztes RGld so lg wie ∅ der Schenkel. FSockel divergierend. 4,4–4,8 mm, spindelförmig, grün mit dunkler grünem Längsstrich. Si $^1/_5$ der KörperLg,

$1^1/_2$mal so lg wie die Cauda. An *Tanacetum vulgare*, an den unteren Blättern. DDR, BRD, Niederlande, England, Schweden, Polen. [*M. pseudolineata* HILLE RIS LAMBERS] *Macrosiphoniella persequens* (WALKER)

5* Letztes RGld $1^1/_2$mal so lg wie ∅ der Schenkel. FSockel gerundet. Färbung in den einzelnen Rassen versch. 2,0–2,9 mm. Körperanhänge sehr hell bräunlich durchscheinend, fast farblos, spitzenwärts nur wenig gedunkelt. Si $^1/_4$ der KörperLg, doppelt so lg wie die Cauda. Geflügelte: K, Thorax u. Körperanhänge wenig gebräunt, nur bei der Unterart *primulae* THEOBALD dunkelbraun pigmentiert. An anderen Pfl. Ein wenig untersuchter Komplex, aus mehreren bionomisch u. farblich verschiedenen Unterarten u. Rassen bestehend. Die folgende Übersicht erhebt keinen Anspruch auf Vollständigkeit in bezug auf die angegebenen WirtsPfl u. Abgrenzung der Unterarten.

a) Grün. An *Pelargonium*, bes. *P. grandiflorum*. Vermehrung in der Hauptsache permanent parthenogenetisch u. am stärksten während des Winters in Gewächshäusern. Eur, SAfrika, NAm, Australien.
Acyrthosiphon pelargonii (KALTENBACH) s. str. – **Pelargonienlaus**

b) Eine od. mehrere grüne Formen an *Geranium*, *Malva* u. *Fragaria ananassa*, u. eine rote Form an *Geranium*. Eur, NAm.
A. pelargonii geranii (KALTENBACH) (Abb. **120**/1)

c) Eine hellgrüne Form an *Fragaria ananassa*. Virusüberträger. M- u. NEur, Niederlande, England. *A. pelargonii rogersii* (THEOBALD)

d) Grün. An *Alchemilla* u. *Potentilla*. DDR, BRD, S- u. MSchweden.
A. pelargonii potha (BÖRNER)

e) Hell gelblichgrün. Alle Tiere einschließlich der L stärker glänzend. An den oberen Stengelteilen, u. zw den Blüten von *Agrimonia procera* u. *A. eupatoria*. DDR, BRD, Polen, Niederlande, Türkei.
A. pelargonii agrimoniella HILLE RIS LAMBERS

f) Blaß gelb, stärker glänzend. Geflügelte im Gegensatz zu den übrigen Unterarten mit dunkelbraunem K u. Thorax, mit in großer Ausdehnung dunkelbraun pigmentierten F u. B u. mit dunkelbraunen SFlecken u. ebensolchen Querstreifen auf dem Hlb. BlattUS an *Primula vulgaris*, *P. veris* u. *P. kewensis*. Vermehrung ausschließlich parthenogenetisch, in Gewächshäusern manchmal schädlich. DDR, BRD, England, SSchweden.
A. pelargonii primulae (THEOBALD)

6 (4) Si so lg wie die Cauda, $^1/_8$ der KörperLg. F höchstens $^2/_3$ der KörperLg. Hellgelblichgrün bis grün. Oval. 2,1–2,8 mm. FSockel ziemlich niedrig. Körperanhänge fast farblos. An *Honckenya peploides*, am Stengel zw den fleischigen Blättern, auch an *Cakile maritima*. An der Küste in der Dünenregion. DDR u. BRD im N, Dänemark, England, Island. *Acyrthosiphon auctus* (WALKER)

6* Si deutlich länger als die Cauda. F mindestens KörperLg 7

7 Si dünn, ihr ∅ in der M etwas kleiner als der ∅ der M der HSchienen 8

7* Si schlank, aber ihr ∅ in der M mindestens so groß wie der ∅ der M der HSchienen 9

8 Si fast farblos, $^1/_5$–$^1/_4$ der KörperLg. F so lg wie der Körper od. wenig kürzer, fast farblos, nur die E der Gld 3, 4 u. 5 ganz schwach gedunkelt. B fast farblos. Gelblichgrün. 2,8–4,2 mm. Si $1^1/_2$mal so lg wie die Cauda. An *Euphorbia palustris* u. *E. esula*, Zweigspitzen u. BlattUS, die Blätter manchmal leicht kräuselnd. Eur, Türkei. *Acyrthosiphon euphorbiae* BÖRNER

8* Si gegen die Spitze ± leicht gebräunt, $^1/_4$ der KörperLg od. etwas länger. F $1^1/_5$–$1^3/_5$ der KörperLg. Spitzen der F u. der einzelnen FGld dunkelbraun.

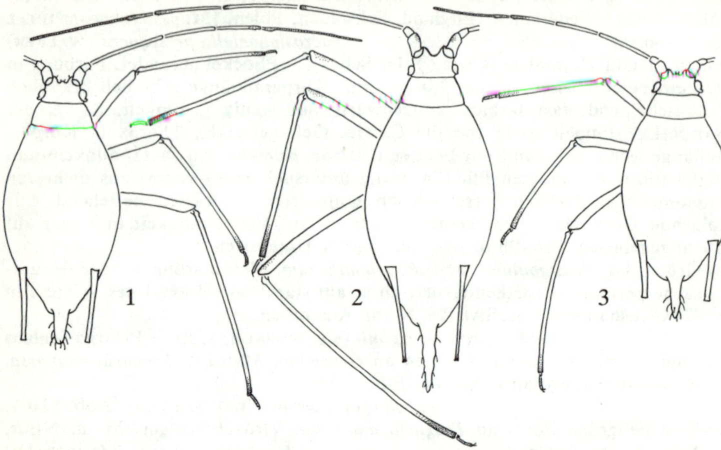

Abb. 120/1–3. **1** *Acyrthosiphon pelargonii geranii* (2–2,9 mm); **2** *Acyrthosiphon pisum* (3,3–5,1 mm); **3** *Acyrthosiphon loti* (2–3 mm).

B hell, Spitzen der Schenkel u. Schienen sowie die Tarsen dunkel. Grün, gelblichgrün od. rot, an *Lotus uliginosus* außerdem gelb. Spindelförmig, 3,3–5,1 mm. Si $1^1/_5$–$1^3/_5$mal so lg wie die Cauda. Geflügelte wie die Ungeflügelten gefärbt, aber F, B u. Si dunkler, außerdem K u. Thorax schwach hellbräunlich pigmentiert; Si der Geflügelten nur reichlich $^1/_5$ der KörperLg. An den oberen Stengelteilen u. Blütenständen von zahlreichen krautigen Schmetterlingsblütengewächsen, oft in sehr umfangreichen Kolonien, manchmal mit Schadwirkung, aber kaum Blattdeformationen verursachend. Ein Komplex von mehreren z. T. farblich verschiedenen Unterarten u. Rassen, von denen jede nur eine begrenzte Anzahl von Leguminosenarten befällt. Alle Formen besiedeln *Vicia faba* u. *Capsella bursa-pastoris*. Grüne u. rote Linien an *Trifolium pratense* u. *Medicago sativa*, gelbe an *Lotus uliginosus*. V. insgesamt weltweit.

Acyrthosiphon pisum (HARRIS) (Abb. **120**/2)

a) Rot u. grün. An *Onosis*. *A. pisum ononis* (KOCH)

b) Grün. An *Sarothamnus scoparius*. *A. pisum spartii* (KOCH)

c) Grün. An *Vicia villosa* u. *V. hirsuta* (W I) u. *Pisum sativum* (W II). *A. pisum destructor* (JOHNSON)

9 (7) Cauda $^1/_3$ der SiLg. Grün, die L sehr hell grün mit grünem Längsstrich auf dem Rücken. Seltener in einer rötlichen Form auftretend. 3,1–4,0 mm. F hell bräunlich, die Spitze u. die E der einzelnen Gld dunkler, $1^1/_3$ der KörperLg. Si schlauchförmig, hell, $^1/_3$ od. fast $^1/_3$ der KörperLg, mit stark gerandetem E. BE dunkelbraun, sonst B hell. An *Urtica*, hauptsächlich *U. dioica*, US der Blätter. Die sehr ähnlich aussehende aber seltenere *M. carnosum* (BUCKTON) scheint bevorzugt an *Urtica urens* vorzukommen. Eur.

Microlophium evansi (THEOBALD)

9* Cauda mindestens halb so lg wie die Si. Nicht an *Urtica* (nur *Macrosiphum euphorbiae* [THOMAS] könnte an *Urtica* gefunden werden) **10**

0 Si von der Basis bis zur Spitze wenig aber gleichmäßig verjüngt, $1^{1}/_{2}$mal so lg wie die Cauda **11**
0* Si im distalen Achtel etwas enger, doppelt so lg wie die Cauda **12**
1 An Schmetterlingsblütengewächsen
a) An *Lotus corniculatus* u. *L. uliginosus*. Virgines grün, seltener rot, 2,0–3,0 mm. F ± so lg wie der Körper, hellbraun, an der Spitze dunkel u., im Gegensatz zu der auch auf *Lotus* vorkommenden Art *Acyrthosiphon pisum* (HARRIS), die E der FGld nicht gedunkelt, F deshalb nicht dunkel geringelt. Si $^{1}/_{5}$–$^{1}/_{4}$ der KörperLg, hell, an der Spitze etwas gedunkelt. Geflügelte: K, Thorax u. Körperanhänge hellbraun, Cauda u. basale Teile der B hellgrün. M-, W- u. NEur, Türkei. *Acyrthosiphon loti* (THEOBALD) (Abb. **120**/3)
b) An *Caragana arborescens*, *Colutea* spp. u. *Hippocrepis comosa*, BlattUS, bei *Caragana* auch an grünen Fruchthülsen. Grün. 2,6–3,7 mm. Si $^{1}/_{4}$ bis fast $^{1}/_{3}$ der KörperLg, hellbraun, sonst der vorhergehenden Art ähnlich. England u. MEur bis Mongolei, Kanada.
Acyrthosiphon caraganae (CHOLODKOVSKY)
1* An anderen Pfl
a) An Spiräen (*Spiraea vanhouttei*, *S. arguta* u. *S. salicifolia*), oft sehr dichte Kolonien an den grünen Trieben. Hellgrün bis gelblichgrün, im Sommer auch grünlichgelb. 2,2–3,0 mm. F nur wenig länger als der Körper, hellbraun, gegen die Spitze allmählich etwas dunkler werdend. Si gelblich, $^{1}/_{4}$ bis reichlich $^{1}/_{4}$ der KörperLg. Geflügelte: Kaum pigmentiert, K u. Thorax gelblich. Me, Sa, SSchweden, OEur, Mongolei.
Acyrthosiphon ignotum MORDVILKO
b) An *Vaccinium uliginosum*, Triebspitzen u. BlattUS. Grün od. rot. 2,0–2,6 mm. F ± $1^{1}/_{10}$mal so lg wie der Körper. Körperanhänge mit Ausnahme der etwas gedunkelten F- u. BE hell. NW des Gebiets, Me, Polen, Schweden bis N, Rhön, ErzGeb, Schweiz. *Acyrthosiphon knechteli* (BÖRNER)
2 (**10**) Sehr hell grünlichweiß. *Daphne mezereum*, BlattUS, 3,3–3,9 mm. F $1^{1}/_{4}$ bis $1^{2}/_{5}$, Si $^{1}/_{3}$ der KörperLg. Körperanhänge bis auf die schwach gedunkelten B-, F- u. SiE farblos. Geflügelte: Grundfärbung hellgrün; K, F, Thorax, distales Drittel der Schenkel u. die BE braun. Si bis auf die helle Basis braun. W-, M- u. NEur. *Macrosiphum daphnidis* BÖRNER
2* Grün od. rötlich **13**
3 Ungeflügelte Im. stark glänzend. Untergattung *Illinoia* WILSON. Virgines nur in güner Färbung bekannt. 1,7–2,4 mm. F etwas länger als der Körper. Si $^{1}/_{4}$ der KörperLg. F-, B- u. SiE dunkel, sonst Körperanhänge ziemlich hell. *Galium*-Arten, an Trieben u. Blättern. WEur, England, Me, Polen, SSchweden.
Macrosiphum (*Illinoia*) *galiophagum* WIMHURST
3* Ungeflügelte Im. glanzlos od. höchstens schwach glänzend, grüne Formen mit dunkler grünem Längsstrich auf dem Rücken. Si $^{1}/_{4}$–$^{1}/_{3}$ der KörperLg **14**
4 SchenkelE der Ungeflügelten nicht auffallend gebräunt, Spitzen der Si heller als die BE. Körperanhänge der Ungeflügelten meist fast ohne Pigment u. wie der Körper gefärbt, nur die Tarsen, das 6. FGld, die Spitzen des 3., 4. u. 5. FGld u. manchmal die Spitzen der Si leicht gebräunt. Grün, seltener auch in einer roten Form auftretend. Länglich oval, 2,5–3,8 mm. F etwa $1^{1}/_{10}$ der KörperLg. Geflügelte mit gelblichem K u. Thorax u. nur wenig mehr als die Ungeflügelten pigmentiert. Polyphag, an zahlreichen PflArten, häufig an Kartoffel. In MEur Fortpflanzung in der Hauptsache permanent parthenogenetisch, deshalb nicht s während des Winters in Gewächshäusern, dabei bes. stark an Cinerarien

(„*Läuseprimel*") auftretend. Wichtiger Virusüberträger. Weltweit. [*M. solanifolii* ASHMEAD]

Macrosiphum euphorbiae (THOMAS) – **Grünstreifige Kartoffellaus** (Abb. **123**/1)

14* E der Schenkel, der Schienen u. der Si braun bis dunkelbraun. Spitzen der Si dunkel, manchmal fast schwarz u. ebenso dunkel wie die BE.

a) An *Filipendula ulmaria*, Sproßspitzen. Grün, selten rötlich. Breit spindelförmig. 3,6–4,0 mm. F so lg wie der Körper, braun. Geflügelte: K u. Thorax braun, F schwarz, B u. Si bis auf die helle Basis braun bis dunkelbraun. Island, Eur, Türkei, WAs. *Macrosiphum cholodkovskyi* (MORDVILKO)

b) An *Geum-* u. *Chaerophyllum-*Arten u. *Anthriscus sylvestris*, BlattUS od. obere Stengelteile. Im Frühj grün, später grün od. rötlichviolett mit grünem Querstreifen an der Ansatzstelle der Si. Spindelförmig, meist schlank. 3,3–4,9 mm. F $1^1/_{10}$–$1^1/_4$mal so lg wie der Körper, meist die distalen $^3/_5$ gebräunt. Pigmentierungsgrad der Geflügelten ähnlich wie bei der vorhergehenden Art. Eur. *Macrosiphum gei* (KOCH) (Abb. **123**/2)

c) An *Stellaria holostea*, *Dianthus*, *Valeriana officinalis*, *Papaver* u. anderen Pfl, WirtsPfl z. T. mit *M. euphorbiae* gemeinsam, aber nicht an Kartoffel. Im Frühj grün, später grün od. ziemlich dunkel violettrot bis violettbräunlich u. mit grünem Querstreifen an der Ansatzstelle der Si. Spindelförmig, 2,3 bis 4,3 mm. F so lg bis $1^1/_3$mal so lg wie der Körper. England, Dänemark, Me, Masuren. Wohl weiter v, wurde bis vor kurzem nicht von *M. euphorbiae* unterschieden. *Macrosiphum stellariae* THEOBALD

15 **(1)** Cauda nur wenig kürzer als die Si **16**

15* Cauda etwa halb so lg wie die Si **17**

16 F 1,0–1,2mal so lg wie der Körper, schwarz. Gelblichgrün bis grün, mit schwarzem K. 2,2–3,3 mm. Si $^1/_5$ der KörperLg, schwarz, oft mit heller Basis, ziemlich dünn, kaum länger als die helle Cauda. B in großer Ausdehnung dunkel. An *Euphorbia cyparissias* u. *E. esula*, BlattUS. Eur, Türkei.
Acyrthosiphon cyparissiae (KOCH)

16* F $^4/_5$–$^9/_{10}$ der KörperLg, zum mindesten das 3. Gld heller u. braun. Gelblichgrün, grün, rot, rotbraun bis fast schwarz mit allen Übergängen, Rücken meist in versch. großem Ausmaß u. häufig ziemlich dunkel pigmentiert. Breit spindelförmig, 1,9–3,3 mm. Si $^1/_6$ der KörperLg, schwarz, mit verbreiterter Basis. B bräunlichgelb, ein versch. großer distaler Teil der Schenkel u. die BE braun bis dunkelbraun. Geflügelte: K u. Thorax dunkelbraun, F, Si u. der größte Teil der Schenkel u. die BE schwarz. Hlb mit braunen SFlecken u. in der M sehr breit unterbrochenen Querstrichen; Cauda hell. Ohne Ww an zahlreichen Gräsern, häufig an den grünen Ähren von Roggen u. Weizen, im Sommer auch an *Typha latifolia*, *Triglochin*, *Iris*, *Spergula arvensis* u. *Capsella bursa-pastoris*. Weltweit.
Macrosiphum (*Sitobion*) *avenae* (F.) – **Getreidelaus** (Abb. **117**/3, **124**/2)

17 **(15)** SchenkelE der ungeflügelten Im. höchstens nur schwach gedunkelt. B hell bräunlichgelb, nur die E der Schienen u. die Tarsen schwarz. Gelblichgrün bis grasgrün (W I) od. grün bis schmutzig grün, s rötlich (W II), glänzend, oval bis spindelförmig. 3,0–3,5 mm (W I) od. etwa 2 mm (W II). Rücken s durch Pigment gedunkelt. Si an W I oft hellbraun, manchmal mit dunklerer Spitze, an W II schwarz, $^1/_4$ bis reichlich $^1/_4$ der KörperLg. F an W I wenig kürzer als der Körper u. gelblich mit gedunkeltem E, an W II wenig länger als der Körper u. meist vollkommen schwarz. Pigmentierung der Geflügelten wie bei der vorhergehenden Art, bei den herbstlichen Geflügelten auf dem HlbRücken

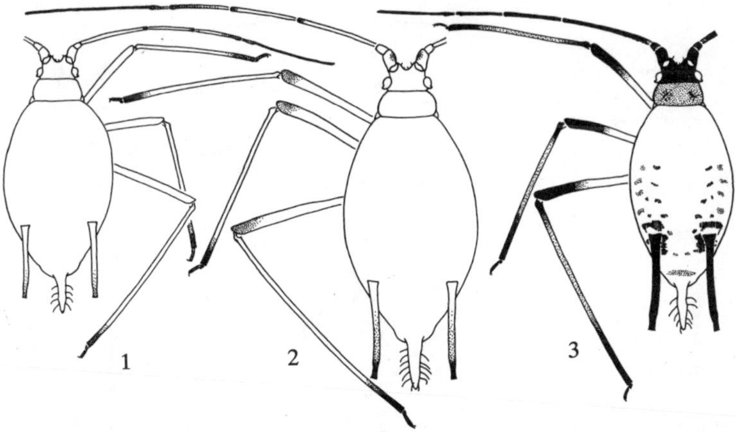

Abb. **123/1–3.** **1** *Macrosiphum euphorbiae* (2,5–3,8 mm); **2** *Macrosiphum gei* (3,3 bis 4,9 mm); **3** *Macrosiphum rosae* von W II (2,8–4,1 mm).

häufig zusammenhängende unregelmäßige Querbänder. Ww. W I: Brombeeren u. Rosen, im Frühj in dichten Kolonien an den grünen Trieben, bei starkem Befall die Blätter etwas wölbend, seltener an *Fragaria*. W II: Zahlreiche Süßgräser, im Gegensatz zu der vorhergehenden Art anscheinend mehr an feuchteren u. etwas schattigen Stellen. Auch an *Carex silvatica* u. *Typha latifolia*. Eur, Kanada.

Macrosiphum (*Sitobion*) *fragariae* (WALKER) (Abb. **117/4, 124/**1)

17* SchenkelE der ungeflügelten Im. dunkelbraun bis schwarz, ebenso dunkel wie die BE **18**

18 Unmittelbar vor der Ansatzstelle der Si meist ein bogenförmiger brauner bis schwarzer Pigmentfleck, ein ebenso gefärbter großer Fleck von unregelmäßiger Form unmittelbar hinter den Si. Schenkel distal mindestens in $^{1}/_{4}$ der Lg dunkelbraun bis schwarz. Grün od. rotbraun. Spindelförmig, 2,8–4,1 mm. K dunkelbraun bis schwarz. Pronotum meist braun. F so lg od. wenig länger als der Körper, in größerer Ausdehnung schwarz. Si $^{1}/_{3}$ der KörperLg, schwarz, manchmal braun, oft nach außen gebogen, etwas mehr als doppelt so lg wie die helle Cauda. Geflügelte: K, Thorax, Si, in großer Ausdehnung die B u. seitliche Flecke des HlbRückens schwarz. Mit Ww. W I: *Rosa*, Triebspitzen, oft noch im Spätsommer mit Massenauftreten. W II: *Dipsacaceae* u. *Valerianaceae*, bes. *Knautia*, *Succisa* u. *Valeriana*. Weltweit.

Macrosiphum rosae (L.) – **Große Rosenblattlaus** (Abb. **123**/3)

18* An der Si-Ansatzstelle bei den Ungeflügelten keine braunen Flecke, höchstens bei der an Brombeeren (*Rubus*) lebenden Art manchmal vor den Si ein blaß bräunlicher Fleck. Schenkel der Ungeflügelten nur an der Spitze braun od. schwarz **19**

19 An Brombeeren, Triebspitzen. Grün od. rot bis dunkelbraun, glänzend. 3,0 bis 4,2 mm. F 1–1$^{1}/_{5}$ der KörperLg. Gld 3 u. 4 hellbraun mit dunkler Spitze, sonst F schwarz. Si $^{1}/_{3}$ der KörperLg, schwarz od. braun mit hellerer Basis, mehr als

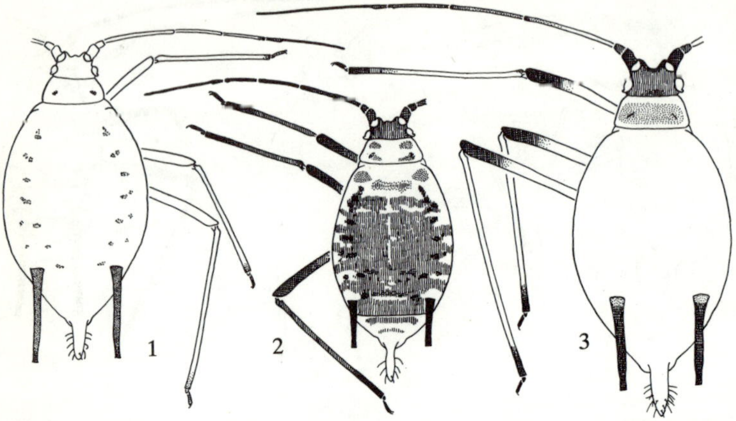

Abb. **124**/1–3. **1** *Macrosiphum* (*Sitobion*) *fragariae* von W I (2–3,5 mm); **2** *Macrosiphum* (*Sitobion*) *avenae* (1,9–3,3 mm); **3** *Macrosiphum trollii* (3–4,3 mm).

doppelt so lg wie die helle Cauda. Geflügelte: K u. Thorax dunkelbraun, F u. Si dunkelbraun bis schwarz, B hellbraun, Schenkel- u. BE schwarz. Eur. *Macrosiphum funestum* (MACCHIATI)

19* An *Trollius*-Arten. Hell gelblichgrün, Oberfläche der ungeflügelten Im. glanzlos. 3,0–4,3 mm. K braun. F nur wenig länger als der Körper, bis $1^1/_{10}$ der KörperLg. FBasis, FGldE u. FSpitze sowie SchenkelE u. BE dunkelbraun, sonst Grundfärbung der B u. F sehr hell. Si $^2/_7$ der KörperLg, braun, manchmal mit hellerer Basis, doppelt so lg wie die helle Cauda. Schweiz, DDR, BRD, Schweden. *Macrosiphum trollii* BÖRNER (Abb. **124**/3)

Gattung *Metopolophium* MORDVILKO

Mittelgroß, länglichoval, meist grün bis sehr hell u. ohne Wachspuder. Geflügelte: K u. Thorax gelblichbraun bis dunkelbraun, HlbRücken ohne od. mit Pigmentzeichnung, Si ziemlich hell. An Gräsern werden die Blätter besiedelt. 5 Arten.

1 F an den E der Gld 3, 4 u. 5 sowie an der Spitze etwas gedunkelt, sonst hellgrün. Rücken mit grünem MStreifen. Si $^1/_7$–$^1/_5$ der KörperLg. – Grün (W I) u. bleich grünlich bis hell gelblichgrün (W II). 1,9–2,8 mm, an W I bis 3,1 mm. F $^3/_4$–$^5/_6$ der KörperLg. Cauda etwas mehr als halb so lg wie die Si. K u. Thorax der Geflügelten im Frühj u. Sommer gelblichbraun bis hellbraun, im Herbst dunkler braun. Mit Ww. W I: *Rosa*, im Frühj an den Triebspitzen manchmal in großen Massen. W II: zahlreiche Gräser, häufig an *Avena sativa*. Holarkt. *M. dirhodum* (WALKER) – **Bleiche Getreidelaus** (Abb. **125**/1)

1* E der einzelnen FGld nicht dunkler. Rücken ohne grünen MStreifen. Si $^1/_5$–$^1/_4$ der KörperLg. Nicht an *Rosa* **2**

2 F braun u. ziemlich dunkel, gegen die Spitze allmählich sehr dunkel werdend, $^3/_4$–$^4/_5$ der KörperLg. Grün bis gelblichgrün od. rot. 2,0–2,9 mm. Geflügelte:

K u. Thorax sehr dunkel braun, HlbRücken mit SFlecken u. braunen Querbändern. Ohne Ww an zahlreichen Süßgräsern. Im NW des Gebietes mitunter Schadauftreten in Wiesen u. Weiden. Scheint zur parthenogenetischen Überw befähigt zu sein. Argentinien, Azoren, Färöer, Island, WEur bis Me.
M. festucae (THEOBALD)

2* F sehr hell bräunlich, nur an der Spitze gedunkelt, ± so lg wie der Körper, Weißlichgelb bis gelblichgrün. 1,9–2,7 mm. Geflügelte: hell grünlichgelb, nur am Thorax hell bräunlich. Ohne Ww an *Arrhenatherum elatius*. WEur, England, DDR, BRD, SSchweden, Polen. *M. albidum* HILLE RIS LAMBERS

Gattung *Nasonovia* MORDVILKO

1 HlbRücken der ungeflügelten Im. bis mindestens zu den Si einheitlich dunkel pigmentiert 2

1* Rücken der ungeflügelten Im. unpigmentiert od. nur in der M braungrau gedunkelt od. mit segmentaler Fleckenzeichnung 3

2 B u. F dunkelbraun. Si $^1/_6$ der KörperLg. Untergattung *Neokakimia* DONCASTER u. STROYAN. – Grundfärbung grün, oft rötlich fleckig. 1,5–2,1 mm. An *Sedum*, *Sempervivum* u. *Saxifraga aizoon*, bes. in den Blütenständen. England, Alpen. *N.* (*Neokakimia*) *dasyphylli* STROYAN

2* B u. F hell bräunlich, nur die Spitzen der FGld u. der Schenkel u. die BE gedunkelt. Si $^1/_6$–$^1/_5$ der KörperLg. – Grundfärbung grün od. hellgrün. 1,8–2,3 mm. An *Hieracium*, bes. *H. silvaticum*, auf der OS von eng nach oben gerollten Blättern, auch am Stengel. MEur, Niederlande, England, S- u. MSchweden.
N. nigra (HILLE RIS LAMBERS)

3 (1) Cauda länger als der Abstand zw den FWurzeln. Si $^1/_5$ der KörperLg. Rücken der Ungeflügelten sehr oft seitlich mit je 1 Reihe segmental angeordneter brauner Flecke. Grundfärbung an W I grün, an W II gelb, grün, rötlich od. bräunlich. 1,8–3,0 mm. Ww. W I: *Ribes*, bes. *R. alpinum*, *R. nigrum*, *R. uva-crispa*, Blätter nur schwach wölbend. W II: *Hieracium*, *Crepis*, *Cichorium inty-*

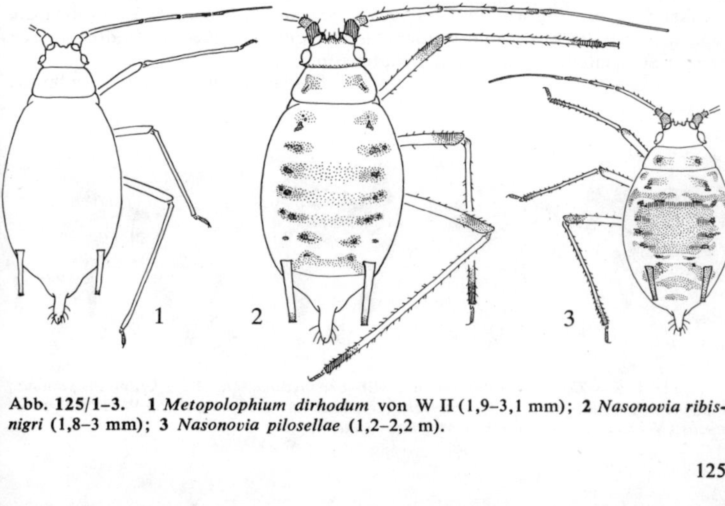

Abb. **125/1–3.** **1** *Metopolophium dirhodum* von W II (1,9–3,1 mm); **2** *Nasonovia ribisnigri* (1,8–3 mm); **3** *Nasonovia pilosellae* (1,2–2,2 m).

bus, *Lapsana communis* u. a. Korbblütengewächse mit Zungenblüten, außerdem *Veronica* u. *Euphrasia*. Eur, NAm, Argentinien.

N. ribis-nigri (MOSLEY) (Abb. **117/5-6,125/2**)

3* Cauda so lg wie der Abstand zw den FWurzeln. Si $^1/_6$ der KörperLg. Rücken der Ungeflügelten unpigmentiert od. in der M versch. stark braungrau gedunkelt. – Grün, 1,2–2,2 mm. Ohne Ww an *Hieracium pilosella* u. *H. aurantiacum*, die Blätter längs nach oben einrollend. Eur.

N. pilosellae (BÖRNER) (Abb. **125/3**)

Gattung *Hyperomyzus* BÖRNER

Mittelgroß, oval, mit geschwollenen Si. F wenig kürzer bis wenig länger als der Körper. Geflügelte mit dunkler u. ausgedehnter Pigmentierung, deshalb bei *Hyperomyzus* s. str. sehr von den Ungeflügelten versch. Kein Ameisenbesuch. Meist Ww zw. *Ribes* u. einigen Korbblütengewächsen od. ohne Ww an einigen Korbblütengewächsen. 8 Arten. – An *Euphrasia* leben die gelblichgrünen Arten *H. boerneri* PREVOST (MEur) ohne Ww u. *H. sobrinus* F. P. MÜLLER (Me) mit Ww zu *Ribes alpinum*.

1 OS der ungeflügelten Im. unpigmentiert od. mit einigen dunklen Flecken, höchstens ein begrenzter Bezirk vor den Si schwach gedunkelt. F hell, nur die Spitzen u. die E der Gld 3, 4 u. 5 dunkel. Cauda hell 2

1* OS der ungeflügelten Im. in großer Ausdehnung dunkelbraun bis schwarz pigmentiert, F schwarz, höchstens die Basis des 3. Gld heller. Untergattungen *Hyperomyzella* HILLE RIS LAMBERS u. *Neonasonovia* HILLE RIS LAMBERS z. T. . . 5

2 Ungeflügelte u. L auf W II bzw. *Asteraceae* mit matter Oberfläche u. leicht bebereift erscheinend. Rücken der ungeflügelten Im. fast immer ohne Pigment. HlbRücken der Geflügelten mit trapezförmigen, nach vorn breitem, schwarzem MFleck. *Hyperomyzus* s. str. 3

2* Ungeflügelte u. L immer glänzend. HlbRücken der Geflügelten mit schwarzen Querbändern od. Punkten. – Grün. 1,9–2,6 mm. Rücken der ungeflügelten Im. an W I ohne Pigment, an W II höchstens schwach braungrau u./od. mit dunklen Flecken. F fast so lg wie der Körper. Si hell (W I) bis braun (W II), $1^1/_2$ bis fast doppelt so lg wie die Cauda. Ww von *Ribes alpinum* (W I), an dem die jungen Blätter leicht gewölbt werden, zu *Picris hieracioides* (W II), dort an den oberen Stengelteilen unterhalb der Blütenköpfe. Eur.

H. (*Neonasonovia*) *picridis* (BÖRNER)

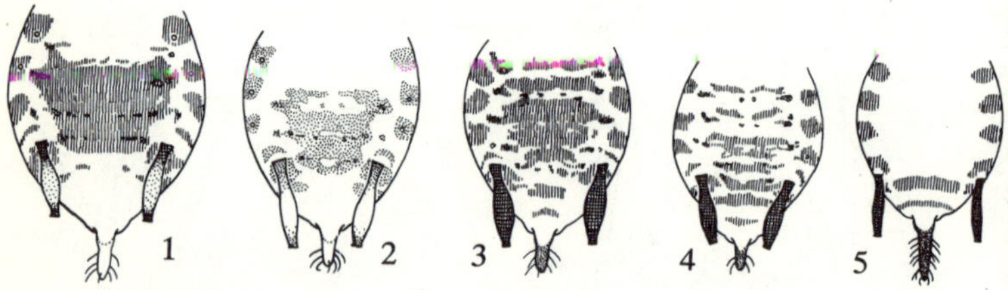

Abb. **126/1–5.** Zeichnung der OS des Hlb bei Geflügelten: **1** *Hyperomyzus pallidus*; **2** *Hyperomyzus lactucae*; **3** *Hyperomyzus* (*Hyperomyzella*) *rhinanthi* von W II; **4** *Hyperomyzus* (*Neonasonovia*) *hieracii*; **5** *Megoura viciae*.

3 Spitzen der Schenkel der ungeflügelten Im. dunkel, ebenso dunkel wie die E der FGld, sonst B farblos. – Weiß od. fast weiß. 2,5–3,5 mm. F 1–1$^1/_{10}$mal so lg wie der Körper. Si $^1/_5$ der KörperLg, stark geschwollen, farblos, mit dunkler Spitze, 1$^1/_2$–2mal so lg wie die Cauda. Ohne Ww an *Lapsana communis*, obere Stengelteile u. US der Blätter, diese höchstens schwach wölbend. Eur.
H. lampsanae (BÖRNER)

3* B der Ungeflügelten farblos bis sehr hell bräunlichgelb, SchenkelE nicht gedunkelt. Si 1$^1/_2$mal so lg wie die Cauda **4**

4 Grünlichgelb (W I) od. gelblichweiß (W II). MFleck auf dem HlbRücken der Geflügelten kompakt u. groß. 2,4–3,1 mm. F so lg wie der Körper od. wenig kürzer. Si reichlich $^1/_6$ der KörperLg, farblos, mit gedunkelter Spitze. Grundfärbung der Geflügelten hellgrün. Ww. W I: *Ribes uva-crispa*, Triebspitzen u. US junger Blätter; die Blätter werden schirmartig gewölbt u. leicht gelblich. W II: *Sonchus arvensis*, in dichten Kolonien an der US der unteren Blätter. Eur, NAm. *H. pallidus* HILLE RIS LAMBERS (Abb. **126**/1)

4* Grasgrün od. graugrün bis gelblichgrün. MFleck auf dem HlbRücken der Geflügelten perforiert u. manchmal in zusammenfließende Flecke aufgelöst. 2,5–3,1 mm. F ± $^9/_{10}$ der KörperLg, Si $^1/_6$–$^1/_5$ der KörperLg, farblos bis bräunlichgelb. Grundfärbung der Geflügelten grün. Ww. W. I: *Ribes nigrum*, Triebspitzen u. US junger Blätter, die Triebspitzen werden schwach gestaucht, die jungen Blätter leicht gewölbt od. gerollt u. leicht gelblich. W II: *Sonchus*, bes. *S. oleraceus* u. *S. asper*, auch an *Leontodon autumnalis* u. *Lactuca sativa*, an u. unmittelbar unter den Blütenköpfen. Holarkt, SAm, Australien.
H. lactucae (L.) (Abb. **126**/2, **127**/1)

5 (**1**) Pigmentierung des Hlb der ungeflügelten Im. besteht aus großen schwarzen SFlecken (diese bei der Fundatrix fehlend) u. aus einem großen zentralen Fleck. B bis auf die helleren Schenkelbasen schwarz. Grundfärbung grün. Glänzend.

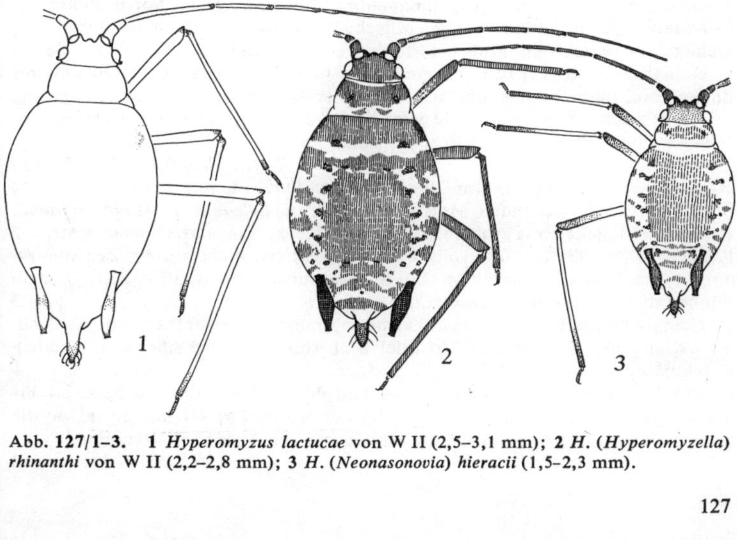

Abb. **127/1–3.** **1** *Hyperomyzus lactucae* von W II (2,5–3,1 mm); **2** *H.* (*Hyperomyzella*) *rhinanthi* von W II (2,2–2,8 mm); **3** *H.* (*Neonasonovia*) *hieracii* (1,5–2,3 mm).

Oval. 2,2–2,8 mm. F etwa so lg wie der Körper, bis auf die hellere Basis des 3. Gld schwarz. Si schwarz, $^1/_5$ der KörperLg, $1^2/_3$–2mal so lg wie die schwarze Cauda. Bei den Geflügelten besteht die Pigmentzeichnung der M des Hlb-Rückens aus breiten Querbändern, die zu einem großen perforierten Fleck zusammenfließen können. Ww. W I: *Ribes rubrum*, im Frühj Blattnester bildend. W II: *Rhinanthus serotinus*, innerhalb der Blütenkelche. Eur, Island.

H. (*Hypercmyzella*) *rhinanthi* (SCHOUTEDEN) (Abb. **126**/3, **127**/2)

5* Hlb der ungeflügelten Im. mit nur kleinen hellbraunen SFlecken u. großem dunkelbraunem MFleck. B hellbraun, nur SchenkelE u. BE dunkel. Grundfärbung weinrot. Breit spindelförmig, gewölbt. 1,5–2,3 mm. F 1–$1^1/_{10}$ mal so lg wie der Körper, schwarz. Si dunkelbraun, $^1/_5$ der KörperLg, doppelt so lg wie die dunkelbraune Cauda. Zeichnung des HlbRückens der Geflügelten: unregelmäßige, manchmal unterbrochene Querbänder. Ohne Ww an *Hieracium sabaudum* u. *H. umbellatum*, an der US der leicht gewölbten jungen Blätter, bei blühenden Pfl am Stengel. Österreich, MEur, England.

H. (*Neonasonovia*) *hieracii* (BÖRNER) (Abb. **126**/4, **127**/3)

Gattung *Rhopalosiphoninus* BAKER

Mittelgroß, oval, meist stark gewölbt, glänzend. Si sehr stark geschwollen, Schwellung meist bes. dadurch deutlich, daß die stielförmige Basis der Si verhältnismäßig dünn ist. Cauda dreieckig u. ziemlich kurz. F wenig kürzer bis deutlich länger als der Körper. Geflügelte stark pigmentiert. Kein Ameisenbesuch. An dunklen, feuchten Stellen, an bodennahen od. unterirdischen Pfl-Teilen. Ausnahmen sind die an W I (*Staphylea*) lebenden Morphen von *R. staphyleae* (KOCH) u. die nicht mit in den Schlüssel aufgenommene braun gefärbte Art *R. ribesinus* (VAN DER GOOT) (England, Niederlande, N der BRD, Me, Baltische Sowjetrepubliken, S- u. MSchweden), welche an den verholzten Trieben von *Ribes rubrum* u. *R. nigrum* saugt.

1 Rücken der ungeflügelten Im. unpigmentiert, nur unmittelbar vor u. hinter der Si-Ansatzstelle je 1 dunkler Pigmentfleck. Pigmentierung des HlbRückens der Geflügelten besteht aus großen SFlecken u. Querbändern in der Höhe der Si u. caudalwärts. Untergattung *Submegoura* HILLE RIS LAMBERS. – Olivgrau bis dunkelgraubraun. 2,0–2,8 mm. F bis $1^1/_4$ der KörperLg. Si $^1/_5$ der KörperLg, schwarz, reichlich doppelt so lg wie die bräunliche Cauda. *Vicia cracca*, am Stengel unmittelbar über der Erdoberfläche. Eur.

R. (S.) heikinheimoi (BÖRNER)

1* Rücken der ungeflügelten Im. dunkel pigmentiert od. mit Pigmentzeichnung (die an *Staphylea* lebenden Morphen von *R. staphyleae* z. T. ausgenommen). Hlb der Geflügelten mit großem, dorsalem MFleck. *Rhopalosiphoninus* s. str. **2**

2 Rücken vollständig od. fast vollständig pigmentiert, nicht auf ein Zeichnungsmuster beschränkt. Schwellung der Si gegenüber dem dünnen Stiel u. dem dünnen distalen E stark abgesetzt **3**

2* Rückenpigmentierung auf ein Zeichnungsmuster beschränkt od. fehlend. Schwellung der Si allmählich in Stiel u. EAbschnitt übergehend u. ziemlich gleichmäßig gerundet **4**

3 Grundfärbung braun. Si bei Im. etwa von der Färbung des Körpers. 2,1 bis 3,0 mm. F ± $^9/_{10}$ der KörperLg. Si $^2/_7$ der KörperLg, $4^1/_2$mal so lg wie die dunkle Cauda. *Caltha palustris*, an der US bes. der älteren Blätter. Eur.

R. calthae (KOCH)

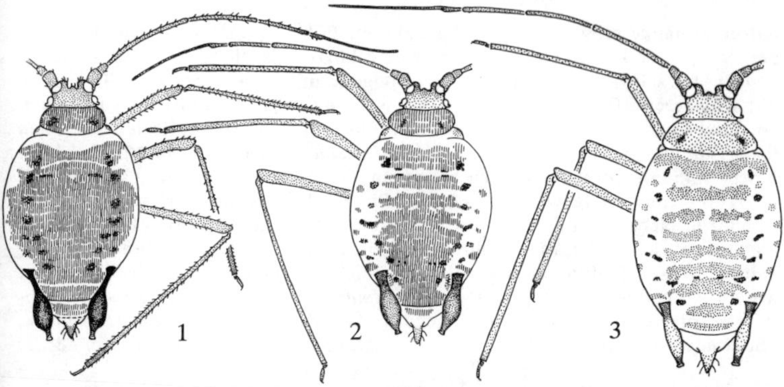

Abb. **129**/1–3. **1** *Rhopalosiphoninus latysiphon* (1,7–2,4 mm); **2** *Rhopalosiphoninus tulipaellus* (1,7–2,3 mm); **3** *Rhopalosiphoninus staphyleae*, anholozyklische Form (1,8 bis 2,9 mm).

3* Grundfärbung grün. Si dunkler als der Körper. 1,7–2,4 mm. F etwa 1¹/₄mal so lg wie der Körper. Si reichlich ¹/₄ der KörperLg, 3–4mal so lg wie die Cauda. Hauptsächlich in Kellern, dort an keimenden Kartoffeln (*Solanum tuberosum*), *Apium graveolens*, *Daucus* u. *Scorzonera* sowie an Zucker-, Futter- u. Roter Rübe (*Beta vulgaris*) oft in sehr dichten Kolonien. An keimenden Kartoffeln in Kellern, gelegentlich auch in Mieten, erhebliche Schäden verursachend. Manchmal an dunklen Stellen in Gewächshäusern, z. B. an Chrysanthemen. Im Freien s u. dann die Stolonen von Kartoffelstauden, bes. in schweren Böden mit Trockenrissen, besiedelnd. Fortpflanzung ausschließlich parthenogenetisch. Aus NAm eingeschleppt. NAm, England, W- u. MEur, Indien, Australien, Argentinien. *R. latysiphon* (DAVIDSON) – **Kellerlaus** (Abb. **129**/1)

4 **(2)** OS der ungeflügelten Im. mit breiten braunen Querbändern, die in der M des Hlb zu einem Fleck verschmelzen. Grundfärbung dunkel olivgrün bis dunkel olivbraun, an der Ansatzstelle der Si je 1 orangebrauner Fleck. 1,7 bis 2,3 mm. F bis 1¹/₄ der KörperLg. Si an Basis u. Spitze dunkelbraun, in der Anschwellung heller, ¹/₄ der KörperLg, 3mal so lg wie die braune Cauda. An den unterirdischen Teilen von *Glechoma*, *Lamium*, *Rumex* u. a. Pfl; läßt sich gut an Tulpenkeimen züchten. In der westl. BRD u. WEur sehr häufig in Rübenmieten. Vermehrung in der Hauptsache permanent parthenogenetisch. Wichtiger Überträger des Rübenvergilbungsvirus. England, W- u. MEur. *R. tulipaellus* (THEOBALD) – **Mietenlaus** (Abb. **129**/2)

4* OS der ungeflügelten Im. mit kurzen, oft schmalen, voneinander getrennten grauen Querbändern od. ohne Pigmentierung. Grundfärbung an W I hellgelb, später hellgrün, sonst grün bis olivfarbig. 1,8–2,9 mm. F, Si u. Cauda wie bei vor. Art. Ww. W I: *Staphylea*, die Blätter werden gewölbt u. gelbfleckig. W II: *Liliaceae*, läßt sich auch auf *Viola* u. *Beta*-Rüben züchten. Eine anholozyklisch lebende Form gelegentlich an gelagerten Zwiebeln von Tulpen u. Hyazinthen. England, W- u. MEur, Ostafrika, Australien. *R. staphyleae* (KOCH) (Abb. **129**/3)

Gattung *Megoura* BUCKTON

1 Körperanhänge schwarz. Grün. 3,5–5,0 mm. F $1–1^1/_{10}$mal so lg wie der Körper. Si $^1/_7$ der KörperLg, so lg od. wenig kürzer als die Cauda. Vor u. hinter den Si je 1 schwarzer Pigmentfleck. Geflügelte mit schwarzem K u. Thorax u. mit schwarzen SFlecken am Hlb. *Vicia-* u. *Lathyrus*-Arten, in dichten Kolonien an Triebspitzen u. oberen Stengelteilen. Mitunter Massenauftreten an *Vicia faba*. Eur, NAm. *M. viciae* BUCKTON (Abb. **126/5, 130/1**)

1* Körperanhänge im wesentlichen hellbraun. Grün bis gelblichgrün, 3,0–4,4 mm. F $^4/_5–1^1/_{10}$mal so lg wie der Körper. Si $^1/_{10}–^1/_8$ der KörperLg, $^2/_3–^3/_4$ der CaudaLg. Neben den Si keine od. höchstens sehr helle, blaßbräunliche Flecke. Geflügelte: K u. Thorax hellbraun, übriger Thorax, die distalen Schenkelhälften, BE u. F dunkler braun, Hlb seitlich mit hellbraunen Flecken, sonst wie die Ungeflügelten. An *Lathyrus maritimus*, an noch nicht entfalteten Triebspitzen, oft von Nebenblättern eingehüllt. An den Küsten von Me, Dänemark, SSchweden u. Polen. *M. litoralis* F. P. MÜLLER (Abb. **130**/2)

Gattung *Amphorophora* BUCKTON

Ziemlich groß, glänzend, mit lg, deutlich geschwollenen Si. Si meist $^1/_4$ der KörperLg u. reichlich doppelt so lg wie die Cauda. F immer länger als der Körper. Geflügelte in Färbung u. Pigmentierung wenig von den Ungeflügelten verschieden, niemals mit zentralem Rückenfleck auf dem Hlb. Kein Ameisenbesuch.

1 Vor u. hinter der Ansatzstelle der Si je ein dunkler Pigmentfleck. Auch bei den Ungeflügelten K u. Pronotum dunkelbraun u. Si u. SchenkelE schwarz. Untergattung *Amphorosiphon* HILLE RIS LAMBERS. – Grün, spindelförmig. 3,2 bis 4,0 mm. An *Pulmonaria officinalis*, wohl auch an anderen *Pulmonaria*-Arten. BlattUS. Eur. *A.* (*A.*) *pulmonariae* (BÖRNER)

1* Ansatzstelle der Si ohne Pigmentflecke. Bei den Ungeflügelten K u. Pronotum in Färbung ähnlich dem übrigen Körper u. Si u. SchenkelE nicht auffallend

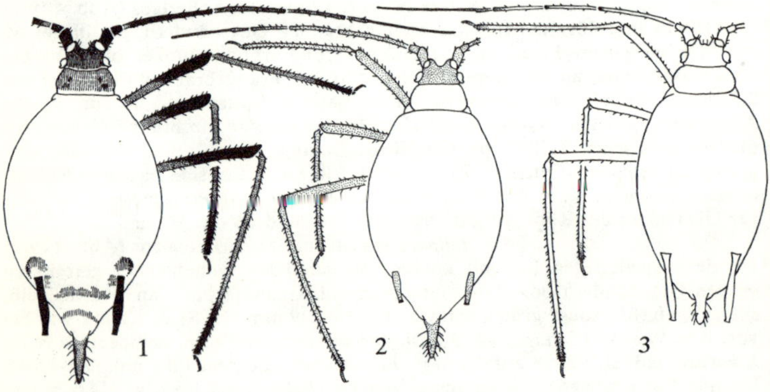

Abb. **130/1–3.** **1** *Megoura viciae* (3,5–5 mm); **2** *Megoura litoralis* (3–4,4 mm); **3** *Amphorophora rubi* (2,5–4,5 mm).

gedunkelt, höchstens die Si an der Spitze u. die E der Schenkel des 3. BPaares etwas dunkel. *Amphorophora* s. str. **2**

2 Distales SchienenE schwarz, ebenso dunkel wie die Tarsen. An *Athyrium filix-femina* u. a. Farnen, BlattUS. – Grün. 3,0–4,0 mm. Eur, NAm.
A. ampullata BUCKTON

2* Distales SchienenE höchstens braun. Nicht an Farnen **3**

3 SchienenE ebenso dunkel wie die Tarsen. Sehr hell grün od. gelblichgrün bis grün. Schlank spindelförmig. 2,5–4,5 mm. An *Rubus*, Triebspitzen u. BlattUS. Holarkt. *A. rubi* (KALTENBACH) (Abb. **130**/3)

3* Tarsen in der Regel dunkler als die SchienenE. L gelblichweiß, Im. hellgrün bis grün. Oval. 2,2–3,9 mm. Si $^1/_5$ bis $^1/_4$ der KörperLg, $2^1/_2$mal so lg wie die Cauda. An *Geum*, BlattUS. DDR, BRD, Niederlande, England, Schweden bis N, Polen, SOEur. *A. gei* (BÖRNER)

Gattung *Cryptomyzus* OESTLUND

Glänzend, Ungeflügelte sehr hell u. oft durchscheinend. 6 Arten.

1 Si mindestens $^1/_5$ der KörperLg. Cauda höchstens $^1/_4$ der SiLg, kürzer als der Abstand zw den FBasen **2**

1* Si höchstens $^1/_7$ der KörperLg. Cauda mindestens halb so lg wie die Si u. so lg wie der Abstand zw den FBasen **3**

2 Si etwa $^1/_5$ der KörperLg, schlank zylindrisch, höchstens sehr schwach u. undeutlich keulig. 1,6–2,3 mm. Grünlichweiß durchscheinend bis bleich gelblich, mit grünem Strich auf dem Rücken. Ww. W I: *Ribes rubrum*, BlattUS, Teile der Blattspreite blasenförmig nach oben wölbend u. leuchtend rot, manchmal gelblich verfärbend. W II: *Stachys*. Holarkt, Blugarien, Türkei.
C. ribis (L.) – **Johannisbeerblasenlaus** (Abb. **131**/1)

2* Si etwa $^1/_4$ der KörperLg, leicht keulenförmig. 1,3–2,2 mm. An W I orange bis rötlich u. ohne grüne Linie od. Punkte, an W II weißlichgrün mit segmentalen grünen Punkten. Ww. W I: *Ribes alpinum*, US der jungen Blätter, diese stark nach oben wölbend u. rotfleckig verfärbend. W II: *Stachys sylvatica*, vielleicht gelegentlich auch *Lamium*. MEur.
C. korschelti BÖRNER (Abb. **131**/2, **132**/1)

3 (**1**) Si $^1/_7$ der KörperLg, leicht keulenförmig. Cauda halb so lg wie die Si. Grünlichweiß, oft mit grünem Längsstrich, an W II fast weiß. 1,9–2,7 mm. Ww. W I: *Ribes*, bes. *R. nigrum*, ohne Deformationen. W II: *Galeopsis*, gelegentlich *Lamium* u. *Glechoma hederacea*. M- u. NEur, England, Island.
C. galeopsidis (KALTENBACH) (Abb. **131**/3–4, **132**/2)

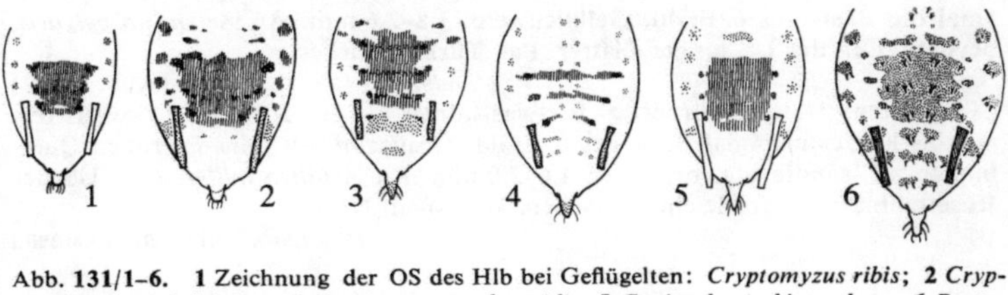

Abb. **131**/1–6. **1** Zeichnung der OS des Hlb bei Geflügelten: *Cryptomyzus ribis*; **2** *Cryptomyzus korschelti*; **3** u. **4** *Cryptomyzus galeopsidis*; **5** *Capitophorus hippophaes*; **6** *Pentatrichopus tetrarhodus*.

3* Si etwa $^1/_{10}$ der KörperLg, keulenförmig. Cauda so lg od. fast so lg wie die Si. 1,6–2,5 mm. Ohne Ww an *Lamium album*, *L. maculatum* u. *Ballota nigra*, US der untersten Blätter, manchmal zw den Blüten. England, Niederlande, DDR, BRD, SSchweden, Polen. *C. alboapicalis* (THEOBALD)

Gattung *Pleotrichophorus* BÖRNER

Oval, mit dünnen u. ziemlich lg Si. Auf der OS zahlreiche kurze, kräftige, an der Spitze knopfartig erweiterte Haare. 4 Arten. Die vierte Art ist *Pleotrichophorus filaginis* (SCHOUTEDEN), rötlichgrau, an *Gnaphalium* u. *Filago*. WEur, Me.

1 Si $^1/_3$ der KörperLg, in der distalen Hälfte braun. B- u. FE sowie distale E der FGld 3, 4 u. 5 stärker pigmentiert. – Gelblichrot bis bräunlich-violett, mit feinem violettweißlichem Wachspuder. 1,9–2,5 mm. An *Artemisia campestris*. Eur, Türkei, Iran. *P. persimilis* BÖRNER

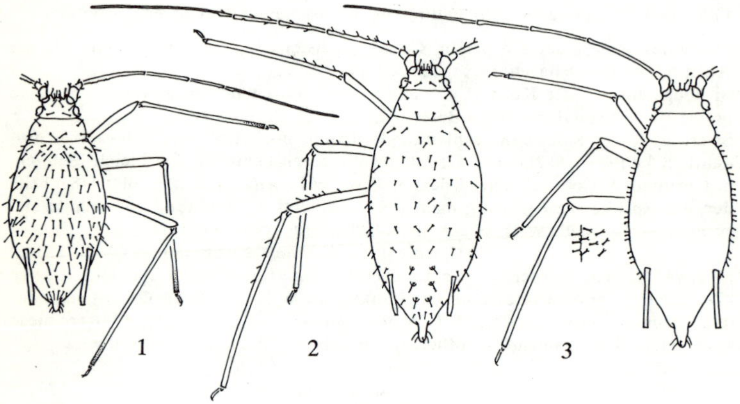

Abb. **132**/1–3. **1** *Cryptomyzus korschelti* von W II (1,3–2,2 mm); **2** *Cryptomyzus galeopsidis* von W II (1,9–2,7 mm); **3** *Pleotrichophorus glandulosus* (1,8–2,6 mm).

1* Si höchstens $^1/_4$ der KörperLg u. farblos durchscheinend. Auch übrige Körperanhänge mit Ausnahme der leicht gebräunten F- u. BE farblos **2**

2 Si $^1/_4$ der KörperLg. F länger als der Körper. Processus terminalis länger als 5mal die Basis des 6. FGld. Gelblichweiß, 1,8–2,6 mm. An *Artemisia vulgaris*, bevorzugt an der US junger Blätter. Pal, Türkei, Turkestan. *P. glandulosus* (KALTENBACH) (Abb. **132**/3)

2* Si höchstens $^1/_5$ der KörperLg. F etwas kürzer als der Körper. Processus terminalis kürzer als 4mal Basis des 6. FGld. Graugrün mit feinen, grünen Querbinden od. sandfarbig, bepudert. 1,6–2,0 mm. An *Achillea millefolium*, US der Rosettenblätter, wird leicht übersehen. W-, M- u. NEur. *P. duponti* HILLE RIS LAMBERS

Gattung *Capitophorus* VAN DER GOOT

Ungeflügelte fast ohne Pigment u. sehr hell, mit lg geknöpften Bo. Si lg u. dünn, $^1/_4$–$^1/_3$ der KörperLg. Fundatrizen u. ovipare ♀♀ oft rötlich. Geflügelte von hellgrüner Grundfärbung, mit dunklem K u. Thorax u. dunklem Fleck auf dem Hlb. 7 Arten.

1 Si im distalen Drittel leicht, aber deutlich angeschwollen. – Sehr hellgrün, Rücken grünfleckig. Etwa 1,9–2,1 mm. F etwas kürzer als der Körper. Cauda reichlich halb so lg wie die Si. Ww zw *Hippophaë rhamnoides* u. *Elaeagnus* (W I) u. *Polygonum* (W II). Holarkt, NOIndien, Australien. *C. hippophaës* (WALKER) (Abb. **131**/5, **134**/1)

1* Si ohne Anschwellung. Nicht an *Polygonum* **2**

2 Cauda etwas kürzer als der Abstand zw den FWurzeln, $^1/_4$ der Länge der Si. Weiß, höchstens gelblichweiß. 2,0–2,5 mm. Ww zw *Hippophaë rhamnoides* u. *Elaeagnus* (W I) u. *Tussilago farfara* u. *Petasites*, auch *Homogyne alpina* (W II), an W II BlattUS. Eur, Türkei, MAs. *C. similis* VAN DER GOOT

2* Cauda so lg od. länger als der Abstand zw den FBasen, $^1/_3$ der SiLg. Sehr hell grünlich od. gelblich, aber nicht weiß, sehr häufig mit einer Doppelreihe grüner Flecke od. 2 grünen Längslinien auf dem Rücken **3**

3 Lange, kräftige geknöpfte Haare nur an K u. Pronotum u. in der auf die Si folgenden HlbRegion. Blaß grünlich. 1,6–2,2 mm. Ohne Ww an *Cirsium* u. *Carduus*, BlattUS, anscheinend nicht an *Cirsium oleraceum*. Eur, NAm, Kuba, Argentinien. *C. carduinus* (WALKER)

3* Lange, kräftige geknöpfte Haare auch auf der vor den Si gelegenen Rückenregion **4**

4 Spitzen der Si etwas gedunkelt. OS je Sgm 2 lg geknöpfte Haare. Hellgrün. 1,9–2,5 mm. Ww zw *Elaeagnaceae* (W I) u. *Cirsium*, *Carduus*, *Lappa* u. *Cynara* (W II). Weltweit. *C. elaeagni* (DEL GUERCIO)

4* Si in der ganzen Länge hell u. durchsichtig. OS je Sgm 6 lg geknöpfte Haare. Hellgelb bis blaß grünlichgelb. 2,0–2,5 mm. Kein Ww. Hauptsächlich an *Cirsium oleraceum* u. *C. vulgare*, bevorzugt feuchte Stellen. DDR, BRD, England, Niederlande, Dänemark, SSchweden, Polen. *C. horni* (BÖRNER)

Gattung *Pentatrichopus* BÖRNER

Ungeflügelte fast ohne Pigment, mit dicken steifen geknöpften Bo, welche bes. auf dem Rücken kleinen Höckern aufsitzen. Geflügelte mit dunklem K u. Thorax u. dunklem Fleck auf dem Hlb. Ohne Ww an Rosengewächsen. 3 Arten.

1 F etwa $^3/_4$, Si $^1/_7$–$^1/_6$ der KörperLg. Gelblichgrün bis grün. 1,4–2,5 mm. An Triebspitzen u. jungen Blättern von wildwachsenden u. kultivierten Rosen. Weltweit. *P. tetrarhodus* (WALKER) (Abb. **131**/6, **134**/2)

1* F so lg wie der Körper od. nur ganz wenig kürzer. Si $^1/_5$ bis $^1/_4$ der KörperLg. Arten nur mikroskopisch sicher zu unterscheiden.

a) Bleich gelblich bis weißlich. 1,6–2,1 mm. *Potentilla anserina*, zw den noch nicht entfalteten Fiedern junger Blätter u. längs der MRippe der Fiedern älterer Blätter. Eur. *P. potentillae* (WALKER)

b) Gelblichweiß bis grünlichweiß, 1,3–1,7 mm. An kultivierten Erdbeeren (*Fragaria ananassa*), BlattUS, an jungen Blättern u. an Blattstielen. Vermehrung nach bisherigen Kenntnissen ausschließlich parthenogenetisch, obwohl gelegentlich u. in geringer Zahl Sexuales auftreten. In der westl BRD gebiets-

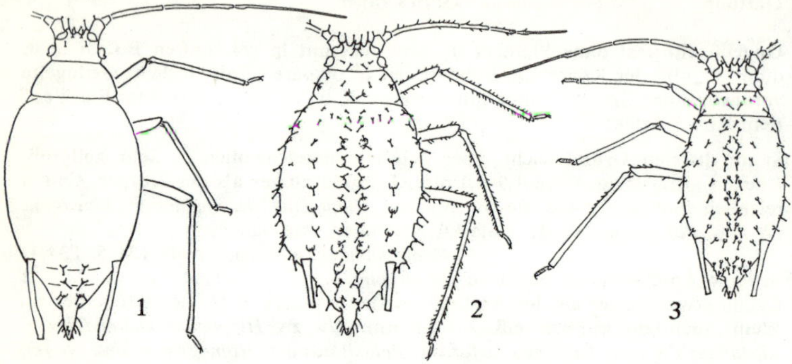

Abb. **134/1–3.** **1** *Capitophorus hippophaes* von W II (1,9–2,1 mm); **2** *Pentatrichopus tetrarhodus* (1,4–2,5 mm); **3** *Pentatrichopus fragaefolii* (1,3–1,7 mm).

weise häufig u. von großer wirtschaftlicher Bedeutung als Überträger von Erdbeervirosen. In der DDR s, da parthenogenetische Überw infolge der kälteren Winter erschwert wird. W- u. SEur, Am, Afrika, Australien.

P. fragaefolii (COCKERELL) – **Erdbeerknotenhaarlaus** (Abb. **134**/3)

Gattungen *Myzus* PASSERINI u. *Aulacorthum* MORDVILKO

Beide Gattungen sind mikroskopisch leicht zu unterscheiden, die Ungeflügelten besitzen am 3. FGld bei *Aulacorthum* (9 Arten) einige, bei *Myzus* (11 Arten) dagegen keine Rhinarien. Die Geflügelten haben dunkel pigmentierten K u. Thorax. Ihr HlbRücken hat bei *Myzus* einen großen zentralen Pigmentfleck (Ausnahme: *M. ranunculinus* WALKER, Untergattung *Tubaphis* HILLE RIS LAMBERS), bei *Aulacorthum* eine Querbänderung (Ausnahme: *A. flavum* F. P. MÜLLER). Geflügelte von *A. solani* (KALTENBACH) häufig nur schwach pigmentiert. Keulige Siphonen gibt es bei *Myzus* in der Untergattung *Nectarosiphon* SCHOUTEDEN.

1 Grundfärbung rot bis/od. dunkelbraun **2**

1* Ungeflügelte Tiere grün, gelb od. fast farblos [nur bei *Myzus persicae* (SULZER) ovipare ♀♀ u. häufig die LStadien der Geflügelten rot] **4**

2 F so lg od. etwas länger als der Körper. Grundfärbung schokoladebraun, Rücken der Im. dunkelbraun pigmentiert. 2,5–2,7 mm, breit spindel- bis etwa birnenförmig. An *Maianthemum bifolium*, BlattUS, Blätter in der Längsrichtung nach oben gerollt u. gelblich verfärbt. Sa, Me, Dänemark, Polen.

Aulacorthum majanthemi F. P. MÜLLER

2* F deutlich kürzer als der Körper **3**

3 OS der Im. schwarz pigmentiert. Si zylindrisch, spitzenwärts schwach nach außen gebogen. Dunkelbraun. Im. schwarz od. fast schwarz erscheinend, an W I 1,8–2,4 mm, an W II 1,1–1,7 mm. An *Cerasus avium* Blätter stark rollend u. kräuselnd, an *Cerasus vulgaris* nur geringfügige Blattdeformationen (W I). Ww zu *Galium*, *Veronica*, *Euphrasia officinalis*, *Gentiana* u. *Centaurium* (W II). Weltweit mit Ausnahme der Tropen.

Myzus cerasi (F.) – **Schwarze Kirschenlaus** (Abb. **136**/1)

Läuse gleichen Aussehens im Frühj an *Veronica* u. *Galium* gehören zur nichtwirtswechselnden Unterart *veronicae* (WALKER), Me, England, Schweden.

3* OS ohne Pigment. Si schwach keulenförmig. Rötlich, variierend von schmutzig rötlichgelb über dunkel ziegelrot bis schwärzlich, 1,6–2,1 mm. Ohne Ww an *Viola, Cerastium, Stellaria media, Capsella bursa-pastoris* u. *Dianthus caryophyllus*. MEur, England, NAm. *Myzus* (*Nectarosiphon*) *certus* (WALKER)

4 **(1)** F so lg od. länger als der Körper (bei Populationen von *Myzus ascalonicus* DONCASTER, die sich bei niederer Temperatur entw haben, F manchmal wenig kürzer als der Körper) **5**

4* F kürzer als der Körper [die F von *Myzus persicae* (SULZER) sind nach Entw im warmen Gewächshaus manchmal körperlg] **10**

5 OS der ungeflügelten Im. mit brauner od. schwarzer Pigmentzeichnung ... **6**

5* OS der ungeflügelten Morphen immer pigmentfrei **7**

6 Rückenzeichnung besteht aus je einem dunkelbraunen, in der M unterbrochenen Querband auf dem 3. BrSgm u. einem großen, ungefähr hufeisenförmigen, nach vorn offenen, dunkelbraunen Fleck, der von der Basis des Hlb bis unmittelbar vor die Si reicht. Untergattung *Neomyzus* VAN DER GOOT. Grundfärbung bleich gelblich, manchmal grünlich. 1,5–2,35 mm, oval. Si $^1/_5$–$^1/_6$ der KörperLg, wie die B u. F hellbräunlich. Geflügelte s. An zahlreichen Pfl, bes. in Gewächshäusern u. an ZimmerPfl, weniger im Freien. Vermehrung ausschließlich in parthenogenetischer GenFolge. Weltweit.
Aulacorthum (*Neomyzus*) *circumflexum* (BUCKTON) – **Gefleckte Gewächshauslaus** (Abb. **137**/1)

6* Umfangreiche schwarze Rückenpigmentierung, nur die Grenzen zw den BrSgm u. der Basis des Hlb sowie eine Zone unmittelbar vor den Si pigmentfrei. Grundfärbung u. L fast weiß. 2,2–2,5 mm, rundlich oval. Si $^1/_4$ der KörperLg. An *Convallaria majalis, Polygonatum* u. *Anthericum ramosum*. BlattUS, durch das Saugen entstehen an den Blättern sehr große, lggestreckte gelbe Flecke. Manchmal schädlich. DDR, BRD, Niederlande, England, MSchweden, Polen.
Aulacorthum speyeri BÖRNER – **Maiglöckchenlaus**

7 **(5)** Si $^1/_7$–$^1/_6$ der KörperLg, leicht keulenförmig. Blaß olivenfarbig bis schmutzig gelb, manchmal grünfleckig. 1,5–2,1 mm, eiförmig, stark gewölbt. Cauda dreieckig, unter dem Hlb wenig hervorragend. FE, Schienenspitzen u. Tarsen schwarz. An zahlreichen Pfl, meist in Gewächshäusern, wo u. a. *Chrysanthemum, Asparagus, Calceolaria* u. bes. heftig *Allium schoenoprasum* befallen werden. Oft in Lagerräumen an *Allium*- u. Gladiolenzwiebeln. Im Freien gelegentlich an *Cerastium, Stellaria, Viola, Fragaria*, in Gebieten mit atl Klima auch in Kartoffelfeldern. Vermehrung nur parthenogenetisch. Virusüberträger. MEur, England, Dänemark, S- u. MSchweden, SFinnland, Island, Am.
Myzus (*Nectarosiphon*) *ascalonicus* DONCASTER – **Schalotten- od. Zwiebellaus** (Abb. **136**/3)

7* Si $^1/_5$–$^1/_4$ der KörperLg, schlank zylindrisch, HlbRücken der Geflügelten ohne zentralen Pigmentfleck; wenn Pigmentierung vorhanden, dann in Form von Querbändern **8**

8 Spitzen der Si u. der FGld meist dunkel pigmentiert. Processus terminalis 4–5$^1/_4$mal so lg wie die Basis des 6. FGld. 1,8–3,0 mm **9**

8* Si u. F vollkommen unpigmentiert. Processus terminalis 2$^1/_2$mal so lg wie die Basis des 6. FGld. 1,2–1,9 mm. Gelb, oval. An der US der Blätter von *Ranunculus repens* u. *R. acris*, wohl auch an anderen *Ranunculus*-Arten. Eur außer S.
Myzus (*Tubaphis*) *ranunculinus* (WALKER)

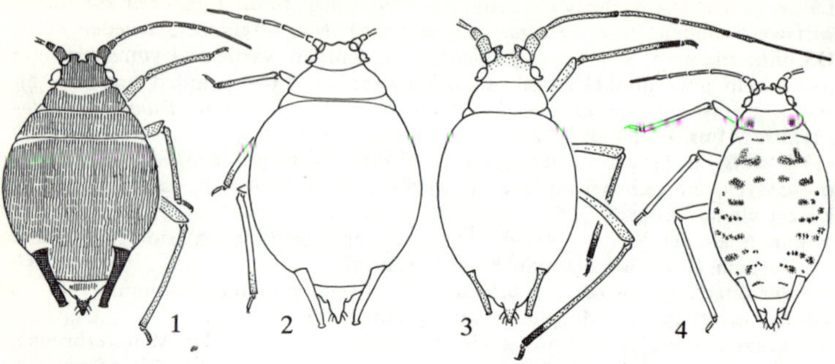

Abb. **136/1–4.** **1** *Myzus cerasi* von W II (an W I 1,8–2,4 mm, an W II 1,1–1,7 mm); **2** *Galiobium langei* (1,3–1,9 mm); **3** *Myzus* (*Nectarosiphon*) *ascalonicus* (1,5–2,1 mm); **4** *Myzus ornatus* (1–1,8 mm).

9 Grün, hellgrün od. gelblich, am Ansatz der Si mit je 1 dunkleren grünen Fleck. Birnenförmig, hinter der KörperM am breitesten. Geflügelte grün mit gelblich- bis schwarzbraunem VKörper, im letzteren Falle dunkle Querbänder auf dem Hlb. An zahlreichen Pfl. Im Freien häufig u. a. an *Solanum tuberosum*, *Digitalis*, *Ranunculus*. In Gewächshäusern, bes. während des Winters, an Pelargonien, Chrysanthemen u. anderen Pfl. Ein Formenkreis mit permanent parthenogenetischen u. holozyklisch lebenden Formen. Wichtiger Virusüberträger. Weltweit.
Aulacorthum solani (KALTENBACH) – **Gefleckte Kartoffellaus** (Abb. **137**/2, **146**/1)

9* Sehr hell, ohne Siphonalflecke.

a) Gelblichweiß. An der US der Blätter von *Aegopodium podagraria*, an denen auffallende gelbe Flecke entstehen. MEur, S- u. MSchweden.
Aulacorthum solani aegopodii BÖRNER

b) Gelblich bis bleich grünlich. Si $^1/_4$ bis reichlich $^1/_4$ der KörperLg. An *Knautia arvensis*, US der älteren Blätter. Th, Vogtland, Me, Polen, Dänemark, England. *Aulacorthum knautiae* HEIE (Abb. **137**/3)

c) Hellgrün. An *Pulmonaris officinalis*, BlattUS, Blätter stark nach oben gerollt u. etwas gekräuselt. S der BRD, Th, Kyffhäuser, Polen.
Aulacorthum langei (BÖRNER)

10 **(4)** F nicht bis zu den Si reichend. Si niemals keulig u. bei den Ungeflügelten immer unpigmentiert **11**

10* FSpitzen die SiBasis gerade erreichend od. etwas überragend **12**

11 Rücken der ungeflügelten Im. mit kleinen braunen, segmental angeordneten Flecken. Si $^1/_5$ der KörperLg. 1,0–1,8 mm. Ungeflügelte Im. schmutziggelb. L sehr hell, grünlichweiß. F der Geflügelten $^5/_6$ der KörperLg. An zahlreichen PflArten, anscheinend bes. gern an Lippenblüten- u. Doldengewächsen. Hauptsächlich in Gewächshäusern u. an Zimmerblumen. Vermehrung ausschließlich parthenogenetisch. Weltweit. *Myzus ornatus* LAING (Abb. **136**/4)

11* Ungeflügelte ohne Rückenpunkte. Si etwa $^1/_4$ der KörperLg. Grün, an W II manchmal mit bräunlichem VKörper u. rötlichem HE. 1,9–2,4 mm (W I) bzw. 1,5–2,0 mm (W II). Stirn mit verhältnismäßig niedrigen FSockeln, aber mit stark entw MHöcker. Ww. W I: *Cerasus mahaleb*, die Blätter rollend. W II:

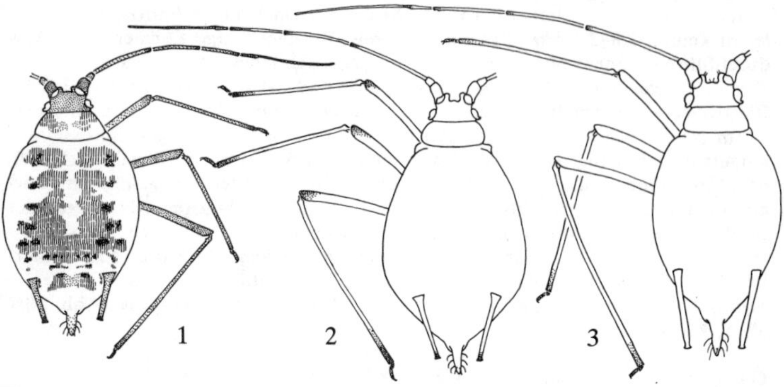

Abb. **137/1–3.** **1** *Aulacorthum (Neomyzus) circumflexum* (1,5–2,35 mm); **2** *Aulacorthum solani* (1,8–2,9 mm); **3** *Aulacorthum knautiae* (2,4–3 mm).

Lythrum salicaria u. *L. hyssopifolia*, an den oberen Stengelteilen zw den Blüten. England, MEur, Türkei, MAs. *Myzus lythri* (SCHRANK) (Abb. **138**/1)

2 (10) Si deutlich keulig geschwollen, in der distalen Hälfte dunkelbraun bis schwarz, ihr ∅ an der breitesten Stelle gleich dem ∅ der HSchenkel. Hellgelb bis hell grünlichgelb, an der Ansatzstelle der Si etwas bräunlichgelb. 1,3 bis 1,8 mm. Si fast $^1/_4$ der KörperLg. Ohne Ww an *Ligustrum vulgare*, an der US von Blättern, die im Frühj längs nach unten gerollt, später gelbfleckig verfärbt werden; bei starkem Auftreten frühzeitiger Blattbefall. Eur.
Myzus (Nectarosiphon) ligustri (MOSLEY)

2* Si nicht od. nur wenig keulig, bei Ungeflügelten unpigmentiert, gleichmäßig gebräunt od. nur an der Spitze etwas gedunkelt, ihr ∅ kleiner als der ∅ der HSchenkel **13**

3 Si $^1/_6$–$^1/_5$ der KörperLg, nur undeutlich keulig, fast zylindrisch, nicht pigmentiert. Gelblichgrün, 1,1–1,9 mm. Ohne Ww an den Blütenständen u. auf der OS der Blätter von *Myosotis palustris*, die Blätter längs nach oben einrollend. Schweiz, DDR, BRD, Polen, Niederlande.
Myzus (Nectarosiphon) myosotidis (BÖRNER)

3* Si $^1/_5$–$^1/_4$ der KörperLg. An anderen Pfl [*Myzus persicae* (SULZER) kann auch an *Myosotis palustris* vorkommen, verursacht aber keine Blattrollen] **14**

4 Si hellbraun. OS der ungeflügelten Im. sklerotisch u. oft leicht gebräunt. 1,4 bis 2,0 mm. Schmutzig grün, oft mit dunklerem bis bräunlichem V- u. HTeil u. mit seitlichen, segmental angeordneten Flecken. Ohne Ww an *Ajuga reptans* u. *A. genevensis*, junge Blätter aufwärts einrollend. Bevorzugt schattige Stellen. MEur bis England. *Myzus (Nectarosiphon) ajugae* (SCHOUTEDEN)

4* Si unpigmentiert od. nur an der Spitze gedunkelt. Rücken der Ungeflügelten niemals sklerotisch u. immer ohne Pigment **15**

5 Gelb, manchmal grünlichgelb, Umgebung der SiBasis gelblichbraun. VKörper weißlich. Si schlank zylindrisch. An Triebspitzen, BlattUS u. grünen Stengeln von *Vaccinium uliginosum*. 1,5–2,0 mm. Me, ErzGeb, Rhön, Polen.
Aulacorthum flavum F. P. MÜLLER

15* Grünlichgelb bis grün, im Sommer manchmal strohgelb, Nymphen u. andere LStadien der Geflügelten oft rötlich. Si an W I im Frühj zylindrisch, an W II leicht keulig. 1,8–2,3 mm. Ein Formenkreis, bei dem einige Formen einen Ww durchführen, andere permanent parthenogenetisch leben. W I: *Persica vulgaris, Prunus* (*P. davidiana, P. nana, P. nigra, P. serrulata*) u. *Padus serotina*, leichte Blattrollen u. Aufhellung, sehr häufig *Lycium halimifolium*, an dem eine bes. Form (ssp. *dyslycialis* F. P. MÜLLER) durch ihr Saugen die jungen Sprosse verlängert u. deren Blätter im Wachstum hemmt u. kräuselt. W II: zahlreiche Pfl, bes. Kreuzblüten- u. Nachtschattengewächse. In Gebieten mit gehäuftem Vorkommen werden Kartoffelfelder stärker besiedelt (wichtigster Überträger der gefährlichsten Kartoffelvirosen!). Die parthenogenetisch lebenden Formen im Herbst an *Brassica* u. während des Winters in Gewächshäusern u. an Zimmer-Pfl, bes. auffallend an *Asparagus sprengeri*. Weltweit.
Myzus (*Nectarosiphon*) *persicae* (SULZER) – **Grüne Pfirsichblattlaus** (Abb. **88**/1 bis 5, **89**/1–4)

Gattung *Ovatus* VAN DER GOOT

1 1. FGld mit nach innen vorspringendem Forts, Si so lg od. länger als das 3. FGld. Bleich weißlichgrün. 1,2–1,75 mm. Ohne Ww an *Mentha*. Eur, Türkei, Am. *O. menthastri* HILLE RIS LAMBERS

1* 1. FGld nach innen gerundet. Si etwas kürzer als das 3. FGld 2

2 Si der Ungeflügelten 1/4 der KörperLg u. hellgrün, höchstens an der Spitze hellbraun. Cauda länger als das letzte RGlied. Geflügelte mit hellbraunem K u. Thorax, ohne od. fast ohne Pigmentflecke auf dem Hlb. An W I grün, glänzend, 1,9–2,4 mm; an W II hellgrün bis rötlichgrau od. bräunlich, glänzend, 1,0–2,0 mm. 2 sehr ähnliche Arten mit Ww. W I: *Crataegus, Mespilus* u. *Cydonia*; in dichten Kolonien u. ohne Deformationen an den Triebspitzen.
a) W II *Mentha*. Eur, Türkei. *O. crataegarius* (WALKER) (Abb. **138**/2)
b) W II *Lycopus europaeus*. Eur, Türkei, Iran, Israel. *O. insitus* (WALKER)

2* Si der Ungeflügelten 1/5 der KörperLg, hellbraun. Cauda so lg wie das letzte RGld. Olivgrün, rotfleckig, oft rötlich erscheinend, chagriniert, fast glanzlos,

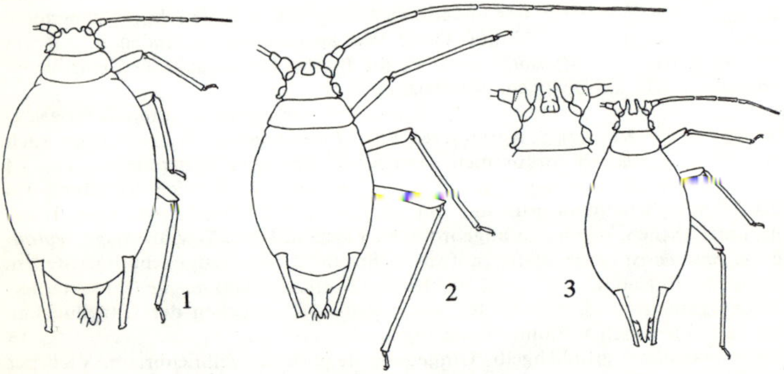

Abb. **138**/1–3. **1** *Myzus lythri* von W II (an W I 1,9–2,4 mm, an W II 1,5–2 mm); **2** *Ovatus crataegarius* von W II (an W I 1,9–2,4 mm, an W II 1–2 mm); **3** *Phorodon humuli* von W II (an W I 2,1–3 mm, an W II 1–1,9 mm).

1,6–1,8 mm. Geflügelte mit fast schwarzem K u. Thorax u. schwacher Rückenzeichnung. Ohne Ww an *Glechoma hederacea*, an bodennahen Stengeln u. Ausläufern. England, Niederlande, W des Gebietes, Me, MSchweden.
O. glechomae HILLE RIS LAMBERS

Gattung *Phorodon* PASSERINI

1 Si fast $^{1}/_{3}$ der KörperLg. Hell gelblichgrün, glänzend, 2,0–2,3 mm. Geflügelte dunkel pigmentiert u. mit umfangreicher Pigmentzeichnung auf dem Hlb-Rücken. Ohne Ww an *Cannabis sativa*. Eur, Türkei, NAfrika, MAs.
P. cannabis PASSERINI

1* Si $^{1}/_{4}$ der KörperLg. An W I hellgrün mit grüner Rückenlinie, 2,1–3,0 mm; an W II hellgrün, 1,0–1,9 mm, im Sommer L fast weiß. Geflügelte mit schwarzem K u. Thorax u. mit zerteiltem MFleck u. 3 SFlecken auf dem Hlb. Ww von *Padus serotina* u. *Prunus pisardii*, *P. spinosa*, *P. domestica* (W I) zu *Humulus lupulus* (W II). Gefährlicher Hopfenschädling. Holarkt.
P. humuli (SCHRANK) – **Hopfenblattlaus** (Abb. **138**/3, **146**/2)

Gattung *Ericaphis* BÖRNER

1 Tiefgrün bis bräunlichgrün. Rücken leicht gebräunt. 1,2–1,7 mm. *Erica*, an grünen Trieben. Eine holozyklische Form im Freien an *Erica tetralix* (Me, Polen, SSchweden) u. eine anholozyklische Form in Gewächshäusern an kultivierten Eriken, manchmal schädlich (MEur, wohl eingeschleppt).
E. ericae (BÖRNER)

1* Grün. Rücken vollkommen unpigmentiert. 1,3–1,9 mm. An *Empetrum nigrum*, einzeln an grünen Stengeln. W-, M- u. NEur. *E. latifrons* (BÖRNER)

Gattung *Lipaphis* MORDVILKO

1 RückenM der ungeflügelten Im. ohne Pigmentzeichnung 2
1* HlbRücken mit braunen Querbändern 4
2 F reichlich halb so lg wie der ovale Körper. Vorletztes Sgm normal 3
2* F $^{1}/_{3}$ der Lg des länglichovalen Körpers. Dorsal unmittelbar vor der Cauda 1 kleiner Höcker. Olivgrün, dunkel fleckig. OS chagriniert u. schwach glänzend.

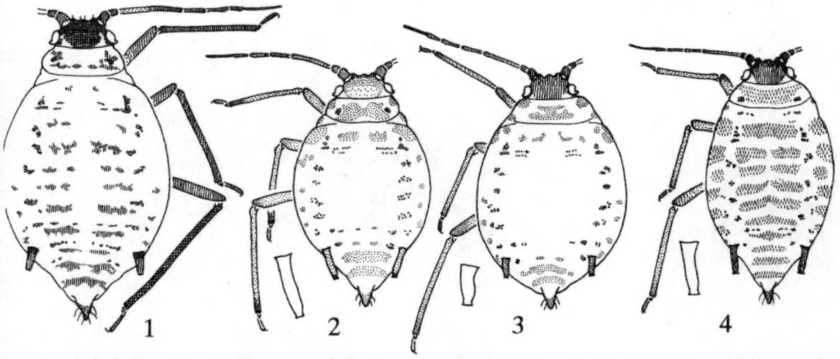

Abb. 139/1–4. 1 *Brevicoryne brassicae* (2–2,6 mm); 2 *Lipaphis erysimi* (1,5–2 mm); 3 *Lipaphis fritzmuelleri* (1,5–2 mm); 4 *Lipaphis rossi* (1,7–1,9 mm).

1,7–1,9 mm. Si $^1/_6$ der KörperLg, kaum länger als die Cauda. An *Lepidium ruderale*. M- u. OEur. *L. ruderalis* BÖRNER

3 Si länger als die Cauda. Olivgrün bis schmutzig gelb, etwas bereift, auf dem Rücken in segmentaler Anordnung unbewachste Felder. 1,5–2,0 mm. Verschiedene Kreuzblütengewächse, bes. in den Blütenständen. Häufig an *Capsella bursa-pastoris* u. *Sisymbrium officinale*, an letzterer Pfl im Frühj starke Triebstauchung hervorrufend. Weltweit. *L. erysimi* (KALTENBACH) (Abb. **139**/2)
An *Alliaria petiolata* eine dunkel graugrüne, fast schwarze Unterart. Eur außer S. *L. erysimi alliariae* F. P. MÜLLER

3* Si so lg wie die Cauda. Dunkel olivgrün. SgmGrenzen schwach bepudert. 1,5–2,0 mm. *Sisymbrium loeselii*, in Blütenständen u. am Stengel. Br, Sa. *L. fritzmuelleri* BÖRNER (Abb. **139**/3)

4 **(1)** Querbänder meist in der M miteinander verbunden. Pigmentierung insgesamt etwa die Hälfte der Rückenfläche einnehmend. Grundfärbung grünlichgelb bis gelbbraun, weißgepudert. 1,5–2,0 mm. *Turritis glabra*, die Blütenstände deformierend. Österreich, DDR, BRD, England, SSchweden, Polen. *L. turritella* (WAHLGREN)

4* Querbänder immer getrennt. Pigmentierung oft weniger als die Hälfte der Rückenfläche ausmachend. Grundfärbung olivenfarbig. Glänzend. 1,7–1,9 mm. *Arabis hirsuta*, Blütenstände stärkstens stauchend u. sehr dicht knäulend. DDR, BRD, SSchweden. *L. rossi* BÖRNER (Abb. **139**/4)

Gattung *Cavariella* DEL GUERCIO

Alle Arten mit *Salix* als W I. 6 Arten.

1 Si leicht keulig, immer mindestens doppelt so lg wie die Cauda **2**
1* Si anders gestaltet **4**
2 Supracaudalforts etwa von der Lg der Cauda. Processus terminalis höchstens $1^1/_2$mal so lg wie die Basis des 6. FGld. Grün, 2,0–2,8 mm. W II zahlreiche Doldengewächse, z. B. *Petroselinum crispum*, *Daucus carota*, *Carum carvi*, *Anethum graveolens*, *Foeniculum vulgare*. An *Daucus carota* manchmal schäd-

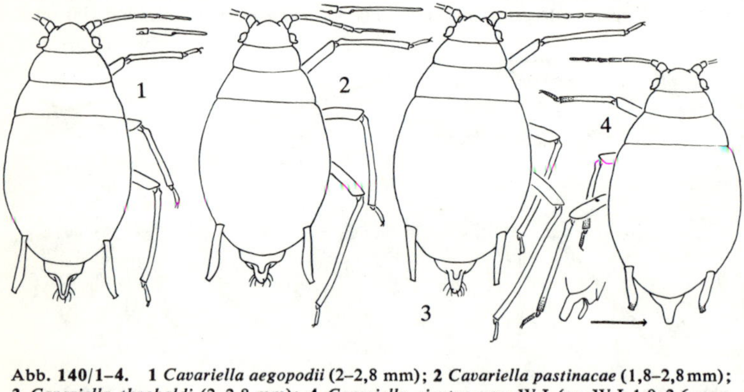

Abb. **140**/1–4. **1** *Cavariella aegopodii* (2–2,8 mm); **2** *Cavariella pastinacae* (1,8–2,8 mm); **3** *Cavariella theobaldi* (2–2,8 mm); **4** *Cavariella cicutae* von W I (an W I 1,9–2,6 mm, an W II 1,4–1,6 mm).

lich. Eine anholozyklische Rasse während des Winters oft mit Massenbefall in Gewächshäusern u. Wohnungen an *Petroselinum crispum*. Weltweit.

C. aegopodii (SCOPOLI) (Abb. **140**/1, **146**/3)

2* Supracaudalforts oft kürzer als die Cauda. Processus terminalis mindestens doppelt so lg wie die Basis des 6. FGld. **3**

3 Processus terminalis 3–4mal so lg wie die Basis des 6. FGld. Ungeflügelte gelblichgrün. 1,8–2,8 mm. W II *Heracleum sphondylium* u. *Pastinaca sativa*, seltener andere Doldengewächse. Eur, Kanada. *C. pastinacae* (L.) (Abb. **140**/2)

3* Processus terminalis 2mal so lg wie die Basis des 6. FGld. 1,9–2,6 mm. W II *Angelica sylvestris* u. *A. archangelica*.

a) Strohfarbig bis grünlichgelb. Si schwach u. symmetrisch keulig. Rücken des Hinterleibs der Geflügelten mit Querbändern. Eur, Island.

C. archangelicae (SCOPOLI)

b) Grün. Si nach innen stärker geschwollen. Geflügelte mit großem, kompaktem, trapezförmigem Fleck auf dem Hlb. MEur, England, Norwegen, Island, NAm, Japan. *C. konoi* TAKAHASHI

4 (**1**) Si zylindrisch, bei den Ungeflügelten farblos, mindestens doppelt so lg wie die Cauda. Supracaudalforts zylinderförmig. $^1/_2$–$^3/_4$mal so lg wie die Cauda. Processus terminalis 3–3,5mal so lg wie die Basis des 6. FGld. Grün. 2,0 bis 2,8 mm. W II hauptsächlich *Heracleum sphondylium* u. *Pastinaca sativa*. Eur, NAm. *C. theobaldi* (GILLETTE et BRAGG) (Abb. **140**/3, **146**/4)

4* Si dicht vor dem E eingeschnürt, distal gedunkelt, nur $1^1/_2$mal so lg wie die Cauda. Supracaudalforts zungenförmig, so lg wie die Cauda. Processus terminalis kaum länger als die Basis des 6. FGld. Grün. Nymphen u. Geflügelte braun. An W I 1,9–2,6 mm. An W II 1,4–1,6 mm. W II *Cicuta*, *Berula* u. *Sium*. Eur. *C. cicutae* (KOCH) (Abb. **140**/4)

Gattung *Hyadaphis* KIRKALDY

Die 3. Art ist *H. tataricae* (AJZENBERG), vgl. S. 108.

1 Cauda schwarz. Si u. B dunkelbraun. Körper hellgrün bis gelblichgrün, auf W II manchmal schwärzlich braun. OFläche matt. 1,5–2,7 mm. F $^1/_2$–$^1/_3$ der KörperLg. Ww. W I: *Lonicera xylosteum*, *L. periclymenum*, *L. caprifolium*, zunächst in nach oben gefalteten Blättern, im Sommer auch an Triebspitzen. W II: *Anthriscus*, *Torilis*, *Angelica*, *Sanicula* u. a. Doldengewächse. Eur, Türkei, Israel, N- u. SAfrika. Australien, Neuseeland.

H. foeniculi (PASSERINI) (Abb. **142**/2)

1* Cauda, Si u. B hellbraun. Graugrün bis schmutzig gelblichgrün, mit grobem Wachsmehl. 1,3–2,2 mm. F $^1/_3$ der KörperLg. An *Bupleurum falcatum*, an Trieben, Dolden u. Blattoberseiten. Kein Ww. Eur bis Korea.

H. bupleuri BÖRNER

Gattung *Semiaphis* VAN DER GOOT

1 Körperanhänge einschließlich der Si hell, fast unpigmentiert. Gelb, bepudert. 1,7–2,0 mm. An *Peucedanum cervaria* u. *P. oreoselinum*, BlattUS, Fiederblättchen nach unten rollend u. rot verfärbend, an älteren Blättern ohne Rollungen, aber Saugstellen verblichen od. rot. MEur.

S. cervariae (BÖRNER) (Abb. **142**/3)

1* Körperanhänge einschließlich der Si dunkel **2**

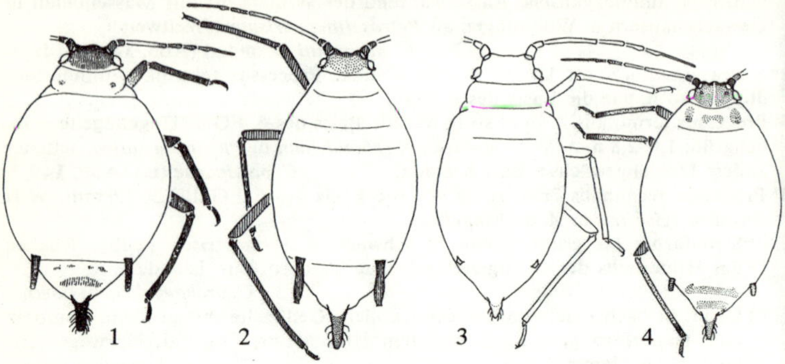

Abb. 142/1–4. **1** *Hydaphias molluginis* (1,7–2,3 mm); **2** *Hyadaphis foeniculi* (1,5 bis 2,7 mm); **3** *Semiaphis cervariae* (1,7–2 mm); **4** *Semiaphis dauci* (1,4–2,1 mm).

2 Si fast halb so lg wie die Cauda. Körper hellgrün, fein bepudert. 1,4–2,1 mm. An *Daucus carota*, Blätter nach abwärts rollend od. kräuselnd. Eur, Türkei, Israel. *S. dauci* (F.) – **Möhrenblattlaus** (Abb. **142**/4)

2* Si $^{1}/_{3}$ der CaudaLg. Körper dunkelgraugrün, mit grobem Puder. Etwa 1,7 mm. An *Pimpinella major* u. *P. saxifraga*, Blätter nach oben faltend. Eur. *S. pimpinellae* (KALTENBACH)

Gattung *Coloradoa* WILSON

Klein (1,0–1,6 mm), meist grün, ± glänzend. An *Asteraceae* mit gefiederten Blättern. Meist in den Buchten zw den Blattfiedern, leicht übersehen. Stirn gerade. Cauda dreieckig zungenförmig, halb so lg wie die Si. B, Si u. Cauda fast farblos, F nur spitzenwärts gedunkelt, $^{1}/_{2}$–$^{2}/_{3}$ der KörperLg. Alle ohne Ww. 5 Arten.

1 Si deutlich keulenförmig. An *Artemisia absinthium*. Eur. *C. absinthii* (LICHTENSTEIN) (Abb. **143**/1)

1* Si zylindrisch.

a) An *Tanacetum vulgare*. England, MEur, S- u. MSchweden. *C. tanacetina* (WALKER)

b) An *Artemisia vulgaris*, s an *A. absinthium*. Eur. *C. artemisiae* (DEL GUERCIO)

c) An *Achillea millefolium*. WEur bis Me u. S- u. MSchweden, Polen. *C. achilleae* HILLE RIS LAMBERS

d) An *Chrysanthemum indicum*, nur anholozyklisch, in Gewächshäusern oft schädlich, auch die Blüten befallend. Weltweit. *C. rufomaculata* WILSON

Gattung *Brachycolus* BUCKTON

Oval, bepudert, mit braunem K u. braunen Körperanhängen. Cauda dreieckig zungenförmig, etwa $1^{1}/_{2}$mal so lg wie an der Basis br. Geflügelte mit braunem K u. braunem Thorax, aber M des HlbRückens ohne Pigment. Kein Ameisenbesuch. Alle Arten monophag an Alsinoideen u. Silenoideen, charakteristische

Mißbildungen (Gallen) erzeugend: Die Sproßachse wird verkürzt, wobei die fleischig verdickten Blätter eng an die Triebachse angelegt bleiben, so daß ovale bis lanzettliche Gallen entstehen, in deren Innern die Läuse leben.

1 F $^1/_3$ der KörperLg. – Schmutzig hell olivgrün. 1,3–1,4 mm. Si niedrige hellbraune Höcker. An *Cerastium arvense*, Gallen eiförmig bis länglich, gelblich verfärbt. England, Frankreich, Me, Br, SSchweden, Polen.
B. cerastii (KALTENBACH)

1* F halb so lg wie der Körper 2

2 Si braun, $1^1/_2$–2mal so lg wie breit. Körper hellgrün bis gelblich, bereift. 1,6 bis 1,8 mm. An *Silene vulgaris*, die Blätter längs nach oben rollend. Eur. [*B. cucubali* (PASSERINI)] *B. cadiva* (WALKER) (Abb. **143**/2)

2* Si fast farblos, nur so lg wie breit, Körper hellgrün, bereift. 1,7–1,9 mm. An *Stellaria holostea*, die Blätter längs nach oben rollend. Eur.
B. stellariae (HARDY)

Gattung *Diuraphis* AJZENBERG

Ähnlich *Brachycolus* BUCKTON, aber die an Gräsern lebenden Arten lgoval. F etwa $^1/_3$ der KörperLg. Alle Arten mit Wachspuder, ohne Ameisenbesuch u. an den Pfl ähnliche Deformationen wie die *Brachycolus*-Arten erzeugend.

1 8. HlbTergit (das Sgm unmittelbar vor der Cauda) mit deutlichem Supracaudalforts von der Lg der Si. Schmutzig gelb, bepudert. 1,3–2,0 mm. Körperanhänge hellbraun. Si schief kegelstumpfförmig, etwa so lg wie an der Basis breit. Cauda zungenförmig, fast doppelt so lg wie an der Basis breit. An *Phleum pratense*, zw den noch eingerollten Blättern, welche gebleicht werden. England, W-, M- u. NEur. *D. muehlei* (BÖRNER) (Abb. **143**/3)

1* Ohne Supracaudalforts, am HRand des 8. HlbSgm höchstens mit flacher Beule 2

2 K u. Körperanhänge hell u. fast unpigmentiert. Untergattung *Brachycorynella* AJZENBERG, nur eine Art. Hellgrün bis hell bläulichgrün, bepudert. Oval. 1,6–2,0 mm. Si porenförmig, nur wenig erhoben, fast farblos. Cauda zungenförmig, doppelt so lg wie an der Basis breit. An *Asparagus officinalis*, STriebe büschel- od. federartig stauchend. An erwachsenen Sprossen auch ohne Deformationen. SOEur, SPolen, Br. *D.* (*B.*) *asparagi* (MORDVILKO)

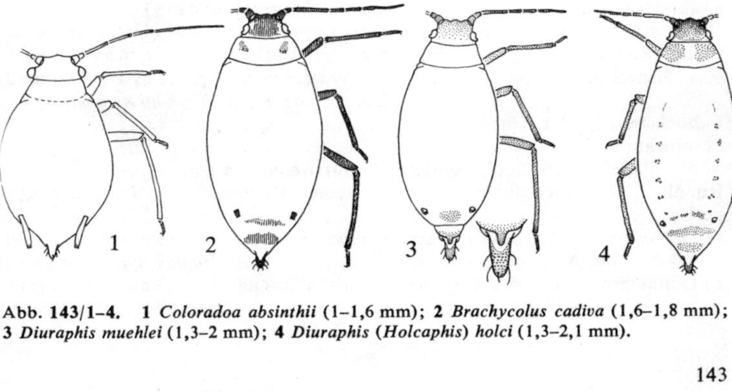

Abb. **143/1–4.** **1** *Coloradoa absinthii* (1–1,6 mm); **2** *Brachycolus cadiva* (1,6–1,8 mm); **3** *Diuraphis muehlei* (1,3–2 mm); **4** *Diuraphis* (*Holcaphis*) *holci* (1,3–2,1 mm).

2* K braun, Körperanhänge hellbraun bis braun. Lgoval. An Süßgräsern. Untergattung *Holcaphis* HILLE RIS LAMBERS 3

3 Si porenförmig, nicht hervortretend, farblos. Grundfärbung dunkelgrün. Dunkel blaugrau erscheinend, milchig bestäubt. 1,8–2,0 mm. Cauda nur wenig länger als an der Basis breit. An *Bromus inermis*, die noch eingerollten Blätter auftreibend u. gestauchten Wuchs hervorrufend. Sa.
D. (*H.*) *bromicola* (HILLE RIS LAMBERS)

3* Si kurz kegelstumpfförmig, pigmentiert, bis $^1/_4$ der Länge der Cauda. Körper heller 4

4 Grundfärbung hellgrün, durch Wachsmehl weiß erscheinend. 1,3–1,9 mm. An *Agropyron repens* u. anderen *Agropyron*-Arten. Triebstauchungen hervorrufend u. an Blättern. Eur, Türkei. *D.* (*H.*) *frequens* (WALKER)

4* Grün, mit grauem Wachspuder, 1,3–2,1 mm. An *Holcus*-Arten, in Gallen, welche durch Triebstauchung in Verbindung mit Verdickung u. Verkürzung der eingerollt bleibenden Blätter entstehen. W-, M- u. NEur.
D. (*H.*) *holci* (HILLE RIS LAMBERS) (Abb. **143**/4)

Gattungen *Rhopalosiphum* KOCH (4 Arten) u. *Schizaphis* BÖRNER (8 Arten)

1 An Holzgewächsen (immer mit Ww) 2

1* An Gräsern, Sauergräsern od. Sumpf- u. WasserPfl 4

2 Schokoladebraun (Fundatrigenia) od. dunkel olivgrün bis olivbraun (Fundatrix). OS der Im. etwas glänzend. Si leicht keulig. Ohne Blattdeformationen an (W I) *Prunus domestica*, *P. spinosa*, seltener *Persica vulgaris* u. *Padus serotina*. W II vgl. unter 4. Weltweit. *Rhopalosiphum nymphaeae* (L.) – **Sumpfpflanzenlaus**

2* Anders gefärbt, Blattdeformationen hervorrufend 3

3 Schmutzig dunkelgrün mit Wachsmehl (Fundatrigenia) od. hellgrün (Fundatrix). An *Padus avium* (W I), Blätter längs nach unten gerollt u. gelbfleckig. W II vgl. unter 11. Weltweit.
Rhopalosiphum padi (L.) – **Traubenkirschen- od. Haferlaus**

3* Grün, Si hell (im Gegensatz zu der auf den gleichen Pomoideen vorkommenden *Aphis pomi* DE GEER, deren Si schwarz sind). Im Frühj an (W I) *Malus*, *Mespilus*, *Crataegus*, *Sorbus aucuparia* u. a. Pomoideen, die Blätter quer rollend, an Apfel oft schädlich. Die 1. auf die Fundatrix folgende Gen besteht in der Regel vollständig aus Geflügelten, welche im Ww zu Gräsern (vgl. unter 10) abwandern. Eur. *Rhopalosiphum insertum* (WALKER) – **Apfelgraslaus**

4 (1) Si etwa $^1/_5$ der KörperLg, mehr als doppelt so lg wie die Cauda, leicht keulig. Rundlich, olivgrün, 1,9–2,5 mm. An (W II) *Nymphaea*, *Nuphar*, *Butomus*, *Sagittaria* u. a. meist monocotylen Wasser- u. SumpfPfl. W I vgl. unter 2.
Exsules von *Rhopalosiphum nymphaeae* (L.)

4* Si höchstens $^1/_7$ der KörperLg 5

5 Si schwarz 6

5* Si der Ungeflügelten unpigmentiert od. nur wenig gebräunt 7

6 Rundlich. Nicht bereift. Mit langen u. feinen Haaren. Si $^1/_7$, F $^3/_4$ der KörperLg.
  a) Dunkel olivgrün, schwarz erscheinend. OS der Im. schwach glänzend. 1,6–2,2 mm. An *Scirpus* u. *Carex*. Eur. *Schizaphis scirpi* (PASSERINI)
  b) Dunkelbraun. OS der Im. meist stark glänzend. 1,8–2,3 mm. An *Typha*. England bis MEur. *Schizaphis typhae* (LAING)

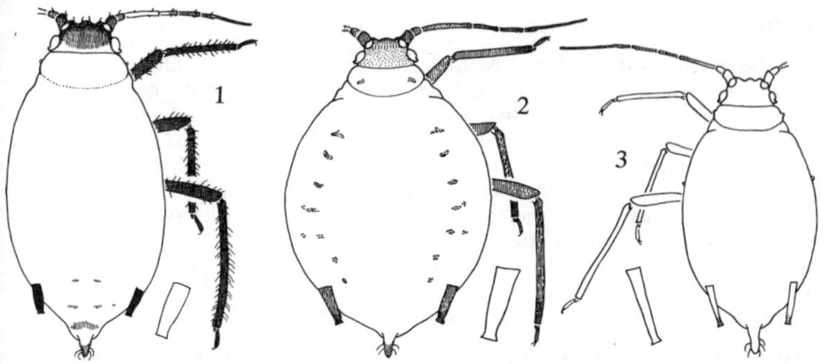

Abb. **145/1–3.** **1** *Rhopalosiphum maidis* (2–2,6 mm); **2** *Rhopalosiphum padi* von W II (1,6–2,4 mm); **3** *Schizaphis graminum* (1,4–2,2 mm).

6* Länglich. Bereift. Ohne auffallende Behaarung. Si $^{1}/_{12}$ der KörperLg, F kürzer als der halbe Körper. Sehr dunkelgrün bis blauschwarz. 2,0–2,6 mm. An Gräsern, an *Zea mays*, bes. an den Fahnen. In warmen Ländern wichtiger Schädling an *Zea mays*, *Hordeum* u. anderen GetreidePfl, sporadisch auch in MEur an *Zea mays*. Anholozyklisch, in MEur wahrscheinlich nicht überw u. dorthin in jedem J erneut aus S zufliegend. Trop, subtrop, medit, vorübergehend auch MEur. *Rhopalosiphum maidis* (FITCH) – **Maisblattlaus** (Abb. **145**/1)

7 (**5**) Si höchstens so lg wie die Cauda **8**

7* Si etwas länger als die Cauda **10**

8 F kürzer als der halbe Körper. Länglich oval. Bleich grünlich bis hell grünlichgelb, in der M grüner Längsstrich. 2,2–2,5 mm. An *Ammophila arenaria*, BlattOS, Blätter nach oben rollend. Auch an *Elymus arenarius*. England u. WEur bis SFinnland u. Polen. [*Sch. geijskesi* HILLE RIS LAMBERS]
Schizaphis rufula (WALKER)

8* F länger als der halbe Körper **9**

9 Länglich oval. F 6 Gld, mit Ausnahme der helleren Basis dunkel. Hellgrün bis gelblich, 2,1 mm. An *Typhoides arundinacea* u. *Calamagrostis*. M- u. NEur.
Schizaphis longicaudata HILLE RIS LAMBERS

9* Oval. F 5 Gld u. farblos. Gelb bis hell orangebraun, am E des Sommers rot bis purpurfarbig. 1,2–1,4 mm. BlattOS von *Poa annua* u. a. Süßgräsern (W II). W I vgl. S. 109. Eur, Israel. Exsules von *Longiunguis pyrarius* (PASSERINI)

10 (**7**) An den Wurzeln von Süßgräsern, gelegentlich unmittelbar unter der Erdoberfläche. Rundlich, bläulichgrün, 1,2–1,8 mm. Si mit bes. deutlich abgesetzter Flansche. Vgl. unter 3*. Exsules von *Rhopalosiphum insertum* (WALKER)

10* An oberirdischen PflTeilen **11**

11 Rundlich. Olivfarbig. Si vor der Flansche deutlich eingeschnürt. 1,6–2,4 mm. An zahlreichen Süßgräsern, z. B. an *Zea mays* bevorzugt an u. in den Kolben, manchmal Massenauftreten an Getreide im späten Frühj. Vgl. unter 3.
Exsules von *Rhopalosiphum padi* (L.) (Abb. **145**/2, **146**/5)

11* Oval, Grün bis gelblich. Einschnürung der Si vor der Flansche undeutlich. 1,4–2,2 mm. An Süßgräsern. Mehrere Unterarten. In warmen Ländern gefährlicher Getreideschädling. Insgesamt weltweit.
Schizaphis graminum (RONDANI) (Abb. **145**/3)

Gattung *Aphis* L.

Rundlich oval, oft rundlich. Artunterschiede in Na u./od. Gen-Zyklen viel größer als in der Morphologie. Letztes Stigma (7. HlbSgm) etwas dorsalwärts verschoben, unter ihm ein manchmal schon mit stärkerer Lupe sichtbarer Höcker (Marginaltuberkel, z. B. Abb. **146**/6, **151**/1, 4, **152**/1). Ein ähnlicher Marginalhöcker jederseits am 1. HlbSgm, bei manchen Arten auch an den HlbSgm 2–4 (Abb. **148**/2, **148**/4, **152**/3). In MEur fast 100 Arten, mit wenigen Ausnahmen von Ameisen besucht. [*Aphidula* NEVSKY, *Cerosipha* DEL GUERCIO, *Comaphis* BÖRNER, *Doralida* BÖRNER, *Doralis* LEACH, *Leucosiphon* BÖRNER, *Medoralis* BÖRNER, *Pergandeida* SCHOUTEDEN, *Toxopterina* BÖRNER, *Tuberculaphis* BÖRNER, *Uraphis* DEL GUERCIO.] Die 2 in MEur vorkommenden Arten der Gattung *Protaphis* BÖRNER wurden hier aufgenommen.

1 Si der ungeflügelten Im. kräftig pigmentiert, am lebenden Tier sehr dunkelbraun od. schwarz 2

1* Si der ungeflügelten Im. nicht od. nur schwach pigmentiert, am lebenden Tier nicht dunkelbraun, bei einigen Arten an der Spitze gedunkelt 27

2 Ungeflügelte Im. mit sehr dunkler Grundfärbung, schwarz od. fast schwarz erscheinend. Auch die kleinen L ziemlich dunkel 3

2* Grundfärbung heller. Wenn dunkelgrün od. dunkel graugrün od. braun, dann deutlicher Kontrast zw den Si u. der Grundfärbung u. die kleinen L viel heller als die Alttiere 21

3 Si kürzer als die Cauda 4

3* Si so lg od. länger als die Cauda 6

4 OS der ungeflügelten Im. glänzend, ohne Wachspuder, in großer Ausdehnung pigmentiert. 1,5–2,2 mm. Si $^1/_{10}$ der KörperLg, nur wenig kürzer als die fingerförmige Cauda. An *Euphorbia cyparissias*, Stengel u. in Blütenständen. Eur. *A. euphorbiae* KALTENBACH

4* OS auch der ungeflügelten Im. mit Wachspuder 5

5 Si so lg wie der Abstand zw den FWurzeln. Rücken der ungeflügelten Im. zum mindesten längs der MLinie u. im letzten Drittel mit umfangreicher Pigmentzeichnung. 2,1–2,5 mm. In dichten, dunkel blaugrauen Kolonien an Trieben u. Blütenständen von *Vicia cracca* u. *V. villosa*, bei starkem Auftreten Triebstauchungen verursachend. Eur. *A. craccae* L.

5* Si kürzer als der Abstand zw den FWurzeln. RückenM der ungeflügelten Im. ohne od. mit Pigmentzeichnung, nur größere Exemplare von *A. genistae* SCOPOLI längs der MLinie mit unregelmäßig gezacktem Pigmentstreifen.

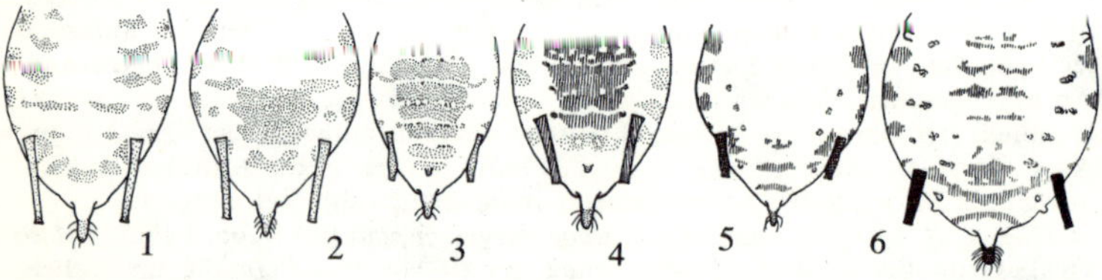

Abb. **146**/1–6. Zeichnung der OS des Hlb bei Geflügelten: **1** *Aulacorthum solani*; **2** *Phorodon humuli*; **3** *Cavariella aegopodii*; **4** *Cavariella theobaldi*; **5** *Rhopalosiphum padi* von W II; **6** *Aphis fabae* von W II.

a) An *Genista tinctoria*, an Trieben u. jungen Früchten. 1,4–2,3 mm. Eur. *A. genistae* SCOPOLI

b) An *Bupleurum falcatum*, an Trieben u. Blütenständen. 1,3–2,2 mm. Th, An, Franken, Lothringen. *A. bupleuri* (BÖRNER) (Abb. **148**/1)

c) An *Galium* spp. u. *Asperula cynanchica*, an Trieben u. Blütenständen. 0,9 bis 1,7 mm. Eur. *A. galii-scabri* SCHRANK

6 **(3)** HlbRücken der ungeflügelten Im. mit Pigmentzeichnung als große bis zu den S reichende Platte od. als Querbänder. (Die Rückenzeichnung wird bei Kümmerformen weniger od. nicht ausgebildet.) OS der ungeflügelten Im. bei den meisten Arten glänzend **7**

6* HlbRücken der ungeflügelten Im. ohne Pigment, höchstens mit einigen Flekken, immer matt od. bepudert, nicht glänzend **10**

7 An den S der HlbSgm 1–4 (–5) u. 7 je ein großer Höcker (Marginaltuberkel) **8**

7* Je ein deutlich erkennbarer Marginaltuberkel ist nur an der Basis des Hlb u. hinter den Si (am 1. u. 7. HlbSgm) vorhanden **9**

8 Rückenpigmentierung in Form von Querbändern. Dunkel bläulich grün. OS meist glänzend. 2,2–2,5 mm. An *Rumex acetosa*, am Rosettengrund, von Ameisen umbaut, od. am Stengel. M-, N- u. OEur, England. *A. acetosae* L. (Abb. **148**/2)

8* Rücken vollständig od. fast vollständig pigmentiert, schwarz glänzend. 1,5 bis 2,0 mm. An *Trifolium pratense*, am Stengelgrund. Italien u. Jugoslawien bis Polen u. MSchweden, England. *A. scaliai* DEL GUERCIO

9 **(7)** Si so lg od. nur wenig länger als die Cauda. Rückenpigment in schmalen Querbändern u. bei kleinen Exemplaren fehlend.

a) Ungeflügelte Im. OS etwas glänzend. An *Vaccinium uliginosum* u. *V. myrtillus*. 1,5–1,9 mm. M- u. NEur, England. *A. vaccinii* (BÖRNER)

b) OS matt schwarz. An *Rumex obtusifolius* u. *R. maritimus*, seltener *R. crispus*, Stengel u. InnenS längs eingerollter Blätter. 1,4–2,5 mm. Holarkt. *A. rumicis* L.

9* Si 1$^1/_2$mal so lg wie die Cauda. Pigmentierung bei großen Exemplaren über den ganzen Rücken ausgedehnt od. (*A. salviae* WALKER) manchmal in breiten, ineinanderfließenden Querbändern.

a) An *Laburnum*, *Sarothamnus* u. *Cytisus*, an *Laburnum* im Frühj die Blätter leicht rollend. 1,9–2,4 mm. L dick bläulich bepudert. Eur. *A. cytisorum* HARTIG

b) An anderen Schmetterlingsblütengewächsen: *Robinia pseudoacacia*, *Caragana arborescens*, *Lotus corniculatus*, *Coronilla varia*, *Anthyllis vulneraria*, *Pisum* u. viele andere, darunter trop Schmetterlingsblütengewächse, z. B. *Arachis hypogaea*. An *Vicia faba* auch in MEur schädlich u. dann meist mit *A. fabae* SCOPOLI verwechselt, außerdem an einigen weiteren Pfl, z. B. *Capsella bursa-pastoris* u. *Rumex*. 1,2–2,3 mm. L nur schwach bereift. Ein Komplex von bionomisch verschiedenen Rassen u. Unterarten. Im Weltmaßstab wichtiger Direktschädling u. Virusüberträger. Weltweit. *A. craccivora* KOCH (Abb. **148**/3)

c) An *Salvia pratensis*, Stengelbasis u. am Grunde der Blattstiele. 1,8–2,3 mm. England, MEur, Rumänien, Türkei, Israel. *A. salviae* WALKER

d) An *Cichorium*, Wurzelhals u. Rosettengrund, manchmal auch am Stengel. 1,5–2,2 mm. Eur, Türkei, Israel. *A. intybi* KOCH

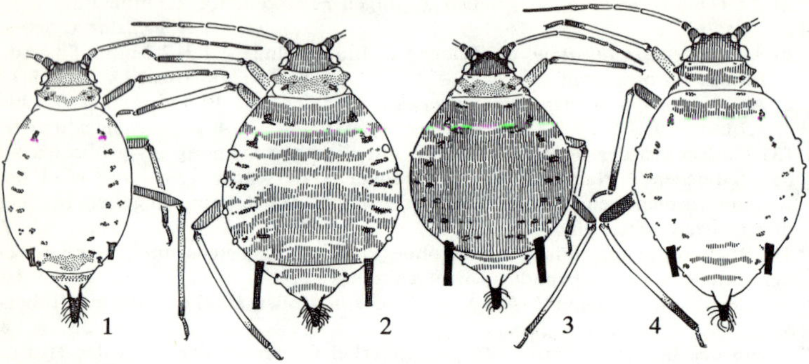

Abb. **148/1–4.** **1** *Aphis bupleuri* (1,3–2,2 mm); **2** *Aphis acetosae* (2,2–2,5 mm); **3** *Aphis craccivora* (1,2–2,3 mm); **4** *Aphis viburni* (1,5–2,2 mm).

10 **(6)** Schienen dunkelbraun bis schwarz, von dem gleichen Pigmentierungsgrad wie die Si **11**

10* Schienen der Im. bis auf das dunkle distale Viertel fast weiß od. hell bräunlich **14**

11 Si länger als der Abstand zw den FWurzeln **12**

11* Si so lg od. (meistens) kürzer als der Abstand zw den FWurzeln **13**

12 Si 3mal so lg wie die Cauda. 2,2–3,2 mm. Nymphen u. manchmal ungeflügelte Im. mit segmentalen weißen Wachstupfen. W I *Sambucus nigra*, das ganze J über. Außerdem Ww zu (W II) *Rumex*, *Saxifraga* u. einigen *Caryophyllaceae*, dort die grünen Exsules am Wurzelstock u. Wurzelhals. Holarkt.
A. sambuci L. – **Holunderlaus**

12* Si $1^1/_2$–2mal so lg wie die Cauda. Etwa 2 mm. An *Senecio jacobaea*, Stengelgrund, aber auch an oberen Stengelteilen. MEur. *A. jacobaeae* SCHRANK

13 **(11)** OFläche matt. 1,6–2,1 mm. An *Senecio fuchsii* u. *S. cacaliaster* u. *Adenostyles glabra*, Blütenstiele u. BlattUS, MEur.
A. cacaliasteris HILLE RIS LAMBERS

13* Mit grobkörniger grauer Bepuderung. 1,1–1,4 mm. An *Rhamnus cathartica*, Blätter entlang der MRippe od. einem SNerven nach oben gefaltet u. gerollt. Während des Sommers u. Spätsommers vorzugsweise in den Gallen des Blattflohes *Trichopsylla walkeri* (FÖRSTER), Ns, An, Br, Me, England, Österreich, Polen, Ukraine. *A. commensalis* STROYAN

14 **(10)** An den S vom 1.–7. HlbSgm je ein großer Höcker (Marginalhöcker od. -tuberkel) **15**

14* Deutlich erkennbare Marginalhöcker nur an der Basis des Hlb u. hinter den Si (1. u. 7. HlbSgm) vorhanden. Wenn auch an dazw liegenden Sgm Marginalhöcker auftreten, dann sind diese sehr klein u. unscheinbar **16**

15 An *Viburnum opulus*, die Blätter rollend u. kräuselnd. Ohne Ww. 1,5–2,2 mm. MEur, England, Schweden. *A. viburni* SCOPOLI (Abb. **148**/4)

15* Am Stengelgrund u. in den unteren Blattachseln, von Ameisen umbaut.
a) An Möhre. 1,25–1,9 mm. MEur, England. *A. lambersi* (BÖRNER)
b) An Veilchen u. Stiefmütterchen. 1,5–1,8 mm. MEur, England.
A. violae SCHOUTEDEN

16 **(14)** RSpitze die Hü des 3. BPaares überragend **17**
16* RSpitze die 3. Hü höchstens erreichend, nicht überragend **18**
17 An *Hedera helix*, an den Trieben. 1,7–2,5 mm. Eur, Türkei, Israel, SAfrika, NAm. *A. hederae* KALTENBACH
17* An *Peucedanum cervaria*, in Blütenständen u. Blattscheiden. 1,4–1,6 mm. MEur. *A. schilderi* (BÖRNER)
18 **(16)** HSchenkel nur schwach gebräunt, nur wenig dunkler als die Schienen.
a) An *Pulsatilla pratensis, vulgaris* u. *patens*, an den Blättern, 1,4–1,7 mm. Me, MSchweden, Mongolei. *A. pulsatillae* OSSIANNILSSON
b) An *Sanguisorba minor*, Wurzelhals u. Basis der Blattstiele u. Stengel, von Ameisen umbaut. 1,2–2,0 mm. Eur, Türkei, Iran. *A. poterii* (BÖRNER)
18* HSchenkel bis auf die hellere Basis dunkel pigmentiert **19**
19 Mit Wachspuder, der (Vergrößerung!) in hexagonalen Feldern angeordnet ist. Durch die Bepuderung bräunlichviolett erscheinend. 1,0–1,2 mm. An *Calluna vulgaris*, Triebspitzen. M- u. NEur, England. *A. callunae* THEOBALD
19* Ungeflügelte Im. matt schwarz, manchmal mit 2 Reihen weißer Wachstupfen, im allgemeinen größer als 1,2 mm **20**
20 An *Aegopodium podagraria*, an der InnenS von eng nach unten gerollten Blättern, manchmal an Stengeln u. Blütenständen. 1,5–2,1 mm. MEur, England, S- u. MSchweden. *A. podagrariae* SCHRANK
20* An zahlreichen Pfl, mit Ww. W I: *Evonymus europaea* (braune Läuse an *Evonymus europaea* sind *A. fabae evonymi* F., vgl. 26e). Ein Komplex von 4 Unterarten, jede mit einem oder wenigen Kennwirten. V.: Eur, Türkei, Irak, Afrika, Am.
a) *Vicia faba, Chenopodium album, Beta*-Rüben, *Dahlia*, wichtiger Schädling. *A. fabae* SCOPOLI s. str. **Schwarze Bohnen- od. Rübenblattlaus**
b) *Cirsium arvense, Philadelphus coronarius*, manchmal *Viburnum opulus*. *A. fabae cirsiiacanthoidis* SCOPOLI
c) Kennwirt *Solanum nigrum*. *A. fabae solanella* THEOBALD
21 **(2)** Si kürzer als der Abstand zw den FWurzeln. Processus terminalis $1^1/_2$mal so lg wie die Basis des 6. FGld **22**
21* Si so lg od. länger als der Abstand zw den FWurzeln. Processus terminalis mindestens 2mal so lg wie die Basis des 6. FGld **23**
22 HlbRücken mit SFlecken u. schmalen Querbändern. Blaugrün; bei den Si rotbraun. Schwach bepudert. 1,7 mm. An *Carlina acaulis*, am Grund der Rosette u. unterirdisch am Wurzelhals. M- u. OEur. *Protaphis carlinae* (BÖRNER)
22* HlbRücken außer den Muskelplatten höchstens mit einzelnen Flecken. Dunkelgrün, ohne Wachspuder. 1,6–1,8 mm. An *Anthemis tinctoria*, unterirdisch am Wurzelhals. Th. *Protaphis anthemidis* (BÖRNER)
23 **(21)** Si verhältnismäßig dick u. leicht nach außen gekrümmt **24**
23* Si schlank u. gerade gestreckt, nicht gebogen **25**
24 Braun od. dunkel graugrün, leicht bepudert. 1,6–2,1 mm. An *Chamaenerion angustifolium* (W II). BlattUS, die Blätter können vertrocknen. Ww zu (W I) *Cornus alba*, wo Blattnester gebildet werden. MEur, England, Dänemark, Schweden, Polen. *A. salicariae* KOCH (Abb. **151**/1)
24* Gelb, unmittelbar vor den Si manchmal mit 2 in der M unterbrochenen braunen Querbändern. R die 3. Hü überragend. 1,8–2,1 mm. An *Verbascum*, an der US älterer u. ältester Blätter. Eur, Türkei, Israel, NAfrika. *A. verbasci* SCHRANK

25 **(23)** RSpitze die 3. Hü etwas überragend. An unterirdischen PflTeilen od. in unmittelbarer Nähe der Erdoberfläche.

a) An *Tanacetum*, *Chrysanthemum*, *Achillea*, *Anthemis*, *Matricaria*, an Wurzeln u. Ausläufern. Tiefgrün. 1,2–2,0 mm. Eur. *A. vandergooti* (BÖRNER)

b) An *Plantago major*, *P. media* u. *P. lanceolata*, am Rosettengrund, an der US der Blätter, seltener am Stengel unterhalb des Blütenstandes. Grün bis dunkelgrün, 1,3–1,7 mm. Türkei bis MSchweden. *A. plantaginis* SCHRANK

c) An *Plantago maritima*, am Rosettengrund. Dunkelgrün. 1,4 mm. Österreich. An, Niederlande, England. [*Toxopterina longirostris* BÖRNER]
A. longirostrata HILLE RIS LAMBERS

d) An *Taraxacum* u. *Leontodon*, Rosettengrund u. Wurzelhals. Dunkelgrün. 1,4–2,2 mm. Eur außer S. *A. taraxacicola* (BÖRNER)

e) An *Hieracium pilosella* u. *H. aurantiacum*, Stengel- u. Rosettengrund u. an Ausläufern. Dunkelgrün. 1,2–1,6 mm. Si $^1/_9$ der KörperLg, nur knapp so lg wie der Abstand zw den FWurzeln. Eur außer S.
A. pilosellae (BÖRNER)

25* RSpitze höchstens bis zu den 3. Hü reichend. An oberirdischen Teilen der WirtsPfl **26**

26 An Bäumen u. Sträuchern.

a) Pomoideen (*Malus*, *Pyrus*, *Sorbus aucuparia*, *Mespilus*, *Crataegus* u. a.) u. *Spiraea vanhouttei*. Grün. 1,4–2,2 mm. Si $^1/_4$–$^1/_5$ der KörperLg. An *Malus domestica* bes. an Jungbäumen, oft schädlich. Holarkt, medit.
A. pomi DE GEER – **Grüne Apfellaus** (Abb. **151**/2)

b) An *Rubus idaeus*, Blattnester bildend. Hellgrün, etwas fleckig, leicht bereift. 1,6–2,2 mm. Si dunkelbraun, dünn, $^1/_4$–$^1/_5$ der KörperLg. M-, W- u. NEur, Neuseeland. *A. idaei* VAN DER GOOT

c) An *Spiraea vanhouttei* u. *S. arguta*, in dichten Kolonien an grünen Zweigen, manchmal mit Schadwirkung. Grundfärbung braun. Manchmal mit unregelmäßiger Zeichnung in der RückenM. Dunkelgraubraun erscheinend, mit querstreifig angeordnetem Wachspuder. 1,1–2,0 mm. Si $^1/_{10}$ der KörperLg. Eur. *A. spiraephaga* F. P. MÜLLER

d) An *Rhamnus frangula*, an Triebspitzen. Olivenfarbig, schmutzig grün, dunkel graugrün od. braun. 1,1–2,0 mm. Si $^1/_6$–$^1/_8$ der KörperLg. Ein Komplex von biologisch verschiedenen Formen. Während des ganzen Jahres an *Rhamnus frangula*, außerdem Ww zu (W II) *Chamaenerion angustifolium*, *Solanum tuberosum*, *Lamium*, *Capsella bursa-pastoris*, *Veronica beccabunga* u. a. Pfl. Eur. *A. frangulae* KALTENBACH – **Faulbaumlaus** (Abb. **151**/3)

e) An *Evonymus europaea*, ohne Ww an grünen Zweigen u. Triebspitzen. Braun. 1,7–2,1 mm. Si $^1/_7$ der KörperLg. England, Me, Br.
A. fabae evonymi F.

26* An Kräutern.

a) An *Ballota nigra*, an oberen Stengelteilen. Gelblichgrün, oft dunkel grünfleckig. 1,4–1,6 mm. Polen, DDR, BRD, Italien, Türkei, England.
A. ballotae PASSERINI

b) An *Nepeta cataria*, an jüngeren u. älteren Stengeln, manchmal die Blätter leicht rollend. Dunkler u. heller grün. 1,3–1,6 mm. We, Th.
A. nepetae KALTENBACH

c) An *Origanum vulgare*, an Sproßspitzen; Blattnester u. starke Blattkräuselungen hervorrufend. Dunkelgrün. MEur, Italien, England.
A. origani PASSERINI

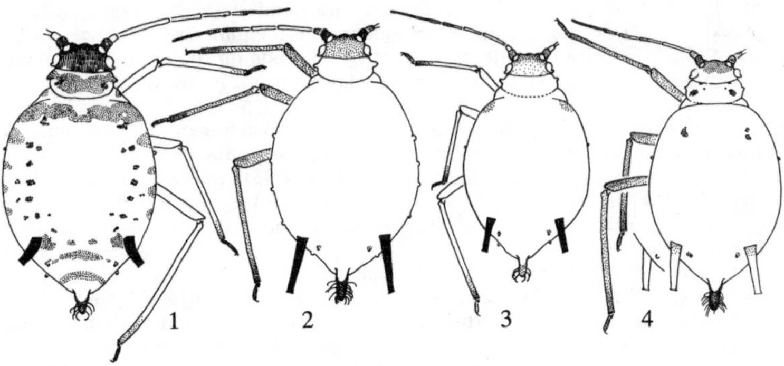

Abb. **151**/1–4. **1** *Aphis corniella von* W II (1,6–2,1 mm); **2** *Aphis pomi* (1,4–2,2 mm); **3** *Aphis frangulae* von W II (1,1–2 mm); **4** *Aphis epilobii* (1,4–1,9 mm).

d) An *Thymus pulegioides* u. *Th. serpyllum*, in den Blütenständen. Dunkelgrün, glänzend. 1 mm. Eur. *A. serpylli* KOCH

e) An *Anthriscus sylvestris*, an Stengeln u. Blattstielen. Braun, Rücken oft mit kurzen Querbändern. 2,4–2,8 mm. M- u. NEur, England. *A. brohmeri* BÖRNER

f) An *Filipendula ulmaria*, an der US stark gerollter Blätter, manchmal an Blütenstielen. Dunkelgrün. 1,7–2,2 mm. M- u. NEur, England. *A. ulmariae* SCHRANK

g) An *Sedum* u. *Sempervivum*, an Triebspitzen u. zw Blüten. Grün bis dunkelgrün. 1,1–1,7 mm. Holarkt. *A. sedi* KALTENBACH

h) An *Knautia arvensis*, an Stengel u. Blütenköpfen. Bläulichgrün, hellgrün od. gelblichgrün. 1,3–1,8 mm. M- u. NEur, England. *A. confusa* WALKER

i) An *Hieracium sabaudum* u. *H. umbellatum*, Blätter nach unten rollend u. Triebstauchungen verursachend. Tiefgrün bis dunkelgrün. 1,3–1,8 mm. M- u. NEur. *A. hieracii* SCHRANK

j) An *Hypericum perforatum*, meist an den unteren Stengelteilen u. oft von Ameisen umbaut. Hellgrün bis grün, mit dunklerem VKörper. 1,2–1,8 mm. Eur, Türkei. *A. chloris* KOCH

k) An *Chamaenerion angustifolium*, *Solanum tuberosum*, *Lamium*, *Capsella bursa-pastoris*, *Veronica beccabunga* u. a. Pfl. Nicht an *Cucumis sativus*. Schmutzig gelb bis grün bis dunkel graugrün, an *Solanum tuberosum* meist bräunlichgelb. 1,0–1,9 mm. Exsules von *A. frangulae* KALTENBACH (Abb. **151**/3)

l) An *Cucumis sativus* u. zahlreichen anderen Pfl, bes. in Gewächshäusern, z. B. an *Fuchsia*. Anholozyklische Lebensweise. Im Sommer auch im Freien u. dann gelegentlich an *Solanum tuberosum* u. anderen WirtsPfl des *A. frangulae*-Komplexes. Schmutzig gelb bis grün bis dunkel graugrün. 1,0–1,8 mm. Weltweit, wichtiger Schädling der Baumwolle. *A. frangulae gossypii* GLOVER – **Gurkenblattlaus**

27 **(1)** Cauda deutlich dunkler als die Si **28**

27* Cauda nicht dunkler als die Si **29**

28 Si $^1/_4$ der KörperLg od. etwas länger. Grün, mit unregelmäßigen helleren Flecken. OFläche matt, ohne Wachspuder. 1,6–2,2 mm. An den Triebspitzen von *Salix*. Die Entstehung der Sexuales beginnt schon im Juni. Man findet dann in den Kolonien die kleinen braunen ungeflügelten ♂♂. Holarkt.
A. farinosa GMELIN

28* Si $^1/_7$ der KörperLg. Braun od. dunkelgrün, mit Wachsmehl. 1,4–1,9 mm. An *Epilobium montanum* u. *E. hirsutum*, an Triebspitzen, Blütenständen u. jungen Früchten. M- u. NEur, England. *A. epilobii* KALTENBACH (Abb. **151**/4)

29 (**27**) R die Hü des 3. BPaares überragend. Dunkelgrün. 1,0–1,4 mm. Am Grunde der Blattstiele u. Blütentriebe von Erdbeeren, manchmal schädlich. MEur, NAm. *A. forbesi* WEED

29* R nicht die Hü des 3. BPaares überragend.

a) An *Ribes* (*R. sanguineum*, *R. nigrum*, *R. aureum* u. a.), anscheinend aber nicht an *R. uva-crispa*. Blattnester u. Triebstauchungen verursachend. Grün bis dunkelgrün, leicht bepudert. 1,8–2,6 mm. MEur, England, MSchweden.
A. schneideri (BÖRNER)

b) An *Ribes uva-crispa* (W I), Blattnester bildend. Ww zu (W II) *Epilobium montanum*. Grün bis hellgrün od. gelblichgrün. Rücken matt od. ganz leicht bereift. 1,4–1,9 mm. Eur, MAs. *A. grossulariae* KALTENBACH (Abb. **152**/1)

c) An Brombeeren, an Triebspitzen u. US von gerollten Blättern. Grün bis schmutzig gelb. 1,8–2,2 mm. Im Sommer sitzen die Läuse verstreut an der US der Blätter u. sind dann sehr klein u. fast farblos. Eur, Türkei, Israel, NAfrika. *A. ruborum* (BÖRNER)

d) An *Rhamnus cathartica*, W I, an Triebspitzen u. an der US von gerollten Blättern. Ww zu (W II) zahlreichen Pfl, z. B. *Solanum tuberosum*, *Rorippa*, *Nasturtium*, *Polygonum* u. a. An W I gelblichgrün, 2,0–2,3 mm. An W II oft gelb, manchmal grünlich, 0,9–1,8 mm. SiSpitze immer gedunkelt. Eur, Türkei, Jordanien, Israel, NAm.
A. nasturtii KALTENBACH – **Kreuzdornlaus** (Abb. **152**/2)

e) An *Rhamnus cathartica*, an Frucht- u. Blattstielen. Graugrün, dunkel marmoriert. 1,2–1,8 mm. Si hell bis braun. An den S des Hlb auffallend große Marginalhöcker. Th, Ns, Me, Polen, Österreich, England.
A. mammulata GIMINGHAM et HILLE RIS LAMBERS (Abb. **152**/3)

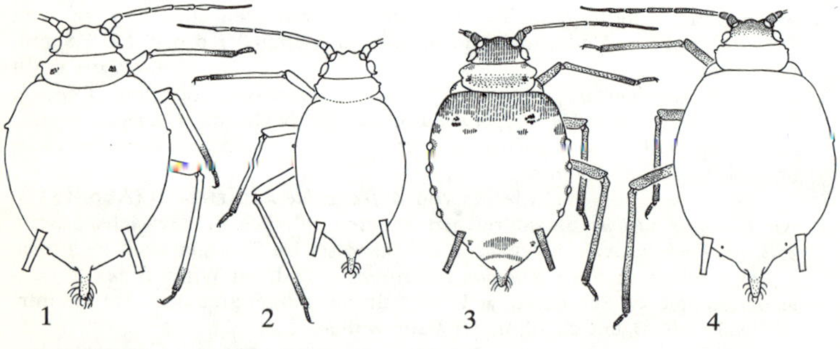

Abb. **152/1–4.** **1** *Aphis grossulariae* von W II (1,4–1,9 mm); **2** *Aphis nasturtii* von W II (an W I 2–2,3 mm, an W II 0,9–1,8 mm); **3** *Aphis mammulata* (1,2–1,8 mm); **4** *Aphis triglochinidis* von W II (2–2,2 mm).

f) An *Malva neglecta, M. sylvestris* u. *M. alcea, Lavatera,* Blattunterseite, die jüngeren Blätter zu „Blattschirmen“ deformierend. Grünfleckig bis gelblich grün. 1,9–2,2 mm. Eur, Türkei, Jordanien, Israel, As. *A. umbrella* (BÖRNER)
g) An *Urtica dioica,* an Sproßspitzen. Grün bis bläulich grün, fleckig. 1,4 bis 2,4 mm. Eur, Türkei, Libanon, As. *A. urticata* F.
h) An *Helianthemum,* an Blütenstielen. Gelblichgrün bis grün. 1,3–1,5 mm. Eur. *A. helianthemi* FERRARI
i) An *Triglochin maritima,* an Blüten- u. Fruchtständen, *Rorippa, Barbarea, Myosotis palustris* (W II). Ww zu (W I) *Ribes nigrum* u. *R. rubrum,* an W I leichte Blattkräuselungen. Grün bis olivgrün od. schmutzig grün. 2,0 bis 2,2 mm. England, Niederlande, Me, Polen, SSchweden.
A. triglochinidis THEOBALD (Abb. **152**/4)
k) An *Mentha,* an oberen Stengelteilen u. US der oberen Blätter, die Blätter wölbend u. nach unten biegend. Hellgrün, matt, etwas bereift. Cauda u. Si hellbraun. 1,1–1,6 mm. MEur, Italien, Türkei. *A. affinis* DEL GUERCIO

Unterfamilie *Anuraphidinae*

1 Sämtliche Läuse einschließlich der L glänzend. Rücken der erwachsenen ungeflügelten parthenogenetischen ♀♀ meist dunkel pigmentiert (Ausnahme: *Brachycaudus helichrysi* [KALTENBACH]) **5**

1* Zum mindesten die L mit Wachspuder od. mit matter OFläche. Rücken der erwachsenen ungeflügelten parthenogenetischen ♀♀ nie in großer Ausdehnung pigmentiert [Ausnahme: *Ceruraphis eriophori* (WALKER), an W I] **2**

2 L bereift, ungeflügelte Im. mit dunkel pigmentierter OS u. etwas glänzend. Im Frühj die schwarz erscheinenden Fundatritzen u. die violetten, bepuderten Nymphen der einzigen u. vollständig geflügelten fundatrigenen Gen zw stark gerollten u. gekräuselten Blättern von *Viburnum lantana* u. *V. opulus* (W I). Ovipare ♀♀ hell gelblichgrün bis schmutzig weiß, ohne Rückenpigment. Ww zu *Eriophorum, Carex* u. *Luzula* (W II), dort an basalen Teilen u. zw Blattscheiden, an W II Ungeflügelte oval, olivgrün bis braun, mit heller Wachskugel am HlbE. Eur außer S, Kanada. *Ceruraphis eriophori* (WALKER)

2* Kein wesentlicher äußerer Unterschied zw ungeflügelten Im. u. L u. an anderen Pfl, OS nicht glänzend **3**

3 OFläche der Ungeflügelten u. L matt, jedoch ohne Bewachsung. R $^7/_{10}$ der KörperLg od. länger. Mit Ww. W I *Pyrus,* BlattUS, Blätter längs der MRippe nach unten gebogen, dabei beide Hälften zusammengeschlossen.
Gattung *Anuraphis* DEL GUERCIO

a Si kürzer als der Abstand zw den FWurzeln. Hell olivbräunlich bis dunkler braun. 2,0–3,1 mm. W II *Pastinaca sativa* u. *Heracleum sphondylium,* in den Blattscheiden u. am Wurzelhals, von Ameisen umbaut. Eur, Türkei, As.
A. subterranea (WALKER)

a* Si so lg od. länger als der Abstand zw den FWurzeln. Rötlichgrau mit segmentalen grünen Querstrichen bis vorherrschend grün. W II *Petasites* u. *Tussilago farfara,* am Wurzelstock u. in den unteren Blattscheiden, von Ameisen umbaut. Lebensweise ähnlich der vorigen Art. Eur, Türkei.
A. farfarae (KOCH)

3* OFläche der Ungeflügelten bepudert u. bewachst. R höchstens $^7/_{10}$ der KörperLg, meist kürzer **4**

4 Si porenförmig u. schwer sichtbar. Reichliche Wachsausscheidungen. Grundfärbung weinrot. 1,1–1,3 mm, rundlich. In eng gerollten, blasenförmigen, leuchtend roten Gallen an den Blättern von *Artemisia vulgaris*. Eur.
Cryptosiphum artemisiae BUCKTON

4* Si gut entw. Bepudert od. bereift. Die meisten Arten mit Ww. W I: Pomoideen, mit starken Blattrollungen. W II: an den Wurzeln od. in den untersten Blattscheiden von Doldengewächsen u. einigen anderen Pfl. 22 Arten.
Gattung *Dysaphis* BÖRNER S. 156

5 (1) Si $^1/_5$ der KörperLg. Cauda flach gerundet, kaum sichtbar. Schwarzgrün, 1,8–2,6 mm. An Wurzelhals u. Stengelgrund von *Centaurea scabiosa* u. *C. nigra*, von Ameisen umbaut, seltener am Stengel aufwärts steigend. Eur. [*A. centaureae* KOCH] *Acaudinum scabiosae* HILLE RIS LAMBERS

5* Si höchstens $^1/_7$ der KörperLg, Cauda deutlich sichtbar 6

6 Grundfärbung bräunlich rot, Im. infolge ausgedehnter Pigmentierung schwarz erscheinend. Rundlich, mit gewölbtem Rücken. 2,0–2,7 mm. An *Aconitum* u. *Delphinium*. W-, M- u. NEur. *Brachycaudina napelli* (SCHRANK)

6* Grundfärbung anders. Wenn bräunliche od. rötliche Farbtöne vorhanden, dann Läuse an anderen Pfl 7

7 An *Cerasus mahaleb*, die Blätter rollend, blasig wölbend u. gelb verfärbend. Grundfärbung gelblich, Im. mit sehr dunkel pigmentierter OS. 1,4–2,1 mm. M- u. SEur, Türkei. *Roepkea marchali* (BÖRNER)

7* An anderen Pfl od. an *Prunus*-Arten. 11 Arten.
Gattung *Brachycaudus* VAN DER GOOT S. 154

Gattung *Brachycaudus* VAN DER GOOT

1 Si so lg od. etwas länger als der Abstand zw den FWurzeln 2

1* Si kürzer als der Abstand zw den FWurzeln 5

2 R bis höchstens zu den Hü des 3. BPaares reichend. Grundfärbung braun . 3

2* RSpitze die Hü des 3. BPaares überragend. Grundfärbung hellgrün, manchmal rötlich od. orange. Körper breit gerundet, 1,6–2,5 mm. Im Frühj an *Prunus domestica* u. *P. spinosa* (W I), die Blätter ganzer Triebe sehr stark kräuselnd, mit Ww zu zahlreichen Korbblüten- u. Borretschgewächsen (W II). Holarkt.
B. cardui (L.) – **Große Pflaumenblattlaus** (Abb. **155**/1, **157**/1)
Die anholozyklisch lebende Unterart *B. cardui lateralis* (WALKER) in Gewächshäusern auch während des Winters an *Cineraria* u. *Chrysanthemum*. Eur, Türkei.

3 An *Silene*, dichte Kolonien an Sproßspitzen. 1,9–2,7 mm. Bevorzugt an *S. alba*, gelegentlich an *S. dioica*. Eur, Türkei, MAs. *B. lychnidis* (L.)
Sehr ähnlich aussehende Arten:
a) Nur an *Silene dioica*. MEur, England, Schweden. *B. klugkisti* BÖRNER
b) An *Silene vulgaris* (*S. inflata*). WEur bis WSibirien.
B. populi (DEL GUERCIO)

3* An *Prunus* od. *Persica* 4

4 An *Prunus domestica* u. *P. spinosa*. Im Frühj an bodennahen Schossen, im Sommer u. Winter an den Wurzeln, anholozyklisch. 1,4–2,0 mm. W- u. MEur, England. *B. semisubterraneus* BÖRNER

4* An *Persica*. Im Frühj an Zweigspitzen, sonst Lebensweise wie vorige Art. 1,7–2,4 mm. SEur, Türkei, SAfrika, Sambia, Simbabwe, Am, Australien, Neuseeland. *B. persicaecola* (BOISDUVAL)

5 (1) Si der Ungeflügelten farblos od. nur schwach gebräunt 6

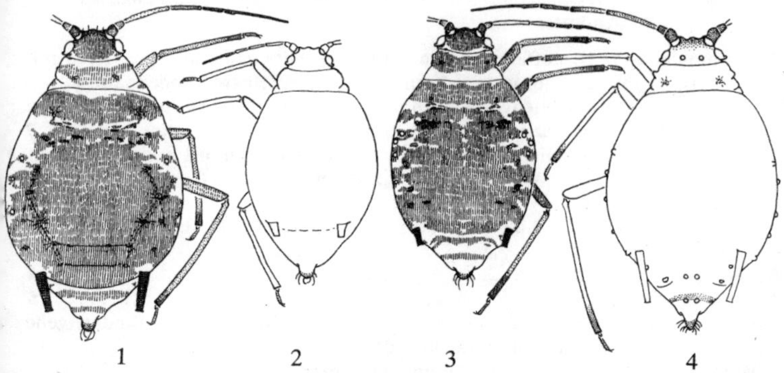

Abb. **155/1–4.** **1** *Brachycaudus cardui* von W II (1,6–2,5 mm); **2** *Brachycaudus helichrysi* von W I (1,2–2 mm); **3** *Brachycaudus prunicola* s. str. (1,8–2,2 mm); **4** *Dysaphis* (*Pomaphis*) *sorbi* von W I (an W I 2,2–3 mm, an W II 1,3–1,75 mm).

5* Si dunkel pigmentiert **7**

6 OS der ungeflügelten Im. braungrau, Grundfärbung hellgrün. 1,2–1,8 mm. An *Spiraea salicifolia*, die Triebe durch starke Blattkräuselungen heftig verunstaltend. Während des Sommers auch an *Spiraea vanhouttei*, dort in vereinzelt gerollten Blättern verborgen. DDR, BRD, Polen, NEur, NAm.
B. spiraeae (OESTLUND)

6* OS der Ungeflügelten (mit Ausnahme der Fundatrix) unpigmentiert. Grundfärbung hellgrün, manchmal gelblich. 1,2–2,0 mm. Ww. W I: *Prunus domestica* u. *P. spinosa*, die Blätter ganzer Triebe sehr stark kräuselnd u. bis in den Sommer besiedelnd. W II: *Asteraceae* u. einige andere Pfl, z. B. *Myosotis* u. *Trifolium pratense*, an letzterem in den Blütenköpfen u. in Samenbeständen Schäden verursachend. Eine anholozyklisch lebende Form überw in Gewächshäusern an *Cineraria* u. *Chrysanthemum*. Weltweit.
B. helichrysi (KALTENBACH) – **Kleine Pflaumenblattlaus** (Abb. **155**/2, **157**/2)

7 (**5**) Die RSpitze überragt die Hü des 3. BPaares. Grundfärbung hell gelblichgrün. 1,3–1,9 mm. Unterirdisch an *Plantago lanceolata*. An, Me, Österreich, Frankreich, England. *B. lucifugus* F. P. MÜLLER

7* RSpitze das 3. HüPaar nicht erreichend **8**

8 An *Inula salicina*, in aufwärts gerollten Blättern. Auch an *I. hirta*. 1,0–1,2 mm. DDR, BRD bis WAs. *B. salicinae* BÖRNER

8* An anderen Pfl. Grundfärbung braun od. (machmal auf *Persica*) olivgrün. 1,8–2,2 mm. [*Appelia* BÖRNER]

a) An *Prunus spinosa*, starke Blattkräuselungen u. Triebstauchungen. Eur.
B. prunicola (KALTENBACH) sensu stricto (Abb. **155**/3, **157**/3)

b) An *Perisca vulgaris*, starke Blattkräuselungen u. Triebverkrümmungen. MEur, Bulgarien, Türkei.
B. prunicola schwartzi (BÖRNER) – **Schwarzgefleckte Pfirsichlaus**

c) An *Tragopogon pratensis*, in Blattscheiden u. am Stengelgrund. Eur.
B. prunicola tragopogonis (KALTENBACH)

Gattung *Dysaphis* BÖRNER einschließlich Untergattung *Pomaphis* BÖRNER

1 An Pomoideen (W I), auffallende Blattrollungen hervorrufend. Alle Arten mit Ww, an W II (Pfl vgl. 2–6) unterirdisch od. in unmittelbarer Bodennähe .. **2**
1* An Lilien- u. Schwertliliengewächsen od. an unterirdischen u. bodennahen Teilen von *Rumex* od. *Valeriana*. Kein Ww **7**
2 Si farblos, zw stark gerollten Blättern von *Sorbus aucuparia* bis in den Sommer. W II *Campanula*-Arten. An W I grün, 2,2–3,0 mm. An W II gelblich, 1,3 bis 1,75 mm. Eur, Türkei.
D. (*Pomaphis*) *sorbi* (KALTENBACH) (Abb. **155**/4, **157**/4)
2* Si dunkel **3**
3 An *Malus* **4**
3* An anderen Pomoideen **5**
4 Fundatrizen u. die im allgemeinen vollständig geflügelte erste fundatrigene Gen in längs gerollten u. rot verfärbten Blättern.
a) W II *Valeriana*. M- u. OEur, Italien, Schweden, England.
D. brancoi (BÖRNER)
b) W II *Anthriscus sylvestris*. M- u. OEur, England. *D. anthrisci* (BÖRNER)
c) W II *Chaerophyllum*. M- u. OEur, England. *D. chaerophylli* (BÖRNER)
4* Fundatrizen u. ± große Zahl ungeflügelter fundatrigener Gen in quer gerollten, etwas gekräuselten u. höchstens gelblich verfärbten Blättern. 2–2,7 mm. W II *Plantago*. Eur, Türkei, WAs, NAfrika, NAm.
D. (*P.*) *plantaginae* (PASSERINI) – **Mehlige Apfellaus** (Abb. **156**/1, **157**/5)
5 **(3)** Fundatrizen u. die im allgemeinen vollständig geflügelte erste fundatrigene Gen in blasenförmigen, gerollten Blattgallen an *Crataegus* **6**
5* Auch ungeflügelte Fundatrigenien vorhanden.
a) An *Sorbus torminalis* in blasenförmigen, gelblich od. rötlich verfärbten Blattrollen, welche hauptsächlich an bodennahen Zweigen vorkommen u. nesterweise zusammenstehen. W II *Plantago*. England bis Krim.
D. (*P.*) *aucupariae* (BUCKTON) (Abb. **156**/2)

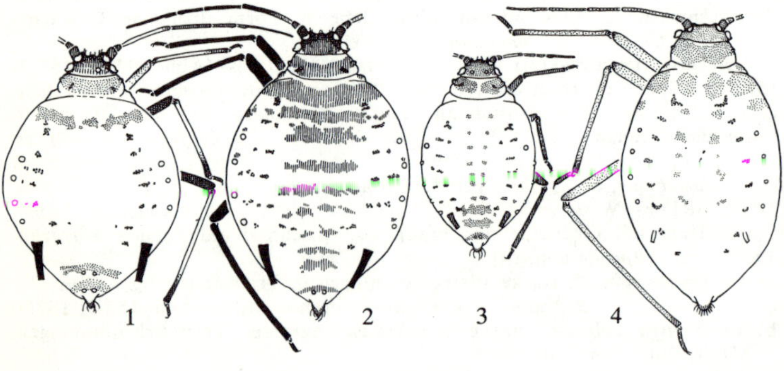

Abb. **156**/**1–4**. **1** *Dysaphis* (*Pomaphis*) *plantaginea* von W I (2–2,7 mm); **2** *Dysaphis* (*Pomaphis*) *aucupariae* von W I (2,2–3 mm); **3** *Dysaphis crataegi* von W II (1,5–2,2 mm); **4** *Plocamaphis amerinae* (3,4–4,5 mm).

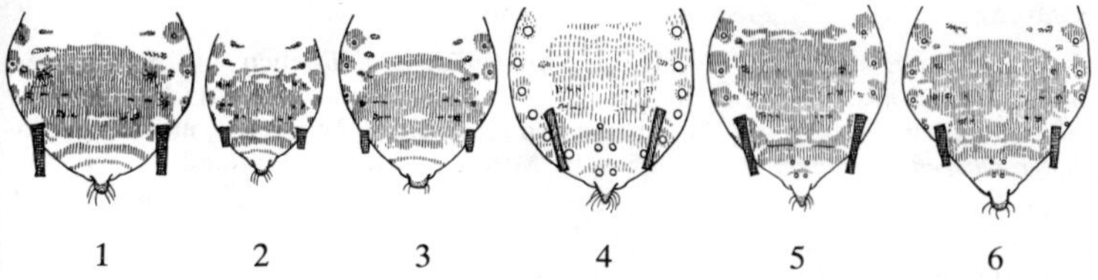

Abb. **157/1–6.** Zeichnung der OS des Hlb bei Geflügelten: **1** *Brachycaudus cardui* von W II; **2** *Brachycaudus helichrysi* von W II; **3** *Brachycaudus prunicola*; **4** *Dysaphis (Pomaphis) sorbi* von W I; **5** *Dysaphis (Pomaphis) plantaginea*; **6** *Dysaphis crataegi.*

b) An *Pyrus*, Blätter unregelmäßig kräuselnd u. rollend, auch an Triebspitzen. Bräunlichrot bis dunkelbraun. W II *Galium*. Eur, As.
D. (P.) pyri (BOYER DE FONSCOLOMBE) – **Mehlige Birnblattlaus**

Blattrollen gelblich, höchstens etwas rötlich überlaufen. W II *Ranunculus*. Eur, MAs. *D. ranunculi* (KALTENBACH)

* Blattrollen leuchtend rot bis dunkel rot. Mindestens 4 Arten.

a) Ww hauptsächlich zu *Daucus*. Eur, Türkei, MAs, NAm.
D. crataegi (KALTENBACH) (Abb. **156**/3, **157**/6)

b) Ww hauptsächlich zu *Petroselinum crispum*. MEur, England.
D. petroselini (BÖRNER)

c) Ww hauptsächlich zu *Heracleum sphondylium*. DDR, BRD, Niederlande, England, Polen, Ukraine. *D. lauberti* (BÖRNER)

d) Ww zu *Angelica*. MEur, England. *D. angelicae* (KOCH)

(1) An Zwiebeln u. Knollen von *Liliaceae* u. *Iridaceae*, hauptsächlich von *Tulipa* u. *Gladiolus*. Anholozyklisch lebend, deshalb auch über Winter in Lagerräumen u. Transporten. Olivenfarbig grünfleckig, durch Bepuderung grau erscheinend. 1,5–2,1 mm. Si braun, etwas kürzer als der Abstand zw den FWurzeln. F halb so lg wie der Körper. Weltweit.
D. tulipae (BOYER DE FONSCOLOMBE)

* An zweikeimblättrigen Pfl. Si so lg od. etwas länger als der Abstand zw den FWurzeln **8**

An Wurzeln von *Valeriana officinalis*. Si hellbraun durchscheinend. [Die ebenfalls an Baldrianwurzeln vorkommenden Exsules von *D. brancoi* (BÖRNER) haben dunkelbraune Si.] Grundfärbung fleckig grün bis olivfarbig, manchmal mit leicht rötlichem Stich. 1,7–2,3 mm. Me, Polen.
D. krumbholzi F. P. MÜLLER

* Am Wurzelstock u. an Stengelbasen von *Rumex*. Si dunkel. Grundfärbung dunkel bläulich mit ockerfarbigen Flecken an den Si od. ganz ockerfarbig. Eur außer S. In OEur Ww mit *Malus* als W I, Befallsbild an *Malus* ähnlich 4.
D. radicola (MORDVILKO)

Unterfamilie *Pterocommatinae*

Mit flockigem Wachspuder bedeckt. Ohne Ameisenbesuch. Nur an *Salix*. 2 Arten. Gattung *Plocamaphis* OESTLUND S. 158

* OS mit wenig od. ohne Puder. Mit Ameisenbesuch. An *Salix* od. *Populus*. 7 Arten. Gattung *Pterocomma* BUCKTON S. 158

Gattung *Plocamaphis* OESTLUND

1 Si lgoval, halb so lg wie die HFüße. An einjährigen Trieben von *Salix viminalis*. 3,4–4,5 mm. MEur. *P. amerinae* (HARTIG) (Abb. **156**/4)

1* Si keulenförmig, so lg wie die HFüße. An einjährigen Zweigen u. an Ästen von *Salix cinerea* u. *S. caprea*. 4,0–4,8 mm. MEur, Schweden, England, NAm. *P. flocculosa* (WEED)

Gattung *Pterocomma* BUCKTON

1 Si geschwollen u. gelb od. rot **2**

1* Si zylindrisch u. fast farblos **4**

2 Si rot, stark geschwollen, in der Anschwellung mehr als doppelt so breit wie an der Mündung. Rücken schwarzgrün mit weißen Puderflecken. 3,2–4,5 mm. Breit- u. schmalblättrige *Salix*-Arten, bes. an 2jährigen Zweigen. Holarkt. *P. salicis* (L.)

2* Si gelblich, weniger geschwollen, in der Anschwellung weniger als doppelt so breit wie an der Mündung. Grundfärbung meist bräunlich **3**

3 Processus terminalis doppelt so lg wie die Basis des 6. FGld. Bräunlichgrau. 3,0–4,0 mm. An jungen Zweigen von schmalblättrigen *Salix*-Arten. Eur außer S, Mongolei. *P. rufipes* (HARTIG)

3* Processus terminalis höchstens 1,5mal so lg wie Basis 6. FGld. Rötlichgrau bis bräunlichschwarz mit grünlicher Fleckung. 2,5–3,2 mm. An verholzten jungen Zweigen von breitblättrigen *Salix*-Arten. Eur außer S. *P. jacksoni* THEOBALD

4 (**1**) Auf den seitlichen Pigmentflecken befindet sich je ein kleiner Höcker. Graubraun, manchmal olivgrün. 2,7–4,3 mm. An *Populus nigra*, *P. nigra* f. *pyramidalis* u. *Salix alba*, an 2jährigen Zweigen u. an Überwallungswülsten am Stamm. Holarkt. *P. populeum* (KALTENBACH)

4* Seitliche Pigmentflecke ohne Höckerchen. Hell graubraun, manchmal olivgrün. Ähnlich voriger Art. 2,5–3,2 mm. An 2jährigen Zweigen u. an Überwallungswülsten des Stammes von *Salix*. Eur, Türkei. *P. pilosum* BUCKTON

Familie *Thelaxidae* – **Maskenläuse**

1 Körper der ungeflügelten Im. im Umriß rundlich, Wachs nur an den KörperS. B sehr kurz. Tarsen an V- u. MB fehlend, an den HB reduziert. Geflügelte haben normale Blattlausgestalt, ebenso wie ihre EntwStadien auf dem ganzen Körper bepudert. Ohne Si. An *Betula* **5**

1* Körper der ungeflügelten Im. rundlich oval od. oval, ohne od. mit Wachsbedeckung. B, auch bei einer auf *Betula* lebenden Art, normal **2**

2 Ohne Si. Ungeflügelte grün, wie die länglichen gelblichen L mit bläulichweißem Wachsflaum. 1,8–2,0 mm. Geflügelte mit dunkelbraunem K u. Thorax u. braunen Querbändern auf dem HlbRücken. Zwischen den Nadeln von *Picea* od. *Abies*, manchmal schädlich. Jährlich nur 3 Gen: Ungeflügelte Fundatrix, geflügelte od. ungeflügelte Sexupara u. zwerghafte, schon im Sommer auftretende Sexuales. Ohne Ameisenbesuch. Gattung *Mindarus* KOCH

a An *Abies*. Holarkt. *M. abietinus* KOCH

a* An *Picea*. Holarkt. *M. obliquus* (CHOLODKOVSKY)

2* Mit porenförmigen Si. Ungeflügelte Im. mit vollständig od. fast vollständig pigmentiertem Rücken. Körper niemals mit Wachsbedeckung. Mit Ameisenbesuch **3**

3 Prothorax u. Hlb mit flachen, seitlichen Höckern, bei den ungeflügelten Im. als helle, bei den Geflügelten als dunkle runde Flecke zu sehen. Grundfärbung hell. Ungeflügelte Im. durch die Rückenpigmentierung braun bis schwarz. 1,4–2,8 mm. Cauda sehr flach, nicht hervortretend. Ohne Ww an den Wurzeln von Süßgräsern u. Seggen od. mit Ww von *Cornus sanguinea* (W I) zu Süßgräsern (W II), an denen die Wurzeln besiedelt werden. Die fast schwarz aussehenden Fundatrizen sitzen im Frühj in den Blütendolden von *Cornus sanguinea.* Von Anfang September ab findet man an der US der Blätter von *Cornus sanguinea* die Sexuparen-Geflügelten u. in großen Massen die sehr kleinen Sexuales. Diese sind als erwachsenes ovipares ♀ hellgelblich mit dunklem Rükkenfleck, als erwachsenes ♂ gelblichbraun, ungeflügelt. Alle geflügelten Morphen mit auffallend großem, schwarzem Pterostigma (Abb. **159**/1). Etwa 7 Arten.
Gattung Anoecia KOCH

3* Prothorax u. Hlb ohne seitliche Höcker. An anderen Pfl **4**

4 Cauda verlängert, etwa so lg wie die HTarsen, distale Hälfte durch Einschnitt als ovales knopfartiges Gebilde abgetrennt. Dichte Kolonien an den Triebspitzen von Eichengebüschen. Junge L grün, ältere L rotbraun. Ungeflügelte Im. dunkler rotbraun mit hellem Längsstreifen auf dem Rücken, SgmGrenzen des VKörpers als helle Querlinien sichtbar. 1,6–2,3 mm. Geflügelte mit schwarzem K u. Thorax, ihr Hlb mit dunklen SFlecken u. einigen dunklen Querbändern auf der hinteren Hälfte. Eur, Türkei, As.
Thelaxes dryophila (SCHRANK) (Abb. **159**/2)

4* Cauda flach u. breit gerundet. In dichten Kolonien an den Triebspitzen von *Betula pendula.* Dunkelgrün, die Rückenpigmentierung läßt einen Längsstrich sowie die SgmGrenzen am VKörper u. HE frei. 1,6–2,1 mm. Behaarung kräftig u. steif. Geflügelte: K u. Thorax schwarz, Hlb mit dunklen SFlecken u. Querreihen von kleinen dunklen Flecken. Eur außer S.
Glyphina betulae (KALTENBACH) (Abb **159**/3)

5 (**1**) Ungeflügelte Im. rund u. scheibenförmig, gelb bis bräunlichgelb. 0,9 bis 1,2 mm. Körperrand mit einem aus strahlenförmig angeordneten Fäden bestehenden Wachssaum. F sehr stark reduziert. An der US der Blätter von BirkenjungPfl u. Birkengebüsch. Vermehrung nur parthenogenetisch. Ohne Ameisenbesuch. Eur. *Hormaphis betulae* MORDVILKO

5* Ungeflügelte Im. rundoval mit gewölbter OS, dunkel violettbraun. Etwa 1,6 mm. F u. B bei der überwinterten Gen sehr stark, bei den SommerGen

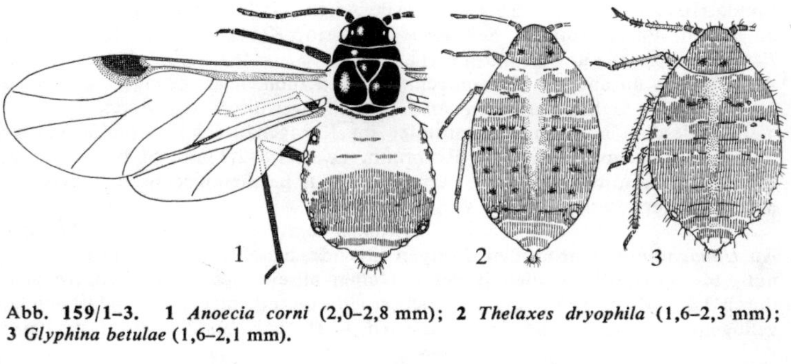

Abb. **159/1–3.** **1** *Anoecia corni* (2,0–2,8 mm); **2** *Thelaxes dryophila* (1,6–2,3 mm); **3** *Glyphina betulae* (1,6–2,1 mm).

weniger stark reduziert. Überwinterte Gen mit Wachsrand wie bei voriger Art; SommerGen jederseits mit seitlichem, randständigem Wachsballen vor dem HE. An *Betula*, BlattUS; an den Blättern entstehen nach oben gerichtete blasige Wölbungen. Vermehrung nur parthenogenetisch. Überw als L an den Zweigen. Mit Ameisenbesuch. WEur bis MSibirien. *Mansakia betulina* (HORVATH)

Familie *Pemphigidae* – **Blasenläuse**

1 Fundatrizen an *Ulmus*, große blasenförmige Gallen od. Roll- od. Hohlgallen an den Blättern erzeugend. Geflügelte Sexuparen u. sehr kleine, bräunlichgelbe, rüssellose Sexuales im Herbst an Stämmen u. Ästen von *Ulmus*. Unterfamilie *Schizoneurinae* S. 160

1* An anderen Pfl, ober- od. unterirdisch 2

2 Fundatrizen u. Fundatrigenien in versch. gestalteten Gallen an *Populus*, *Fraxinus*, *Lonicera* od. *Crataegus*. Geflügelte Sexuparen u. die sehr kleinen rüssellosen Sexuales im Herbst an Stämmen u. Ästen der genannten Holzgewächse. Unterfamilie *Pemphiginae* S. 162

2* An Gehölzen, Sträuchern od. krautigen Pfl, in den meisten Fällen unterirdisch lebend 3

3 Ohne Si 4

3* Mit Si, poren- od. ringförmig. Exsules der Unterfamilie *Schizoneurinae* z. T. S. 160

4 Mit flaumartigen od. wolligen Wachsausscheidungen. Meist ohne Ameisenbesuch 5

4* OFläche höchstens schwach bepudert. Meist mit Ameisenbesuch. Unterfamilie *Fordinae* S. 164

5 Trochanteren mit den Schenkeln verwachsen. An Wurzeln von Süßgräsern. Vgl. S. 165 *Aploneura lentisci* (PASSERINI)

5* Trochanteren von den Schenkeln getrennt. Meist an dikotylen Pfl, mit Ausnahme von Läusen an *Gnaphalium* u. *Filago* unterirdisch 6

6 Alle Füße mit 2 Gld. Exsules der Unterfamilie *Pemphiginae* S. 162

6* Zum mindesten ein Teil der Füße, bes. der V- u. MB, mit 1 Gld. Exsules der Unterfamilie *Schizoneurinae* z. T. S. 160

Unterfamilie *Schizoneurinae*

1 Fundatrix erzeugt Gallen an *Ulmus*. Alle Arten mit Ww. Exsules unterirdisch an versch. Pfl. Gattungen *Schizoneura* HARTIG, *Kaltenbachiella* SCHOUTEDEN, *Tetraneura* HARTIG u. *Colopha* MONELL 2

1* An *Malus*, s an anderen Pomoideen. Dichte Kolonien an Zweigen, an denen beulenförmige Gallen entstehen, an Überwallungswülsten von Ästen u. Stämmen, außerdem an Wurzeln, mitunter im Kerngehäuse von Äpfeln. Watteförmige Wachsausscheidungen. Rotbraun. Oval. 1,8–2,3 mm. Si porenförmig, auf flachem konischem Sockel. Vermehrung nur parthenogenetisch. Überw an ober- u. unterirdischen Teilen. Weltweit. *Eriosoma lanigerum* (HAUSMANN) – **Blutlaus**

2 An *Ulmus* unmittelbar an den Zweigen sitzende, blasenförmige, hellgrüne, walnuß- bis apfelgroße Gallen bildend. Gallen allseits geschlossen, öffnen sich durch Längsrisse. E VI–A VII, beherbergen eine od. mehrere Fundatrizen u. geflügelte wie ungeflügelte Fundatrigenien. W II *Pyrus*, an Wurzeln. Fundatrix:

Blauschwarz, bereift. Rundlich oval, gewölbt. 3,1–3,4 mm. F $^1/_6$ bis fast $^1/_5$ der KörperLg, 5 Gld. Keine Si. Ungeflügelte Fundatrigenia: Ähnlich der Fundatrix, aber etwas länglicher u. mit ringförmigen Si. F $^1/_3$ der KörperLg, 6 Gld. Ungeflügelte Exsulis: Rötlichgelb, oval, ca. 2 mm. F $^1/_4$ der KörperLg, 6 Gld. Si porenförmig, auf flachem, konischem Sockel. Infolge starker Ausscheidung von Wachswolle ähneln die Kolonien an W II denen der Blutlaus. Eur, Türkei, NAfrika, Australien, Neuseeland.

Schizoneura lanuginosa HARTIG

2* Gallen an Blättern. In den Gallen entstehen nur geflügelte, niemals ungeflügelte Fundatrigenien 3

3 Ein versch. großer Teil des Ulmenblattes nach unten gerollt, gekräuselt, knorpelig verdickt u. stark aufgehellt. Exsules an den Wurzeln von *Ribes*. Fundatrix: Sehr dunkel grün, mit kurzer, aber ziemlich dichter Wachswolle bedeckt. Breit oval, gewölbt. 2,8–3,2 mm. F ca. $^1/_5$ der KörperLg. 6 Gld. Keine Si. Ungeflügelte Exsulis: gelblich bis rötlichgelb, mit fädigem Wachs. Oval. Etwa 1,7 mm. F $^1/_5$ der KörperLg, 6 Gld. Si porenförmig. Holarkt.

Schizoneura ulmi (L.)

3* Gallen an der OS von Ulmenblättern; während ihres Wachstums allseits geschlossen u. blasenförmig, öffnen sich erst vor dem Ausflug der geflügelten Fundatrigenien 4

4 Gallen stark behaart, erbsen- bis haselnußgroß, an der MRippe blattoberseits. Platzen vom Pol aus durch unregelmäßige Risse auf. HTarsen meist 2 Gld. Exsules an den Wurzeln von Lippenblütengewächsen: *Mentha*, *Thymus*, *Origanum*. Fundatrix: Gelblichweiß, wenig bereift. Oval. 2,0–2,9 mm. F $^1/_{10}$ der KörperLg, 4 Gld. Keine Si. Geflügelte Fundatrigenia: Grundfärbung grün; K, Thorax u. Körperanhänge schwarz. Ungeflügelte Exsulis: Hell gelblich, mit flaumartigem Wachs. Rundlich oval. 0,9–1,25 mm. F $^1/_8$–$^1/_7$ der KörperLg, meist 4 Gld. Ohne Si. Eur bis MAs. *Kaltenbachiella pallida* (HALIDAY)

4* Gallen nicht behaart. Tarsen der Ungeflügelten immer eingld 5

5 Galle bohnenähnlich, aufrecht auf einem etwas schmaleren Stiel, öffnet sich nahe der Basis. Exsules an den Wurzeln von Süßgräsern, z. B. *Agropyron*. Fundatrix: Hell olivgrün bis dunkelgrün, wenig bereift. K, F u. B dunkelbraun. Rundlich, gewölbt. 1,9–2,1 mm. F $^1/_7$ der KörperLg, 4 Gld. Keine Si. Fundatrigenien mit grüner bis olivgrüner Grundfärbung u. ohne Si od. ockerfarben bis rötlich u. dann mit Si. Ungeflügelte Exsulis: Hell gelborange bis bräunlichrot, schwach bepudert. K dunkelbraun. Oval, gewölbt. 1,3–3,0 mm. F $^1/_5$ der KörperLg, meist 5, manchmal 6 Gld. Si porenförmig, auf flachem konischem Sockel; bei größeren Individuen infolge brauner Pigmentierung gut sichtbar. Exsules manchmal von Ameisen besucht. Eur.

Tetraneura ulmi (L.) (Abb. **164**/1)

5* Gallen aufrecht längs der MRippe stehend, seitlich zusammengedrückt, hahnenkammartig, bis 1 cm hoch, gelblich od. rötlich. Öffnen sich durch Aufreißen eines runden Loches an der SchmalS. Exsules an den Wurzeln von *Carex*. Fundatrix: Gelb bis grünlichgelb, leicht bepudert. K ohne Pigment. F u. B nur hellbraun. Oval. 1,2–1,5 mm. F $^1/_8$ der KörperLg, 4 Gld. Keine Si. Ungeflügelte Exsulis: Dunkelgelb, bepudert, mit flockigen Wachsfäden. Oval. 1,2–1,4 mm. F $^1/_8$ der KörperLg, 4 od. 5 Gld. Keine Si. Eur, Island, medit, WAs. *Colopha compressa* (KOCH)

Unterfamilie *Pemphiginae*

1 Fundatrigenien u./od. Fundatrizen erzeugen charakteristische Gallen an Holzgewächsen. Alle Arten mit Ausnahme von *Pemphigus spirothecae* PASSERINI mit Ww. Die erste fundatrigene Gen besteht ausschließlich aus Geflügelten 2

1* Nur unterirdisch an Wurzeln von *Beta*-Rüben (Zucker- u. Futterrübe) u. von *Chenopodium*. – Schmutzig hellgelb bis hell gelblichgrün, durch Wachspuder weiß erscheinend. M des K, die F u. B graubraun. Körper oval. 1,5–2,5 mm. F $^1/_5$ der KörperLg, 5 Gld. In Eur nur mit anholozyklischer Lebensweise; es entstehen jedoch im Herbst große Mengen Geflügelte, über deren weiteres Schicksal noch nichts bekannt ist. Nach neueren Untersuchungen identisch mit der nordam Art *P. populiveniae* FITCH, die in NAm Ww zu *Populus trichocarpa* (W I) durchführt u. dort an den Blättern taschenförmige, nach oben vorgewölbte Gallen erzeugt. M- u. OEur, NAm.
Pemphigus betae DOANE – **Zuckerrübenwurzellaus**

2 Gallen od. Deformationen der Fundatrizen u./od. Fundatrigenien an *Populus*-Arten 3

2* Die entsprechenden Gallen od. Deformationen an anderen Gehölzen 5

3 Blasenförmige od. Faltengallen, in vielen Fällen durch Umbildung ganzer Blattspreiten entstanden, keine allseits geschlossenen Hohlräume. An versch. *Populus*-Arten 4

3* Dickwandige, harte, entweder ganz od. bis auf einen dünnen Spalt verschlossene Gallen, die nur einen Teil der Blattfläche od. des Blattstieles einnehmen u. die restliche Blattfläche unverändert lassen. An *Populus nigra* einschließlich *P. nigra* f. *pyramidalis*. 6 Arten. Gattung *Pemphigus* HARTIG

a Gallen am Blattstiel, nicht od. nur wenig auf die Blattspreite übergreifend .... b

a* Längliche, meist rot gefärbte Galle neben dem MNerv, bis 2 cm lg u. ca. 1 cm ∅, enge spaltförmige Öffnung an der BlattUS. Ww zu *Gnaphalium* u. *Filago*, dort die Exsules mit weißen, watteartigen Wachsausscheidungen zw den Blütenköpfen. Fundatrix: Grün, bepudert. K, F u. B dunkel graubraun. Körper rundlich. 1,6–2,8 mm. F $^1/_6$ der KörperLg, 4 Gld. Ungeflügelte Exsulis: Ähnlich der Fundatrix, aber F $^1/_5$ bis reichlich $^1/_5$ der KörperLg u. 5 Gld. Eur, Türkei, NAfrika, MAs.
Pemphigus filaginis (BOYER DE FONSCOLOMBE)

b Beutelförmige, rundliche bis länglich gekrümmte, bis 1,5 cm lg Galle am Blattstiel. Öffnet sich mit querliegendem Mundspalt. Exsules an den Wurzeln von Korbblütengewächsen: *Cichorium*, *Crepis*, *Lactuca*, *Lapsana*, *Sonchus*, *Taraxacum* u. einigen anderen Pfl, z. B. *Daucus* u. *Fragaria*. Parthenogenetische Überw an den Wurzeln der W II sehr häufig. Fundatrix: Grün, mit weißem Wachsmehl. K, F u. B schwarz. Körper rundlich, nach vorn verschmälert, 2,0–2,5 mm. F $^1/_8$–$^1/_7$ der KörperLg, 4 Gld. Ungeflügelte Exsulis: Weißlichgelb, bewachst, HE mit weißem Wachsbüschel. K, F u. B schwarzbraun. Körper oval, 1,8–2,4 mm. F $^1/_6$–$^1/_5$ der KörperLg, 5 Gld, bei überw Tieren 6 Gld. Eur, Türkei, NAfrika, NAm, Australien, Neuseeland.
P. bursarius (L.) – **Salatwurzellaus**

b* Blattstiel im Bereich der Galle verbreitert u. spiralig gedreht. Galle bis 3 cm lg u. 1,2 cm dick, oft rötlich. Läuse im Innern dieser Gallen c

c Fundatrix schmutzig gelb bis weißlichgrün. 3. FGld so lg od. länger als das 6. Gallen öffnen sich E VI od. im VII. Mit Ww, Sekundärwirt noch unbekannt. Eur.
P. protospirae LICHTENSTEIN

c* Fundatrix hellgrün, 3. FGld kürzer als das 6. Gallen öffnen sich erst im Herbst. Ohne Ww. Häufiger als die vorige Art. Eur.

P. spirothecae PASSERINI

4 (3) Fundatrizen an *Populus nigra* einschließlich *P. nigra* f. *pyramidalis*.

a) Blattfläche mehrerer an einem Jahrestrieb nebeneinander stehender Blätter über dem MNerv nach unten gefaltet, beulig aufgetrieben u. gelblich od. rotfleckig verfärbt. Diese Gallen werden durch die blattunterseits saugenden u. große Mengen weiße Wachswolle ausscheidenden grünen, vollständig geflügelten Fundatrigenien hervorgerufen. Fundatrix in einer kleinen taschenförmigen Faltengalle am Rande eines der untersten Blätter des befallenen Jahrestriebes. Exsules an den Wurzeln von *Ranunculus*. Fundatrix: Bläulich grün, mit weißem Wachsmehl; K, F u. B schwarz. Körper oval, kaum gewölbt. 4,5–5,0 mm. F $^1/_6$ der KörperLg, 5 Gld. Ungeflügelte Exsulis: Schmutzig gelblichweiß, mit lg, seidig glänzender Wachsausscheidung. Oval, gewölbt. 2,1–2,8 mm. F ca. $^1/_3$ der KörperLg, 6 Gld. Pal.

Thecabius affinis (KALTENBACH)

b) Blattfläche zw den SNerven wulstartig nach oben gewölbt. Exsules an den Blattachseln der kriechenden Stengel u. an Wurzeln von *Lysimachia nummularia*. Ungeflügelte Exsulis: Hellbräunlich bis grünlichgrau, Tiere oft von einer gemeinsamen Wachshülle umgeben. Körper länglich oval, schwach gewölbt, 1,4–1,6 mm. F ca. $^1/_3$ der KörperLg, 6 Gld. M- u. NEur.

Parathecabius lysimachiae BÖRNER

c) Blätter zu großen, nach unten offenen Blasen emporgewölbt. Fundatrix düster olivgrün, eiförmig hochgewölbt, mit langem, weißem Wachsflaum. Fundatrigenien als L gelblich, mit reichlichen Wachsausscheidungen. Grundfärbung der erwachsenen, sämtlich geflügelten Fundatrigenien rostgelb. W II noch nicht erforscht. Eur bis Mongolei.

Pachypappa marsupialis KOCH

4* Fundatrizen an anderen *Populus*-Arten.

a) Blattnester an *Populus alba* u. *P. canadensis*, in diesen die Blätter stark blasenförmig gewölbt u. gebleicht. An der US der vergallten Blätter mit starken Wachsausscheidungen eine, manchmal mehrere Fundatrizen u. zahlreiche rote, immer geflügelte Fundatrigenien. Exsules an den Wurzeln von Fichten, in Anzuchtbeeten manchmal schädlich. Fundatrix: Orangerot bis rotbraun, mit weißem Wachsmehl. K u. F dunkelbraun, B schwarz. Körper halbkugelförmig, 4,1–5,1 mm. F $^1/_7$–$^1/_6$ der KörperLg, 5 Gld. DDR, BRD, SSchweden, Polen. *Pachypappa vesicalis* KOCH

b) An *Populus tremula*. Fundatrix an der Rinde der Basis junger Zweige. Fundatrigenien an den Blattstielen, die sich nach unten krümmen, so daß die Blattflächen zurückgeschlagen u. aufeinandergelegt werden. Exsules an den Wurzeln von *Picea*. Fundatrix: Braun, mit silbergrauer Wachsbedeckung, rundlich, stark gewölbt, unten flach, 5,0–6,0 mm. M- u. NEur.

Asiphum tremulae (L.)

5 (2) K der Fundatrix schwarz, oberseits mit mehreren weißen Wachsdrüsenfeldern, deren Gesamtfläche weniger als die Hälfte der OFläche von Scheitel u. Stirn beträgt. An *Fraxinus excelsior*. Fundatrix an Zweigen, in der Nähe der Basis von Blattbüscheln, in denen die Blattstiele gekrümmt, die Blätter eingerollt u. die Sproßachse verkürzt sind. In diesen Blattnestern befinden sich mit reichlich weißer Wachswolle die Fundatrigenien. Exsules an den Wurzeln von *Picea*. 2 Arten. Gattung *Prociphilus* KOCH

5* K der Fundatrix mit in der Regel 4 großen weißen Wachsdrüsenfeldern, die fast die gesamte Fläche von Scheitel u. Stirn einnehmen. Nicht an *Fraxinus*.

Gattung *Stagona* KOCH

a Fundatrix an den Zweigen von *Lonicera xylosteum* u. *L. tatarica*, Fundatrigenien die US der daneben stehenden Blätter besiedelnd u. diese kräuselnd, später auch an den Zweigen, mit sehr viel weißer Wachswolle. Exsules an den zarten Wurzelspitzen von *Picea*. Fundatrix: Gelbgrün, oval, 3,0 bis 4,6 mm. F $^1/_4$ der KörperLg, 5 Gld. M-, O- u. NEur.

S. xylostei (DE GEER)

a* Fundatrix u. Fundatrigenien mit reichlicher Wachswolle an Blüten- u. Fruchtstielen u. bes. an der US der Blätter von *Crataegus oxyacantha*, die Blätter wölbend u. vergilbend. Ww, jedoch Sekundärwirt u. Biologie noch nicht erforscht. Fundatrix: Graugrün, breit oval, 2,7–3,5 mm. F $^1/_5$ der KörperLg, 5 Gld. M- u. NEur.

S. crataegi (TULLGREN)

Unterfamilie *Fordinae*

In MEur nur mit anholozyklischer Lebensweise u. an unterirdischen PflTeilen. In SEur u. im Mittelmeergebiet Ww zu *Pistacia* (W I), an deren Blättern die Fundatrizen hornförmige od. andere auffallende Gallen erzeugen.

1 Körper mit Wachspuder od. -flaum **2**

1* Körper ohne Wachsausscheidungen. Immer mit Ameisenbesuch **4**

2 After auf die RückenS verschoben; die letzte Bauchplatte liegt deshalb auf der OS der HlbSpitze (Abb. **164**/2). An den feinen Nebenwurzeln von Süßgräsern, mit Ameisenbesuch. Rundlich, mit Wachspuder bedeckt, 1,5–2,6 mm. F $^1/_5$–$^1/_4$ der KörperLg, 5, manchmal 4 Gld. Eur, medit.

Gattung *Geoica* HARTIG

a Schmutzig bräunlichweiß bis gelblichweiß mit weißlichgelben JungL.

G. utricularia (MORDVILKO)

a* Schmutzigweiß bis grünlichgrau mit blaß graugrünen JungL.

G. setulosa (PASSERINI)

2* HlbE normal **3**

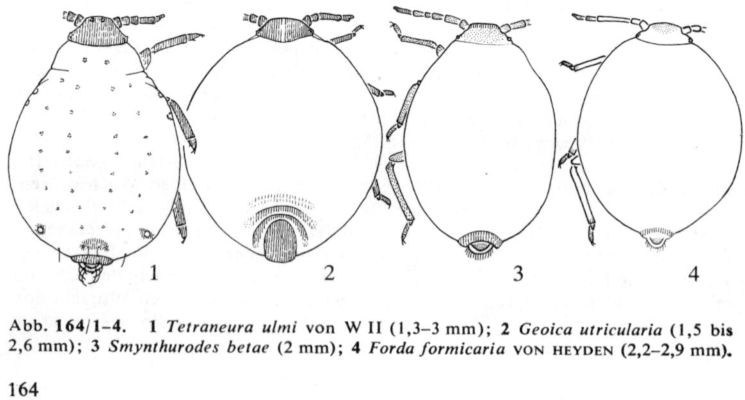

Abb. **164**/**1–4**. **1** *Tetraneura ulmi* von W II (1,3–3 mm); **2** *Geoica utricularia* (1,5 bis 2,6 mm); **3** *Smynthurodes betae* (2 mm); **4** *Forda formicaria* VON HEYDEN (2,2–2,9 mm).

3 Trochanteren mit den Schenkeln verwachsen. 2. FGld kaum länger als Gld 1, deutlich kürzer als Gld 3. An den Wurzeln von Süßgräsern. Ohne Ameisenbesuch. Ungeflügelte schmal spindelförmig, $2^1/_2$–3mal so lg wie breit, K nicht vom Körperumriß abgesetzt. Blaß zitronengelb. 1,5–2,4 mm. Weltweit.
Aploneura lentisci (PASSERINI)

3* Trochanteren von den Schenkeln abgetrennt. 2. FGld deutlich länger als Gld 1, so lg od. etwas länger als Gld 3. An den Wurzeln von zahlreichen dikotylen Pfl, z. B. *Beta vulgaris*, *Armoracia*, *Phaseolus*. Meist mit Ameisenbesuch. Körper fast kugelrund. Schmutzig gelb bis hellbraun, gleichmäßig mit weißem Puder. Etwa 2 mm. F $^1/_3$ der KörperLg, 6 Gld. Weltweit.
Smynthurodes betae WESTWOOD – **Bohnenwurzellaus** (Abb. **164**/3)

4 **(1)** F 6 Gld. Schmutzig gelblichweiß, ältere Tiere bräunlich. Oval. 2,4–3,2 mm. An Wurzeln zahlreicher Süßgräser, lebt in enger Verbindung mit *Tetramorium caespitum* u. einigen anderen Ameisen. Anscheinend können die Läuse von den Ameisen gefüttert werden u. dann zeitweise leben, ohne an den WirtsPfl zu saugen. Eur, medit, WAs. *Paracletus cimiciformis* VON HEYDEN

4* F 5 Gld. Grüne, orange- od. ockerfarbige ovale Läuse an den Hauptwurzeln von Süßgräsern. 4 Arten. Gattung *Forda* VON HEYDEN (Abb. **164**/4)

Familie *Adelgidae* [*Chermesidae*] – **Tannenläuse od. Fichtengalläuse**

Sehr klein, nur mikroskopisch unterscheidbar, mit fädigen meist wolligen Wachsausscheidungen u. ausschließlich an Nadelhölzern. Holozyklus, wenn vorhanden, mit Ww verbunden. Allen holozyklischen Formen ist gemeinsam, daß die Fundatrizen an *Picea* Gallen erzeugen u. nicht im Eistadium, sondern als L des 1. Stadiums überw. Die Fundatrix saugt in der Nähe der Basis einer Knospe, aus welcher eine ananas- od. zapfenähnliche Galle – durch Anschwellung der primären Rinde u. der basalen Teile der ± verkürzten Nadeln hervorgeht. Diese Gallen enthalten zahlreiche Kammern, in welche die L, die aus den von der Fundatrix abgelegten Eiern schlüpfen, einwandern. Diese Cellares genannten Läuse sind als Im. sämtlich geflügelt. W II sind *Larix*, *Abies*, *Pinus*, *Pseudotsuga* od. in wenigen Fällen *Picea*. Viele Arten mit sog. Parallelreihen, d. h. , neben dem Holozyklus od. neben einer holozyklisch lebenden Form gibt es Gen-Reihen mit rein parthenogenetischer Fortpflanzung. Diese sind entweder auf W I od. auf W II beschränkt od. leben voneinander unabhängig auf beiden Wirten. *Pineus pini* (L.) auf *Pinus sylvestris* u. *P. mugo*, *Pineus strobi* (HARTIG) auf *Pinus strobus*, *Dreyfusia piceae* (RATZEBURG) an Zweigen u. Stämmen von *Abies* u. *Pineus pineoides* (CHOLODKOVSKY) an Zweigen u. Stämmen von *Picea abies* anscheinend nur parthenogenetisch ohne Ww zu *Picea*. Wenn ein Holozyklus durchgeführt wird, ist er zweijährig; die Exsules überw als ErstL u. werden als bes. GenForm Hiemalis genannt. Bei parthenogenetischen, auf W I lebenden Parallelreihen· wird die Galle von einer aus den Cellares hervorgegangenen Pseudofundatrix erzeugt.

Bestimmungsschlüssel der wichtigsten in MEur vorkommenden Adelgiden-Gallen

1 Nur die basalen Teile der Nadeln verdickt; Gallen deshalb mit Nadeln od. deutlichen u. lg Nadelresten bedeckt **2**

1* Nadeln vollständig in die Gallen einbezogen u. zu Schuppen umgebildet, auf denen höchstens Nadelreste in Form von kurzen Höckern od. Spitzen erkenntlich sind. Gallen ohne Nadelschopf 4
2 Galle am Grunde der Maitriebe von *Picea abies* u. *P. sitchensis*, vom Trieb durchwachsen u. deshalb mit Nadelschopf. Galle eiförmig, 2,0–3,5 cm, grün, oft gerötet, die Ränder der geöffneten Kammern behaart u. oft gerötet. Exsules an *Larix*, die Nadeln besaugend u. krümmend, an Stämmen u. Ästen überw. Eur. *Sacchiphantes abietis* (L.) – **Gelbe Fichtengallenlaus**
2* Gesamter Maitrieb zu länglich gestreckter Galle umgebildet 3
3 Nadeln schräg abstehend, ihre Basis zu breiten Schuppen umgebildet. An *Picea sitchensis* u. einigen anderen, meist am *Picea*-Arten. Galle 4–8 cm, oft leicht gekrümmt. Exsules an den Nadeln von *Pseudotsuga*. Schädling. NAm, eingeschleppt in DDR, BRD u. SSchweden. *Gilletteella cooleyi* (GILLETTE)
3* Nadeln anliegend. An *Picea orientalis*. Gallen 3–6 cm, gerade gestreckt, äußerlich wie gestauchte Triebe aussehend. Exsules am Grunde der Nadeln von *Pinus sylvestris* u. *P. mugo*. Kaukasus, Eur. *Pineus orientalis* (DREYFUS)
4 (1) An *Picea abies*. Gallen klein, höchstens haselnußgroß, rundlich, sehr hell bleichgrün, oft an den Spitzen der Zweige, Nadelreste sehr kurz. Exsules an *Larix decidua*, an Nadeln saugend u. an Zweigen überwinternd. Eur, NAm. *Adelges laricis* VALLOT – **Rote Fichtengallenlaus**
4* An *Picea orientalis*. Gallen oft seitlich an den Zweigen 5
5 Galle klein, erdbeerfarben. Exsules auf *Abies nordmanniana* u. *A. alba*, s an anderen *Abies*-Arten, an den Maitrieben, die Nadeln abwärts krümmend, auf Zweige u. Äste übergehend. Kaukasus, Eur, NAm. *Dreyfusia nordmannianae* (ECKSTEIN) – **Tannentrieblaus**
5* Galle bis walnußgroß, bläulich-mattgrün. Exsules auf *Abies nordmanniana* u. *A. cephalonica*, an Blütentrieben u. Zweigrinde. Kaukasus, MEur. *Dreyfusia prelli* GROSMANN

Familie *Phylloxeridae* – **Zwergläuse**

1 Mit dichtem weißen Wachsflaum. An der Rinde von *Salix*. Geflügelte Morphen fehlen. Gattung *Phylloxerina* BÖRNER
  a An *Salix alba*, an der US älterer Zweige bis zum 2jährigen Holz, an Ästen u. am Stamm, bes. in den Rissen der Rinde. Zitronengelb bis rötlichgelb, ca. 1,1 mm. Eur. *P. salicis* (LICHTENSTEIN) – **Weidenzwerglaus**
  a* An *Salix caprea*. Lebensweise ähnlich voriger Art. Aber auch das einjährige Holz besiedelnd, die Achseln der Knospen bevorzugend. Grün od. ocker bis weinrot, etwas kleiner als die vorige Art. MEur. *P. capreae* BÖRNER
1* Ohne Wachsflaum, Körper oft glänzend. Nicht an *Salix* 2
2 An Weinreben (*Vitis vinifera*). Im nördl MEur fast nur in parthenogenetischer Lebensweise an den Wurzeln der Weinstöcke, an jungen Wurzelspitzen knotenartige Verdickungen, an älteren Wurzeln der eur Reben außerdem sehr schädliche Rindenzerstörungen hervorrufend. Wurzelläuse schmutzig grünlichgelb bis olivbraun, mit dunkleren segmentalen Rückenplättchen, bis 1,35 mm. Im Spätsommer werden an den Wurzeln orangefarbige Nymphen ausgebildet. Die daraus hervorgehenden Geflügelten sind Sexuparen u. erzeugen an der Rinde der Weinstämme ♂♂ u. Geschlechts♀♀ ergebende Eier. Fundatrix u. Fundatrigenien gelb bis orangegelb, an am *Vitis*-Arten einzeln in blattunterseits vorgewölbten, bis erbsengroßen, behaarten Blattgallen. Abwanderung an die Wurzeln durch neugeborene JungL. Durch Verschleppung weltweit. Heimat

NAm. Einschleppung nach Deutschland vor 100 J, zunächst gefährlicher Schädling, heute durch Pfropfrebenbau niedergehalten.

Viteus vitifolii (FITCH) – **Reblaus**

2* An *Quercus* **3**

3 An der Rinde von Stämmen, Ästen, Zweigen u. freiliegenden Wurzeln. Gelb bis rötlich, auf dem Rücken Querreihen von Warzen mit dunklen, verzweigten Dornen. Geflügelte mit schwarzem K u. Thorax. Vermehrung anscheinend nur parthenogenetisch. Überw als JungL. Pal. *Moritziella corticalis* (KALTENBACH)

3* An der US der Blätter **4**

4 Grünliche bis bräunliche, nicht glänzende, bis 2 mm lg Läuse in runden, ca. 3 mm breiten Grübchen, die etwas aufgehellt, mit einem Ringwulst versehen u. nach oben vorgewölbt sind. Diese Läuse sind Fundatrizen u. haben an den KörperS Höcker, welche bei den Im. kleine, fingerhutförmige Gebilde, bei den L dagegen große, runde Erhebungen mit zahlreichen farblosen, strahlenförmig angeordneten Dornen sind. Die Fundatrizen verlassen die Gallen E V bis A VI u. verkriechen sich in Rindenrisse an Ästen u. Stämmen, wo sie Eier ablegen, aus denen die Sexuales schlüpfen. Es sind also nur 2 Gen (Fundatrix u. Sexuales) vorhanden. Geflügelte Morphen fehlen. Eur.

Acanthochermes quercus KOLLAR

4* Gelb, oft mit kleinen, orangerötlichen Flecken, glänzend, ca. 1,2 mm. Im. von einem Kranz Eier umgeben. Alle Saugstellen als kleine, orangegelbe Flecke auch auf der BlattOS erkennbar. Im Spätsommer werden die zum größten Teil geflügelten Sexuparen ausgebildet. Fundatrix in kleiner Faltengalle, die durch Umklappen eines Blattzipfels nach unten entsteht. 3 Arten.

Gattung *Phylloxera* BOYER DE FONSCOLOMBE

LITERATURVERZEICHNIS

BÖRNER, C.: Europae Centralis Aphides. Die Blattläuse Mitteleuropas, Namen, Synonyme, Wirtspflanzen, Generationszyklen. Mitt. Thür. Botan. Ges. Beiheft 3, Weimar 1952.

BÖRNER, C., und HEINZE, K.: *Aphidina – Aphidoidea*. In: Handbuch der Pflanzenkrankheiten, begründet von P. SORAUER, V. Band, 4. Lieferung, *Homoptera* II. Teil. Berlin und Hamburg 1957.

HILLE RIS LAMBERS, D.: Contributions to a monograph of the Aphididae of Europe. Temminckia, part I, 3, 1–44, 1938; part II, 4, 1–134, 1939; part III, 7, 179–320, 1947; part IV, 8, 182–324, 1949; part V, 9, 1–176, 1953.

LAMPEL, G.: Die Biologie des Blattlaus-Generationswechsels. Jena 1968.

LAMPEL, G.: Für die Schweiz neue Blattlausarten (Homoptera, Aphidina). Mitt. Schweiz. Ent. Ges. 47, 273–305, 1974 u. 53, 229–291, 1980.

MÜLLER, F. P.: Blattläuse. Biologie, wirtschaftliche Bedeutung und Bekämpfung. Die Neue Brehm-Bücherei Heft 149. Wittenberg Lutherstadt 1955.

MÜLLER, F. P.: Bestimmungsschlüssel für geflügelte Blattläuse in Gelbschalen. Arch. Phytopathol. u. Pflanzenschutz, Berlin 11, 49–77, 1975.

STROYAN, H. L. G.: The British Species of Dysaphis BÖRNER. Her Majesty's Stationery Office, London 1963.

SZELEGIEWICZ, H.: Die polnischen Arten der Gattung Chaitophorus KOCH s. lat. (Homoptera, Aphididae). Ann. Zool. (Warschau) 19, 229–352, 1961.

ZWÖLFER, H.: Zur Systematik, Biologie und Ökologie unterirdisch lebender Aphiden. Z. angew. Entom. 40, 182–221 u. 528–575, 1957; 42, 129–172, 1958; 43, 1–52, 1958.

Lepidoptera – Schmetterlinge, Schuppenflügler

Von anderen Insektenordnungen unterschieden durch 2 Paar beschuppte Fl u. durch die zu einem SaugR ausgebildeten Außenladen der UKf (1. Maxille). Nur bei *Micropterix* noch funktionsfähige OKf (Mandibeln), die zum Zermahlen von Pollen dienen. Verwandlung vollkommen (holometabol).

G. K glatt (Abb. **169**/1), rauh od. mit aufgerichteten Schuppenhaaren (Abb. **169**/3). Form der F verschiedenartig (Abb. **168**/1–13), FacettenAu meist nackt, bisweilen fein behaart. Häufig hinter den F, am Scheitel nahe dem AuRand, je ein Oc. Einige Familien am HK mit Chaetosema (Abb. **176**/1), einem Sinnesorgan, das die Stärke des Luftstromes beim Fliegen registrieren soll. Es besteht aus feinen Bo, die ringartig einer Erhöhung entspringen. Stirn bisweilen mit Beulen od. Vorsprüngen (Abb. **219**/7–8). Mundgliedmaßen saugend, nur *Micropterix* mit OKf (Mandibeln). SaugR sehr unterschiedlich lg, in Ruhestellung aufgerollt, bei vielen Faltern zurückgebildet. Zwei TstPaare, Labial- u. Maxillar-Palpen (Lippen- u. KfTst, LabTst u. MaxTst). LabTst meist dreigld u. deutlich ausgebildet. MaxTst nur bei einigen Gruppen vorhanden, zwei-, drei- od. fünfgld (Abb. **169**/2). Zwischen K u. Br liegen die Patagia (Halskragen, Abb. **169**/4). Die drei BrSgm ventral mit je einem BPaar, dorsal das 2. u. 3. Sgm mit je einem FlPaar. B ± dicht beschuppt, dienen als Klammerapparate während der Ruhe, s als LaufB zur schnellen Fortbewegung. 1. BPaar bei manchen Gruppen (z. B. *Nymphalidae*) krallenlos, Tarsen zurückgebildet. VSchienen mit Schienenblatt (Putzeinrichtung für F),

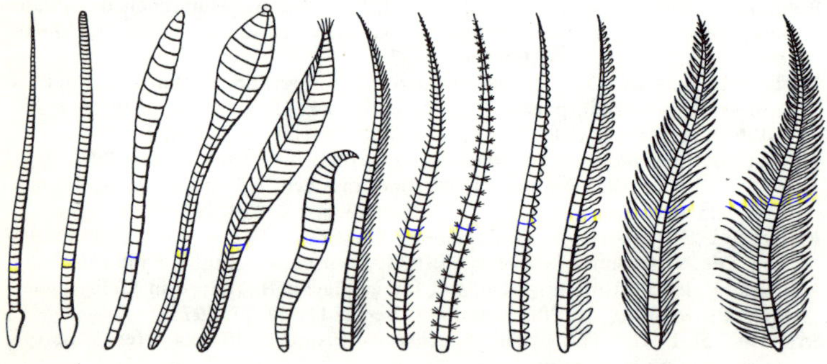

Abb. 168/1–13. Formen von SchmetterlingsF. **1** borstenförmig; **2** fadenförmig; **3** kolbenförmig; **4** knopfförmig; **5** spindelförmig; **6** hakenförmig; **7** fein bewimpert; **8** borstig bewimpert; **9** mit Wimperbüscheln; **10** pyramidenzähnig; **11** sägezähnig; **12** kammzähnig, gekämmt, **13** gefiedert.

M- u. HSchienen häufig mit Schuppenhaarbesatz u. unterseits am E mit je einem Spornpaar (ESporne). HSchienen in der M meist noch mit einem weiteren Spornpaar (MSporne). Neben den Spornen oft noch für die Unterscheidung wichtige Dorne vorhanden, die meist kürzer sind u. an Schienen u. Tarsen in Reihen od. einzeln stehen. VFl an der Basis von den Schulterklappen (Tegulae) bedeckt. FlPaare s bei ♀ ± reduziert. Synchrones Schlagen der V- u. HFl wird ermöglicht durch eine Falte des VFl (Jugum), die unter den HFl od. in einen Haarbesatz am VRand des HFl greift (Abb. **169**/6). Verbreiteter ist die Ausbildung eines HaftBoApparates (Abb. **228**/8). Eine (♂) oder mehrere (♀) HaftBo (Frenulum) an der Basis des HFl fassen in eine Falte (Retinaculum) an der Basis der VFlUS. Einige Gruppen ohne HaftBoApparat (z. B. Tagfalter).
Wichtig für die Gruppierung der Falter ist der Geäderverlauf der meist dicht mit Schuppen besetzten Fl. Anordnung u. Benennung der FlAdern aus Abb. **169**/4 u. der Übersicht auf S. 170 ersichtlich. Subcosta (sc) immer ungeteilt, 5 Radialadern ($r_1 - r_5$), 3 Medialadern ($m_1 - m_3$), 2 Cubitaladern ($cu_1 + cu_2$), Analis (an) sowie 2 Axillaradern ($ax_1 + ax_2$). In der FlM die Mittelzelle od. Zelle (Z), häufig noch eine Anhangzelle ausgebildet. Manche Adern

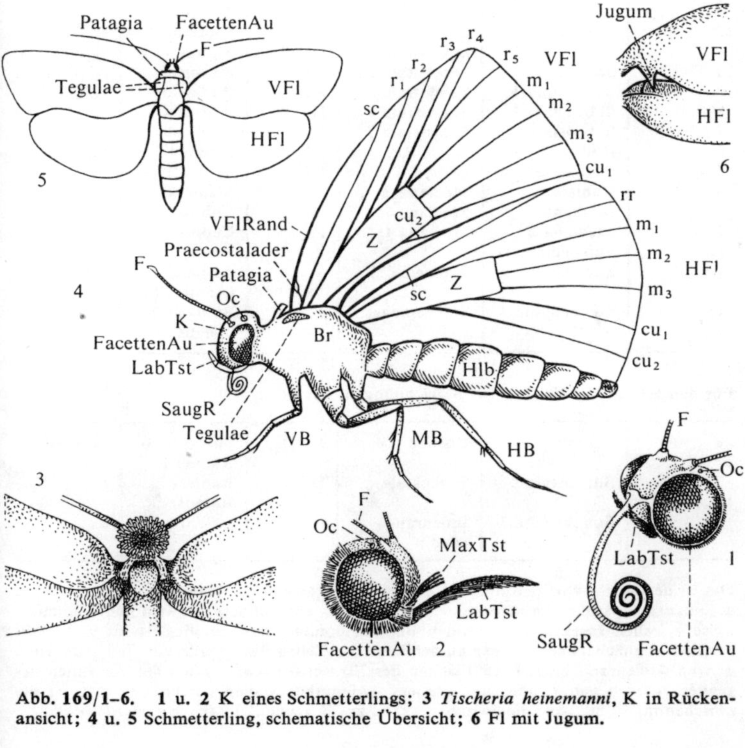

Abb. 169/1–6. 1 u. 2 K eines Schmetterlings; 3 *Tischeria heinemanni*, K in Rückenansicht; 4 u. 5 Schmetterling, schematische Übersicht; 6 Fl mit Jugum.

miteinander verschmolzen od. reduziert. Im HFl meist weniger Adern. Vom Radius nur ein Stamm vorhanden, der Radialramus (rr). Bei ursprünglichen Gruppen, z. B. *Micropterigidae*, *Hepialidae*, ist das Geäder im VFl u. HFl nahezu gleich.
Manchmal eine Ader zwischen Subcosta (sc) u. Flügelvorderrand (FlVRand), die Praecostalader (Abb. **169**/4, **182**/4). Bisweilen fehlt die Querverbindung von Radius u. Cubitus, dann ist die Zelle offen, od. die Zelle ist durch die Medialader geteilt (Abb. **176**/7). Gelegentlich, z. B. bei Pyraliden, der VRand der Fl dorsal od. ventral umgeschlagen (Costalumschlag, Abb. **284**/3). Bestimmte Familien mit Hörorganen (Tympanalorgan, Abb. **176**/2) beiderseits am E des 3. BrSgm (z. B. *Noctuidae*, *Arctiidae*) od. am 1. HlbSgm (*Geometridae*, *Pyralidae*). – V. Kosm. – L. In der Regel Landbewohner. Einige Arten als Raupe (L), seltener als Im. ständig im Wasser. Wenige exotische Arten

Benennung der FlAdern bei Schmetterlingen nach verschiedenen Autoren

HERRICH-SCHÄFFER	JORDAN (auch in SEITZ)	SCHATZ	SPULER	COMSTOCK	Abkürzung
–	–	–	–	Costa	c
12	Costale	Costale	I	Subcosta	sc
11	Subcostale 1	Subcostale 1	II_1	Radius 1	r_1
10	Subcostale 2	Subcostale 2	II_2	Radius 2	r_2
9	Subcostale 3	Subcostale 3	II_3	Radius 3	r_3
8	Subcostale 4	Subcostale 4	II_4	Radius 4	r_4
7	Subcostale 5	Subcostale 5	II_5	Radius 5	r_5
6	Radiale 1	Obere Radiale	III_1	Media 1	m_1
5	Radiale 2	Untere Radiale	III_2	Media 2	m_2
4	Radiale 3	Mediana 3	III_3	Media 3	m_3
3	Mediana 1	Mediana 2	IV_1	Cubitus 1	cu_1
2	Mediana 2	Mediana 1	IV_2	Cubitus 2	cu_2
1c	Submediane 1	–	V	Analis	an
1b	Submediane 2	Submedia	α	Axillaris 1 (Analis 2)	ax_1
1a	Submediane 3	Submediaast	β	Axillaris 2 (Analis 3)	ax_2

Für den HFl gelten die gleichen Bezeichnungen, nur ist:

8	Costale	Costale	$I + II_1$	Subcosta + Radius 1	$sc + r_1$
7	Subcostale 2	Subcostale	II	Radial-Ramus	rr
1a	Submediane 3	Innenrandsader	β	Axillaris 2	ax_2

Das in der letzten Spalte aufgeführte System von COMSTOCK (erweitert durch NEEDHAM u. ENDERLEIN) ist das am meisten wissenschaftlich ausgebildete. Es wird heute vorzugsweise bei allen Insekten angewendet. Bei den homoneuren Familien ist im V- u. HFl annähernd gleichartiges Geäder ausgebildet. Die Zellen des Fl (die von je 2 Aderästen u. vom Außenrand begrenzten Flächen des Fl) werden jeweils nach der vor ihnen liegenden Ader benannt, aber mit großem Anfangsbuchstaben geschrieben. M_1 ist die zwischen m_1 u. m_2, Ax_1 die zwischen ax_1 u. ax_2 liegende Zelle (nach E. M. HERING).

als L od. als Im. Parasiten. – B. Eiabl nach Begattung, seltener Parthenogenese (manche Psychiden). Eier werden einzeln, in Reihen, Haufen od. Spiegeln an bestimmten Pfl abgelegt, oft werden sie mit Schuppenhaaren (Afterwolle) der ♀♀ bedeckt. Auch Verstreuen der Eier während des Fluges (*Hepialus* u. *Erebia*) od. Verstecken in Rindenspalten od. Halmscheiden (z. B. Noctuiden).
Eiform sowie Dicke u. Struktur der Eischale sehr verschiedenartig u. arttypisch. Viele Raupen (L) fressen zunächst die Eischale.
L: Walzen-, spindel- od. asselförmig od. schneckenartig (*Cochlidiidae*). Nackt, behaart od. bedornt od. mit Warzen versehen, oft bunt gefärbt. K u. 13 Sgm. K mit kräftigen OKf, um pflanzliche od. tierische Na (Felle, Haare od. Artgenossen) zu zerkleinern. Übrige Mundwerkzeuge ± zurückgebildet. Die 3 ersten Sgm mit gegliederten BrB, Sgm 6–9 mit ungegliederten BauchB, 10. Sgm mit Nachschiebern. Bauchfüße entweder mit geschlossenen Hakenkränzen, deren Zähnchen nach außen gerichtet sind (Kranzfüße, Abb. **177**/1, verbreitet bei L, die im Innern von Pfl leben) od. Bauchfüße mit lappiger Außensohle u. einwärts gekrümmten Haken auf der InnenS (Klammerfüße, Abb. **177**/2, meist bei L, die frei auf Pfl leben). Häufig tritt eine Reduktion von B auf, z. B. bei Spannern u. Minierern. Die L mancher Familien, wie Coleophoriden u. Psychiden, leben in einem Sack, mit dem sie umherwandern. Andere L halten sich in Gespinsten od. frei an der FutterPfl auf. Mit zunehmendem Wachstum der L finden Häutungen statt, in der Regel 4–5. Erwachsene L verwandeln sich, meist in einem kunstvoll gesponnenen Kokon, in die P, die an Pfl, Mauern, Zäunen usw. od. in bzw. auf der Erde ruht.
P: Meist MumienP, seltener freigliedrig (*Micropterix*). Dauer der PRuhe sehr unterschiedlich, oft nur wenige Tage, aber auch mehrere J. Während der PRuhe Verwandlung (Metamorphose) zum Falter (Im.). Die Im. nimmt mit Hilfe des SaugR flüssige Na auf, wie Blütennektar, Honig, Wasser, Tränenflüssigkeit (exotische Arten), Obstsäfte, Kot. Arten ohne SaugR nehmen keine Na auf. Lebensdauer der Im. wenige Stunden bis mehrere Mon. Im. u. L vieler Arten überw. Orientierung der Im. optisch od. nach Duftstoffen.
Über 150000 Arten, heimisch ca. 3000.
Beachte: Schmetterlinge aus den Alp werden in den Tabellen nicht erfaßt. Bestimmung vieler Falter nur möglich, wenn diese gespannt, FlZeichnung einwandfrei erhalten u. B gerichtet sind. Bei großen Tieren reicht eine starke Lupe aus. Kleine Falter, deren VFlLg in der Regel unter 10 mm beträgt, sind mit einer zehnfach vergrößernden Lupe nicht bestimmbar. Deshalb können mehrere Gruppen in der Familientabelle nicht berücksichtigt werden (vgl. hierzu in der Familientabelle Nr. **26***, S. 175). Um aber dem Benutzer der Exkursionsfauna einen Abriß über alle Schmetterlingsfamilien der heimischen Fauna zu geben, werden die fehlenden Gruppen im Anhang auf S. 288 beschrieben u. auf Spezialliteratur verwiesen.
Die Untersuchung des Geäderverlaufs erfolgt von der FlUS. Wenn man die Fl mit einem feinen Pinsel betupft, der mit Alkohol od. Xylol getränkt ist, od. wenn man die Schuppen vorsichtig entfernt, werden die Adern sichtbar.
Die Größenangaben beziehen sich auf die FlSp eines VFl, gemessen von der VFlWurzel od. -Basis bis zur VFlSpitze.

Familienschlüssel der Falter

1 Körper schlank; F enden kolben- od. knopfförmig (Abb. **168**/3–4); ohne Oc; HFl ohne HaftBo (Diurna[1] – Tagfalter) **2**

1* Obige Merkmale vereint nicht vorhanden (frühere Gruppe der „Heterocera – Nachtfalter", die aber z. T. auch tags fliegen) **9**

2 Alle Adern ungestielt vorhanden (Abb. **172**/1); HSchienen meist mit 2 Paar Spornen (Überfamilie *Hesperioidea* – **Unechte Tagfalter** S. 196) **3**

2* Mindestens 2 Adern gestielt; HSchienen stets ohne MSporne (Überfamilie *Papilionoidea* [Rhopalocera] – **Echte Tagfalter** S. 180) **4**

3 Beide Fl mit offener MZelle, am Saum geeckt (Abb. **172**/3).
Familie *Thyrididae* – **Fensterschwärmerchen** S. 198

3* MZelle im VFl geschlossen (Abb. **172**/1); K breit; FWurzel mit Haarpinsel.
Familie *Hesperiidae* – **Dickköpfe** S. 196

4 **(2)** Grundfarbe der Fl hell (weiß, gelb bis orange), VB bei ♂ u. ♀ voll ausgebildet, immer mit EKlauen am letzten FußGld (Abb. **172**/4) **5**

4* Grundfarbe der Fl dunkel (schwarz bis rotbraun); Ausnahme *Melanargia* (Abb. **185**/1); VB wenigstens beim ♂ ± verkümmert (Abb. **173**/1–2) **6**

5 IRand (Abb. **172**/5) der HFl konkav ausgeschnitten (Abb. **172**/2), Hlb im Querschnitt rundlich. Familie *Papilionidae* – **Ritter** S. 180

5* IRand der HFl nicht ausgeschnitten; Hlb seitlich zusammengedrückt.
Familie *Pieridae* – **Weißlinge** S. 181

6 **(4)** Analfeld der HFl breit ausgekehlt, zur Aufnahme des Hlb (Abb. **185**/8). VB bei ♂ u. ♀ stark verkümmert (Abb. **173**/1) **7**

6* Analfeld der HFl weniger ausgekehlt, VB nur beim ♂ verändert (Abb. **173**/2) **8**

7 VFl-Adern an der Wurzel z. T. blasig verdickt (Abb. **173**/3).
Familie *Satyridae* – **Augenfalter** S. 184

7* VFl-Adern ohne blasige Verdickungen.
Familie *Nymphalidae* – **Edelfalter** S. 187

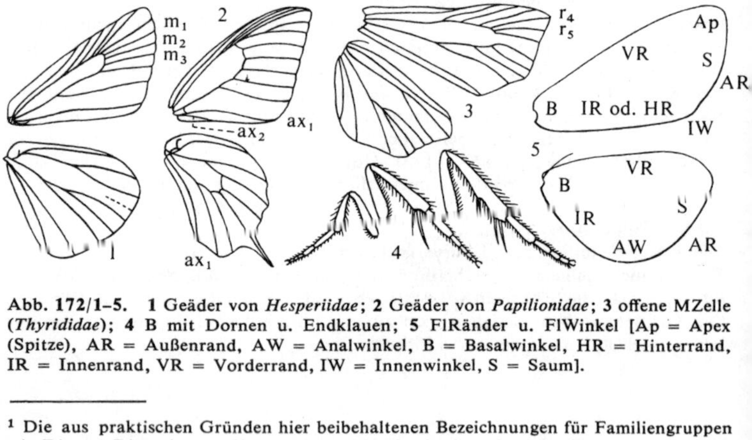

Abb. 172/1–5. **1** Geäder von *Hesperiidae*; **2** Geäder von *Papilionidae*; **3** offene MZelle (*Thyrididae*); **4** B mit Dornen u. Endklauen; **5** FlRänder u. FlWinkel [Ap = Apex (Spitze), AR = Außenrand, AW = Analwinkel, B = Basalwinkel, HR = Hinterrand, IR = Innenrand, VR = Vorderrand, IW = Innenwinkel, S = Saum].

[1] Die aus praktischen Gründen hier beibehaltenen Bezeichnungen für Familiengruppen wie Diurna, Rhopalocera, Heterocera werden im jetzigen System nicht mehr als Kategorien verwendet.

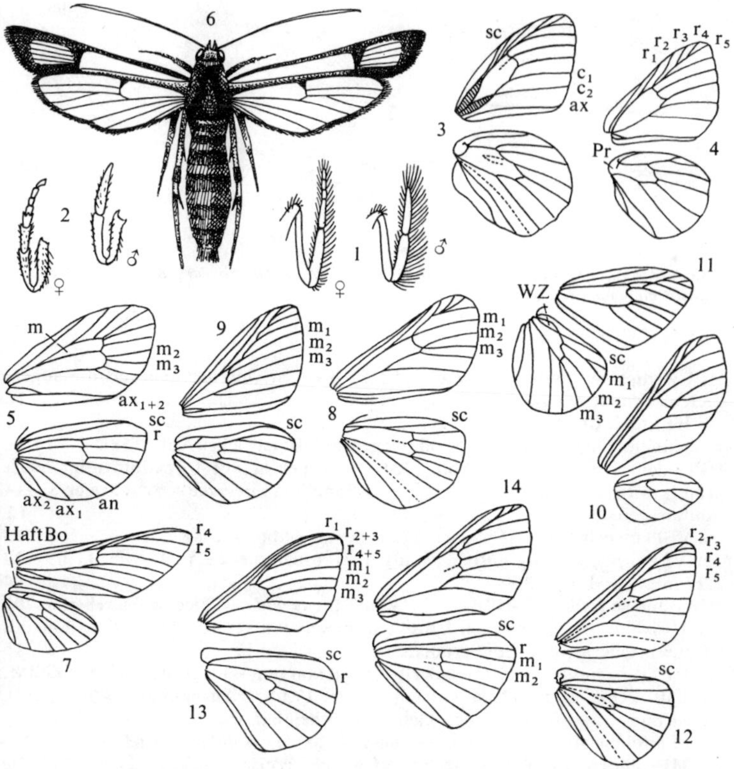

Abb. **173/1–14.** **1** KümmerB (*Nymphalidae*); **2** KümmerB (*Lycaenidae*); **3** Blasenadern (*Satyridae*); **4** Praecostalader (*Hamearis*); **5** Analadern (*Psychidae*); **6** *Bembecia scopigera* (7–9 mm); **7** Geäder (*Sphingidae*); **8** Geäder (*Spilosoma*); **9** Geäder (*Lemonia*); **10** Geäder (*Syntomis*); **11** Geäder (*Lymantriidae*); **12** Geäder (*Endromis*); **13** Geäder (*Aglia*); **14** Geäder (*Notodontidae*).

(6) Fl schwarzbraun gescheckt. HFl mit Praecostalader (Abb. **173**/4).
Familie *Nemeobiidae* – **Würfelfalter** S. 192

* Fl mit lebhaft rotem od. blauem Metallglanz od. schwarzbraun bis gelbrot mit schwarzen Flecken. HFl ohne Praecostalader.
Familie *Lycaenidae* – **Bläulinge** S. 192

(1) Bienen- od. wespenähnlich. VFl sehr schmal (Abb. **173**/6). Fl meist mit unbeschuppten Stellen (Fensterflecke), NebenAu vorhanden.
Familie *Sesiidae* (*Aegeriidae*) – **Glasflügler** S. 267

* Merkmale vereint nicht zutreffend **10**

Im HFl die Analis (an) vorhanden (Abb. **173**/5) od. Falter sehr klein (VFl meist unter 10 mm), oft HFl mehr als doppelt so lg wie breit u. Fransen der

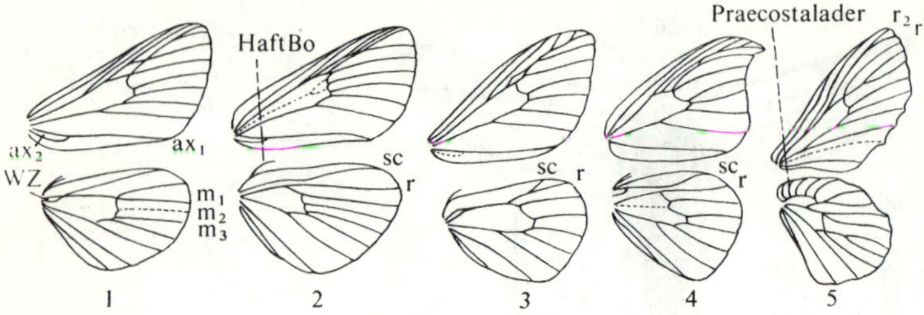

Abb. **174/1–5.** Geäder von: **1** Trifine *Noctuidae*; **2** *Thyatiridae*; **3** *Cilix*; **4** *Drepana*; **5** *Lasiocampidae* (WZ = Wurzelzelle).

HFl wenigstens halb so lg wie der HFl breit ist (hierher gehören die sogen. „Kleinschmetterlinge") **26**

10* Im HFl fehlt die Analis (an) **11**

11 F spindelförmig, prismatisch od. gegen das E verdickt (Abb. **168**/5); VFl lg, HFl klein, mit HaftBo (Abb. **173**/7); Körper lg, oft torpedoförmig; meist groß, kräftig. Familie *Sphingidae* – **Schwärmer** S. 214

11* Anders gebaut **12**

12 Im VFl entspringt m_2 näher bei m_3 als bei m_1 (Abb. **173**/8) **13**

12* Im VFl entspringt m_2 mitten zw m_3 u. m_1 (od. näher bei m_1) (Abb. **173**/9) **20**

13 HFl mit sc (Abb. **173**/8) **14**

13* HFl ohne sc (Abb. **173**/10). Familie *Ctenuchidae* – **Fleckwidderchen** S. 205

14 Im HFl berührt sc den Zell-VRand in einem Punkt od. nähert sich ihm od. ist durch Querast mit ihm verbunden **15**

14* Im HFl verschmilzt sc mit dem Zell-VRand von der Wurzel bis etwa zur ZellM, so daß keine Wurzelzelle entsteht (Abb. **173**/8) (Ausnahme *Callimorpha*!). Meist bunt u. groß, doch auch klein u. unscheinbar.
Familien *Arctiidae* – **Bärenspinner** S. 200 u. *Nolidae* – **Kleinbären** S. 205

15 Im HFl bildet sc mit Zell-VRand auf versch. Weise stets eine lge Wurzelzelle (Abb. **173**/11); ♂-F stets doppeltgekämmt; Grundfarbe weiß, bräunlich od. grau. Familie *Lymantriidae* – **Schadspinner** S. 206

15* Im HFl bildet sc mit Zell-VRand durch Berührung eine kurze Wurzelzelle od. nähert sich nur u. ist höchstens durch Querader mit Zell-VRand verbunden . **16**

16 Im HFl berührt sc den Zell-VRand nahe der Wurzel, so daß eine kurze Wurzelzelle entsteht (Abb. **174**/1). (Vgl. z. B. Abb. **232**/1–7).
Familie *Noctuidae* – **Eulen** S. 227

16* Im HFl verläuft sc getrennt vom Zell-VRand; höchstens durch Querast mit ihm verbunden **17**

17 Mit HaftBo (Abb. **174**/2) **18**

17* Ohne HaftBo **19**

18 VFl mit sichelförmiger Spitze (Abb. **174**/4), wenn nicht, dann im HFl sc u. r lg gestielt (Abb. **174**/3, **219**/5).
Familie *Drepanidae* – **Sichelflügler** S. 218

18* VFl nie mit Sichelspitze; im HFl sc u. r nie gestielt, sc nähert sich r bogig erst außerhalb der Zelle. Eulenähnlich, aber mit abweichendem Geäder (Abb. **174**/2, **225**/1–3). (*Cymatophoridae*). Familie *Thyatiridae* – **Eulenspinner** S. 224

19 **(17)** HFl MZelle kürzer als $^1/_2$ HFl-Lg, meist mehrere Praecostaladern (Abb. **174**/5). VFl oft mit weißem MFleck. (Vgl. z. B. Abb. **210**/2).
Familie *Lasiocampidae* – **Glucken** S. 208

19* MZelle von $^1/_2$ HFl-Lg, nur ein Praecostalsporn; sc mit Zell-VRand durch Queradern verbunden (Abb. **173**/12). Braun u. weiß gescheckt; Frühj.
Familie *Endromidae* – **Scheckflügel** S. 212

20 **(12)** Fl breit, mit AuFlecken in der M; im HFl sc von r völlig getrennt (Abb. **173**/13); ohne Schienensporne **21**

20* Fl schmaler, ohne AuFlecke; im HFl sc dem Zell-VRand genähert od. mit ihm verbunden (Abb. **173**/9, 14); mit Schienenspornen **22**

21 Im VFl m_2 mitten zw m_1 u. m_3; r_1 frei; HFl ohne Praecostalsporn. Grundfarbe gelb. Familie *Attacidae*, Unterfamilie *Agliinae* S. 213

21* Im VFl m_2 näher bei m_1; die r-Adern alle gemeinsam gestielt; HFl mit Praecostalsporn. Grundfarbe grau gemischt.
Familie *Attacidae*, Unterfamilie *Attacinae* – **Nachtpfauenaugen** S. 212

22 **(20)** R rückgebildet; VTarsen mit großer EKralle. Mittelgroß, gelbgemustert.
Familie *Lemoniidae* – **Herbstspinner** S. 212

22* R vorhanden, oft kurz; VTarsen mit normaler Kralle **23**

23 Zum Teil groß u. kräftig, schwärmer- od. eulenähnlich; Schienen u. Tarsen lghaarig. HSchienen meist nur mit ESpornen. F bei ♂ u. oft auch bei ♀ kammzähnig; im HFl Wurzelzelle – wenn vorhanden – etwa $^1/_2$ so lg wie MZelle, meist aber sc u. r nur genähert (Abb. **173**/14). **24**

23* Fast stets zart, mit dünnem Leib; Schienen u. Tarsen meist anliegend beschuppt; im HFl Wurzelzelle etwa $^1/_4$ so lg wie MZelle. Mit Chaetosema u. großem Tympanalorgan (Abb. **176**/1–2) **25**

24 Unscheinbar, grau, Stirn mit Chitinleiste (Abb. **219**/7–8); ♀ mit Afterwolle. Ohne Oc. Im HFl m_2 stets schwächer als andere Adern; HSchienen nur mit ESpornen. Familie *Thaumetopoeidae* – **Prozessionsspinner** S. 219

24* Stirn ohne Chitinleiste; ♀ ohne Afterwolle. Mit Oc. VFl meist gestreckt, oft mit Zahnfortsatz am HRand (Abb. **222**/8). HFl viel kleiner. Im HFl m_2 z. T. nicht schwächer als übrige Adern (Abb. **173**/14); wenn doch, dann HSchienen mit 2 Paar Spornen. Familie *Notodontidae* – **Zahnspinner** S. 220

25 **(23)** Au rund; Fl in Ruhe meist flach ausgebreitet (Abb. **253**/6).
Familie *Geometridae* (ohne *Archiearinae*) – **Spanner** S. 253

25* Au oval; Fl-Haltung dachförmig.
Unterfamilie *Archiearinae* der Familie *Geometridae* – **Jungfernkinder** S. 254

26 **(10)** Fransen der HFl in der Regel nicht so lg wie die Breite der HFl **27**

26* Fransen der HFl meist viel länger als die Breite der HFl (Abb. **294**/1–2), od. F länger als die VFlLg, od. Fl in Federn gespalten (Abb. **296**/16–18), od. FBasis mit AuDeckel (Abb. **176**/3), od. Falter mit aufgebogenen LabTst, wobei die VFlLg bisweilen über 10 mm betragen kann (Abb. **176**/4) (hierher gehören alle Arten, deren VFlLg meist unter 8 mm beträgt u. deren Bestimmung nur mit Hilfe eines Stereomikroskops bei 60–80facher Vergrößerung möglich ist).
Siehe Anhang S. 288

27 F kolbenartig verdickt (Abb. **168**/3). VFl schwärzlich od. blaugrün, oft mit roten, gelben od. weißlichen Flecken, Falter fliegen schwerfällig, tagsüber.
Familie *Zygaenidae* – **Widderchen** S. 198

27* F nicht kolbenartig verdickt. FlZeichnung anders **28**

28 Basis der VFl mit Jugum (Abb. **169**/6). Lg der VFl über 10 mm (Abb. **176**/5).
Familie *Hepialidae* – **Wurzelbohrer** S. 271

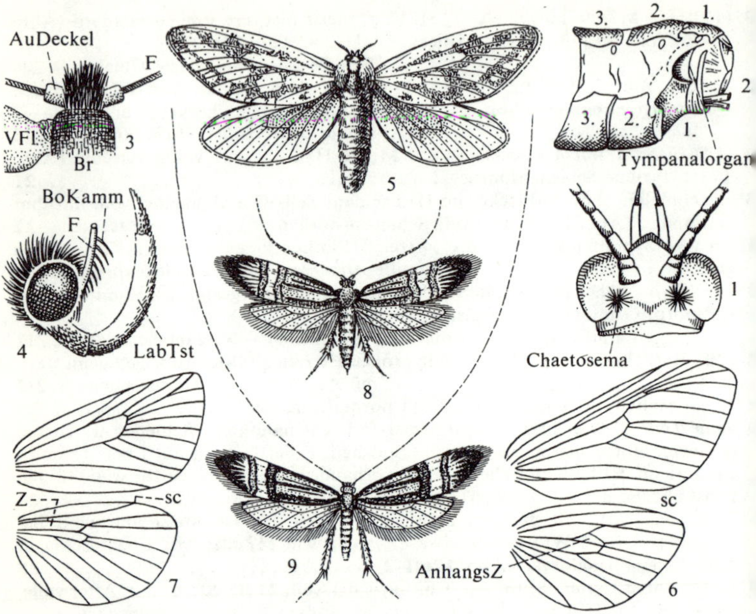

Abb. **176/1–9.** **1** K mit Chaetosema; **2** Tympanalorgan (*Geometridae*); **3** K von *Stigmella* (von oben); **4** K einer *Oecophoride* (von der S); **5** *Hepialus humuli*, ♀ (30 bis 35 mm); **6** Geäder von *Cossus cossus*; **7** Geäder von *Cochlidion limacodes*; **8** *Adela degeerella*, ♀ (7–10 mm); **9** *Adela degeerella*, ♂ (7–10 mm).

28* Basis der VFl ohne Jugum **29**

29 HFl mit Anhangszelle (Abb. **176**/6). Familie *Cossidae* – **Holzbohrer** S. 272

29* HFl ohne Anhangszelle **30**

30 Im HFl die Subcosta (sc) mit dem Zellvorderrand durch einen Steg verbunden (Abb. **176**/7). Familie *Limacodidae* – **Schildmotten** S. 226

30* Geäder des HFl anders **31**

31 F auffallend lg, beim ♂ immer mehr als doppelt so lg wie der VFl, beim ♀ fast so lg wie der VFl. Fl meist metallisch glänzend (Abb. **176**/8–9). Familie *Adelidae* – **Langhornmotten** S. 273

31* Merkmale nicht zutreffend **32**

32 Falter mit Tympanalorgan am 1. HLbSgm. LabTst u. MaxTst vorhanden. Familie *Pyralidae* – **Zünsler** S. 274

32* Ohne Tympanalorgan u. MaxTst **33**

33 Fl dicht beschuppt. LabTst meist gerade vorgestreckt, 2. Gld durch dichte Beschuppung verdickt, HFl meist breit, etwa dreieckig. Familie *Tortricidae* – **Wickler** S. 283

33* Fl dünn beschuppt, durchscheinend od. mit feinen Schuppenhaaren bedeckt, LabTst reduziert od. hängend, Körper meist lg behaart. SaugR fehlt. Familie *Psychidae* – **Sackträger** S. 226

Familienschlüssel der Raupen (L) (vereinfacht)

LKörper besteht aus K u. 13 (–14) Sgm. Erste 3 Sgm meist mit je 1 gegliedertem BrFußpaar, Sgm 6–9 meist mit 4 Bauchfußpaaren u. Sgm 12–14 gemeinsam mit 1 Paar Nachschiebern; L also zumeist 16füßig (z. B. Abb. **178**/1). Bauchfüße entweder mit geschlossenen Hakenkränzen, deren Zähnchen nach außen gerichtet sind (Kranzfüße, Abb. **177**/1, verbreitet bei L, die im Innern von Pfl leben) od. Bauchfüße mit lappiger Außensohle u. einwärts gekrümmten Haken auf der InnenS (Klammerfüße, Abb. **177**/2, meist bei frei auf Pfl lebenden L).

Anmerkung: Junge L oft von anderer Farbe u. mit anderer Lebensweise als ältere, z. B. jung minierend, später in Säcken; Farbangaben gelten für erwachsene L! (L der *Notodontidae*, *Thyatiridae* u. *Noctuidae* sind so vielgestaltig, daß sie in der Tabelle nur gruppen- od. teilweise erfaßt werden konnten.)

L in köcherartigen Säcken (Abb. **228**/1–3). Familie *Psychidae* S. 226

* L nicht in Säcken 2

Kurz, nacktschneckenähnlich (Abb. **225**/7), mit Kriechwarzen statt Bauchfüßen. [*Limacodidae*] Familie *Cochlidiidae* S. 226

* L raupenförmig, Bauchfüße vorhanden 3

Bauchfüße als Kranzfüße ausgebildet (Abb. **177**/1). (Hierher die meisten sog. „Kleinschmetterlinge" nebst *Cossidae*, *Aegeriidae*, *Hepialidae*, *Psychidae*, *Cochlidiidae*, aber auch die *Thyrididae* u. *Hesperiidae*) 4

* Bauchfüße als Klammerfüße ausgebildet (Abb. **177**/2). (Hierher fast alle sog. „Großschmetterlinge", aber auch die *Pterophoridae* u. *Zygaenidae*) 5

Mit Wanzengeruch, wicklerartig an Waldrebe (*Clematis*). Familie *Thyrididae* S. 198

* Ohne Wanzengeruch; K groß, vom Körper abgesetzt (Abb. **199**/7); Bauchfüße mit mindestens 5 Bo; versponnen zw Gräsern u. PflTeilen. Familie *Hesperiidae* S. 196

5 **(3)** 4 Bauchfußpaare u. meist 1 Paar Nachschieber 6

5* Zahl der Bauchfußpaare vermindert 35

6 Nachschieber fehlend od. stark umgebildet 7

6* Nachschieber normal entw 8

7 Letztes Sgm endet in 2 Spitzen od. Forts (Abb. **222**/6). Familie *Notodontidae* S. 220

7* Letztes Sgm in eine Spitze ausgezogen (Abb. **219**/1–2). Familie *Drepanidae* S. 218

8 **(6)** 1. Sgm mit ausstülpbarer fleischiger Nackengabel. Familie *Papilionidae* S. 180

8* 1. Sgm ohne Nackengabel 9

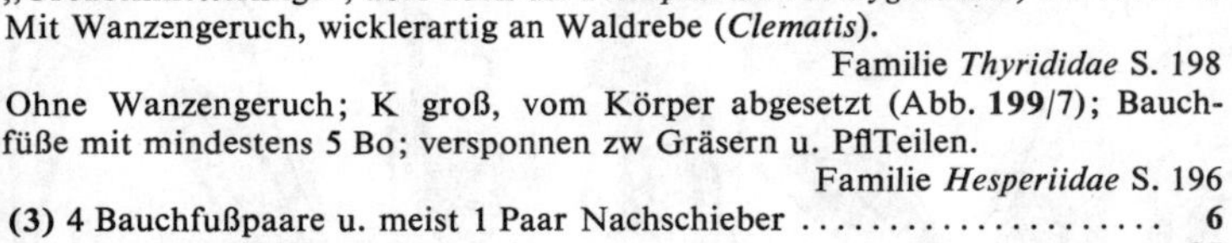

Abb. **177**/1–2. **1** Kranzfüße; **2** Klammerfüße (jeweils links Sohle, rechts Seitenansicht).

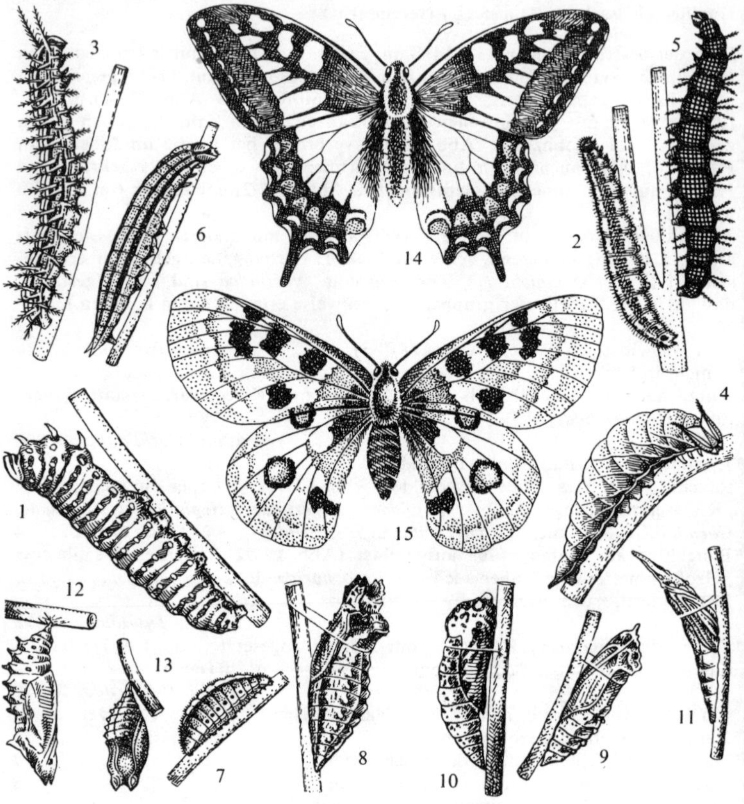

Abb. **178/1–15.** **1** *Papilio machaon*, L; **2** *Pieris brassicae*, L; **3** *Argynnis paphia*, L; **4** *Apatura iris*, L; **5** *Inachia io*, L; **6** *Hipparchia semele*, L; **7** Lycaenidae, L; **8** *Papilio machaon*, GürtelP; **9** *Pieris brassicae*, GürtelP; **10** *Aporia crataegi*, GürtelP; **11** *Anthocaris cardamines*, GürtelP; **12** *Inachis io*, StürzP; **13** *Epinephele* spec., StürzP; **14** *Papilio machaon* (34–45 mm); **15** *Parnassius apollo* (34–50 mm).

9 Sgm 2–11 mit verzweigten Dornen od. fleischigen Scheindornen (Abb. **178**/3, 5). Familie *Nymphalidae* pp. S. 187

9* Erwachsene L ohne Dornen, z. T. mit anders gestalteten Forts **10**

10 Letztes Sgm in 2 Spitzen ausgezogen (aber Nachschieber vorhanden) **11**

10* Letztes Sgm nicht in 2 Spitzen ausgezogen **12**

11 K mit 2 großen Dornen (Abb. **178**/4). Gattung *Apatura* zu Familie *Nymphalidae* S. 188

11* K ohne spitze, große Dornen (Abb. **178**/6). Familie *Satyridae* S. 184

2 **(10)** Körper asselförmig, Rücken gewölbt, Bauch abgeplattet (Abb. **178**/7). Familien *Nemeobiidae* u. *Lycaenidae* S. 192

2* Körper nicht asselförmig **13**

3 Stark behaart od. mindestens stellenweise mit mehreren Haaren od. Bo auf je einer Warze **14**

3* Nackt od. nur mit je 1 Bo auf den Punktwarzen **27**

4 Sgm 9 (u. 10) auf OS mit ausstülpbarer Trichterwarze. Familie *Lymantriidae* S. 206

4* Ohne Trichterwarzen **15**

5 Mit Bürsten, Pinseln, Schöpfen od. mit Höckern, Querleisten, Wülsten auf verschiedenen Sgm **16**

5* Alle Sgm ± gleichartig gestaltet u. behaart **18**

6 Körper fein u. dicht kurz behaart mit einzelnen längeren Haaren; Einschnitte meist abweichend gefärbt; Sgm 11 mit Warze, Wulst od. Haarbüschel; Sgm 4 immer ohne solche (Abb. **210**/15). Familie *Lasiocampidae* pp. S. 208

6* Obige Merkmale vereint nicht vorhanden **17**

7 L zw Blättern versponnen; 4. Sgm mit behaartem Fleck od. Erhöhung. Gattung *Clostera*, Familie *Notodontidae* S. 224

7* L freilebend, oft büschelig bunt behaart; 4. Sgm z. T. mit Fleischzapfen. Familie *Noctuidae* pp. S. 227

8 **(15)** Haar polsterartig dicht büschelig (Abb. **207**/2). Familie *Ctenuchidae* S. 205

8* Haare nicht polsterartig dicht, aber büschelig; 4.–14. Sgm mit Spiegelflecken **19**

9 Haare brüchig, mit Widerhaken; L gesellig in Nestern. Familie *Thaumetopoeidae* S. 219

9* Haare normal **20**

0 Haare in Büscheln, sternhaarig od. borstig. Außer den Warzenhaaren keine Behaarung **24**

0* Haare nicht gebüschelt, weich, meist gleichmäßig verteilt **21**

1 Gedrungen, bis 3 cm, hell mit schwarzen Flecken, K eingezogen, Behaarung spärlich (Abb. **199**/11). Familie *Zygaenidae* S. 198

1* Anders, erwachsen meist größer als 3 cm **22**

2 Behaarung kurz, fein u. dicht, die Grundfarbe nicht verdeckend. Wenigstens 1 Längsstreifen, meist an Kreuzblütengewächsen (Abb. **178**/2). Familie *Pieridae* S. 181

2* Diese Merkmale nicht vereint vorhanden **23**

3 Behaarung dicht filzig od. kurz samtig, mit hervorragenden Einzelhaaren (Abb. **210**/11). Familien *Lemoniidae* u. *Lasiocampidae* pp. S. 212, 208

3* Behaarung lg u. weich, ohne filzige Grundbehaarung. Familie *Noctuidae* pp. S. 227

4 **(20)** An Flechten; vorn u. hinten verjüngt. Unterfamilie *Lithosiinae*, Familie *Arctiidae* S. 200

4* An Blättern; länglich walzig **25**

5 Grün, jedes Sgm mit roten beborsteten Knopfwarzen (Abb. **213**/5). Familie *Attacidae*, Unterfamilie *Attacinae* S. 212

5* Nicht grün, Warzen weniger lebhaft gefärbt **26**

6 Sehr schnellfüßig, bei Berührung sich einrollend; mit sternhaarbüscheligen Warzen; Haare dicht, steifborstig (Abb. **202**/7). Familie *Arctiidae* pp. S. 200

6* Träger, Warzenbehaarung weniger dicht u. weicher. Familie *Noctuidae* pp. S. 227

27 **(13)** Einzelne Sgm mit besonderen Auswüchsen od. Merkmalen (Höckern, Hörnern, Chitinplatten) od. einzelne Sgm verdickt **28**
27* Ohne solche Auswüchse **32**
28 Nur Sgm 11 mit Erhöhung od. Verdickung **29**
28* Höcker auf einem od. mehreren anderen Sgm (oft auch auf Sgm 11) **31**
29 Sgm 11 mit (meist gebogenem) Horn (Abb. **216**/1–4) od. seitliche AuFlecke auf Sgm 3-5 (Abb. **216**/5). Familie *Sphingidae* S. 214
29* Sgm 11 mit pyramidenförmiger Erhöhung **30**
30 Pyramidenförmige Erhöhung endet am 11. Sgm spitz; seitliche Schrägstriche von oben vorn nach unten hinten (Abb. **213**/2–3). Familie *Endromidae* S. 212
30* Pyramidenförmige Erhöhung endet am 11. Sgm stumpf; seitliche Schrägstriche, falls vorhanden, von oben hinten nach unten vorn. Familie *Noctuidae* pp. S. 227
31 **(28)** Alle Sgm wulstig, bes. Sgm 3; KörperS mit Schrägstreifen (Abb. **213**/8). Familie *Attacidae*, Unterfamilie *Agliinae* S. 213
31* Anders. Familie *Noctuidae* pp. S. 227
32 **(27)** Im Innern von PflTeilen od. zw Blättern, Blütenständen u. dgl. versponnen od. in der Erde an Wurzeln **33**
32* Freilebend, höchstens bei Tage versteckt **34**
33 Körper nach hinten abgeplattet; K nicht grün, größer als Sgm 11; L zw Blättern versponnen. Familie *Thyatiridae* pp. S. 224
33* Körper anders, K kleiner. Familie *Noctuidae* pp. S. 227
34 **(32)** An Bäumen u. Sträuchern. Familie *Notodontidae* pp. (auch *Noctuidae* pp.) S. 220, 227
34* An Stauden, Kräutern od. Gräsern. Familie *Noctuidae* pp. S. 227
35 **(5)** Außer den BrFüßen u. Nachschiebern nur letztes Bauchfußpaar (9. Sgm) voll entw (z.B. Abb. **265**/12). Familie *Geometridae* (außer *Archiearinae*) S. 253
35* Mindestens 2 Bauchfußpaare voll entw (8. u. 9. Sgm) **36**
36 3 Bauchfußpaare entw; L mit BoBüscheln auf Wärzchen, klein. Familie *Nolidae* S. 205
36* Bauchfußpaare am 6. (u. 7.) Sgm verkürzt od. rückgebildet; auf jeder Warze nur 1 Haar (Abb. **262**/8).
Familie *Noctuidae* u. Unterfamilie *Archiearinae* der Familie *Geometridae* pp. S. 227, 254

Überfamilie *Papilionoidea* – **Echte Tagfalter**

F am E mit Keule. VFl u. HFl breit, meist lebhaft gleichgefärbt, in der Ruhe nach oben zusammengeklappt, nicht faltbar (Abb. **182**/2). – L 16füßig, nackt, haarig od. dornentragend (Abb. **178**/1–6). P fast stets frei aufgehängt kopfabwärts als SturzP, aufwärts u. mit Gürtelfaden als GürtelP (Abb. **178**/8–13). Überw kommt in allen Stadien vor. Nomenklatur wie bei HIGGINS/RILEY. – ▼▽ (außer *Pieris*, *Artogeia*; *Aporia* nur ▽).

Familie *Papilionidae* – **Ritter**

Groß bis sehr groß. F kurz, gebogen, allmählich zur Keule verdickt; Au nackt. Alle 6 B gut ausgebildet, ein Paar einfache Klauen am Tarsus. – L 16füßig mit vorstreckbarer, fleischiger Nackengabel, die oft intensiv nach der NaPfl riecht (Eur 11 Arten). – ▼▽.

1 Gelb mit schwarzen Zeichnungen. HFl am Rande bogig gezahnt, mit schwanzartiger Spitze. Meist einzeln, gewandt segelnd. – L nackt, mit kleinem K (Abb. **178**/1); GürtelP an Zweigen u. Stengeln überw (Abb. **178**/8) **2**

1* Weiß mit schwarzen (u. roten) Flecken, dünn beschuppt, Fl daher ± durchscheinend. HFl ganzrandig, breit gerundet, ohne Schwanzanhang. Flug schwerfällig; zählebige Blütenbesucher. Befruchtete ♀♀ mit horniger Legetasche am HlbE, die aus einem vom ♂ ausgeschiedenen Sekret bei der Kopula entsteht. – L mit kurz behaarten Knopfwarzen, samtschwarz mit gelbroten Fleckenreihen. P gedrungen, braun, weiß bereift, im Erdgespinst. Ei od. junge L überw.
Gattung *Parnassius* LATREILLE – **Apollofalter**

a HFl mit 2 roten, oft weiß gekernten u. schwarz umzogenen AuFlecken (Abb. **178**/15). 34–50 mm. In den MGeb nur noch z vorkommend, neigt zur Rassenbildung. V–VIII. – L an *Sedum*, tags meist versteckt.
Parnassius apollo L. – **Apollo**

a* HFl stets ohne rote AuFlecke, weiß, außen glasig od. schwarz bestäubt; VFl nur mit 2 schwarzen Zellflecken. 27–32 mm. Bes. im S der BRD, sehr lokal auch im Harz. VI. – L an *Corydalis*, am Tage verborgen.
Parnassius mnemosyne L. – **Schwarzer Apollo**

2 Schwarzer Saum beider Fl mit gelben Mondflecken; HFl mit schwarzblauer Saumbinde u. rotem, blaugerandetem Analfleck (Abb. **178**/14). 34–45 mm. Sonnige Hügel u. Wiesen; VI/V u. VII/VIII. – L grün, schwarz quergestreift, mit roten Punkten (Abb. **178**/1). P (Abb. **178**/8).
Papilio machaon L. – **Schwalbenschwanz**

2* Schwarzer Saum ohne Mondflecke; Grundfarbe bleichgelb; VFl mit 6 bis 7, HFl mit 1 dunklen, geraden Querstreifen; Analfleck orange u. blau geteilt (Abb. **182**/1). 35–45 mm. Ab Lausitz u. Thüringen südwärts, sonnige Kalkberge, gern um Bergkuppen segelnd. V/VI u. VII/VIII. – L gedrungen, hinten stark abfallend, grün, rot gefleckt mit gelben Schrägstreifen; an *Prunus spinosa* u. anderem Steinobst. *Iphiclides podalirius* L. – **Segelfalter**

Familie *Pieridae* – **Weißlinge**

Im VFl fehlt ax_2, im HFl ax_2 vorhanden (Abb. **182**/4–6). Au nackt, rund, Grundfarbe weiß, auch gelb bis orange; oft geschlechtsdimorph. Verbreitet treten Duftschuppen auf, bes. beim ♂. – L 16füßig, schlank, mit kleinem, gewölbtem K, meist kurz u. weich behaart (Abb. **178**/2); vielfach an Kreuz- od. Schmetterlingsblütlern. GürtelP mit spitzem K (Abb. **178**/9–11). Überw als L, P od. Im. (Eur 41 Arten). – ▼▽ (außer *Pieris*, *Artogeia*; *Aporia* nur ▽).

1 FlForm geschweift; VFlApex spitz vorgezogen, HFl mit scharfer Zacke (Abb. **182**/2). ♂ gelb, ♀ grünlichweiß, Zellflecke klein, gelbrot. 27–30 mm; g; VII–VI; im Winter unter Laub versteckt. – L grün mit hellem SStreif (Abb. **182**/3) an *Rhamnus*. *Gonepteryx rhamni* L. – **Zitronenfalter**

1* FlForm normal, mit gerundetem Apex u. ohne HFlZahn **2**

2 Fl weiß, dünn beschuppt, Adern auffallend schwarz. Praecostalsporn lg u. gebogen (Abb. **182**/4). 32–35 mm; VI/VII. – L grau, breit rotbraun längsgestreift, K, BrB u. Nachschieber schwarz; an Obstbäumen jung in Nestern überw, zuweilen schädlich, aber oft jahrzehntelang kaum zu finden. P (Abb. **178**/10). *Aporia crataegi* L. – **Baumweißling**

2* Fl dicht beschuppt, Adern kaum hervortretend, s dunkel verbreitert **3**

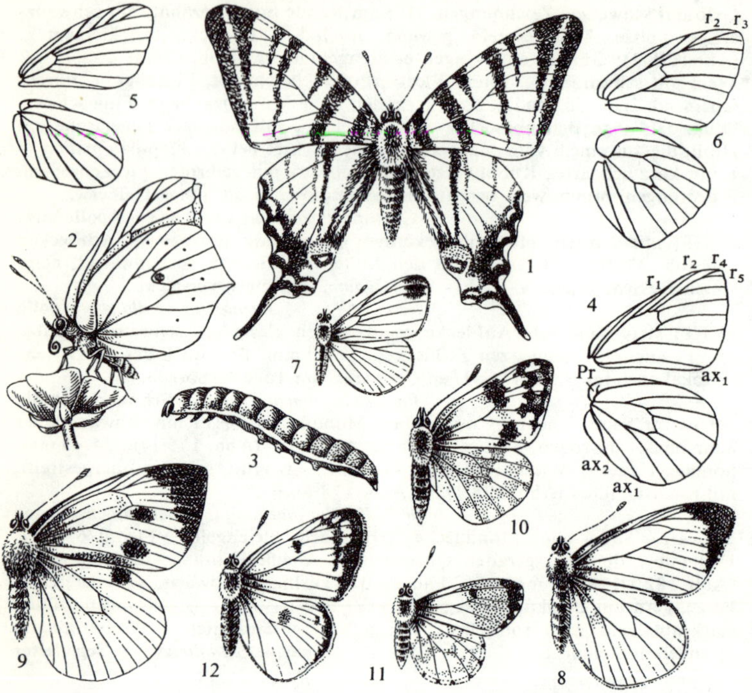

Abb. **182/1–12.** **1** *Iphiclides podalirius* (35–30 mm); **2** Sitzender Tagfalter, *Gonepteryx rhamni* (27–30 mm); **3** *Gonepteryx rhamni*, L; **4** Geäder von *Aporia crataegi*; **5** Geäder von *Leptidea sinapis*; **6** Geäder von *Colias* sp.; **7** *Leptidea sinapis* (18–25 mm); **8** *Pieris brassicae*, ♂ (29–34 mm); **9** *Pieris brassicae*, ♀ (29–34 mm); **10** *Pontia daplidice*, ♀ (22 bis 26 mm); **11** *Anthocaris cardamines*, ♂ (21–25 mm); **12** *Colias hyale* (22–25 mm).

3 MZelle der VFl kürzer als $^1/_2$ FlLg (Abb. **182**/5); Hlb u. Fl zart, schwacher Flug. Weiß, ♂ mit rundem, schwarzem Apikalfleck der VFl (Abb. **182**/7). 18–25 mm; z in Waldlichtungen; V/VI u. VII/VIII. – L grün mit gelben SStreifen; an *Lathyrus*. P überw.

Leptidea sinapis L. – **Tintenfleck, Senfweißling**

3* MZelle der VFl mindestens von $^1/_2$ FlLg **4**

4 Grundfarbe weiß, Fransen nicht rot **5**

4* Grundfarbe gelb, orangerot od. weiß mit roten Fransen, F u. B. Saum schwarz gezeichnet (Abb. **182**/12). VFl ohne r_5, HFl ohne Praecostalsporn (Abb. **182**/6). Geschlechtsdimorph; HFlUS mit silberweißem, oft dunkel umzogenem MFleck in Form einer 8; VRand oben zuweilen mit Duftfleck (*C. croceus* u. *C. myrmidone*). Rastlose Flieger, z. T. Wanderfalter. – L grün, sehr versteckt, meist an *Trifolium*, überw. – P mit spitzem K u. scharfer Rückenkante. 5 Arten.

Gattung *Colias* F. – **Kleefalter**

a Grundfarbe orange . . . . d
a* Grundfarbe beim ♂ gelb, beim ♀ weißlich . . . . b
b Fransen einfarbig lebhaft rot. Fl schwarz u. geschlossen breit gesäumt, mit hellen Einmischungen im Apex, Zellflecke meist klein, im HFl nur rund, nicht in Form einer 8. 22–27 mm; z auf Torfmooren, Eiszeitrelikt; VI/VII. – L an *Vaccinium uliginosum*. – Die Nominatform in Skandinavien, in MEur eine lebhafter gefärbte Unterart.
Colias palaeno ssp. *europome* ESPER – **Hochmoorgelbling**
b* Fransen schwarz-rot, schwach gescheckt c
c Schwarze Randzeichnung im VFl mit hellen Flecken durchsetzt, im HFl wenig ausgeprägt; Zellflecke im VFl groß u. schwarz, im HFl in Form einer gelben 8 (Abb. **182**/12). 22–25 mm. Koppeln u. Kleefelder; erhält sich durch Zuzug aus südl Breiten; V–X in 2–3 Gen. – L grün, an *Trifolium*.
Colias hyale L. – **Goldene Acht**
c* Äußerst ähnlich, meist tiefer gelb, mit größerem 8-Fleck der HFl. – L grün mit gelben Streifen, nur an *Hippocrepis*. *Colias australis* VERITY
d (a) OS orange mit breiten schwarzen, beim ♂ von hellen Adern durchschnittenen, FlSäumen u. großen runden VFlZellfleck. ♀ bunter, mit wenigen hellen Flecken in der Saumbinde (Grundfarbe zuweilen grünlich-weiß aufgehellt; ♀-Form *helice* HÜBNER). 22–28 mm; SEur, nur jahrweise häufiger zufliegend; VI–X in mehreren Gen. *Colias crocea* FOURCROY – **Postillon**
d* Ähnlich *C. crocea*, aber noch lebhafter gefärbt; Saumband der VFl nicht von hellen Adern durchschnitten, HFl des ♀ mit ausgeprägterer, bis zum I-Winkel reichender Saumbinde. Sehr z im S. *Colias myrmidone* ESPER
5 (4) US der HFl grünfleckig 6
5* US der HFl nicht grünfleckig, höchstens die Adern grüngrau beschattet. Fl weiß mit schwarzen Flecken u. Apexzeichnungen (Abb. **182**/8–9). Neigen bei Massenvermehrung zu Wanderzügen. – L kurz behaart; als Feld- u. Gartenschädlinge z. T. gefürchtet, an *Brassica* u. anderen Kreuzblütengewächsen (Abb. **178**/2). GürtelP mit KSpitze u. Rückenkamm, überw (Abb. **178**/9).
Gattungen *Pieris* SCHRANK u. *Artogeia* VERITY – **Echte Weißlinge**
a HFl-US mit breit grüngrau beschatteten Adern, die oberseits dunkel angedeutet sind. FGeißel schwarzweiß geringt. Grundfarbe weiß, seltener gelb. ♂ stark nach Melisse duftend. 20–25 mm. Kein Kulturfolger wie *P. brassicae* u. *A. rapae*, g, IV–X in 2 (3) Gen. – L mattgrün, mit gelb eingefaßten Stigmen.
Artogeia napi L. – **Grünaderweißling**
a* Dunkle Schattierung der HFl-US ausgedehnter od. fehlend, nicht auf die Adern beschränkt. FGeißel nicht deutlich geringt . . . . b
b 29–34 mm. Weiß mit tiefschwarzen Flecken (Abb. **182**/8–9); Apex bis zur M des Außensaumes geschwärzt. HFlUS gelblich, ± dunkler überstäubt. Oft schädlich, Massenwanderer. V–X in 2 (3) Gen. – L blaugrün mit gelben Flecken u. Streifen u. schwarzen Punkten (Abb. **178**/2). P gelbgrün mit schwarzen Punkten (Abb. **178**/9). Eiabl in Haufen.
Pieris brassicae L. – **Großer Kohlweißling**
b* 20–27 mm. Weiß (weißgelb) mit matter Schwarzzeichnung, die am Apex nur bis zu $^1/_3$ SaumLg reicht. HFlUS reiner gelb. Zuweilen schädlich. Massenwanderer; IV–X in 2 (3) Gen. – L mattgrün, mit gelben Streifen. Eiabl einzeln. *Artogeia rapae* L. – **Kleiner Kohlweißling**
6 (5) VFlZellfleck groß, vierkantig, mit heller Querader. HFlUS grob grünfleckig. ♂ u. ♀ oben weiß mit schwarzweiß geflecktem Apex, HFl durchschei-

nend schwarzfleckig, beim ♀ stärker (Abb. **182**/10). 22–26 mm. Ödland u. Schuttplätze, unbeständig auftretend; erhält sich durch Zuzug aus SOEur; IV/V u. VI–IX. – L graugrün u. gelb gestreift mit feinen schwarzen Punktwärzchen, an *Descurainia sophia* [*Leucochloe* RÖBER].

Pontia daplidice L. – **Resedaweißling, Petersilienvogel**

6* VFlZellfleck kleiner, mondförmig, ohne helle Querader; HFl-US zerrissen gelbgrün gezeichnet. VFl-OS weiß, Apex einfarbig dunkel, am Saum gescheckt; beim ♂ bis zum Zellfleck orangerot (Abb. **182**/11). 21 bis 25 mm. Wiesen; IV–VI. – L blaugrün mit weißlichen Streifen, an *Cardamine pratensis* u. anderen Kreuzblütlern. P (Abb. **178**/11).

Anthocaris cardamines L. – **Aurorafalter**

Familie *Satyridae* – Augenfalter

Meist düster gefärbt mit schwarzweißen AuZeichnungen vor dem Saum. Im Wurzelteil der VFl einzelne Adern blasig aufgetrieben (Abb. **173**/3). Au rund, F dünn, meist allmählich verdickt. VB ± verkümmert (Abb. **173**/1). Färbung oft geschlechtsdimorph. ♂♂ oft mit VFl-Duftfeldern, erscheinen 1–2 Wo vor den ♀♀. Vielfach Geb- od. Hügeltiere. – L spindelförmig, mit 2 Analspitzen (Abb. **178**/6), nackt od. kurz behaart, meist längsgestreift, K halbkugelig abgesetzt; nachts an Gräsern, tags versteckt; meist überw. P stumpf, gedrungen, mit Einbuchtung an der RückenS (Abb. **178**/13) u. 2 kleinen divergierenden Spitzen am K; teils freihängende StürzP, teils am od. im Boden, nackt od. mit Gespinst. 30 Arten (Eur 102). – ▼▽.

1 Au behaart. Mittelgroß, meist braun od. gelb, schwarz gemustert, mit schwarzen, weißgekernten AuFlecken in wechselnder Zahl (Abb. **185**/3–4). – L schlank, dünn behaart, grün; StürzP. 5 z. T. ähnliche Arten.

„*Pararge*“-Gruppe – **Scheckaugen**

Leicht kenntlich:

a) *Pararge aegeria tircis* BUTLER – **Waldbrettspiel**
HFlSaum zackig gewellt. Grundfarbe blaßgelb, schwarz gezeichnet; im VFl 1 Apikalauge, im HFl 3–4 ± weißgekernte AuFlecke (Abb. **185**/3). 22–25 mm; v, im Halbschatten der Wälder; IV–VI u. VII–IX. – (Die satter gelbrote Nominatform in SEur.)

b) *Lasiommata megera* L. – **Mauerfuchs**
HFl-Saum kaum gewellt. Fl auf rotgelbem Grunde schwarzbraun gezeichnet, AuFlecke ähnlich *P. ae. tircis*. ♂ mit dunklem MBand (Duftfleck) schräg durch den VFl (Abb. **185**/4); ♀ im MFeld schwach gezeichnet. 23–25 mm; v, an steinigen Plätzen; V/VI u. VIII/IX.

c) *Lopinga achine* SCOPOLI – **Bacchantin, Gelbringfalter**
HFl-Saum schwach gewellt. Graubraun, auffallend durch im VFl 5, im HFl 2–4 schwarze, gelb geringte, blinde AuFlecke. 27–28 mm. Lokal, gern im Halbschatten lichter Wälder mit reichem Bodenwuchs. VI/VII.

1* Au nackt **2**

2 Nur 1 VFlAder (sc) an der Wurzel aufgeblasen **3**

2* 2–3 VFlAdern an der Wurzel aufgeblasen **4**

3 VB sehr stark verkümmert. Fl schachbrettartig schwarzweiß (od. gelblich) gefleckt (Abb. **185**/1); AuFlecke meist nur auf US. 23–28 mm; v, im N erst seit etwa 100 Jahren; VI–VIII. – L feinhaarig, sandfarben od. grün, mit rötlichen Afterspitzen. *Melanargia galathea* L. – **Schachbrett**

Abb. **185/1–8.** **1** *Melanargia galathea* (23–28 mm); **2** *Erebia aethiops* (23–27 mm); **3** *Pararge aegeria tircis* (22–25 mm); **4** *Lasiommata megera*, ♂ (23–25 mm); **5** *Coenonympha arcania*, FlUS; **6** *Coenonympha pamphilus*, FlUS; **7** *Hipparchia alcyone* (29 bis 30 mm); **8** *Hipparchia semele* (28–30 mm).

3* VB lg, dünn u. behaart. Fl mit samtartig schwarzbrauner Grundfarbe u. meist rotbrauner AuFleckenbinde (Abb. **185**/2); ♀ oft mit reicherer AuZeichnung; variabel. Vornehmlich GebTiere, in Alp artenreich. – L meist gelblich, dunkler gestreift, kurz beborstet, hinten stark verjüngt, mit sehr kurzen Afterspitzen; wenig bekannt. 7 Arten (Eur 46). Gattung *Erebia* DALMAN – **Mohrenfalter**

Verbreiteter nur:

a) *Erebia aethiops* ESPER – **Waldteufel**
Fl-Saum schwach wellig, beim ♀ gescheckt. HFl-US mit Querbinde zw. ± helleren Feldern, AuFlecke sehr klein od. fehlend. ♂ oben tief schwarzbraun, dunkelrostrote AuFleckenbinde wenig hervortretend; ♀ heller gefärbt u. reicher gezeichnet (Abb. **185**/2). 22–27 mm. Wälder des Hügellandes, z auch im N; VII/VIII.

b) *Erebia medusa* F. – **Kaffeevogel**
Fransen ungescheckt. Fl oben u. unten fast gleich, mit reich geäugter, rostgelber Fleckenbinde. 23–24 mm. Wiesen u. Waldblößen, nicht nur im Geb; V–VII.

c) *Erebia ligea* L. – **Großer Mohrenfalter**
Dunkle MBinde der HFlUS bes. am VRand saumwärts kreideweiß begrenzt; Fransen schwarz-weiß gescheckt. 25–28 mm. Im Halbschatten der MGeb-Wälder, mit 2jährigem Häufigkeitswechsel; VII/VIII.

4 **(2)** Drei Adern der VFlWurzel aufgeblasen (sc, c u. ax). Klein bis mittelgroß, gelb bis dunkelbraun, oben meist wenig geäugt. Oft häufig auf Grasplätzen,

Wiesen u. an Waldrändern. – L grün, sehr fein behaart, K klein, kugelig. – 5 Arten, eine s. Gattung *Coenonympha* HÜBNER – **Heufalter**

Am häufigsten:

a) *Coenonympha arcania* L. – **Perlgrasfalter**
HFlUS mit metallisch bleiglänzender Saumlinie, lebhaft gefärbt, mit weißem Saumfeld u. scharf hervortretenden, mehrfach umringten AuFlecken (Abb. **185**/5); VFl oben gelbbraun, breit schwarz gesäumt, HFl dunkler, meist nur am Innenwinkel gelb gefleckt. 17–21 mm. Auf buschigen Waldwiesen; VI/VII.

b) *Coenonympha pamphilus* L. – **Kälberauge**
HFlUS grau, ohne Bleilinie, oft fast augenlos, mit heller Binde nahe dem VRand, die das dunkle Innenfeld begrenzt (Abb. **185**/6). OS matt ockergelb mit schwachem AuFleck im VFl Apex. 14–16 mm; g; V–IX, in 2 bis 3 Gen.

4* Nur 2 Adern der VFlWurzel aufgeblasen (sc u. c) **5**

5 MSchienen nur halb so lg wie MSchenkel, mit schwarzem EDorn. Meist große dunkle AuFalter, z. T. mit hellen Flecken u. Binden u. beim ♂ mit schrägem, samtigem Duftfleck der VFl. Sitzen gern an Baumstämmen od. am Boden. – L mehr gekörnt als behaart, längsgestreift (Abb. **178**/6). P an od. in der Erde. – 8 Arten, z. T. lokal od. kaum in unser Gebiet vordringend.
„*Satyrus*"-Gruppe – **Samtfalter**

Allgemeiner vorkommend:

a) *Hipparchia alcyone* SCHIFFERMÜLLER – **Kleiner Waldportier**
OS stumpf schwarzbraun, mit breiter, verschatteter weißer Querbinde (Abb. **185**/7); VFl mit ApikalAu. 29–30 mm. Lichte Kiefernwälder, Sandböden; nur noch lokal häufig; VII/VIII.

b) *Hipparchia semele* L. – **Rostbinde, Heidefalter**
Rostbraun bis ockergelb, z. T. dunkel überdeckt. ♂ schwärzlich verdüstert mit deutlichem Duftschuppenwisch (Abb. **185**/8); ♀ lebhafter gescheckt u. geäugt. HFlUS braun u. weiß marmoriert. 28–30 mm. Sandfelder, ruht schräg am Boden od. an Stämmen mit tief eingezogenen VFl; VI–VIII. L (Abb. **178**/6).

c) *Chazara briseis* L. – **Berghexe**
FKolben breit, knopfförmig. Zeichnung u. Färbung erinnern an *H. alcyone*, aber im VFl der VRand scharf abgesetzt hell, die helle Querbinde dunkel geadert u. mit 2 AuFlecken. 27–33 mm. Von den MGeb an südwärts, sonnige, warme Kalkhügel; VII–IX.

d) *Minois dryas* SCOPOLI – **Blaukernauge**
OS einfarbig schwarzbraun; VFl mit 2 schwarzen, blaugekernten AuFlekken, HFl mit einem kleinen Au. 28–39 mm. Im N z auf Moorwiesen, im Hügelland an Pfeifengrashängen (Molinieten); VII/VIII.

5* MSchienen länger als $^1/_2$ SchenkelLg. Auf Blüten od. am Boden **6**

6 HFl zum Analwinkel hin kaum ausgeschnitten. VB stark verkümmert; OS u. US einfarbig schwarzbraun matt, oben oft kaum geäugt, unten AuFlecke gelb geringt. 21–36 mm; g, Waldränder, auf Brombeerblüten (*Rubus*-Arten); VI–VIII. – L gestreift, bräunlich-grau; P an der Erde.
Aphantopus hyperantus L. – **Schornsteinfeger**

6* HFl zum Analwinkel hin deutlich ausgeschnitten; VB länger, aber sehr dünn; VFlUS in der M rostgelb, VRand stark gekrümmt. ♂ mit Duftschuppenwisch. – L grün, gestreift; StürzP an Grashalmen (Abb. **178**/13) **7**

OS beim ♂ fast einfarbig graubraun, beim ♀ im VFl ± braungelb aufgehellt **8**

*OS rostgelb, breit dunkel gerandet; VFl mit zweifachem, HFl mit einfachem weißgekerntem Au. 18–21 mm. Sehr lokal; VII/VIII. [*Epinephele* auct.]
Pyronia tithonus L. – **Gelbes Ochsenauge**

VFl mit meist einfach weißgekerntem (♀) od. blindem (♂) ApikalAu. Duftfeld breit verwaschen. 22–28 mm; g; VI–VIII. [*Epinephele* HÜBNER]
Maniola jurtina L. – **Großes Ochsenauge**

*VFl beim ♀ stärker braungelb aufgehellt, mit 2 weit getrennten AuFlecken untereinander; ♂ mit scharfem, schmalem Duftstreif u. einem verloschenen ApikalAu. 20–22 mm; z an trockenen sandigen Kiefernheidestellen. VII/VIII. [*Epinephele* auct.] *Hyponephele lycaon* KÜHN – **Kleines Ochsenauge**

Familie *Nymphalidae* – **Edelfalter**

Überwiegend stattlich, oft schnelle Flieger. Im VFl geht r_4 in den Außenrand; HFl mit breitem Analfeld zur Aufnahme des Hlb. F meist kräftig u. gerade. VB stark rückgebildet (Putzpfoten, Abb. **173**/1). L mit verzweigten Rücken- od. Scheindornen, od. schneckenförmig mit KHörnern (*Apatura* F.) (Abb. **178**/3–5). – StürzP oft mit Metallflecken, Höckern u. Zacken (Abb. **178**/12, **191**/1). 38 Arten, auf 20 Gattungen verteilt, hier z. T. zu Gruppen vereinigt (Eur 67 Arten). – ▼▽.

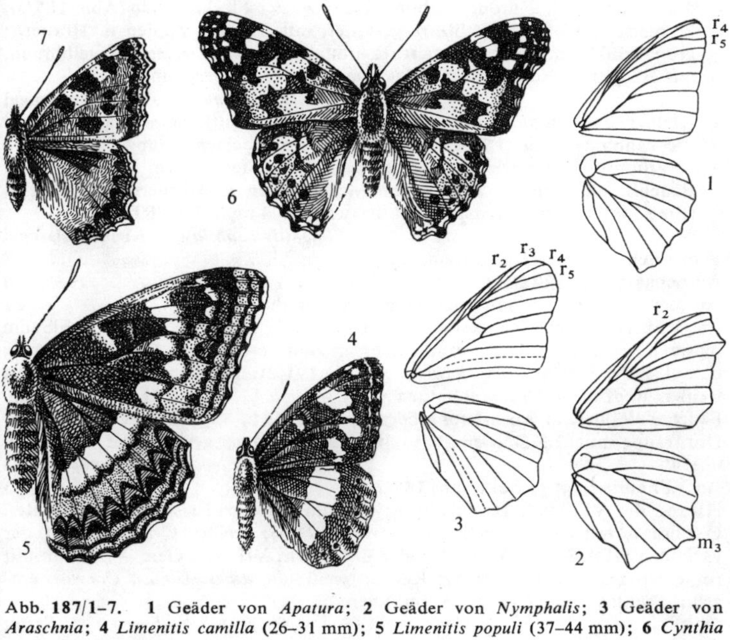

Abb. **187/1–7.** **1** Geäder von *Apatura*; **2** Geäder von *Nymphalis*; **3** Geäder von *Araschnia*; **4** *Limenitis camilla* (26–31 mm); **5** *Limenitis populi* (37–44 mm); **6** *Cynthia cardui* (26–30 mm); **7** *Aglais urticae* (23–28 mm).

1 MZelle aller Fl offen (Abb. **187**/1). Groß, auf dunklem Grunde weißgefleckt, ♂ stark schillernd. Feuchte Laubw, vormittags an faulen Stoffen saugend. – L grün, Haut körnig, schneckenförmig mit KHörnern u. Schwanzspitzen (Abb. **178**/4). P (Abb. **191**/1).

Gattung *Apatura* F. – **Schillerfalter**

a Helle HFl-MBinde nach außen mit spitzem Zahn, Innenwinkel mit AuFleck. ♂ blau schillernd. 35–40 mm, v, aber oft s. VII/VIII. – L mit blauen KHörnern, an *Salix*, jung überw (Abb. **178**/4). P bläulichgrün, K mit 2 Spitzen (Abb. **191**/1). *Apatura iris* L. – **Großer Schillerfalter**

a* Helle HFl-MBinde außen ohne spitzen Zahn, HFl u. VFl mit rotgelb gerandetem AuFleck. ♂ beim Typus violett, bei f. *clytie* SCHIFFERMÜLLER rot schillernd mit gelben statt weißen Flecken. 30–38 mm; v, aber lokal u. s; VI/VII. – L mit schwarzen KHörnern, an *Populus*.

Apatura ilia SCHIFFERMÜLLER – **Kleiner Schillerfalter**

1* Wenigstens im VFl die MZelle durch Querader geschlossen **2**

2 F allmählich verdickt, ohne abgesetzte Keule. Im Aussehen u. Verhalten den *Apatura* ähnlich, aber ♂ ohne Schiller; US noch bunter, mit blaugrüner, rostroter u. weißer Zeichnung. – L mit Scheitelspitzen u. 2 Reihen Rückendornen od. Höckern, an Laubholz, jung überw. P mit zweigeteiltem KE u. beilförmigem Auswuchs am Rücken. Gattung *Limenitis* F. – **Eisvögel**

a Sehr groß, 37–44 mm, Fl oben dunkel mit heller MBinde u. roter Mondfleckenlinie vor dem Saum; HFl grünlich gesäumt. Beim ♂ helle Flecke ± dunkel bestäubt, ♀ größer u. bunter, mit weißer Fleckenbinde (Abb. **187**/5). Z, meist s; VI/VII. – L bizarr gestaltet, mit Dornen, Zapfen u. Hörnern; grün, dunkler u. heller schattiert, K braun; an *Populus tremula*. P gelbbraun, mit Höckern u. schwarzen Punkten, auf Blättern angesponnen.

Limenitis populi L. – **Großer Eisvogel**

a* Kleiner, 26–31 mm. Fl oben schwarz mit weißer mittlerer, schwarzgeaderter Fleckenbinde (Abb. **187**/4). Lokal häufig in feuchten Laubw; VI–VIII. – L grün, mit Doppelreihe rotbrauner Dornzapfen, rotem K u. brauner BauchS; an *Lonicera*. P grün mit Metallflecken u. Hörnern, an Blättern. (Eine weitere Art, *L. reducta* STAUDINGER, z u. s im S der BRD.)

Limenitis camilla L. – **Kleiner Eisvogel**

2* F mit deutlich abgesetzter Keule **3**

3 Au behaart (Abb. **228**/12) **4**

3* Au nackt, Im. rotgelb mit schwarzen Fleckenreihen **11**

4 Im VFl r_2 gemeinsam gestielt mit r_{3-5} (Abb. **187**/3). Klein, am FlSaum schwach geeckt; saisondimorph, im Frühj: auf rotbraunem Grunde schwarze u. weißgelbe Flecke (g. v. *levana* L., Abb. **191**/2); im Sommer: schwarz mit weißen u. rötlichen Fleckenbinden (g. a. *prorsa* L., Abb. **191**/3). 16–19 mm. Feuchte Wälder, in Ausbreitung begriffen; IV–VI u. VII/VIII; in 2 (3) Gen. Dornraupe mit 2 KDornen, bräunlich, K schwarz; gesellig auf *Urtica*. P überw. *Araschnia levana* L. – **Landkärtchen**

4* Im VFl entspringt r_2 frei (Abb. **187**/2) **5**

5 HRand der VFl stark geschwungen; FlSaum auffallend gezackt u. gebuchtet. OS braun mit schwarzen Flecken (Abb. **191**/4); weißes C-Zeichen auf der variablen HFlUS. 22–25 mm. Wälder u. Gärten; VII–V, 2 Gen. – L braun mit rotgelben Dornen, K schwarz, Rücken weiß; an *Ribes*, *Ulmus*, *Corylus*, einzeln. P seitlich mit Metallglanz. Im. überw.

Polygonia c-album L. – **C-Falter**

5* HRand der VFl gerade 6

6 Außenrand der HFl ohne Zahnvorsprung (Abb. **187**/6); FKeule flach birnenförmig, spitz endend. Bunt, auf der US mit AuFleckenreihe. – Die nur scheinbar hier heimischen 2 Arten erhalten sich im Gebiet vom Frühj ab durch Zuwanderung aus dem S. – L mit Dornen, einzeln in Blattgespinsten. P mit Metallflecken, am K mit stumpfen Spitzen. [*Pyrameis* HÜBNER]

Gattungen *Vanessa* FABRICIUS u. *Cynthia* FABRICIUS – **Wanderfalter**

a Schwarz mit roter Schrägbinde im VFl u. roter Saumbinde im HFl. VFlApex weiß u. bläulich gefleckt. 27–31 mm. Obstgärten, saugt gern an Früchten u. blutenden Bäumen; V/VI u. häufiger VII–X, bei uns s überw. – L an *Urtica*, variabel gefärbt, ohne helle Rückenlinie.

Vanessa atalanta L. – **Admiral**

a* Grundfarbe hell ziegelrot, dunkel gefleckt, im VFlApex schwarz mit weiß (Abb. **187**/6). 26–30 mm. Kosm; V/VI, danach häufiger bis X. – L variabel, mit heller Rückenlinie; an *Carduus*. [*Vanessa* auct.]

Cynthia cardui L. – **Distelfalter**

6* Außenrand der HFl mit vorspringendem Zahn (Abb. **187**/2). VFl zweifach geeckt, FKeule stumpf endend. Bunt, allbekannt. Oft in Häusern überw. – Dornraupen gesellig, frei auf der NaPfl (Abb. **178**/5). P eckig, mit 2 KSpitzen (Abb. **178**/12). 5 Arten (Eckfalter) 7

7 Fl samtartig schwarzbraun mit breit gelben Rändern, davor blau gefleckt. 35–45 mm; v; VII–V. – L schwarz mit rostroten Rückenflecken, K u. BauchB braun, an Laubholz (*Betula*). [*Vanessa* auct.]

Nymphalis antiopa L. – **Trauermantel**

7* Fl anders gefärbt 8

8 VFl u. HFl braunrot mit großem blauschwarzem AuFleck. 27–35 mm; v; VII–VI, oft in 2 Gen. – L schwarz mit weißen Punkten (Abb. **178**/5), an Nesseln. P (Abb. **178**/12). [*Vanessa* auct.] *Inachis io* L. – **Tagpfauenauge**

8* Fl braun, schwarz gefleckt, ohne AuFlecke 9

9 Höchstens 28 mm. Feurig rotbraun, mit hellen u. schwarzen Flecken, bes. am VRand; HFlWurzelfeld dunkel, blaue Randflecke auch am VFl sichtbar (Abb. **187**/7). 23–28 mm; v; VI – V in 2 (3) Gen. – L an Nesseln, schwärzlich u. gelb gestreift u. bedornt. P mit Metallflecken. [*Vanessa* auct.]

Aglais urticae L. – **Kleiner Fuchs**

9* Mindestens 29 mm. HFl im Wurzelteil gelbbraun mit schwarzem Fleck, VFl ohne blaue Randflecke 10

10 Grundfarbe gelbbraun, B dunkelbraun, heller Apexfleck gelb (Abb. **191**/5). 29–33 mm; v; VII–VI. – L an *Pyrus* u. anderem Laubholz, schwarz, Rücken- u. SStreif sowie Dornen rostbraun. [*Vanessa* auct.]

Nymphalis polychloros L. – **Großer Fuchs**

10* Grundfarbe lebhafter rotbraun, B gelbbraun, heller VFl-Apexfleck weißlicher, Fl stärker gezackt, sonst sehr ähnlich *N. polychloros*. 32–35 mm. Östl. Art, im Gebiet nur gelegentlich; VII–V. – L schwarz, BauchB, Längsstreifen u. Punkte gelblich; an *Salix*. [*Vanessa* auct.]

Nymphalis xanthomelas SCHIFFERMÜLLER – **Bastard-Fuchs**

11 (3) HFl mit offener MZelle. US ohne Silberflecke. Klein bis mittelgroß, rotgelb mit schwarzer Gitterzeichnung (Abb. **191**/6). Wiesen u. Waldblößen; einbrütig. – L mit beborsteten Fleischzapfen (Scheindornen); jung gesellig in Nestern, überw, dann einzeln; oft an *Plantago*. P (Abb. **191**/7). 10 z. T. schwer unterscheidbare Arten in 3 Gattungen. „*Melitaea*“-Gruppe – **Scheckenfalter**

Häufig od. leicht erkennbar:

a) *Mellicta athalia* ROTTEMBURG – **Gemeiner Scheckenfalter**
OS rotbraun, schwarz gegittert, ohne Punktreihe im Saumband (Abb. **191**/6). HFlUS gelblich, mit bogigen, schwarz eingefaßten, gelb- bis rotbraunen Binden (Abb. **191**/8). 18–23 mm; g; V–VIII. – L schwarz, weiß gefleckt, Scheindornen gelb. P (Abb. **191**/7). Mehrere sehr ähnliche Arten.

b) *Euphydryas aurinia* ROTTEMBURG – **Skabiosen-Scheckenfalter**
Gelbrot, heller u. dunkler gebändert, schwärzlich gegittert. Gelbrote Saumbinde der HFl mit kleinen schwarzen Punkten. HFlUS wie OS, aber viel matter gefärbt u. gezeichnet. 19–23 mm. Moorwiesen; V/VI. – L schwarz, gelbweiß punktiert u. gestreift, an *Succisa*.

c) *Melitaea cinxia* L.
Einfarbig gelb bis gelbbraun, dunkel gegittert. HFl mit augenartig schwarzgelb gefleckter Saumbinde; US weißgelb mit schwarzumzogenen gelbroten Binden, die äußere mit schwarzer Punktreihe, die innere fleckig aufgelöst. 18–24 mm; v; V/VI. – L schwarz, weiß punktiert, K u. BauchB rotbraun.

d) *Melitaea didyma* ESPER – **Rotscheck**
Hlb unten u. seitlich schwarz-gelb geringelt. Dunkle Gitterzeichnung der Fl in Flecke aufgelöst, sehr variabel. Grundfarbe beim ♂ feurig gelbrot, beim ♀ oft blasser, grüngrau bestäubt od. mit vermehrter Fleckenzeichnung. HFlUS ähnlich *M. cinxia*, aber die gelbrote Saumbinde ungefleckt. 19 bis 24 mm; z, sonnige Wald- u. Wegränder; VI–VIII. – L blaugrau, gelblich punktiert u. gestreift, Scheindornen braun, K rötlich u. schwarz.

11* HFl mit geschlossener MZelle; US mit Silberflecken od. violetten Tönen. Größe verschieden, OS gleichmäßig gelb- bis rotbraun, schwarz gefleckt (Abb. **191**/9–13). Unterscheidung vornehmlich nach der US. Bekannte Falter, im Sommer auf Wiesen u. Waldblößen. – L mit behaarten Dornen (Abb. **178**/3), sehr versteckt an Veilchenarten; meist überw. P mit Höckern, Spitzen u. Einbuchtungen, z. T. metallfleckig. – 14 Arten, auf 9 Gattungen verteilt, äußerlich aber z. T. sehr ähnlich. „*Argynnis*"-Gruppe – **Perlmutterfalter**

Leicht kenntlich z. B.:

a) *Mesoacidalia aglaja* L. – **Großer Perlmutterfalter**
OS siehe Abb. **191**/10. HFlUS im Wurzelfeld grünlich mit unscharf umgrenzten großen Silberflecken, Saumbinde ohne AuFlecke (Abb. **191**/11). (2 sehr ähnliche Arten ohne Grün um die Silberflecke.) 27–32 mm. Wiesen; VI–VIII. – L schwarz mit doppelter heller Rückenlinie u. großen roten SFlecken.

b) *Issoria lathonia* L. – **Kleiner Perlmutterfalter**
OS im Wurzel-Feld schwarzgrün bestäubt. HFlUS mit scharf begrenzten, auffallenden Silberflecken (Abb. **191**/12). 18–25 mm. Sandwege u. Ödland. IV–X, in 2–3 Gen. Wanderfalter? – L dunkelgrau mit hellen Längsstreifen u. SgmEinschnitten, Dornen rot, K schwarz.

c) *Clossiana selene* SCHIFFERMÜLLER – **Braunfleckiger Perlmutterfalter**
HFlUS in der rostbraunen Wurzel-Binde mit schwarzem Fleck (Abb. **191**/13), im M- u. Saumfeld mit Silberflecken. 21–23 mm; v; V/VI u. VII–IX. – L schwarzbraun, heller punktiert u. rotgelb gefleckt, Dornen hell.

d) *Clossiana euphrosyne* L. – **Veilchen-Perlmutterfalter**
Sehr ähnlich, aber feuriger u. mit nur einem Silberfleck im MTeil der HFlUS. Lokal.

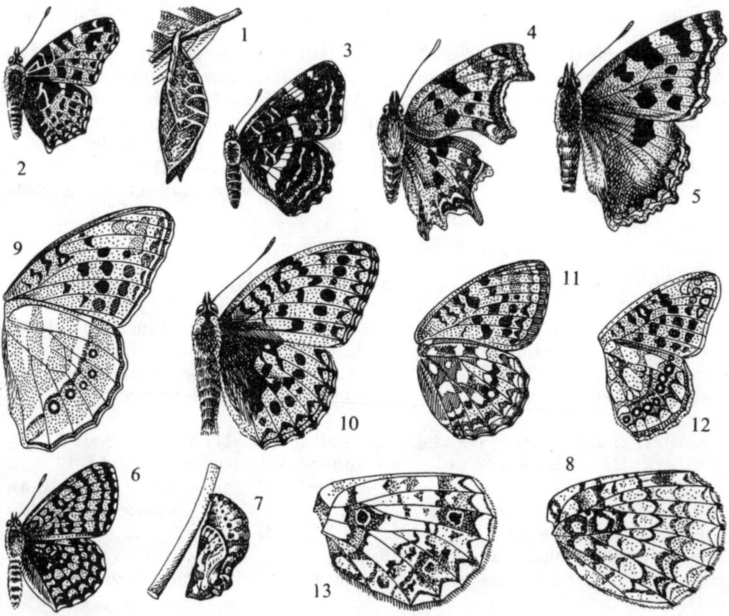

Abb. **191/1–13.** **1** *Apatura iris*, P; **2** *Araschnia levana levana* (16–19 mm); **3** *Araschnia levana prorsa* (16–19 mm); **4** *Polygonia c-album* (22–25 mm); **5** *Nymphalis polychloros* (29–33 mm); **6** *Mellicta athalia* (18–23 mm); **7** *Mellicta athalia*, P; **8** *Mellicta athalia*, US des HFl; **9** *Argynnis paphia*, FlUS; **10** *Mesoacidalia aglaja* (27–32 mm), OS; **11** *Mesoacidalia aglaja* (27–32 mm), FlUS; **12** *Issoria lathonia* (18–25 mm), FlUS; **13** *Clossiana selene*, US des HFl.

e) *Brenthis ino* ROTTEMBURG – **Violetter Perlmutterfalter**
HFlUS mit breiter, hellgelber, wurzelwärts verschobener MBinde u. breitem, lilabräunlich gewölktem Außenfeld mit kleinen AuFlecken. ♀ oben zuweilen schwärzlichblau übergossen. 20–22 mm. Moorwiesen, lokal häufig; VI/VII. – L gelbgrau mit gelben Streifen u. Dornen, die schwarz beborstet sind, K braun, schwarz gefleckt.

f) *Brenthis daphne* SCHIFFERMÜLLER – **Brombeer-Perlmutterfalter**
Voriger Art sehr ähnlich, aber größer (23–28 mm) u. unten stärker violett getönt. Sehr lokal u. s.

g) *Argynnis paphia* L. – **Kaisermantel, Silberstrich**
HFlUS auf grünlichem bis kupfrigem Grund mit 2 silbernen Halbstreifen am VRand u. einem durchgehenden Silberband (Abb. **191**/9). ♂ oben gelbrot mit dicken schwarzen Duftschuppenwülsten auf 4 Adern; ♀ größer, blasser, gelblich bis grünlichgrau, zuweilen ganz dunkel graugrün übergossen (♀-Form *valesina* ESPER). 33–38 mm. Waldwiesen; VI–VIII. – L braunschwarz mit gelben Dornen, Streifen, Punkten u. Flecken; K mit 2 lg Dornen (Abb. **178**/3).

Familie *Nemeobiidae* [*Riodinidae*, *Erycinidae*] – **Würfelfalter**

In Eur nur 1 Art: Im VFl sind r_{3-5}, im HFl r u. m_1 gestielt (Abb. **173**/4), Au oval, kurz behaart, weiß gesäumt. Schwarze Fleckenzeichnung auf braunem Grunde, an Scheckenfalter erinnernd (Abb. **195**/1–2). 17–18 mm. Im N lokal u. s, fehlt im NW, sonst lichte Wälder; V/VI. – L lg asselförmig, mit kurzen Haarbüscheln, olivbraun, mit dunklen Rückenfleckenreihen u. heller SLinie; an *Primula*, tags versteckt; überw; GürtelP fein behaart. – ▼▽.

Hamearis lucina L. – **Perlbinde**

Familie *Lycaenidae* – **Bläulinge**

Klein, höchstens mittelgroß, meist geschlechtsdimorph, ♂♂ (seltener ♀♀) oft blau od. rot metallisch glänzend. HFl zuweilen mit Zipfeln. Au oval, oft silberweiß gerandet. F schwarz-weiß geringelt. VB der ♂♂ etwas verkürzt, mit sichelförmigem TarsalGld (Abb. **173**/2). – L (Abb. **178**/7) mit kurzen B, asselförmig, kurz u. fein behaart, K klein, dunkel, zurückziehbar. Viele Arten myrmecophil. P kurz u. rundlich (Abb. **195**/3). – Etwa 42 Arten (Eur 91). – ▼▽.

1 FlUS fast einfarbig grün, OS einfarbig dunkelbraun, beim ♂ mit ovalem VFl-Duftfleck; HFl unten mit ± deutlicher Außenlinie heller Fleckchen. 15–17 mm; v; IV–VII (VIII). – L grün mit heller Rückenlinie u. zuweilen SFleckchen, an *Genista*, *Rubus* u. a. P überw. *Callophrys rubi* L. – **Brombeerzipfelfalter**

1* FlUS nicht einfarbig grün **2**

2 HFl mit deutlichem Zipfel (Abb. **195**/4–5) **3**

2* HFl ohne Zipfel, höchstens mit winzigem Schwänzchen (*Everes argiades* PALLAS) **4**

3 Radius der VFl 4ästig. FlUS bleigrau od. rotgelb, VFl mit Zellfleck. – L an Laubholz, Ei überw. 2 Arten. [*Zephyrus* DALMANN]

Gattungen *Thecla* F. u. *Quercusia* VERITY – **Große Zipfelfalter**

a OS beim ♂ schwarzbraun mit Blauschiller, beim ♀ mit blauen Längsflecken; US bleigrau mit weißlichen Querstreifen. 17–18 mm. Eichenwälder, meist in Wipfelhöhe fliegend; VI–VIII. – L braun mit gelblichen, erhabenen Rückenfleckchen u. abgeplattetem ersten Sgm; an *Quercus*, Mordraupe!

Quercusia quercus F. – **Eichenzipfelfalter**

a* Ohne Blauschiller; OS der VFl beim ♂ mit hellem Wisch am Zellfleck, beim ♀ mit großem, rotgelbem, nierenförmigem Fleck (Abb. **195**/4). US rotgelb mit teilweise doppelter weißer Querlinie. 19–21 mm. Jahrweise häufig in Obstgärten; VII–IX. – L (Abb. **178**/7) grün, mit doppelter, hinter dem K ein Dreieck säumender, gelber Rückenlinie; an *Prunus*.

Thecla betulae L. – **Nierenfleck**

3* Radius der VFl 3ästig. FlUS braungrau, ohne Zellfleck, aber HFl mit heller Fleckenlinie, oft in W-Form, u. mit farbigen Flecken am Innenwinkel. FlOS stumpf schwärzlich braun mit ± rotgelben Fleckenwischen; VFl beim ♂ oft mit ovalem Duftfleck. Tags auf Blüten, an Hecken u. buschigen Waldrändern, Flug wirbelnd. – L asselförmig, Rücken stark gewölbt, kurz beborstet; an Laubgehölz. P gedrungen, z. T. kurz behaart; an Zweigen od. am Boden. Ei überw. 5 Arten. [*Thecla* F.]

Gattungen *Strymonidia* TUTT u. *Nordmannia* TUTT – **Kleine Zipfelfalter**

Beispiele:

a) *Strymonidia w-album* KNOCH – **Weißes W**
US der HFl mit deutlicher weißer W-Zeichnung (Abb. **195**/5) u. rotbunter Saumbinde. 16–18 mm. Ulmenalleen; VI–VIII. – L grün, mit Doppelreihe weißer Rückenhöckerchen u. dunkelrot gefleckter BauchS; an *Ulmus*.

b) *Strymonidia spini* SCHIFFERMÜLLER – **Schlehenzipfelfalter**
US der HFl ähnlich *S. w-album*, vor dem IRand am Schwänzchen ein großer blauer Fleck, rote Flecken nicht bindenartig verschmolzen. 16–20 mm. Schlehenhecken. VI–VII. – L an *Prunus spinosa* u. *Crataegus*.

4 (2) Ader m_1 der VFl entspringt gemeinsam mit r_{4+5}. Au nackt. ♂ meist mit goldroter OS, ♀ auf goldrotem Grunde schwarz gefleckt bis einfarbig dunkel; US beim ♂ u. ♀ hell (gelbrot) mit schwarzen Flecken u. Punkten (Abb. **195**/10,12). Gewandte Flieger. Sommerliche Wiesen u. Waldblößen. – L grün, lg asselförmig, kurz behaart: meist an Ampfer (*Rumex*), überw. P gerundet (Feuerfalter) . . . **5**

4* Ader m_1 der VFl entspringt frei aus der Zelle (Abb. **195**/6). ♂ oben meist glänzend blau, ♀ schwarzbraun mit rotgelben Randflecken, ± blau bestäubt; US mit Fleckenzeichnung (Abb. **195**/7–8). Wiesen u. Heiden, sitzen im Geb oft massenhaft an feuchten Wegstellen mit halbgeöffneten Fl, die gegeneinander reibend bewegt werden (Dufterzeugung?). – L kurz asselförmig, Rücken stark gewölbt, wenig behaart, oft mit Drüsenorganen auf Sgm 10 u. 11, die Ameisen anlocken, in deren Nestern manche Arten überw; versteckt, meist an Schmetterlingsblütlern lebend. 26 z. T. schwer unterscheidbare Arten.
Bläulinge im engeren Sinn

A. Allgemein verbreitete Bläulinge:

a) *Polyommatus icarus* ROTTEMBURG – **Wiesenbläuling**
HFlUS mit (beim ♂ wenig auffallenden) weißem Längswisch vor den rotgelben Saumflecken (Abb. **195**/7). ♂ oben blauviolett. USZeichnung leicht durchscheinend, Fransen weiß; ♀ dunkelbraun mit rotgelben Saumflecken; oft ± blau übergossen, Fransen grau. VFl unten fast stets mit WurzelAu, MFleck im HFl gekernt (Gegensatz zur ähnlichen *Plebicula thersites* CANTENER). 14–18 mm. V–IX, in 2–3 Gen. Verbreitetster Bläuling!

b) *Plebejus argus* L. – **Heidebläuling, Silberpunkt**
OS des ♂ violettblau, breit schwarz gesäumt, Fransen weiß; ♀ schwarzbraun, mit rostgelber HFl-Saumbinde, Fransen bräunlich. US kräftig gefleckt, HFl-Saum mit rotgelber Kappenbinde u. blau-silbernen Flecken. VSchienen mit kurzem Dorn (2 sehr ähnliche Arten ohne Schienendornen). 14–16 mm. Auf Heiden oft massenhaft; VI–VIII.

c) *Aricia agestis* SCHIFFERMÜLLER – [*A. astrarche* BERGSTRÄSSER]
Fransen gescheckt, ♂ u. ♀ dunkelbraun, Zellfleck deutlich, scharfe rotgelbe Saumbinde auf beiden Fl. US ähnlich *P. icarus* (Abb. **195**/7), aber heller, mit geschlossener durchgehender, gelbroter Binde, VFl ohne Wurzelpunkte. 13–14 mm; z, V/VI u. VII/VIII. (Schwer trennbar von der dunkleren einbrütigen *A. artaxerxes* F.)

d) *Cyaniris semiargus* ROTTEMBURG – **Dunkelbläuling**
US einfarbig grau mit einer Bogenreihe zierlicher, geringter Flecke. ♂ oben dunkelviolettblau, schwarz gerandet, ♀ schwarzbraun. 16–18 mm; v; VI–VIII.

e) *Celastrina argiolus* L. [*Cyaniris* DALMAN] – **Faulbaumbläuling**
US hellblau, meist schwach gefleckt. OS lichtblau, ♂ schmal, ♀ sehr breit schwarz gesäumt. 14–17 mm. Um Büsche an Waldrändern; IV/V u. VII/VIII.

B. Leicht kenntliche Bläulinge:

a) *Everes argiades* PALLAS – **Schwänzchenbläuling**
US ähnlich *C. argiolus* L., aber HFl mit rotgelben Fleckchen am Innenwinkel u. mit winzigem Schwänzchen. OS beim ♂ blau mit schwarzem Rand, beim ♀ schwarzbraun, im Wurzelfeld oft blau übergossen. 14 bis 16 mm; s u. z, warme Waldlichtungen; V/VI u. VII/VIII.

b) *Scolitantides orion* PALLAS
Fransen gescheckt; ♂ u. ♀ oben schwarzbraun mit groben schwarzen Flecken, beim ♂ stärker blau übergossen. US auf weißlichem Grunde mit geschlossener gelbroter Fleckenbinde am Saum u. groben, runden, nicht hell gesäumten Flecken. 14–19 mm. Trockenheiße Felsengebiete, fehlt im N. V/VI u. VII/VIII.

c) *Cupido minimus* FUESSLY [*Zizera* MOORE] – **Zwergbläuling**
Klein; 11–14 mm. US ähnlich *C. semiargus*, OS auch beim ♂ schwarzbraun, nur wurzelwärts fein blau bestäubt. – Im N z, sonst stellenweise g. V/VI u. VII/VIII.

d) *Maculinea arion* L. – **Großer Fleckenbläuling**
Groß; 18–23 mm. US bräunlichgrau, grob gefleckt; HFlWurzel blaugrün; OS in beiden Geschlechtern blau mit schwarzen Flecken. – Auf Thymianpolstern (*Thymus*), lokal. VI–VIII.

e) *Glaucopsyche alexis* PODA [*G. cyllarus* ROTTEMBURG]
US aschgrau, ohne Randzeichnung, VFl mit großen, HFl mit kleinen Flecken u. ausgedehnt spangrünem Wurzelfeld; OS beim ♂ violettblau, schmal dunkel gerandet, beim ♀ meist blau, breit vom Saum her verdunkelt, s ganz dunkel. 16–19 mm. Im N wenig gefunden, mehr im Hügelland; V/VI.

f) *Agrodiaetus damon* SCHIFFERMÜLLER – **Esparsettebläuling, Weißdolch**
HFlUS mit weißem Längswisch von der Wurzel bis zum Saum (Abb. **195**/8); ♂ oben glänzend hellblau, breit schwarz gesäumt; ♀ schwarzbraun, zuweilen mit wenigen hellen Randflecken am HFl. 17–19 mm. Im Vorland der MGeb lokal häufig; VII/VIII.

g) *Meleageria daphnis* SCHIFFERMÜLLER [*M. meleager* ESPER] – **Zackenbläuling**
HFl nahe dem Innenwinkel beim ♀ stark, beim ♂ schwächer gezähnt, ♂ oben glänzend hellblau, schmal schwarz gesäumt; ♀ blau, dunkel geadert u. doppelt gesäumt, weißliche Aufhellungen um die Zellpunkte u. zum Saum hin. 19–21 mm. Von den MGeb an südwärts, z, trockenheiße Stellen; VII/VIII.

C. Bläulinge auf Kalk- od. Moorböden:

a) *Lysandra bellargus* ROTTEMBURG – **Himmelblauer Bläuling**
Fransen schwarz-weiß gescheckt. ♂ oben strahlend himmelblau, mit feiner schwarzer Saumlinie, ♀ braun mit roten Randflecken bes. der HFl, oft blau übergossen. US ähnlich *P. icarus* (Abb. **195**/7), aber gröber gefleckt. 16–19 mm. Sonnige Kalkböden, im N sehr lokal; V/VI u. VIII/IX.

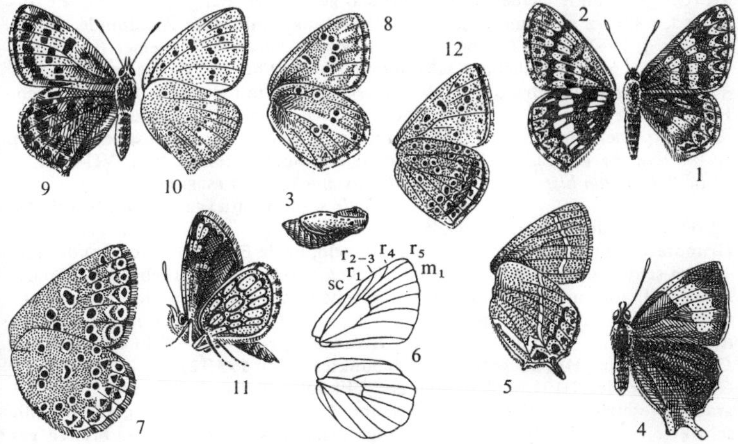

Abb. **195/1–12.** **1** *Hamearis lucina* (17–18 mm), OS; **2** *Hamearis lucina* (17–18 mm), US; **3** *Lycaeniden*-P; **4** *Thecla betulae* (19–21 mm); **5** *Strymonidia w-album* (16 bis 18 mm), US; **6** Geäder von *Lycaenidae*; **7** *Polyommatus icarus*, FlUS; **8** *Agrodiaetus damon u.* FlUS; **9** *Lycaena virgaureae*, FlOS des ♀; **10** *Lycaena virgaureae*, FlUS des ♀; **11** *Heteropterus morpheus*, FlUS; **12** *Lycaena hippothoë* (16–19 mm), FlUS.

b) *Lysandra coridon* PODA – **Steppenheidebläuling**
Fransen gescheckt, beim ♀ etwas getrübt. ♂ oben grünblau glänzend, mit ± breitem, unscharf begrenztem, dunklem FlSaum; ♀ wie bei *L. bellargus*, aber nur s grünblau übergossen; US ähnlich *P. icarus* (Abb. **195**/7), aber mehr weiß u. etwas größer gefleckt. 17–20 mm. Steppenheiden mit *Coronilla*-Beständen, oft in Menge; VII/VIII.

c) *Maculinea alcon* SCHIFFERMÜLLER – **Moorenzianbläuling**
♂ OS trübblau, schwarz gesäumt, ♀ mattbraun, von der Wurzel her schwach blau getönt; US braungrau mit stark geschwungener innerer u. matter äußerer Punktreihe. 18–21 mm; nur auf Enzianwiesen (*Gentiana pneumonanthe*); VII/VIII. Die ssp. *rebeli* HIRSCHKE mehr in Trockengebieten an *G. cruciata*.

d) *Vacciniina optilete* KNOCH – **Moorbläuling**
♂ OS trüb violettblau mit schwarzem Rand, ♀ schwarzbraun, an der Wurzel blau bestäubt; US aschgrau, grob gefleckt, VFl mit stark dem Saum genäherter Fleckenreihe, HFl mit auffallendem blaurotem Saumfleck (od. mehreren) nahe dem Innenwinkel. 14–15 mm. Torfmoore. VI/VII.

5 (4) HFlUS ohne schwarze Saumflecke **6**

5* HFlUS mit 2 Reihen schwarzer Saumflecke, dazw ± rote Binde **7**

6 HFlUS ledergelb, quer von weißen Fleckenwischen durchzogen (Abb. **195**/10). ♂ oben feurig rotgolden glänzend, schmal schwarz gesäumt; ♀ auf goldrotem Grund schwarz gefleckt (Abb. **195**/9); 18–20 mm; v; VI/VII.
Lycaena virgaureae L. – **Dukatenfalter**

6* HFlUS grau, ohne weiße Flecke, schwach gezeichnet. Bei ♂ u. ♀ VFl oben rotgolden, schwarz gesäumt u. gefleckt; HFl dunkel mit roter Randbinde. 14 bis 16 mm; g; IV–X, in 2–3 Gen. *Lycaena phlaeas* L. – **Kleiner Feuerfalter**

7 **(5)** VFlUS mit zusätzlichem schwarzem Fleck nahe der Wurzel am HRand. ♂ stark blauviolett übergossen, VFl oben rotgelb mit dunklen Fleckenreihen, HFl schwarz mit rotgelber Saumbinde; ♀ ohne Blauschiller, dadurch kontrastreicher u. mehr mit blauen Fleckenreihen in Saumnähe. HerbstGen dunkler (g. a. *obscura* RÜHL). 12–14 mm. Lokal auf Sumpfwiesen; V u. VII/VIII. – L an *Polygonum bistorta* L. [*Chrysophanus amphidamas* ESPER] *Lycaena helle* SCHIFFERMÜLLER – **Zwergfeuerfalter**

7* VFlUS ohne den HRand-Fleck nahe der Wurzel **8**

Grundfarbe der HFlUS schwefel- bis graugelb, beide Fl mit ± roter Randbinde. ♂ oben schwarzbraun mit schwarzen Flecken u. schwacher rötlicher Randbinde. ♀ variabel, auf dunklem bis gelbrotem Grunde schwarz gefleckt mit roter Halbmond-Saumbinde. 15–17 mm; v; IV/V u. VII/VIII. [*Chrysophanus dorilis* HUFNAGEL] *Lycaena tityrus* PODA – **Schwefelvögelchen**

8* Grundfarbe der HFlUS grau, reich gepunktet (Abb. **195**/12) **9**

9 Grundfarbe der HFlUS blaugrau, der VFl rotgelb bis zum VRand, aber mit grau abgesetztem Außensaum. OS beim ♂ rotgolden, schwarz gesäumt, mit schwarzem VFl-Zellstrich, beim ♀ rotgolden, schwarz gefleckt u. breiter gerandet, HFl ± verdunkelt, mit rotem Saumband. 17–22 mm; z; Moorwiesen im N der DDR u. BRD u. am ORhein, VII (IX). Nominatrasse in England ausgestorben. *Lycaena dispar rutilus* WERNEBURG – **Großer Dukatenvogel**

9* US ± grau bis braungrau; auch beim ♀ VFlVRand u. Apex breit grau beschattet, aber MFeld bis zum Saum rotgelb **10**

10 ♂ OS trübrot mit Zellfleck, FlRänder breit blauschillernd verdunkelt; ♀ variabel, auf rötlichem Grund mit dunklen Flecken ± dunkel überschattet, HFl dunkel mit roter Randbinde. VFlUS mit reihenförmig angeordneten Flecken, im Innenwinkel 2 kleine Strichpunkte (Abb. **195**/12). 16–19 mm. Feuchte Wiesen; V–VIII. *Lycaena hippothoë* L. – **Rotlila-Feuerfalter**

10* ♂ OS mit stark blau übergossenen Fl auf rotgoldenem Grunde, matt schwarz gefleckt; ♀ ähnlich dunklem *L. hippothoë*-♀, aber die mittleren Flecke auf der US der VFl paarweise verschoben, die beiden Innenwinkel-Strichpunkte verwischt. 18–20 mm. Nur lokal häufig. VI/VII. *Lycaena alciphron* ROTTEMBURG – **Blaulila-Feuerfalter**

Überfamilie *Hesperioidea* – **Unechte Tagfalter**

Familie *Hesperiidae* – **Dickköpfe**

Klein, kräftig, mit sehr großen nackten Au u. breitgestellten, gekeulten F, die zuweilen EHaken tragen. Im Sitzen werden die VFl zusammengeklappt, die HFl oft gespreizt (Abb. **199**/1). ♂♂ meist mit Duftfeldern auf den VFl (Costalumschlag od. „Stigma"). Flug schwirrend od. hüpfend. – L spindelförmig, 16füßig, nackt od. dünn behaart, K groß u. dunkel, kugelig, scharf abgesetzt (Abb. **199**/7). BauchB mit Hakenkränzen (Abb. **177**/1); versteckt zw Pfl-Teilen u. dort nach Überw mit feinem Gürtel u. Gespinst aufrecht sich verpuppend (Abb. **199**/2); Hesperiiden-L werden wenig beobachtet. 18 Arten(Eur 6). – ▽.

1 HSchienen nur mit ESporn. Klein, lebhaft gelb u. schwarz gefleckt (Abb. **199**/3–4). Auf Waldwiesen. – L fein behaart, zw Grashalmen; P mit KSpitze (Abb. **199**/2). [*Pamphila* F.] Gattung *Carterocephalus* LEDERER

a Schwarz mit braungelben Flecken, ♂ u. ♀ fast gleich gefärbt. 13–14 mm. Im N z u. s, von den MGeb an südwärts v; V/VI. – L blaßgrün, heller u. dunkler gestreift. *Carterocephalus palaemon* PALLAS

a* Gelb mit schwarzen Flecken; ♂ goldgelb, VFl mit wenigen dunklen Flecken, ♀ ähnlich *C. palaemon*, aber das Gelb überwiegt (Abb. **199**/3–4). 14 bis 16 mm. Bes. im N u. O; V/VI. – L beinfarben mit rötlichen Linien. *Carterocephalus silvicolus* MEIGEN – **Golddickkopf**

1* HSchienen mit 2 Paar Spornen 2

2 Grundfarbe gelb od. gelbbraun 3

2* Grundfarbe grau bis schwarz 5

3 FKolben mit gebogener Spitze. HFlUS gefleckt 4

3* FKolben ohne gebogene Spitze. HFlUS ungefleckt. Klein, einfarbig braungelb mit schwarzem Rand. ♂ mit schrägem Duftstrich (Stigma) der VFl. Auf Grasplätzen z. T. häufig. – L fast nackt, zw Grashalmen; P mit KSpitze. 3 ähnliche Arten. [*Adopaea* BILLBERG] Gattung *Thymelicus* HÜBNER

4 HFlUS grünlich mit vielen deutlichen hellen Flecken (Abb. **199**/1). Fl graubraun, im MFeld gelbbraun gefleckt. ♂ mit breitem, schwarzem, innen silbrigem Stigma. 14–17 mm; VI–VIII. – L u. P in Gespinströhre am Boden, vorwiegend an Gräsern. [*Erynnis* SCHRANCK] *Hesperia comma* L.

4* HFlUS bräunlichgrau, helle Flecke verloschener, zur Wurzel meist fehlend. ♂ mit nicht silberig gekerntem Stigma. Sonst vor. Art sehr ähnlich. [*Augiades sylvanus* ESPER] *Ochlodes venatus* BREMER u. GREY

5 (2) VSchiene mit Schienenblättchen (Epiphysis) auf der InnenS (Abb. **199**/6) 6

5* VSchiene ohne Schienenblättchen. Schwarzbraun mit ± ausgeprägten gelben Flecken im VFl-Apex; HFlUS gelb mit großen, weißen, schwarzgesäumten, eirunden Flecken (Abb. **195**/11). 17–18 mm. Lokal auf sumpfigen Waldwiesen, mehr im O. Flug hüpfend. VI–VIII. *Heteropterus morpheus* PALLAS – **Hüpferling, Spiegelchen**

6 Fransen gescheckt 7

6* Fransen ungescheckt; FKeule stumpf, sichelartig gebogen. Düster grau-braun, undeutlich gezeichnet mit 2 dunklen Querbändern der VFl u. feinen weißen Saumpunkten. Ruht mit ausgebreiteten Fl. 13–14 mm; v, aber nicht überall; IV/V u. VII/VIII. – L hellgrün, Fußstreif gelblich, K braun, an *Lotus*, *Coronilla* u. a. [*Thanaos* BOISDUVAL] *Erynnis tages* L. – **Grauling**

7 Die wenigen hellen Flecke der VFl z. T. glasig. Grundfarbe olivbraun, dunkel fleckig gemustert; HFlSaum tief gezähnt. ♂ mit gelber Costalfalte am VFl; v, Gärten u. Hänge mit Malvenarten, V/VI u. VII/VIII. – L (Abb. **199**/7) haarig, an *Malvaceae* in Blattumschlägen; rötlich grau, K schwarz. *Carcharodus alceae* ESPER – **Fensterdickkopf**

(Sehr ähnlich, jedoch größer, s, im S der BRD: *Reverdinus flocciferus* ZELLER)

7* Helle VFlFlecke beschuppt. Schwarzweiß gewürfelt. – L ± behaart, mit schwarzem, vorn abgeflachtem K. – 7 z. T. schwer unterscheidbare Arten (einschließlich *Spialia sertorius* HOFFMANNSEGG [*H. sao* HÜBNER]). [*Hesperia* LATREILLE] Gattung *Pyrgus* HÜBNER – **Würfeldickköpfe**

Häufigste Art: *Pyrgus malvae* L. – **Würfelbrett**

Klein, 10–11 mm; beide Fl auf dunklem Grunde reich weiß gewürfelt, Fransen lebhaft gescheckt (Abb. **199**/5). VFlFlecke manchmal weiß zusammenfließend

(f. *taras* BERGSTRÄSSER). Sonnige Waldwege; IV–VI (VIII). – L an Fingerkraut (*Potentilla*), Erdbeere (*Fragaria*) u. a. – P (Abb. **199**/8).

Familie *Thyrididae* – Fensterschwärmerchen

In Eur nur 1 Art. 6–7 mm, ♂-F in der M verdickt; Hlb mit Afterbüschel, Körper kräftig, Tst aufgebogen, R gut entw. Beide Fl mit offener MZelle, am Saum geeckt (Abb. **172**/3), mit glasigen Fenstern auf schwarzbraunem Grunde, der von Goldschuppen durchsetzt ist; Fransen gescheckt (Abb. **199**/9). Lokal von den MGeb an südwärts; tags fliegend; V–VII. – L bräunlich, wicklerähnlich in zusammengerollten Blättern von *Clematis*, riecht wanzenartig.

Thyris fenestrella SCOPOLI – **Fensterfleckchen**

Familie *Zygaenidae* – Widderchen

Analader, Chaetosema, Oc u. Tst vorhanden. Klein, plump, zählebig, mit schmalen VFl. Fliegen tags schwirrend od. sitzen mit dachförmig gehaltenen Fl u. vorgestreckten F auf Blüten (Abb. **199**/10). – L 16füßig, kurz, dick, OS stark gewölbt, K klein, einziehbar, Warzen beborstet; Bauchfüße mit einem inneren Hakenkranz; meist an *Fabaceae*; überw. P weichhäutig, mit fast freien Gliedmaßen, oft in pergamentartigem Kokon (Abb. **199**/12). Ca. 25 Arten (Eur ca. 60). Gattungs- u. Artaufteilung nicht einheitlich geklärt. Nomenklatur wie bei LERAUT. – ∇.

1 R vorhanden **2**

1* R ganz rückgebildet. Unterfamilie *Chalcosiinae*

1 Art im Gebiet; Fl durchscheinend bräunlich, im Wurzelfeld, bes. der HFl, rot. 10–11 mm; südl Art, lokal im Rheintal; VI/VII. – L braun u. gelbschwarz gestreift, an *Prunus spinosa* u. *Crataegus*.

Aglaope infausta L. – **Trauerwidderchen**

2 F gekämmt (♂) od. gesägt (♀), VSchiene ohne Sporn. VFl u. Leib metallisch grün, HFl grau, einfarbig, V–VIII. – L mit nur 8 flachen behaarten Warzen auf jedem Sgm. P in losem Gespinst. 7 od. mehr z. T. schwer unterscheidbare Arten. Unterfamilie *Procridinae* – **Grünwidderchen**

Am häufigsten

a) *Adscita statices* L. [*Procris* F.] – **Grasnelken-Widderchen**
VFl u. Körper lebhaft grüngolden glänzend, HFl schwarzgrau. 11–14 mm. Wiesen od. Grasplätze, VI–VIII;

b) *Rhagades pruni* SCHIFFERMÜLLER
Schwarzgrau mit dünner grüner Beschuppung. 10–12 mm. VI–VIII; L auf *Calluna* od. *Prunus spinosa*.

2* F kolbenförmig, VSchiene mit Sporn. VFl mit 6 od. 5 roten (s weißen od. gelben) runden Flecken auf metallisch dunklem Grunde, die auch zu Längsstriemen verschmolzen sein können; HFl rot (s gelb), schwarz gerandet od. stärker verdunkelt. – L (Abb. **199**/11) mit 10 feinbehaarten Warzen auf jedem Sgm, faltig, meist gelb bis grün mit schwarzen Fleckenreihen; Kokon mit geschlüpfter P siehe Abb. **199**/12. – Etwa 15 z. T. sehr variable u. noch umstrittene Arten. Unterfamilie *Zygaeninae* – **Blutströpfchen**

Alle Arten im Gebiet zur Gattung *Zygaena* F. gehörend. 5 äußerlich leicht unterscheidbare Formengruppen (Abb. **199**/13–17):

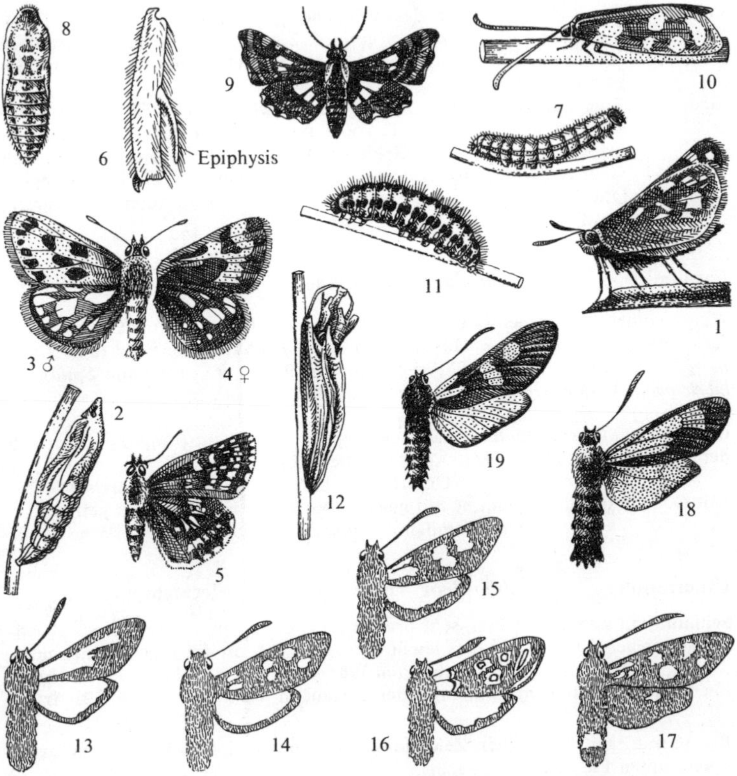

Abb. **199/1–19.** **1** *Hesperia comma* (14–17 mm); **2** *Carterocephalus silvicolus*, P; **3** *Carterocephalus silvicolus* (14–16 mm), ♂; **4** *Carterocephalus silvicolus* (14–16 mm), ♀; **5** *Pyrgus malvae* (10–11 mm); **6** *Schiene* mit Epiphysis bei *Hesperiiden*; **7** *Hesperiiden*-L, **8** *Pyrgus malvae*, P; **9** *Thyris fenestrella* (6–7 mm); **10** *Zygaena carniolica*; **11** *Zygaena*, L; **12** *Zygaena*, P; **13–17** Fleckenmuster bei *Zygaenen*; **18** *Zygaena purpuralis* (14 bis 16 mm); **19** *Zygaena lonicerae* (15–16 mm).

Gruppe 1: VFl schwärzlich, dünn beschuppt, mit 3 roten Längsstriemen (Abb. **199**/13). 3 Arten, z. B. *Zygaena purpuralis* PONTOPPIDAN (Abb. **199**/18): 14–16 mm; auf Ödland mit Thymianpolstern (*Thymus*). VI–VII.

Gruppe 2: VFl metallisch schwarzgrün, dichter beschuppt, mit 6 rundlichen roten Flecken (Abb. **199**/14): 3 Arten, z. B. *Zygaena filipendulae* L.: 14–17 mm; sonnige Hänge; VI–VIII.

Gruppe 3: VFl mit 5 rundlichen roten Flecken (Abb. **199**/15). 6 Arten, z. B. *Zygaena trifolii* ESPER u. *Z. lonicerae* SCHEVEN (Abb. **199**/19). 15 bis 16 mm; auf feuchten Wiesen. VI/VII.

Gruppe 4: Die 6 roten Flecke der VFl sind ± weißgelb umringt; 6. Fleck nierenförmig; Hlb oft rot geringt. 2 Arten, z. B. *Zygaena carniolica* SCOPOLI (Abb. **199**/10, 16). 12–15 mm; liebt warme Kalkböden, im N nur lokal; VI/VII.

Gruppe 5: Eine äußerst variable Art: *Zygaena ephialtes* L. VFl u. HFl blauschwarz mit weißen (z. T. roten od. gelben) Flecken u. rotem od. gelbem HlbRing. Im Gebiet fast nur in roten Formen, ähnlich Gruppe 2 (6fleckig, f. *peucedani* ESPER) (Abb. **199**/17) od. Gruppe 3 (5fleckig, f. *athamanthae* ESPER), aber mit breitem, rotem HlbGürtel; v auf Kalkböden, VII–VIII; mehr im S.

Familie *Arctiidae* – **Bärenspinner**

Wenig einheitlich; gemeinsames Kennzeichen: im HFl verschmilzt sc mit dem Zell-VRand bis etwa zur Hälfte (Abb. **202**/1). (Ausnahme: Gattung *Callimorpha* LATREILLE, S. 201). 52 Arten (Eur ca. 94). – ▼▽ (▽ ohne *Spilosoma lubricipeda*, ▼ nur *Arctiinae*). Nomenklatur wie bei LERAUT.

1 Ohne Oc od. Oc sehr klein. F meist gewimpert. Im VFl entspringt r_2 vor dem E der MZelle (Abb. **202**/2). Mit Anhangszelle (AZ).
Unterfamilie *Lithosiinae* – **Flechtenbärchen** S. 200

1* Mit Oc. Meist kräftig, bunt, ♂ mit gekämmten F. Im HFl m_2 meist getrennt.
Unterfamilien *Arctiinae* u. *Callimorphinae* – **Bären** S. 201

Unterfamilie *Lithosiinae* – **Flechtenbärchen, Flechtenspinner**

Schlank, mit schmalen VFl u. sehr breiten HFl; meist gelb mit schwarzen Zeichnungen. Nachtflieger, aber tags leicht aufgescheucht, oft am Licht. – L spindelförmig, 16füßig, mit spärlich behaarten Wärzchen, bes. an Algen- od. Flechten; überw. P kurz, steif, mit anhängender L-Haut in leichtem Gespinst. 21 Arten.

1 Bis 10 mm, mit schwacher Zeichnung auf runden, durchscheinend gelbgrau beschuppten Fl **2**

1* Über 10 mm od. dichter beschuppt od. mit scharfer Zeichnung **3**

2 Fl stark durchscheinend, nur VFl mit 2 schwachen, gezackten Querlinien u. Zellfleck, HFl zeichnungslos; Stirn u. FBasis rauh behaart. 9–10 mm. Luftfeuchte Stellen (GebSchluchten, Küstenwälder). VI/VII. – L grau mit gelben (auf 7. Sgm schwarzem) Rückenflecken. *Nudaria mundana* L. – **Blankflügel**

2* Stärker beschuppt u. gezeichnet, VFl u. HFl mit Zellfleck u. Punktreihen; Stirn u. FBasis glatt beschuppt. 8–10 mm. Schilf- u. Moorwiesen; VI–VIII. – L an Lebermoosen. *Thumatha senex* HÜBNER – **Rundflügel**
Ähnlich, aber doppelt so groß, nur im S. *Paidia murina* HÜBNER

3 (1) VFl hellgelb mit breiter roter Außenkante, schwarzer Zickzacklinie u. Strichpunktreihe (Abb. **202**/4). 12–15 mm. Moor- u. Bruchwälder; VI/VII. – L schwarzgrau mit dichten lg, z. T. gefiederten Büschelhaaren.
Miltochrista miniata FORSTER – **Rosenmotte**

3* VFl ohne Rot **4**

4 VFl mit 3 Querreihen schwarzer Punkte **5**

4* VFl nicht mit 3 Querreihen von Punkten **6**

5 HFl höchstens mit 3 kleinen Flecken im Außenwinkel, Körper zart, anliegend beschuppt. VFl ockergelb, HFl heller. 12 (♀)–18 (♂) mm. Meist z auf Ödland u. Heiden; VI–VIII. – L schwarz u. gelb gefleckt.

Setina irrorella L. – **Steinflechtenbärchen**

5* Fleckenzeichnung stärker ausgeprägt. Körper robuster, rauher behaart, kleiner. Färbung ockergelb. – L kurz, dick, büschelig behaart, K klein. [*Endrosa* HÜBNER]

Setina roscida SCHIFFERMÜLLER – **Felsenflechtenbär**

(Ähnlich *Setina kuhlweini* HÜBNER)

6 **(4)** VFl weißlich bis gelb mit je einem schwarzen Punkt am V- u. HRand; HFl dunkelgrau, Saum gelblich. 13–16 mm. Grasige Wege in lichten Wäldern; VI/VII. – L schwarzgrau, an Lebermoosen.

Cybosia mesomella L. – **Kleine Würfelmotte**

6* Anders gefärbt u. gezeichnet **7**

7 Körper u. Fl schwarz, Halskragen rot, Hlb unten u. am E orange. 15–16 mm. Mehr im Hügelland, in Wäldern, jahrweise häufig; V–VII. – L grüngrau, Rückenwarzen gleichgroß, rot; Haare oben schwarz, seitlich gelb. [*Gnophria* STEPHENS]

Atolmis rubricollis L. – **Rotkragen**

7* Fl nicht einfarbig schwarz **8**

8 Über 20 mm. VFl: ♂ gelbgrau, VRand stahlblau; ♀ größer als ♂, gelb mit 2 eckigen stahlblauen Flecken im MFeld; HFl blaßgelb (Abb. **204**/1–2). 21 bis 26 mm. Mischw, meist z, aber jahrweise massenhaft; VII/VIII. – L schwärzlich, OS heller, mit je 2 großen u. 2 kleinen Warzen; Sgm. 2, 7 u. 11 dunkler gefleckt; an Baumflechten. [*Oeonistis* HÜBNER]

Lithosia quadra L. – **Stahl- od. Würfelmotte**

8* Unter 20 mm. Anders gezeichnet **9**

9 VFl mausgrau bis bräunlich mit 4–6 schwarzen Punktstrichen; HFl einfarbig heller gelbgrau. 10–14 mm. Moor- u. Bruchwälder; VII/VIII. – L an Algen.

Gattung *Pelosia* HÜBNER

2 Arten, häufigere Art *Pelosia muscerda* HUFNAGEL (12–14 mm), mausgrau (Abb. **202**/5).

9* VFl ohne Punkte, HFl breit, in der Ruhe oft eng um den Leib gefaltet, Geäder meist mit rhombischer Anhangszelle (Abb. **202**/2). – L an Flechten. 9 Arten [*Lithosia* auct.]

Gattung *Eilema* HÜBNER – **Flechtenspinner**

a) *Eilema complana* L.
Häufigste Art. Leib grau, VFl grau mit gelbem, parallelem VRand-Streif, HFl mattgelb, K u. HlbE gelb (Abb. **202**/6). 15–18 mm; VI–VIII. – L schwärzlich mit Reihen größerer orangeroter u. kleinerer gelber Flecke.

b) *Eilema sororcula* HUFNAGEL – **Frühlingsflechtenbärchen**
Früheste Art. Einfarbig gelb, Costa stärker gekrümmt. 12–14 mm. Laubw; V/VI. – L schwärzlich mit gelben Fleckenreihen u. roten Warzen. 8. Sgm mit weißem Rückenfleck. P überw.

Unterfamilien *Arctiinae u. Callimorphinae* – **Bärenspinner, Bären**

Meist kräftig, buntgefärbt mit schwach entw R. ♀ Hlb plump. FlHaltung meist dachförmig. Zum Teil Tagflieger, andere erst spät nachts am Licht. – L 16füßig, i. a. dicht u. lg behaart (Abb. **202**/7), daher „Bären"; polyphag an krautigen Pfl, laufen oft schnell, überw. P in weichem Haargespinst. – 18 Gattungen mit 23 Arten (davon 2 im S, im Gebiet nur ganz lokal, hier nicht erwähnt).

Im HFl berührt sc den Zell-VRand nur in einem Punkt (deshalb zur Unterfamilie *Callimorphinae* gerechnet). R kräftig, Leib schlank. Tagflieger; prächtig gefärbt.

Gattung *Callimorpha* LATREILLE

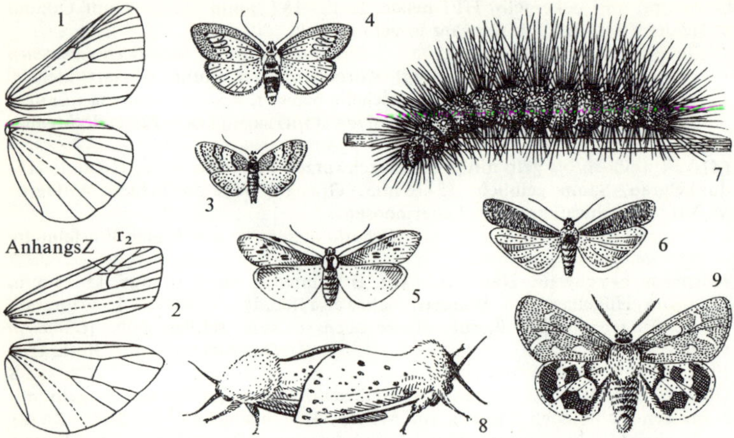

Abb. **202/1–9.** **1** Geäder von *Parasemia*; **2** Geäder von Lithosiinen; **3** *Nola cucullatella* (9–10 mm); **4** *Miltochrista miniata* (12–15 mm); **5** *Pelosia muscerda* (10–14 mm); **6** *Eilema complana* (15–18 mm); **7** *Arctia caja*, L; **8** *Spilosoma lubricipeda* (18–20 mm), in Paarung; **9** *Hyphoraia aulica* (17–19 mm).

a VFl grünschwarz glänzend mit weißen u. 2 gelben Flecken; HFl rot mit schwarzen Fleckenzeichnungen, bes. im Außenfeld. Hlb rot mit schwarzem Rückenstreif (Abb. **204**/3). (Selten abändernd in gelb statt rot od. mit reduzierten Flecken.) 21–27 mm. Feuchte Waldstellen; VII. – L blauschwarz mit gelben, schwarzgestrichelten Flecken.
Callimorpha dominula L. – **Grüner Bär, Schönbär**

a* VFl grünschwarz mit gelblichen Schräg- u. Querstreifen; HFl gelbrot mit schwarzen Flecken, Hlb rotgelb mit schwarzer Punktreihe (Abb. **204**/4). 26–30 mm. S u. M, an Felshängen, jahrweise nicht s; VII/VIII. – L schwärzlich, orange u. gelb gefleckt u. gestreift, Haare braun.
Callimorpha quadripunctaria PODA – **Spanische Fahne**

1* Im HFl verschmilzt sc mit ZellVRand bis etwa zur Hälfte 2

2 HFl ohne m_2, Fl in Ruhe eng um den Hlb gerollt; ♂-F gekämmt. VFl schmal, HFl breit (wie Flechtenspinner) (Abb. **204**/5). – L spindelförmig, Warzen sternförmig kurz u. steif behaart, K schwarz.
Gattungen *Spiris* HÜBNER u. *Coscinia* HÜBNER – **Grasbären**

a VFl gelb u. schwarz längsgestreift. HFl satter gelb mit ± schwarzem Saum u. MFleck (s ganz schwarz) (Abb. **204**/5); Tagflieger. 16–20 mm. Lokal auf sandigen Grasplätzen, bes. der Ebene; VI/VII. – L schwarz mit gelbem Rückenstreif. *Spiris striata* L. – **Strohhütchen**

a* VFl weiß mit 4 Querreihen (manchmal verloschener) schwarzer Längsstriche od. -punkte, HFl schwarzgrau. Nachtflieger. 15–20 mm. Heidestellen, bes. im N; oft am Licht; VI/VII. – L graubraun mit weißlichem Rückenstreif. [*C. cribrum* L.] *Coscinia cribraria* L. – **Siebbär**

2* HFl mit voller Aderzahl. VFl breit, mit anderen Zeichnungen 3

3 VFl u. HFl gleichgefärbt (grau, weiß od. gelblich), mit schwarzen Punkten 4
3* VFl u. HFl versch. gemustert od. gefärbt 6
4 Fl dünn beschuppt, ♂ braungrau, ♀ weiß, beide schwach gepunktet. Körper von FlFärbung. 15–18 mm. Heidemoore, Kiefernheiden; V/VII. – L bräunlich, K u. Warzen rostbraun, Haare ockergelb.
Diaphora mendica CLERCK – **Graubär**
4* Fl dicht beschuppt, Grundfarbe weiß od. gelbweiß, Hlb gelb mit schwarzen Flecken 5
5 Fl gelb (♂) od. gelbweiß (♀), VFl mit schräger Reihe schwarzer Flecke, 17 bis 20 mm; v; in Gärten; VI/VII (auf Helgoland die stark verschwärzte f. *zatima* STOLL); – L braungelb, SLinie weiß, feine helle Rückenlinie.
Spilosoma luteum HUFNAGEL – **Gelbe Tigermotte**
5* Fl u. VKörper weiß, ± schwarz gepunktet.
a Dicht gepunktet, FSchaft schwarz (Abb. **202**/8). 18–20 mm; g, v; V/VII (VIII). – L dunkelbraun, Rückenstreif rotgelb, K mit gelbem V-Zeichen. [*S. menthastri* ESPER] *Spilosoma lubricipeda* L. – **Weiße Tigermotte**
a* Schwächer gepunktet, FSchaft weiß, Spitze schwarz. Sonst wie vorige Art; seltener. – L schwarzbraun, Stigmen weiß.
Spilosoma urticae ESPER – **Nesselbär**
6 **(3)** F nur gewimpert, in beiden Geschlechtern etwa gleich 7
6* ♂-F gekämmt, ♀-F sägezähnig od. kurz gekämmt 9
7 VFl durchscheinend zimtbraun mit 2 schwarzen Punkten, HFl rot mit schwarzer Zeichnung. 15–18 mm; g, v; IV/V u. VII/VIII in 2–3 Gen. – L variabel, grau, fuchsrot od. schwärzlich, Haare ebenso, K meist schwarz; L manchmal noch im Winter umherkriechend. *Phragmatobia fuliginosa* L. – **Zimtbär**
7* Anders gefärbt 8
8 18–21 mm. Körper u. Fl schwarzgrau mit roter Längsstrieme unter dem VRand u. 2 roten Saumflecken, HFl rot mit schwarzen Fransen (Abb. **204**/6). Koppeln u. Ödland, z; Tagflieger; V/VI. – L schwarz u. gelb geringelt, spärlich behaart; an *Senecio* u. *Tussilago*. – Gehört ebenfalls zur Unterfamilie *Callimorphinae*. [*Hipocrita* HÜBNER] *Thyria jacobaeae* L. – **Karminbär, Blutbär**
8* Auffallend groß, 36–42 mm. Körper rotbraun. VFl braun mit gelben VRand-Flecken, HFl gelb mit schwarzen Fleckenreihen. Lokal u. s, am ehesten noch im Hügelland in gebüschreichen, feuchtwarmen Wäldern, vormittags fliegend, doch auch am Licht; VI/VII. – L braun, Behaarung hinten länger, rostrot; überw zweimal. *Pericallia matronula* L. – **Augsburger Bär**
9 **(6)** VKörper u. Fl schwarz bis auf gelben Fleck am Innenwinkel der HFl, Hlb gelb mit schwarzen Flecken. ♂-F außen gekämmt, innen gesägt. 15–17 mm. Lokal u. jahrweise, mehr im S; V–VII. – L braunschwarz, Rückenlinie gelbrot, Haare hinten länger. *Phragmatobia caesarea* GOEZE – **Trauerbär**
9* Fl nicht überwiegend schwarz. ♂-F doppelt gekämmt 10
10 VFl im Grundton gelb mit schwächerer Zeichnung 11
10* VFl auffallend gefleckt od. scharf gemustert 12
11 ♂: Körper schlank, Fl breit. VFl gelb mit rotem Rand u. rötlichem MFleck; HFl hellgelb mit schwarzem MFleck u. ± ausgeprägtem Saumband (Abb. **204**/7); Tagflieger. ♀: Körper plump, Fl kleiner, schmaler, im Grundton rötlicher u. stärker geschwärzt; flugunlustig. 17–24 mm. Moorwiesen u. Waldlichtungen; V–VII (IX). – L schwarzbraun, Rückenlinie weiß, SStreifen rot punktiert, Haare fuchsrot, borstig. *Diacrisia sannio* L. – **Rotrandbär**
11* ♂ u. ♀: Körper kräftig, VFl gelb mit 5 Querreihen dunkler Flecke, HFl rot mit schwarzen Flecken (Abb. **204**/8). 20–26 mm; z, warme Heidegegenden,

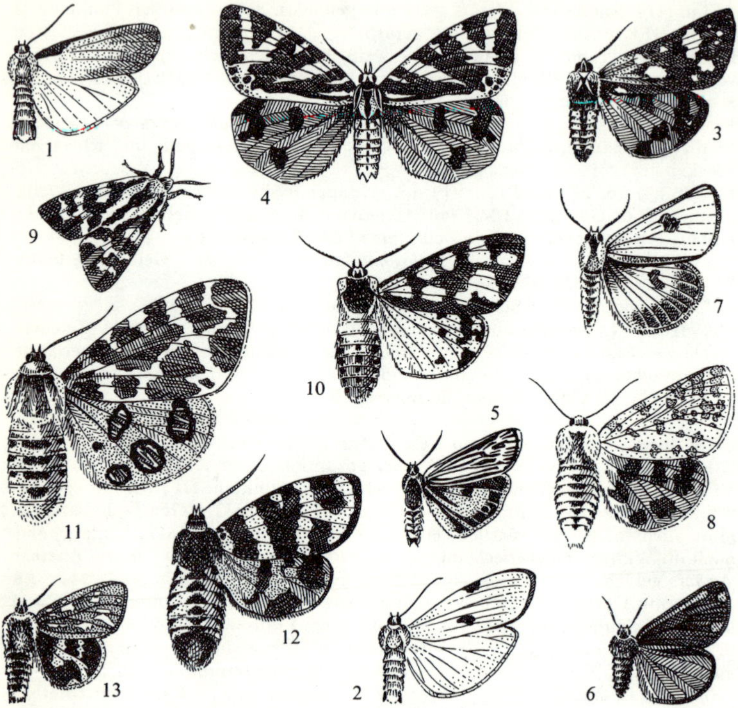

Abb. **204/1–13.** **1** *Lithosia quadra* (21–26 mm), ♂; **2** *Lithosia quadra* (21–26 mm), ♀; **3** *Callimorpha dominula* (21–27 mm); **4** *Callimorpha quadripunctaria* (26–30 mm); **5** *Spiris striata* (16–20 mm); **6** *Thyria jacobaeae* (18–21 mm); **7** *Diacrisia sannio* (17 bis 24 mm), ♂; **8** *Rhyparia purpurata* (20–26 mm); **9** *Parasemia plantaginis* (16–21 mm); **10** *Arctia villica* (28–32 mm); **11** *Arctia caja* (26–37 mm); **12** *Ammobiota festiva* (22 bis 28 mm); **13** *Hyphoraia aulica* (17–19 mm).

mehr östlich; VI/VII. – L schwarz, Rückenlinie abgesetzt weiß, 2 rostgelbe SStreifen, Haare gelb od. fuchsrot. *Rhyparia purpurata* L. – **Purpurbär**

12 **(10)** VFl mit kleiner Anhangszelle (Abb. 202/1).

Gattungen *Parasemia* HÜBNER u. *Chelis* RAMBUR

a Nachtflieger, Körper bei ♂ u. ♀ kräftig, nicht geschlechtsdimorph. VFl hell- bis graubraun, HFl rosarot, beide schwarz gefleckt. 14–16 mm. Sehr lokal u. s, sonnigwarme Hänge, im N der DDR erst kürzlich entdeckt. VI/VII. – L schwarzbraun behaart mit rötlicher MLinie u. seitlich mit kurzen rotgelben Schrägstreifen, sehr versteckt an *Galium*.

Chelis maculosa GERNING

a* Tagflieger, Körper des ♂ schlank. Sehr veränderlich u. geschlechtsdimorph. ♂: VFl schwarz mit weißgelben Zeichnungen u. Längsstrieme über dem HRand, HFl gelblich, ± schwarz gemustert; ♀: schwarz u. rot (Abb. **204**/9).

16–21 mm. Grasige Stellen; in der Ebene z, im Bergland v; V–VII. – L schwarzbraun, Behaarung vorn u. hinten schwarz, dazwischen fuchsrot.
Parasemia plantaginis L. – **Wegerichbär**

12* VFl ohne Anhangszelle. Flug nachts; Körper auch beim ♂ kräftig, nicht geschlechtsdimorph **13**

13 Unter 20 mm. Au behaart. VFl braun mit weißlichen Flecken, HFl gelb u. schwarz gemustert (Abb. **202**/9; **204**/13). 17–19 mm. Sonnige Hänge; s geworden, mehr östlich; V/VI. – L schwarz, Haare vorn u. seitlich rostrot, hinten länger u. schwarz. *Hyphoraia aulica* L. – **Hofdame**

13* Über 20 mm, bunt; Au nur bewimpert **14**

14 VFl schwarz mit weißen Flecken; HFl gelb mit schwarzen Flecken. Hlb orangerot, schwarz gepunktet (Abb. **204**/10). 28–32 mm. Östl Art, lokal, wird immer seltener; in Vorstadtgärten, auf alten Friedhöfen; VI/VII. – L gern unter *Lycium*-Hecken, schwarz, Haarbüschel grau bis rötlich, K u. BrB rotbraun.
Arctia villica L. – **Schwarzer Bär**

14* VFl nicht schwarz mit weißen Flecken; HFl rot mit blauschwarzen od. schwarzen Flecken **15**

15 VFl braun u. weiß, HFl rot mit blauschwarzen Flecken (Abb. **204**/11), variabel. 26–37 mm. Wiesen u. Waldlichtungen, häufig; VII/VIII. – L schwarz, Warzen weiß, Rückenhaare schwarz, grauspitzig, SHaare rostrot (Abb. **202**/7).
Arctia caja L. – **Brauner Bär**

15* VFl schwarz mit hellen Querbinden in wechselnder Breite, HFl rosa bis karminrot, schwarz gefleckt (Abb. **204**/12). 22–28 mm. Östl Art, sehr lokal auf sonnig warmen Sandheiden, bes. im N; Kulturflüchter; V/VI. – L schwarz, Haare grau, die Spitzen weißlich, SHaare rostbraun. [*Arctia hebe* L.]
Ammobiota festiva HUFNAGEL – **Englischer Bär**

Familie *Ctenuchidae* [*Syntomidae*, *Amatidae*] – **Fleckwidderchen**

HFl sehr klein u. mit reduziertem Geäder, bes. bei *Amata* F. (Abb. **173**/10). F fadenförmig. Ohne Oc. – L 16füßig, behaart, überw. Bes. Trop; 2 Arten (Eur mehr als 5). – ▽.

1 17–21 mm. Zygaenenähnlich, aber andere Ruhehaltung! (Abb. **207**/1). Schwarzblau mit weißen Flecken. Hlb lg, 1. u. 5. Sgm oben gelb. F schwarz, Spitze weiß. Lokal an sonnigen Hängen, gesellig. VI/VII. – L (Abb. **207**/2) graubraun, bürstenartig behaart an bodennaher Vegetation.
Syntomis phegea L. – **Weißfleckwidderchen**

1* 12–14 mm. – K u. Hlb ockergelb, VFl braun mit glasigen weißen Flecken; HFl ± gelb mit braunem Saum; sehr lokal an Felshängen u. Heidewaldrändern. VII/VIII. – L dunkel mit gelbem Rückenstreif u. büschelig behaarten schwarzen Warzen, an Flechten. *Dysauxes ancilla* L. – **Braunwidderchen**

Familie *Nolidae* – **Kleinbären**

VFl u. FWurzel mit Schuppenbüschen; Tst lg, den K überragend. Ohne Oc. Klein (um 10 mm). Sitzen kopfabwärts mit dachförmig gehaltenen Fl tags an Stämmen, nachts an Köder u. Licht. – L mit büschelhaarigen Warzen, 1. Bauchfußpaar verkümmert; überw, Schabefraß an Blättern. P in kahnförmigem Kokon an Stengeln. 2 Gattungen mit 8 z. T. schwer unterscheidbaren Arten.

Leicht kenntlich:
Nola cuculatella L. – **Kapuzenbärchen**
9–10 mm. Grau, VFl mit dunkelbraunem Wurzelfeld, durch schwarze Querbinde vom weißgrauen MFeld scharf abgesetzt (Abb. **202**/3). Gärten u. Schlehenbüsche, VI/VII. – L grau, Rücken weiß abgesetzt, seitl. schieferblau, Fußlinie rötlich.

Familie *Lymantriidae* – Schadspinner

Wenig auffallend gefärbte Spinner verschiedener Größe, z. T. gefürchtete Wald- od. Gartenschädlinge. R ± verkümmert. K klein, Au kugelig. F doppelkammzähnig, auch beim ♀ zuweilen mit kurzen Kammzähnen. Hlb oft mit Afterbusch od. Afterwolle. Vielfach starke Geschlechtsunterschiede: ♂ lebhaft, kleiner, z. T. Tagflieger, doch oft auch am Licht; ♀ plump, wenig fliegend, z. T. ungeflügelt. Fl-Haltung dachförmig. – L 16füßig, mit sternförmig behaarten Warzen u. 2 ausstülpbaren Trichterwarzen, oft bunt, mit Rückenborsten u. SPinseln (Abb. **210**/6), meist an Laub- u. Nadelholz. P in (manchmal doppeltem) Haargespinst; weichhäutig, z. T. behaart (Abb. **210**/8). 17 Arten (Eur. 25). Nomenklatur wie bei LERAUT.

1 Fl einfarbig, weiß bis schwarzgrau (s rötlich), höchstens mit einzelnen kleinen, schwarzen Punktzeichen **4**

1* Fl nicht einfarbig, VFl mit Flecken- u. Linienzeichnung **2**

2 VB enden in lgbehaarten Tarsen u. werden im Sitzen lg vorgestreckt (Abb. **207**/3) **3**

2* VB normal. VFl weiß bis graubraun mit dunklen Zickzackbinden. ♂ oft lebhaft auch am Tage fliegend, ♀ plump u. träge. – L gefürchtete Wald- od. Gartenschädlinge. Ei überw. Gattung *Lymantria* HÜBNER

a VFl weiß mit schwarzen Zickzackbinden (Abb. **207**/4), HFl grau, Hlb beim ♀ rosa mit schwarzen SgmRändern u. lg, spitzer Legeröhre. In zunehmendem Maße treten geschwärzte Formen auf. 19–27 mm. Starke Lichtflieger; VII/VIII. – L grau (od. dunkler) mit hellem Rückenrautenfleck (Abb. **207**/5), jahrweise vernichtend in Nadelwäldern.
Lymantria monacha L. – **Nonne**

a* Zickzackbinden auf graubraunem (♂) od. gelblich-weißem (♀) Grunde weniger deutlich ausgeprägt (Abb. **207**/6–7). ♀ mit dickem braunem Afterbusch, dessen Schuppen schwammartig das Gelege bedecken. ♂ 18 bis 25 mm, ♀ 27–36 mm. VII–IX. – L grau mit blauen u. roten Knopfwarzen. Jahrweise schädlich an Obst- u. Alleebäumen.
Lymantria dispar L. – **Schwammspinner**

3 ♂ klein u. zierlich, braun, HFl sehr breit; tags fliegend; ♀ flügellos, verläßt z. T. weder P noch Gespinst. – L mit Rückenbürsten u. Haarpinseln, bunt, im Sommer an Laubbäumen u. Sträuchern. 3 Arten.
Gattung *Orgyia* OCHSENHEIMER – **Bürstenbinder**
Häufig: *Orgyia antiqua* L. – **Schlehenspinner:** ♂ mit rostbraunen HFl u. dunkleren, schwach gebänderten VFl, weißer Mondfleck am Innenwinkel. ♀ hellgrau mit kurzen FlStummeln (Abb. **207**/8–9). – ♂ 11–15 mm. V–X in 2 (3) Gen. – Eigelege auf dem PGespinst an Stämmen.

3* ♂ dem geflügelten ♀ ähnlich, wenig kleiner, grau. Meist mittelgroße Arten mit gebänderten VFl u. lg ausgestreckten, rauh behaarten VB (Abb. **207**/3). –

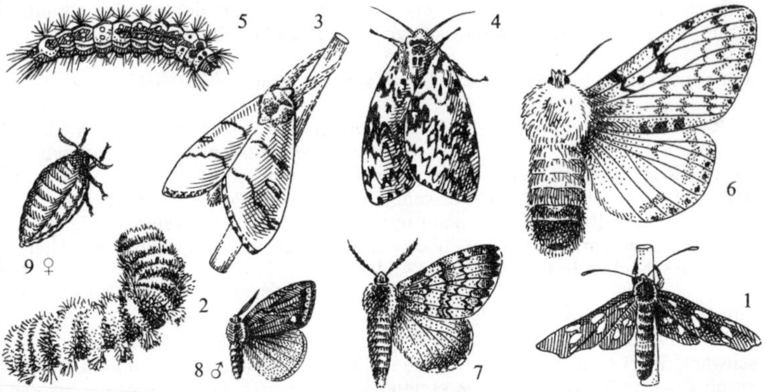

Abb. **207/1–9.** **1** *Syntomis phegea* (17–21 mm); **2** *Syntomis phegea*, L; **3** *Elkneria*; **4** *Lymantria monacha* (19–27 mm); **5** *Lymantria monacha*, L; **6** *Lymantria dispar*, ♀ (27–36 mm); **7** *Lymantria dispar*, ♂ (18–25 mm); **8** *Orgyia antiqua*, ♂ (11–15 mm); **9** *Orgyia antiqua*, ♀.

L an Laub- od. Nadelhölzern, mit Rückenbürsten u. Haarpinsel auf dem 11. Sgm, im allgemeinen überw. 4 Arten. [*Dasychira* auct.]

Gattung *Elkneria* BÖRNER – **Streckfüße**

Zum Beispiel: *Elkneria pudibunda* L. – **Buchenrotschwanz:** VFl weißgrau, dunkler bestäubt, mit mehreren dunklen Querbändern (oft schwarzgrau verdunkelt). 21–29 mm. ♂♂ starke Lichtflieger, ♀♀ sehr träge; IV–VI. – L grüngelb (od. grau) mit samtschwarzen SgmEinschnitten, gelben Rückenbürsten u. rötlichem Afterpinsel (Abb. **210**/6), verursacht zuweilen im Herbst Kahlfraß in Buchenwäldern. – P überw.

4 **(1)** B mit schwarzen Flecken od. Ringen **5**

4* B einfarbig **6**

5 F-Kammzähne gelblich, Fl weiß, im Leben grünlich durchscheinend. VFl mit schwarzem Queraderfleck in Form eines „L." B grob schwarz gefleckt. 23 bis 26 mm. Buchenw z; VI/VII. – Die auf schwarzem Grunde rostgelb behaarte L an Laubholz, überw. – P zw Blättern.

Arctornis l-nigrum MÜLLER – **Schwarzes L**

5* F-Kammzähne schwarz, Fl einfarbig glänzend weiß; B schwarzweiß geringelt. 22–26 mm. VI–VIII. – L schwarzgrau mit weißen Rückenschildern u. roten Warzen (Abb. **210**/7), P schwarzglänzend mit hellen Haarbüscheln (Abb. **210**/8), oft schädlich an *Populus* u. *Salix*. – Eigelege als flache, weißglänzende „Spiegel" an Bäumen. [*Stilpnotia* WESTWOOD]

Leucoma salicis L. – **Pappelspinner**

6 **(4)** B (außen) u. Tst gelb. ♂: VFl gelblichgrau mit schwachen Punkten vor dem Saum, HFl heller. ♀ stumpf weiß. 17–21 mm. Im N lokal häufig an Seeufern; VII/VIII. – L gelb mit Rückenbürsten, an *Cladium*, *Phragmites*; überw. P in gelbem Gespinst an Halmen.

Laelia coenosa HÜBNER – **Gelbbein**

6* B nicht gelb, gleichfarbig mit Fl u. Körper **7**

7 Hlb weiß mit gelbem Afterbusch **8**

7* Hlb einfarbig, der FlFarbe entsprechend, grau od. rötlich. Kleine dünnbeschuppte Im. – L mit behaarten Wärzchen, auf Eichenbüschen, überw.
Gattung *Ocneria* HÜBNER

a Schwarzgrau, 13–16 mm. Sehr lokal, sonnige Hänge; VII/VIII.
Ocneria detrita ESPER – **Rußspinner**

a* Rötlich, Fl mit dunklerem äußerem Querstreifen. 16–18 mm. Nur im Rheingau; VII. *Ocneria rubea* SCHIFFERMÜLLER – **Rostspinner**

8 Im HFl alle 3 m-Adern vorhanden. Fl weiß, Afterbusch u. letzte HlbSgm goldbraun; VFl bes. beim ♂ oft mit wenigen schwarzen Punkten. 16–20 mm. VII/VIII. – L mit Brennhaaren! Schwarzbraun mit roten u. weißen Strichen u. Flecken, lg gelbbraun behaart, überw jung in zäh versponnenen Blattnestern. Oft sehr schädlich in Obstgärten u. Alleen.
Euproctis chrysorrhoea L. – **Goldafter**

8* Im HFl nur 2 m-Adern. Fl schneeweiß; HlbE mit goldgelbem Afterbusch; VFl am HRand zuweilen schwach grau gefleckt. 17–22 mm. VII/VIII. – L schwarz, Rücken u. Fußstreif rot, s weiß, dünn behaart, überw jung im Einzelgespinst unter Borke. [*Porthesia* STEPHENS] *Euproctis similis* FUESSLY – **Schwan**

Familie *Lasiocampidae* – **Glucken**

Im VFl r_2 u. r_3 gestielt, HFl ohne HaftBo, aber oft mit mehreren Praecostaladern (Abb. **174**/5). Körper sehr plump. K u. Au klein, keine Oc. R ± verkümmert. Tst oft groß u. vorgestreckt, dicht behaart, mit Basalfleck. F beim ♂ lg doppeltgekämmt, beim ♀ kurz kamm- od. sägezähnig. ♀ Hlb zuweilen mit Afterwolle. FlHaltung in der Ruhe steil dachförmig, wobei der VRand der HFl oft die VFl überragt u. entsprechend gefärbt ist (Abb. **210**/1). Flug nachts, einige ♂♂ auch Tagflieger; oft am Licht. – L 16füßig, lg-zylindrisch, mit dichtem, oft aus kurzen u. lg Haaren gemischtem Haarkleid; charakteristisch seitlich abwärts gerichtete Haarbüschel; zuweilen Querwülste auf dem 2. u. 3. Sgm (Prachtflecke), auch Warzen, Höcker u. Haarpinsel (Abb. **210**/12). Meist auf Holzgewächsen; manche schädlich. P in Haargespinst od. festem Kokon. Überw als Ei, L od. P, manchmal mehrfach. 20 Arten (Eur 37). – ∇ (mit Ausnahme von *Eriogaster lanestris*, *Malacosoma neustria*, *Dendrolimus pini*.)

1 VFl mit weißem MFleck **7**
1* VFl ohne weißen MFleck **2**
2 Bis 22 mm, Fransen oft gescheckt **3**
2* Mindestens 24 mm, Fransen ungescheckt **6**
3 Fl ganzrandig **4**

3* FlRänder gezackt, VFl mit ausgebuchtetem Innenwinkel, Tst spitz; Fl mit 2–3 ± verloschenen, in Flecke aufgelösten Querbinden. – L variabel, bunt, mit SWarzen u. gelbroten Prachtflecken. Gattung *Phyllodesma* HÜBNER

a Grau mit rotbraunen Einmischungen u. weißlichen, verwaschenen HFl-MBinden (Abb. **210**/3). 18–21 mm. Sehr lokal u. s in Blaubeerwäldern; IV/V. *Phyllodesma ilicifolia* L. – **Blaubeerglucke**

a* Grundfarbe gelbbraun, sonst wie vorige Art. 18–22 mm; z; in lichten Mischw u. Obstgärten, an Laubholz; V.
Phyllodesma tremulifolia HÜBNER – **Kleine Eichenglucke**

4 Stirn mit Höcker. Grundfarbe grau od. braungrau. HFl-MZelle geschlossen **5**

4* Stirn ohne Höcker. Grundfarbe gelb bis braun, HFl mit halboffener MZelle u. sehr kurzer Wurzelzelle. Tst kurz. Geschlechtsdimorph, ♂ kleiner, ♀-VFl gestreckter. – L lg, ohne Warzen, weich behaart braun u. blau längsgestreift, jung vergesellschaftet in Nestgespinsten. Weiche P in gelbgepudertem Gespinst. Eigelege (Abb. **210**/9) ringförmig um Stengel.

Gattung *Malacosoma* HÜBNER – **Ringelspinner**

a ♂ durchscheinend dunkelbraun, schwach gebändert; ♀ ungezeichnet rotbraun. 12–19 mm. Bes. im N; nur ganz lokal. VI/VII. – L wie bei *M. castrensis* (b*), aber etwas früher erwachsen. *Malacosoma franconica* ESPER

a* VFl bei ♂ u. ♀ mit hellbegrenztem MFeld .... b

b Körper u. Fl gelb bis braunrot. VFl-MFeld meist dunkler, von schmalen hellen od. dunklen, wenig gebogenen Linien begrenzt; variabel; Fransen ungleich breit braun u. gelb gescheckt (Abb. **210**/4). 13–21 mm. VII/VIII. – L gestreift, K u. Nackenschild blau mit schwarzen Flecken (Abb. **210**/10). Oft schädlich an Obstbäumen.

Malacosoma neustria L. – **Gemeiner Ringelspinner**

b* ♂: VKörper u. VFl gelb mit braunen, querverbundenen MLinien u. braunem Saumschatten; Hlb u. HFl dunkelbraun. ♀: größer, braun mit beidseitig hellgelb abgesetztem MBand. 13–21 mm. Bes. im N, sonniges Ödland. VII/VIII. – L fleckenstreifig mit blauem K, an Bodenvegetation.

Malacosoma castrensis L. – **Wolfsmilchspinner**

5 **(4)** Fl grau, dicht beschuppt, Fransen lg, gescheckt. VFl weißgrau bis grau mit dunklerem, schwarz abgesetztem MBand. ♀ mit Afterbusch. 15–18 mm. Buschige Moorwiesen u. Bruchwälder, im N z; VIII/IX. – L sehr bunt u. variabel, kurz u. weich gelbbraun behaart, blauschwarz mit gelben SgmGrenzen u. roten, weiß umpunkteten Warzenflecken; an Laubholz.

Trichiura crataegi L. – **Weißdornspinner**

5* Fl braungrau, dünn beschuppt, Fransen kurz, gescheckt. VFl gestreckt; breites MFeld durch gezackte, helle Querlinien begrenzt. ♀ ohne Afterbusch. 15–19 mm. Jahrweise nicht s in Laubw; X/XI. – L variabel, etwas flach, schütter u. kurz behaart, mit SWülsten, grau, braun gerieselt, Rücken oft mit dunklen Rautenflecken. Bauch schwarzbraun großgefleckt; rotgelbes Nackenband u. Rückenwarzen; an Laubholz. *Poecilocampa populi* L. – **Kleine Pappelglucke**

6 **(2)** Fl ganzrandig. VFl mit 2 helleren Querstreifen, beim größeren ♀ auf braungrauem, beim ♂ auf zimtbraunem Grunde (Abb. **210**/13). 24–33 mm; v, Wiesen u. Koppeln, ♂ tags wild fliegend, ♀ schwerfällig, aber am Licht; V–VII. – L lg, z. T. filzig behaart, schwarzbraun mit schwarzen, im Jugendkleid gelb begrenzten Einschnitten (Abb. **210**/11), überw erwachsen.

Macrothylacia rubi L. – **Brombeerspinner**

6* FlSaum gezackt. ♀ sehr groß (bis 43 mm). F stark gebogen, bei ♂ u. ♀ gekämmt; Tst schnabelartig lg. VFl am Innenwinkel abgeschrägt, aber mit Zacke bei ax_1 (Abb. **174**/5). – L flach, mit Prachtflecken, an den S mit fußähnlichen, z. T. zweilappigen Forts (Abb. **210**/12) u. einem stumpfen Zapfen auf dem 11. Sgm. Rücken kurz, S lg behaart, überw jung. P in weichem, bepudertem Haargespinst.

Gattung *Gastropacha* OCHSENHEIMER – **Echte Glucken**

a Kupferig violettbraun. VFl mit 3, HFl mit 2 gezackten, dunklen Querstreifen. 29–43 mm. Baumschulen u. Aulandschaften; VI/VII. – L grau bis braun mit 2 blauen Prachtflecken, an Laubholz.

Gastropacha quercifolia L. – **Kupferglucke**

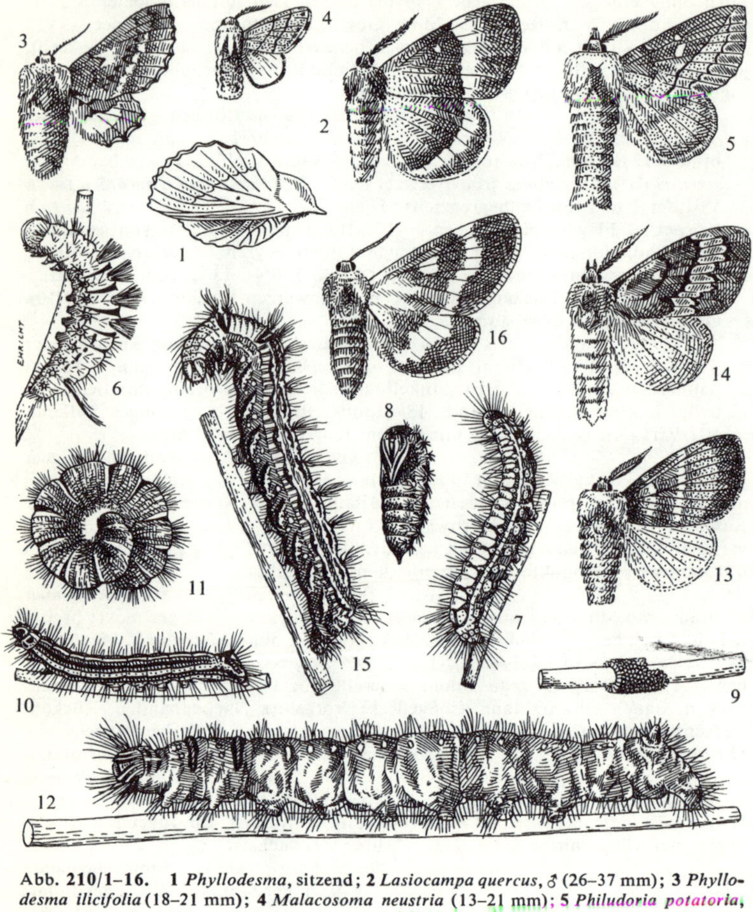

Abb. **210/1–16.** **1** *Phyllodesma*, sitzend; **2** *Lasiocampa quercus*, ♂ (26–37 mm); **3** *Phyllodesma ilicifolia* (18–21 mm); **4** *Malacosoma neustria* (13–21 mm); **5** *Philudoria potatoria*, ♂ (24–36 mm) **6** *Elkneria pudibunda*, L; **7** *Leucoma salicis*, L; **8** *Leucoma salicis*, P; **9** *Malacosoma neustria*, Eigelege; **10** *Malacosoma neustria*, L; **11** *Macrothylacia rubi*, L. **12** *Gastropacha*, L; **13** *Macrothylacia rubi*, ♂ (24–33 mm); **14** *Dendrolimus pini*, ♂ (25–36 mm); **15** *Dendrolimus pini*, L.; **16** *Lemonia dumi* (25–29 mm).

a* Heller lederbraun. VFl gestreckter, Querstreifen oft fleckig aufgelöst u. verdoppelt. 29–43 mm. Pappelalleen u. Auwälder, lokal u. s; VII (IX). – L hellgrau. 1. Prachtfleck blau, 2. rot, blau gerandet.

Gastropacha populifolia ESPER – **Große Pappelglucke**

7 **(1)** VFl saumwärts dünner beschuppt, mit weißem MFleck. Klein bis mittelgroß, Tst klein. ♀ braun, mit dickem, silbergrauem Afterbusch. ♂ kleiner, braun

od. gelb. – L auf dunklem Grunde mit dichtbehaarten roten (od. blauen) Flekken u. Warzen u. rotbraunen BauchB, jung gesellig in Nestern, an Laubholz. P in festem, rundovalem Kokon, oft mehrfach überw. Eigelege von Afterwolle umhüllt an Zweigen. 3 Arten, eine v.

Gattung *Eriogaster* GERMAR – **Wollspinner**

Zum Beispiel: *Eriogaster lanestris* L. – **Wollafter:** VFl schokoladenbraun mit weißem Wurzel- u. MFleck u. feiner weißer, am VRand verbreiterter Außenlinie, Saumfeld oft weißlich überstäubt. 15–22 mm; III/IV. Als Im. wenig beobachtet, umsomehr jahrweise die großen weißen Raupenbeutel an *Betula* u. *Prunus spinosa*. L schwarz mit roten Flecken u. BauchB.

7* VFl dicht beschuppt; meist große Arten; ♀ ohne Afterbusch **8**

8 FlSaum gezähnt **12**

8* FlSaum ungezähnt, höchstens schwach gewellt **9**

9 Fl ganzrandig, ungezähnt u. ungewellt **10**

9* Fl schwach gewellt **11**

0 Stirn mit hornigem Forts; VSchienen mit EDorn. Fl ganzrandig; Tst kurz. – ♂ u. ♀ rötlich graubraun, VFl mit weißem MPunkt u. schmalem, scharf begrenztem Querstreif. 23–33 mm. Heiden u. Ödland; VIII/IX. – L gelb behaart bis auf die samtig schwarzblauen Sgm-Einschnitte, seitlich weiße Strichflecke u. Stigmen; K gelb gesprenkelt; sonneliebend. – P in eirundem Kokon am Boden.

Lasiocampa trifolii DENIS & SCHIFFERMÜLLER – **Kleespinner**

0* Stirn ohne hornigen Forts; VSchienen ohne EDorn. Sonst wie vor. Art, aber geschlechtsdimorph: ♂ dunkel, rotbraun, ♀ größer, gelb (braun); VFl u. HFl mit saumwärts ± verbreiterter, gelber Außenbinde, HFl-Fransen gelb (Abb. **210**/2). 26–37 mm. Z, ♂ Tagflieger; VI–VIII. – L ähnlich vor. Art, mehr braun statt gelb, K braun u. schwarz; an Laubholz. – P wie bei voriger Art. L od. P überw., manchmal beide.

Lasiocampa quercus L. – **Quittenvogel, Eichenspinner**

1 (9) Tst wenig vorstehend, VFl-Außenbinde gebuchtet u. gezähnt, zieht zum VRand. HFl-VRand ziemlich gerade (s. US!). Sehr variabel, VFl grau bis braun mit weißem MPunkt u. 3 z. T. dunklen Querstreifen, mit grauen od. rotbraunen Zwischenfeldern. HFl einfarbig graubraun (Abb. **210**/14). 25–36 mm; VI–VIII. – L variabel, mit 2 blauen Prachtflecken, je 2 Rückenwarzen (dünn u. lg behaart) u. einem Warzenhöcker auf 11. Sgm; rötlich- bis schiefergrau mit hellen Rücken- u. SZeichnungen (Abb. **210**/15); zuweilen verheerend in Kiefernwäldern. Überw. *Dendrolimus pini* L. – **Kiefernspinner**

1* Tst sehr lg u. buschig. VFl-Außenlinie fast gerade, mündet in den Apex, HFl-VRand stark gekrümmt. VFl mit 2 hellen MFlecken u. dunkler Außenlinie, saumwärts oft noch Wellenlinie. Stark geschlechtsdimorph: ♂-VFl meist violettbraun verdunkelt auf ± erhaltener gelber Grundfarbe (Abb. **210**/5); ♀ groß u. plump, ocker- bis ledergelb; Außenfeld der HFl dunkler abgesetzt. 24 bis 36 mm. Gras- u. Schilfgebiete, ♂ am Licht. VII/VIII. – L dicht u. lg, z. T. filzig, braun behaart, mit Haarpinsel auf 2. u. 11. Sgm; schwarzbraun, mit gelben unterbrochenen Längsstreifen u. weißen Wollhaarbüscheln zw den Stigmen. An Gräsern, nimmt Wasser auf; überw. [*Cosmotriche* auct.]

Philudoria potatoria L. – **Graselefant, Trinkerin**

2 (**8**) 25–32 mm. Saum stark gezähnt; Tst lg u. spitz. Feurig gelbrot mit silberweißem, rundem MFleck im VFl u. geschwungener Innen- u. Außen-Querlinie; in Obstgärten zuweilen nicht s; VI–VIII. – L abgeflacht, blaugrau, fein dunkel u. gelblich gerieselt, mit nacktem rotem Prachtfleck u. Analhöcker; vordere

SWarzen mit lg Haarpinseln, Körper oben kurz, seitlich lg u. weich behaart. Nachschieber gespreizt. An Laubholz überw.

Odonestis pruni L. – **Pflaumen- od. Feuerglucke**

12* 18–23 mm. Saum schwach gezähnt; Tst kurz. Fransen grell gescheckt. Schwärzlich-grau mit halbmondförmigem weißem MFleck im VFl u. stark gezähnter Innen- u. Außen-Querlinie (jetzt fast nur noch verdunkelte Formen). Z u. s in M u. S. 2 Stämme: V/VI od. VII/VIII. – L mit kurzer Rücken- u. lg SBehaarung, Haarpinsel auf 2. u. 11. Sgm. Rücken gelb mit schwarzen Rautenflecken u. schwarzgelben Schrägstrichen. An *Pinus* u. *Picea*, erwachsen od. jung überw. [*Selenephera* RAMBUR] *Cosmotriche lunigera* ESPER – **Mondfleckglucke**

Familie *Lemoniidae* – Herbstspinner

FlForm u. -geäder s. Abb. **173**/9. VB mit starken, gesägten Klauen. Au nackt, ♀-F wie beim ♂ doppelt, aber kürzer gekämmt. Hlb beim ♀ sehr lg. ♂♂ kurzlebige, wilde Tagflieger, gelegentlich auch am Licht. – L nur am Rücken behaart mit samtartigen SgmEinschnitten, Warzen lg behaart, an Bodenvegetation. P ohne Gespinst in der Erde. Ei überw. 2 Arten (Eur. 5) – ▽.

Gattung *Lemonia* HÜBNER

1 Einfarbig gelb mit schwarzem MPunkt im VFl. 23–25 mm; in M u. S an Grashängen lokal u. s. VIII/IX. – L schwarz, mit breiten, gelbbraunen SgmEinschnitten u. Längsstreifen, Rückenwarzen gelbrot beborstet.

Lemonia taraxaci DENIS & SCHIFFERMÜLLER – **Löwenzahnspinner**

1* Fl schwarzgrau, beim ♀ ± durchscheinend; Fransen gelb. VFlWurzel, MFleck u. äußere Querlinie gelb. HFl mit breiter gelber MBinde (Abb. **210**/16). 25 bis 29 mm. Wiesen u. Grasland, z u. meist spärlich. X. – L dunkelbraun mit samtschwarzen Rückenflecken, Haare rostgelb.

Lemonia dumi L. – **Habichtskrautspinner**

Familie *Endromidae* – Scheckflügel, Frühlingsbirkenspinner

Eine Art: Fl gestreckt, ganzrandig; im VFl r_2-r_5 gestielt (Abb. **173**/12). K eingezogen, R u. Tst rückgebildet, Au nackt. Leib zottig behaart, Beschuppung wenig dicht. Geschlechtsdimorph: ♀ groß, weißlich, orangebraun gemischt, mit schwarzem, gewinkeltem MFleck u. 2 schwarzbraunen, winkeligen Querstreifen. Saumfeld stärker braun gemischt mit 3 weißen Keilflecken im Apex; HFl weißlich; nachts fliegend. ♂ kleiner, VFl bei gleicher Zeichnung viel dunkler braun, HFl lebhaft rostbraun, dunkler gezeichnet; tags fliegend (Abb. **213**/1). 25–39 mm. Birkenmoore; IV/V. – L nach vorn stark verjüngt, 16füßig, hellgrün mit weißlichen Schrägstreifen u. spitzem Höcker auf 11. Sgm. Jung gesellig an Birkenzweigen (Abb. 213/2–3). Harte, glanzlose P in losem Gespinst am Boden, überw. – ▽. *Endromis versicolora* L. – **Scheckflügel**

Familie *Attacidae* – Nachtpfauenaugen

Unterfamilie *Attacinae*

Eine Art. Im VFl m_2 näher an m_1. F des ♂ mit lg, beim ♀ kurzen Kammzähnen; R u. Tst rückgebildet, in der Behaarung versteckt. K u. Au klein, Oc fehlen,

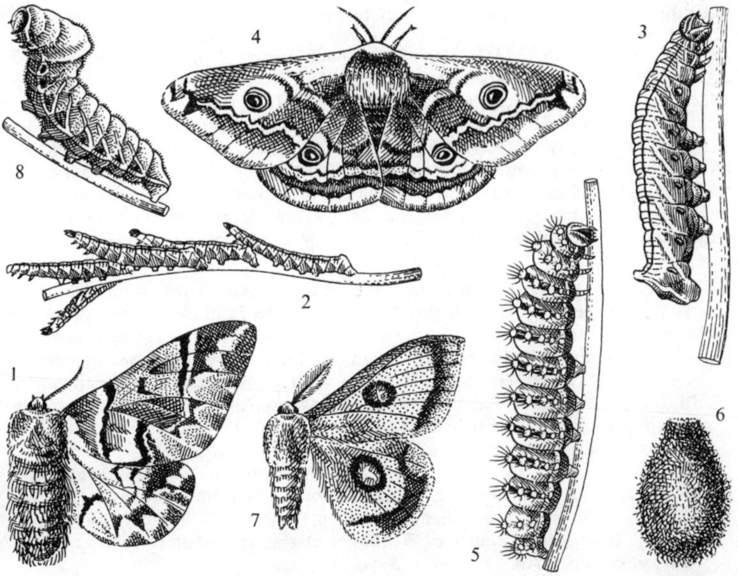

Abb. **213/1–8.** **1** *Endromis versicolora*, ♀ (25–39 mm); **2** *Endromis versicolora*, junge L; **3** *Endromis versicolora*, erwachsene L; **4** *Eudia pavonia* (28–40 mm); **5** *Eudia pavonia*, L; **6** *Eudia pavonia*, Kokon; **7** *Aglia tau* (27–42 mm); **8** *Aglia tau*, L.

Hlb kurz. Grundfarbe beim ♀ grau mit rotvioletten Einmischungen im VFl-Apex u. großem, rundem AuFleck auf jedem Fl zw 2 gewellten Binden in weißlicher Umgebung (Abb. **213**/4). Grundfarbe beim kleineren ♂ braun getönt, auf den HFl rostgelb. 28–40 mm. Jahrweise häufig; IV/V. – L jung schwarz, später grün, mit roten Knopfwarzen auf ± ausgeprägten schwarzen Querbändern (Abb. **213**/5); oft an *Calluna*, aber polyphag. PKokon flaschenförmig mit Reusenverschluß (Abb. **213**/6).

Eudia pavonia L. – **Kleines Nachtpfauenauge**

Unterfamilie *Agliinae*

Eine Art. Im VFl m_2 mitten zw m_1 u. m_3 (Abb. **173**/13). – F des ♂ doppeltkammzähnig, beim ♀ nur verdickt u. beborstet. R stark verkümmert, Tst anliegend beschuppt. Grundfarbe beim ♂ ockergelb (♀ blasser) mit schwarzem, geschwungenem Querstreifen vor dem dunkleren Saum. Alle Fl mit großem, rundem, schwarzblauem MFleck, darin eine nagel- od. T-ähnliche weiße Zeichnung (Abb. **213**/7). 27–42 mm. Buchenwald; lokal treten geschwärzte Formen auf; IV/V. – L jung mit 5 lg gegabelten Rückendornen, erwachsen stark segmentiert, grün, Schrägstreifen u. Fußlinie hell; seitlich am 4. Sgm ein rotgelber Fleck (Abb. **213**/8); bes. an *Fagus*. P am Boden in leichtem Gespinst.

Aglia tau L. – **Nagelfleck, Tau**

Familie *Sphingidae* – **Schwärmer**

Geäder siehe (Abb. **173**/7) Hlb unten flach, beim ♂ mit Duftbüscheln in STaschen des 2. Sgm. Kräftige, pfeilschnelle Flieger, abends u. nachts über Blüten „stehend“, oft auch am Licht. Fl in der Ruhe dachförmig od. blattähnlich ausgebreitet (Abb. **215**/2–3, 8). – L 16füßig, meist zylindrisch od. nach vorn verjüngt, nackt, glatt od. feinkörnig, alle mit Analhorn auf Sgm 11 od. doch mit stumpfer Erhebung; oft auffallend bunt (Abb. **216**/1–5); selten schädlich. P meist in od. auf der Erde; einheimische Arten überw als P. – Von etwa 800 bekannten (meist trop) Arten in Eur 28, davon 18 im Gebiet; z. T. nur als Zuwanderer. Nomenklatur wie bei LERAUT. – ▼ (außer *Hyloicus pinastri* L.) ▽.

1 Fl im MFeld glasig durchsichtig (Abb. **215**/9). Am Tage hummelähnlich um Blüten fliegend. – L rauh durch winzige helle Punktwärzchen; grün mit gelblicher Nebenrückenlinie. Gattung *Hemaris* DALMAN

a VFl u. bes. die HFl mit sehr schmalem, dunklem Saum, ohne Schuppenstreif in der VFl-MZelle; Hlb mit schwarzem Gürtel, orangegelb, mit weißgelben SBüscheln (Abb. **215**/9). 19–21 mm. Waldwiesen; V/VI. – L bläulichgrün •mit rotbraunen SFlecken, Afterhorn rotbraun, fast gerade. Versteckt unter Skabiosenblättern (*Scabiosa, Knautia*). [*H. scabiosae* ZELLER]
Hemaris tityus L. – **Skabiosenschwärmer**

a* VFl u. HFl mehr rotbraun u. breiter gesäumt, Zellenlängslinie der VFl beschuppt; Hlb mit rotbraunem Gürtel u. gelben SSchöpfen. 19–22 mm; V/VI. – L hellgrün, Bauch u. B dunkel abgesetzt, meist ungefleckt, Horn etwas gekrümmt. An *Lonicera* u. *Symphoricarpus*.
Hemaris fuciformis L. – **Hummelschwärmer**

1* Fl voll beschuppt, ohne Glasflecke **2**

2 VFlSaum deutlich gezähnt, gezackt od. ausgenagt geschweift **11**

2* VFlSaum glatt **3**

3 Hlb mit breitem Afterbusch; klein, 21–24 mm. Körper u. VFl dunkelgrau mit schwachen Querbinden, HFl gelb, zum Saum hin geschwärzt. Zuwanderer, dem die Überw als Im. hier nur s gelingt; tags an Blüten; V–XI. – L grün od. rötlichbraun, hell längsgestreift, Afterhorn bläulich mit brauner Spitze; an *Galium*. *Macroglossum stellatarum* L. – **Karpfen- od. Taubenschwänzchen**

3* Hlb ohne Afterbusch; große Arten **4**

4 Auffallend groß, 45–60 mm, BrOS mit totenkopfähnlicher Zeichnung (Abb. **215**/1); Hfl u. Hlb gelb mit schwarzen (blauen) Bändern, VFl schwarzbraun u. heller gemischt, mit hellem MPunkt. R kurz u. dick. Zirpt bei Störung; dringt zuweilen in Bienenstöcke ein (Honigräuber). Aus dem S zufliegend; V–VII; nächste Gen IX–X schlüpft hier, groß, aber unfruchtbar. – L grün (seltener dunkel braungrau), [illegible] u. hinten gelb, Rücken u. S mit blau-gelb-schwarzen Winkelstreifen, Horn rauh, S-förmig gekrümmt. An Kartoffelkraut (*Solanum tuberosum*) u. a. *Solanaceae*. *Acherontia atropos* L. – **Totenkopf**

4* Nicht auffallend groß. Anders gefärbt u. gezeichnet **5**

5 Hlb auf mindestens 5 Sgm seitlich schwarz u. hell gescheckt **6**

5* Hlb auf höchstens 2 Sgm gescheckt od. fast einfarbig **8**

6 Hlb schwarz-rot quergebändert **7**

6* Hlb ohne Rot, schwarz u. weißgrau gebändert, HFl einfarbig dunkelgrau; VFl aschgrau mit schwarzbraunen Zeichnungen (Abb. **215**/2). 33–45 mm. Kiefernw, v; V–VIII. – L meist grün mit breitem rotbraunem Rückenstreif u.

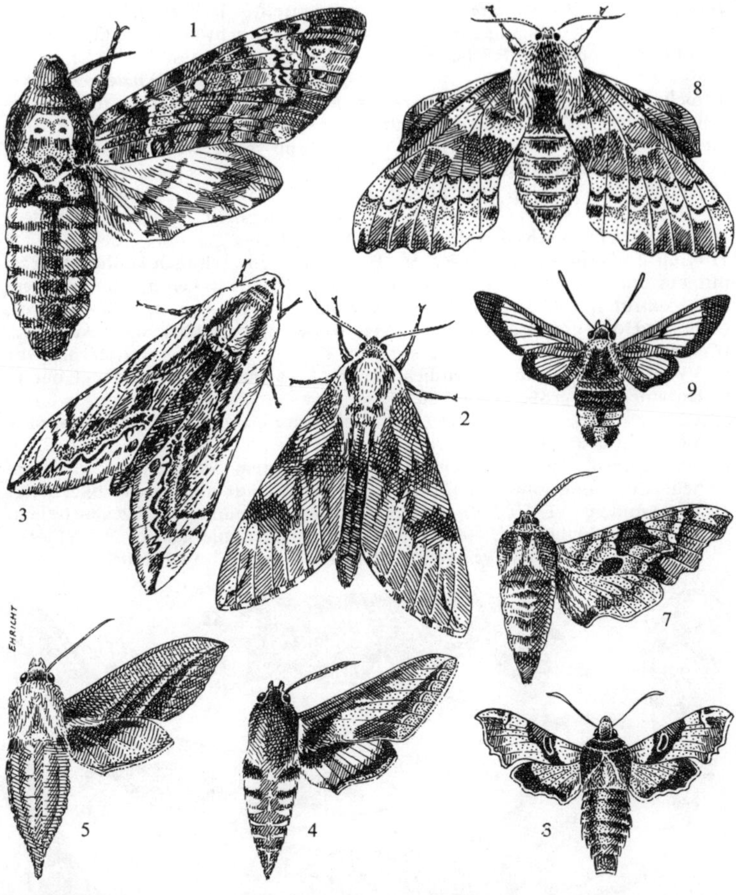

Abb. **215/1–9.** **1** *Acherontia atropos* (45–60 mm); **2** *Hyloicus pinastri* (30–45 mm); **3** *Sphinx ligustri* (40–50 mm); **4** *Hyles gallii* (32–35 mm); **5** *Deilephila elpenor* (25 bis 32 mm); **6** *Proserpinus proserpina* (19–24 mm); **7** *Mimas tiliae* (30–40 mm); **8** *Laothoë populi* (30–45 mm); **9** *Hemaris fuciformis* (19–21 mm).

unterbrochenen hellen seitlichen Längsstreifen; Stigmen rot; Horn schwarz; an *Pinus*, aber s schädlich. P mit kurzer, anliegender RScheide. [*Sphinx* L.]
Hyloicus pinastri L. – **Kiefernschwärmer, Tannenpfeil**

7 R über körperlg. VFl asch- bis blaugrau gemustert, HFl schwarzgrau gebändert, 45–55 mm. V–VII aus dem S zufliegend; nächste Gen VIII–X hier schlüpfend, aber unfruchtbar. Abends an *Petunia*, *Nicotiana* u. a. – L variabel, meist

gelbbraun (s grün), vordere Sgm hell längsgestreift, die übrigen mit 7 gelb u. braun abgesetzten Schrägstreifen; Horn gebogen, schwarz. An *Convolvulus*. P mit freier, gebogener RScheide (Abb. **216**/6). [*Herse* AGASSIZ]

Agrius convolvuli L. – **Windenschwärmer**

7* R nicht über Körperlg. HFl schwarz-rosa gebändert. VFl rehbraun mit schwarzen Aderstrichen u. breiter schwarzbrauner Verdunkelung vom HRand zum Apex (Abb. **215**/3). 40–50 mm. V–VII. – L grün mit 7 weiß-lila abgesetzten, seitlichen Schrägstreifen; Stigmen gelb; Horn krumm, schwarz-gelb; oft in „Sphinxhaltung" (Abb. **216**/3). Auf *Ligustrum*, *Syringa*, *Fraxinus*, v. P wie bei *H. pinastri* L. *Sphinx ligustri* L. – **Ligusterschwärmer**

8 **(5)** Hlb mit einem schwarzen SFleck od. fast einfarbig **9**

8* Hlb mit 2 schwarz-weißen SFlecken; F zur Spitze hin schwach keulig verdickt, mit kurzem EHaken. VFl gelb-grau mit olivgrünen Flecken u. Schrägbinden, HFl rosa-rot mit Weiß, Wurzel u. Saumband schwarz (Abb. **215**/4). – L glatt, bunt, mit Horn, die vorderen Sgm nicht in das 4. zurückziehbar, ohne AuFlecke. [*Celerio* AGASSIZ] *Hyles* HÜBNER

a VFl durch helle Adern deutlich liniiert. 37–41 mm. Subtrop, fliegt nur in einzelnen J in größerer Zahl zu.

Hyles lineata ssp. *livornica* ESPER – **Linienschwärmer**

a* VFl nicht deutlich liniiert .... b

b US rosenrot, Fl oben weiß, VFl mit isoliertem VRand-Fleck u. meist hellerem Saum, zuweilen rot übergossen; HFl nur am Innenwinkel weiß. 30–34 mm; v; VI/VII (IX). – L schwärzlich, weiß punktiert, Rückenstreifen, K, B, Afterklappe rot, Horn rotschwarz, Stigmenlinie gelb u. rot, SFlecke gelb (Abb. **216**/4); an *Euphorbia*. *Hyles euphorbiae* L. – **Wolfsmilchschwärmer**

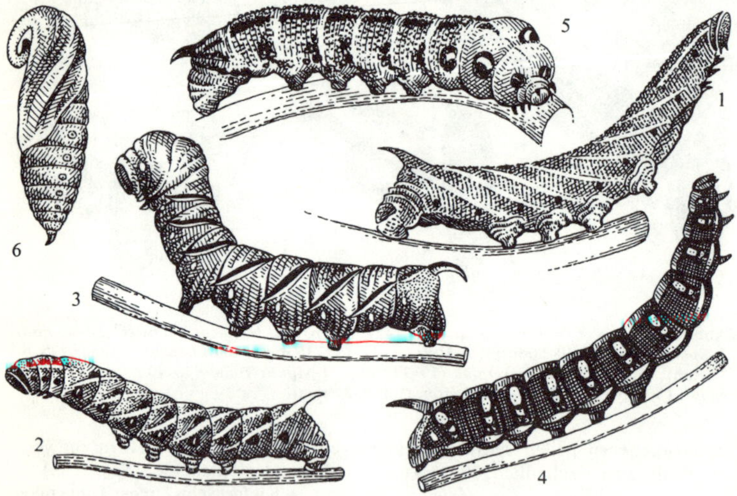

Abb. **216/1–6.** **1** *Smerinthus ocellatus*, L; **2** *Laothoë populi*, L; **3** *Sphinx ligustri*, L; **4** *Hyles euphorbiae*, L; **5** *Deilephila elpenor*, L; **6** *Agrius convolvuli*, P.

b* US grau, F oben dunkel, FSpitze weiß; VFl mit breitem, dunkel olivfarbenem Saum, der den VRand-Fleck aufnimmt; HFl stärker weiß aufgehellt (Abb. **215**/4). 32–35 mm. Nur jahrweise häufig; V/VI u. VIII. – L glänzend, dunkelgrün mit rundem gelben SFleck auf jedem Sgm, Horn rauh u. rot; an *Galium* u. *Epilobium*. *Hyles gallii* ROTTEMBURG – **Labkrautschwärmer**

(8) FlFarbe weinrot u. oliv, F zur Spitze nicht keulig verdickt. – L mit stark verjüngten vorderen Sgm, die in das verdickte 4. Sgm zurückgezogen werden können. Seitlich AuFlecke auf Sgm 4 u. 5 (Abb. **216**/5). [*Pergesa* WALKER]
Deilephila LASPEYRES – **Weinschwärmer**

a VRand der VFl schmal rosa, sonst olivgrün in Rosarot übergehend, HRand weiß; HFl rot mit großem, schwarzem Wurzelfeld (Abb. **215**/5). 25–32 mm; v; V/VI (u. VIII/IX). – L schwärzlich, seltener grün, dunkel gerieselt, Horn kurz (Abb. **216**/5); an *Epilobium*, *Galium*, *Vitis*, *Fuchsia* u. a.
Deilephila elpenor L. – **Mittlerer Weinschwärmer**

a* VFl olivgrün, VRand u. Saumfeld unregelmäßig breit, aber scharf begrenzt rot; HFl dunkel u. oliv schattiert, nur am Saum rot, Fransen gescheckt. 22–25 mm; v; V/VI. – L ähnlich voriger Art, aber ohne Horn, nur mit kleiner Erhöhung auf Sgm 11; an *Galium*.
Deilephila porcellus L. – **Kleiner Weinschwärmer**

* FlFarbe anders **10**

35–37 mm; Körper u. Fl äußerst schlank, längsgemustert. VFl olivgrau, schwärzlich geadert, mit silbrig-hellem Schrägband vom Apex bis zum HRand, Saum heller, mit silbrigem Band; MPunkt fein, schwarz; HFl schwarz geadert, innen rosa, nahe dem Saum u. am VRand schwärzlich gebändert. – Selten zufliegender Irrgast aus dem S. *Hippotion celerio* L. – **Großer Weinschwärmer**

*Sehr groß; 47–56 mm; dunkel u. heller grün bis oliv u. rosa in geschwungenen Zeichnungen kontrastreich gemustert u. schattiert. Selten aus dem S zufliegend. – L vorn gelb, Sgm 3 seitlich mit großem, blauem, hellgekerntem AuFleck; vom 4. Sgm an grün mit heller SLinie. Horn gelb, kurz, gekörnt, abwärts gebogen. Gelegentlich an Oleanderbäumchen. [*Deilephila* auct.]
Daphnis nerii L. – **Großer Oleanderschwärmer**

(2) 19–24 mm; R gut entw, Körper gedrungen; HFl gelb, breit schwarz gesäumt. VFl graugrün mit dunkelgrünem MBand (Abb. **215**/3). Im N z u. s, von den MGeb ab zuweilen häufiger, bes. als L, an feuchtwarmen Stellen. V/VI. – L gestreckt, schwarzbraun (s grün) mit undeutlicher Rückenzeichnung u. schwarzen seitlichen Schrägstrichen. Statt des Horns ein gelber, dunkel gekernter Fleck; an *Oenothera*, *Epilobium*, *Lythrum*.
Proserpinus proserpina PALLAS – **Kleiner Oleanderschwärmer**

*Mindestens 30 mm. R schwach entw, Körper spitz endend; HFl nicht schwarz gerandet **12**

HSchienen mit M- u. ESpornen, HFl ohne auffallende Fleckenbildung. VFl schmal, am Außenrand bogig ausgenagt. Grundfarbe grün (s braun) mit dunkler, oft in Flecke aufgelöster MBinde, sehr variabel (Abb. **215**/7). 30–40 mm. Nicht s; V–VII. – L körnig, grün, oft seitlich mit 7 gelb-roten Schrägstreifen; Horn blau, darunter ein gelbrotes Schildchen; an *Tilia*, auch anderen Laubhölzern. Oft in Ortschaften. *Mimas tiliae* L. – **Lindenschwärmer**

*HSchienen nur mit ESpornen, HFl auffallend gefleckt od. geäugt **13**

Fl breit, Saum gezähnt. Grundfarbe grau bis braun (od. gelblich) mit wellig gezähnten Querlinien; VFl mit hellem MPunkt, HFl mit rostbraunem Fleck am Innenwinkel (Abb. **215**/8). 30–45 mm; v; V–VII (VIII). – L ähnlich *M. tiliae*, aber gedrungener, mehr gelbgrün, Schrägstreifen gelb, Horn gerade, grün-gelb, ohne Analschild; seitlich zuweilen rote Flecke, Haltung stark gekrümmt (Abb. **216**/2); an *Populus*. [*Amorpha* KIRBY]

Laothoë populi L. – **Pappelschwärmer**

13* Fl gestreckter, VFlSaum geschweift, Innenwinkel mit stumpfem Zahn. Körper u. VFl rötlich grau mit braunen Schattierungen; HFl rot mit schwarzem, blau gekerntem AuFleck. 33–44 mm; v; VI–VIII. – L wie *L. populi*, mehr bläulichgrün, Horn schwach gekrümmt u. blau, Schrägstreifen weißlich, Haltung gestreckter (Abb. **216**/1); an *Salix* u. *Malus*.

Smerinthus ocellatus L. – **Abendpfauenauge**

Familie *Drepanidae* – Sichelflügler

Im HFl sc u. r bogig getrennt; VFl-Spitze sichelartig vorgezogen (Abb. **174**/4). [Ausnahme: *Cilix* (Abb. **219**/5), aber L übereinstimmend.] Klein, breitflügelig, an Spanner erinnernd. Körper schmächtig, F kurz, doppelkammzähnig, Au nackt, R u. Tst kurz. FlHaltung je nach Art ausgebreitet od. flach bis steil dachförmig. Tags auf Blättern od. an Zweigen ruhend, nachts am Licht. – L 14füßig, Nachschieber zu unpaarer Spitze am AnalSgm umgestaltet; K eingeschnitten, vordere Sgm oft mit paarigen Auswüchsen (Abb. **219**/1–2). Auf Laubholz in 2 Gen. P in Blattgespinst, überw. 7 Arten (Eur 8).

1 Apex gerundet. Grundfarbe silberweiß, VFl mit bläulichbrauner, zum HRand verbreiterter, fleckiger Zeichnung (Abb. **219**/5). 12–13 mm; sitzt vogelkotähnlich auf *Prunus spinosa* u. *Crataegus*; IV/V u. VII/VIII. – L rotbraun mit spitzen, weißen Höckern u. Wärzchen.

Cilix glaucatus SCOPOLI – **Silberspinnerchen**

1* Apex sichelartig. Grundfarbe gelb bis braun (Gattungen *Falcaria* HAWORTH, *Drepana* SCHRANCK u. *Sabra* BODE – Sichler) **2**

2 HSchienen nur mit ESpornen. VFl mit einfacher Sichelspitze **3**

2* HSchienen mit M- u. ESpornen. VFl-Außensaum stark gezackt (Abb. **219**/3); ledergelb mit 2 braunen Querstreifen u. schwarzem MPunkt; HFl gelbweiß. Gleicht sitzend einem zusammengerollten vergilbten Birkenblatt. 16–18 mm. In Birkenwäldern; IV–VI u. VII/VIII. – L (Abb. **219**/2) braun schattiert mit warzigen Erhebungen; an *Betula* u. *Alnus*.

Falcaria lacertinaria L. – **Eidechsensichler**

3 Weißgelb bis bräunlich mit dunklen Wellenlinien u. schräg in die VFlSpitze ziehender dunkler Querlinie; ein größerer MFleck mit 2 Punkten daneben (Abb. **219**/4). US hell mit dunkler Zeichnung. 16–18 mm. Buschige Waldränder, v; IV–VI u. VII/VIII. – L (Abb. **219**/1) oben rotbraun, vorn mit 6 spitzen Zapfen, S scharf abgesetzt grün; an *Betula* u. *Alnus*.

Drepana falcataria L. – **Birkensichler**

3* Dunkelbraun od. ockergelb bis braun **4**

4 Ähnlich *D. falcataria*, aber dunkelbraun, Zellflecke kleiner, mehr punktförmig, Außenlinie der VFl auf dem HFl fortgesetzt. US ockerfarben. 15–19 mm. Erlenbruchwald, z; V–VIII in 2 Gen. – L grün mit braunem Rücken, ähnlich *D. falcataria*; unter versponnenen Erlenblättern.

Drepana curvatula BORKHAUSEN – **Erlensichler**

4* Anders geformt u. gezeichnet **5**

5 VFlSpitze stärker vorgezogen; Saumfeld mit violettbraunen Einmischungen, MFeld dunkler, wellig umgrenzt, mit gelblichen MFlecken. 18–20 mm. Im

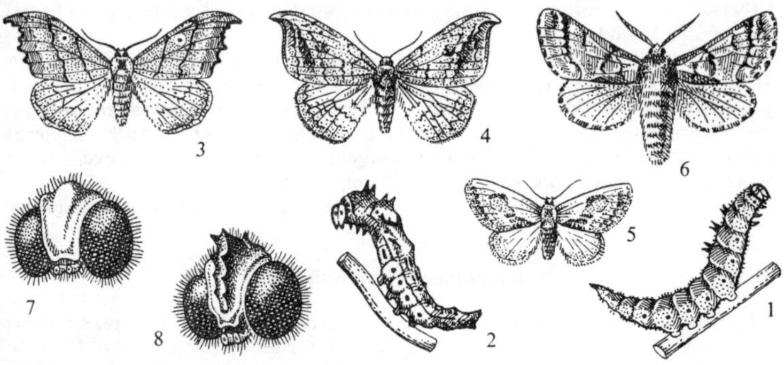

Abb. **219/1–8.** **1** *Drepana falcataria*, L.; **2** *Falcaria lacertinaria*, L; **3** *Falcaria lacertinaria* (16–18 mm); **4** *Drepana falcataria* (16–18 mm); **5** *Cilix glaucatus* (12–13 mm); **6** *Thaumetopoea pinivora* (17–19 mm); **7** K von *Thaumetopoea processionea* (glatte Chitinleiste); **8** K von *Thaumetopoea pinivora* (gezähnte Chitinleiste).

N s u. sehr lokal, meist einbrütig, im S z u. zweibrütig. Laubw. – L gelb, seitlich u. vorn am Rücken violettbraun, mit geteiltem Fleischzapfen am 3. Sgm, Analspitze lg; bes. an *Tilia*. *Sabra harpagula* ESPER – **Lindensichler**

5* VFlSpitze weniger vorgezogen, MFeld nicht wellig begrenzt, Fl-Farbe lebhaft ockergelb bis gelbbraun **6**

6 MFeld dunkel u. geradlinig abgesetzt, Außenlinie im VFl nahe der VKante spitz abgewinkelt. 14–16 mm. Buchenwald, v; V–VIII in 2 Gen. – L hellbraun, mit weißlichem Streif u. hellerem Sattelfleck, 3. Sgm mit kurzer Spitze; an *Fagus*. *Drepana cultraria* F. – **Buchensichler**

6* MFeld nicht verdunkelt abgesetzt. VFl mit 2 punktförmigen schwarzen Zellflecken auf dunkelbraunem (♂) od. hellem gelb-violettgrauen Grunde (♀); Außenlinie weniger spitz gewinkelt. 13–18 mm. Eichenwald, v; V–VIII in 2 Gen. – L grünlich, S bräunlich, Rücken mit gelbem, braun gesäumtem Sattelfleck u. Zapfen am 3. Sgm; an *Quercus*.
Drepana binaria HUFNAGEL – **Eichensichler**

Familie *Thaumetopoeidae* – **Prozessionsspinner**

Im Geäder den *Notodontidae* nahestehend. Kleine, graue, tags s sichtbare Spinner. VFl beim ♂ mit 3 dunklen Querstreifen, HFl weißlich (Abb. **219**/6); ♀ eintöniger grau. – L 16füßig, mit lg brüchigen BoBüscheln auf Knopfwarzen; Rücken trägt vom 4. Sgm ab kurzhaarige „Spiegelflecke", deren Haare schwere Hautentzündungen bei Mensch u. Tier hervorrufen; gesellig in Nestern, kriechen in geordneten „Prozessionen" auf Futtersuche aus. Zuweilen schädlich in Wäldern. P im Sand, oft in gemeinsamen Haargespinsten. Ei u. P überw. 1 Gattung mit 2 Arten (Eur 5).

1 Stirn mit beulenartiger Chitinleiste unter dichter Beschuppung (mit Nadel zu erfühlen, Abb. **219**/7); VSchiene ohne Hornstachel. HFl mit dunklem Bogenstreif. Fransen fast einfarbig grau. 13–18 mm. Mehr westl. der Elbe, Eichenwald;

VII–IX. – L mit rotbraunen Spiegelflecken, an *Quercus*; kriechen in sich verbreiternden Staffelreihen.

Thaumetopoea processionea L. – **Eichenprozessionsspinner**

1* Stirn mit gezähnter Chitinleiste (Abb. **219**/8). VSchiene mit Hornstachel. ♂ kontrastreicher, Fransen gescheckt, VFl mit stark konvergierenden, gezähnten Querstreifen (Abb. **219**/6). 17–19 mm. Mehr im NO, sandige Kiefernwälder; VII/VIII. – L mit schwarzen, rotgelb gerandeten Spiegelflecken, sonst mehr grüngrau, an *Pinus*, kriechen in Einzelprozession.

Thaumetopoea pinivora TREITSCHKE – **Kiefernprozessionsspinner**

Familie *Notodontidae* – **Zahnspinner**

♂-F meist bis zur Spitze od. $^2/_3$ der Lg doppelkammzähnig. R kurz, Br dicht behaart, HFl mit HaftBo, sc von r meist getrennt, r u. m_1 gestielt (Abb. **173**/14). VFl vielfach mit zahnartigem, beschupptem Vorsprung am HRand, der in der Ruhe bei steil dachförmig gehaltenen Fl den Rücken überragt (Abb. **222**/1). Am Tage durch Schutztracht getarnt, nachts am Licht. Kein Massenauftreten, Schadfraß höchstens an Einzelbäumen. – L nackt od. dünn behaart, oft mit Höckern u. zuweilen bizarr gestaltet, nicht immer 16füßig, K groß; an Laubholz. P meist in der Erde u. überw. 32 Arten (Eur. 42). – ▽, mit Ausnahme von *Ptilodon capucina*, *Notodonta dromedarius*, *Eligmodonta ziczac* u. *Phalera bucephala*. Nomenklatur wie bei LERAUT.

1 Tst (Palpen) weit vorragend, fast so lg wie die Br. 21–24 mm; bleich ockergelb, bräunlich gemischt. Hlb lg, beim ♂ mit geteiltem Afterbusch. Der scharfe dreieckige BrKamm, lg Tst u. gestreckte VFl mit lg Schuppenzahn u. gezähntem Saum geben der sitzenden Im. täuschende Ähnlichkeit mit morschem Holzspan (Abb. **222**/1). Weidengebiete, Laubmischw; IV–VIII in 2 Gen. – L schlank, nackt, vorn u. hinten flach, unten dunkel, oben weißgrün, die kantige S mit gelber Linie bis an die KS; an *Salix*, *Populus* u. a. Laubhölzern.

Pterostoma palpina CLERCK – **Palpenspinner**

1* Tst kürzer, von oben wenig sichtbar **2**

2 HSchiene mit M- u. ESpornen **8**

2* HSchiene ohne MSporne **3**

3 HRand der VFl mit schwachem Schuppenzahn; Kammzähne der F beim ♂ auffallend lg, F beim ♀ sägezähnig. Wollig behaarte Spätherbstart, Fl dünn beschuppt. VFl rostbraun u. grau gemischt, beim ♀ dunkler bräunlich; mit dunklem MMond u. gezähnter, lichter äußerer Querlinie. 18–20 mm. Laubw mit Ahorn; X–XII. – L glatt, nackt, grün mit gelbweißen Längsstreifen, Stigmen gelb; an *Acer campestre* u. *A. pseudo-platanus*. Ei überw.

Ptilophora plumigera DENIS & SCHIFFERMÜLLER – **Froststpinner**

3* HRand der VFl ohne Schuppenzahn **4**

4 F im EDrittel ohne Kammzähne. Im. schmalflügelig, weißgrau gezeichnet (Abb. **222**/2) od. Im. braun (Abb. **222**/4), ♀-F nur beborstet **5**

4* ♂-F bis zur Spitze doppelkammzähnig. Habitus anders **6**

5 F auch beim ♀ zu $^2/_3$ doppelkammzähnig. VFl schmal, weißgrau mit dunkleren Längswischen am VRand u. bes. HRand; MSchatten schwach gelblich; HFl weiß mit schwarzem Analfleck (Abb. **222**/2). 20–26 mm. Eichenwälder, V/VI. – L gedrungen, nackt, mit großem K u. unpaaren Rückenhöckern, deren größter (4. Sgm) gegabelt ist. 14füßig, Nachschieber rückgebildet; grün, K,

BrB u. SFlecke rötlich. P in festem, rindenfarbigem Pergamentgehäuse an Eichen- u. Buchenstämmen. [*Hoplitis* HÜBNER]

Harpyia milhauseri F. – **Pergamentspinner**

5* ♀-F einfach, nur beborstet, VFl gestreckt, Innenwinkel abgeschrägt, HFl rund; braungrau, mit undeutlichen helleren u. dunkleren Fleckenlinien. Auffallende Ruhehaltung (Abb. **222**/4). 22–30mm. Buchenwald; IV–VII. – Die auffallende L braun, nackt, höckerig, 14füßig, mit lg BrB (Abb. **222**/3); an Laubholz, feuchtigkeitsliebend. P in weichem Gespinst zw Fall-Laub.

Stauropus fagi L. – **Buchenspinner**

6 **(4)** Br u. Körper einfarbig schwarzgrau, dicht behaart, kurzleibig. Fl grau, heller u. bräunlich gemischt, ± undeutlich gezeichnet mit 2 Querstreifen, 15 bis 17 mm. Auwälder, z; V–VIII in 2 Gen. – L schlank, glatt, 16füßig, grün mit roten Rücken-Querflecken zw gelben Streifen; an *Populus* zw Blättern. P im Blattkokon. *Gluphisia crenata* ESPER

6* Br hell-dunkel gezeichnet. – L 14füßig, mit Schwanzgabel statt der Nachschieber **7**

7 Unter 22 mm. Heller Halskragen mit dunkler Querbinde scharf gegen Br abgesetzt. Fl weißlich; MBand, Apikalfleck u. Saumpunkte dunkel (Abb. **222**/7). – L *Cerura*-ähnlich. P in schwer sichtbaren festen Gehäusen an Stämmen. 3 z. T. sehr ähnliche Arten, zweibrütig. [*Harpyia* auct.]

Gattung *Furcula* LAMARCK – **Kleine Gabelschwänze**

Zum Beispiel:

Furcula bifida BRAHM [*hermelina* GOEZE] – **Espengabelschwanz**

Dunkle MBinde innen gerade, außen konkav, zur hellen Wurzel hin kräftig schwarz mit gelb abgesetzt; Saumfeld mit Zackenreihen (Abb. **222**/7). 19 bis 22 mm. Waldränder; V/VI u. VIII. – L mit getrenntem, violettem Nacken- u. Sattelfleck; v, an Pappel- u. Espenbüschen.

7* Groß u. kräftig, über 27 mm. VKörper weiß bis grau, dunkel gepunktet. Fl auf weißlichem Grund mit dunkler innerer u. tiefgezackter doppelter äußerer Querbinde (Abb. **222**/5). – L (Abb. **222**/6) jung schwarz, später grün, 3. Sgm mit Pyramidenbuckel, Rücken mit weiß eingefaßtem, grauem Nacken- u. Sattelfleck, K einziehbar, 1. Sgm rotgerandet mit 2 schwarzen Flecken u. Spritzdüse. Schwanzgabel mit vorstreckbaren roten Fäden; an *Populus* u. *Salix*. P in sehr festem Gehäuse. 2 einbrütige Arten. [*Dicranura* auct.]

Gattung *Cerura* SCHRANCK – **Große Gabelschwänze**

a HFl u. Hlb beim ♀ dunkelgrau, beim kleineren ♂ heller, Fl durchscheinend, mit Zellfleck (Abb. **222**/5). 28–36 mm; V–VII. – L mit lg Schwanzgabel u. breitem Sattel (Abb. **222**/6). *Cerura vinula* L. – **Gabelschwanz**

a* Fl weiß mit schwarzer Zeichnung, Hlb schwarz mit weißer MLinie u. Spitze. 30–36 mm; s u. lokal, fehlt im NW; VI. – L mit kürzerer Schwanzgabel u. schmälerem Sattel, der aber auf dem 7. Sgm bis zu den B reicht.

Cerura erminea ESPER – **Hermelinspinner**

8 **(2)** HRand der VFl mit Schuppenzahn **9**

8* HRand der VFl ohne Schuppenzahn **15**

9 FlRänder gezähnt (od. Fransen stark gescheckt) **10**

9* FlRänder ungezähnt, höchstens schwach gewellt (Fransen meist ungescheckt) **12**

10 VFl breit, olivgrau, mit großem dreieckigem Silberfleck in der M. Schuppenzahn rostgelb, bes. lg (kleinerer am Innenwinkel). 16–20 mm. Sehr lokal, V/VI u. VIII. – L nackt, am 4. Querwulst mit 4 Höckern, 2 Höcker auf dem 11. Sgm.; rotbraun u. grau gemischt, S gelblich gefleckt, an *Quercus*.

Spatalia argentina DENIS & SCHIFFERMÜLLER – **Silberfleckspinner**

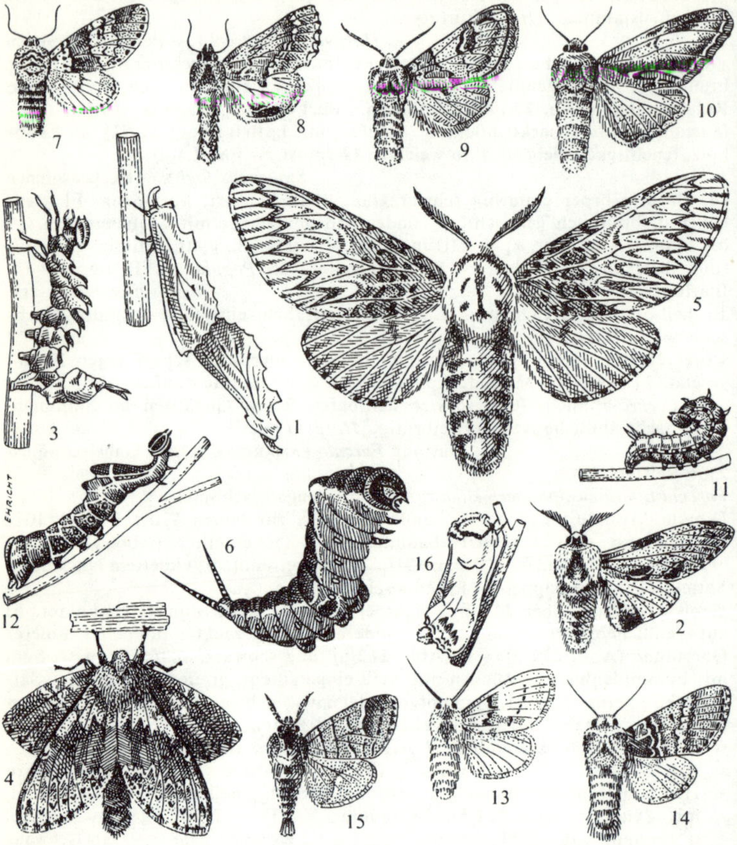

Abb. **222/1–16.** **1** *Pterostoma palpina*, in Paarung; **2** *Harpyia milhauseri* (20–26 mm); **3** *Stauropus fagi*, L; **4** *Stauropus fagi* (22–30 mm); **5** *Cerura vinula* (28–36 mm); **6** *Cerura vinula*, L; **7** *Furcula bifida* (19–22 mm); **8** *Ptilodon capucina* (18–24 mm); **9** *Eligmodonta ziczac* (19–24 mm); **10** *Pheosia gnoma* (21–24 mm); **11** *Ptilodon capucina*, L; **12** *Eligmodonta ziczac*, L; **13** *Leucodonta bicoloria* (17–18 mm); **14** *Drymonia ruficornis* (18 bis 19 mm); **15** *Clostera curtula* (15–18 mm); **16** *Phalera bucephala* (24–32 mm).

10* Anders gefärbt **11**

11 R rückgebildet, Au nackt; VFl gestreckt, wenig dicht beschuppt. VRand dunkelbraun mit hellem Costalfleck, zum HRand u. Außenrand violett grau aufgehellt; HFl rötlichgrau. 21–23 mm; z, Birkenmoore; IV/V. – L etwas flach, gelbgrün, Rücken runzelig, mit ± gelblichen Linien, SLinie gelb u. rot gefleckt; in Birkenwipfeln. *Odontosia carmelita* ESPER – **Karmeliterin**

*R ausgebildet, Au schwach behaart; Fl breit, dicht beschuppt; Br mit andersfarbigem vorderem Schuppenbusch. – L verschieden, dünn behaart, mit 2 Höckern auf dem 11. Sgm, an Laubholz.

a VFl rostbraun od. dunkler mit feinen, schwarzen, scharf gezackten Querlinien; HFl heller mit dunklem Analfleck; Schopf innen hell (Abb. **222**/8). 18–24 mm; v; IV–VIII in 2 Gen. – L grün od. rosa, Rücken weißlich, gelbroter SStreif u. 2 rote, spitze Analhöcker; VKörper oft rückwärts emporgehoben (Abb. **222**/11). An Laubholz.

Ptilodon capucina L. [*camelina* L.] – **Kamelspinner**

a* VFl rostbraun, vorn breit hellgelb, Saumfeld vom Innen-Winkel bis Ader m_1 weißgrau, Adern z. T. schwarz. 20–23 mm; v, im N nur sehr lokal; V/VI (VIII). – L grün, gelb od. rötlich; Rücken mit kleinen Höckern, der Analhöcker geteilt; dunkler Nackenfleck bis zum 5. Sgm. HE oft hoch erhoben. An *Acer campestre* u. *A. pseudo-platanus.*

Ptilodontella cucullina DENIS & SCHIFFERMÜLLER [*cuculla* ESPER] – **Ahornspinner**

2 **(9)** Au behaart, K eingezogen. VFl meist dunkel, gestreckt, Apex gerundet; HFl mit dunklem Analwinkel. – Raupen mit rückwärts gerichteten Höckern von Sgm 5–7 u. Pyramidenhöcker auf Sgm 11, richten oft V- u. HKörper auf (Zickzackform). (Abweichend die höckerlose *anceps*-L.) An Laubholz. 5 Arten.

Gattungen *Notodonta* OCHSENHEIMER, *Tritophia* KIRIAKOFF, *Peridea* STEPHENS u. *Eligmodonta* KIRIAKOFF – **Echte Zahnspinner**

Zum Beispiel:

a) *Eligmodonta ziczac* L. – **Zickzackspinner**
VFl hell-bräunlich, VRand grau; ein dunkler MMond trennt das braungrau schattierte Saumfeld nebst Wellenlinie rundlich ab (Abb. **222**/9). 19–24 mm; v; V/VI u. VII/VIII. – L (Abb. **222**/12) violettgrau bis rötlich, mit 2 großen Rückenhöckern u. rotem, pyramidenförmig verdicktem HE. Auf Pappelbüschen.

b) *Peridea anceps* GOEZE [*trepida* ESPER] – **Eichenzahnspinner**
25–32 mm; VFl grau, rostgelb gemischt, mit dunkleren gezackten Querlinien u. hell umgrenztem MStrich; HFl hell; VRand dunkler, im Sitzen sichtbar; v; Eichenwälder; IV/V. – L höckerlos, walzig, gelbgrün, Bauch dunkler; Rücken hell längsgestreift, S u. K mit rotgelben Schrägstreifen.

2* Au nackt **13**

3 Fl weiß od. weiß gemischt **14**

3* Grundfarbe graubraun, ohne Weiß. Br mit breitem Schopf. VFl quergebändert mit hellerem Wurzel-Feld, HFl dunkel. – L schlank, höckerlos, etwas flach, stumpf grün mit hellroter SLinie. [*Ochrostigma* HÜBNER]

a Graubraun, BrBeschuppung dunkel gesäumt. Schräger Apexstrich der VFl u. bogige, doppelte innere Querbinde dunkel, Wurzelfeld gelblich. 18 bis 20 mm. Sehr z; V/VI. – L an kleinsten Eichenbüschen.

Drymonia velitaris HUFNAGEL

a* Grau, eintöniger, dunkles Dreieck vor dem Apex, innere Querbinde gezackt, Wurzelfeld nicht gelb. 17–19 mm. Lokal u. meist s; VI/VII. – L an *Fagus.*

Drymonia melagona BORKHAUSEN – **Schwarzeck**

4 Schneeweiß. VFl mit orangegelben, nach innen schwarz begrenzten Flecken im MFeld u. großem Schuppenzahn (Abb. **222**/13). 17–18 mm. Birkenwälder z; V/VII. – L sehr spärlich behaart, höckerlos, glänzend gelbgrün, dunkler liniiert, mit breitem, gelbem SStreifen; in Birkenwipfeln.

Leucodonta bicoloria DENIS & SCHIFFERMÜLLER – **Weißer Zahnspinner, Goldpfeil**

14* VFl gestreckt, weißlich, längs gemustert, mit schwarzbraunen Verdunklungen vor dem Apex am VRand u. bes. am HRand, wo sie von verästelter weißer Längslinie durchzogen werden; Schuppenzahn klein; HFl klein, weiß mit dunklem Analfleck (Abb. **222**/10). – L gestreckt, glänzend glatt, mit winzigem Horn auf Erhebung des 11. Sgm; sehr variabel, grün bis violett; an Laubholz. 2 sehr ähnliche Arten. Gattung *Pheosia* HÜBNER – **Porzellanspinner**

a VFl am Innenwinkel mit kurzem weißem Keilfleck (Abb. **222**/10). 21–24 mm; v; V/VI u. VII/VIII. – L mit breitem, gelbem SStreif, Bauch schwarzgrau mit gelbem MStreif; an *Betula*. [*Ph. dictaeoides* ESPER]
Pheosia gnoma F. – **Birkenporzellanspinner**

a* VFl am Innenwinkel ohne ausgeprägten weißen Keilfleck, aber mit mehreren hellen Aderstreifen. 23–28 mm; v; V/VI u. VII/VIII. – L mit weniger breitem, gelbem SStreif u. gelblichem Bauch; an *Populus*.
Pheosia tremula CLERCK – **Pappelporzellanspinner**

15 (**8**) Au behaart, F kurz, Hlb lg, beim ♂ schlank u. mit zweigeteiltem Afterbusch. Grundfarbe grau bis braun, Afterbusch, K u. BrM samtartig dunkel. In der Ruhe Fl rund um den Leib gelegt, die dichtbehaarten VB vorgestreckt, Afterbusch erhoben. – L dick walzig, weich behaart, mit länger behaarten SWarzen u. Erhebungen auf Sgm 4 u. 11; bunt; meist 2brütig mit PÜberw; an Laubholz. 4 Arten. [*Pygaera* OCHSENHEIMER] Gattung *Clostera* L. – **Steißheber**

Zum Beispiel:

Clostera curtula L. – **Erpelschwanz**

VFl rötlichgrau, mit 3 (4) feinen, hellen Querlinien, deren äußere einen großen, rundlichen, rotbraunen Apikalfleck begrenzt (Abb. **222**/15). 15–18 mm; v; IV/V u. VII/VIII. – L sehr variabel; weich graubehaart mit 2 schwarzen kleinen Erhöhungen. Meist im Gesamteindruck grau-rötlich; versponnen zw Blättern von Pappeln u. Weiden.

15* Au nackt **16**

16 ♂-F sägezähnig mit paarigen Wimperpinseln; Hlb lg. Stattlich; silbergrau mit gelber VBr u. großem rundem gelbem Apikalfleck im VFl. In Ruhestellung mit eng um den Leib gerollten Fl ein trockenes Zweigstück vortäuschend (Abb. **222**/16). 24–32 mm; v; V–VIII, 1 Gen. – L walzenförmig, weich u. lg gelb behaart, auf schwarzbraunem Grunde quer u. längs gelb gestreift; jung gesellig, an Laubbäumen (zuweilen Kahlfraß). *Phalera bucephala* L. – **Mondvogel**

16* ♂-F doppelkammzähnig; Hlb kurz, kleiner, eulenähnlich. Grundfarbe grau, VFl quergebändert (Abb. **222**/14). (Schuppenzahn zuweilen angedeutet). – L glatt, grün, mit gelblichen Längsstreifen u. ± rotgelbem SStreif; an *Quercus*. 3 Arten, z. T. s u. z. Gattung *Drymonia* HÜBNER **Steineichenspinner**

Zum Beispiel:

Drymonia ruficornis HUFNAGEL [*D. chaonia* DENIS & SCHIFFERMÜLLER] VFl grau, mit zackigen, dunklen, abgekehrt weißlichen Querlinien u. ± helldunklem MFeld mit schwarzem MMond; HFl heller grau (Abb. **222**/14). 18–19 mm. Eichenwälder; IV/V. – L glänzend grün u. gelb längsgestreift. Weitere Arten (*D. velitaris, D. melagona*) s. S. 223.

Familie *Thyatiridae* [*Cymatophoridae*] – **Eulenspinner**

Eulenartig, aber durch die im HFl bogig an r genäherte sc mehr den *Drepanidae* u. *Pyralidae* gleichend (Abb. **174**/2). ♂-F nur ausnahmsweise gekämmt, Tst u. Oc klein, R kräftig, FlHaltung dachförmig; Im. an Licht u. Köder. – P überw (bis auf 1 Art). 9 Arten (Eur 10); dazu wird hier angefügt die oft zu den *Noctuidae*, jetzt zu einer eigenen Familie *Dilobidae* gestellte *Diloba caeruleocephala* L. (Abb. **225**/4).

1 FBasis mit Haarschopf; R kurz u. weich. Spinnerartig, plump, F beim ♂ doppelkammzähnig. Au nackt, aber bewimpert; Oc fehlen; Körper zottig behaart; Br breit, hinten mit Schopf. Geäder auf *Noctuidae* hinweisend. VFl gestreckt, Färbung u. Zeichnung an *T. or* erinnernd, aber die Makeln klecksig groß, weiß, meist schräg vereint (Abb. **225**/4). 20–21 mm; IX/X. –L bläulichweiß u. gelbgrün, breit längsgestreift mit groben schwarzen behaarten Warzen; K bläulich mit 2 schwarzen Flecken. Erzeugt zuweilen Kahlfraß an Apfelbäumen. *Diloba caeruleocephala* L. – **Blaukopf**

1* FBasis ohne Haarschopf; R kräftig **2**

2 Farbenschön, auffallend gezeichnet; L freilebend **3**

2* Grau mit Querbänderung; L zw Blättern **4**

3 Hlb mit seitlichen Haarbüscheln, ♂-F kaum bewimpert. VFl olivgrau mit breitdreieckigem, orangebraunem MFeld, das weiß umgrenzt ist (Abb. **225**/1). 18–20 mm; v; VI–VIII. – L braunrot mit feiner dunkler Rückenlinie u. rötlichen Flecken daneben; 4. u. 5. Sgm oben seitlich mit weißlichem, dunkel gesäumtem Fleck. K u. HE in der Ruhe erhoben. An *Rubus*. [*H. derasa* L.] *Habrosyne pyritoides* HUFNAGEL – **Achatspinner**

3* Hlb ohne Haarbüschel, ♂-F mit Wimperpinsel. VFl olivbraun mit 5 großen, runden, rosa getönten Flecken (Abb. **225**/2). 17–19 mm; v; V/VI u. VII/VIII. – L mit Rückenhöckern, braun u. rostfarben gescheckt, seitlich mit weißlichen Flecken; ruht U-förmig gekrümmt auf Himbeerblättern (Abb. **225**/5). *Thyatira batis* L. – **Roseneule**

4 **(2)** Au nackt; ♂-F verdickt, sehr kurz bewimpert. – L flach, hinten verjüngt, mit großem kugeligem K, zw Blättern. 4 Arten. [*Palimpsestis* HÜBNER] Gattung *Tethea* OCHSENHEIMER – **Wollrückenspinner**

Zum Beispiel:

Tethea or F. – **Or-Eule**

VFl grau mit mehreren schwärzlichen Querlinien, Wellenlinie u. dunklem Apexstrich, Ring- u. Nierenmakel hell in Form der Buchstaben OR (Abb.

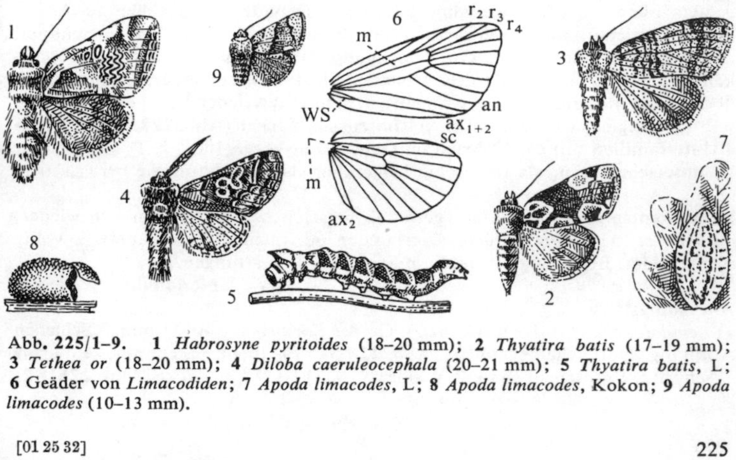

Abb. **225**/1–9. **1** *Habrosyne pyritoides* (18–20 mm); **2** *Thyatira batis* (17–19 mm); **3** *Tethea or* (18–20 mm); **4** *Diloba caeruleocephala* (20–21 mm); **5** *Thyatira batis*, L; **6** Geäder von *Limacodiden*; **7** *Apoda limacodes*, L; **8** *Apoda limacodes*, Kokon; **9** *Apoda limacodes* (10–13 mm).

225/3). 18–20 mm. IV/VI u. VIII. Seit 1904 treten geschwärzte Formen auf, *f. albingensis* WARNECKE. – L blaßgrün, K gelb, Mund schwarz, v an *Populus*.

4* Au behaart; ♂-F flachgedrückt, gelb. – L-Form ähnlich vor. Gattung. 1 Art.
Gattung *Achlya* BILLBERG

Ähnliche Gattungen: *Cymatophorima* SPULER u. *Polyploca* HÜBNER (je 1 Art in Eichenwäldern).

Polyploca flavicornis L.: VFl gestreckt, mit spitzem Apex, aschgrau, am VRand aufgehellt, mit ähnlicher Zeichnung wie bei *T. or*, aber viel kleinerer Nierenmakel u. gescheckte Fransen; HFl schmaler u. im Wurzelteil heller. 18–19 mm. Birkenwälder, v; III/IV. – L wicklerartig lebend, dunkel grüngrau mit feiner heller Rückenlinie, zahlreichen weißen Punktwärzchen u. schwarzen SFlecken. BauchS scharf begrenzt hell; K braun; an *Betula*.

Familie *Limacodidae* [*Cochlidiidae*] – Schildmotten, Schneckenspinner

Klein, ohne Oc, R rückgebildet, Körper u. B kurz, rauh beschuppt, ♂-F kurz sägezähnig. Fl breit, dicht beschuppt, mit m u. ax_2. HaftBo vorhanden (Abb. **225**/6). Im Hochsommer an Waldrändern, ♂♂ gegen Abend fliegend, auch am Licht. – L (Abb. **225**/7) eirund, OS gewölbt, mit abgeplatteter US u. rückgebildeten Bauchfüßen auf der Blattfläche „klebend"; im Herbst auf Laubbäumen; überw im Kokon (Abb. **225**/8); P mit fast freien Gliedmaßen. Ca. 1000 Arten, in Eur 3 u. im Gebiet 2.

1 10–13 mm. VFl mit vorn schmälerem MFeld; ♂ dunkler braun u. bunter; ♀ größer, ockergelb, einfarbiger. HFl dunkel (Abb. **225**/9). Eichenwälder, v; VI/VII. [*Cochlidion* auct.] *Apoda limacodes* HUFNAGEL – **Große Schildmotte**

1* 7–9 mm. ♂ u. ♀ zeichnungslos braun; HFl dunkler, beim ♀ mit gelben Fransen. Buchenwälder. VI/VII.
Heterogenea asella DENIS & SCHIFFERMÜLLER – **Kleine Schildmotte**

Familie *Psychidae* – Sackträger

♀ stets ohne Fl, oft madenähnlich ohne ausgebildete GldMaßen u. Au; ♂ klein, kurzlebig, meist schwärzlich od. bräunlich, Fl oft dünn beschuppt, zeichnungslos, seltener mit Gitterzeichnung. Ohne R u. Oc, F meist doppelkammzähnig. K u. Br oft zottig behaart, Hlb stark ausdehnbar. Geäder durch überzählige Randadern u. Asymmetrien häufig abweichend. – L polyphag in selbstgefertigten, arteigentümlichen Röhren, sog. Säcken (Abb. **228**/1-3), überw.– 4 Unterfamilien mit ca. 32 Arten im Gebiet (Eur gegen 100), z. T. sehr schwer zu unterscheiden u. als Im. wenig bemerkbar. Nomenklatur wie bei LERAUT.

1 Im VFl entspringen ax_1 u. ax_2 getrennt, verschmelzen u. trennen sich wieder; im HFl sc u. r durch Querast verbunden od. r fehlt (Abb. **228**/4). ♀ völlig rückgebildet, Begattung u. Eiabl. im Sack. Ca. 10 Gattungen.
Unterfamilie *Oiketicinae*

Am häufigsten:

a) *Lepidopsyche unicolor* HUFNAGEL – **Großer Sackträger:** 10–13 mm. VSchienen mit lg Dorn (Schienenblatt Abb. **228**/5). Fl dicht beschuppt, einfarbig schwarz, Fransenenden weiß. Wälder, v; VI–VIII. – L u. Säcke (Abb. **228**/1-2).

b) *Sterrhopterix fusca* HAWORTH [*hirsutella sensu* HÜBNER] 9–11 mm. VSchienen ohne Dorn. Körper schmächtig. Fl durchscheinend, grau. VFl gestreckt. Lichtflieger; feuchte Wälder; VI. – Sack in der M mit Blattstückchen belegt, auf der Sonnenseite von Baumstämmen.

1* Im VFl entspringen ax_1 u. ax_2 getrennt u. verschmelzen dann bis zum Rand; im HFl sc u. r nicht durch Querader verbunden **2**

2 Fl nur mit Haarschuppen. ♀ stark rückgebildet, verläßt den Sack nicht. Etwa 8 Gattungen. Unterfamilie *Psychinae*

Am verbreitetsten:

Epichnopterix plumella DENIS & SCHIFFERMÜLLER [*pulla* ESPER] – **Weichgras-Sackträger**: ♂ 5–6 mm. Rundflügelig, rußgrau beschuppt, tags über Grasflächen schwirrend; ♀ rotgelb mit weißlicher Afterwolle; lokal; V. – Sack der Lg nach mit Grasstückchen belegt, roggenkornähnlich, sehr versteckt.

2* Fl mit Deckschuppen bekleidet. ♀ weniger rückgebildet, mit Au u. GldMaßen **3**

3 ♂-F doppelkammzähnig, ♀ gekrümmt, mit lg Legeröhre, verläßt den Sack zur Kopula.

Am häufigsten:

Fumea casta PALLAS – **Hartgras-Sackträger**: 6–7 mm, schmalflügelig, einfarbig erzbraun; ♀ rötlichbraun, Rücken dunkler, Afterwolle gelbgrau; g; V/VI. – Sack lg, mit abstehenden Grashälmchen belegt (Abb. **228**/3).

3* ♂-F nur gewimpert; mottenähnlich, mit lg Fransen am HFl-IRand. ♀ mit lg F. – Oft Parthenogenese. 3 Gattungen, 6 Arten. Unterfamilie *Talaeporiinae*

Am häufigsten:

Talaeporia tubulosa RETZIUS: ♂ 8–10 mm; glänzend braungrau, ± gelblich gegittert. Wälder, v; V/VI; Sack 14 mm lg, röhrenförmig.

Familie *Noctuidae* – **Eulen**

Artenreichste Familie, im Grundbau bei aller Verschiedenheit des Äußeren sehr einheitlich u. deshalb schwer aufzugliedern. Die Unterfamilien lassen sich tabellenmäßig oft nur nach den Jugendformen (u. dem Genitalbau) gegeneinander abgrenzen. – Geäder s. Abb. **174**/1, **228**/7: im HFl bildet sc eine kurze Wurzelzelle. – Größe versch, Körper kräftig, Behaarung dicht, Oc vorhanden, F meist borstenförmig, fein bewimpert. VFl länglich dreieckig, mit „Eulenzeichnung" (Abb. **228**/6); Hfl faltbar, manchmal bunt, meist aber unscheinbar, mit MMond; Fl in der Ruhe meist dachförmig (Abb. **249**/5). Flug nachts od. in der Dämmerung, seltener am Tage; viele Arten am Köder u. Licht. – L zylindrisch, glatt, Warzen s büschelhaarig, meist punktförmig mit EinzelBo, deren Zahl u. Stellung vielfach Gattung u. Art kennzeichnen, 16füßig, manchmal mit verkürztem 1. u. 2. BauchBPaar; tags meist versteckt. P fast stets am od. im Boden, nackt in Erdhöhle od. in festerem Kokon; Mumientypus (Abb. **235**/9). – 14 Unterfamilien, 186 Gattungen mit etwa 470 Arten, hier nur in Auswahl gebracht (Eur ca. 1100 Arten). Manche Arten untereinander sehr ähnlich u. nur durch Genitaluntersuchung sicher bestimmbar. Nomenklatur wie bei LERAUT.

1 Im HFl m_2 schwächer als die anderen Adern, entspringt mitten zw m_1 u. m_3 od. etwas näher bei m_3 (Abb. **174**/1) (*Trifinae*) **8**

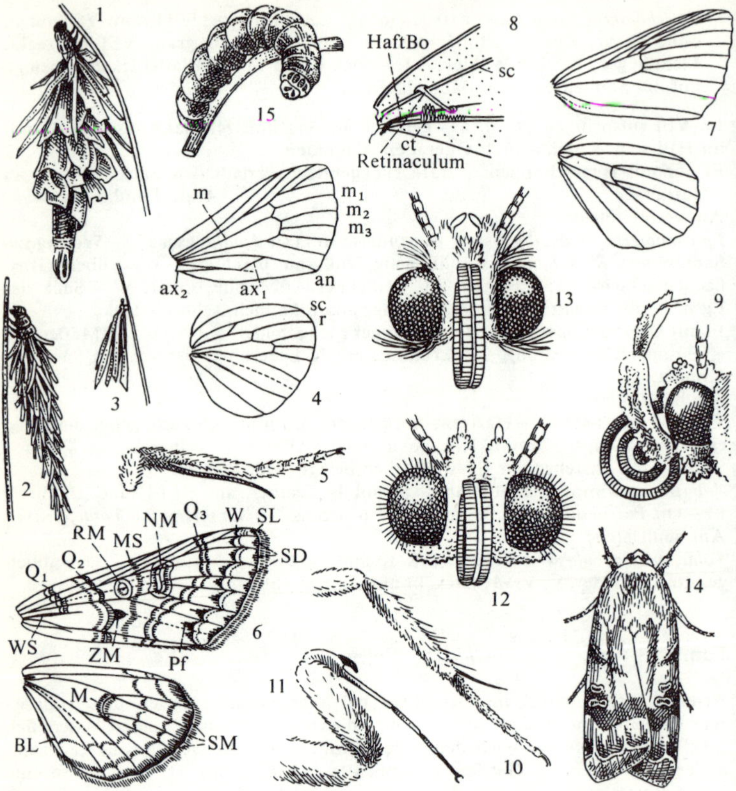

Abb. **228/1–15.** **1** *Lepidopsyche unicolor*, ♂ – L mit Sack; **2** *Lepidopsyche unicolor*, ♀ – L mit Sack; **3** *Fumea casta*, Sack; **4** Geäder von *Oiketicinae*; **5** Schienenblatt von *Oiketicinae*; **6** Fl -Zeichnung bei Noctuiden, im VFl: Q_1 = basale Querlinie, Q_2 = innere Querlinie, RM = Ringmakel, MS = Mittelschatten, NM = Nierenmakel, Q_3 = äußere Querlinie, W = Wellenlinie, LS = Saumlinie; SD = Saumdreiecke, Pf = Pfeilflecke, ZM = Zapfenmakel, WS = Wurzelstrahl; im HFl: M = Mittelmond, SM = Saummonde, BL = Bogenlinie; **7** quadrifines Geäder bei Noctuiden; **8** Retinaculum bei Sarrothripinen; **9** Tst bei Plusiinen; **10** VSchiene mit DornBo bei Noctuinen; **11** VSchiene mit Endklaue; **12** behaarte Au; **13** bewimperte Au; **14** *Noctua fimbriata* (23–26 mm); **15** *Euxoa tritici*, L.

1* Im HFl m_2 meist voll entw, entspringt nahe beim unteren Zellwinkel (Abb. **228**/7) (*Quadrifinae*) **2**

2 Au behaart. Im. (Abb. **249**/2-3). – L dicht, büschelig u. bunt behaart. (Zur Unterfamilie *Acronictinae*, von anderen Autoren als selbständige Unterfamilie *Pantheinae* zusammengefaßt.)

Gattungen *Panthea*, *Trichosea*, *Colocasia* S. 239

2* Au nackt od. bewimpert. Im. anders. – L nackt od. spärlich beborstet 3

3 Im HFl entfernt sich m_2 nach außen von m_3; Tst normal 4

3* Im HFl verläuft m_2 parallel zu m_3; Tst oft sehr stark entw; Körper schlank. Unterfamilie *Hypeninae* S. 251

4 VFl mit aufgeworfenen Schuppenpolstern im Zellraum od. grün; ♂-Retinaculum querriegelförmig (Abb. **228**/8). Unterfamilien *Sarrothripinae* [*Nycteolinae*] u. *Chloephorinae* S. 247

4* Anders; ♂-Retinaculum normal 5

5 MSchienen bedornt. Unterfamilie *Catocalinae* S. 248

5* MSchienen unbedornt 6

6 Au lg überhängend bewimpert; Tst sichelartig aufgebogen (Abb. **228**/9). Unterfamilie *Plusiinae* S. 247

6* Au nackt u. unbewimpert (Ausnahme: *Scoliopteryx* Abb. **252**/2); Tst verschieden, s aufgebogen 7

7 Im HFl ist m_2 etwas schwächer entw u. entspringt deutlich oberhalb des unteren Zellwinkels. Kleine Arten, lebhaft gefärbt u. gezeichnet, steil dachförmig sitzend; Tagflieger. [*Jaspidiinae*] Unterfamilie *Acontiinae* S. 246

7* Im HFl ist m_2 stark entw u. entspringt dicht beim unteren Zellwinkel. Äußerlich sehr unterschiedliche Arten. [*Othreinae*] Unterfamilie *Ophiderinae* S. 250

8 **(1)** Au klein, schmal; nur wenige kleine Arten. (Zur Unterfamilie *Hadeninae*.) Gattungen *Anarta* u. *Panolis* S. 234

8* Au groß, rund 9

9 HSchienen stets bedornt, oft auch die MSchienen, seltener die VSchienen (Abb. **228**/10) 10

9* Schienen unbedornt 11

10 VSchienen mit gekrümmten EKlauen (Abb. **228**/11); wenige Arten, meist Tagflieger. [*Melicleptriinae*] Unterfamilie *Heliothinae* S. 245

10* VSchienen ohne EKlauen; viele nachts fliegende Arten. Unterfamilie *Noctuinae* S. 229

11 **(9)** Au behaart (Abb. **228**/12). Unterfamilie *Hadeninae* S. 231

11* Au nicht behaart, aber z. T. bewimpert (Abb. **228**/13) 12

12 Au lg bewimpert. Unterfamilie *Cuculliinae* S. 234

12* Au unbehaart u. unbewimpert 13

13 Im VFl äußere Querlinie, wenn vorhanden, nach außen verschoben; Zapfenmakel fehlt, keine typische Eulenzeichnung. L behaart, oft bunt 14

13* Obige Merkmale vereint nicht vorhanden, uneinheitlich; weitere gemeinsame äußere Merkmale fehlen; L nackt, höchstens mit EinzelBo. Unterfamilie *Amphipyrinae* S. 240

14 K u. Körper oben fast ausschließlich behaart. L dicht od. büschelig behaart. [*Apatelinae*] Unterfamilie *Acronictinae* S. 238

14* K u. Körper oben mit breiten Schuppen; kleine Arten. L mit spärlich behaarten Punktwarzen, an Flechten. (Zur Unterfamilie *Acronictinae*.) Gattung *Cryphia* S. 239

Unterfamilie *Noctuinae*

Meist mittelgroß, unscheinbar gefärbt, VFl schmal, mit Eulenzeichnung (Abb. **228**/6), HFl zuweilen gelb, schwarz gesäumt. Au groß, rund, nackt u. unbewimpert; R kräftig; zumindest HSchienen bedornt; im HFl m_2 schwächer als die anderen Adern („trifines" Geäder, Abb. **174**/1). Tags versteckt mit flach übereinandergeschobenen VFl (Abb. **228**/14). – L (Abb. **228**/15) nackt u. glatt, nur mit EinzelBo, nachts fressend; meist an Bodenvegetation; überw; einige schädlich. P in Erdhöhle (Abb. **235**/9). Die zahlreichen Arten dieser Unterfamilie lassen eine natürliche Gliederung nach äußeren Strukturmerkmalen nicht zu, ihre Aufteilung in mehr als 20 Gattungen erfolgt neuerdings hauptsächlich auf Grund des Genitalbaues. Hier müssen infolgedessen Gattungsgruppen nach äußerlichen Kennzeichen zusammengefaßt u. Einzelbeispiele gegeben werden. – 22 Gattungen mit etwa 75 z. T. schwer unterscheidbaren Arten.

A. *Euxoa-Agrotis*-Gruppe – **Erdraupeneulen**

Stirn fast stets vorgewölbt, mit warzen- od. kraterförmigem Vorsprung (unter Haaren verborgen). – Typische düster gefärbte, schwach gezeichnete Erdraupen (Abb. **228**/15), an Wurzeln u. untersten PflTeilen, sehr versteckt lebend.

a) *Euxoa tritici* L. – **Weizeneule**

VFl dunkelgrau bis -braun, VRand, Ring- u. Nierenmakel heller, Zapfenmakel dunkel, Wellenlinie mit 3 bis 4 Pfeilflecken; HFl weißlich-grau, zum Saum verdunkelt, mit Zellmond. Äußerst variabel u. mit verwandten Arten leicht zu verwechseln. 15–19 mm; VII/VIII. – L (Abb. **228**/15) zuweilen schädlich an Getreidewurzeln.

b) *Agrotis vestigialis* ROTTEMBURG [*Scotia* HÜBNER] – **Kiefernsaateule**

♂-F fast bis zur Spitze doppeltgekämmt. VFl dunkel u. hell schattiert, weißlich gemischt. Makeln groß, bes. die Zapfenmakel, schwarz umrandet, Wellenlinie mit Pfeilflecken (Abb. **232**/1); HFl weißlich (♂) od. dunkel (♀). 14–18 mm. Oft tags fliegend; VII–IX. – L im N in Kiefernkulturen zuweilen schädlich.

c) *Agrotis segetum* DENIS & SCHIFFERMÜLLER [*Scotia* HÜBNER] – **Saateule**

♂-F zu $^2/_3$ doppeltgekämmt. VFl heller od. dunkler bräunlich-grau mit ± ausgebildeten Querlinien u. schwärzlich umzogenen Makeln; HFl glänzend weiß mit bräunlichen Adern u. beim ♀ dunklerem Saum. 16 bis 21 mm; V–VII u. VIII–XI. – L oft sehr schädlich an KulturPfl.

d) *Agrotis exclamationis* L. [Scotia HÜBNER] – **Gemeine Graseule**

VSchienen mit starkem Dorn; Halskragen mit dunklem Querstrich. VFl bräunlichgrau, meist schwach gezeichnet, Zapfenmakel (strichförmig) u. Nierenmakel scharf, dunkel abgehoben; HFl weißlich bis (♀) grau. 17–19 mm; V–VIII. (2. Gen unvollständig). – L oft schädlich an KulturPfl.

B. *Diarsia-Xestia*-Gruppe nebst Einzelarten:

Stirn glatt, ohne Vorsprung. VFl oft lebhafter gefärbt u. gezeichnet. – L oberirdisch lebend, tags versteckt, bunter gefärbt, Rücken vielfach mit nach vorn offenen Winkelzeichen, bes. auf den letzten, erhöhten Sgm (Abb. **232**/11). Häufig od. auffallend, z. B.:

a) *Diarsia brunnea* DENIS & SCHIFFERMÜLLER – **Braune Primeleule**

VFl heller od. dunkler purpurbraun, Nierenmakel gelblich, Ringmakel oval, zw beiden die Zelle eckig verdunkelt, dunkleres Band zw. Außen- u. Wellenlinie; HFl braungrau, Fransen rosa. 19–20 mm. Wälder mit reichem Bodenwuchs; VI–VIII. – L braun, mit dunklen Schrägstreifen u. hellen Linien, 11. Sgm hinten mit hellem Querstrich; meist an *Primula* u. *Vaccinium myrtillus*.

b) *Xestia c-nigrum* L. [*Amathes* HÜBNER] – **Schwarzes C**
VFl violett braun mit hellem dreieckigem VRandfleck auf schwarzem Zellgrund; Nierenmakel schwach aufgehellt, schwarzer Subapikalfleck; HFl gelblichweiß, zum Saum dunkler (Abb. **232**/2). 19–21 mm. Oft massenhaft am Licht; V/VI u. VIII/IX. – L grau, schwärzlich gerieselt mit stellenweise rötlicher Längszeichnung; polyphag.

c) *Ochropleura plecta* L.
VFl dunkel rotbraun, vorn mit breitem, cremefarbenem Streif, Ring- u. Nierenmakeln klein u. hell in dunklem Wurzelstrahl; HFl weißlich. 14–15 mm; V–IX in 2 Gen. – L gelbbraun mit rötlichen Rückenlinien, gelbem SStreif u. Querstrich über der Afterklappe, Bauch grau; an *Cichorium*, *Lactuca* u. a.

d) *Eurois occulta* L. – **Große Heidelbeereule**
VFl gestreckt mit schrägem Saum, grauschwarz mit kräftiger Eulenzeichnung (Abb. **228**/6); Querlinien gezähnt, weiß, Ringmakel groß u. hell, Nieren- u. Zapfenmakel dunkel ausgefüllt; dunkles Band zw Außen- u. Wellenlinie mit Pfeilflecken; HFl schwarzgrau, Fransen weiß. 24 bis 30 mm. Blaubeerwald. VI–VIII. – L braungrau, Rücken mit schwarzen Rautenflecken, hellen Linien u. Punkten, SLinie weiß mit schwarzen Flecken u. Punkten, K u. B braun; an *Vaccinium myrtillus*.

e) *Naenia typica* L. – **Gespensteule**
Stirn, Br u. HlbBasis geschopft; Fl breit u. kurz, braunschwarz; VFl mit hellen Adern, Querlinien u. hell umzogenen oberen Makeln in schwarzem Zellraum; Fransen wellig gezähnt. 17–21 mm; v; VI–VIII. – L grüngrau, Rücken dunkler, S mit schwarzen Flecken u. Schrägstrichen, SLinie hell, schwarz abgesetzt, 11. Sgm erhöht, mit weißem Querstrich, Bauch hellgrau; polyphag, z. B. an *Rumex*.

C. *Noctua*-Gruppe – **Bandeulen**
Hlb flach; HFl meist gelb, schwarz gerandet. 7 Arten, am auffallendsten:

a) *Noctua pronuba* L. [*Triphaena* OCHSENHEIMER] – **Hausmutter**
VFl variabel, fast eintönig dunkelbraun bis gelb, od. graubraun gemustert mit hellem VRand, verloschenen Querstreifen, dunkleren Makeln u. schwarzem Subapikalfleck; HFl gelb mit schmalem schwarzem Saumband (Abb. **232**/5). 26–29 mm. Tags oft in Häusern versteckt; VI–IX. – L graugelb od. grün mit blassen Linien u. dunklen Schrägstrichen u. Punkten; polyphag.

b) *Noctua fimbriata* SCHREBER [*Triphaena fimbria* L.] – **Gelbe Bandeule**
VFl hell ockergelb bis rotbraun od. olivgrün, seidig schattiert, Ring- u. Nierenmakel hell umzogen, dunkle innere u. helle, stumpf geeckte äußere Querlinie; HFl orangegelb mit breitem schwarzem Band; Tarsen weißschwarz geringelt (Abb. **228**/14). 23–26 mm. VII–IX. – L rötlich-gelb, Rücken mit weiß-schwarzen Winkelzeichen, Stigmen hell auf dunklen Flecken; oft an *Primula*. P (Abb. **235**/9).

Unterfamilie *Hadeninae*

Au groß, rund, fein u. kurz behaart (Abb. **228**/12); Schienen dornlos, Geäder trifin. – L glatt, meist zylindrisch, höchstens hinten etwas verdickt; mehr an Kräutern u. Gräsern als an Bäumen. Überw oft als P. – 18 Gattungen mit 69 Arten. Beispiele:

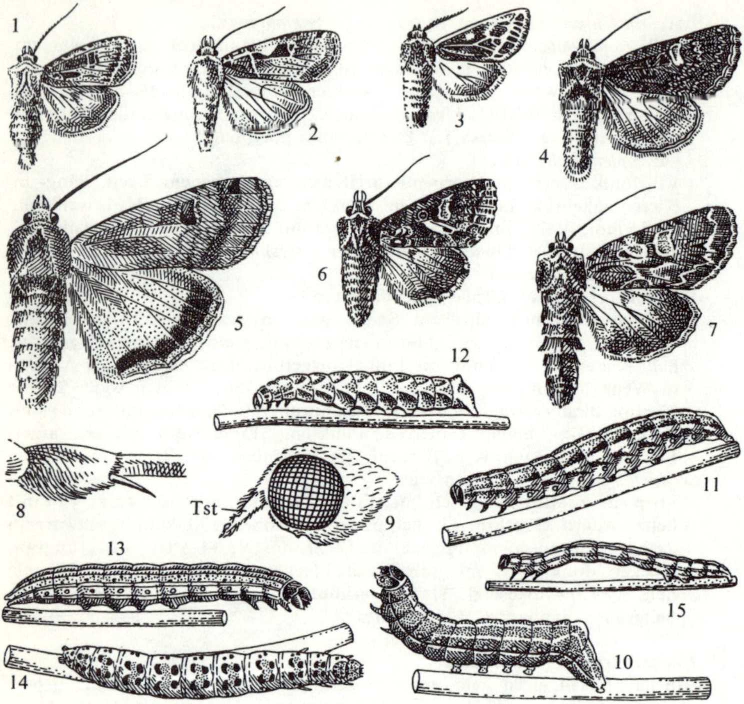

Abb. **232/1–15.** **1** *Agrotis vestigialis* (14–18 mm); **2** *Xestia c-nigrum* (19–21 mm); **3** *Cerapteryx graminis* (12–17 mm); **4** *Mamestra persicariae* (18–20 mm); **5** *Noctua pronuba* (26–29 mm); **6** *Trachea atriplicis* (20–22 mm); **7** *Apamea monoglypha* (22 bis 26 mm); **8** VSchienendorn von *Mamestra brassicae*; **9** Tst von *Orthosia*; **10** *Brachionychia sphinx*, L; **11** *Noctuinen*-L; **12** *Mamestra persicariae*, L; **13** *Mythimna* spec., L; **14** *Cucullia* spec., L; **15** *Callistege mi*, L.

A. *Mamestra*-Gruppe – **Gemüseeulen**

13–26 mm. VFl mit typischer Eulenzeichnung (Abb. **228**/6) u. oft ausgeprägtem W-Zeichen an der Wellenlinie; meist grau od. braun (seltener schwarz); Hlb mit Rückenschöpfen; R lg u. kräftig. Eifrige Ködergäste. – L meist frei, oft an GemüsePfl, zuweilen schädlich. P in der Erde. Zum Beispiel:

a) *Mamestra persicariae* L. – **Nierenmakeleule, Flohkrauteule**
VFl schwarz mit grell weißer, innen ± dunkler Nierenmakel; Wellenlinie in Form heller Fleckchen; HFl hell, nach außen breit dunkel (Abb. **232**/4). 18–20 mm. Gärten, v; VI–VIII. – L (Abb. **232**/12) trübgrün (seltener bräunlich), mit dunklen Rückenfleckchen u. -winkeln; polyphag.

b) *Mamestra brassicae* L. – **Kohleule**
VSchiene außen mit Dorn (Abb. **232**/8). VFl graubraun gemischt mit außen hell begrenzter Nierenmakel u. heller Wellenlinie; HFl braungrau.

19–23 mm. V–IX, in 2 Gen. – L sehr variabel, meist grün, schwach gezeichnet, als „Herzwurm" an *Brassica* bekannt u. schädlich.

c) *Discestra trifolii* HUFNAGEL – **Kleefeldeule**
Unscheinbar bräunlich-grau, VFl mit doppelten gezackten Querlinien, Nierenmakel unten schwarzgrau ausgefüllt, Wellenlinie mit W-Zeichen; HFl weißlich, am Saum breit dunkel; Fransen weiß. 15–17 mm; v, auch tags fliegend; V/VI u. VIII/IX. – L meist grün mit rosaweißem SStreif, variabel; bes. an Meldengewächsen (*Atriplex*, *Chenopodium*).

B. Gattung *Hadena* SCHRANCK [*Harmodia* HÜBNER, *Dianthoecia* BOISDUVAL] – **Kapseleulen**
Bau u. Zeichnung wie bei *Mamestra*, meist kleinere Arten; ♀ mit vorstreckbarer Legeröhre; mehr Licht- als Köderbesucher, auch tags auf Blüten. – L (Abb. **249**/1) in Samenkapseln von Nelkenarten (*Caryophyllaceae*), seltener in Stengel u. Wurzel. P mit knopfförmig am E erweiterter RScheide, in der Erde. – 11 Arten. Leicht kenntlich zum Beispiel:
Hadena compta DENIS & SCHIFFERMÜLLER – **Nelkeneule**
VFl schwarz, mit breiter weißer MBinde; HFl grau, am Saum verdunkelt (Abb. **235**/1). 15–16 mm. Ödland, Gärten; VI/VII. – L in Kapseln von *Dianthus*.

C. Gattung *Orthosia* OCHSENHEIMER [*Monima* HÜBNER] – **Frühlingseulen**
K eingezogen; Tst hängend, mit lg EGld (Abb. **232**/9); Br sehr breit, dicht wollig behaart, ohne Schöpfe; Hlb u. B kurz. Im. meist unscheinbar grau od. braun, VFl ohne Zapfenmakel. Um 18 mm. Blühende Weidenkätzchen; III/IV. – L meist an Laubholz. P im Boden überw. – 9 z. T. ähnliche Arten, zum Beispiel:

a) *Orthosia gothica* L. VFl braungrau schattiert mit auffallender Makelbildung (Abb. **235**/2). – L grün mit breitem weißem SStreif.
b) *Orthosia incerta* HUFNAGEL – Sehr variabel; VFl grau bis dunkel rotbraun mit ± dunklen Flecken u. markierten Makel- u. Linienzeichnungen. Deutlicher MSchatten (Abb. **235**/3). – L grün mit gelblichen Längsstreifen.

D. *Mythimna*-Gruppe – „Leucanien" od. **Schilfeulen**
VFl gestreckt, meist ohne deutliche Eulenzeichnung, oft „schilffarben" mit Schatten od. Striemen längs der Adern; ca. 17 mm. ♂ z. T. mit 2 schwarzen Haarbüscheln am Hlb, F bewimpert mit EinzelBo. – L nackt, zart, lg spindelförmig, gelblich längsgestreift (Abb. **232**/13); tags versteckt, an *Phragmites*, *Carex* u. anderen Gräsern. P in zartem Gespinst am Boden od. in Rohrhalmen. – 16–17 Arten, zum Beispiel:

a) *Mythimna impura* HÜBNER
VFl ockerbräunlich mit hellen, dunkel eingefaßten Adern u. dunkler Strieme aus der Wurzel längs der FlM; meist 3 feine schwarze Punkte im Außendrittel; HFl dunkelgrau, Fransen hell (Abb. **235**/5). (Mehrere ähnliche Arten!) 16–17 mm; g, nachts an Gras- u. Schilfblüten; VI–IX, in 2 Gen. – L an *Carex* u. *Phragmites*.

b) *Mythimna turca* L.
Groß, 20–22 mm. Lebhaft rotbraun mit feiner Strichelung; VFl mit dunkler innerer u. äußerer Querlinie, Nierenmakel schmal; HFl rotgrau, Saum rötlich (Abb. **235**/4). US rotbraun mit schwarzer Außenlinie; in feuchten Wäldern; VI/VII. – L an *Luzula*.

c) *Mythimna conigera* DENIS & SCHIFFERMÜLLER – **Zapfeneule**
VFl rötlich ockergelb mit scharfen Querlinien, innere spitz gewinkelt; Nierenmakel unten tropfenförmig weiß (Abb. **235**/6). 17–18 mm. Oft an Blüten, v. VI–VIII.

d) *Mythimna comma* L.
VFl gelbgrau mit dunkler Wurzelstrieme, hellen Adern u. dunklen Zwischenstrahlen (Abb. **235**/7). 16–19 mm. Grasflächen, v. – VI–VII (u. VIII–X).

E. Auffallend u. zuweilen schädlich: *Cerapteryx graminis* L. – **Dreizackeule**
F des ♂ doppeltgekämmt; Hlb lg, beim ♂ mit kleinen Rückenschöpfchen. VFl olivgrau bis rotbraun, oft hell geadert u. mit heller dreizackiger Nierenmakel; HFl dunkel mit hellem Wurzelfeld (Abb. **232**/3). 12–17 mm; VII/VIII. – L an Wurzeln von Wiesengräsern.

Gattungen *Panolis* HÜBNER u. *Anarta* OCHSENHEIMER

3 kleine, lebhaft gefärbte Arten. Meist Tagflieger.

A. *Panolis flammea* SCHIFFERMÜLLER [*P. piniperda* PANZER] – **Forleule**
Körper u. B struppig behaart, K eingezogen, Tst sehr kurz, Au behaart, VFl sehr gestreckt mit schrägem Saum; grüngrau u. ziegelrot gemischt, Querstreifen braunrot u. weiß, Makeln unten gerade abgeschnitten; HFl schwarzgrau (Abb. **249**/10). 16–17 mm; IV/V. – L (Abb. **244**/16) grün mit 3 feinen, weißen Rücken- u. orangegelben SStreifen, K u. BrB braun. Gefürchteter Kiefernschädling! P mit umwallter Rückengrube (Abb. **244**/15), überw unter Moos.

B. Gattung *Anarta* OCHSENHEIMER
Wie *Panolis*, aber kleiner (11–13 mm). VFl kurz u. breit. HFl gelb, breit schwarz gerandet. – L nackt, K klein, vorn abgeflacht u. behaart. P überw. – 2 Arten.

a VFl bunt, purpurbraun, unruhig dunkler u. heller gezeichnet, MFleck u. Wellenlinie weiß, Fransen gescheckt. Tags auf *Calluna*-Heiden fliegend, nachts am Licht u. an Blüten. V/VI u. VII/VIII. – L grün mit weißgelben Rückenflecken u. winklig gebrochenem weißen SStreifen, an *Calluna*.
Anarta myrtilli L. – **Heidekrauteulchen**

a* VFl schwarz, Wurzel- u. Saumfeld weißgrau bestäubt, Nierenmakel groß u. weiß, Fransen gescheckt. Sehr z auf Torfmooren; V/VI. – L rot, mit gelben Längslinien u. dunklen seitlichen Schrägstreifen, an *Vaccinium uliginosum*. – ▽. *Anarta cordigera* THUNBERG – **Moorbunteule**

Unterfamilie *Cuculliinae*

Au rund, nackt, aber mit lg, gekrümmten, überhängenden Wimpern (Abb. **228**/13); Schienen ohne Dornen; Geäder trifin (Abb. **174**/1). – L meist glatt, nackt, z. T. lebhaft gefärbt. P oft in festem Erdkokon. Alle Überw-Stadien kommen vor. – Etwa 100 Arten in 31 Gattungen, zum Beispiel:

A. Gattung *Cucullia* SCHRANCK – **Mönche**
Halskragen breit, kapuzenartig aufrichtbar; VFl lg u. schmal mit schrägem Saum u. vorgezogenem Apex, HFl klein; Hlb lg, oft mit kleinen Rückenschöpfen u. beim ♂ mit geteiltem Afterbusch. F fast nackt. Im. wenig variabel, tags mit steil dachförmigen Fl an Pfosten u. dgl. (Abb. **235**/8), in der Dämmerung um Blüten, aber trotz kräftigen R nicht am Köder, eher am Licht. –

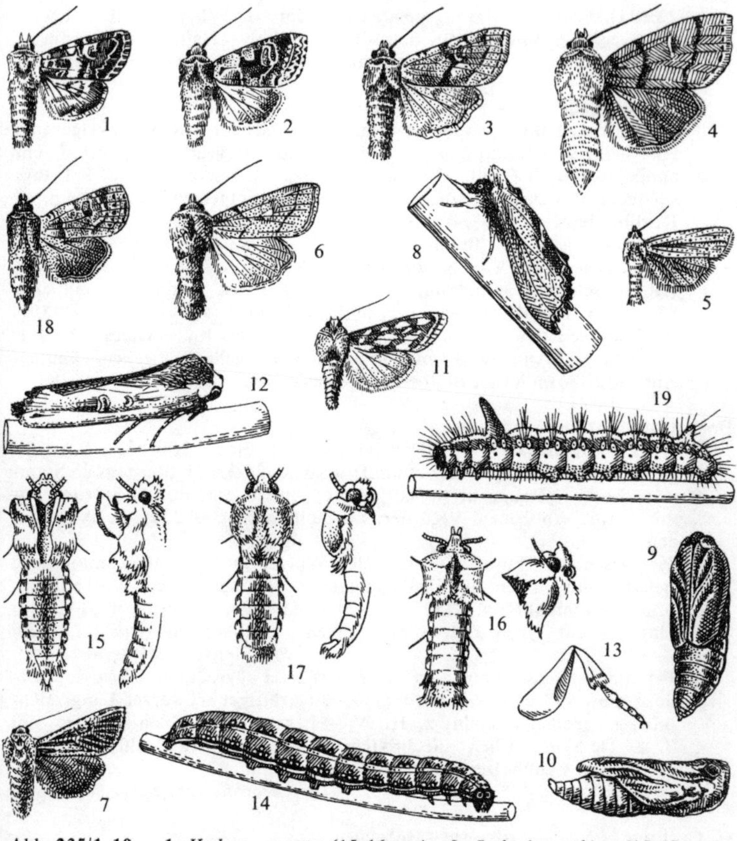

Abb. **235/1–19.** **1** *Hadena compta* (15–16 mm); **2** *Orthosia gothica* (15–18 mm); **3** *Orthosia incerta* (19–21 mm); **4** *Mythimna turca* (20–22 mm); **5** *Mythimna impura* (16–17 mm); **6** *Mythimna conigera* (17–18 mm); **7** *Mythimna comma* (16–19 mm); **8** *Cucullia verbasci* (21–23 mm); **9** *Noctua* spec., P; **10** *Cucullia* spec., P; **11** *Cucullia argentea* (16–18 mm); **12** *Xylena exsoleta* (25–30 mm); **13** VSchenkel von *Dichonia*; **14** *Xylena exsoleta*, L; **15** *Lithophane*, Rumpf in Rücken- u. SAnsicht; **16** *Cirrhia*, Rumpf in Rücken- u. SAnsicht; **17** *Conistra*, Rumpf in Rücken- u. SAnsicht; **18** *Conistra vaccinii* (14–16 mm); **19** *Acronicta psi*, L.

L meist bunt (Abb. **232**/14), tags frei an Blüten od. unter Blättern; an Stauden. P mit langer RScheide (Abb. **235**/10) in festem Erdkokon. – 19 z. T. sehr schwer unterscheidbare Arten. Auffallend od. häufig:

a) *Cucullia argentea* HUFNAGEL – **Silbermönch**
Fl grün mit großen silbernen Flecken u. kleinen schwarzen Zeichnungen bei den Makeln; HFl weißlich mit grauem Saum; Fransen weiß (Abb.

235/11). 16–18 mm. Sandgegenden, bes. im NO. VI–VIII. – L mit wulstigen Sgm, schmutziggrün u. rötlich; in Farbe, Haltung u. Zeichnung den Blütenständen der Futterpflanze, *Artemisia campestris*, angepaßt (ohne spitze Höcker!); im Herbst.

b) *Cucullia umbratica* L. – **Schattenmönch**

VFl aschgrau mit schwachem bräunlichem Schein in der Makelgegend, HFl beim ♀ braungrau, beim ♂ heller, dunkel geadert. (Mehrere sehr ähnliche Arten!) Groß, 22–25 mm; v, tags an Pfosten, V–VII. – L tags versteckt, düster schwärzlich mit braunen bis rotgelben Zeichnungen, an Korbblütlern.

c) *Cucullia verbasci* L. – **Brauner Mönch**

Fransen gezackt. VFl braungelb, am VRand verwaschen braun, am HRand scharf begrenzt dunkelbraun, gegen den Saum ein weißlicher Wisch; HFl weißlich, Saum bräunlich, beim ♀ dunkler (Abb. **235**/8). (Mehrere sehr ähnliche Arten!) 21–23 mm; v, als Im. versteckt; V. – L dickwalzig, bläulichweiß mit schwarzen u. gelben Flecken, ähnlich Abb. **232**/14, im VI an Blättern von *Verbascum*.

B. Gattung *Brachionycha* HÜBNER

K u. B zottig behaart; VSchiene mit EKlaue; Br u. Hlb ohne Schöpfe; R verkümmert. VFl lg, Apex stumpf; grau gemustert. Falter tags an Stämmen sitzend. – Raupe prall, saftig-grün, hinten erhöht, bei Störung mit „sphinxartig" erhobenem VKörper, an Laubholz (Abb. **232**/10). P tief im Boden.

a Herbstart. 20–22 mm. ♂-F von der Wurzel an doppeltgekämmt. VFl hellgrau mit kurzen, dunklen Längsstrichen u. schwarzem Wurzelstrahl, ohne Nierenmakel; v, X/XI in Laub- u. Mischw. – L grün, weiß u. gelb längsgestreift (Abb. **232**/10) an versch. Laubhölzern (*Quercus*, *Tilia* u. a.). *Brachionycha sphinx* HUFNAGEL

a* Frühlingsart. 23–25 mm. ♂-F an der Wurzel sägezähnig, sonst doppeltgekämmt. VFl asch- od. braungrau, mit kräftiger schwarzer Längszeichnung u. großen Makeln; z; III/IV. – L grün, mit gelben Punkten, am 3. u. 11. Sgm seitlich mit breitem rotgelbem Schrägstreifen. An verschiedenen Laubhölzern (*Betula*, *Quercus* u. a.). *Brachionycha nubeculosa* ESPER

C. Gattung *Lithophane* HÜBNER – **Holzeulen**

Br vierkantig, vorn mit geteiltem Längskamm; Hlb z. T. geschopft, etwas flach (Abb. **235**/15). VFl rindenartig grau od. braun, mit Längszeichnung od. Eulenmuster, auffallend gestreckt u. schmal; HFl wellig gesäumt. Überw Herbstfalter, um 20 mm. – L an Laubholz. – 6 Arten.

D. Gattung *Xylena* OCHSENHEIMER – **Moderhölzer**

Habitus ähnlich *Lithophane*, aber Br flacher, ohne Kamm, Ruhehaltung mit faltig um den Leib gerollten Fl (Abb. **235**/12). Stellen sich bei Berührung tot, holzartig graubraun, längsgezeichnet mit deutlichen Makeln, Pfeilflecken u. Wellenlinie; HFl dunkel graubraun, Fransen hell. 25–30 mm; oft an Köder u. Weidenkätzchen; IX–V. – L (Abb. **235**/14) grün, gelb u. rot längsgestreift, mit schwarzweißen Ringflecken; polyphag an Stauden u. Kräutern. – 2 Arten, nahestehend die kleinere, grauere *Lithomoia solidaginis* HÜBNER.

E. Gattung *Dichonia* HÜBNER [*Griposia* TAMS, *Agriopis* BOISDUVAL]
VSchenkel keulig verdickt, mit Rinne zur Aufnahme der Schiene (Abb. **235**/13); Hlb kurz. – 3 Arten. Häufiger nur:
Dichonia aprilina L. – **Aprileule**
VKörper u. VFl hellgrün, flechtenartig schwarz gemustert, Ring- u. Nierenmakel hell; HFl schwarzgrau, Fransen hell gescheckt. 22–24 mm. Eichenwälder; IX/X. – L rindenartig braungrau mit bogigen, schwarz-weiß umgrenzten Rautenflecken auf dem Rücken u. hellen SStreifen, Bauch hellgrau; erwachsen in Borkenritzen. P im Boden, Ei überw. – ▽.

F. Gattungen *Polymixis* HÜBNER u. *Antitype* HÜBNER – **Felseneulen**
Spätsommereulen, hellgrau bis braunweiß, im Farbton oft den Felsen angepaßt, an denen die meisten Arten sitzen. VFl meist mit etwas verwaschener Eulenzeichnung, unruhig u. flechtenartig kleingemustert; HFl weiß, auch grau, fein schwarz gesäumt; Fransen hell. VB schwarz-weiß geringelt, F mit kleinem Basisbusch, beim ♂ fast gesägt, büschelig bewimpert. 17 bis 22 mm; VII–X. – L schlank u. nackt, an Kräutern. P in Erdhöhle. Ei überw. – 5 Arten.

G. Gattung *Conistra* HÜBNER
Überw Spätherbsteulen. Br gerundet, Hlb ohne Schöpfe, flach, hinten abgestutzt (Abb. **235**/17). VFl kurz, fast gleich breit, mit gebauchtem Saum, in der Ruhe flach übereinandergeschoben. Im. herbstlaubfarben, tags unter Laub versteckt, nachts am Köder. 14–18 mm; IX–V. – L sehr versteckt, meist nackt, braungrau mit dunklem Nackenschild, K klein; jung an Bäumen, später an Kräutern. (L von *C. rubiginea* DENIS & SCHIFFERMÜLLER, mit dicht behaarten Warzen, myrmecophil.) P in festem Erdkokon. 7 Arten. Äußerst häufig:

a) *Conistra vaccinii* L. – **Heidelbeereule**
Rostbraun bis schwarzbraun, fast einfarbig, mit unten dunkel ausgefüllter Nierenmakel od. lebhaft gebändert u. gezeichnet, sehr variabel, aber kenntlich am stark gebauchten VFlSaum ohne Einbuchtung unter dem Apex (Abb. **235**/18).
b) *C. ligula* ESPER – Sehr ähnlich, aber mit leichter Einbuchtung des VFl-Saums unter dem Apex. Nur lokal.

Der Gattung *Conistra* nahestehend:
Eupsilia transversa HUFNAGEL [*Scopelosoma satellitia* L.] – **Mordraupeneule**
VKörper mit kantig zusammenstoßendem Halskragen u. BrKamm; Hlb flach. VFl sehr lg, am Saum gezackt; grau bis braun mit einfachen, unscharfen Querlinien u. hellerer Wellenlinie; Nierenmakel innen rötlich, gelb od. weiß, außen mit 2 hellen Punkten; HFl braungrau, Fransen heller. 17–19 mm. Laubwald, v; IX–IV. – L samtartig schwarz, vorn u. hinten mit kleinen weißen SFlecken, K rostbraun. Nackenschild schwarz u. gelb, an Laubholz; Mordraupe!

H. Gattung *Agrochola* HÜBNER [*Amathes* auct.] – **Herbsteulen**
In Größe, Bau u. Färbung ähnlich *Conistra*, aber Hlb nicht flach; spitz endend; VFl mehr dreieckig, Saum weniger gebaucht, schräger. Um 17 mm. Im Herbst in Laubwäldern, gern am Köder, fast nie überw; VIII–X. – L u. P ähnlich *Conistra*, nicht ganz so versteckt lebend, z. T. Mordraupen. – 9 Arten.

I. Gattung *Xanthia* OCHSENHEIMER [*Cirrhia* HÜBNER, *Cosmia* auct.] – **Gelbeulen**
Wie *Agrochola*, aber Halskragen u. Br mit schneideartigem Längskamm (Abb. **235**/16). VFl vorwiegend gelb bis rotgelb mit braunen od. grauen Flecken od. Bändern, HFl hell. 13–19 mm. Laubwälder, Alleen, Weidengebüsche, oft an Schilfblüte; VIII–X. – L vorn verjüngt, meist grau, K klein, Nackenschild dunkel u. hornig; jung in Kätzchen, später an Kräutern. – 7 Arten, zum Beispiel:
Xanthia togata ESPER [*X. lutea* STRÖM] – **Weidengelbeule**
Goldgelb mit violettbrauner Zeichnung (Abb. **241**/1). 16–17 mm. Niederungen mit Weidengebüschen, v, VIII–X.

Unterfamilie *Acronictinae* [*Apatelinae*]

Gattungen *Simyra, Moma, Acronicta, Craniophora*

Im HFl ist m_2 nur schwach entw (Abb. **174**/1), Schienen unbedornt, K behaart, F meist bewimpert, Tst kurz, R meist lg, Au nackt. Mittelgroß (um 18 mm), meist grau, tags oft an Stämmen, Flug nachts (Abb. **241**/2-4). – L 16füßig, bunt, oft dicht behaart od. mit Haarbüscheln, -pinseln od. Fleischzapfen, freilebend (Abb. **235**/19, **241**/5). P in morschem Holz od. am Boden, in festerem Gehäuse, überw. Insgesamt 8 Gattungen zur Unterfamilie mit 25 bis 26 Arten.

1 Br, VFl u. Fransen flechtenartig grün, schwarz u. weiß gefleckt; HFl graubraun, Innenwinkel u. Fransen schwarzweiß gescheckt (Abb. **241**/2). 16–19 mm; v in Laubwäldern; V–VII. – L büschelig behaart, schwarz, rot u. gelb gezeichnet mit 3 großen, gelben Rückenquerflecken, an *Quercus* u. *Fagus*. [*Diphthera* HÜBNER] *Moma alpium* OSBECK – **Orion**

1* VFl nicht grün 2

2 Weißgrau bis grau, nur mit Ader-Längszeichnung.
Gattung *Simyra* OCHSENHEIMER

a R rückgebildet, weich; ♂-F kurz doppeltgekämmt. VFl spitz, Innenwinkel sehr stumpf; gelblichgrau, mit breit grau eingefaßten Adern; HFl grau, zum Saum hin weiß. 15–18 mm; sehr lokal; V u. VII/VIII. – L schwarzgrau, gelblich behaart, gelb u. rot gezeichnet; an *Rumex* u. *Euphorbia* auf dürrem Ödland. *Simyra nervosa* DENIS & SCHIFFERMÜLLER

a* R kurz, aber hornig; ♂-F borstenförmig. VFl breiter, weniger lanzettförmig; gelblich-weiß mit dunklen Striemen zw den Adern; HFl glänzend weiß. 16–20 mm; auf Sumpfwiesen; IV/V u. VII/VIII. – L variabel, braungrau, gelbgestreift mit rostrot u. schwarz sperrig behaarten Warzen; an *Phragmites* u. *Carex*. [*Arsilonche* LEDERER] *Simyra albovenosa* GOEZE

2* Anders gefärbt u. gezeichnet 3

3 Hlb mit Rückenschöpfen. Dunkle BrBehaarung mit breiten weißen Haarschuppen vermengt. VFl dunkel olivbraun, Ringmakel weiß umzogen, Zapfenmakel hell angedeutet, Nierenmakel außen weiß, anschließend das Apexfeld weißlich aufgehellt; HFl graubraun; Fransen gescheckt. 16–19 mm; z; V–IX in 2 Gen. – L nur dünn u. spärlich behaart, schlaff, grün mit hellen Längsstreifen, an *Fraxinus*, *Ligustrum*, *Syringa*.
Craniophora ligustri SCHIFFERMÜLLER – **Ligustereule**

3* Rückenschöpfe höchstens angedeutet. VFl meist grau mit schwarzem Wurzelstrahl u. Pfeilfleck im Innenwinkel, ohne Zapfenmakel (Abb. **241**/3). – L sehr verschieden, bunt u. behaart (Abb. **235**/19, **241**/5). – 13 zum Teil schwer unterscheidbare Arten.

Gattung *Acronicta* OCHSENHEIMER [*Apatele* HÜBNER]

Zum Beispiel:

a) *Acronicta leporina* L. – **Pudel**
Weiß (selten grau bestäubt), VFl mit einzelnen schwarzen Haken u. Punkten, bes. an der VRandM. Fransen schwarz gepunktet (Abb. **241**/4). 15–22 mm; v; V–VIII. – L meist hellgrün, dicht u. lg seidig weiß behaart, an Laubholzblättern.

b) *Acronicta psi* L. – **Pfeileule**
Grau. VFl mit schwarzem, ästigem Wurzelstrahl u. Pfeilfleck am Innenwinkel. 3 sehr ähnliche Arten. Ring- u. Nierenmakel berühren sich (Abb. **241**/3). 16–21 mm. V/VI (VIII). – L (Abb. **235**/19) schwarz, Rücken gelb, S weiß u. rot gemustert; unverkennbar; v an Laubholz.

c) *Acronicta alni* L. – **Erleneule**
VFl aschgrau, im MFeld quer u. am HRand breit geschwärzt, Ringmakel hell; HFl weiß, Saum ± schwärzlich. 17–20 mm; z; V/VI. – L schwarz, Rücken mit großen gelben Querflecken, von denen einzelne lg, am E verbreiterte Haare ausgehen; auf Laubholzblättern.

d) *Acronicta rumicis* L. – **Ampfereule**
VFl dunkel-schwarzgrau gewölkt, ohne Wurzelstrahl u. Pfeilfleck; kleiner weißer Fleck am Innenwinkel; zuweilen helle Wellenlinie; HFl braungrau. 17–21 mm; g; IV–VI u. VII/VIII. – L braun, mit rostgelb behaarten Sternwarzen, Rückenstreif unterbrochen rot mit weißen Schrägflecken, s weiß u. rotgelb gefleckt; polyphag, z. B. an *Rumex*.

Gattung *Cryphia* HÜBNER – **Flechteneule**

Flechtenartig gefärbt, vorwiegend grau, oft mit grünlicher Einmischung; klein, um 13 mm. Meist lokal, s u. wenig v. VI–VIII. – L bunt, schlaff, spärlich behaart; leben versteckt an Baum- u. Felsflechten, überw. P in festem Gehäuse. 7 z. T. ähnliche Arten. [*Bryophila* TREITSCHKE]

Gattungen *Panthea* HÜBNER, *Trichosea* GROTE, *Colocasia* OCHSENHEIMER

Habitus (vgl. Abb. **249**/2-3). Schienen dornenlos; die L gleichen durch dichte, bunte, büschelige Behaarung den *Acronicten*, aber Im. mit quadrifinem Geäder (vgl. Abb. **244**/9).

1 Au spärlich lg behaart, R kurz, aber hornig; Stirn schmal; VFl mit gestielter Anhangszelle, Färbung durch den Kontrast der dunkelbraunen Innen- zur weißgrauen Außenhälfte auffallend, aber variabel; HFl grau (Abb. **249**/3). 17–19 mm; v in Laubwäldern; IV–VIII in 1–2 Gen. – L fleischfarben mit grauschwarzem Rückenband u. fuchsroten (z. T. schwarzen) Haarpinseln, an die Bürstenraupen der Lymantriiden erinnernd; an Laubholz. [*Demas* STEPHENS]
Colocasia coryli L. – **Haseleule**

1* Au kurz u. dicht behaart od. kurz bewimpert; Stirn breit; VFl mit ungestielter Anhangszelle **2**

2 Au behaart; R kräftig; VSchiene außen mit Schuppenpolstern; Hlb mit Schöpfen, gelb, oben schwarz gefleckt; Br u. VFl gelblich-weiß mit zahlreichen, z. T. unterbrochenen schwarzen Zackenlinien u. Flecken, Ringmakel schwarz umzogen; HFl weiß, schwarz geadert (beim ♀ grau), HRand breit gelb. 18–21 mm; z in MGeb; V/VI. – L graublau, orange gestreift u. gezeichnet mit gelben Haaren auf braunen Warzen; 11. Sgm mit behaartem Fleischzapfen; an *Sorbus aucuparia*, *Crataegus*, Kernobst. [*Moma* auct.] *Trichosea ludifica* L. – **Gelber Hermelin**

2* Au nur kurz bewimpert; R kurz u. weich; Hlb fast unbeschopft. VFl „nonnenartig" weiß mit schwarzen Zackenbändern; HFl weißgrau, dunkler geadert; HlbRücken schwarz (nicht rosa), seitlich gescheckt. (Abb. **249**/2). 19–23 mm. Z in Nadelw; VI/VII. – L sehr bunt, blaugrau od. schwarz, gelb u. rot gestreift u. gefleckt, mit großen Haarbüscheln u. Pinseln, bes. am 4. u. 11. Sgm; an *Picea, Larix.* *Panthea coenobita* ESPER – **Klosterfrau**

Unterfamilie *Amphipyrinae*

Übereinstimmend lediglich darin, daß bei trifinem Geäder (Abb. **174**/1) die Schienen dornlos u. die Au weder behaart noch bewimpert sind. Sonst sehr versch. u. schwer abzugrenzen, auch die L. – Etwa 50 Gattungen mit 115 Arten. Beispiele für markante Gruppen od. Arten:

A. Gattung *Amphipyra* OCHSENHEIMER – **Glanzeulen**
Beschuppung fettig glänzend, Br glatt behaart, Körper flach, ♂-F kurz bewimpert. Tst sichelförmig aufsteigend. Meist düster gefärbt, ohne Zapfenmakel. Tags versteckt in Ritzen u. Spalten mit flach anliegenden Fl, nachts am Köder, gewandt kriechend. – L grün mit pyramidenförmiger Erhebung auf Sgm 11; an Kräutern od. Laubholz. P in lockerem Gespinst am od. im Boden. Ei überw. – 5 (6) Arten.
Davon bes. häufig:

a) *Amphipyra pyramidea* L. – **Pyramideneule**
VFl dunkelbraun, doppelte Querlinien u. Wellenlinie gezackt, helldunkel, Ringmakel hell, dunkel gekernt; kennzeichnend die rotbraunen HFl mit dunklem VRand. 19–22 mm; v; VII–X. – L nackt, grün, schwach hell gestreift u. gepunktet, Höckerspitze rötlich mit je 2 weißen Streifen nach vorn u. hinten; an Laubholz.

b) *Amphipyra tragopoginis* CLERCK – **Graue Glanzeule**
Glänzend schwarzgrau, mit dunkleren Makeln, fast einfarbig; HFl heller braungrau. 17–18 mm; g; VII–X. – L ohne Höcker, grün, weiß längsgestreift, mit einzelnen dünnen Haaren; polyphag an Kräutern.

B. *Mormo maura* L. [*Mania* TREITSCHKE] – **Schwarzes Ordensband**
Sehr groß! 33–35 mm. Fl breit, Saum gezackt. Auffallende Br- u. Rückenschöpfe. VFl schwarzgrau mit geeckten lichten Querstreifen u. dunklem MFeld; HFl schwarzgrau mit lichtem M- u. Saumband (Abb. **241**/7). In M u. S lokal häufig in Flußniederungen; VII/VIII. – L bräunlich, Rücken dunkler, seitlich mit hell-dunklen Schrägstreifen u. schwarzem Querstrich am erhöhten 11. Sgm; Stigmen rot, schwarz gesäumt; an *Rumex*, *Lamium*, *Alnus* u. a.; überw. – ▽.

C. *Trachea atriplicis* L. – **Meldeneule**
Mit breiten Schuppen in der BrBehaarung; VFl mit stumpfem Apex, dunkelgrau, moosgrün gemischt, mit hellem (rosa), zweispitzigem Schrägfleck im MFeld; HFl grau, außen dunkler (Abb. **232**/6). 20–22 mm. Oft am Köder u. Licht. V–IX in 2 Gen. – L grün bis braun, dunkel gerieselt u. gestreift, SLinie gelb, am 11. Sgm seitlich ein gelber, schwarzgesäumter Fleck; an *Atriplex*, *Rumex* u. a. P überw.

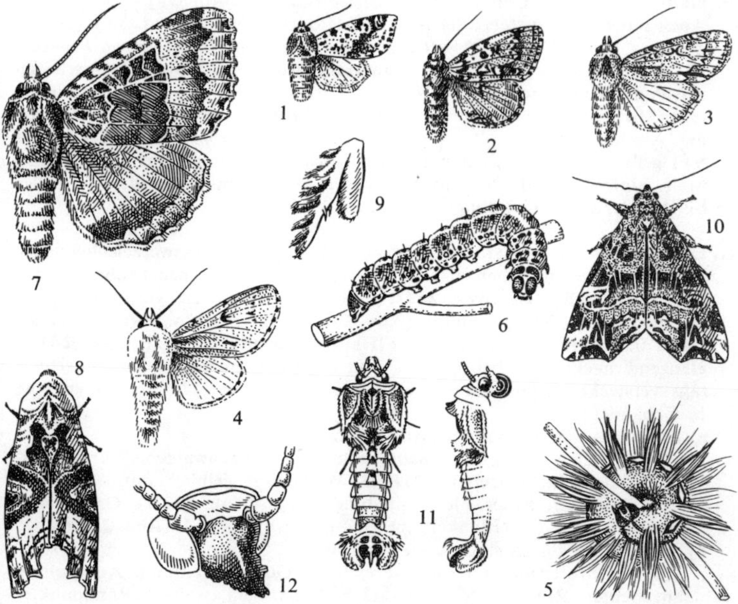

Abb. **241/1–12.** **1** *Xanthia togata* (16–17 mm); **2** *Moma alpinum* (16–19 mm); **3** *Acronicta psi* (16–21 mm); **4** *Acronicta leporina* (15–22 mm); **5** *Acronicta aceris*, L; **6** *Apamea monoglypha*, L; **7** *Mormo maura* (33–35 mm); **8** *Phlogophora meticulosa* (21–23 mm); **9** MBein von *Callopistria juventina*; **10** *Callopistria juventina* (15–17 mm); **11** *Apamea*, Rumpf in Rücken- u. SAnsicht; **12** *Archanara*, K mit Stirnvorsprung.

D. *Phlogophora meticulosa* L. [*Trigonophora* auct.] – **Achateule**
Br hinten mit hohem, geteiltem Schopf, Hlb mit Rückenschöpfen. VFl gestreckt, Saum schräg, buchtig gezähnt, blaßgelblich; rosa getönt, MFeld dunkler grünlich, dreieckig aufgeteilt, mit großen hellen Makeln, Saum außen dunkler gewölkt; HFl hell, Saum mit dunkleren Linien. Ruhehaltung mit eigenartig längsgefalteten, gespreizten Fl (Abb. **241**/8). 21–23 mm; IV–X in unregelmäßiger Gen-Folge u. Häufigkeit, z. T. überw. Wanderfalter. – L trübgrün, fein hell getüpfelt u. gestreift mit dunklen Schrägstreifen, polyphag.

E. *Callopistria juventina* CRAMER [*Eriopus* TREITSCHKE] – **Farneule**
Zierlich. ♂-F mit knotiger Verdickung, danach knieförmig abgebogen. B kurz, mit lg flaumigen Schuppenbüscheln (Abb. **241**/9). VFl violettrot, Adern gelblich, Saumecke u. Apex gelb gezeichnet (Abb. **241**/10). 15 bis 17 mm. Lichte Kiefernwälder, z, tags flüchtig; VI–VIII. – L grün bis rötlich, mit mondförmigen, hellbegrenzten, großen Rückenflecken, an *Pteridium*; im PGespinst am Boden überw.

F. Gattung *Cosmia* OCHSENHEIMER [*Calymnia* HÜBNER]
Apex mit etwas vorstehender Spitze, ♀-Hlb sehr spitz endend. VFl gelb bis braun, z. T. am VRand lebhaft gezeichnet; HFl dunkel mit gelben Fransen. 13–17 mm. Wälder; VII/VIII. – L glänzend grün, nackt, mit kleinen schwarzen Punktwarzen, schwarzem Nacken- u. Afterschild; an Laubholz zw Blättern. Mordraupen! P blaubereift, in leichtem Blattgespinst. Ei überw. 4 Arten. Am häufigsten: *Cosmia trapezina* L. – **Trapezeule**
VFl gelb, grau od. rötlich mit trapezartigem, oft dunklerem MFeld, vorn breit, hinten schmal; Nierenmakel unten punktförmig dunkel; HFl heller bis dunkler grau mit gelblichen Fransen. 15–17 mm.

G. Gattung *Apamea* OCHSENHEIMER [*Parastichtis* auct.] – **Graswurzeleulen**
Körper robust, grob behaart; Br viereckig mit gespaltenen Schöpfen, Hlb mit Rückenschöpfen (Abb. **241**/11). Grundfarbe meist grau bis braun mit deutlicher Eulenzeichnung (Abb. **228**/6). Im Hochsommer nachts an Licht u. Köder, tags versteckt, FlHaltung dachförmig. – L (Abb. **241**/6) glänzend nackt, mit behaarten Punktwarzen u. hornigem Nackenschild, tags versteckt an Gräsern u. deren Wurzeln, überw. 17 Arten, davon oft in Gebäuden:

a) *Apamea monoglypha* HUFNAGEL – **Wurzelfresser**
VFl gelbbraun, dunkler u. heller gemischt, mit schwarzem Wurzelstrahl u. dunklem Längsstreif im MFeld, Wellenlinie gelblich mit W-Zeichen u. Pfeilflecken; heller Fleck am Innenwinkel (Abb. **232**/7). Grundfarbe zuweilen schwarz verdunkelt. 22–26 mm; v; VI–IX. – L (Abb. **241**/6).

b) *Apamea lateritia* HUFNAGEL – **Ziegeleule**
VFl ziegelrotbraun, schwach gezeichnet, Querlinien durch Aderpunkte angedeutet, Ring- u. Nierenmakel hell umzogen, weiße VRandpunkte, 21–25 mm; auf Sandböden, bes. im N g; VI–VIII.

H. Gattung *Oligia* HÜBNER [*Miana* STEPHENS] – **Graseulen**

Habitus wie bei *Apamea*, aber kleiner, 9–16 mm. VFl meist mit dunklerem MFeld, bes. nahe dem HRand, Saumfeld heller, oft weißlich, auch das Wurzelfeld meist heller gemischt. Völlig geschwärzte Graseulen nicht s. VI–VIII. – Raupen in Grashalmen. 6 Arten, zum Teil schwer zu unterscheiden.

I. Gattungen *Hydraecia* GUENEE u. *Amphipoea* BILLBERG
Bau ähnlich *Apamea*, aber Br mit scharfkantigem Längskamm. Färbung lebhafter, meist rotbraun mit scharf hervortretender Nierenmakel, Wellenlinie schwach, Querlinien geschwungen od. fast geradlinig, nicht gezackt. Größe versch.; VIII–X. – L u. P in Stengeln von Stauden od. Gräsern. 6 (7) Arten, z. T. nur anatomisch zu trennen.

K. *Calamia tridens* HUFNAGEL [*Luceria virens* L.] – **Grüneule**
VFl u. VKörper rein grün, weiß gesäumt, mit weißlicher Nierenmakel; HFl u. Hlb seidig weißgrau. 17–20 mm; am Licht u. abends – frisch geschlüpft – an Grashängen, tags leicht aufgescheucht; VII/VIII. – L dick, erdfarben mit heller Rückenlinie u. großen dunklen Punktwarzen, K, Nakken u. Afterplatte schwarzbraun gefärbt; an Wurzeln von *Plantago* u. a. Pfl. Ei überw.

L. *Staurophora celsia* L. [*Calotaenia* STEPHENS] – **Malachiteule**
Br u. VFl apfelgrün mit unverkennbarer brauner Zeichnung, HFl graubraun (Abb. **244**/1). 20–22 mm; z in sandigen Kiefernwäldern, oft am Licht; IX/X. – L blaß gelblich-grau, rotbraun gezeichnet, ähnlich Abb. **241**/6; an Graswurzeln; Ei überw. – ▽.

M. Gattungen *Photedes* LEDERER u. *Arenostola* HAMPSON – **Sumpfgraseulen**
Stirn rauh behaart, aber ohne Vorsprünge; Br oft mit kleinem Schöpfchen; R gut entw. VFl weiß od. gelb bis rotgelb, fast zeichnungslos od. mit Aderschatten; Makeln s sichtbar. Klein bis mittelgroß; tags sehr versteckt zw Gras- u. Schilfhalmen, nachts am Licht, weniger am Köder. VII–IX. – L unten in den Halmen von *Phragmites*, Gräsern od. *Carex*. – 9 Arten, zum Beispiel:

a) *Photedes pygmina* HAWORTH [*Arenostola* HAMPSON]
Klein, 10–13 mm. VFl gelbgrau bis rotbraun, median mit schwarzgrauer Strieme, Außenlinie in schwarze Punkte aufgelöst, HFl schwarzgrau; Fransen rötlich. Auf Sumpfwiesen v. VIII/X. – L weiß, mit 2 rötlichen, verschwommenen Randstreifen, im Herztrieb von *Carex*-Arten. Ei überw. – 2 ähnliche Arten mit spitzerem Apex: *Ph. fluxa* HÜBNER u. *Ph. extrema* HÜBNER.

b) *Photedes elymi* TREITSCHKE – **Strandhafereule**
VFl schmal u. lg, Apex stumpf; gelblich, ± durch Aderschatten gebräunt u. mit einigen feinen Aderpunkten; HFl weißlich. Hlb lg u. schlank. 16–18 mm; an Nord- u. Ostsee im Dünengelände die häufigste Eule; VII/VIII. – L u. P in Stengeln von *Ammophila*.

c) *Arenostola phragmitidis* HÜBNER
VFl breit, mit spitzem Apex; zeichnungslos blaß ockergelb, zum Saum dunkler getönt, Fransen bräunlich; HFl gelbgrau, Adern u. Fransen heller. 14–16 mm. Schilfbestände, häufig; VII/VIII. – L gelblich-weiß, Rücken u. S rotbraun gefleckt, K, Nacken u. Afterklappe schwarz; in Stengeln von *Phragmites*. P in der Erde.

N. Gattungen *Nonagria* OCHSENHEIMER, *Archanara* WALKER, *Phragmatiphila* HAMPSON – **Rohreulen**
Stirn mit viereckigem Vorsprung (Abb. **241**/12), von Haarbüscheln verdeckt; Br schwach beschopft; R schwach; Hlb sehr lg. VFl braungrau bis rötlich schilffarben mit kräftigen Aderschatten u. Längswischen; Nierenmakel meist punktförmig, hell umrandet. Kleine bis große Arten. – Tags versteckt im Schilfdickicht, oft am Licht, kaum am Köder; VII–X. – L sehr lg, in Stengeln von *Typha* u. *Phragmites*; P darin meist kopfaufwärts (Abb. **244**/5-6). 7 Arten, zum Beispiel:

a) *Phragmatiphila nexa* HÜBNER
Klein, 11–15 mm, aber robust. VFl rotbraun mit auffallender weißer Nierenmakel in S-Form (Abb. **244**/7); HFl dunkel mit rötlichen Fransen. ♂♂ wilde Lichtflieger. Schilfgebiete, bes. im N, v. VIII–X. – L schmutzig weiß, unscharf rötlich längsgestreift, mit schwarz abgesetzter Stigmenlinie; in *Glyceria* überw. – ▽.

b) *Nonagria typhae* THUNBERG [*Phragmitiphila* HAMPSON]
Groß, 20–24 mm. VFl-Apex stumpf; gelbgrau, bräunlich gemischt, mit helleren Adern u. schwarzen Pfeilpunkten u. Saummonden; oft schwarzbraun verdunkelt. HFl hell mit dunklem Saumband. Hlb sehr lg. *Typha*-

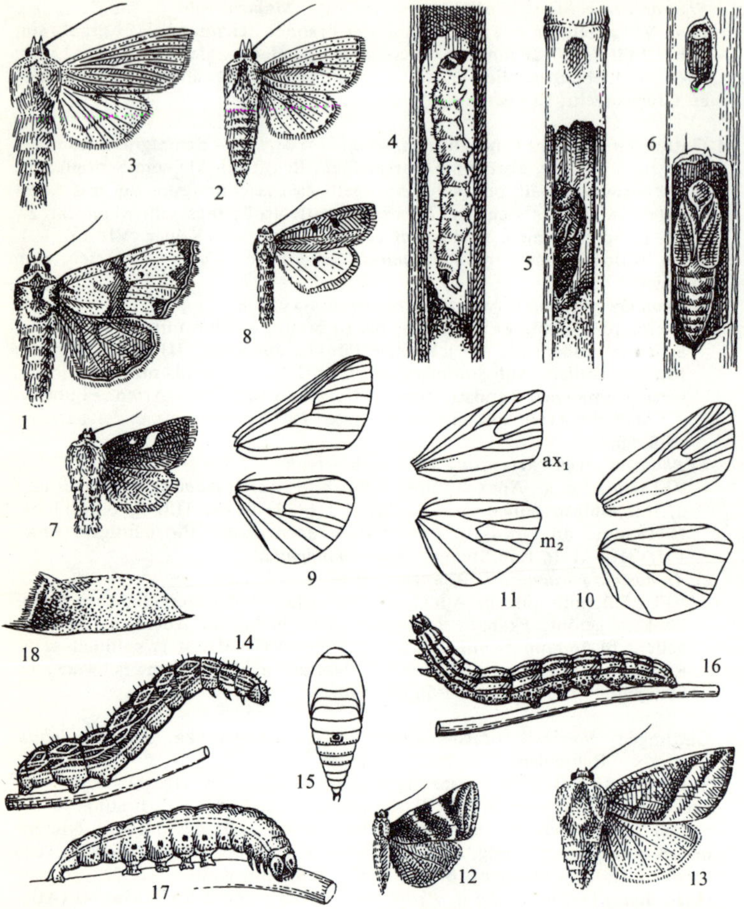

Abb. 244/1–18. **1** *Staurophora celsia* (20–22 mm); **2** *Archanara sparganii* (18–20 mm); **3** *Rhizedra lutosa* (19-25 mm); **4** *Archanara geminipunctata*, L; **5** *Archanara geminipunctata*, P; **6** *Archanara* spec., P; **7** *Phragmatiphila nexa* (11–15 mm); **8** *Chilodes maritimus* (13–17 mm); **9** quadrifines Geäder der *Plusiinae*; **10** u. **11** Geäder der *Sarrothripinae* u. *Chloephorinae*; **12** *Deltotes bankiana* (11–12 mm); **13** *Pseudoips fagana* (15 bis 18 mm); **14** *Plusia chrysitis*, L.; **15** *Panolis flammea*, P; **16** *Panolis flammea*, L; **17** *Pseudoips fagana*, L; **18** *Pseudoips fagana*, Kokon.

Bestände, v. VIII–X. – L schmutzig fleischfarben, überw im unteren Teil des Schaftes von *Typha*, dessen Herztriebe vergilben. P darin kopfabwärts.

c) *Archanara algae* ESPER [*Nonagria cannae* OCHSENHEIMER]
16–18 mm. VFl-Apex spitzer; ♂ rötlich braun, mit medianer dunkler Längsstrieme, ♀ heller gelblich braun; feine schwärzliche Saumlinie. – L grünlich, in *Typha* wie vorige. P kopfaufwärts mit lg KForts.

d) *Archanara sparganii* ESPER
Ähnlich vor. Art, 18–20 mm. Heller rötlich ockergelb mit stärkeren dunklen Längswischen u. kräftigen schwarzen Saumpunkten (Abb. **244**/2). – L gleiche Lebensweise. P aufrecht im *Typha*-Schaft mit kurzem KForts.

e) *Archanara geminipuncta* HAWORTH
14–17 mm. Rot- bis schwarzbraun mit 1 bis 2 weißen Nierenmakelpunkten, HFl braungrau. VIII/IX. – L u. P aufrecht im Stengel von *Phragmites*, mit ovalem Schlüpffenster (Abb. **244**/4-5), oft massenhaft in schilfreichen Flußniederungen.

Weitere Arten der „Rohreulen" strukturell nicht einheitlich, aber übereinstimmend in Färbung, Biotop u. ähnlicher Lebensweise u. Raupenform, zum Beispiel:

a) *Rhizedra lutosa* HÜBNER
Groß, 19–25 mm. VFl-Spitze vorgezogen; ♂-F mit Wimperpinseln. Bleich gelbgrau, oft durch rötliche od. schwärzliche Wische verdunkelt, Adern hell, an Stelle der Außenlinie eine ± ausgebildete Punktreihe, wie bei den meisten Rohreulen; HFl weißgrau, oft mit Punktreihe (Abb. **244**/3). In Schilfbeständen, v; fliegt auch in kalten Nebelnächten zum Licht. IX–XI. – L rötlichgrau glänzend, in den Wurzeln von Schilf, dort auch P od. im Erdreich. Ei überw.

b) *Sedina buettneri* HERING
Ähnlich voriger Art in FlForm u. -färbung, aber kleiner, 12–20 mm u. HFl mit rosa Aderstrahlen auf dunklem Grunde, Saum heller. In Flußniederungen mit Riedgrasbeständen; z, IX/X. – L weiß mit rötlichen Längsstreifen im Herztrieb von *Carex acutiformis*, dort auch P. Ei überw.

c) *Chilodes maritimus* TAUSCHER [*Senta* STEPHENS] – **Zünsler-Eule**
Zünslerähnlich zierlich, 13–17 mm. Br mit Schopf. VFl schmal, gelblich grau mit ± weißlichen Adern u. dunklen Längsstrichen. Ring- u. Nierenmakel zuweilen schwarz (f. *bipunctata* HAWORTH) (Abb. **244**/8) od. zusätzlich durch schwarzen Längsstreif verbunden (f. *wismariensis* SCHMIDT). HFl weiß mit schwarzem MFleck. Schilfgebiete, z; VI–VIII. – L in Schilfstengeln, überw in Rohrstoppeln, dort auch P.

P. Gruppe *Caradrina* OCHSENHEIMER u. Verwandte – **Staubeulen**
F dünn, lg, beim ♂ bewimpert; Hlb schlank, ohne Rückenschöpfe; Fl meist seidig glänzend, staubgrau, ohne Zapfenmakel. Ruhen mit flach übereinandergeschobenen Fl, tags versteckt; gestört, suchen sie „rutschend" zu entkommen. Lichtflieger. 13–17 mm. – L vorn verjüngt, bräunlich-grau, z. T. mit EinzelBo; an Bodenvegetation; meist überw. – Die Gruppe umfaßt etwa 18 Arten, die nach äußeren Merkmalen nicht alle zu trennen sind.

Unterfamilie *Heliothinae* [*Melicleptriinae*]

Geäder trifin (Abb. **174**/1), M- u. HSchienen bedornt, VSchienen mit EKlauen; Au groß, rund, nackt u. unbewimpert; Stirn gebuckelt; Körper anliegend be-

schuppt. Färbung, auch unten, lebhaft, oft gescheckt. Meist Tagflieger an Blüten. – L schlank, z. T. kurz u. einzeln behaart, oft lebhaft gefärbt. An Blüten u. Samen von Stauden u. Kräutern. Manche Mordraupen. P in leichtem Gespinst am od. im Boden, überw. – 6 Gattungen mit 11 Arten.
Kennzeichnende Beispiele:

A. Gattung *Heliothis* OCHSENHEIMER [*Chloridea* DUNCAN]
Alle Schienen bedornt, VSchienen mit 2 kräftigen EKlauen; Hlb ohne Schöpfe. HFl meist hell-dunkel aufgeteilt, zuweilen auch die VFl. 11–17 mm. – 6 Arten (davon 2 nur als Irrgäste aus dem S).
Am häufigsten:

a) *Heliothis viriplaca* HUFNAGEL [*H. dipsacea* L.] – **Kardeneule**
Körper u. VFl olivgrau mit zum HRand verbreitertem dunklen MSchatten, Wellenlinie verloschen; HFl weißlich, schwarz gescheckt, Fransen hell. 14–17 mm; V–VIII in 2 Gen. – L graugrün, fein beborstet, hell längsgestreift u. bunt gezeichnet, K klein, schwarz punktiert, Nacken u. Afterplatte glänzend; polyphag an *Cichorium*, *Ononis* u. a.

b) *H. maritima* GRASLIN
Sehr ähnlich voriger Art, nur NW, M u. S.

B. *Periphanes delphinii* L. [*Chariclea* CURTIS] – **Rittersporneule**
M- u. HSchienen schwach bedornt, VSchiene nur mit 2 ungleich großen EKlauen; Stirn mit Hornplatte unter dem Buckel; Br mit kleinem Längsschopf. VFl auffallend violettrosa mit schmalem MSchatten u. stark geschwungenen, zur Wurzel u. nach außen dunkler begrenzten Querlinien, M- u. Saumfeld hell; HFl weiß mit dunkler Saumbinde, Fransen weiß. 15–17 mm. Jetzt nur noch sehr lokal u. s in M; V/VI. – L violettgrau mit schwarzen Punkten u. Zeichnungen, gelber Rücken- u. SLinie u. gelbschwarzem K; an *Delphinium*. P tief in der Erde.

Unterfamilie *Acontiinae* [*Erastriinae*, *Jaspidiinae*]

Geäder quadrifin (Abb. **244**/9), aber im HFl m_2 nur fast so stark entw wie die übrigen Adern; Schienen unbedornt; Au nackt u. unbewimpert. Meist kleine od. kleinste lebhaft gefärbte Tagflieger ohne ausgesprochene Eulenzeichnung. – L mit rückgebildetem 1. od. auch 2. BauchBPaar, an Gräsern od. in Blütenständen. P in Gespinst über der Erde, überw. – 6 Gattungen mit 10 Arten.
Häufig od. leicht kenntlich:

A. *Lithacodia pygarga* HUFNAGEL [*Jaspidia fasciana* auct.]
Wurzel- u. MFeld braunschwarz mit heller umzogenen Makeln, Saumfeld am Innenwinkel breit weiß, zum Apex schmal auslaufend; HFl grau. 12 bis 14 mm; an Baumstämmen u. Zweigen, tags scheu, nachts am Licht u. Köder; g; V–VIII. – L an Gräsern.

B. *Deltotes bankiana* F. [*olivana* DENIS & SCHIFFERMÜLLER], [*Erastria argentula* HÜBNER] – **Silbereulchen**
VFl olivbraun mit 2 silbernen, kurz gezähnten Schrägbändern u. feinen Silberstrichen am Saum u. Apex; HFl weißgrau (Abb. **244**/12). 11–12 mm. Grasfluren, tags an Halmen; V–VII. L an *Calamagrostis*.

C. *Emmelia trabealis* SCOPOLI – **Windeneulchen**
VFl schwefelgelb, am VRand schwarz gefleckt, mit 2 schwarzen Längsstreifen am HRand u. Querbändern im Saumfeld; HFl braungrau. 10–11 mm. Ödland; V–VIII. – L in Blüten von *Convolvulus.*

Unterfamilien *Sarrothripinae* u. *Chloephorinae* [*Nycteolinae*] – **Kahnspinnereulen**

Geäder nicht typisch quadrifin (Abb. **244**/10-11). ♂-Retinaculum querriegelförmig (Abb. **228**/8) von sc ausgehend. – P in kahnförmigem Gespinst (Abb. **244**/18).
Beide Unterfamilien werden hier gemeinsam behandelt, werden aber von anderen Autoren auch nur zur Unterfamilie *Nycteolinae* zusammengefaßt.

1 Tst lg, Br hinten mit Schopf. VFl mit kleinen Schuppenpolstern, bes. an Stelle der Ring- u. Nierenmakeln, VFl-Rand an der Wurzel ausgebaucht. Wicklerähnlich, flechtenartig grünlich gemustert od. mehr einfarbig dunkelgrau; 11–13 mm; VI–VIII u. IX–V. Im. überw. – L grün, mit gelblichen SgmEinschnitten, dünn behaart; im Sommer an Laubholz. 1 Gattung mit 4 schwer unterscheidbaren Arten. [*Sarrothripus* CURTIS] Gattung *Nycteola* HÜBNER

1* Tst normal, Br ohne Schopf, VFl ohne Schuppenpolster, VRand an der Wurzel weniger vorgebaucht. Br u. VFl grün, HFl weiß. Klein bis mittelgroß, als Im. nicht überw. – L an Laubholz, teils frei, teils in Spitzentrieben versponnen. (3 Gattungen mit 4 Arten) **2**

2 Klein, 9–11 mm. VFl einfarbig grün od. mit 2 gewellten grünen Querstreifen. V/VI u. VII/VIII. – L in Spitzentrieben von *Salix* od. *Populus alba* versponnen. P überw. Gattung *Earias* HÜBNER – **Kahn-Eulchen**

a VFl zeichnungslos grün. – L grün, v an Weide. *Earias clorana* L.

a* VFl weißgrün mit 2 grünen, gewellten Querstreifen. – L grünlichweiß, lokal an *Populus alba.* *Earias vernana* HÜBNER

2* Größer, 15–21 mm. VFl grün mit geraden, weißen, parallelen Schrägstreifen. – L nackt, grün, hinten verjüngt, K u. BauchB groß (Abb. **244**/17), an Laubholz **3**

3 VFl grün mit 2–3 unscharfen, silberweißen Schrägstreifen (Abb. **244**/13); Fransen u. F rot, HFl gelb (♂) od. weiß (♀). 15–18 mm. Bes. in Buchenwäldern. V–VIII. – L (Abb. **244**/17) grün mit 3 gelblichen Längslinien. P überw (Abb. **244**/18). [*Hylophila prasinana* auct.] *Pseudoips fagana* F. – **Jägerhütchen**

3* VFl grün mit 2 scharfen, weißen Schrägstreifen; HFl bei ♂ u. ♀ weiß. 18–21 mm. Bes. in Eichenwäldern, VI/VII. – L grün mit Rückenzapfen am 2. Sgm; überw. [*Hylophilina bicolorana* FUESSLY] *Bena prasinana* L. – **Großer Kahn**

Unterfamilie *Plusiinae* [*Phytometrinae*] – **Metalleulen**

Au groß, rund, überhängend bewimpert; MSchienen ohne Dornen; Geäder quadrifin (Abb. **244**/9); R lg, Tst sichelförmig aufsteigend (Abb. **228**/9); Br u. Hlb mit auffallenden Schöpfen (Abb. **249**/4). VFl (bis auf *Abrostola*) mit Metallflecken u. vorgezogenem Innenwinkel. Mittelgroß, manche tags fliegend, oft am Licht, wenig am Köder, aber an Blüten. FlHaltung steil dachförmig (Abb. **249**/5). – L grün, spärlich behaart, vom erhöhten 11. Sgm bis zum kleinen K stark verjüngt; 1. u. 2. BauchBPaar rückgebildet, Gang daher spannerartig (Abb. **244**/14); meist an Kräutern, überw. P mit lg RScheide; in

seidigem Gespinst unter Blättern. 9 Gattungen mit 21 Arten. – ▽.
Häufig od. auffallend:

a) *Plusia festucae* L. [*Phytometra* HAWORTH] – **Goldeule**
VFl rostbraun mit 2 tropfenförmigen Silberflecken u. goldenen Wischen zw feinen dunklen Schräglinien; HFl gelbgrau, Fransen rosa. 15–17 mm. Auf Sumpfwiesen zuweilen häufig; VI–IX in 2 Gen. – L an Seggen u. Gräsern.

b) *Plusia putnami gracilis* LEMPKE
Äußerlich fast wie vorige Art, mehr rostrot, Genitale anders; v auf Sumpfwiesen; meist im VII.

c) *Autographa gamma* L. [*Phytometra* HAWORTH] – **Gammaeule**
VFl violettgrau u. schwärzlich gemischt mit silbernem Gamma-Zeichen (Abb. **249**/5); HFl gelbgrau mit breitem dunklen Saumband. 17–21 mm. Zuweilen in Massen vom S einwandernd u. schädlich; V–X. – L polyphag.

d) *Autographa bractea* DENIS & SCHIFFERMÜLLER
VFl rötlichbraun schattiert mit großem, etwa rautenförmigem SilberMFleck, Innenrand geschweift; HFl bronzebraun, zum Saum dunkler. 21–22 mm. Neuerdings von S nach N vordringend. VII/VIII. – L polyphag an Kräutern.

e) *Macdunnoughia confusa* STEPHENS [*Phytometra gutta* GUENÉE] – **Silbertropfen**
An *A. gamma* L. erinnernd, eintöniger, Metallfleck breiter ausgeprägt. 17 bis 18 mm. Seit 30 J im N v, sonst z. Zuwanderer? – V–X in 2 (3) Gen. – L bes. an *Achillea*.

f) *Diachrysia chrysitis* L. [*Phytometra* HAWORTH] – **Messingeule**
VFl violettbraun mit 2 breiten (oft verbundenen) glänzend grüngoldenen Querbinden; HFl braungrau. 18–19 mm; v; V–IX in 2 (3) Gen. – L (Abb. **244**/14) an *Urtica* u. *Lamiaceae*.

g) *Polychrysia moneta* F. [*Chrysoptera* LATREILLE]
Tst sehr lg aufgebogen. VFl blaßgolden, heller u. dunkler gemischt, mit dunklem, spitz gebrochenem MStreif, feinen Aderlinien u. gezähnten Querstreifen, Makeln silbrig eingefaßt; HFl gelbgrau. 18–20 mm; V–VIII in 2 Gen. – L versponnen in Blatt- u. Blütentrieben von *Aconitum* u. *Delphinium*.

h) Gattung *Abrostola* OCHSENHEIMER
VFl ohne Metallflecke, aber stellenweise mit aufgeworfenen Schuppen; braun bis schwarzgrau, Wurzel- u. Saumfeld heller, durch ungezähnte, doppelte, zur M konvexe Querlinien abgegrenzt; HFl dunkel, zur Wurzel aufgehellt. 15–17 mm; V–VIII, in 1–2 Gen. – L mit verkürztem ersten Bauchfußpaar, versch. gefärbt, an *Urtica* od. *Cynanchum*. 3 sehr ähnliche Arten.

Unterfamilie *Catocalinae* – **Ordensbänder**

Mindestens die MSchienen bedornt (Abb. **172**/4), Au nackt, R lg, Geäder quadrifin (Abb. **244**/9), Zelle im VFl u. bes. im HFl kurz, HFl farbig gebändert. – L lg u. schlank, 1. u. 2. BauchBPaar ± verkümmert, AnalB lg nach hinten gespreizt (Abb. **252**/1). P blau bereift, in leichtem Gespinst zw dürrem Laub. – 6 Gattungen mit 11 Arten. *Catocala* u. *Ephesia*. – ▼▽.

1 Au klein, oval; kleine Tageulen, 13–15 mm. V/VI u. (VIII/IX). – L sehr lg, nackt, gelblich mit hellen u. dunklen Längslinien (Abb. **232**/15); VKörper oft eingerollt, an Klee. P überw **2**
1* Au groß, rund; große Nachtfalter **3**

Abb. **249/1–10.** **1** *Hadena* spec., L; **2** *Panthea coenobita* (19–23 mm); **3** *Colocasia coryli* (17–19 mm); **4** Rückenschöpfe der *Plusiinae*; **5** *Autographa gamma* (17–21 mm); **6** *Callistege mi* (13–15 mm); **7** *Catocala nupta* (37–38 mm); **8** *Catocala promissa* (27–29 mm); **9** *Minucia lunaris* (24–29 mm); **10** *Panolis flammea* (16–17 mm).

VFl aschgrau u. braun gemischt mit helldunklen verschlungenen Zeichnungen (Abb. **249**/6); HFl gelbweiß mit dunklen Zackenbinden. [*Gonospileia* HÜBNER]

Callistege mi CLERCK – **Scheck-Tageule**

*VFl braun mit dunklen Querbändern u. Subapikalfleck; HFl gelb mit dunkler Wurzel u. Querbändern vor dem Saum. [*Ectypa* BILLBERG]

Euclidea glyphica L. – **Braune Tageule**

(1) HFl graubraun mit breit dunklem Saumband. VFl gelbgrau, MFeld von feinen, gelben, ungezackten Querlinien begrenzt, nach außen braun beschattet, mit Wellenlinie; Ringmakel punktförmig, Nierenmakel braun (Abb. **249**/9). 24–29 mm. Eichenwälder; V/VI. – L rindenartig braungrau gerieselt, mit z. T. augenartigen Flecken u. gelben od. weißen Punkten; an zartesten Eichentrieben, bei Berührung sich fortschnellend, sonst vorn eingerollt. P überw.

Minucia lunaris DENIS & SCHIFFERMÜLLER – **Braunes Ordensband**

*HFl rot, blau od. gelb gebändert. VFl grau mit Eulenzeichnung (Abb. **228**/6). Sitzen tags flach dachförmig, gut getarnt aber scheu, an Stämmen u. Wänden (Abb. **249**/7), nachts am Köder. – L gestreckt, Bauch abgeplattet, Kante mit behaarten Hautwimpern, K flach, Rücken des 8. Sgm oft mit Querwulst od.

Zapfen; rindenartig grau, flach angedrückt an Ästen von Laubholz (Abb. **252**/1). Ei überw. 3 Gattungen mit 8 Arten (Ordensbänder) **4**

4 HFl schwarz mit blaßblauer MBinde. 40–48 mm, größte einheimische Eule! J- u. stellenweise nicht s; VIII–X. – L an *Populus*, auch *Fraxinus*. (Abb. **252**/1) *Catocala fraxini* L. – **Blaues Ordensband**

4* HFl rot- od. gelb-gebändert **5**

5 HFl gelb mit 2 gekrümmten schwarzen Binden u. isoliertem schwarzen Fleck am Innenwinkel. HSchienen ohne Dornen. 23–25 mm; seltener werdend; VI–VIII. – L mit lg einzelnen Rückenzapfen; an *Prunus spinosa*, *Prunus domestica Crataegus*, *Pyrus*. *Ephesia fulminea* SCOPOLI – **Gelbes Ordensband**

5* HFl rot gebändert **6**

6 Hlb oben rosarot; VFl silbergrau, HFl rosenrot mit kurzer, stumpf geeckter, schwarzer MBinde u. Saumband. 23–25 mm. Nordöstl Art, nur sehr s in Moorwäldern im äußersten N u. NO. VII/VIII. – L an *Salix*. *Catocala pacta* L. – **Moor-Ordensband**

6* Hlb oben grau **7**

7 VFl aschgrau mit tief gezackten Querlinien, die zum HRand hin verlöschen; HFl rosenrot, MBinde kurz, stark gewinkelt u. eingeschnürt. Ruht kopfabwärts. 34–36 mm. Von den MGeb ab nach S häufiger werdend; VII/VIII. – L an *Salix*. *Catocala electa* VIEWEG – **Weidenkarmin**

7* VFl dunkler grau mit reicher, aber oft verschwommener Querbänderung, od. braungrau mit deutlichen Zackenlinien **8**

8 VFl grau, HFl zinnoberrot **9**

8* VFl braungrau, HFl dunkel karminrot **10**

9 VFl-Bänderung regelmäßig gezackt, meist stark verloschen; HFl matt gelblichrot, mit wenig geeckter breiter, durchgehender MBinde u. rötlicher Tönung im hellen Außensaum. 39–41 mm; v, im N z; VII–IX. – L an *Populus* (bes. Pyramidenpappel). *Catocala elocata* ESPER – **Pappelkarmin**

9* VFl-Binden lebhafter u. unregelmäßiger gezackt, in der M etwas durchscheinender beschuppt; HFl trübrot mit stark geknickter, oft durchgehender MBinde; Saum weiß (Abb. **249**/7). 37–38 mm. Häufigste Art; VII–IX. – L an *Populus* u. *Salix*. *Catocala nupta* L. – **Rotes Ordensband**

10 (8) VFl sehr kontrastreich hell u. dunkel, zackig gebändert auf bräunlich-aschgrauem Grunde; HFl karminrot, MBinde mehr geschwungen als geeckt (Abb. **249**/8). 27–29 mm, z in Eichenwäldern; VI–VIII, die früheste *Catocala*-Art. – L grünlichgrau, flechtenartig gezeichnet, an *Quercus*. *Catocala promissa* DENIS & SCHIFFERMÜLLER – **Kleiner Eichenkarmin**

10* VFl eichenrindenartig braun, grau gemischt mit hell hervortretendem Nierenmakelraum; HFl karminrot, mit zweimal stark geeckter, dem Saumband paralleler, durchgehender MBinde. 30–33 mm. Eichenwälder, häufig; VII–IX. – L grau od. braun, rindenartig, höckerig, an *Quercus*. *Catocala sponsa* L. – **Mittlerer Eichenkarmin**

Unterfamilie *Ophiderinae* [*Othreinae*]

Sehr verschiedenartig, z. T. spannerähnlich, durch äußere Strukturmerkmale von den *Acontiinae* kaum zu trennen, aber im HFl ist m_2 in voller Stärke entw u. entspringt dicht beim unteren Zellwinkel. An Köder u. Licht. – L verschieden, 16füßig, aber 1. u. 2. BauchBPaar meist verkürzt. P am Boden zw Laub versponnen. – 10 Gattungen mit 12 Arten, davon die folgenden besonders auffallend:

a) *Scoliopteryx libatrix* L. – **Krebssuppe**
Au bewimpert, Stirn mit Schopf, Halskragen kapuzenförmig; Hlb flach, hinten abgestutzt. VFl am Saum stark gezackt, rötlichgrau, im Wurzel- u. MFeld krebsrot, Querlinien weiß, HFl braungrau, B braun-weiß gefleckt (Abb. **252**/2). 19–24 mm. Oft in Höhlen u. Kellern überw.; VIII–VI. – L lg u. glatt, glasig grün, mit dunklen Längslinien u. gelblichem SStreif, K grün mit schwarzem MStrich; an *Salix*. P im Blattgespinst.

b) Gattung *Lygephila* BILLBERG [*Toxocampa* GUENÉE] – **Wickeneule**
Br glatt, grau mit schwarzbraunem Halskragen; VFl breit, grau, nach außen bräunlich verdunkelt, Nierenmakel dunkelbraun; HFl hellgrau, zum Saum dunkler (Abb. **252**/3). 18–23 mm; 1 (bis 2) Gen.; abends an Blüten. – L tags versteckt, an Wicken (*Vicia*); schlank, vorn u. hinten verjüngt, K klein; grau mit rötlichen, helleren u. dunkleren Längslinien u. Punkten, Bauch schwärzlich. Überw als Ei, L od. P. 3 ähnliche Arten.

c) *Cathephia alchymista* DENIS & SCHIFFERMÜLLER – **Weißes Ordensband**
Tst lg u. spitz; Br u. Hlb beschopft. VFl fast schwarz, außerhalb der Wellenlinie aufgehellt; HFl weiß, breit schwarz eingefaßt, Fransen stellenweise weiß. 20–22 mm. Überall s; V/VI u. (IX). L *Catocala*-ähnlich, aber mit schmalem, gelbem Halsring u. Zapfen auf Sgm 4 u. 11; an *Quercus*.

d) *Laspeyria flexula* DENIS & SCHIFFERMÜLLER – **Nadelwald-Flechteneule**
VFl unter dem verdunkelten Apex tief ausgeschnitten, aschgrau, fein dunkel bestreut, mit geraden hellen Querlinien u. Wellenlinie, 2 Nierenmakelpunkte; HFl blasser mit helldunklem MStreif (Abb. **252**/8). 14–16 mm. In Nadelwäldern im Gezweig; VII/VIII. – L schwach behaart, flechtenartig graugrün u. schwarz gemustert, mit langen BrB u. stark verkürztem 1. u. 2. BauchBPaar (*Catocala promissa*-ähnlich); an Nadelholzflechten.

e) *Rivula sericealis* SCOPOLI – **Seideneulchen**
MGld der Tst unten mit vorspringendem Schuppenzahn. VFl gelb, Nierenmakel u. Saum bräunlich, HFl grau. 11–12 mm; v auf Wiesen, sitzen tags kopfabwärts an Halmen; V–IX in 2 Gen. – L stark beborstet, grün, mit weißen Längsstreifen u. großem, braunem K; überw; an *Carex* u. Gräsern.

Unterfamilie *Hypeninae* – **Palpeneulen**

Im HFl m_2 voll entw, weit getrennt von m_3 u. parallel dazu (Abb. **252**/4); Tst meist auffallend lg. Schlank, zünslerähnlich, meist grau, tags leicht aufgescheucht; ♂-F oft mit Knoten (Abb. **252**/5), VB mit großen Haarpinseln (Abb. **252**/6). FlHaltung dreieckig, manchmal spannerartig ausgebreitet. – L meist 16füßig, spindelförmig, spärlich behaart; braungrau, verborgen an dürrem Laub, überw. P in leichtem Gespinst am Boden. 10 Gattungen mit 20 Arten.
Zum Beispiel:

a) *Polypogon tentacularia* L. [*Herminia* LATREILLE]
Tst überlg, fast von FLg, weit vorgestreckt (Abb. **252**/7); ♂-F mit langen dünnen Kammzähnen u. knotiger Verdickung (Abb. **252**/5). VFl bleich ockergelb, braunbestäubt, mit 3 feinen dunklen Querlinien; HFl wenig heller, mit unvollständiger Saumlinie. ♂ 14–16 mm, ♀ kleiner, Waldwiesen; VI–VIII. – L an Gräsern u. *Hieracium*.

b) Gattung *Herminia* LEDERER
Tst lg, sichelförmig aufgebogen, ♂-F borstig bewimpert; VB mit großen Haarpinseln (Abb. **252**/6). Grau bis braungrau, VFl mit meist gerader

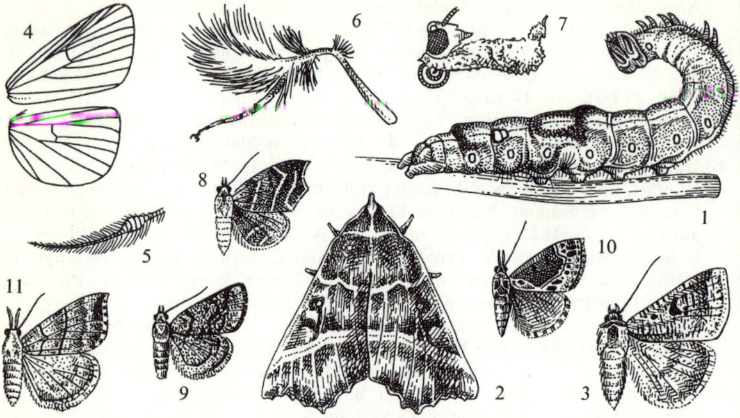

Abb. **252/1–11.** **1** *Catocala fraxini*, L; **2** *Scoliopteryx libatrix* (19–24 mm); **3** *Lygephila pastinum* (18–23 mm); **4** Geäder der *Hypeninae*; **5** F von *Polypogon*; **6** VB von *Herminia*; **7** Tst von *Polypogon tentacularia*; **8** *Laspeyria flexula* (14–16 mm); **9** *Herminia tarsipennalis* (14–16 mm); **10** *Hypena crassalis* (15–17 mm); **11** *Hypena proboscidalis* (18–20 mm).

Innen- u. stark geschwungener, z. T. gezähnter Außenquerlinie, den MMond einschließend; statt der Wellenlinie eine dunkle, fast gerade od. konkave Linie; HFl grau mit schwacher Bänderung. 12–17 mm. Wälder u. Gärten; V–VIII in 1 (2) Gen. – L überw, an moderndem Laub. – 6 ähnliche Arten, z. B. *H. tarsipennalis* TREITSCHKE (Abb. **252**/9).

c) Gattung *Hypena* SCHRANK – **Schnabeleulen**

1 Tst unten borstig, vorn spitz; Au bewimpert, Hlb kurz, oben beschopft. VFl mit dunkel geteiltem, spitzem Apex, samtig schwarzbraun, mit scharf abgegrenztem weißgrauem Saumfeld u. HRand, oft verdunkelt; HFl dunkelgrau (Abb. **252**/10). In Bodennähe kopfabwärts an Stämmen. 15–17 mm. Heidelbeerwälder; V–VIII. – L schlank, 14füßig, grün, mit eingeschnürten Sgm u. einzeln behaarten dunklen Punktwarzen; an *Vaccinium myrtillus*. P überw.

Hypena crassalis F. [*fontis* THUNBERG] – **Samteule**

1* Tst bis $^1/_3$ FLg; Au unbewimpert; Hlb schlank, mit einem Basisschöpfchen. Apex spitz vorgezogen, dunkel geteilt; äußere Querlinie nach innen zum Zellfleck verschoben. 13–20 mm. V–X in 2 Gen od. mit Überw der Im. – L grün, 14füßig, mit tief eingeschnürten SgmGrenzen, kleinem K u. einzeln verhaarten Warzen; bei Berührung abspringend; an *Urtica* u. *Humulus*. – 3 Arten, am häufigsten:

Hypena proboscidalis L. – **Nesselschnabeleule**

VFl gelbbräunlich, Wurzel- u. MFeld ± dunkler, Innenlinie gezackt, äußere fast gerade, Wellenlinie schattig; HFl hellgrau (Abb. **252**/11). 18–20 mm. In Nesselbeständen; VI/VII u. VIII/IX.

Familie *Geometridae* – **Spanner**

Sichere Merkmale: Chaetosema am K (Abb. **176**/1), große offene Tympanalgrube am Anfang des Hlb (Abb. **176**/2), Fl ohne Analader. – Im VFl entspringt m_2 fast stets mitten zw m_1 u. m_3 od. näher an m_1; im HFl biegt sc zunächst nach vorn, dann erst zur Zelle (Abb. **253**/1–4). HaftBo meist vorhanden, Au rund, Körper schlank, Fl groß, VFl u. HFl oft gleichmäßig lebhaft gefärbt u. gezeichnet. FlHaltung flach ausgebreitet (Abb. **253**/6), s tagfalterartig aufgerichtet. Tags leicht aufgescheucht, aber mehr Dämmerungs- od. Nachttiere; oft starke Lichtflieger. – L meist lggestreckt, nackt, 3 erste BauchBPaare rückgebildet (wenige Ausnahmen), kriechen daher gebuckelt „spannerartig" (Abb. **253**/7). VKörper in der Ruhe oft zweigartig steif weggestreckt (Abb. **265**/11-13); gestört lassen sie sich fallen u. hängen am Spinnfaden. – Verpuppung unterschiedlich: Viele Arten an od. in der Erde mit od. ohne Gespinst, andere (*Cyclophora*) als GürtelP frei.

Die mitteleur *Geometridae* werden in 6 Unterfamilien mit 165 Gattungen u. 512 Arten (Eur ca. 850) eingeteilt. Hier werden nur im Anschluß an System u. Nomenklatur wie von KLOET/HINCKS u. LERAUT verwendet die bes. häufigen od. leichter erkennbaren neben den wichtigsten Schädlingen genannt.

1 Im HFl m_2 gut ausgebildet (Abb. **253**/1-2) 2

1* Im HFl m_2 rückgebildet, nur als Falte angedeutet od. wenigstens schwächer als die anderen Adern (Abb. **253**/4).
Unterfamilie *Boarmiinae* – **Rindenspanner** S. 261

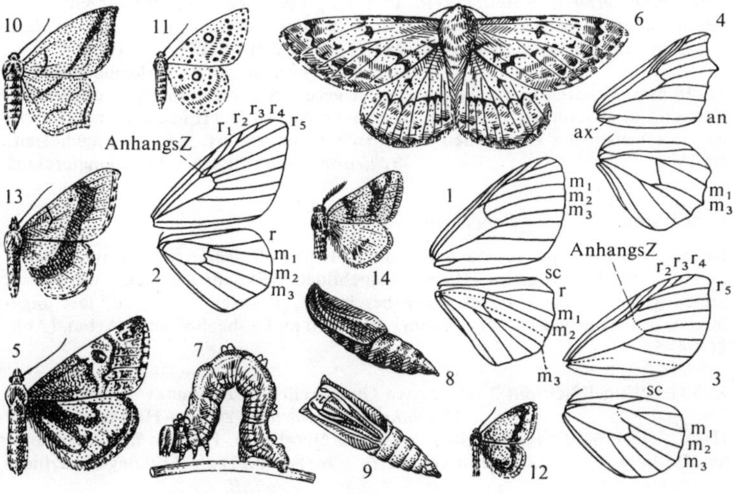

Abb. **253/1–14.** **1–4** Geädertypen der *Geometridae*; **5** *Brephos parthenias* (18–19 mm); **6** *Boarmia roboraria* in Ruhehaltung; **7** Spannerraupe in typischer Haltung; **8** *Abraxas grossulariata*, P; **9** *Cyclophora*, P.; **10** *Timandra griseata* (14–17 mm); **11** *Cyclophora albipunctata* (14–16 mm); **12** *Idaea muricata* (9–10 mm); **13** *Idaea aversata* (14–17 mm); **14** *Lythria purpurata* (12–15 mm).

2 Au oval, m_2 in der M zw. m_1 u. m_3 beginnend.
Unterfamilie *Archiearinae* – **Jungfernkinder** S. 254
2* Au rund **3**
3 ♀ flügellos, mit Afterbusch. Zelle des ♂ lg, bis $^2/_3$ FlLg.
Unterfamilie *Oenochrominae* S. 254
3*♀ mit Fl od. flügellos bzw. stummelflüglig, dann ohne Afterbusch **4**
4 Im HFl entspringt m_2 viel näher bei m_1 als bei m_3 (Abb. **253**/1).
Unterfamilie *Geometrinae* – **Grünspanner** S. 254
4* Im HFl entspringt m_2 etwa mitten zw m_1 u. m_3 (Abb. **253**/2–3) **5**
5 Im HFl entfernt sich sc nach kurzer Berührung sofort wieder vom ZellVRand (Abb. **253**/2). Unterfamilie *Sterrhinae* – **Kleinspanner** S. 255
5* Im HFl verschmilzt sc mit dem Zell-VRand bis hinter die ZellM od. läuft dem Rand parallel (Abb. **253**/1,3).
Unterfamilie *Larentiinae* – **Blattspanner** S. 256

Unterfamilie *Archiearinae* – Jungfernkinder

Zottig behaart, äußerlich eulenähnlich, auch mit flach dachförmig gehaltenen Fl sitzend, im Bau aber spannerartig, nur mit ovalen statt runden Au. Deshalb früher eigene Familie *Brephidae* bildend. – Fliegen im zeitigen Frühj vormittags im Sonnenschein. – L nackt, unten abgeflacht, mit verkürzten ersten 2 BauchBPaaren (Abb. **262**/8); an Laubholz. P am Cremaster mit 2 quergestellten Spitzen; überw in morschem Holz. 1 Gattung mit 2 Arten (Eur 3).

1 18-19 mm. Fransen deutlich weißgrau gescheckt. ♂-F nur kurz sägezähnig. VFl braun, grau u. weißlich gemischt; HFl orangegelb mit schwarzem, nach innen zackig begrenztem Saumband u. breiter Schwärzung am Innenrand, mit dem MFleck verbunden (Abb. **253**/5). – In Birkenschlägen; III/IV.
Archiearis parthenias L. – **Birkenjungfernkind**
1* 16–18 mm. Fransen undeutlich weißgrau gescheckt. ♂-F doppelt kammzähnig. Färbung u. Zeichnung sehr ähnlich voriger Art, aber HFl-Saumband nur bei cu_2 mit Vorsprung nach innen u. MFleck meist isoliert. – In Espengehölzen; III/IV. *Archiearis notha* HÜBNER – **Espenjungfernkind**

Unterfamilie *Oenochrominae*

Heute in MEur nur noch 2 Arten der Gattung *Alsophila* HÜBNER umfassend. Zelle lg, bis $^2/_3$ FlLg, im HFl m_2 ausgebildet. VFl sehr gestreckt, werden im Sitzen gekreuzt. Fl sehr zart, dünn beschuppt, Fransen lg. ♀ grau, fast ungeflügelt, mit Afterbusch. ♂ 16–20 mm. – Raupen an Laubgehölzen. 2 Arten. (Abb. **265**/4–5).

1 X–XII. VFl gelblich mit 2 schwachen Querstreifen u. Zellpunkt. Ei überw.
Alsophila quadripunctaria ESPER – **Herbstkreuzflügel**
1* II–IV. VFl bräunlichgrau, 2 helle gezackte Querlinien. Fransen mit Aderpunkten. P überw. *Alsophila aescularia* SCHIFFERMÜLLER – **Frühlingskreuzflügel**

Unterfamilie *Geometrinae* [*Hemitheinae*] – Grünspanner

Fast ausnahmslos grüne Im., deren Farbe leicht vergilbt. ♂-F meist doppelkammzähnig, oft auch beim ♀. HaftBo fehlt. – L vielfach grün mit gespaltenem

Scheitel u. doppelter Spitze auf dem 1. Sgm; meist überw, seltener die P. – 10 Gattungen mit 12 Arten.

Leicht kenntlich od. häufig:

a) *Pseudoterpna pruinata* HUFNAGEL – **Ginsterspanner**
Fl bläulich grün, weiß überstäubt; VFl mit 2, HFl mit 1 gezackten dunkleren Querlinie, beide mit weißlicher Wellenlinie. Stirn schwarz. 16–19 mm. Ginsterheiden; VI–IX in 2 Gen. – L grün mit weißen Streifen u. SKanten, steif u. gedrungen.

b) *Geometra papilionaria* L. – **Grünes Blatt**
Groß, 21–29 mm; breite Fl, prächtig grün mit gezähnten weißlichen Querstreifen u. in Flecke aufgelöster Wellenlinie. Bruchwälder, die ♂♂ am Licht; VI–VIII. – L grün mit gelblicher SLinie u. roten Höckern; an *Alnus, Betula* u. a.

c) *Thalera fimbrialis* SCOPOLI
Grün, VFl mit 2, HFl mit 1 hellen, geschwungenen Querlinie u. weiß-rostbraun gescheckten Fransen. HFl mit 2 deutlichen Zacken. F doppelkammzähnig. 16–17 mm. Heiden u. Ödland; VI–VIII. – L schlank, grün u. rötlich, mit roten Analspitzen; an *Achillea*.

d) *Hemithea aestivaria* HÜBNER
Ähnlich *Th. fimbrialis*, trüb grün, VRand braun gesprenkelt, Fransen grauweiß gescheckt; HFl mit 1 deutlichen Zacke. ♂-F nur gewimpert, ♀-F einfach; Tst länger. 13–17 mm. Gehölze u. Gärten; VI–VIII. – L auf Laubholz.

e) *Jodis putata* L. – **Glanzspanner**
Sehr klein, 11–12 mm; Fl glänzend, zart blaugrüne Farbe verblaßt schnell; Querstreifen stark wellig gezähnt, HFl scharf geeckt; V/VI. Oft massenhaft über *Vaccinium myrtillus*-Beständen; daran die L.

f) *Jodis lactearia* L.
Wie vorige Art, aber die Querstreifen fast ungezähnt. – L mehr an Laubholz.

Unterfamilie *Sterrhinae* [*Acidaliinae*] – **Kleinspanner**

VFl mit einfacher (s geteilter) Anhangszelle u. meist gestielten Adern r_2–r_5; HaftBo vorhanden (Abb. **253**/2). Im. meist klein, weißlich bis gelbbraun mit dunklen Linien. – L schlank (Abb. **265**/1) od. gedrungen (Abb. **262**/13), mit variabler Färbung u. Zeichnung; überw; an Bodenvegetation, z. T. an abgestorbenen, welken od. trockenen Blättern. P meist am od. im Boden (Ausnahmen bei *Cyclophora*). – 5 Gattungen mit 56 Arten.

1 VFl mit einfacher Anhangszelle 2

1* VFl mit geteilter Anhangszelle. ♂-F bis zur Spitze doppelkammzähnig. Grundfarbe gelb, Fransen u. Querbänder rosa u. parallel zum Saum (nicht zum Apex ziehend). – L sehr lg u. schlank, an *Genista, Calluna* u. a.; rollen sich bei Berührung korkenzieherartig zusammen. P schlank, in leichtem Gespinst. Junge L (s Ei od. P) überw. – 2 Arten (eine nur im SW).
Gattung *Rhodostrophia* HÜBNER – **Rotbandspanner**

2 HFl mit spitzer Zacke; aus dem spitz vorgezogenen VFl-Apex führt ein rötlicher Schrägstreifen zum HRand der HFl; Grundfarbe ledergelb, rosa gesäumt (Abb. **253**/10). 14–17 mm; g; V/VI u. VII–IX. – L gedrungen, mit verbreitertem 4. Sgm, braungrau, dunkler u. heller gezeichnet (Abb. **262**/13); an *Rumex*, überw. Nur 1 Art. *Timandra griseata* PETERSEN [*amata* L.] – **Ampferspanner**

2* HFl gerundet, höchstens schwach geeckt; kein Schrägstreif aus dem VFl-Apex 3

3 Fl mit ± deutlichem, ringförmigem, innen hellem MFleck. Im HFl entspringen m_3 u. cu_1 gemeinsam. ♂-F bis $^2/_3$ doppelkammzähnig, letztes Drittel nackt. Grundfarbe gelb mit rötlichen Tönen od. grau; oft mit mittlerem Querstreifen u. Aderpunktreihen (Abb. **253**/11). In Laubwäldern aus Gebüsch leicht aufzuscheuchen; meist 2 Gen. – L schlank, zylindrisch, mit deutlichen SgmEinschnitten, K vorn abgeflacht, variabel; an Laubholz. P wie GürtelP am Blatt befestigt, aber mit dem Rücken zur Unterlage (Abb. **253**/9); überw. – 10 z. T. schwer unterscheidbare Arten, die sich kreuzen lassen. [*Codonia* HÜBNER, *Ephyra* DUPONCHEL, *Cosymbia* HÜBNER]

Gattung *Cyclophora* HÜBNER – **Gürtelpuppenspanner**

Beispiel:

Cyclophora albipunctata HUFNAGEL – Hellgrau; 14–16 mm (Abb. **253**/11) an *Betula*, V/VI u. VII/VIII.

3* Fl ohne ringförmigen MFleck; im HFl entspringen m_3 u. cu_1 deutlich getrennt (Abb. **253**/2); Im. klein, meist hellfarbig, mit matten Querlinien, s lebhafter gefärbt od. gezeichnet. – L gedrungen u. runzelig mit scharfer SKante od. schlank, rollt sich bei Berührung ein; oft an welken Blättern, versteckt am Boden; überw (die frühere „*Acidalia*"-Gruppe) 4

4 Im HFl r u. m_1 ungestielt; ♀-HSchienen mit 4 Dornen. – P meist hellbraun, glänzend. – 16 meist sehr ähnliche Arten. Gattung *Scopula* SCHRANCK

Bes. häufig z. B.:

Scopula immutata L. – ♂ gelblich-weiß, ♀ weiß; VFl mit 5, HFl mit 4 schwach gelbgrauen Wellenlinien u. je 1 schwarzem Zellpunkt; Stirn dunkel. 11–12 mm; v, Wiesen; VI–IX.

4* Im HFl r u. m_1 gestielt; ♀-HSchienen mit 2 Dornen. – P weniger glänzend. – 27 z. T. sehr ähnliche Arten. Gattung *Idaea* TREITSCHKE

Leicht kenntlich od. häufig:

a) *Idaea muricata* HUFNAGEL – **Purpurschneckenspanner**
Fl purpurrot, in der M u. am Saum gelb (Abb. **253**/12). 9–10 mm. Heidemoore; VI–VII.

b) *Idaea aversata* L. – Hellgelb mit dunkler Binde zw scharfen Querlinien, äußere vor der Costa rechtwinklig geknickt; schwarze Saumpunkte (Abb. **253**/13). Bei der häufigeren f. *spoliata* STAUDINGER fehlt die Verdunkelung. 14–15 mm. V–IX mit partieller 2. Gen. (Mehrere sehr ähnliche Arten.)

Unterfamilie *Larentiinae* – **Blatt- od. Bindenspanner**

Klein bis mittelgroß, Fl meist mit zahlreichen, gruppen- u. farbweise vereinigten Querlinien u. -bändern, die oft ein Wurzel- u. ein MFeld abgrenzen. VFl mit einfacher od. geteilter Anhangszelle; r_2 aus der Zelle od. gestielt mit r_1; HaftBo fast stets vorhanden. Bei Tage leicht aufgescheucht, oft sehr scheu. – L meist ohne Höcker u. Auswüchse, schlank od. gedrungen, vielfach an Bodenvegetation, auch an Holzgewächsen. P meist an od. im Boden. Überw verschieden. – 65 Gattungen in MEur mit etwa 250 Arten (hier kann nur eine Auswahl vorgestellt werden.)

1 Flugzeit im Spätherbst, X–XII; Fl (wenn vorhanden) zart, breit, wenig dicht beschuppt, seidig glänzend 2

1* Andere Flugzeit, Fl dicht beschuppt 3

2 ♂ u. ♀ voll geflügelt, VFl mit geteilter Anhangszelle, Zelle u. Querader normal. Fl dicht beschuppt u. oft kontrastreich, grau mit dunkler Bänderung; 18–22 mm. – L grün, oft purpurrot gezeichnet, Bauch blaugrün; an Laubholz. Ei überw. 3 sehr ähnliche Arten. [*Oporinia* HÜBNER] Gattung *Epirrita* HÜBNER

2* ♀ nur mit FlStummeln. ♂-VFl mit einfacher Anhangszelle u. gewinkelter Querader, Zelle länger als die Hälfte des Fl. Färbung u. Zeichnung schwach, gelblich- bis bräunlichgrau mit variablen Querbändern. Fl durchscheinend. – L gedrungen, grün, an Laubholz in leichten Blattgespinsten, oft sehr schädlich. Ei überw. [*Cheimatobia* STEPHENS]
Gattung *Operophthera* HÜBNER – **Frostspanner**

a ♀ mit sehr kurzen FlStummeln; ♂ klein, 16–18 mm, bräunlich. X–XII. – K u. BrB der L grün. Obstbaumschädling!
Operophthera brumata L. – **Kleiner Frostspanner**

a* ♀ mit FlStummeln von mehr als 1/2 KörperLg. ♂ hell gelblichgrau, 17 bis 19 mm; X–XII. – K u. BrB der L schwarz, mehr an Waldbäumen. [*O. boreata* HÜBNER] *Operophthera fagata* SCHARFENBERG – **Waldfrostspanner**

3 (**1**) Fl einfarbig **4**

3* Fl mehrfarbig, mit Zeichnungen **6**

4 Fl ungezeichnet lehmgrau, gerundet. 9–11 mm. Zuweilen in Menge über *Euphorbia cyparissias*; V/VI u. VIII/IX. *Minoa murinata* SCOPOLI – **Mäuschen**

4* Fl andersfarbig **5**

5 Fl grau, weißgrau bis weiß, VFl spitz, gestreckt. VSchenkel stark verdickt. 13–19 mm; z, Schuttstellen, Feldraine, auf Koppeln; V/VI. – L an *Sisymbrium*. P überw. 2 Arten. Gattung *Lithostege* HÜBNER – **Mehlspanner**

5* Fl schwarz mit weißen Apexfransen. 13–15 mm. Auf Bergwiesen zuweilen massenhaft; VI/VII. – L grün mit rotbrauner Afterklappe, an *Chaerophyllum*. Ei überw. *Odezia atrata* L. – **Rußspanner**

6 (**3**) Fl schwarz, Fransen weiß; VFl mit weißem Schrägfleck aus der VRandM in Form eines Beines. 13–15 mm; VI/VII. – L grün mit herzförmigen braunroten Rückenflecken; sehr lokal an feuchtschattigen Waldstellen, an *Actaea*.
Baptria tibiale ESPER – **Beinspanner**

6* Grundfarbe der Fl nicht schwarz, reicher gezeichnet **7**

7 HFl ockergelb, VFl gelb bis oliv mit 2–3 roten Querbändern; Fransen rötlich (Abb. **253**/14). Tst lg, hängend, abstehend behaart; ♂-F lg-kammzähnig. 12–15 mm; IV–VI u. VII–IX. – L schlank, rötlich mit dunklen Streifen, an *Rumex* u. *Polygonum*. 2 sehr ähnliche Arten.
Gattung *Lythria* HÜBNER – **Purpurspanner**

7* Anders gefärbt u. gezeichnet **8**

8 VFl mit einfacher (ungeteilter) Anhangszelle **9**

8* VFl mit doppelter (geteilter) Anhangszelle **10**

9 HFl wellig gezähnt, aber bei m_2 Lücke durch fehlenden Zahn. Fl grau, VFl schwärzlich gezeichnet mit Zellpunkt, Strichen u. Punkten im Saumfeld u. am VRand. Ruhestellung wie Abb. **262**/1. 12–13 mm; VI/VII. – L in Bruchwäldern an *Lysimachia*. *Anticollix sparsata* TREITSCHKE

9* HFl ungezähnt, klein; VFl gestreckt, fast stets mit einfacher Anhangszelle; Hlb mit kleinen Schöpfchen; meist grau od. braun, fein liniert. Typische Ruhehaltung s. Abb. **262**/1. 9–13 mm. – L vielfach an Blüten, auch in Früchten, oft monophag, sehr variabel, der NaPfl angepaßt; Rücken meist mit Winkelzeichnung (Abb. **262**/15). P (Abb. **262**/16) überw, s Ei od. L. Etwa 65 oft schwer trennbare Arten in 3 nahestehenden Gattungen, davon gehören 60 zur Gattung *Eupithecia* CURTIS – **Blütenspanner**

10 **(8)** VFl lg, VRand konvex; HFl klein, beim ♂ mit Hautlappen an der Wurzel (Abb. **262**/2) u. ohne ax_2. Meist grau mit Querbändern, seltener braun od. grün gemustert. 11–18 mm. Flugzeit verschieden, meist IV/V. – L grün, hinten mit 2 kurzen waagerechten Spitzen, an Laubholz. 4 Gattungen mit 7 Arten. *Lobophora* CURTIS-Gruppe – **Lappenspanner**

10* Anders gestaltet, ♂ ohne Hautlappen am HFl **11**

11 VSchiene deutlich kürzer als $^1/_2$ SchenkelLg **12**

11* VSchiene mindestens von $^1/_2$ SchenkelLg **14**

12 Mindestens 15 mm. VSchiene am E mit Hornklaue **13**

12* 12–14 mm. VSchiene am E ohne Hornklaue. FlUS rosabraun; Fransen gescheckt; VFlOS grau mit braunroten Einmischungen, MFeld dunkel-hell eingefaßt, außen stark gezackt. Lokal auf Torfmooren; VII/VIII. – Die graue Nominatform in NEur, im Gebiet die buntere mit Braun gemischte ssp. *imbutata* HÜBNER [*C. paludata* THUNBERG]. *Carsia sororiata* HÜBNER

13 VSchenkel nicht verdickt; VFl mit scharfer Spitze; in Form, Färbung u. Zeichnung ähnlich *Carsia sororiata*. Ruhestellung mit flach dachförmiger, dreieckiger FlHaltung, meist kopfabwärts. 18–23 mm; V–VII u. VIII–X. – L runzelig, mit SKante, grau, längsgestreift; an *Hypericum*. 3 sehr ähnliche Arten. [*Anaitis* DUPONCHEL] Gattung *Aplocera* STEPHENS – **Johanniskrautspanner**

13* VSchenkel etwas verdickt; FlForm fast oval, mit gerundetem Apex. In Ruhe umschließen die Fl einen Zweig. L an *Sarothamnus*, P überw. Gattung *Chesias* TREITSCHKE

a VFl undeutlich braungrau gemustert mit heller Strieme vom Apex nahe dem VRand bis zur Wurzel. 18–19 mm; v; IX/X. – L glatt, gelb od. grün, längsgestreift. [*C. spartiata* FUESSLY] *Chesias legatella* SCHIFFERMÜLLER – **Herbst-Ginsterspanner**

a* VFl weißgrau, Basallinie spitzgewinkelt, braun, Saumfeld braungemischt, durch gewinkelte, dunkle Querlinie scharf abgegrenzt, Apexwisch. 15 bis 16 mm. Sehr z; IV/VI. – L variabel, grün bis grau. *Chesias rufata* F. – **Frühlings-Ginsterspanner**

14 **(11)** HFlSaum wellig gelappt od. gezähnt **15**

14* HFlSaum ganzrandig **17**

15 HFl stark glänzend, ca. 1 mm tief gelappt, schwach gezeichnet u. heller als die braunen, breit u. zackig gebänderten VFl. 19–24 mm. VII – V. Im. überw in Höhlen und Kellern. – 1 Art (Eur 3). *Triphosa dubitata* L. – **Höhlenspanner**

15* HFl nicht so tief gelappt, meist nur leicht gewellt **16**

16 ♂-HFlUS mit Haarbüschel am Innenrand – 2 Arten (Eur 3). Gattung *Rheumaptera* HÜBNER

Beispiel:

Rheumaptera undulata L. – **Wellenspanner**

Fl hell, aber bedeckt mit zahlreichen feinen braunen Wellenlinien, 17–18 mm; v, in Heidelbeerwäldern, scheu; VI/VII. – L zw. Heidelbeerblättern. P überw.

16* ♂-HFlUS ohne Haarbüschel am Innenrand, ♂-HKörper stark verlängert mit Afterbusch. Gattung *Philereme* HÜBNER

Beispiel:

Philereme vetulata SCHIFFERMÜLLER

Fl hellgrau, mit vielen unscharfen grauen Wellenlinien. 14–16 mm; um Kreuzdornbüsche. VI/VII. – Ei überw.

17 **(14)** VFl lg, Apex spitz, Saum schräg. Habitus u. Ruhehaltung ähnlich einer *Eupithecia* (Abb. **262**/1), aber größer, bis 18 mm. Grundfärbung braun bis weißgrau mit dunkler Schrägzeichnung aus dem Apex zur HRandM; HFl reich parallel liniiert. – L an *Clematis* u. *Pulsatilla*; 2 Gen. P überw. 5 Arten. [*Phibalapteryx* STEPHENS] Gattung *Horisme* HÜBNER – **Waldreben-Spanner**

7* Habitus u. Ruhehaltung nicht einer *Eupithecia* ähnlich **18**

8 VRand der HFl länger als HRand der VFl. ♂-F doppelkammzähnig, Spitze nackt. Im. mittelgroß (um 18 mm), meist grau od. braun, mit ausgeprägter, geradliniger Querbänderung der VFl u. spitzem, dunkel geteiltem Apex; HFl wenig gezeichnet. – L plump, steif, vorn etwas verjüngt; meist an *Genista* u. *Sarothamnus*; überw. – 7 Arten (einschl. der ähnlichen *Larentia clavaria* HAWORTH). [*Ortholitha* auct.] Gattung *Scotopteryx* HÜBNER – **Breitbandspanner**

Am häufigsten:

Ortholitha chenopodiata L. [*O. limitata* SCOPOLI] – **Platterbsenspanner**

Trüb-braun, mit dunkler braunem, in der M grauem MFeld. 16–19 mm; häufig auf Wiesen u. Grasplätzen. VII–IX. – L an *Lathyrus*.

8* VRand der gerundeten HFl kürzer als der HRand der VFl **19**

9 Der lg Hlb in der Ruhe nach oben gekrümmt. Gesicht u. Tst spitz vorspringend; beim ♂ VFlUS an der Basis mit Haarbüschel; Grundfarbe meist gelb, mit breitem, dunklerem MFeld, Apex schräg geteilt, Größe um 17 mm. Hochsommerarten. – L schlank, vielfach an *Ribes*-Arten. P zw Blättern, grün od. hellbraun. – 7 Arten (einschließlich der seltenen, schwarzweiß genetzten *Eustroma reticulata* THUNBERG). Gattung *Lygris* HÜBNER

Beispiele:

a) *Lygris populata* L.
VFl gelb mit bräunlichem Wurzel- u. MFeld, das nach außen mit 2 gerundeten Zacken vorspringt; HFl hellgelb. In Heidelbeerwäldern, bes. im Geb oft die dunkle f. *musauaria* FREYER.

b) *Lygris mellinata* F.
Ähnlich voriger Art, aber mit gescheckten Fransen u. hellerem Wurzel- u. MFeld.

c) *Lygris prunata* L.
Größer, um 20 mm, MFeld der VFl dunkelbraun, von helleren gezackten Bändern eingefaßt; HFl heller, vor dem Saum 3 helle, dunkel abgesetzte Zackenlinien. In Gärten häufig.

9* Hlb u. meist auch Tst kürzer; beim ♂ VFlUS ohne Haarbüschel. Größe versch., meist um 15 mm; sehr unterschiedlich gefärbt u. gezeichnet, oft reich gebändert. – Bilden in unseren Wäldern die Hauptmenge der tags aufgescheuchten Spanner, kommen ans Licht, weniger an den Köder. – L u. P nicht einheitlich, auch die Lebensweise verschieden.

Arten der ehem. „Riesengattung" *Cidaria* TREITSCHKE – **Echte Bindenspanner**

Beispiele für leicht erkennbare od. sehr häufige Arten:

a) *Cidaria fulvata* FORSTER – **Rosenspanner**
VFl ockergelb, MBinde braun hervortretend, zackig begrenzt, vorn aufgehellt, Apex geteilt; HFl hellgelblich. 13–14 mm. Gärten u. Hecken, VI/VII. – L hellgrün, weißlich u. gelb längsgestreift, mit kurzen Afterspitzen, an Rosen. Ei überw.

b) *Cosmorhoe ocellata* L.
Grundfarbe weiß, schwach bleigraue Tönungen, Wurzel- u. MFeld der VFl bläulich-schwarz, mit kräftigem Zellfleck, helle Wellenlinie nahe Apex durch dunkle Fleckchen angedeutet. 13–14 mm; v u. häufig, in 2 Gen. V/VI u. VIII. – L gedrungen, etwas beborstet, braun mit weißen Rückenwinkeln u. SStreifen, an *Galium*. Überw verpuppungsreif im Erdgehäuse.

c) *Thera obeliscata* HÜBNER
VFl bräunlich- bis rötlichgrau mit meist dunkleren, hinten schmaler MBinde, sehr variabel; Wellenlinie u. Apexstrich oft schwach ausgeprägt; HFl etwas heller, kaum gezeichnet. 12–17 mm; v in Kiefernwäldern, V–IX in 2 Gen. – L grün, dunkel u. weiß längsgestreift, Afterspitzen sehr kurz; an *Pinus*, überw. – 6 weitere, sehr ähnliche Arten.

d) *Xanthorhoe fluctuata* L. – **Gartenspanner**
VFl weißgrau, die dunkle MBinde meist nur in der VHälfte ausgeprägt, Wurzelfeld u. 2 Flecke nahe dem Apex dunkelbraun, gewellte Querlinien ± vorhanden (Abb. **262**/3). 12–15 mm. Gärten, überall; IV–VI u. VII–IX. – L an *Brassicaceae*; P überw.

e) *Xanthorhoe montanata* SCHIFFERMÜLLER – **Mückenspanner**
VFl weiß mit dunkler, um den Zellpunkt ± aufgehellter u. über dem HRand eingeschnürter MBinde (Abb. **262**/4). 15–17 mm. Feuchte Wälder; V–VII. – L an *Galium*, *Primula* u. a. überw.

f) *Xanthorhoe ferrugata* CLERCK – **Rostspanner**
Fl aschgrau. MFeld breit, rostbraun bis schwarz, helles Saumfeld mit Doppelfleck unterhalb eines dunklen Apexfleckes; HFl unscharf gebändert. 12 bis 14 mm; g; V/VI u. VII/IX, in 2–3 Gen. – L polyphag an *Galium* u. a. P überw. – (Mehrere sehr ähnliche Arten!)

g) *Perizoma parallelolineata* RETZIUS
VFl breit, weit vorgezogen, mit spitzem, schwarz geteiltem Apex u. langem Saum; weiß, bräunlich bestäubt mit parallelen dunkleren Querstreifen u. Bändern; schwarze Randstriche, auch auf den am Saum stärker gefärbten, schwach gebänderten HFl. 15–16 mm; v im Geb, in der Ebene nur sehr z an Waldrändern, feuchtigkeitsliebend, tags an Bodenvegetation, VIII/IX. – L grün, mit feinen hellen Längslinien u. gelben Einschnitten, Rücken dunkler gefärbt als die S; polyphag an Kräutern, auch an *Prunus spinosa*. Ei überw.

h) *Entephria caesiata* SCHIFFERMÜLLER – **Grauer Gebirgsspanner**
Fl grau mit vielen gewellten dunkel-hellen Querlinien, MFeld verdunkelt, um den Zellpunkt heller; HFl hellgrau, schwächer gebändert. Variabel, oft stark geschwärzt. 16–20 mm. GebNadelw, häufig; VII/VIII. – L an *Vaccinium*, überw.

i) *Epirrhoe alternata* O. F. MÜLLER – **Gemeiner Bindenspanner**
Wurzel-, M- u. Saumfeld braun, grau gemischt, MFeld beidseitig weiß begrenzt, außen mit dunkler Zwischenlinie; HFl reich gebändert (Abb. **262**/5). 13–14 mm; g; V–IX in 2 Gen. – L an *Galium*, P überw. (Mehrere sehr ähnliche Arten!)

k) *Mesoleuca albicillata* L. – **Himbeerspanner**
MFeld beider Fl durchgehend breit weiß; im VFl ein Fleck am VRand u. das Wurzelfeld scharf abgegrenzt blaubraun; Saumfeld beider Fl blaugrau (Abb. **262**/**6**). 15–18 mm. Wälder; V–VIII. – L grün mit roten Rückendreiecken, an *Rubus idaeus*; P überw.

l) *Rheumaptera hastata* L. – **Lanzenspanner**
Neuerdings unverständlicherweise in die Gattung *Rheumaptera* HÜBNER gestellt.
Körper, Fl u. Fransen schwarz-weiß gescheckt. Zeichnung siehe Abb. **262**/7. 16–19 mm. Birkenwälder, nur jahrweise häufig; V/VI. – L an Laubholz u. *Vaccinium myrtillus*, im Blatt leicht versponnen, P überw. (Mehrere ähnliche Arten!)

m) *Camptogramma bilineata* L. – **Gelber Linienspanner**
Grundfarbe goldgelb, mit zahlreichen gewellten Querlinien; MFeld nach außen oft verdunkelt, fein weiß begrenzt. 12–15 mm. Feuchte Wälder, g; VI–VIII. – L variabel, grün bis grau (Abb. **265**/2), an *Rumex*, *Taraxacum* u. a., überw.

n) *Pelurga comitata* L. – **Meldenspanner**
Braungelb, MFeld breit, mit Zellpunkt, nach außen gezackt, dunkler; Apex vorgezogen, schräg dunkel geteilt. 15–17 mm. Sehr v; VII/VIII. – L an *Atriplex*-Arten, P überw.

o) *Asthena albulata* HUFNAGEL [*A. candidata* SCHIFFERMÜLLER] – **Weißglanzspanner**
Sehr zart; glänzend weiß, im VFl 6, im HFl 4 gewellte bräunliche Querlinien. Kein Zellpunkt, aber feine schwarze Saumpunkte (ähnlich eine seltenere Art mit Zellpunkt u. Saumstrichen, *A. anseraria* HERRICH-SCHÄFFER). 9 bis 11 mm. Laubw; V–VIII. – L an *Carpinus betulus*, *Corylus* u. a.

Unterfamilie *Boarmiinae* – **Rindenspanner**

Im HFl m_1 u. m_3 außen genähert; sc nähert sich der Zelle auf halber Lg, ohne zu verschmelzen; VFl ohne Anhangszelle, HaftBo vorhanden (Abb. **253**/4); beim ♂ unten oft bei ax_2 ein schuppenloser „Basalfleck". Durchschnittlch größere Arten, viele Lichtflieger. Beide Fl oft gleichgefärbt u. -gezeichnet, s mit vielen Querlinien, öfter fein dunkel überstreut, meist gut der Umgebung angepaßt. Zum Teil wenig scheu an Stämmen od. Blättern. – L durch Haltung u. Färbung, Höcker od. Warzen vielfach täuschend zweigähnlich (Abb. **265**/11–13), weit mehr an Holzgewächsen als an Kräutern. P teils im Boden, teils zw Blättern. In MEur 80 Gattungen mit 160 Arten, davon im Gebiet viele Gattungen nur mit einer Art vertreten. – Die strukturell u. anatomisch näherstehenden Gattungen sind hier zur besseren Übersicht nach äußerlich leicht erkennbaren Merkmalen in 6 Gruppen zusammengefaßt.

A. *Abraxas*-Gruppe

Fl ganzrandig, Grundfarbe überwiegend weiß, schwarz gefleckt od. gebändert (Abb. **262**/11). Im. oft vogelkotähnlich frei auf Blättern ruhend.
Beispiele zur *Abraxas*-Gruppe:

a) *Arichanna melanaria* L. – **Torfmoorspanner**
VFl weiß, ± grau getrübt, mit geschwungenen Reihen schwarzer Flecke; HFl u. Hlb gelb, schwarz gefleckt. ♂-F doppelkammzähnig. 19–21 mm. Moorwälder; VI–VIII. – L gelb, schwarz längsgestreift, an *Ledum*, *Vaccinium uliginosum* u. *Oxycoccus*, überw.

b) *Abraxas grossulariata* L. – **Stachelbeerspanner**
Weiße Fl u. gelber Leib schwarz gefleckt, VFl mit Gelb im Außenband u. Wurzelfeld (Abb. **262**/11). 20–23 mm. Früher als Gartenschädling angesehen, jetzt seltener; VII/VIII. – L (Abb. **262**/14) weiß, schwarz gefleckt mit gelbem SStreif, an *Ribes*, *Salix* u. a., überw. P (Abb. **253**/8) glänzend schwarz u. gelb, zw Blättern versponnen.

c) *Abraxas sylvata* SCOPOLI [*Calospilos* HÜBNER] – **„Vogeldreck"**
Fl weiß mit gelbschwarzem, silbrigem AuFleck am HRand u. an der Wurzel, sonst matt bleigrau gefleckt; Körper gelb, schwarz gefleckt. 18–20 mm; z in feuchten Laubw; VI/VII. – L weiß-gelb, schwarz längsgestreift, an *Ulmus* u. *Prunus padus*, überw. Im. ruht tags auf Blättern, ähnelt Vogelkot.

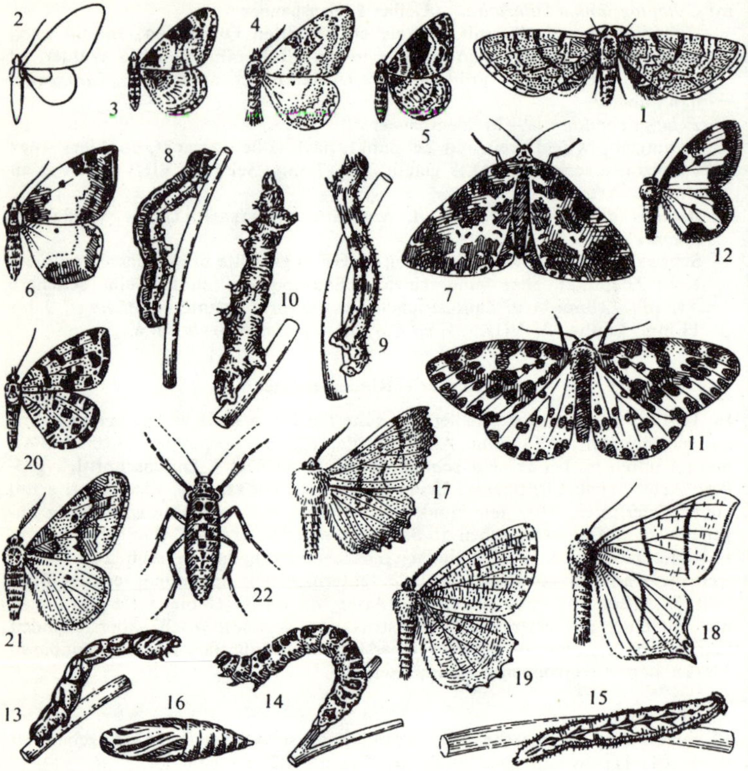

Abb. **262/1–22.** **1** ***Eupithecia*** spec.; **2** Lappenspanner – ♂; **3** ***Xanthorhoe fluctuata*** (12–15 mm); **4** ***Xanthorhoe montanata*** (15–17 mm); **5** ***Epirrhoe alternata*** (13–14 mm); **6** ***Mesoleuca albicillata*** (15–18 mm); **7** ***Rheumaptera hastata***; **8** ***Archiearis*** spec., L; **9** ***Erannis defoliaria***, L; **10** ***Selenia tetralunaria***, L; **11** ***Abraxas grossulariata*** (20 bis 23 mm); **12** ***Lomaspilis marginata*** (12–24 mm); **13** ***Timandra griseata***, L; **14** ***Abraxas grossulariata***, L; **15** ***Eupithecia*** spec., L; **16** ***Eupithecia*** spec., P; **17** ***Ennomos autumnaria*** (17–27 mm); **18** ***Ourapteryx sambucaria*** (27–30 mm); **19** ***Angerona prunaria*** (22–28 mm); **20** ***Pseudopanthera macularia*** (14–16 mm); **21** ***Erannis defoliaria***, ♂ (22–26 mm); **22** ***Erannis defoliaria***, ♀.

d) *Lomaspilis marginata* L. – **Schwarzrandspanner**
Fl weiß, geschwungen schwarz eingefaßt u. vom VRand her durch die M ± schwarz gefleckt; variabel. Körper schwarz (Abb. **262**/12). 12–14 mm; V–VIII in 2 Gen. – Raupe grün, mit helleren Streifen, an *Salix* u. *Populus*. P überw.

e) *Cabera pusaria* L. – **Weißspanner**
Fl u. Körper weiß, VFl mit 3, HFl mit 2 feinen schwärzlichen, fast geraden Querlinien. ♂-F zu ²/₃ doppelkammzähnig. 15–17 mm; g; V–IX in 2 Gen. –

L an *Betula*, *Salix* u. a., sehr variabel, grün bis braun. P überw. (3 ähnliche Arten!)

B. *Ennomos*-Gruppe

Fl oft geeckt od. gezähnt, gelb od. braun (s grün), im VFl häufig mit einem geradlinig od. geschwungenen abgegrenzten MFeld. Überwiegend große Arten (bis 30 mm) mit kräftigem Körper. ♂-F meist doppelkammzähnig (Abb. **262**/17–19).

Beispiele zur *Ennomos*-Gruppe:

a) *Ellopia fasciaria* L. [*Hylaea* HÜBNER]
Fl glattrandig; rötlich-braun, MFeld lebhafter gefärbt, im VFl beidseitig, im HFl außen graugrün begrenzt; od. (mehr im Geb) Fl grün mit hellen Querstreifen (ssp. *prasinaria* SCHIFFERMÜLLER). 17–21 mm; z in Nadelw; VI–VIII. – L 12füßig, 8. Sgm mit kurzen Füßen; rindenartig rotbraun bis grau, dunkler gezeichnet, überw an Nadelholz.

b) *Campaea margaritata* L. – **Silberblatt**
VFl-Apex spitz vorgezogen, Saum bei r_3 gebaucht; HFl leicht gezähnt, bes. bei r_3. Fl matt hellgrün, VFl mit 2, HFl mit einem fast geraden, weißlichen Querstreifen. 20–28 mm. Buchenwälder; VI/VII (VIII/IX). – L 12füßig, grau (bis grün) mit weißlichen SWärzchen; überw. (Selten die braune, sonst ähnliche *Campaea honoraria* SCHIFFERMÜLLER.)

c) Gattung *Ennomos* TREITSCHKE – **Herbstlaub-Spanner**
Fl geeckt (Abb. **262**/17), VFl durch 2 gekrümmte Querlinien aufgeteilt. Körper kräftig, Br wollig behaart; gelbe Herbstfalter, gleichen in Ruhestellung mit schräg nach hinten gehaltenen Fl welken Blättern. 17–27 mm. – L (Abb. **265**/10) astartig in Form u. Haltung, an Laubholz. P zw Blättern versponnen. Ei überw. – 5 Arten.

d) Gattung *Selenia* HÜBNER – **Mondfleckspanner**
Habitus wie bei *Ennomos*. Fl mit kleinem, glasigem Mondfleck an der Querader (bei *S. dentaria* FABRICIUS [*bilunaria* ESPER] wenig auffallend). Grundfarbe gelbbraun bis rötlich- od. dunkelbraun, fein gesprenkelt u. quergebändert od. -schattiert; Apex dunkel, halbmondförmig abgehoben (Abb. **265**/6). 16–24 mm; IV–VIII in 2 Gen. – L gedrungen, vorn verjüngt, astartig knorrig mit Höckern u. Warzen; an Laubholz (Abb. **262**/10); P überw. – 3 Arten.

e) *Colotois pennaria* L. – **Fiederspanner**
Apex spitz mit schwarz gerandetem weißem Fleckchen; Saum schwach gewellt. ♂ breitflügelig, lebhaft rostbraun; VFl mit 2, HFl mit 1 Querstreifen, beide mit Zellpunkt; F mit lg, federartigen Kammzähnen; ♀ schmalflügelig, blasser, F borstenförmig. 23–25 mm. Laubw; X/XI. – L zweigfarben, mit 2 Spitzen auf dem 11. Sgm, K rotbraun, an Laubholz, Ei überw.

f) *Crocallis elinguaria* L. – **Mordraupenspanner**
VFl hell ledergelb, MFeld kräftiger gefärbt, hinten schmaler, von wenig geschwungenen dunklen Querlinien eingefaßt, mit großem, schwarzem Zellfleck, schwarze Saumpunkte, HFl wenig heller; v an buschigen Waldrändern. 18–20 mm. VI/VII. – L gelblich mit dunklen Punkten u. Strichen u. gewellter, rötlicher Subdorsale, überw, polyphag an Laubholz; Mordraupe!

g) *Crocallis tusciaria* BORKHAUSEN
Ähnlich voriger Art, aber mit gewinkeltem Innenband der VFl, gebietsweise dunkler braun in der f. *gaigeri* STAUDINGER. Mehr im S u. W.

h) *Angerona prunaria* L. – **Pflaumenspanner**
HFlSaum zw m_1 u. m_3 schwach ausgenagt (Abb. **262**/19). Fl orange (♂) od. gelb (♀) mit Zellstrich u. vielen dunklen Querstrichelchen; Fransen ge-

scheckt (Wurzel- u. Saumfeld verdunkelt: f. *sordiata* FUESSLY). 22–28 mm. Lichte Wälder; VI/VII. – L gestreckt, mit Zähnchen u. Spitzen, bes. seitlich am 8. Sgm; an Laubholz, überw; P zw Blättern.

i) *Ourapteryx sambucaria* L. – **Nachtschwalbenschwanz, Holunderspanner**
FlForm u. -zeichnung (Abb. **262**/18). Bleichgelb, mit bräunlichen Schrägstrichen. 27–30 mm. Gärten u. Anlagen; VII. – L sehr schlank, braun, heller streifig gemischt, mit runden u. spitzen Höckern; an *Hedera helix*, *Sambucus* u. a.; überw; P in beutelartigem, lockerem Gespinst an Zweigen.

k) *Opisthograptis luteolata* L. – **Schwefelspanner**
Fl ganzrandig, schwefelgelb, mit rotbraunen Flecken am Apex u. über dem weißgekernten Zellfleck; HFl mit kleinem MRing u. rötlichen Aderenden. 19–22 mm; v in Gärten u. an Waldrändern; V–VIII, je nach Überw der L od. P. – L grün bis grau mit rötlichem K u. Rückenhöcker; an Stein- u. Kernobst, auch an *Sorbus aucuparia*.

C. *Semiothisa*-Gruppe
FlSaum oft ganzrandig, höchstens gebaucht, ausgekehlt od. mit Spitze. Grundfarbe grau bis gelb od. braun. Kleinere Arten (um 15 mm). F u. Zeichnung versch., Verwandtschaft mehr durch Genitalbau begründet (vgl. Abb. **262**/20, **265**/3).
Beispiele zur *Semiothisa*-Gruppe:

a) Gattung *Epione* DUPONCHEL
Apex spitz, VFlSaum gebaucht, HFl zw m_1 u. m_3 ausgenagt. Goldgelb, fein orange gestrichelt, Saumfeld parallel od. vom Apex her scharf violettgrau abgesetzt, schwarze Zellpunkte, spitz geknickte vordere Querlinie der VFl. 13–16 mm. Bruchwald; VI–IX. – L mit schwacher Verdickung am 5. Sgm, graubraun mit Rautenflecken u. weißlichen Punktwarzen, an *Salix* u. *Populus*; meist Ei-Überw. – 2 Arten.

b) *Pseudopanthera macularia* L. – **Pantherspanner**
Apex spitz, Saum ganzrandig, Fl goldgelb mit schwarzen Flecken (Abb. **262**/20). 14–16 mm. Tags auf Waldwiesen, im N erst neuerdings häufiger; V–VII. – L an *Lamiaceae*, P überw.

c) *Semiothisa liturata* CLERCK – **Veilgrauer Kiefernspanner**
VFl unter dem Apex ± sichelförmig ausgebuchtet, dort Fransen dunkler markiert; HFl bei m_3 geeckt. Fl grau, MFeld außen breit rostbraun besäumt, auf dem VFl 3, auf dem HFl 2 Querlinien, die am VRand des VFls zu dunklen Flecken erweitert sind. 13–16 mm. Nadelw; V–VIII in 2 Gen. – L an Nadelbäumen – 4 ähnliche Arten, die restlichen 3 mehr gelbgrau ohne rostbraune Zeichnung.

d) *Semiothisa clathrata* L. – **Gitterspanner**
Fl ganzrandig, in Ruhe aufgerichtet, Fransen gescheckt; auf weißlichem bis gelbem Grunde ein Gittermuster aus schwarzen Querstreifen u. Adern (Abb. **265**/3). 11–15 mm. Tags fliegend, einer der häufigsten Spanner; IV–VI u. VII/VIII. – Raupe grün, mit breitem, weißem Seitenstreif; auf Klee.

D. *Erannis-Biston*-Gruppe
Fast nur Vorfrühlings- od. Spätherbstarten; FlSaum stets ganzrandig, ♀♀-Fl meist rückgebildet; ♂♂ mit schlankem Körper u. dünnen, großflächigen Fl od. dickleibig, spinnerartig, träge; Grundfarbe überwiegend grau (Abb. **262**/21–22, **265**/7).

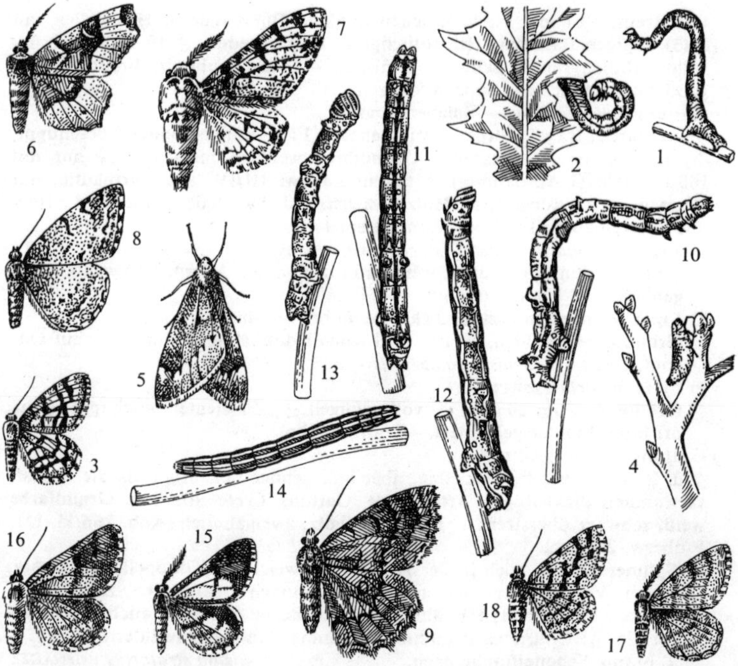

Abb. **265/1–18.** **1** *Scopula floslactata*, L; **2** *Camptogramma bilineata*, L; **3** *Semiothisa clathrata* (11–15 mm); **4** *Alsophila aescularia*, ♀; **5** *Alsophila aescularia*, ♂; **6** *Selenia tetralunaria* (19–24 mm); **7** *Biston betularius* (21–32 mm); **8** *Aethalura punctulata* (13 bis 16 mm); **9** *Gnophos obscurata* (17–19 mm); **10** *Ennomos autumnaria*, L; **11–12** *Biston betularius*, L in Rücken- u. SAnsicht; **13** *Boarmia roboraria*, L; **14** *Bupalus piniarius*, L; **15** *Bupalus piniarius*, ♂ (19–20 mm); **16** *Bupalus piniarius*, ♀; **17** *Ematurga atomaria*, ♂ (13 bis 17 mm); **18** *Ematurga atomaria*, ♀.

Beispiele zur *Erannis-Biston*-Gruppe:

a) Gattungen *Agriopis* HÜBNER u. *Erannis* HÜBNER
Habitus an *Alsophila* HÜBNER erinnernd, aber Ruhehaltung breit dreieckig. ♂-VFl fast rechtwinklig: ♀ Fl ± rückgebildet. 5 Arten, darunter ein Schädling (Abb. **262**/21–22).
Erannis defoliaria CLERCK – **Großer Frostspanner**
VFl gelblich, ± dunkel überstreut, oft ganz braun verdunkelt, mit schwarzem Zellfleck u. 2 dunkelbraunen, gewinkelten Querbändern; HFl heller. ♀ flügellos, gelblich, schwarz gefleckt. ♂ 22–26 mm; X–XII. – L bunt u. variabel, K u. Rücken braun, S u. Bauch scharf abgesetzt gelb u. rot, Haltung vgl. Abb. **262**/9. Zuweilen schädlich in Laubw.

b) *Apocheima pilosaria* SCHIFFERMÜLLER [*Phigalia pedaria* FABRICIUS] – **Schneespanner**
Erster Frühlingsspanner, I–III! ♂-FlForm ähnlich *Erannis*, aber Körper kıäftiger, zottig behaart, Beschuppung dichter. Fl grau, schwach grünlich

überstreut, VFl mit 3 undeutlichen dunklen Querbändern. HFl heller, mit 2 (3) bogigen Bändern; Hlb rötlichgrau. F lg gefiedert. ♂ 19–23 mm. ♀ flügellos, rötlichgrau u. schwarz gemischt. – L an Laubholz, braun, rötlich gezeichnet, seitlich mit spitzen Warzen.

c) Gattung *Lycia* HÜBNER – **Spinnerspanner**
Spinnerartig, träge, Körper zottig behaart, Fl ± durchscheinend beschuppt, ♂♂ um 16 mm, F gekämmt; Grundfarbe weißlich bis grau; ♀♀ nur mit FlStummeln (1 Ausnahme!). Meist in Laubw. III/IV. – L harthäutig, mit Warzen, K herzförmig; an Holzgewächsen od. Stauden; P überw; 4 Arten, alle untereinander kreuzbar. Zum Beispiel

α) *Lycia pomonaria* HÜBNER [*Poecilopsis* HARRISON]
♂-Fl sehr dünn beschuppt, weißgrau mit dunklen Adern, VFl wenig quergebändert. – L an Laubholz.

β) *Lycia zonaria* SCHIFFERMÜLLER [*Nyssia* DUPONCHEL]
Grundfarbe weißlich, VFl u. HFl lebhaft dunkel gebändert. – L auf Ödland, bes. an *Artemisia campestris* – ∇.

γ) *Lycia hirtaria* CLERCK
Größte Art, um 20 mm, ♀♀ voll geflügelt, ♂♂-Fl dichter beschuppt; grau, oft breit dunkler gebändert. – L an Laubholz.

d) Gattung *Biston* LEACH
♂ u. ♀ voll geflügelt, dickleibig, aber anliegender beschuppt als die nächstverwandten dickleibigen Arten (z. B. Gattung *Lycia* HÜBNER). Grundfarbe weiß, schwarz überstreut. – L an Laubholz, zweigähnlich (Abb. **265**/11–12); P überw, 2 Arten.

a Spinnerähnlich, auch in der Haltung; R weich; ♂-F doppelkammzähnig, braun. VFl mit 2 gezackten, breiten, braunen Querbinden, zum MFeld schwarz abgegrenzt; HFl ähnlich, verloschener. Variabel, auch in schwarzer Form: f. *melanaria* KOCH. 22–26 mm; v in Eichenwäldern; III/IV. – L braun, Scheitelfurche flach. *Biston stratarius* HUFNAGEL

a* FlHaltung spannerartig; R hornig; ♂-F nur bis ³/₄ doppelkammzähnig, schwarz. Fl mit angedeuteten zackigen schwarzen Querlinien, bes. am VRand (Abb. **265**/7), oft völlig geschwärzt (f. *carbonaria* JORDAN). 21 bis 32 mm; v; V–VIII. – L (Abb. **265**/11–12) grün od. braun, der FutterPfl angepaßt, K herzförmig. *Biston betularius* L. –**Birkenspanner**

E. *Boarmia-Gnophos*-Gruppe
Fliegen im Sommer. – Grau, meist mittelgroß bis groß, breitflügelig, ruhen gut angepaßt tags an Bäumen od. Felsen (Abb. **253**/6, **265**/8–9); VFl u. HFl meist gleichgefärbt u. -gezeichnet, oft fleckig gebändert. F sehr versch.
Beispiele zur *Boarmia-Gnophos*-Gruppe:

a) *Boarmia roboraria* SCHIFFERMÜLLER – **Großer Eichenspanner**
23–31 mm; ♂-F mit anliegenden Kammzähnen. Fl grau mit dunkel ausgefüllten Zellflecken, dunklem MSchatten u. gezackten, stellenweise fleckig erweiterten Querstreifen, Wellenlinie hell; US gelblich-weiß mit dunklem Subapikalfleck (Abb. **253**/6). VI/VII. – L astähnlich (Abb. **265**/13), an *Quercus*, überw.

b) *Aethalura punctulata* SCHIFFERMÜLLER [*Boarmia* TREITSCHKE] – **Grauer Rindenspanner**
11–16 mm. ♂-F bewimpert. Weißgrau, dunkler bestäubt, 3 (4) dunkle Querlinien, am VRand fleckig erweitert, auf den Adern gepunktet, Fransen gescheckt (Abb. **265** /8). In Bruchwäldern g; IV–VII. – L grün bis braun,

scheinbar quergebändert durch unterbrochene dunkle Rückenlinie u. -punkte; an *Alnus* u. *Betula*. P überw.

c) Gattungen *Gnophos* TREITSCHKE u. *Catascia* HÜBNER – **Felsenspanner**
Stirn oft blasig aufgetrieben, anliegend beschuppt. Zellfleck auf beiden Fl stets ringförmig. HFl meist stärker gewellt (Abb. **265**/9). ♂-VFl unten ohne Basalfleck. 16–26 mm, im Geb; meist im VII (od. 2 Gen). – L gedrungen, runzelig, mit Spitzen am 11. Sgm, meist grau bis bräunlich, tags versteckt, polyphag an Bodenvegetation, überw. Im Gebiet 10 schwer unterscheidbare Arten.

F. *Bupalus*-Gruppe
Zum Teil Tagflieger, dann lebhafter gefärbt (Abb. **265**/15–16), mittelgroß, FlSaum meist ganzrandig, VRand wenig gekrümmt, ♂-F doppelkammzähnig; Im. sonst wenig einheitlich.
Beispiele zur *Bupalus*-Gruppe:

a) *Ematurga atomaria* L. – **Heidespanner**
Tst vorstehend, grobborstig, ♂-VFl ohne Basalfleck. ♂ trübgelb, ♀ kleiner, weißlich; beide Fl ± dunkel bestreut, VFl mit 4, HFl mit 3 bräunlichen Querlinien, Fransen gescheckt (Abb. **265**/17–18). 13–17 mm; g; IV–VIII, in 2 (?) Gen. – L zylindrisch, steif, grau bis gelb, variabel, Rücken mit feinen Punktzeichnungen, polyphag, oft an *Calluna*.

b) *Bupalus piniarius* L. – **Kiefernspanner**
Tst kurz, anliegend beschuppt, ♂-VFl mit Basalfleck. Fl in Ruhe tagfalterartig aufgerichtet. ♂ weißlich od. gelblich, VFl vom Apex bis zur FlM, am Saum u. HRand schwarz, HFl am VRand u. Saum schwarz, mit 2 schwarzen Querstreifen u. Aderschatten; ♀ trüb rostgelb od. braun, mit verwaschenen dunkleren Flächen, bes. im Apikalteil; Fransen gescheckt (Abb. **265**/15–16); HFl-US mit weißem, zweimal dunkel unterbrochenem Längsstrahl. 19–22 mm. Gefürchteter Kiefernschädling! V–VII. – L grün, hell längsgestreift, an *Pinus* (Abb. **265**/14). P glänzend braun, überw unter Moos.

G. *Siona lineata* SCOPOLI – **Weißer Linienspanner**
20–24 mm; weiß, US mit schwarzen Adern u. Saumlinie, die oben durchschimmern. Im N nur sehr z, im S stellenweise häufig; tags leicht aufgescheucht auf Wiesen u. Grashängen, weißlingsartig umherfliegend, E V–VII. – L glatt, lg, gelblichgrau, dunkler gerieselt mit gelbem SStreifen u. kurzen Afterspitzen, an *Hypericum*, *Sarothamnus* u. a., überw. – P in schlankem, an den E zugespitztem, gelbem Kokon an Stengeln.

Familie *Sesiidae* [*Aegeriidae*] – **Glasflügler**

F fadenförmig (setiform, distal verjüngt) od. spindelförmig (clavat, distal gekolbt) mit endständigem Haarpinsel. Darüber hinaus F oft noch pyramiden- od. sägezähnig od. zweiseitig gekämmt. Beim ♂ bewimpert, beim ♀ unbewimpert. LabTst aufrecht, dreigliedrig, MaxTst reduziert. SaugR bei manchen Arten nicht funktionsfähig. Br kräftig, Fl schmal, meist nur an den Rändern u. an der Querader beschuppt, dadurch entstehen „Glasfenster". FlHaltung in der Ruhe dachförmig. Hlb schlank, mit charakteristischen gelben, weißen od. roten Ringen, deren Anzahl bei einigen Arten eine Unterscheidung von ♂ und ♀ ermöglicht. Falter sonnenliebend, schnelle Flieger, saugen z. T. im Fluge, nehmen Nektar od. Saft von verletzten Bäumen auf. Lebensdauer der Im. bis zu 1 Wo. – L nackt u. weiß, im Inneren der NahrungsPfl (Stengel, Stamm, Wurzel, Zweige). In krautigen Pfl im allgemeinen einjährig, in holzigen zweimal od. öfter überw. P mit Dornen am Rücken u. Stachelkranz am E, um sich aus dem Bohrloch herauszuschieben.

1 F am E ohne Haarpinsel. Im VFl r_4 u. r_5 gestielt. VFl braun, äußeres Glasfeld durch zwei dunkle Adern geteilt (Abb. **269**/1). Hlb mit 3–4 gelben Ringen u. gelbschwarzem EBusch. 9–14 mm. Auf Lichtungen, Schlägen u. in Gärten um Himbeeren, v; VI–VIII. – L im Wurzelstock u. Stengel von *Rubus idaeus*, VIII bis V. Verpuppung im Stengel, dicht über dem Boden.
Pennisetia hylaeiformis LASPEYRES

1* F am E mit Haarpinsel (Abb. **269**/2) **2**

2 VFl überwiegend beschuppt u. mit nur einem längsgeteilten Glasfeld vor der Querader (äußere Begrenzung der Z) (Abb. **269**/3). 11–14 mm. E V–VII. – L (zweijährig) in Zweiggallen von *Populus nigra* u. *P. tremula*. VIII–V.
Paranthrene tabaniformis ROTTEMBURG

2* VFl überwiegend unbeschuppt, Glasfelder gut entw **3**

3 Kräftige Formen mit FlSp zw 13 u. 20 mm. Im VFl reicht der Schuppenfleck auf der Querader nicht bis zum HRand des Fl (Abb. **269**/4).
Gattung *Sesia* F. S. 268

3* Zierlichere Formen mit FlSp meist unter 15 mm. Im VFl erstreckt sich der Schuppenfleck meist bis zum HRand des Fl **4**

4 Im VFl ist das basale Glasfeld lg u. reicht über die Innenseite des Schuppenfleckes auf der Querader hinaus (Abb. **269**/7). Gattung *Aegeria* FABRICIUS S. 270

4* Im VFl reicht das basale Glasfeld nicht über die InnenS des Schuppenfleckes auf der Querader hinaus od. fehlt ganz. (Die Unterscheidung der Gattungen ist nur bei Berücksichtigung der Genitalapparate möglich.)
Gattungen *Bembecia* HÜBNER u. *Chamaesphecia* SPULER S. 268

Gattung *Sesia* FABRICIUS

1 Hlb schwarz, mit schmalen gelben Ringen auf dem 2.–4. Sgm vorn u. dem 5. u. 6. Sgm hinten, beim ♂ auch auf dem 7. Sgm. 13–15 mm, v, doch lokal. VI, VII. – L (zweijährig) in Stamm u. Zweigen von *Populus tremula*. VII–V.
Sesia melanocephala DALMAN

1* Hlb auf dem 5.–7. Sgm ganz gelb, nur mit schmalem schwarzem Ring hinten **2**

2 Patagia (Halskragen) dunkel, Tegulae (Schulterklappen) vorn mit gelbem Fleck. Hlb auf Sgm 2 u. 3 vorn, auf 5–7 fast ganz gelb. 15–20 mm. Um *Populus* u. *Salix caprea* v, VI–VII. – L (zweijährig) in Wurzeln u. im Stammgrund von *Populus nigra*, *P. tremula* u. *Salix caprea*. VIII–V.
Sesia apiformis CLERCK (Abb. **269**/4)

2* Patagia gelb, Tegulae einfarbig schwarz, übrige Zeichnung sehr ähnlich voriger Art. 14–18 mm. v um *Salix*-Arten VI, VII. – L in *Salix* (*S. caprea*, *S. viminalis* u. *S. alba*). Verpuppung im Frühj. *Sesia bembeciformis* HÜBNER

Gattungen *Bembecia* HÜBNER u. *Chamaesphecia* SPULER

1 VFl am Innenrand u. im Saumfeld rot. EGld der LabTst gelb, MGld lg schwarz behaart. 4. u. 6. (u. 7. ♂) Hlb Sgm gelblichweiß geringelt. Afterbusch schwarz, in der M orange. HSchienen gelb od. rot. 7–10 mm. Nur aus dem SW bekannt, V–VII. – L VII–V, im Stengel u. Wurzelstock von *Rumex*, *Artemisia campestris* u. *Gnaphalium*. *Bembecia chrysidiformis* ESPER

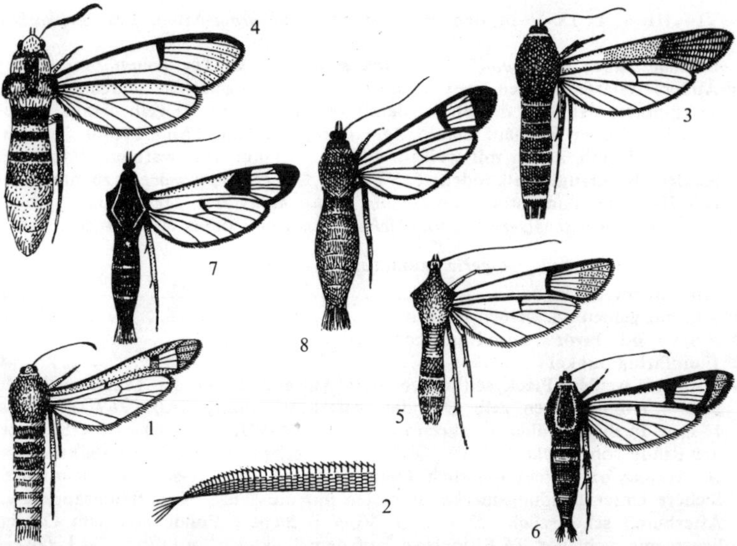

Abb. **269/1–8.** **1** *Pennisetia hylaeiformis* (10–12 mm); **2** F eines Glasflüglers mit Pinsel; **3** *Paranthrene tabaniformis* (12–14 mm); **4** *Sesia apiformis* (15–20 mm); **5** *Aegeria formicaeformis* (9–11 mm); **6** *Chamaesphecia tenthrediniformis* (7–9 mm); **7** *Aegeria scoliaeformis* (12–15 mm); **8** *Aegeria spheciformis* (12–14 mm).

1* VFl ohne diese ausgeprägte rote Zeichnung, höchstens äußeres Glasfeld orangefarben eingefaßt u. Innenrand der VFl schmal orangefarben **2**

2 Äußeres Glasfeld wird von mehr als 2 dunklen Adern durchzogen **3**

2* Äußeres Glasfeld wird nur von 2 dunklen Adern durchzogen. Hlb mit gelbem MStreifen. 4. HlbSgm mit schmalem, weißem Ring. Afterbusch schwarz, in der M u. an den S gelblich (♂) od. schwarzbraun, weißlich gemischt (♀). 8 bis 10 mm. Sehr lokal v, Br, Sa, Th u. weiter südl; VIII–IX. – L X–VII im Wurzelstock von *Euphorbia*-Arten, bes. *Euphorbia cyparissias*.
Chamaesphecia leucopsiformis ESPER

3 LabTst unterseits, Stirn u. VHü weiß. Hlb schwarz, 2., 4. u. 6. HlbSgm weiß gerandet. Afterbusch schwarz, gelb gemischt. 5–8,5 mm. Auf trockenen Hängen mit *Armeria*, tagsüber oft an den FutterPfl. VI–VIII. – L in den Wurzeln von *Armeria vulgaris* VIII–V. *Bembecia muscaeformis* ESPER
Schwierig zu trennen ist *Bembecia triannuliformis* FREYER, deren Raupe in den Wurzeln von *Rumex acetosella* lebt. Vorkommen wahrscheinlich nur im S der BRD.

3* LabTst gelb, wenn aber unterseits weißlich, dann ist das äußere Glasfeld des VFl an der Außen- u. InnenS mit orangefarbenen Schuppen eingefaßt **4**

4 LabTst gelb. Stirn schwarz. VHü blaßgelb. VFl schwarzbraun, äußeres Glas- u. Saumfeld goldgelb. Hlb ± beschuppt (Abb. **269**/6). 2., 4. u. 6. (u. 7 beim ♂) HlbSgm weißlich od. gelb gerandet. Afterbusch schwarz, gelblich gemischt. 7–9 mm. Häufig, auf sonnigen Hängen, an Waldrändern u. auf Lichtungen.

VI–VIII. – L IX–V in den Wurzeln von *Euphorbia*-Arten, bes. *Euphorbia cyparissias*.
Chamaesphecia tenthrediniformis DENIS & SCHIFFERMÜLLER [*empiformis* ESPER]

4* Äußeres Glasfeld außen breit u. innen schmal orangefarben begrenzt. SaugR verkümmert. HlbSgm dorsal auf dem 2.–6. (u. 7. beim ♂) gelb gerandet. Bei manchen Tieren fehlt auf dem 5. Sgm das gelbe Band (Abb. **173**/6). Tegulae Innenrand gelb, außen mit weißem Fleck. 7–10 mm. Auf warmen Hängen u. Heiden, bevorzugt Kalkboden. E VI–VIII. Oft an *Papilionaceae* zu finden. – L VIII–VI im Wurzelstock von *Ononis*, *Lotus*, *Anthyllis* u. *Medicago*.
Bembecia scopigera SCOPOLI [*ichneumoniformis* DENIS & SCHIFFERMÜLLER]

Gattung *Aegeria* FABRICIUS

1 Hlb mit roten Ringen **9**
1* Hlb mit gelben od. weißen Ringen **2**
2 F am E od. davor weiß od. gelblich **3**
2* F einfarbig dunkel **4**

3 Stirn mit weißem Fleck seitlich vor dem AuRand. Ecken der Tegulae gelblich 2. u. 4. HlbSgm oben gelb gerandet. Afterbusch orange (Abb. **269**/7). 12 bis 16 mm. In Birkenwäldern, -alleen u. -mooren. V–VII. – L zweijährig, lebt unter der Rinde von *Betula*. VII–V. *Aegeria scoliaeformis* BORKHAUSEN
Ae. scoliaeformis steht äußerlich *Ae. mesiaeformis* HERRICH-SCHÄFFER sehr nahe. Sichere Unterscheidungsmerkmale bieten nur die ♂ u. ♀ Kopulationsapparate. Afterbusch schwärzlich. 12–15 mm. VI–VII. Sichere Funde aus dem Gebiet liegen mir nicht vor. In SFinnland, auf dem Balkan u. in OEur v. – L (zweijährig) in Gängen zw Rinde u. Holz von *Alnus glutinosa*.

3* Stirn ohne diesen weißen Fleck. 4. HlbSgm ventral breit gelb gerandet, 2. dorsal gelblichweiß. Afterbusch blauschwarz (Abb. **269**/8) 12–15 mm. In Erlen- u. Birkenbeständen v. V–VII. – L zweijährig, vorwiegend in Stockausschlägen von *Alnus glutinosa*, *A. incana* u. in *Betula*.
Aegeria spheciformis DENIS & SCHIFFERMÜLLER

4 **(2)** Der Queraderfleck im VFl leuchtend rot bis orange beschuppt. F blauschwarz, LabTst unten gelb. 2., 4. (u. s 5.) u. 6. (u. 7. beim ♂) HlbSgm gelb gerandet. Afterbusch schwarz, oberseits beim ♂ seitlich u. beim ♀ in der M gelb. 7–11 mm; v in Eichen- u. Birkenwäldern; V–VIII. – L zweijährig, im Stamm u. unter der Rinde od. in krebsartigen Wucherungen od. in Baumstümpfen von *Quercus* u. *Fagus*. Auch in *Castanea* u. *Tamarindus*. VIII–V.
Aegeria vespiformis L.

4* Der Queraderfleck im VFl nicht rot beschuppt **5**

5 Im VFl Saumfeld schwärzlich beschuppt, s zw den Adern zartrote Striche. Queraderfleck im VFl außen fast gerade. Afterbusch beim ♀ in der M gelb, beim ♂ unten gelb od. ganz schwarz. 7–10 mm. In Fichten- u. Tannenwäldern. V–VIII. – L zweijährig, in gallenartigen Auswüchsen von *Larix*, *Picea* u. *Abies alba*. IX–V. *Aegeria cephiformis* OCHSENHEIMER

5* Im VFl Saumfeld deutlich gelbbraun, gelbrot od. hellrot beschuppt **6**

6 Metanotum mit gelbem Band. Im VFl Saumfeld hellrot bis kupferrot, Queraderfleck außen konkav. Afterbusch blauschwarz. 8–10 mm. In Eichenwäldern u. -beständen VI–VIII. – L zweijährig in krebsartigen Auswüchsen od. in Stümpfen von *Quercus*, seltener in *Viscum album*. Meist in alten, kranken Bäumen. *Aegeria conopiformis* ESPER

6* Metanotum ohne gelbes Band **7**

7 Nur HlbSgm 2 u. 4 dorsal mit gelblichem Band, Afterbusch mit gelblichen bis orangefarbenen Schuppen durchsetzt. 8–11 mm. S der BRD, Österreich, KleinAs, UdSSR. – L (zweijährig) in Stamm u. Zweigen von *Viburnum lantana*, *V. opulus* u. *Sambucus ebulus*. *Aegeria andrenaeformis* LASPEYRES

7* Außer dem 2. u. 4. auch das 6. HlbSgm gelb gerandet 8

8 K u. Tegulae hinten gelb gesäumt. LabTst unterseits gelb, vorderer AuRand weiß. Afterbusch einfarbig blauschwarz. 7–9 mm. Auf Schlägen, in Obstanlagen u. auf Heiden, häufig, auf Blättern od. Blüten der FutterPfl. V–VIII. – L VIII–V in Zweigen von *Ribes*, sowie an *Rubus*, *Corylus* u. *Euonymus*. *Aegeria tipuliformis* CLERCK

Äußerlich nicht zu trennen ist *Aegeria spuleri* FUCHS, die sehr lokal v ist u. deren L in Zweiganschwellungen von *Juniperus* lebt.

8* K u. Tegulae einfarbig, schwarz. 4.–6. HlbSgm ventral gelb, dorsal 2.4.6. (beim ♂ 7.) HlbSgm gelb gerandet. 6–9 mm. VII. Sichere Funde liegen aus Me vor. – L (zweijährig) erst in Zweigen, später zw Rinde u. Holz von *Salix*-Arten (*S. repens*, *S. aurita* u. *S. caprea*). *Aegeria flaviventris* STAUDINGER

9 (1) LabTst unten u. innen gelbrot 10

9* LabTst unten u. innen schwarz, beim ♂ innen weiß. Hlb mit roter Binde auf Sgm 4. Afterbusch schwarz, beim ♂ unten in der M weißgelb. 8–9 mm. In Obstplantagen, Gärten u. Alleen. V–VII. – L VIII–V, in krebsartigen u. kranken Stellen von Stümpfen u. Zweigen bes. von *Malus*, aber auch *Prunus*, *Cerasus*, *Crataegus* u. *Sorbus*. *Aegeria myopaeformis* BORKHAUSEN

10 Saumfeld der VFl hellrot. Stirn seitlich am AuRand mit weißem Fleck. LabTst schwarz, innen u. unten rotgelb (Abb. **269/5**). 4. (u. der VRand des 5.) HlbSgm mennigerot. Afterbusch schwarz, an den S weißlich, gelb gemischt. 7–11 mm. Um *Salix*, V–VII. – L VIII–V unter der Rinde von *Salix*, bes. *S. purpurea*, aber auch *S. viminalis*, *S. alba*, *S. repens* u. *S. caprea*. Zweiganschwellung zeigt den Befall an. *Aegeria formicaeformis* ESPER

10* Saumfeld der VFl braunschwarz. LabTst unten u. innen gelbrot. 4. HlbSgm orangerot, Afterbusch beim ♂ oft schwach orangefarben gemischt. 10–12 mm, häufig in Birken- u. Erlenbeständen, V–VIII. – L zweijährig, unter der Rinde u. in Holz von *Quercus*, *Fagus*, *Ulmus*, *Prunus* u. *Tilia*. VIII–IV. *Aegeria culiciformis* L.

Familie *Hepialidae* – Wurzelbohrer

Sehr ursprünglich, mit Jugum, wird zusammen mit den *Micropterigidae* u. *Eriocraniidae* in die Gruppe der *Jugatae* gestellt. F sehr kurz, LabTst klein, hängend, ohne SaugR u. Oc. Fl lg u. schmal, Geäderverlauf im VFl u. HFl annähernd gleich (Abb. **272/1**). Hlb auffallend lg, B zottig behaart.
♂♂ mancher Arten mit Duftorganen an den HSchienen, Raupen endophag in den Wurzeln versch. Pfl. Verpuppung in einem lockeren Gespinst. Nähte der P nicht fest verwachsen, abstehende GldMaßen. Flugzeit der Falter in der Dämmerung. Eiproduktion mancher ♀♀ unvorstellbar hoch (bis 30000 bei einigen Exoten). Eiabl durch Verstreuen während des Fluges. Weltweite V. Schwerpunkt Indo-Australien mit Riesenformen bis zu 120 mm FlSpannweite. Im Gebiet fünf Arten.

1 VFl u. HFl silberweiß (♂) od. lehmgelb mit roten Fleckreihen (♀) (Abb. **176/5**). HSchienen des ♂ mit Duftorgan. 30–35 mm. Auf feuchten Wiesen u. Waldlichtungen sowie Bruchgebieten; ♂ in der Dämmerung fliegend; ♀ im Gras

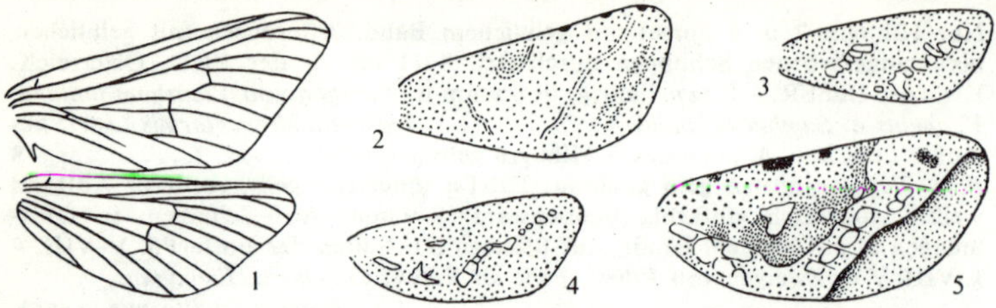

Abb. **272/1–5.** **1** *Hepialus humuli*, ♂, VFl u. HFl; **2** *Triodia sylvina*, ♂, VFl; **3** *Phymatopus hecta*, ♂, VFl; **4** *Korscheltellus lupulinus*, ♂, VFl; **5** *Korscheltellus fusconebulosa*, ♂, VFl.

sitzend. VI–VIII. – L gelblich, K braun. An Wurzeln von *Taraxacum*, *Rumex*, *Humulus lupulus* u. a., VIII–IV.

Hepialus humuli L. – **Hopfenmotte**

1* Fl nicht silberweiß, wenn gelblich, dann ohne rote Fleckreihen **2**

2 Im VFl die äußere Querbinde annähernd gerade verlaufend u. kaum in einzelne Flecke aufgelöst (Abb. **272**/2). Grundfarbe der VFl beim ♂ rotgelb bis zimtrot, beim ♀ mehr bräunlichgrau. 16–22 mm. An Waldrändern, auf Lichtungen, Wiesen u. Heiden. VII–IX. – L an den Wurzeln von *Plantago*, *Malva*, *Rumex* u. a. IX–VI. *Triodia sylvina* L.

2* Im VFl äußere Querbinde unterbrochen u. in Flecke aufgelöst **3**

3 VFl gelblich rotbraun (♂) od. graubraun (♀), Fleckreihen gelblichsilbern u. etwa parallel gestellt (Abb. **272**/3). HSchienen der ♂ keulenförmig verdickt u. mit einem Büschel gelber Schuppenhaare versehen (Duftorgan!). 10–14 mm. In der Dämmerung an Waldrändern, Waldwiesen, Mooren u. Schneisen. E V–VII. – L an den Wurzeln von *Pteridium*, *Calluna*, *Rumex*, *Primula* u. a. VIII–IV. *Phymatopus hecta* L.

3* Färbung u. Zeichnung der VFl anders **4**

4 Im VFl verläuft unterhalb der Z ein weißer Streifen (Abb. **272**/4). Die in die FlSpitze laufende Fleckbinde weiß, nicht eingefaßt. Grundfarbe ockergelb od. grau, schwärzlich bestäubt. 10–18 mm. An Waldrändern, auf Wiesen u. Lichtungen, V–VII. – L an den Wurzeln von *Agropyron*, *Plantago*, *Rumex* u. a. VII–IV. *Korscheltellus lupulinus* L.

4* Im VFl der Streifen unterhalb der Z sehr breit u. grau, mündet in die breit eingefaßte zur FlSpitze laufende Fleckbinde (Abb. **272**/5). VFl rotbraun bis grau, schwärzlich gefleckt. 15–25 mm. Auf Lichtungen von Kiefernwäldern u. moorigen Wiesen, V–VII. – L an den Wurzeln von *Pteridium* u. *Scirpus*. VII–IV. *K. fusconebulosa* DE GEER

Familie *Cossidae* – **Holzbohrer**

Ursprüngliche Gruppe. Z mit Medialader u. Anhangszelle (Abb. **176**/6). SaugR zurückgebildet od. nicht vorhanden. LabTst reduziert. Körper robust. Raupen nackt, mit kräftigen OKf. Leben im Inneren von Baumstämmen, meist mehrjährig. Verpuppung im Stamm, nahe der Rinde. P mit Hakenkränzen am Hlb, womit sie sich beim Schlüpfen des Falters aus dem Bohrloch schiebt. Größte Arten in Australien (bis 120 mm), mehrere hundert Arten. Im Gebiet 4 Gattungen mit 5 Arten.

1 Br dorsal weiß, mit 6 stahlblauen Punkten. Hlb stahlblau. VFl weiß mit vielen stahlblauen Flecken (Abb. **274**/1). 18–35 mm, gemein, VI/VII. – L gelb, mit schwarzen Punktwarzen, zweijährig in Stämmen von Laub- u. Obstbäumen. Gefürchteter Obstbaumschädling.

Zeuzera pyrina L. – **Blausieb**

1* Br, Hlb u. VFl anders gezeichnet 2

2 VFl olivgrau bis braungrau mit weißlichen Flecken (Abb. **274**/2). HFl olivgrau. 8–13 mm. Nur S, Rheingau, V/VI. – L mehrjährig in Zwiebeln von *Allium*. *Dyspessa ulula* BORKHAUSEN

2* VFl mit bräunlicher Grundfarbe, aber ohne weißliche Flecke 3

3 Hlb auffallend lg u. schmal. VFl schmal ockergelblichgrau mit feiner braungrauer Strichzeichnung. HFl bleich gelbgrau (Abb.**274** /3). 16–21 mm; z in Sumpfgegenden; VI/VII. – L hell gelbgrau, zweijährig im Stengel von *Phragmites*.

Phragmataecia castaneae HÜBNER

3* Hlb sehr dick. VFl breit. Körper sehr robust. Geäderverlauf s. Abb. **176**/6.

Gattungen *Cossus* F. u. *Lamellocossus* DANIEL

a F einreihig gekämmt, VFl braun, weißgrau gemischt mit zahlreichen schwarzen Querstrichen (Abb. **274**/4). 30–41 mm. Gemein. VI/VII. – L fleischrot, an den S gelblich. Zweijährig in *Salix*, *Populus*, *Quercus* u. Obstbäumen. Geruch nach Holzessig zeigt Befall des Stammes an.

Cossus cossus L. – **Weidenbohrer**

a* F zweireihig gekämmt. Ähnlich voriger Art, aber kleiner, 27–38 mm. Sehr s! VI/VII. – L in *Populus*. *Lamellocossus terebra* DENIS & SCHIFFERMÜLLER

Familie *Adelidae* – **Langhornmotten**

F beim ♂ die VFl an Lg weit übertreffend (Abb. **176**/9). K u. TstPaare lg abstehend behaart. Fl meist metallisch glänzend. – L anfangs minierend, später in einem beiderseits offenen Sack am Boden. Neuerdings werden die *Adelidae* zusammen mit den *Incurvariidae* u. den *Heliozelidae* als UFamilien der *Incurvariidae* geführt.

1 Nur LabTst ausgebildet. Gattung *Adela* LATREILLE

1* LabTst u. MaxTst ausgebildet (Abb. **274**/5). 6 Arten.

Gattung *Nematopogon* ZELLER

Häufig sind:

N. swammerdamella L.

VFl strohgelb, glänzend, undeutlich gegittert (Abb. **274**/6). 9–11 mm. In Laubwälder. IV–V. – L miniert anfangs in Blättern von *Fagus*, *Quercus* u. *Castanea* sowie an verschiedenen Rosengewächsen, lebt später in einem Sack am Boden.

N. metaxella HÜBNER

Sehr ähnlich voriger Art, kleiner, 6–7 mm. An der Querader des VFl ein undeutlicher Fleck. In Laubw. V–VII. – L an niedrigen Pfl, später in einem Sack am Boden.

Gattung *Adela* LATREILLE

Gattung mit über 20 Arten, die nur bei Berücksichtigung der ♂ u. ♀ Kopulationsorgane sicher unterschieden werden können. Die Gattung wird in die drei UGattungen *Adela* LATREILLE, *Cauchas* ZELLER u. *Nemophora* ILLIGER & HOFMANNSEGG unterteilt.

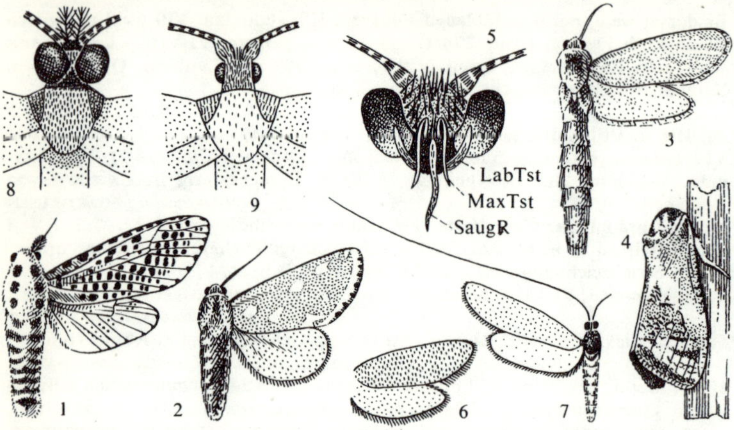

Abb. 274/1–9. **1** *Zeuzera pyrina* (18–35 mm); **2** *Dyspessa ulula* (8–13 mm); **3** *Phragmataecia castaneae* (16–21 mm); **4** *Cossus cossus* (30–41 mm); **5** *Nematopogon metaxella*, KUS mit 5gld u. umgeschlagenen MaxTst; **6** *Nematopogon swammerdamella*, Fl; **7** *Adela* (*N.*) *metallica* (9–10 mm); **8** *Adela* (*N.*) *metallica*, KOS; **9** *Adela* (*N.*) *degeerella*, ♂, KOS.

Häufig sind:

A. (*N.*) *metallica* PODA

VFl einfarbig grünlich bronzefarben. HFl dunkelviolett (Abb. **274**/7). KOS vgl. Abb. **274**/8. 9 bis 10 mm. An Wiesen-, Wald- u. Ackerrändern. VI–VIII. L in Skabiosenblüten, dann in einem Sack am Boden.

A. (*N.*) *fasciella* F.

VFl rotgolden, mit einer schwärzlichen MBinde, FlBasis messinggelb; HFl dunkelviolett. 7 mm. Verbreitet um *Lamium*. VI–VIII. – L IX–V, anfangs in den Blüten von *Ballota*, *Marrubium* u. *Calamintha*, später in einem Sack auf Blättern.

A. (*N.*) *degeerella* L.

VFl mit schwarzen Aderstrichen auf gelbem Grund u. breiter gelber Querbinde, Saumfeld schwärzlich (Abb. **176**/8–9). KOS vgl. Abb. **274**/9. 7–10 mm. Häufig in Wäldern. V/VI. – L in einem Sack an niedrigen Pfl.

A. (*A.*) *reaumurella* L. [*viridella* SCOPOLI]

VFl blaugrün, stark glänzend, HFl schwach purpurblau glänzend. 7–8 mm. Häufig in Buchen- u. Eichenwäldern. V/VI. – L in einem aus Blattstücken angefertigten Sack am Boden.

Familie *Pyralidae* – **Zünsler**

Erstes HlbSgm mit Tympanalorganen. HFl mit drei Innenrandadern. MaxTst u. LabTst ausgebildet.

F nackt od. bewimpert, oft mit Schuppenwülsten hinter dem BasalGld. Chaetosema u. SaugR vorhanden od. fehlend. Im HFl sc u. rr gestielt od. ± parallel laufend. FlHaltung in der Ruhe dachförmig od. VFl annähernd horizontal übereinandergeschoben. Im. fliegen tagsüber, in der Dämmerung od. nachts. Lebensweise der L sehr verschiedenartig, viele sind Vorratsschädlinge von großer wirtschaftlicher Bedeutung. Sehr artenreiche Gruppe (bes. in den Trop), im Gebiet fast 300 Arten, die in 15 UFamilien stehen.

1 Im VFl r_3 mit r_4 gestielt (Abb. **276**/1). 5–6 mm. Fl dünn beschuppt, ohne Oc, MaxTst sehr klein. B mit kurzen Spornen, ♀ mit FlRudimenten. – L aquatisch. Unterfamilie *Acentropinae* S. 283
1* Merkmale vereint nicht vorhanden **2**
2 VFl ohne r_5 (Abb. **276**/2). Unterfamilie *Phycitinae* S. 279
2* VFl mit r_5 .... **3**
3 Im HFl trägt der Cubitalstamm oberseits eine Haarbürste **4**
3* HFl in der Regel ohne Haarbürste auf dem Cubitalstamm **5**
4 LabTst bei ♂ u. ♀ von gleichem Bau. Im VFl ax an der Basis nicht gegabelt. Unterfamilie *Crambinae* S. 277
4* LabTst bei ♂ u. ♀ versch. gebaut (Abb. **276**/3–4). Im VFl ax an der Basis gegabelt. Unterfamilie *Galleriinae* S. 275
5 (3) ImVFl r_5 mit r_4 u. bisweilen auch noch mit r_3 gestielt (Abb. **276**/5). Unterfamilie *Pyralinae* S. 279
5* Im VFl r_5 frei **6**
6 Ohne Chaetosema. Unterfamilie *Pyraustinae* S. 282
6* Mit Chaetosema **7**
7 LabTst ca. 4–5mal so lg wie der K breit. Unterfamilie *Schoenobiinae* S. 281
7* LabTst höchstens doppelt so lg wie der K breit. Unterfamilie *Nymphulinae* S. 281

Unterfamilie *Galleriinae*

Geschlechtsdimorphismus im Bau der LabTst, im VFl Axillaris (ax) an der Wurzel gegabelt. LabTst beim ♂ klein u. versteckt, beim ♀ größer, vorgestreckt od. hängend. MaxTst klein u. verborgen. Oc nicht ausgebildet. Chaetosema vorhanden. Verlauf der FlAdern beim ♂ u. ♀ oft versch. – L oft in Bienen- u. Hummelnestern od. an trockenen Früchten aller Art.

1 Außenrand des VFl konkav (Abb. **276**/6). VFl aschgrau, gegen den VRand bräunlich. Innenrand hellgelb mit großen rotbraunen Flecken (Abb. **276**/7). 10–14 mm, Kosmopolit. V–IX (mehrere Gen). Im. dringen in der Dämmerung zur Eiabl in Bienenstöcke ein. – L zerstören durch Gespinstgänge Waben, fressen Pollenreste u. Wachs. Verpuppung im Stock. Herbsttiere überw. *Galleria mellonella* L. – **Große Wachsmotte** od. **Bienenwolf**
1* Außenrand des VFl konvex **2**
2 VFl ohne r_2 (Abb. **276**/8). K gelb. Br u. VFl einfarbig lehmgraugelb. Fl weißlichgrau. 6–12 mm. V–IX, 3–4 Gen jährlich. Eiabl in Haufen (250 bis 300 Stück) an Bienenstockwänden u. Waben. – L lebt in Bienenstöcken von Pollen u. Wachs. Bienenpuppen werden oft versponnen. Verpuppung in einzeln liegenden Kokons. *Achroia grisella* F. – **Kleine Wachsmotte**
2* VFl mit r_2 .... **3**
3 VFl der ♂♂ ohne m_2 .... **4**
3* VFl der ♂♂ mit m_2 .... **5**
4 MZelle des VFl beim ♂ offen (Abb. **276**/9). VFl weißlich fleischfarben, VRand u. Saum braun (♂) od. VFl aschgrau bis rötlichgrüngrau. Zwei scharf gezackte

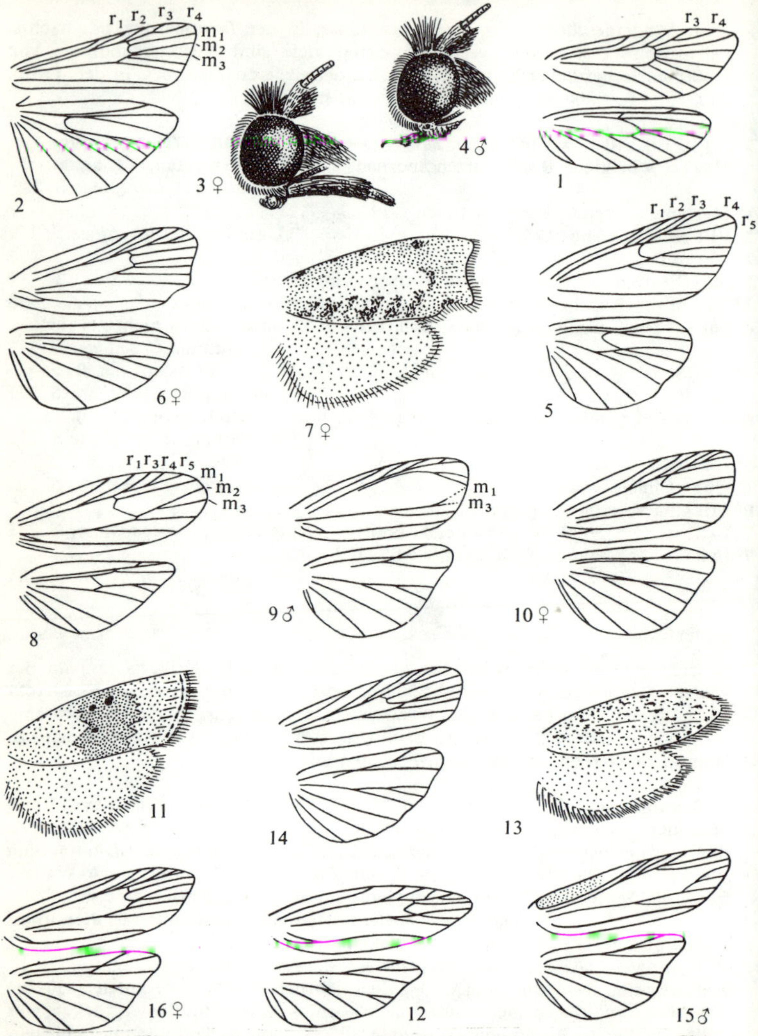

Abb. 276/1–16. **1** *Acentria nivea*, VFl u. HFl; **2** *Dioryctria abietella*, VFl u. HFl; **3** *Paralipsa gularis*, ♀, KS; **4** *Paralipsa gularis*, ♂, KS; **5** *Pyralis farinalis*, VFl u. HFl; **6** *Galleria mellonella*, ♀, VFl u. HFl; **7** *Galleria mellonella*, ♀, VFl u. HFl; **8** *Achroia grisella*, VFl u. HFl; **9** *Aphomia sociella*, ♂, VFl u. HFl; **10** *Aphomia sociella*, ♀, VFl u. HFl; **11** *Aphomia sociella*, VFl u. HFl; **12** *Corcyra cephalonica*, VFl u. HFl; **13** *Corcyra cephalonica*, ♂, VFl u. HFl; **14** *Melissoblaptes zelleri*, ♂, VFl u. HFl; **15** *Paralipsa gularis*, ♂, VFl u. HFl; **16** *Paralipsa gularis*, ♀, VFl u. HFl.

dunkle Querlinien (Abb. **276**/11). Frisch geschlüpfte Tiere mit moosgrüner Einmischung. 8–20 mm. Um Hummel- u. Wespennester u. Holzstapel. VI–IX. – L gesellig in Hummel- u. Wespennestern, frißt alte Zellen, Abfälle, Brut u. Waben. L auch in Holzstapeln u. Vogel-Nistkästen. Verpuppung in einem aus vielen Röhren bestehenden, zähen Gespinstballen. *Aphomia sociella* L.

4* MZelle des VFl beim ♂ geschlossen (Abb. **276**/12). K weiß, VFl grau, entlang den Adern schwärzlich, Innenrand hell (Abb. **276**/13). ♂ 16 mm, ♀ 22 mm. Meist nur in Hafenstädten wie Hamburg u. Rostock in Vorratsspeichern (mit Waren eingeschleppt). VII–IX. – L in mit Kot bedeckten Gespinströhren an Vorräten aller Art, wie Reis, Mais, Getreide, Erdnüsse, Leinsamen usw. *Corcyra cephalonica* STAINTON – **Reismotte**

5 (3) MZelle im VFl des ♂ geschlossen, r_3 u. r_4 an der Basis stark genähert (Abb. **276**/14). K, Br u. VFl aschgrau, 2 undeutliche Querlinien nahe der Wurzel u. im letzten Flügeldrittel. 10–16 mm. Auf trockenen u. sandigen Stellen. VII/VIII. – L überw bis V/VI zw Moos, Gräsern od. Kräutern in einer senkrechten bis 10 cm lg Erdröhre. Frißt Pfl u. Tierreste. *Melissoblaptes zelleri* DE JOANNIS

5* MZelle im VFl der ♂ offen, r_3 u. r_4 an der Basis weit entfernt (Abb. **276**/15). VFl graubraun, nahe der Basis u. hinter der FlM je eine dunkle zickzackförmig verlaufende Querbinde, dazw ein tiefschwarzer Punkt (♀) (Abb. **278**/1). VFl des ♂ graublau, statt des schwarzen Punktes ein gelber, rotbraun umrandeter, dreieckiger Fleck. 10–14 mm. In Speichern, vornehmlich der Hafenstädte. Mehrere Gen, je nach Temperatur. – L an trockenen Samen aller Art (Nüsse, Mandeln, Getreide usw.). Gemeinsame Verpuppung. *Paralipsa gularis* ZELLER – **Samenzünsler**

Unterfamilie *Crambinae*

MZelle der HFl meist offen (Abb. **278**/2). LabTst lg u. vorgestreckt, MaxTst etwa dreieckig. Im. meist auf Wiesen od. trockenen Stellen. Tagsüber ruhen sie kopfabwärts an Grasstengeln. L häufig in Gespinströhren an Gräsern od. Moosen. 17 Gattungen mit ca. 60 Arten, die z. T. nur bei Berücksichtigung der Kopulationsorgane zu unterscheiden sind.

Am häufigsten sind:

a) An Gewässern um *Phragmites*. LabTst weit vorgestreckt, so lg wie der vierfache AuDurchmesser (Abb. **278**/3). VFl gelbbraun (♂) od. bleich ockergelb (♀), Geäderverlauf s. Abb. **278**/4. 13–15 mm. VI/VII. – L im Stengel von *Phragmites*, wahrscheinlich zweijährig. *Chilo phragmitella* HÜBNER

b) Auf Wiesen u. Grasplätzen. VFl ockergelb mit breiter silberweißer Längsbinde (Abb. **278**/5), 9–11 mm; g; VI/VII. – L in Gespinströhre an versch. Gräsern, IX–V. *Crambus pascuella* L.

c) Auf sandigen dürren Stellen

  a VFl bleich ockergelb, mit schmalem weißem Längsstreifen (Abb. **278**/6). Geäderverlauf s. Abb. **278**/7. 11–14 mm. VIII/IX. – Lebensweise der L unbekannt. *Agriphila deliella* HÜBNER

  a* VFl bräunlichgelb bis dunkelbraun (Abb. **278**/8). 11–12 mm. VII–IX. – L in senkrechten Seidenröhren an Gräsern, z. B. *Deschampsia flexuosa*. *A. tristella* DENIS & SCHIFFERMÜLLER

d) An salzhaltigen Stellen im Binnenland u. an der Küste. VFl gelblichgraubraun mit zwei bräunlichen Querstreifen u. einem schwärzlichen Längsstreif.

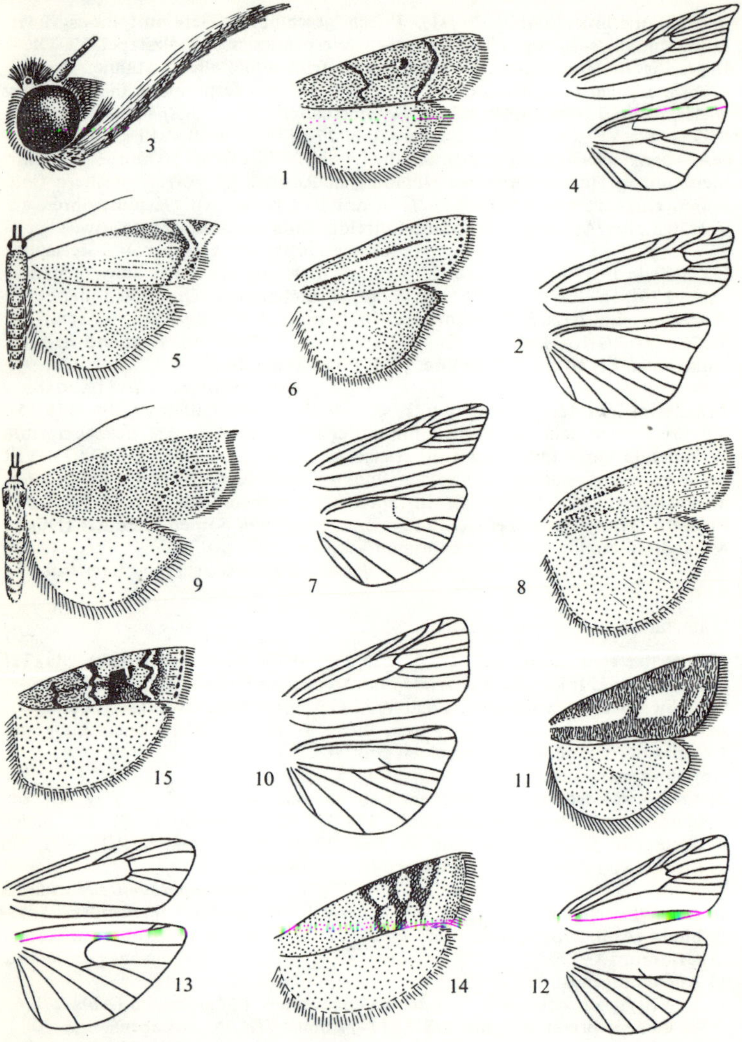

Abb. 278/1–15. **1** *Paralipsa gularis*, ♀, VFl u. HFl; **2** *Crambus pascuella*, VFl u. HFl; **3** *Chilo phragmitella*, KS; **4** *Chilo phragmitella*, VFl u. HFl; **5** *Crambus pascuella* (9–11 mm); **6–7** *Agriphila deliella*, VFl u. HFl; **8** *Agriphila tristella*, VFl u. HFl; **9** *Calamotropha paludella* (12–14 mm); **10** *Calamotropha paludella*, VFl u. HFl; **11–12** *Catoptria permutatella*, VFl u. HFl; **13–14** *Plodia interpunctella*, VFl u. HFl; **15** *Dioryctria abietella*, VFl u. HFl.

10–12 mm. VI–VII. – L in einer Gespinströhre am Stengelgrund von *Puccinellia maritima*, IX–V. *Pediasia contaminella* HÜBNER

e) An sumpfigen Stellen. VFl gelblichbraungrau, zwei Schrägreihen undeutlicher Punkte (Abb. **278**/9). Geäderverlauf s. Abb. **278**/10. 12–14 mm. VI–VIII. – L miniert die Blätter von *Typha latifolia*. *Calamotropha paludella* HÜBNER

f) In montanen Regionen; nur Alp. VFl ockergelblichbraun, mit weißer, zweimal geteilter Längsbinde (Abb. **278**/11). Geäderverlauf s. Abb. **278**/12. 9–12 mm. VI–VIII. – L soll an Moos leben. *Catoptria permutatella* HERRICH-SCHÄFFER

Unterfamilie *Phycitinae*

VFl ohne r_5 (Abb. **278**/13). Häufig Geschlechtsdimorphismus im Bau der F. Viele Im. haben als Vorratsschädlinge wirtschaftliche Bedeutung. Etwa 45 Gattungen mit über 70 Arten. Sichere Trennung nur bei Untersuchung der Genitalapparate möglich. Wichtige Arten sind:

Plodia interpunctella HÜBNER – **Dörrobstmotte**
K, Br rötlich, VFl bis vor der M hellgelb, dahinter braunrot mit breiten Querbinden (Abb. **278**/14). 7–10 mm. In Lagern, Speichern, Warenhäusern, Vorratsräumen usw. V–IX. Kosm. – L an pfl Produkten wie Nüsse, Mandeln, Rosinen, Sämereien, Getreide usw.

Ephestia kuehniella ZELLER – **Mehlmotte**
K, Br u. VFl lichtgrau. VFl mit zwei übereinanderliegenden Queraderpunkten u. zwei gezackten Querstreifen. 10–12 mm. Mehrere Gen. Vorwiegend in Mühlen, Speichern, Vorratsräumen. IV/X. Kosm. – L baut in Nährsubstrat (Mehl, Kleie, Sämereien usw.) Gespinstgänge.

Ephestia elutella HÜBNER – **Heu- od. Kakaomotte**
VFl aschgrau, zwei dunkel gerandete Querlinien (Abb. **280**/1). Geäderverlauf s. Abb. **280**/2. 5–8 mm. In Warenhäusern, Speichern usw. VI–X. Kosm. – L an verschiedenartigen Vorräten wie Getreide, Nüsse, Sämereien.

Cadra cautella WALKER – **Dattelmotte**
VFl braungrau, zwei undeutliche Querlinien. 7–9 mm. In Warenhäusern u. Speichern. Mehr trop verbreitet. V/VI. – L an gespeicherten pfl Produkten.

Dioryctria abietella DENIS & SCHIFFERMÜLLER – **Fichtenzapfenzünsler**
K, Br u. VFl weißgrau, schwärzlich bestäubt. Zwei zickzackförmig verlaufende Querstreifen. Auf der Querader ein weißer Halbmond (Abb. **278**/15). 13–15 mm. In Kiefern- u. Fichtenwäldern. VI u. VIII/IX. – L in den Zapfen von *Abies*, *Larix*, *Pinus* u. a. Frißt Samen, lebt auch in Chermesgallen od. Wipfeltrieben. VII/X. Überw im Gespinst am Boden, Verpuppung im Frühj.

Unterfamilie *Pyralinae*

Kräftige Tiere mit dicht beschuppten Fl u. ausgeprägter FlZeichnung. Im VFl oft r_3–r_5 gestielt. Cubitalstamm der MZelle im HFl oberseits unbehaart. 6 Gattungen mit 7 Arten. Davon häufiger:

Aglossa pinguinalis L. – **Fettzünsler**
K, Br u. VFl glänzend braungrau. Zwei zickzackförmig verlaufende, dunkel eingefaßte Querstreifen (Abb. **280**/3). 14–18 mm. Im. tagsüber in dunklen

Ecken verborgen, fliegen in der Dämmerung in Warenhäusern, Ställen, Scheunen u. Lagern. V–VII. – L in Gespinströhren unter Abfällen von Heu, Stroh, Getreide, Samen usw. VII–V.

Pyralis farinalis L. – **Mehlzünsler**

VFl mit violettbraunem Wurzelfeld. M- u. Außenfeld gelbviolett. Zwei gebogene, weißliche Querlinien (Abb. **280**/4). 8–14 mm. Fliegt in der Dämmerung; in Mühlen, Bäckereien, Speichern u. Lagern. Kosm. VI–VIII. – L in röhrenförmigen Gespinsten von vielerlei pflanzlichen Produkten wie Mehl, Getreide, Samen, Stroh usw. Material wird klumpenartig versponnen. IX–V.

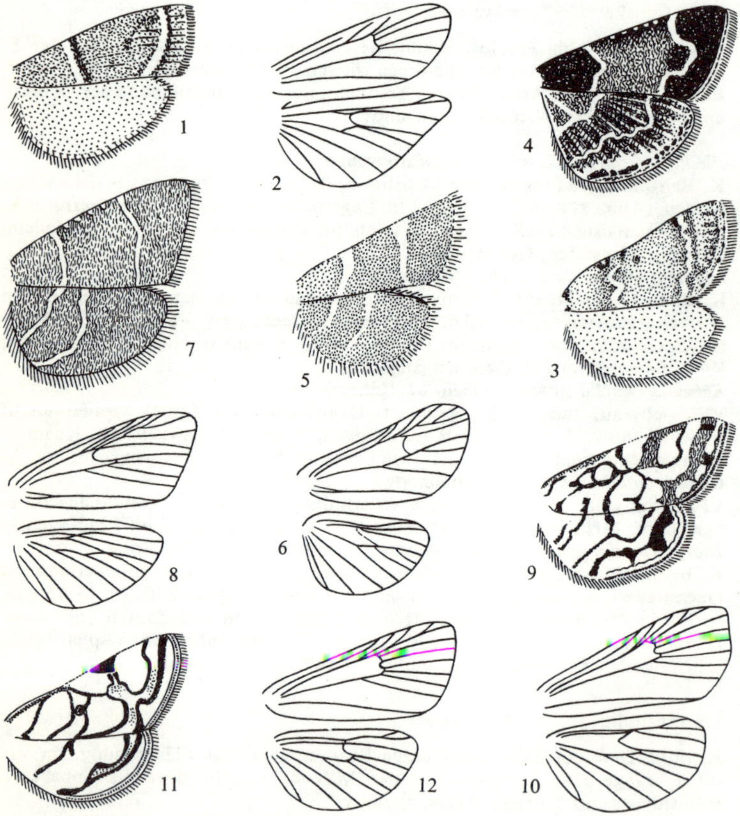

Abb. 280/1–12. 1–2 *Ephestia elutella*, VFl u. HFl; **3** *Aglossa pinguinalis*, VFl u. HFl; **4** *Pyralis farinalis*, VFl u. HFl; **5–6** *Hypsopygia costalis*, VFl u. HFl; **7–8** *Orthopygia glaucinalis*, VFl u. HFl; **9–10** *Nymphula nymphaeata*, VFl u. HFl; **11–12** *Parapoynx stagnata*, VFl u. HFl.

Hypsopygia costalis F. – **Heuzünsler**
VFl bräunlich violett, mit zwei schmalen gelben Querlinien (Abb. **280**/5). Fransen goldgelb. Geäderverlauf s. Abb. **280**/6. 7–10 mm. In Häusern mit Strohdächern, Heu- u. Strohmieten, auch an Hecken u. Gartenzäunen nahe Scheunen. V–VII. – L an Heu, in Strohdächern, Eichhörnchen- u. Vogelnestern, Hühnerställen. IX–V.

Orthopygia glaucinalis L.
VFl grauolivfarben, Costa u. FlWurzel purpurn bestäubt, zwei gelbliche Querstreifen (Abb. **280**/7). Geäderverlauf s. Abb. **280**/8. 11–13 mm. In Strohhütten, Gartenlauben, Heuschobern. VI–VIII. – L gesellig in röhrenartigen Gepinsten an verwesenden vegetabilischen Materialien. In Strohdächern, Vogelnestern wie vorige Art. Bis VI, wahrscheinlich überw.

Unterfamilie *Nymphulinae*

Chaetosema vorhanden, im VFl r_2–$_4$ od. r_{3+4} gestielt. Im. stets in Gewässernähe, L leben aquatisch. 3 Gattungen mit 5 Arten. An Gewässern (Seen, Tümpel, Gräben).

Nymphula nymphaeata L.
VFl weiß, bräunlich bestäubt. V- u. HFl mit brauner Zeichnung (Abb. **280**/9). Geäderverlauf s. Abb. **280**/10. 11–14 mm. VI–VIII. – L an den Blättern von *Nuphar*, *Nymphaea*, *Potamogeton* u. *Hydrocharis* in stehenden u. ruhigen Gewässern; VIII–VI.

Parapoynx stagnata DONOVAN
VFl u. HFl glänzend weiß. Zeichnung ähnlich voriger Art (Abb. **280**/11). Geäderverlauf s. Abb. **280**/12. – L an *Sparganium*. Verpuppung in weißseidenem Kokon, an einem schwimmenden Blatt. VIII–V.

Cataclysta lemnata L.
VFl weiß, HFl mit silbernen Punkten auf schwarzem Saum (Abb. **282**/1). ♂ 7–9 mm. Beim ♀ Fl reichlich braun bestäubt. Geäderverlauf s. Abb. **282**/2. 9–11 mm. VI–IX. – L in einem aus *Lemna* od. *Phragmites*-Stückchen zusammengesponnenem Gehäuse. Nach der Überw Verpuppung in einem Schilfhalm. VIII–V.

Parapoynx stratiotata L.
VFl weiß, braun bestäubt, ein brauner Querstreifen u. ein gleichfarbiger, weiß gekernter MFleck (Abb. **282**/3). Geäderverlauf s. Abb. **282**/4. 9–11 mm. VI–VIII. – L in mit PflTeilen durchsetztem Gespinst unter der Wasseroberfläche zw Blättern u. Stielen von *Stratiotes*. VIII–V.

Unterfamilie *Schoenobiinae*

Steht im Habitus der Im. den *Crambinae* nahe. Chaetosema vorhanden. Ohne SaugR od. SaugR reduziert. Hlb des ♀ mit wolligem Afterbusch. 2 Gattungen mit 3 Arten. Um stehende Gewässer v.

Schoenobius gigantella DENIS & SCHIFFERMÜLLER
LabTst annähernd so lg wie K u. Br zusammen (Abb. **282**/5). Geäderverlauf s. Abb. **282**/6. VFl gelbgrau, bräunlich bestäubt, schwärzliche Flecke. 12 bis 18 mm. VI–VIII. – L in den Trieben von *Phragmites*, bohrt bis in die Wurzel; bis VI.

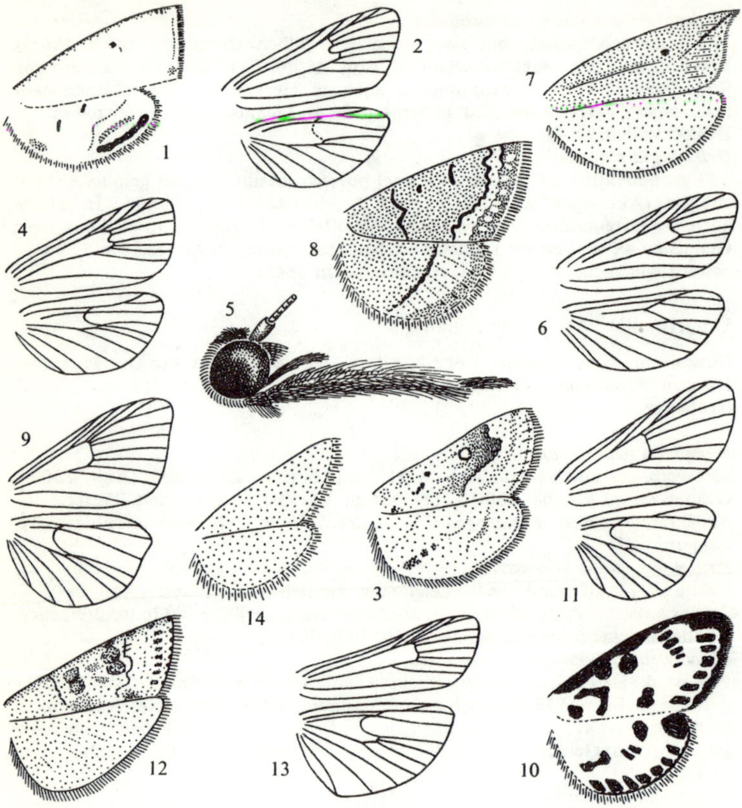

Abb. 282/1–14. 1 ***Cataclysta lemnata*****, ♂, VFl u. HFl; 2** ***Cataclysta lemnata*****, VFl u. HFl; 3–4** ***Parapoynx stratiotata*****, VFl u. HFl; 5** ***Schoenobius gigantella*****, KS; 6** ***Schoenobius gigantella*****, VFl u. HFl; 7** ***Schoenobius forficella*****, VFl u. HFl; 8** ***Ostrinia nubilalis*****, ♂, VFl u. HFl; 9** ***Ostrinia nubilalis*****, VFl u. HFl; 10–11** ***Eurrhypara hortulata*****, VFl u. HFl; 12–13** ***Nomophila noctuella*****, VFl u. HFl; 14** ***Acentria nivea*****, ♂, VFl u. HFl.**

Sch. forficella THUNBERG

VFl schmutziggelb mit braunem Schrägstreifen aus der Spitze (Abb. **282**/7). 12–15 mm. VI–VIII. – L nach der Überw bis V/VI. Anfangs minierend in Blättern von *Glyceria*, später im Stengel, dort Verpuppung.

Unterfamilie *Pyraustinae*

Sehr heterogen im Bau der Im. wie auch in der Lebensweise der L. Cubitalstamm der HFl oberseits ohne Haarkamm. Im VFl r_5 frei. Annähernd 40 Gattungen mit über 100 Arten. Neuerdings ist diese Gruppe weiter aufgegliedert worden, für das Gebiet in die folgenden UFamilien: *Scopariinae, Evergestinae, Odontiinae* u. *Glaphyriinae.*

a) In Maisanbaugebieten:
Ostrinia nubilalis HÜBNER – **Maiszünsler**
VFl gelblichbraun bis graubraun (♂) od. blaß zitronengelb (♀) (Abb. **282**/8). Ein Queraderstrich u. zwei gezackte Linien. Geäderverlauf s. Abb. **282**/9. ♂ 13–14 mm, ♀ 15–16 mm; fast kosm. – L schädlich an *Zea mays* (an Blättern, im Stengel, in Blütenständen u. reifen Kolben). Auch an *Humulus, Panicum, Cannabis, Beta* u. a.
b) In Wäldern u. Gärten um Sträucher u. Nesseln:
Eurrhypara hortulata L.
K u. Br ockergelb, Fl weiß, mit Doppelreihe ovaler, bräunlicher Flecke um den Saum (Abb. **282**/10). Geäderverlauf s. Abb. **282**/11. 12–14 mm. VI–VIII. – L zw zusammengezogenen Blättern od. nur in einem nach unten gebogenen Blatt von *Urtica-*, *Mentha-*, *Stachys*-Arten u. a. VIII/IX. Verpuppung im Frühj.
c) Auf trockenen grasreichen Plätzen:
Nomophila noctuella DENIS & SCHIFFERMÜLLER
VFl gelblich dunkelbraun, mit zwei gezackten schmalen Querlinien, dazw drei schwärzlich umrandete, braune Makeln (Abb. **282**/12). Geäderverlauf s. Abb. **282**/13. 12–14 mm. VI–IX. – L an *Trifolium, Polygonum, Poa* u. a. VII–IX.

Unterfamilie *Acentropinae*

Nur 1 Art. VFl dünn weiß beschuppt, an den Adern bräunlich (Abb. **282**/14). ♀ tritt in zwei Formen auf: vollgeflügelt od. mit FlRudimenten. VFlLg 5 bis 6 mm. An ruhigen Gewässern, Flüssen, Seen usw. Im. fliegen in der Dämmerung lebhaft über der Wasseroberfläche. ♀ leben im Wasser. Kopula auf dem Wasser. ♀ legt danach Eier an WasserPfl ab u. stirbt bald. V–IX. – L im PflStengel, in 1–3 m Tiefe, Atmung durch Stigmen, später frei in einem Blattgehäuse. X–V. Verpuppung nach der Überw, VI, in einem mit Luft gefüllten Kokon. *Acentria nivea* OLIVIER

Familie *Tortricidae* – **Wickler**

LabTst nach vorn gestreckt od. aufwärts gebogen. Ohne MaxTst od. MaxTst rudimentär. Haltung der Fl während der Ruhe dachförmig (Abb. **284**/1–2). Im VFl m_1 immer frei, bei den ♂♂ bisweilen ein Costalumschlag (Abb. **284**/3). FlUmriß sehr verschiedenartig. – L mit sehr unterschiedlicher Lebensweise zw Blättern, Blüten u. Früchten, in Trieben, Knospen, Blüten, Früchten, Gallen, in der Rinde od. im Wurzelstock. Viele Arten haben als PflSchädlinge wirtschaftliche Bedeutung.
Im Gebiet über 450 Arten, deren sichere Bestimmung nur nach Untersuchung der Kopulationsorgane möglich ist, selbst die Unterscheidung der Unterfamilien erfolgt mit Hilfe dieser Organe. Für die einzelnen Unterfamilien können hier nur als Beispiele einige wichtige Arten erwähnt werden.

Unterfamilie *Tortricinae*

Tortrix viridana L. – **Eichenwickler**
VFl einfarbig hellgrün, HFl grau (Abb. **284**/4). Geäderverlauf s. Abb. **284**/5. 9–11 mm. VI/VII. – L in Blattrolle an *Quercus*, oft Kahlfraß verursachend. IV/V.
Choristoneura hebenstreitella MÜLLER [*sorbiana* HÜBNER]
VFl grünlichgrau mit Gitterzeichnung. Wurzelfeld, die unter dem VRand verschmälerte MBinde u. der VRandfleck olivgrün (Abb. **284**/**6**). Geäderverlauf Abb. **284**/7. HFl braungrau. 10–14 mm. Gemein. VI/VII. – L polyphag an *Sorbus*, *Sambucus*, *Prunus*, *Quercus*, *Pyrus*, *Ulmus*, *Corylus*, *Malus*, *Betula* u. a. V/VI.
Archips oporana L. [*piceana* L.] – **Kiefernnadelwickler**
VFl graubraun mit gelblicher u. rötlicher Einmischung. Flecke od. Binden rotbraun (Abb. **284**/8). Geäderverlauf Abb. **284**/9. 9–12 mm. In Nadelw. VI–VIII. – L an versponnenen Nadeln von *Abies*, *Picea*, *Larix* u. *Juniperus*. Nach der Überw Fraß in Triebachsen, die absterben u. umknicken.
Pandemis cerasana HÜBNER [*ribeana* HÜBNER]

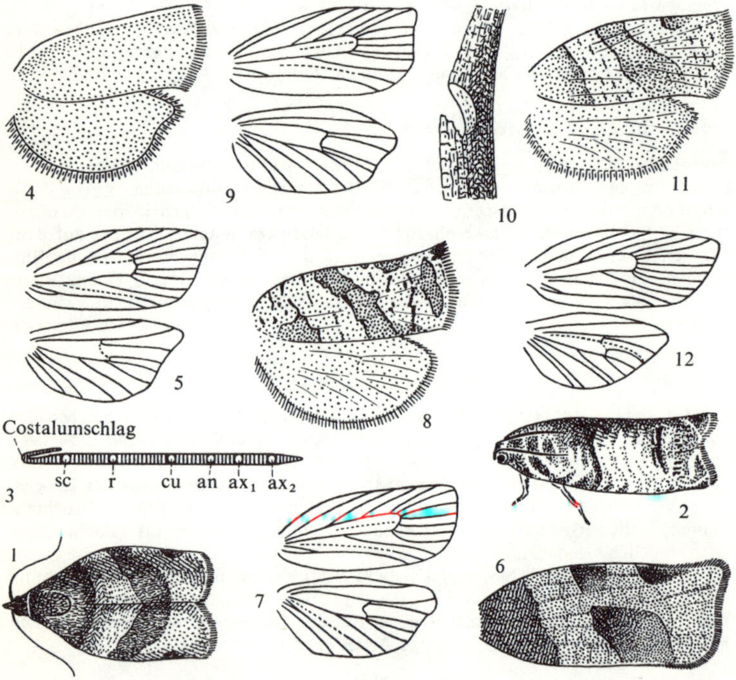

Abb. 284/1–12. **1** *Pandemis oporana*, ruhend; **2** *Cydia pomonella*, ruhend; **3** Costalumschlag; **4–5** *Tortrix viridana*, VFl u. HFl; **6** *Choristoneura hebenstreitella*, VFl; **7** *Choristoneura hebenstreitella*, VFl u. HFl; **8–9** *Archips oporana*, VFl u. HFl; **10** 2. FGld von *Pandemis* mit Kerbe; **11–12** *Pandemis cerasana*, VFl u. HFl.

Alle Arten haben am 2. FGld eine Einkerbung (Abb. **284**/10). VFl bräunlichgelb, blaß gegittert. Wurzelfeld, MSchrägbinde u. VRandfleck dunkler. HFl braungrau (Abb. **284**/11). Geäderverlauf Abb. **284**/12. 8–12 mm. Gemein. VI–VIII. – L polyphag, in einer Blattrolle, in der auch Verpuppung stattfindet, an *Quercus, Acer, Betula, Tilia, Sorbus, Pyrus, Prunus, Ribes uva-crispa, Rhamnus* u. a. V/VI.

Unterfamilie *Sparganothinae*

Sparganothis pilleriana DENIS & SCHIFFERMÜLLER – **Springwurmwickler** od. **Laubwurm**
VFl hellbräunlich ockergelb, stark grünlich glänzend. Zwei Schrägbinden (Abb. **286**/1). Geäderverlauf Abb. **286**/2. 10–12 mm. Meist in Weinbaugebieten. VII–IX. – L polyphag, in zusammengerollten Blättern von *Clematis, Artemisia, Humulus, Salvia, Vitis* u. a.

Unterfamilie *Olethreutinae*

Cydia pomonella L. – **Obstmade, Apfelwickler**
VFl aschgrau mit schwarzbraunen Querwellen. HFl bräunlich. Geäderverlauf Abb. **286**/3. 7–9 mm. In Gärten, Obstplantagen usw. V–VIII. – L ab VII in Früchten (Äpfeln u. Birnen, auch Walnuß, Quitte, Pfirsich, Pflaume, Eßkastanie).
Weitere bekannte Arten der Gattung *Cydia* mit den Untergattungen *Cydia* u. *Grapholitha* sind:
C. (*C.*) *nigricana* F. – **Olivenbrauner Erbsenwickler**; *C.* (*C.*) *fagiglandana* ZELLER – **Buchelwickler**; *C.* (*C.*) *splendana* HÜBNER – **Eichelwickler**; *C.* (*C.*) *pactolana* ZELLER – **Olivenbrauner Fichtenrindenwickler** (Abb. **286**/4).
C. (*G.*) *funebrana* TREITSCHKE – **Pflaumenwickler**
VFl graubraun, aschgrau gemischt mit einer aus drei bis vier grauen Linien bestehenden Binde (Abb. **286**/5). Geäderverlauf Abb. **286**/6. 5–6 mm. In Obstplantagen u. Gärten. V/VI u. VIII–X. – L in Pflaumenfrüchten. VI u. VIII–X.
Rhyacionia buoliana DENIS & SCHIFFERMÜLLER – **Kieferntriebwickler**
VFl ziegelrot mit gelblicher Einmischung u. 4–6 z. T. gegabelten silberglänzenden Quer- u. Schräglinien (Abb. **286**/7). Geäderverlauf Abb. **286**/8. 8–10 mm. In Kiefernschonungen. VI–VIII. – L anfangs frei, später in den Knospen der Maitriebe, oft Zerstörung aller Triebe eines Quirls.
Rh. duplana HÜBNER – **Kieferntriebwickler**
VFl graubraun mit vier silbergrauen Querlinien, Saum gelblich (Abb. **286**/9). 7–9 mm. In Kiefernschonungen. III–V. – L in den Maitrieben von *Pinus*, bevorzugt 2–6jährige Bäume, Wipfel verkrüppeln, Baum buschartig.
Rh. pinivora LIENIG u. ZELLER
Ähnlich voriger Art. VFl rötlichbraun, Querlinien weißlich. An *Pinus*.
Retinia resinella L. – **Kiefernharzgallenwickler**
VFl dunkelbraun, dicht mit bleifarbenen glänzenden Querlinien besetzt (Abb. **286**/10). Geäderverlauf Abb. **286**/11. 7–9 mm. In Kiefernschonungen. V/VI. – L zweijährig an *Pinus*, anfangs Fraß an Nadeln, später im Mark des Triebes, wodurch eine blasige Harzgalle entsteht.
Blastesthia turionella ZELLER – **Kiefernknospenwickler**
VFl in der basalen Hälfte braungrau, in der distalen rostgelb. Einige bleifarbene

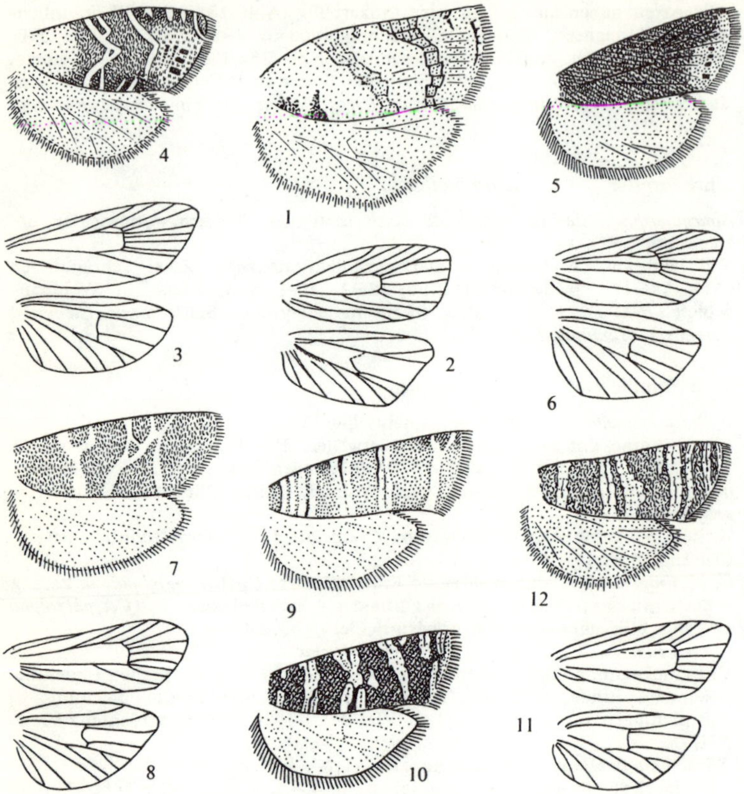

Abb. 286/1–12. **1–2** *Sparganothis pilleriana*, VFl u. HFl; **3** *Cydia (C.) pomonella*, VFl u. HFl; **4** *Cydia (C.) pactolana*, VFl u. HFl; **5–6** *Cydia (G.) funebrana*, VFl; u. HFl; **7–8** *Rhyacionia buoliana*, VFl u. HFl; **9** *Rhyacionia duplana*, VFl u. HFl; **10–11** *Retinia resinella*, VFl u. HFl; **12** *Blastesthia turionella*, VFl u. HFl.

Binden bzw. Flecke (Abb. **286**/12). Geäderverlauf Abb. **287**/1. 8–9 mm. V–VII. – L in Endknospen von *Pinus*. Befall führt zur Verkrüppelung der Kronen, Büschel- u. Besenbildung.

Spilonota laricana HEINEMANN – **Lärchennadelwickler**

VFl weiß bis grau gewellt, Wurzelfeld u. Apex schwärzlichgrau, vor dem Innenwinkel ein kleiner dreieckiger Fleck (Abb. **287**/2). Geäderverlauf Abb. **287**/3. 5–6 mm; v um *Larix*. VI/VII. – Raupe lebt an Kurztrieben von *Larix*. V/VI.

Sp. ocellana DENIS & SCHIFFERMÜLLER

7–9 mm. – L an versponnenen Gipfelblättern von *Crataegus*, *Sorbus*, *Prunus*, *Quercus*, *Alnus*, *Salix*, *Hippophaë* u. a. V–VII.

Zeiraphera rufimitrana HERRICH-SCHÄFFER – **Rotköpfiger Tannenwickler**
K u. Br rostgelb, VFl dunkelgraubraun, eine weißlichgelbe am Innenrand verbreiterte MBinde, die von silberglänzenden Linien eingefaßt ist (Abb. **287/4**).

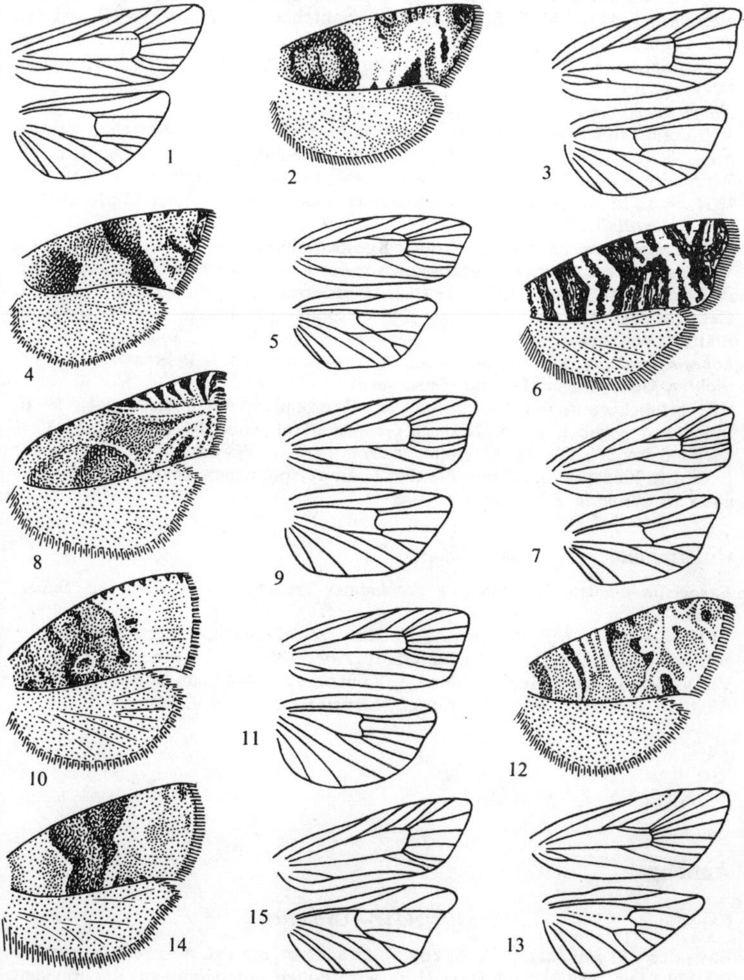

Abb. 287/1–15. 1 ***Blastesthia turionella*****,** VFl u. HFl; **2–3** ***Spilonota laricana*****,** VFl u. HFl; **4–5** ***Zeiraphera rufimitrana*****,** VFl u. HFl; **6–7** ***Epinotia tedella*****,** VFl u. HFl; **8–9** ***Ancylis comptana*****,** VFl u. HFl; **10–11** ***Hedya nubiferana*****,** VFl u. HFl; **12–13** ***Lobesia*** **(*****P.*****)** ***botrana*****,** VFl u. HFl; **14–15** ***Eupoecilia ambiguella*****,** VFl u. HFl.

Geäderverlauf Abb. **287**/5. 5–7 mm. Im S des Gebietes v, um *Abies*. VII/VIII. – L in Gespinst an den Maitrieben von *Abies*, IV–VI.

Epinotia tedella CLERCK – **Fichtennestwickler**

VFl dunkelbraun mit weißen z. T. geteilten Querbinden (Abb. **287**/6). Geäderverlauf Abb. **287**/7. 5–6 mm. Weit verbreitet um *Picea*. V–VII. – L an *Picea abies*, Nadeln minierend. An die erste ausgehöhlte Nadel werden neue angesponnen, so daß bis zu 20 Nadeln ein Nest bilden. VIII/IX.Verpuppung IV/V am Boden.

Ancylis comptana FRÖLICH – **Erdbeerwickler**

VFl braun, Innenrandfleck schwärzlichbraun. VRand bis zum Mittelschrägband grau. VRandhäkchen weiß (Abb. **287**/8). Geäderverlauf Abb. **287**/9. 5 bis 7 mm. Verbreitet in Erdbeerplantagen, fehlt im N des Gebietes. IV/V u. VII/VIII. – L in umgeschlagenen Blatträndern od. versponnenen Gipfelblättern von *Potentilla* u. *Fragaria*.

Hedya nubiferana HAWORTH – **Grauer Knospenwickler**

VFl bis über die M schwärzlichbraun, vor der M eine schmale blaugraue Binde. Äußere FlFläche weiß (Abb. **287**/10). Geäderverlauf Abb. **287**/11. 7–10 mm. Gemein; VI–VIII. – L polyphag. Zw versponnenen Blüten, Blattknospen od. Blättern von *Pyrus*, *Malus*, *Sorbus*, *Prunus*, *Betula*, *Myrica*, *Salix* u. a. IV/V.

Lobesia [*Polychrosis*] *botrana* DENIS & SCHIFFERMÜLLER – **Bekreuzter Traubenwickler, Gelbköpfiger Heu- od. Sauerwurm**

VFl gelblichbraun mit zwei bleigrauen Querbinden, die äußere gegen V- u. Innenrand gegabelt (Abb. **287**/12). Geäderverlauf Abb. **287**/13. 5–7 mm. Vorwiegend im S u. W des Gebietes, in Weinbergen. V/VI u. VII/VIII. – L der 1. Gen in Knospen u. Blüten, die der 2. an versponnenen Beeren. Neben *Vitis* auch an *Clematis*, *Rhamnus*, *Crataegus* u. a.

Unterfamilie *Cochylinae*

Eupoecilia ambiguella HÜBNER – **Einbindiger Traubenwickler, Heu- od. Sauerwurm**

VFl ockergelb, hellgelb gemischt. Eine schwärzliche, bleigrau eingefaßte MBinde (Abb. **287**/14). Geäderverlauf Abb. **287**/15. 7–8 mm; v; IV/V u. VII/VIII. – L der 1. Gen in Blüten u. Knospen, die der 2. an Beeren von *Vitis*. Auch an *Viburnum*, *Rhamnus*, *Cornus*, *Ligustrum*, *Syringa*, *Lonicera* u. a.

Anhang

Familie *Micropterigidae* – **Urmotten**

Basis der VFl mit Jugum (Abb. **169**/6). Geäderverlauf vgl. Abb. **289**/1. MaxTst fünfgld (Abb. **289**/2); mit ihrer Hilfe wird Pollen aufgenommen, der mit den OKf (Mandibeln) zermahlen wird. 7 Arten. Häufig:

Micropterix calthella L. E IV–A VI. Auf Blüten von *Ranunculus* u. *Caltha* auf feuchten Wiesen (Abb. **289**/3). Fl goldviolett, Scheitel mit gelben Haaren. 4–4,5 mm. – L fressen Detritus u. verwesende PflTeile. P freigld.

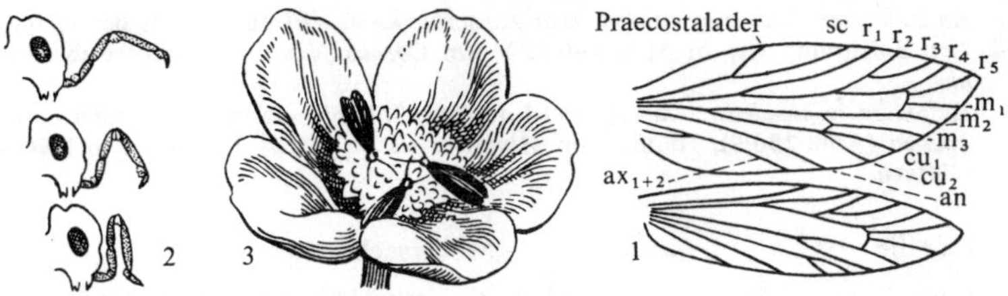

Abb. 289/1–3. *Micropterix calthella.* **1** VFl u. HFl; **2** K von der S, Bewegungen der MaxTst bei der NaAufnahme; **3** Im. in einer Hahnenfußblüte.

Familie *Eriocraniidae* – **Trugmotten**

Basis der VFl mit Jugum (Abb. **290**/1). OKf reduziert. SaugR vorhanden. Im. mit goldgelben u. violett gegitterten VFl, fliegen im Frühj. 5–7 mm. – L beinlos, minieren an *Quercus*, *Corylus* u. *Betula*. 9 Arten.

Familie *Nepticulidae* – **Zwergmotten**

Kleinste Schmetterlinge, 1,5–3 mm. BasalGld der F sind zu AuDeckeln verbreitert (Abb. **290**/2). F einfarbig, erreichen nicht die VFlLg. – L zumeist minierend in Blättern, Stengeln usw. LStadium bei einigen Arten sehr kurz (36 Stunden), andere Arten zweijährig. Verpuppung in einem scheibenförmigen Kokon außerhalb der Mine.
Gattungen *Stigmella* ZELLER u. *Trifurcula* SCHRANK (Abb. **290**/3) mit über 100 Arten. Gattung *Opostega* ZELLER, die neuerdings in eine eigene Familie (*Opostegidae*) gestellt wird, *Opostega*-Arten mit sehr großen AuDeckeln (Abb. **290**/2), 5 Arten.

Familie *Tischeriidae* – **Schopfstirnmotten**

K abstehend beschuppt (Abb. **290**/4). FBasis mit Schuppenzahn (Abb. **290**/5), F oft lg bewimpert. – L minieren an *Quercus*, *Castanea* u. *Rosaceae*. Verpuppung in der Mine. Viele Arten mit zwei Gen. Nur Gattung *Tischeria* ZELLER mit 7 Arten. Am häufigsten:
T. ekebladella BJERKANDER [*T.complanella*] – **Eichenminiermotte**
VFl lehmgelb. – L in großen Blasenminen (IX/X) an Eichensträuchern (Abb. **290**/6).

Familie *Heliozelidae* – **Erzglanzmotten**

MSporne der HSchienen entspringen vor der SchienenM. LabTst kurz, abwärts gerichtet. Kleine Falter (3–3,5 mm) mit metallisch glänzenden FlFarben. L minieren. Neuerdings werden die *Heliozelidae* als Unterfamilie der *Incurvariidae* eingruppiert. Bekannte Gattungen sind *Antispila* HÜBNER mit 2 u. *Heliozela* HERRICH-SCHÄFFER mit 4 Arten.
Antispila pfeifferella HÜBNER. VFl bronzebraun mit grünlichem Schimmer. Binden u. Flecke wie in Abb. **290**/7. V um *Cornus*. IV–VI. – L in blasiger Mine an *Cornus*.

Antispila treitschkeella FISCHER VON ROESLERSTAMM. VFl dunkler als bei voriger Art. Zeichnung wie in Abb. **290/8**. V um *Cornus*. V/VI. – L miniert an *Cornus*.
Heliozela resplendella STAINTON. VFl dunkelgrünlichbraun mit zwei Innenrandflecken (Abb. **290/9**). Häufig, um *Alnus*. V/VI u. VIII. – L miniert in Erlenblättern.

Familie *Incurvariidae* – Miniersackmotten

Mit od. ohne BoKamm am F. Fl relativ breit (Abb. **290/10**). VFl meist mit Flecken am Innenrand, z. T. als Binden bis zum VRand reichend. – L entweder ständig minierend od. später in einem flachen Sack am Boden lebend, an welken Blättern. Die L einiger Arten leben in Fruchtknospen. Wenig Gattungen mit ca. 20 Arten.
In neuerer Zeit werden die *Adelidae* u. die *Heliozelidae* als Unterfamilien zu den *Incurvariidae* gestellt.
Lampronia oehlmanniella HÜBNER. Brauner VFl mit hellgelben Flecken (Abb. **290/10**). Häufig. V–VII. – L miniert anfangs in Heidel- u. Preiselbeerblättern (*Vaccinium*), später in einem Sack am Boden.

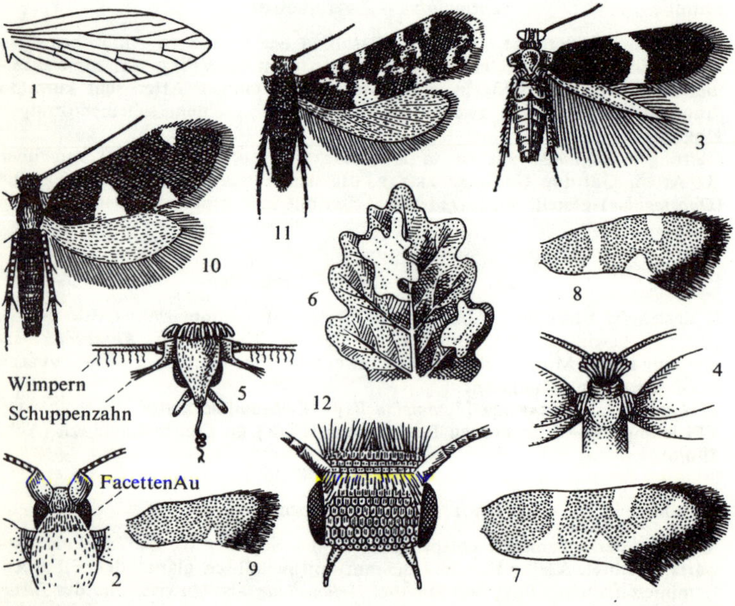

Abb. **290/1–12.** **1** *Eriocrania* spec., VFl; **2** *Opostega*, KOS; **3** *Trifurcula atricollis* (2,5 mm); **4** *Tischeria ekebladella*, KOS; **5** *Tischeria ekebladella*, KVS; **6** *Tischeria ekebladella*, Blasenminen in Eichenblatt; **7** *Antispila pfeifferella*, VFl; **8** *Antispila treitschkiella*, VFl; **9** *Heliozela resplendella*, VFl; **10** *Lampronia oehlmanniella* (6–8 mm); **11** *Lampronia rubiella* (5–7 mm); **12** *Oinophila v-flava*, KVS.

Lampronia rubiella BJERKANDER. 5–7 mm. VFl dunkelbraun, goldgelb punktiert, mit vier Flecken am VRand u. zwei am Innenrand (Abb. **290**/11). V um *Rubus idaeus*. – L in Fruchtknospen von *Rubus idaeus*.

Familie *Tineidae* – **Echte Motten**

K meist dicht behaart. FBasis mit BoKamm. LabTst klein, SaugR schwach entw. Im. meist klein u. sehr beweglich. – L in sackähnlichem Gehäuse an Flechten, Pilzen, Haaren, Fellen od. verschiedenartigen Vorräten, wie Samen, Dörrobst, Getreide, Tabak usw. Mehrere Arten haben als Vorrats- u. Materialschädlinge wirtschaftliche Bedeutung.

Tineola bisselliella HUMMEL – **Kleidermotte,** Kosm; *Trichophaga tapetzella* L. – **Tapetenmotte**; *Tinea pellionella* L. – **Pelzmotte**; *Nemapogon granella* L. – **Kornmotte.**

Die früher in einer eigenen Familie der *Oinophilidae* geführte **Weinkellermotte** *Oinophila v-flava* HAWORTH wird neuerdings in die zu den *Tineidae* gehörende Unterfamilie *Hieroxestinae* gestellt. K mit typischer Beschuppung u. Behaarung (Abb. **290**/12). 4–5 mm. – L leben in Weinkellern, dort am Algen- u. Pilzbelag der Fässer.

Familie *Yponomeutidae* – **Gespinstmotten**

Sehr artenreiche Gruppe mit mehreren Unterfamilien, die früher als eigene Familien geführt wurden.

Unterfamilie *Argyresthiinae*

Zeichnung der VFl ± wie Abb. **292**/1. Wenige Gattungen. Am bekanntesten *Argyresthia* HÜBNER mit ca. 20 Arten. L minierend od. an Blättern, Knospen u. Früchten.

Argyresthia ephippella F. Rostbraun, IRand weiß, in der M ein dunkler Fleck (Abb. **292**/2), 5 mm. In Gärten u. Obstplantagen v. VI/VII. – L in Knospen von *Prunus domestica*, *Pyrus*, *Crataegus*, *Sorbus*, *Corylus* u. a.

Unterfamilie *Yponomeutinae*

L bauen in Holzgewächsen große, schleierartige Gespinste. Über 15 Gattungen mit ca. 40 Arten. *Yponomeuta* LATRELLE – Gespinstmotten, gefürchtete Obstbaumschädlinge (Abb. **292**/3).

Yponomoneuta evonymella L. Im. schneeweiß mit 5 Längsreihen schwarzer Punkte. 11–12 mm; an *Padus*. VI/VII. – L in großen Raupennestern, gemeinschaftliche Verpuppung.

Y. padella L. an Obstbäumen;

Y. plumbella DENIS & SCHIFFERMÜLLER an *Prunus spinosa*, *Euonymus* u. *Rhamnus frangula*;

Y. vigintipunctata RETZIUS an *Sedum*.

Unterfamilie *Plutellinae*

LabTst häufig sichelförmig aufgebogen. SaugR gut entw. F während der Ruhestellung nach vorn gestreckt. Spitze der VFl bei einigen Arten sichelartig ge-

krümmt. 2 Gattungen: *Cerostoma* LATREILLE mit 15 u. *Plutella* SCHRANK mit 3 Arten.
Plutella xylostella L. [*maculipennis* CURTIS] – **Kohlschabe**, Kosm (Abb. **292**/4–5). L an Kreuzblütengewächsen schädlich.

Unterfamilie *Orthotaeliinae* – **Schilfwickler**

10–13 mm. VFl gelb- bis dunkelbraun. VRand u. Adern heller abgehoben. Nur eine Art:
Orthotaelia sparganella THUNBERG. An Gewässern; v. VII/VIII. – L im Inneren von WasserPfl., wie *Typha*, *Sparganium*, *Scirpus*, *Glyceria* u. *Iris*. V/VI.

Unterfamilie *Acrolepiinae*

Kleine Falter, unter 8 mm. Mit od. ohne Oc, K abstehend behaart. LabTst aufgebogen. Im HFl m_3 u. cu_1 immer gestielt. – L meist minierend. Drei Gattungen mit 11 Arten.

Familie *Schreckensteiniidae*

Nur durch eine Art vertreten: *Schreckensteinia festaliella* HÜBNER, 5 mm. VSchiene nur halb so lg wie der Schenkel. HSchienen mit gleich lg MSpornen (Abb. **292**/6). IV/V u. VII/VIII. – L an Brombeerblättern.

Familie *Epermeniidae*

Wenige Gattungen u. Arten. Kleine Falter mit gut entw R. – L anfangs minierend, später frei in Gespinsten, häufig an *Apiaceae*.
Epermenia chaerophyllella GOEZE, 6–7 mm. – L an Möhren schädlich.

Familie *Scythridiidae*

LabTst aufgebogen; VFl meist über 5 mm lg. MSporne der HSchienen entspringen hinter der SchienenM.
Wenige Gattungen mit zahlreichen, oft metallisch glänzenden Arten, die schwer bestimmbar sind. Viele Arten montan u. Tagflieger.

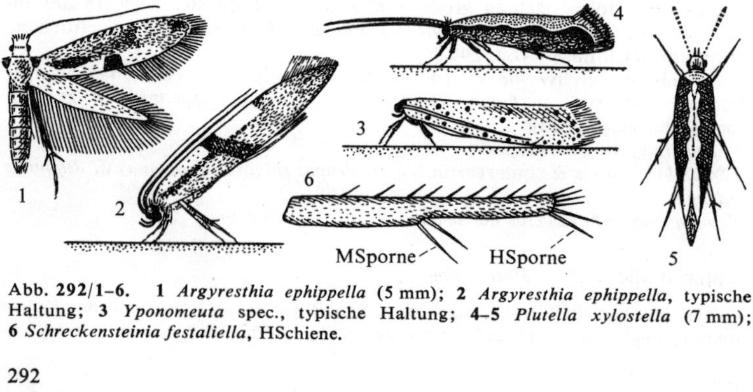

Abb. **292**/**1–6**. **1** *Argyresthia ephippella* (5 mm); **2** *Argyresthia ephippella*, typische Haltung; **3** *Yponomeuta* spec., typische Haltung; **4–5** *Plutella xylostella* (7 mm); **6** *Schreckensteinia festaliella*, HSchiene.

Familie *Elachistidae* – **Grasminiermotten**

LabTst dünn, aufgebogen od. hängend. K angedrückt beschuppt. VFl schmal, 3–6 mm lg. HFl zugespitzt. – L vorwiegend in Gräsern minierend. Verpuppung außerhalb der Mine frei am Boden. Bekannteste Gattung *Elachista* TREITSCHKE mit zahlreichen Arten (Abb. **294**/1).
Elachista albifrontella HÜBNER. 4–4,5 mm. VFl fast schwarz mit weißen Zeichnungen; v auf Wiesen. V/VI. – L miniert in Gräsern.

Familie *Ochsenheimeriidae* – **Bohrmotten**

K struppig behaart, SaugR rudimentär, F meist durch Schuppen verdickt. 5–7 mm. – L meist in Grasstengeln. Nur Gattung *Ochsenheimeria* HÜBNER mit 5 Arten.

Familie *Lyonetiidae* – **Langhorn-Blattminiermotten**

Basis der F zu AuDeckeln verbreitert. FGeißel fast immer so lg wie der VFl. K mit Haarbusch auf dem Scheitel. – L sind Blattminierer. 4 Unterfamilien.

Unterfamilie *Lyonetiinae*

6 Arten. Häufig:
Lyonetia clerkella L. – **Schlangenminiermotte** (Abb. **294**/2). 2 Gen. VI/VII u. IX–V. Häufig um Obstbäume u. Rosengewächse. – L in schlangenförmiger Gangmine.

Unterfamilie *Cemiostominae*

K mit breiten Schuppen glatt bekleidet (Abb. **294**/3). Bei *Paraleucoptera susinella* HERRICH-SCHÄFFER ist der K behaart! Abb. **294**/4. BasalGld der F zu AuDeckeln verbreitert. 2–4 mm. Grundfarbe stets weiß od. bleigrau. – L minieren, bes. in Schmetterlingsblütengewächsen, im Blatt od. in Stengelrinde. Verpuppung außerhalb der Mine in einem Seidengespinst. Zwei Gattungen: *Leucoptera* HÜBNER u. *Paraleucoptera* HEINRICH mit insgesamt 9 Arten.
Leucoptera spartifoliella HÜBNER (Abb. **294**/5). Weit v um *Genista*; V/VI. – L in Gangminen in der grünen Stengelrinde.

Unterfamilie *Bedelliinae*

Nur *Bedellia somnulentella* ZELLER, Kosm, Raupe miniert VII–IX an den meisten Convolvulaceen.

Unterfamilie *Bucculatricinae* – **Zwergwickler**

Gattung *Bucculatrix* ZELLER mit annähernd 20 Arten. 3–4 mm. – L anfangs minierend, später frei an der Pfl.

Familie *Gracillariidae* – **Miniermotten**

Im. klein u. zart. K glatt beschuppt od. abstehend behaart. LabTst oft aufgebogen, MaxTst vorhanden od. verkümmert. F meist so lg wie der VFl.

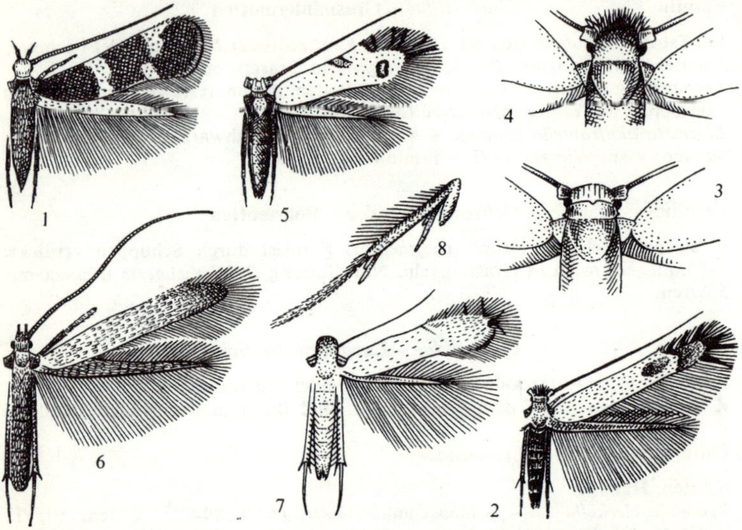

Abb. 294/1–8. **1** *Elachista albifrontella* (4–4,5 mm); **2** *Lyonetia clerkella* (3–3,5 mm); **3** *Leucoptera laburnella*, KOS; **4** *Paraleucoptera susinella*, KOS; **5** *Leucoptera spartifoliella* (4 mm); **6** *Caloptilia elongella* (7–9 mm); **7** *Phyllocnistis saligna* (3–4 mm); **8** *Phyllocnistis*, HSchiene mit dorsaler BoReihe.

FBasis mit BoKamm. – L anfangs in Minen, dann in einer Blattrolle od. in kegelartiger Blattüte.

Unterfamilie *Gracillariinae*

13 Gattungen, ca. 50 Arten. Häufig sind:
Caloptilia elongella L. einfarbig rotbraun od. ockergelb (Abb. **294/6**). 7 bis 9 mm. Gemein, um *Alnus*. VI u. VIII–V. – L anfangs in oberseitiger silbrigweißer Mine, später in Blattrolle an *Alnus*.
Caloptilia syringella F. – **Fliedermotte**. 6–7 mm, III–V u. VII/VIII. – L an Blättern von *Syringa* in Minen u. Blattrollen.

Unterfamilie *Lithocolletinae*

Gattung *Phyllonorycter* HÜBNER [*Lithocolletis* HÜBNER], fast 100 Arten. Charakteristische FlZeichnung der Gattung (Abb. **296/**)1.

Familie *Phyllocnistidae* – **Saftschlürfermotten**

L minieren ausschließlich im epidermalen Gewebe. Fraßgänge im Inneren der nährstoffarmen Oberhautzellen sehr lg. Nach dem Verlassen der Mine dringt Luft in den Gang, u. bei auffallendem Licht hebt sich dieser silbrigweiß von der

übrigen Blattfläche ab. Die Verpuppung erfolgt außerhalb der Mine, im umgeschlagenen Blattrand. Kleine weiße Falter (Abb. **294**/7). HSchienen mit einer Reihe von dorsalen DornBo (Abb. **294**/8). Nur Gattung *Phyllocnistis* ZELLER mit 3 Arten.
Ph. saligna ZELLER (Abb. **294**/7). 3–4 mm. 2 Gen; VI/VII u. IX um *Salix*. L miniert meist blattunterseits.

Familie *Coleophoridae* – **Sackträgermotten**

OS der HlbSgm mit zwei Reihen stacheltragender Flecke (Abb. **296**/2). BasalGld der F oft mit einem Schuppenbusch. 5–9 mm (Abb. **296**/3). – L in charakteristischen Säcken, von denen aus sie minieren (Abb. **296**/4–7). Die meisten Arten monophag. 4 Gattungen, am artenreichsten *Coleophora* HÜBNER mit ca. 100 Arten. *C. lutipennella* ZELLER – Eichenknospenmotte; *C. serratella* L. – **Erlenknospenmotte**.

Familie *Gelechiidae* – **Palpenmotten**

Einschließlich der Familien *Blastobasidae*, *Blastodacnidae*, *Batrachedridae*, *Cosmopterigidae*, *Ethmiidae*, *Holcopogonidae*, *Lecithoceridae*, *Momphidae*, *Oecophoridae*, *Pterolonchidae*, *Stathmopodidae* u. *Symmocidae*, die von den *Gelechiidae*, *Momphidae* u. *Oecophoridae* abgetrennt wurden.
Einwandfreie Familienabgrenzung nur bei Berücksichtigung des Geäderverlaufs u. der Genitalarmaturen möglich. Meist kleine Falter, die häufig durch gut entw, sichelförmig gebogene, oft den Scheitel überragende LabTst auffallen (Abb. **176**/4).
FBasis mit BoKamm, mit einzelner Bo od. borstenlos. K meist anliegend beschuppt. Mit od. ohne Oc. HSchienen oberseits oft lg behaart. – L mit sehr verschiedenartiger Lebensweise: An Blättern, Trieben, Früchten, im Stengel, in Gallen, an Moosen u. Flechten, s in Minen. Sehr artenreich.
Chrysoesthia drurella F. (Abb. **296**/8). 5–6 mm. Ockergelbe MBinde silbern eingefaßt V/VI. – L in Minen an *Festuca*, *Hierochloe* u. *Phragmites*.
Ethmia bipunctella F. 10–14 mm. VFl schwärzlich, Innenrand weißlich (Abb. **296**/9). Gemein. V u. VIII. – L zw den Blüten von *Echium*.
Agonopterix subpropinquella STAINTON, 9 mm. VFl blaß ockergelb mit undeutlichen Flecken u. Punkten (Abb. **296**/10). Geäderverlauf s. Abb. **296**/11; g; VIII/IX. – L zw versponnenen Blättern von *Carduus* u. *Centaurea*.

Familie *Glyphipterigidae* – **Rundstirnmotten**

Im Habitus den Wicklern ähnlich. Im VFl r_4 u. r_5 nicht gestielt. Im. fliegen tagsüber. Auffällig ist das „Wippen", Auf- u. Abbewegen der Fl beim Sitzen. – L im Stengel, in Samen od. in Blättern minierend.
Am bekanntesten *Glyphipterix* HÜBNER mit charakteristischer FlZeichnung (Abb. **296**/12). 6 Arten.
G. haworthana STEPHENS (Abb. **296**/13), 6–7 mm. Auf Torfmooren um *Eriophorum*. IV/V u. VII/VIII. – L in Samen von *Eriophorum*.
G. equitella SCOPOLI (Abb. **296**/14), 3–5 mm. Weit v um *Sedum*; VI u. IX. – L miniert in Blättern u. Trieben von *Sedum*.
Die früher als Unterfamilie der *Glyphipterigidae* geltenden *Choreutinae* werden neuerdings als Familie *Choreutidae* geführt.

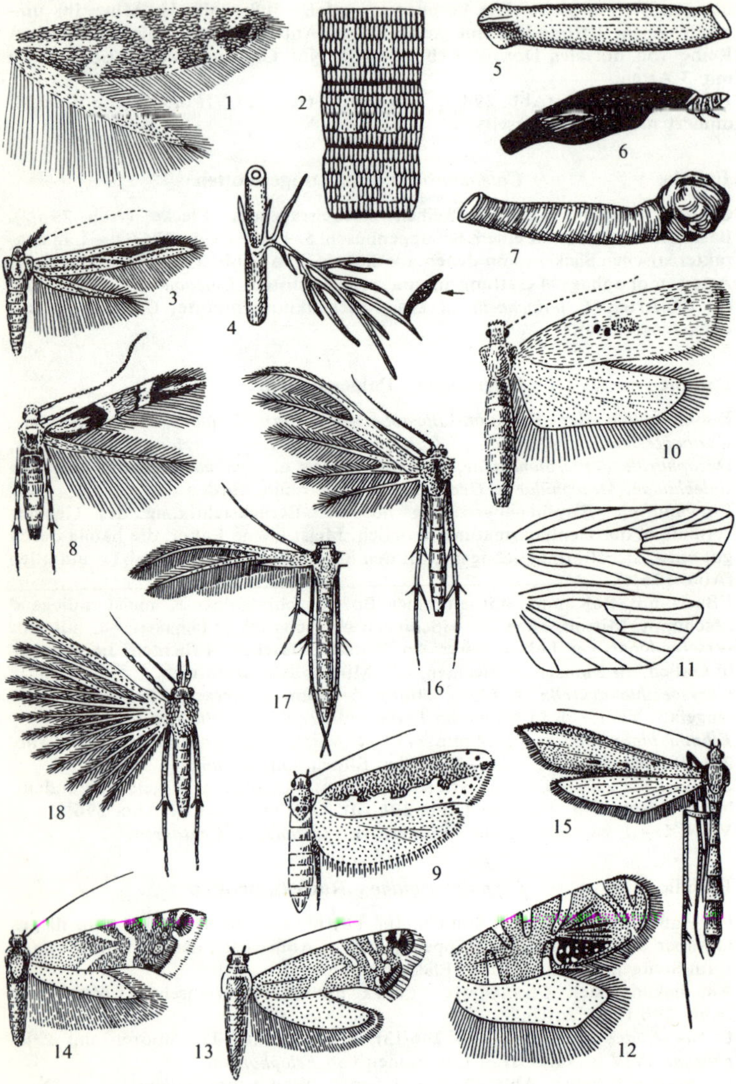
1
2
5
6
7
3
4
10
8
16
11
17
18
15
9
14
13
12

Familie *Brachodidae* [*Atychiidae*] – **Schwärmermotten**

HFl schwarz mit weißem Fleck in der M. Nur die Gattung *Brachodes* [*Atychia*] mit 3 Arten; v im S (Österreich).

Familie *Douglasiidae*

Früher als Unterfamilie der *Glyphipterigidae* geführt. Im. fliegen in der Dämmerung, „wippen" wie *Glyphipterix* HÜBNER. – L minieren od. leben in u. an Blüten. 2 Gattungen mit 4 Arten.

Familie *Heliodinidae* – **Sonnenmotten**

Im VRand der VFl münden nur vier Adern, r_4 mit r_5 verschmolzen. SaugR nackt. HSchienen oberseits anliegend beschuppt. VFl orangefarben mit silberfarbener Zeichnung. Nur eine Gattung mit einer Art: *Heliodines roesella* L. 4–5 mm.

Familie *Pterophoridae* – **Federgeistchen**

VFl in 2, HFl in 3 Federn gespalten [ausgenommen Unterfamilie *Agdistinae*, bei der beide Fl ganzrandig sind (Abb. **296**/15)]. B u. Hlb auffallend lg u. dünn. HSchienen $2^1/_2$mal so lg wie Schenkel (Abb. **296**/15–16). In Ruhestellung Fl zusammengerollt u. waagerecht vom Körper abstehend, dadurch schnakenartiges Aussehen (Abb. **296**/17). Im. fliegen bei Sonnenuntergang u. nachts, tagsüber leicht von den FutterPfl ihrer L aufzustöbern. – L an niedrigen Pfl. Überw als Im., Ei, junge od. erwachsene L. Mehrere Gattungen mit ca. 50 Arten. Häufig:

Pterophorus pentadactylus L. – **Federgeistchen.** Schneeweiß: auf Bahndämmen, Rainen u. in Gärten um *Convolvulus* V u. VIII.

Familie *Alucitidae* [*Orneodidae*] – **Geistchen od. Federmotten**

VFl u. HFl in je 6 Federn gespalten. L im Inneren von Blüten od. Stengeln. Verpuppung in einem Kokon am Boden od. am Stamm der NährPfl. 1 Gattung: *Alucita* LATREILLE [*Orneodes* L.] mit 6 Arten (Abb. **296**/18).

Abb. **296/1–18.** **1** *Phyllonorycter* spec., VFl u. HFl; **2** schuppenlose Flecke auf dem Hlb einer Coleophoride; **3** *Coleophora ditella* (5–7 mm); **4** *Coleophora ditella*, LSack an Feldbeifuß; **5** LSack von *Coleophora troglodytella*; **6** LSack von *Coleophora ditella*; **7** LSack von *Coleophora vibicella*; **8** *Chrysoesthia drurella* (5–6 mm); **9** *Ethmia bipunctella* (10–14 mm); **10** *Agonopterix subpropinquella* (9 mm); **11** *Agonopterix subpropinquella*, VFl u. HFl; **12** *Glyphipterix*, typische FlZeichnung; **13** *Glyphipterix haworthana* (6–7 mm); **14** *Glyphipterix equitella* (3–5 mm); **15** *Agdistis adactyla* (9 bis 10 mm); **16** *Pterophorus pentadactylus* (12–14 mm); **17** Federgeistchen in typischer Haltung (HB über Hlb gekreuzt); **18** *Alucita hexadactyla* (5–7 mm).

LITERATURVERZEICHNIS

BERGMANN, A.: Die Großschmetterlinge Mitteldeutschlands. Bd. 1–5. Jena 1951–1955.

BŁESZYŃSKI, ST.: Crambinae. In: Microlep. Palaearct. 1. Bd. Wien 1965.

BOURSIN, CH.: Les Noctuidae Trifinae de France et de Belgique. – Bull. Soc. Linn., p. 204–240. Lyon 1964.

BROHMER, P.: Fauna von Deutschland. Heidelberg 1977.

BUSTILLO, M. R. G., & VARELA, M. A.: Catalogo sistematico de los Lepidopteros Ibericos. Madrid 1981.

FORSTER-WOHLFAHRT: Die Schmetterlinge Europas. Bd. 1–5. Stuttgart 1954 bis 1981.

GOZMÁNY, L. A.: Lecithoceridae. In: Microlep. Palaearct. 5. Bd. Wien 1978.

HANNEMANN, H.-J.: Kleinschmetterlinge oder Microlepidoptera I. Die Wickler. In Dahl: Die Tierwelt Deutschlands. 48. Teil. Jena 1961.

–: Kleinschmetterlinge oder Microlepidoptera II. Die Wickler und die Zünslerartigen. – Loc. cit. 50. Teil. Jena 1964.

–: Kleinschmetterlinge oder Microlepidoptera III. Federmotten, Gespinstmotten, Echte Motten. – Loc. cit. 63. Teil. Jena 1977.

HERING, E. M.: Die Tierwelt Mitteleuropas. Ergänzungsband 1. Die Schmetterlinge. Leipzig 1932.

HIGGINS, L. G., & RILEY, N. D.: Die Tagfalter Europas und Nordwestafrikas. Hamburg u. Berlin 1978.

KLOET, G. S. & HINCKS, W. D.: A Check List of British Insects. Stockport 1945.

KOCH, M.: Wir bestimmen Schmetterlinge. Band 1–4. Leipzig, Radebeul 1984

LERAUT, P.: Liste systématique et synonymique des Lépidoptères de France, Belgique et Corse. – Suppl. à Alexanor. Paris 1980. (Hierin Zusammenstellung der neuesten Literatur für alle Gruppen der Lepidopteren).

NORDSTRÖM, FR. & WAHLGREN, E.: Svenska Fjärilar. Stockholm 1941.

OSTHELDER, L.: Die Schmetterlinge Südbayerns und der angrenzenden nördlichen Kalkalpen. Beil. zu Mitt. Münch. Entom. Ges. 15., 16., 17. u. 21. Jahrg. München 1925–1931.

RAZOWSKI, J.: Cochylidae. In: Microlep. Palaearct. 3. Wien 1970.

ROESLER, R. U.: Phycitinae. In: Microlep. Palaearct. 4. Bd. Wien 1973.

SATTLER, K.: Ethmiidae. In: Microlep. Palaearct. 2. Bd. Wien 1967.

SEITZ, A.: Die Großschmetterlinge der Erde. Bd. I–IV u. Supplementbände. Stuttgart 1910–1954.

SPULER, A.: Die Schmetterlinge Europas. Band 1 u. 2. Stuttgart 1908–1910.

–: Die Raupen der Schmetterlinge Europas. Stuttgart 1910.

URBAHN, E. u. H.: Die Schmetterlinge Pommerns mit einem vergleichenden Überblick über den Ostseeraum. Stett. Entom. Ztg. **100**: 185–826 (1939).

Siphonaptera [*Aphaniptera*] – **Flöhe**

G. Körper stark sklerotisiert, seitlich zusammengedrückt, gelb bis schwarzbraun gefärbt, ohne Fl (Abb. **299**/1, **299**/2). KörperLg 1,5–4,5 mm (nur *Hystrichopsylla* bis 6 mm). Tergite u. Sternite von vorn nach hinten schuppenartig übereinanderliegend. Bo u. Zähne nach hinten gerichtet. Mundwerkzeuge stechend-saugend mit 4gliedrigem UKfTst u. meist 5gliedrigem UlTst. Au fehlen od. als EinzelAu seitlich am K angeordnet. F in Grube versenkbar. Auf der Körperoberfläche als „Zähne" bezeichnete kräftige Kutikularfortsätze, die meist in Reihen zusammenstehen u. an den Rändern der Sklerite Zahnkämme od. Ctenidien (Ct) bilden. Seitlich am URand des K befindet sich der Wangenkamm od. das Genalctenidium (GCt) (Abb. **301A**/2), am HRand des 1. BrSgm liegt das Pronotalctenidium (PCt) (Abb. **301A**/2), u. am HRand der HlbSgm können Abdominalctenidien (ACt) vorhanden sein (Abb. **299**/1). Die Anwesenheit, Form u. Größe der Ct bilden ein wichtiges differentialdiagnostisches Merkmal. MB u. HB haben stark vergrößerte Hü u. Schenkel. Sie dienen als SprungB. Die relativ großen u. kompliziert ausgebildeten äußeren Geschlechtsorgane des ♂ sind für eine genaue Artbestimmung unentbehrlich. ♀ mit 1–3 unterschiedlich geformten Spermatheken. – L: weißlich, KörperLg 4–7 mm (nur *Hystrichopsylla* bis 11 mm). Körper madenähnlich, ohne B u. Au, aber mit Bo u. Haaren sowie KKapsel; am letzten HlbSgm 1 Paar Nachschieber. – P: frei, immer innerhalb eines von der L gesponnenen Kokons. – **V.** Weltweit. Ca. 2000 Arten aus 200 Gattungen u. 15 Familien bekannt. In der DDR u. BRD 67 Arten aus 27 Gattungen u. 6 Familien. – **B.** Blutsauger an Warmblütern (94% der Arten an Säugetieren, 6% an Vögeln). Holometabol; Entw in Nestern der Wirtstiere. L fressen organische Substanzen im Nistmaterial. Entw vom Ei zur Im. 2–4 Wo. – **L.**, **B.** Die meisten Floharten sind mehr nest- als wirtsspezifisch; ihr Vorkommen ist im wesentlichen an mikro- u. makroklimatische Bedingungen, an Landschaftsform u. Nestbeschaffenheit gebunden. Als Im. sind Flöhe vorwiegend Nestbewohner (Befall des Wirtes nur zur Na-

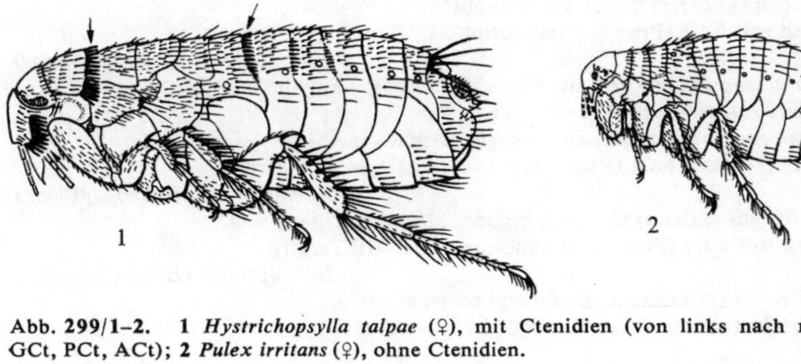

Abb. **299/1–2.** **1** *Hystrichopsylla talpae* (♀), mit Ctenidien (von links nach rechts GCt, PCt, ACt); **2** *Pulex irritans* (♀), ohne Ctenidien.

Aufnahme) od. sie leben teils im Nest des Wirtes u. auf dem Wirt od. sie sind weitgehend zum stationären Parasitismus übergegangen. Abhängig von ihrer ökologischen Potenz können sich die Flöhe in einem od. auch mehreren Nesttypen entw. Wirte mit abweichenden Neststrukturen besitzen auch vielfach sehr spezifische Flöhe. Meist sind die Flöhe nicht auf bestimmte Wirtstierarten als Blutspender angewiesen; ihre Wirtsspezifität kann sehr unterschiedlich ausgeprägt sein.

Einige Flöhe lassen sich an Hand der Ct u. anderer äußerer Merkmale mit Hilfe einer 10fach vergrößernden Lupe bestimmen, meist sind aber Mazeration der Flöhe in Kalilauge, ein Mikroskop u. Spezialliteratur unabdingbar.

1 Flöhe ohne Ct (Abb. **299**/2; **301A**/5) **2**

1* Flöhe mindestens mit PCt (z. B. Abb. **299**/1; **301B**/12) **3**

2 HHü auf InnenS mit Dörnchen. UlTst 4gliedrig. HlbTerga mit nur einer BoReihe. K ohne Stirnhöcker (Abb. **299**/2). *Pulex* (*Pulicidae*)

P. irritans L. – **Menschenfloh**, am Menschen, Dachs u. Fuchs, gelegentlich auch an Haustieren (Schwein). [*Xenopsylla cheopis* (ROTHSCHILD) – **Pestfloh**, Einschleppungsmöglichkeit durch Ratten].

2* HHü auf InnenS ohne Dörnchen. UlTst 5gliedrig. Mindestens HlbTergum 2 mit 2 BoReihen. K mit Stirnhöcker od. Resten desselben (Abb. **301A**/5). *Chaetopsylla* (*Vermipsyllidae*)

Ch. globiceps (TASCHENBERG) – **Fuchsfloh**, am Fuchs, auch Dachs; *Ch. trichosa* KOHAUT – **Dachsfloh**, am Dachs, seltener Fuchs; *Ch. tuberculaticeps* (BEZZI), am Braunbär (in MEur nicht mehr vorhanden).

3 **(1*)** PCt u. GCt ausgebildet (z. B. Abb. **301A**/1–4; **301B**/1–8) **4**

3* Nur PCt vorhanden (z. B. Abb. **301B**/9–14) **20**

4 KUS nur ganz vorn mit 2 breiten, abgestumpften Zähnen (z. B. Abb. **301B**/4–5). Auf Fledermäusen **5**

4* GCt sich über die gesamte US erstreckend od. weiter hinten, in Höhe der Au, angeordnet; meist mit mehr als 2 Zähnen (z. B. Abb. **301A**/2, 8–10, **301B**/6–8) **9**

5 Hlb ohne Ct. *Rhinolophopsylla* (*Ischnopsyllidae*)

R. unipectinata (TASCHENBERG) – **Hufeisennasenfloh**, an Hufeisennasen.

5* Hlb mit Ct od. PseudoCt **6**

6 7. Tergit des Hlb mit PseudoCt **7**

6* Nur erste Tergite des Hlb mit Ct, 7. Tergit ohne PseudoCt **8**

7 Außer dem PseudoCt des 7. HlbTergits nur Pronotum mit Ct. *Nycteridopsylla* (*Ischnopsyllidae*)

N. dictena (KOLENATI), auf Fledermäusen.

7* Rücken mit 5 Ct (Pro- u. Metanotum; 1., 2. u. 7. HlbTergit). *Nycteridopsylla* (*Ischnopsyllidae*)

N. pentactena (KOLENATI), an Mopsfledermaus, Langohr u. a.;
N. eusarca DAMPF, am Abendsegler u. a.;
N. longiceps ROTHSCHILD, an Zwergfledermaus u. a.

8 **(6*)** Rücken mit 6 Ct (Pro- u. Metanotum; 1.–4. HlbTergit). *Ischnopsyllus* (*Ischnopsyllidae*)

I. hexactenus (KOLENATI), an Langohr, Mopsfledermaus u. a.

8* Rücken mit 8 Ct (Pro- u. Metanotum; 1.–6. HlbTergit). *Ischnopsyllus* (*Ischnopsyllidae*)

I. octactenus (KOLENATI), an Zwergfledermaus u. a.;
I. variabilis (WAGNER), an Zwergfledermaus u. a.;

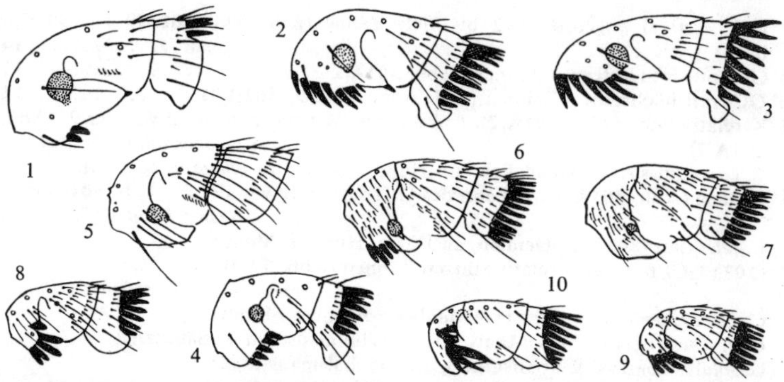

Abb. **301A/1–10.** K u. Pronotum von Flöhen (♀; gleiche Vergrößerung). **1** *Archaeopsylla erinacei*; **2** *Ctenocephalides canis*; **3** *Ctenocephalides felis*; **4** *Spilopsyllus cuniculi*; **5** *Chaetopsylla trichosa*; **6** *Typhloceras poppei*; **7** *Atyphloceras nuperum*; **8** *Rhadinopsylla pentacantha*; **9** *Doratopsylla dasycnema*; **10** *Palaeopsylla minor.*

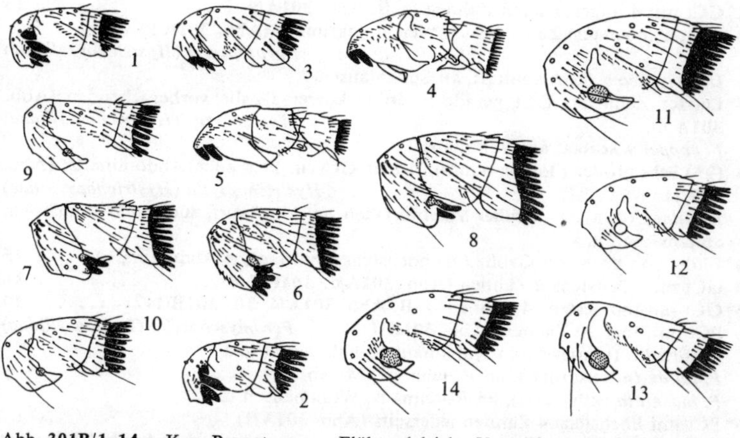

Abb. **301B/1–14.** K u. Pronotum von Flöhen (gleiche Vergrößerung). **1** *Palaeopsylla soricis* (♂); **2** *Palaeopsylla soricis* (♀); **3** *Ctenophthalmus assimilis* (♀); **4** *Ischnopsyllus hexactenus* (♂); **5** Ischnopsyllus hexactenus (♀); **6** *Leptopsylla segnis* (♀); **7** *Peromyscopsylla silvatica* (♀); **8** *Peromyscopsylla bidentata* (♀); **9** *Amphipsylla rossica* (♂); **10** *Amphipsylla rossica* (♀); **11** *Dasypsyllus gallinulae* (♀); **12** *Nosopsyllus fasciatus* (♀); **13** *Ceratophyllus rossittensis* (♂); **14** *Ceratophyllus rossittensis* (♀).

I. intermedius (ROTHSCHILD), an Mausohr, Breitflügelfledermaus u. a.;
I. simplex ROTHSCHILD, an Fransenfledermaus, Bartfledermaus u. a.;
I. elongatus (CURTIS), am Abendsegler u. a.

9 **(4*)** GCt horizontal angeordnet bzw. nach schräg oben verlaufend, mindestens 3 Zähne (z. B. Abb. **301A**/2 u. **301B**/3) **10**

9* GCt vertikal angeordnet, 2 bis viele Zähne (z. B. Abb. **301A**/9–10, **301B**/6 bis 8) 14
10 GCt mit mindestens 6 Zähnen (Abb. **301A**/2–3) 11
10* GCt mit höchstens 4 Zähnen (z. B. Abb. **301A**/9, **301B**/3) 12
11 K relativ hoch (Abb. **301A**/2). 1. Zahn des GCt nur halb so lg wie der 2. (Abb. **301A**/2). *Ctenocephalides* (*Pulicidae*)

C. canis (CURTIS) – **Hundefloh,** am Hund, seltener an Katze u. Mensch.

11* K flach (Abb. **301A**/3). 1. Zahn des GCt fast so lg wie der 2. (Abb. **301A**/3). *Ctenocephalides* (*Pulicidae*)

C. felis (BOUCHÉ) – **Katzenfloh,** an Katze, Hund u. Mensch.

12 **(10*)** GCt mit nur 3 relativ spitzen Zähnen (Abb. **301B**/3). *Ctenophthalmus* (*Hystrichopsyllidae*)

C. bisoctodentatus KOLENATI – **Maulwurfsfloh,** am Maulwurf;
C. agyrtes (HELLER), am Maulwurf, an Wühlmäusen u. a. Säugern;
C. solutus JORDAN & ROTHSCHILD, an Gelbhalsmaus u. a.;
C. orphilus JORDAN & ROTHSCHILD, an Wühlmäusen (in Alp);
C. assimilis TASCHENBERG, an Feldmaus, auch Maulwurf u. a.;
C. congener ROTHSCHILD, an Rötelmaus, Erdmaus, Wühlmäusen u. a.;
C. orientalis (WAGNER), an Ziesel, Maulwurf u. a.;
C. uncinatus WAGNER, an Rötelmaus u. a.

12* GCt mit 4 abgerundeten Zähnen (z. B. Abb. **301A**/9) 13
13 Letzter (oberster) Zahn des GCt leicht gekrümmt (Abb. **301A**/9). *Doratopsylla* (*Hystrichopsyllidae*)

D. dasycnema (ROTHSCHILD), an Spitzmäusen.

13* Letzter Zahn des GCt gerade u. etwas kürzer als die vorhergehenden (Abb. **301A**/6). *Typhloceras* (*Hystrichopsyllidae*)

T. poppei WAGNER, an Waldmaus.

14 **(9*)** Sehr großer Floh (4–6 mm). Außer GCt u. PCt auch AbdominalCt (Abb. **299**/1). *Hystrichopsylla* (*Hystrichopsyllidae*)

H. talpae (CURTIS) – **Großer Maulwurfsfloh,** am Maulwurf, auch an Wühlmäusen, Spitzmäusen u. a.

14* Flöhe von normaler Größe (bis höchstens 4 mm), ohne AbdominalCt 15
15 GCt mit höchstens 2 Zähnen (Abb. **301A**/1, **301B**/7–8) 16
15* GCt mit mindestens 4 Zähnen (z. B. Abb. **301A**/4, 10, **301B**/1–2) 17
16 PCt mit über 20 Zähnen (Abb. **301B**/7–8). *Peromyscopsylla* (*Leptopsyllidae*)

P. silvatica (MEINERT), an Rötelmaus, Wühlmäusen u. a.;
P. fallax (ROTHSCHILD), an Rötelmaus (MGeb);
P. bidentata (KOLENATI), an Rötelmaus, Wühlmäusen u. a.

16* PCt mit höchstens 4 Zähnen jederseits (Abb. **301A**/1). *Archaeopsylla* (*Pulicidae*)

A. erinacei (BOUCHÉ) – **Igelfloh,** am Igel.

17 **(15*)** GCt mit 5 Zähnen (Abb. **301A**/4, 8) 18
17* GCt mit 4 Zähnen (Abb. **301A**/10, **301B**/1–2,6) 19
18 Zähne des GCt in einer Reihe stehend, annähernd gleichlg. Au vorhanden (Abb. **301A**/4). *Spilopsyllus* (*Pulicidae*)

S. cuniculi (DALE) – **Kaninchenfloh,** am Kaninchen.

18* Zähne des GCt leicht bogenförmig angeordnet (meist ungleich lg). Au rudimentär (Abb. **301A**/8). *Rhadinopsylla* (*Hystrichopsyllidae*)

R. pentacantha (ROTHSCHILD), an Feldmaus, Rötelmaus u. a.;
R. isacantha (ROTHSCHILD), an Rötelmaus u. a.;
R. integella JORDAN & ROTHSCHILD, an Rötelmaus, Erdmaus u. a.

19 (17*) Oberster Zahn des GCt sehr kurz u. abgestumpft, der darunter liegende spitz zulaufend (Abb. **301A**/10, **301B**/1–2). *Palaeopsylla* (*Hystrichopsyllidae*)
P. soricis (DALE) – **Spitzmausfloh**, an Spitzmäusen u. a.;
P. kohauti DAMPF, am Maulwurf u. a.; *P. minor* (DALE) – **Kleiner Maulwurfsfloh**, am Maulwurf.

19* Alle Zähne des GCt stumpf, nicht spitz zulaufend (Abb. **301B**/6).
Leptopsylla (*Leptopsyllidae*)
L. segnis (SCHÖNHERR) – **Hausmausfloh**, an Hausmaus u. a.

20 (3*) PCt mit weniger als 24 Zähnen (Säugetierflöhe) **21**

20* PCt mit mindestens 24 Zähnen (Vogelflöhe) (Abb. **301B**/11, 13–14).
Dasypsyllus, *Ceratophyllus* (*Ceratophyllidae*)
D. gallinulae DALE, an Gebirgsstelze; *C. hirundinis* (CURTIS), *C. farreni* ROTHSCHILD u. *C. rusticus* WAGNER, an Mehlschwalbe; *C. styx* ROTHSCHILD – **Uferschwalbenfloh**, an Uferschwalbe; *C. affinis* NORDBERG, an Gebirgsstelze; *C. enefdae* IOFF, an Hausrotschwanz (Alp); *C. fringillae* (WALKER) – **Sperlingsfloh**, an Haussperling u. a.; *C. tribulis* JORDAN, an Feldsperling u. a.; *C. pullatus* JORDAN & ROTHSCHILD, an Meisen, Kleiber u. a.; *C. rossittensis* DAMPF – **Krähenfloh**, am Kolkraben, an Raben- u. Nebelkrähe; *C. vagabundus* (BOHEMAN) – **Dohlenfloh**, an Dohle; *C. gallinae* (SCHRANK) – **Hühnerfloh**, in Kleinvogelnestern, in Höhlen u. Halbhöhlen, vorwiegend im Wald; *C. garei* ROTHSCHILD, in Nestern bodenbrütender Vögel, vorwiegend im Freiland; *C. columbae* (GERVAIS) – **Taubenfloh**, an Tauben.

21 K mit deutlicher Scheitelfurche (Abb. **301A**/7). HRand des Metanotums glatt, ohne Dornfortsatz. *Atyphloceras* (*Hystrichopsyllidae*)
A. nuperum (JORDAN), an Wühlmäusen.

21* K ohne deutliche Scheitelfurche (Abb. **301B**/9–10, 12).
Paraceras, *Tarsopsylla*, *Monopsyllus*, *Myoxopsylla*, *Malaraeus*, *Megabothris*, *Nosopsyllus* (alles *Ceratophyllidae*), *Amphipsylla* (*Leptopsyllidae*)
Amphipsylla rossica WAGNER, an Feldmaus; *Malaraeus penicilliger* (GRUBE) u. *M. arvicolae* IOFF, an Wühlmäusen; *Megabothris turbidus* (ROTHSCHILD) u. *M. walkeri* (ROTHSCHILD), an Wühlmäusen; *Monopsyllus sciurorum* SCHRANK – **Eichhörnchenfloh**, an Eichhörnchen, Schläfern u. a.; *Myoxopsylla laverani* (ROTHSCHILD) – **Schläferfloh**, an Schläfern; *Nosopsyllus fasciatus* BOSC – **Europäischer Rattenfloh**, an Ratten u. Mäusen; *N. londiniensis* ROTHSCHILD, an Hausmaus, auch an Ratten; *N. paganus* PEUS, an Feldmaus; *Paraceras melis* (WALKER) – **Dachsfloh**, am Dachs; *Tarsopsylla octodecimdentata* (KOLENATI), am Eichhörnchen.

Liste der wichtigsten Wirtstiere

Das Verzeichnis der Wirte kann wegen der unterschiedlichen Wirtsspezifität der einzelnen Floharten nur bedingt zur Artfeststellung herangezogen werden, gibt aber dennoch wertvolle Hinweise zur Erkennung der Arten. Genannt werden meist nur die Hauptwirte u. die wichtigsten Nebenwirte, gegebenenfalls Wirtstiergruppen.

Mensch: *Pulex irritans*, *Ctenocephalides canis*, *C. felis*, *Ceratophyllus gallinae*.

Raubtiere

Hund: *Ctenocephalides canis*, *C. felis*.

Katze: *Ctenocephalides felis, C. canis.*
Fuchs: *Chaetopsylla globiceps, C. trichosa, Ctenocephalides canis, Pulex irritans.*
Dachs: *Chaetopsylla trichosa, C. globiceps, Paraceras melis, Pulex irritans.*
Marder: *Monopsyllus sciurorum.*

Nagetiere

Eichhörnchen: *Monopsyllus sciurorum, Tarsopsylla octodecimdentata.*
Ziesel: *Ctenophthalmus orientalis.*
Schläfer: *Myoxopsylla laverani, Monopsyllus sciurorum.*
Rötelmaus: *Rhadinopsylla isacantha, R. integella, Ctenophthalmus agyrtes, C. congener, C. uncinatus, Peromyscopsylla silvatica.*
Erdmaus: *Ctenophthalmus agyrtes.*
Feldmaus: *Ctenophthalmus assimilis, C. agyrtes, Rhadinopsylla pentacantha, Amphipsylla rossica, Nosopsyllus paganus.*
Schneemaus: *Ctenophthalmus orphilus.*
Schermaus: *Ctenophthalmus agyrtes.*
Kleinäugige Wühlmaus: *Malaraeus arvicolae.*
Wühlmäuse (allgemein): *Rhadinopsylla isacantha, R. integella, R. pentacantha, Ctenophthalmus agyrtes, C. orphilus, C. congener, C. uncinatus, C. assimilis, Peromyscopsylla silvatica, P. fallax, P. bidentata, Hystrichopsylla talpae, Atyphloceras nuperum, Malaraeus penicilliger, M. arvicolae, Megabothris turbidus, Nosopsyllus paganus, N. fasciatus, Amphipsylla rossica.*
Gelbhalsmaus: *Ctenophthalmus solutus, C. agyrtes, Megabothris turbidus, Nosopsyllus.*
Waldmaus: *Typhloceras poppei, Nosopsyllus.*
Brandmaus: *Ctenophthalmus agyrtes, Megabothris turbidus, Nosopsyllus fasciatus.*

Hausmaus: *Leptopsylla segnis, Nosopsyllus londiniensis, N. fasciatus.*

Ratten: *Nosopsyllus fasciatus, N. londiniensis, Xenopsylla cheopis.*

Hasentiere

Kaninchen: *Spilopsyllus cuniculi.*

Insektenfresser

Igel: *Archaeopsylla erinacei.*
Maulwurf: *Palaeopsylla minor, P. kohauti, Ctenophthalmus bisoctodentatus, C. assimilis, C. agyrtes, Hystrichopsylla talpae.*
Spitzmäuse: *Doratopsylla dasycnema, Palaeopsylla soricis, Hystrichopsylla talpae, Ctenophthalmus agyrtes.*
Fledermäuse: *Ischnopsyllus, Nycteridopsylla, Rhinolophopsylla.*

Vögel

Bodenbrüter: *Ceratophyllus garei, C. gallinae, Dasypsyllus gallinulae.*
Nester im Gebüsch: *Ceratophyllus gallinae, Dasypsyllus gallinulae.*

Nester in Bäumen: *Ceratophyllus gallinae.*
Nester in Baumhöhlen: *Ceratophyllus gallinae, C. fringillae, C. pullatus, C. vagabundus, Dasypsyllus gallinulae.*
Schwalben: *Ceratophyllus farreni, C. hirundinis, C. rusticus.*
Uferschwalbe: *Ceratophyllus styx.*
Kolkrabe, Raben- u. Nebelkrähe: *Ceratophyllus rossittensis.*
Dohle: *Ceratophyllus vagabundus.*
Tauben: *Ceratophyllus columbae, C. gallinae.*
Hühner: *Ceratophyllus gallinae.*
Gebirgsbachstelze: *Dasypsyllus gallinulae, Ceratophyllus affinis.*
Haussperling: *Ceratophyllus fringillae.*
Feldsperling: *Ceratophyllus tribulis.*

LITERATURVERZEICHNIS

JANCKE, O.: Flöhe oder Aphaniptera. – In: DAHL, F.: Tierw. Deutschl. 35 Jena 1938 (veraltet).

HOPKINS, C. H. E. & ROTHSCHILD, M.: An illustrated catalogue of the Rothschild collection of fleas (Siphonaptera) in the British Museum. (5 Bd.) – London 1953–1971.

PEUS, F.: Zur Kenntnis der Flöhe Deutschlands. I–IV. – Dtsch. Ent. Z., N. F. 14, 81–108, 1967.

–: Zool. Jahrb., Syst. 95, 571–633, 1968.

–: Zool. Jahrb., Syst. 97, 1–54, 1970.

–: Zool. Jahrb., Syst. 99, 408–504, 1972.

ROSICKÝ, B.: Blechy – Aphaniptera. In: Fauna ČSR 10. Praha 1957 (Tschech.).

SMIT, F. G. A. M.: Siphonaptera. In: Handb. Brit. Insects 1, pt. 16. London 1957.

WAGNER, J.: Flöhe, Aphaniptera (Siphonaptera, Suctoria). In: BROHMER, P. EHRMANN, P. u. ULMER, G.: Tierwelt Mitteleuropas VI, Teil 3, Lfg. 2, 17 Leipzig 1936 (veraltet).

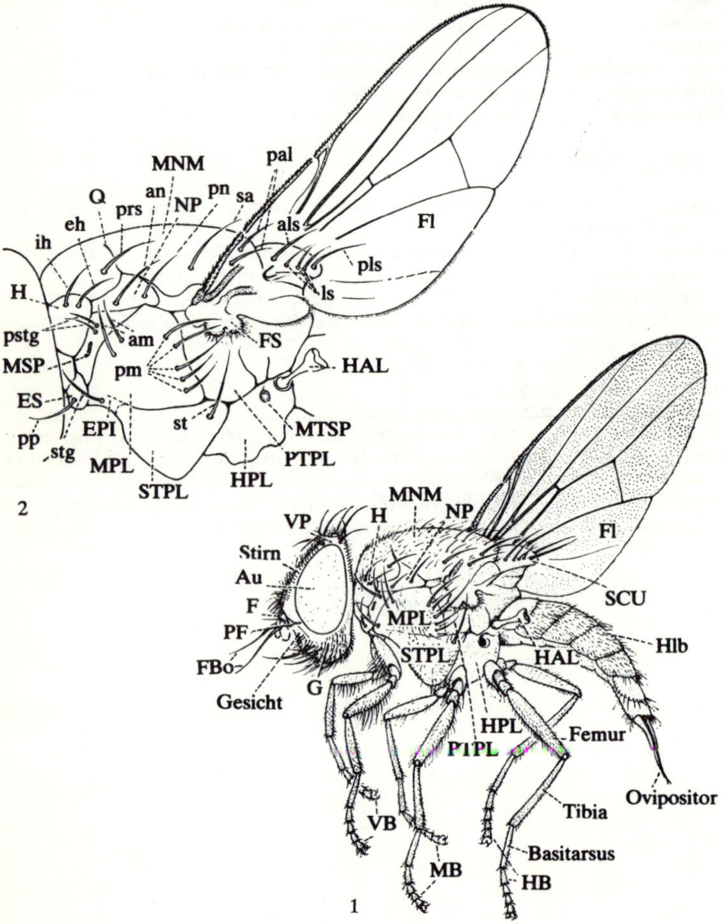

Abb. **306/1–2.** **1** *Dasiops latifrons* ♀ (*Lonchaeidae*) (5 mm); **2** linke SAnsicht des Thorax von *Dasiops latifrons* mit den wesentlichsten Bo.

G. Vorderflügel (VFl) bis auf wenige Ausnahmen voll entw, Hinterflügel (HFl) stets zu „Halteren“ (HAL) od. „Schwingkölbchen“ (Abb. **306**/1–2) reduziert. Dadurch von anderen, als „Fliegen“ bezeichneten Insekten, wie Eintagsfliegen, Uferfliegen u. ä. eindeutig unterschieden. Sehr klein (0,8 mm) bis mittelgroß (23 mm). Mundwerkzeuge leckend- od. stechendsaugend, teilweise stark reduziert.
Die schizophoren Dipteren mit Ptilinalnaht (PS), eine deutliche hufförmige Leiste zw Stirn u. Gesicht, die auch eine Trennlinie zw Gesicht u. Parafacialien (PF) darstellt. Alle *Cyclorrhapha* mit Lunula (LU), einer kleinen halbmondförmigen Platte, über der Basis der Fühler (F): Abb. **307**/1. F sehr verschiedenartig ausgebildet (Abb. **308**/1–12, **312**/2–9). Bei der Unterordnung *Nematocera* – Mücken bestehen die F aus vielen unter sich ähnlichen Gld, bei den Unterordnungen *Brachycera* u. *Cyclorrhapha* bestehen sie im allgemeinen nur aus 3 Gld. Letztes FGld häufig mit Fortsatz (Abb. **308**/1, 5–6) od. längerer einfacher od. gefiederter Bo (AR = Arista, FühlerBo) (Abb. **308**/8–15, **311**/5). Thorax z. T. mit transversaler Naht (Q = Praescutalnaht: Abb. **306**/2) über dem vorderen Teil des Mesonotums (MNM). Beine (B) mit od. ohne TibialBo od. -spornen. Letztes Tarsenglied mit polsterartigen Pulvillen unter 2 Krallen, umschließen ein borstenartiges od. ein den Pulvillen gleichgestaltetes Empodium (Abb. **311**/1–2). Ausbildung u. Größe des Flügelschüppchens (Calyptrae, Squamae, Squamulae od. Alulae = Cal, FS; Abb. **306**/2, **309**/1, **311**/4) an der Flügelwurzel zw Thorax u. Hauptteil des Fl oft wesentlich. Verhärtung der Flügelrandader (c = Costa) an einer od. zwei Stellen oft schwach, fehlend od. die Ader selbst scheinbar unterbrochen: Costalbrüche. Zelle des Flügelgeäders „geschlossen“, wenn sie den FlRand nicht erreicht. Die Randader (c) „endet an der Flügelspitze“, wenn dort ein deutliches Ende der Randverstärkung erkennbar ist; sie „umgibt den ganzen Flügel“, wenn ein plötzlicher Abbruch der Verstärkung fehlt. – Abdominalsegmente (HlbSgm) u. weiblicher Legeapparat (Abb. **306**/1, Ovipositor) von unterschiedlicher Gestalt. Für die Bestimmung sind von prinzipieller Bedeutung: Fühler (F), Beine (B), Fl-Geäder (Abb. **309**/1, **311**/3–4) sowie die Anordnung der Bo u. Haare

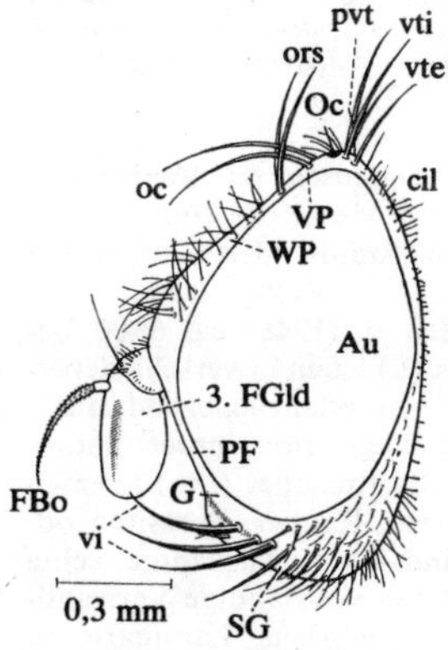

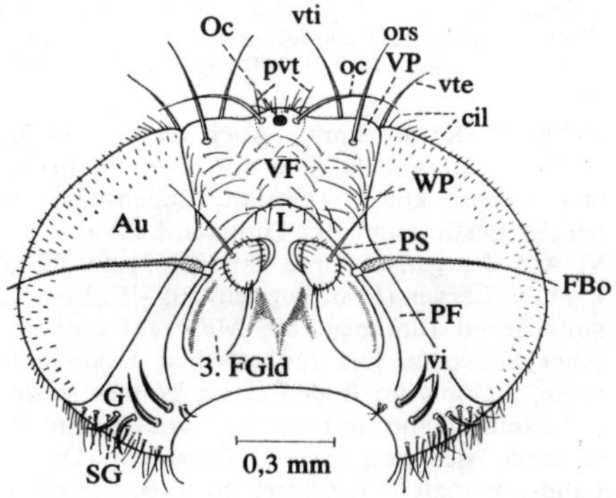

Abb. **307**/1. K von *Dasiops spatiosus* ♀ (*Lonchaeidae*) in SAnsicht (links) u. VAnsicht (rechts); L = Lunula, PS = Ptilinalnaht.

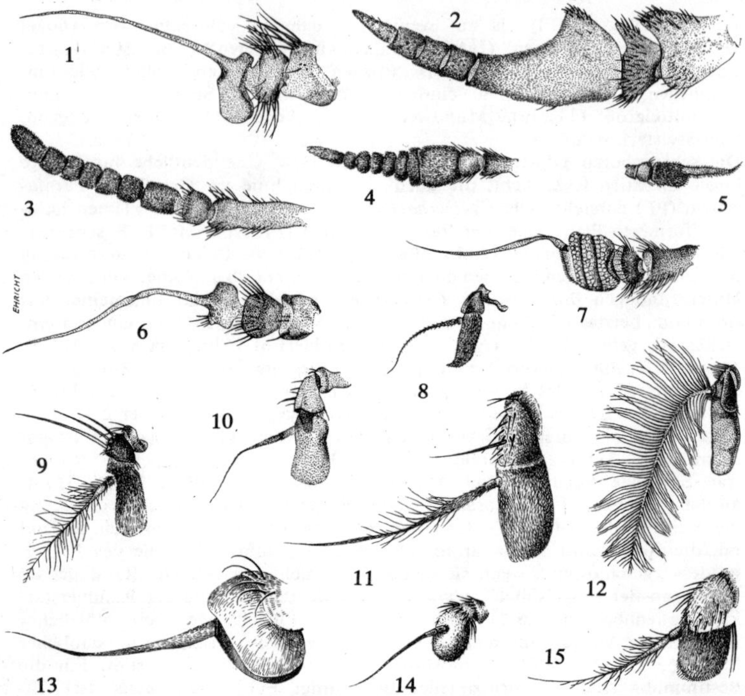

Abb. 308/1–15. F von: **1** *Atherix* (*Rhagionidae*); **2** *Tabanus* (*Tabanidae*); **3** *Xylophagus* (*Xylophagidae*); **4** *Solva* (*Xylomyidae*); **5** *Spania* (*Rhagionidae*); **6** *Rhagio* (*Rhagionidae*); **7** *Sargus* (*Stratiomyidae*); **8** *Coenosia* (*Muscidae*); **9** *Lasiops* (*Muscidae*); **10** *Scathophaga* (*Scathophagidae*); **11** *Sarcophaga* (*Sarcophagidae*); **12** *Volucella* (*Syrphidae*); **13** *Hypoderma* (*Oestridae*); **14** u. **15** *Micropeza* (*Micropezidae*).

auf Kopf (K) u. Thorax. Auch Gestalt des K, Vorhandensein od. Fehlen von Ocellen (Oc), von Nähten auf K u. Thorax u. andere Merkmale sind wesentlich. Ferner können Gestalt, Lebensweise u. Lebensraum der Larven (L) bei der Bestimmung der Dipteren helfen. –

V. Auf der ganzen Erde mit (1963) ca. 80000 Arten u. (1948) ca. 6500 bekannten Larven (L) u. Puppen (P). – **L.** Viele Larven (L) leben in verschiedenen aquatischen Biotopen, die Mehrzahl ernährt sich von pflanzlicher od. tierischer Substanz. Die räuberischen L sind auf der Vegetation, unter Baumrinde, Steinen, im Boden u. im Wasser zu finden. Die Imagines (Im.) nehmen z. T. keine Nahrung mehr auf, andere sind Blutsauger, Räuber, Parasiten od. ernähren sich von Pfl- u. Tiersäften. Die Im. sind ohne Ausnahme echte Land-, niemals Wasserinsekten. – **B.** Bei allen Dipteren vollständige Verwandlung. Im allgemeinen eierlegend; jedoch auch Ovoviviparie, Larviparie u. Pupiparie. Aus dem Ei entwickelt sich eine beinlose L, deren Lebensweise sich vollständig von der der Im. unterscheidet. Die L der *Nematocera* mit

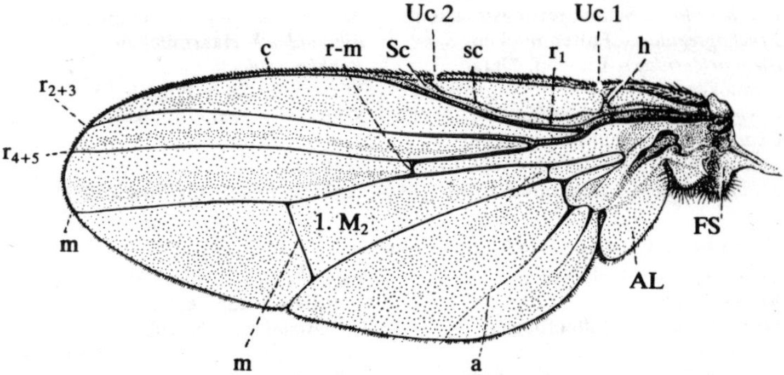

Abb. 309/1. Fl von *Dasiops latifrons* ♀ (*Lonchaeidae*).

gut ausgeprägtem K, dieser bei höher entwickelten Familien ± reduziert u. nur die vertikal gestellten u. parallel zueinander beweglichen Mundhaken deutlich erkennbar. Die P der *Nematocera* sind ohne Hülle frei beweglich, lassen die einzelnen Teile der Im. erkennen u. liegen frei. Die P der höheren Dipteren befinden sich in der zu einem Puparium (Tönnchen) verhärteten letzten Larvenhaut. – Viele Dipteren sind von beachtlicher wirtschaftlicher, hygienischer (Stubenfliege, Fleischfliege usw.) bzw. human- od. veterinärmedizinischer Bedeutung durch die Fähigkeit der Im., Blut zu saugen, u. mancher FliegenL, im menschlichen u. tierischen Körper zu leben u. dort schwere gesundheitliche Schäden zu verursachen. Viele Fliegen sind Krankheitsüberträger. Zahlreiche Dipteren sind als L Schädlinge der KulturPfl in Landwirtschaft, Garten- u. Obstbau, in der Forstwirtschaft als Samenschädlinge usw. Andererseits gibt es sehr viele nützliche Fliegen als Aas- u. Unratfresser, als Räuber u. Parasiten schädlicher Insekten (in Land- u. Forstwirtschaft) u. als Bestäuber nützlicher Pfl.

Übersicht über die Dipterenfamilien[1]

Nicht für alle Familien existieren deutsche Namen; außerdem werden verschiedene Gruppen unter der gleichen Bezeichnung geführt. Um Verwechslungen zu vermeiden und aus diesen Namen leicht irreführende Schlußfolgerungen auszuschalten, werden die deutschen Bezeichnungen nur in der Übersicht angeführt, in den Tabellen, mit Ausnahme erklärender Bezeichnungen, aber nicht erwähnt.

Unterordnung *Nematocera* – **Mücken**

Trichoceridae – Wintermücken, Winterschnaken

Tipulidae – Schnaken, Erd- od. Pferdeschnaken

Ceratopogonidae – Gnitzen

Chironomidae – Zuck-, Schwarm- od. Schwarzmücken, Zuckfußmücken

Simuliidae – Kriebelmücken

[1] Die Anordnung der Familien u. ihre Abgrenzung folgt dem gegenwärtig am gründlichsten bearbeiteten u. modernsten Katalogwerk über die Dipteren: A Catalog of the Diptera of America North of Mexico. Washington 1965.

Psychodidae – Schmetterlingsmücken
Ptychopteridae – Faltenmücken
Blephariceridae – Lid- od. Netzmücken
Dixidae – Doppeladermücken
Chaoboridae – Phantommücken
Culicidae – Stechmücken, Moskitos
Thaumaleidae – Dunkelmücken
Anisopodidae – Pfriemenmücken
Bibionidae – Haarmücken
Pachyneuridae
Mycetophilidae – Pilzmücken
Sciaridae – Trauermücken
Hyperoscelidae
Scatopsidae – Dungmücken
Cecidomyiidae – Gallmücken

Unterordnung *Brachycera* – **Fliegen**

Xylophagidae – Holzfliegen
Xylomyidae
Stratiomyidae – Waffenfliegen
Tabanidae – Bremsen
Rhagionidae – Schnepfenfliegen
Hilarimorphidae
Therevidae – Stilett- od. Luchsfliegen
Scenopinidae – Fensterfliegen
Asilidae – Raubfliegen
Nemestrinidae – Netzfliegen
Acroceridae – Kugel- oder Spinnenfliegen
Bombyliidae – Hummelfliegen, Wollschweber, Trauerschweber
Empididae – Tanz- oder Rennfliegen
Dolichopodidae – Langbeinfliegen

Unterordnung *Cyclorrhapha*
Division *Aschiza*

Lonchopteridae – Lanzenfliegen
Phoridae – Buckel- od. Rennfliegen, Randnervfliegen
Platypezidae – Plattfüßer, Sohlen-, Tummel- od. Rollfliegen
Pipunculidae – Augenfliegen
Syrphidae – Schweb- od. Schwirrfliegen
Conopidae – Dickkopffliegen, Blasenkopffliegen

Division *Schizophora*
Sektion *Acalyptratae*

Micropezidae – Stelzfliegen
Psilidae – Nacktfliegen
Tanypezidae – Zartfliegen
Megamerinidae – Schenkelfliegen
Otitidae – Schmuckfliegen
Platystomatidae
Sepsidae – Schwingfliegen
Sciomyzidae – Netzfliegen, Hornfliegen
Lauxaniidae – Polierfliegen, Faulfliegen
Chamaemyiidae – Blattlausfliegen
Periscelididae
Piophilidae – Käsefliegen
Thyreophoridae
Neottiophilidae – Meisensauger
Pallopteridae – Zitterfliegen
Lonchaeidae – Lanzenfliegen
Sphaeroceridae – Dungfliegen
Braulidae – Bienenläuse
Pyrgotidae
Tephritidae – Bohr- od. Fruchtfliegen
Helcomyzidae – Strandfliegen
Coelopidae – Tangfliegen
Dryomyzidae – Baumfliegen
Drosophilidae – Taufliegen
Diastatidae
Camillidae
Chloropidae – Gelbkopffliegen, Halmfliegen
Odiniidae
Agromyzidae – Minierfliegen
Clusiidae
Acartophthalmidae
Heleomyzidae – Sumpffliegen, Scheufliegen
Trixoscelididae
Anthomyzidae
Opomyzidae – Saft-, Wiesenfliegen

Tethinidae
Milichiidae – Nistfliegen
Canacidae
Ephydridae – Sumpffliegen
Curtonotidae
Chyromyidae
Aulacigastridae
Asteiidae – Feinfliegen
Cryptochetidae

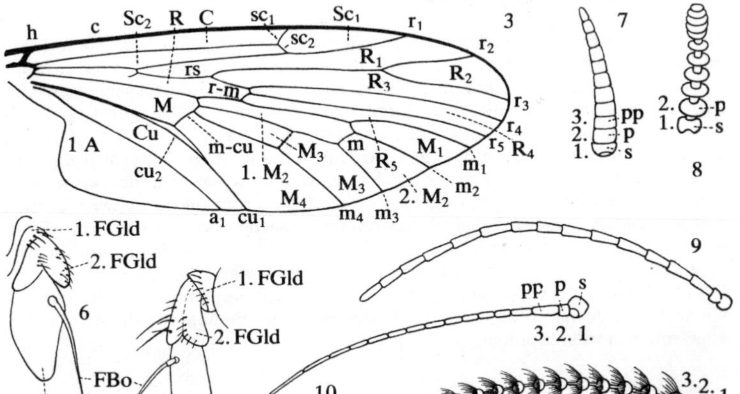

Abb. **311/1–12.** **1** Tarsenende der *Asilidae*, Empodium borstenartig; **2** Tarsenende der *Tabanidae*, Empodium pulvillenartig (l.T. = letztes TarsenGld, EMP = Empodium, PUL = Pulville, TK = Tarsenklaue); **3** Fl von *Protoplasa fitchii* (*Tanyderidae*) mit den Abkürzungen für Adern u. Zellen; **4** Fl von *Tabanus* (*Tabanidae*) mit Abkürzungen für Adern u. Zellen; **5** F einer calyptraten Fliege; **6** F einer acalyptraten Fliege; **7–12** F von Nematoceren (s = Scapus = 1. Gld der FGeißel, p = Pedicellus = 2. Gld der FGeißel, pp = Postpedicellus = 3. Gld der FGeißel); **7** *Simulium* (*Simuliidae*); **8** *Dilophus* (*Bibionidae*); **9** *Mycetophilidae*; **10** *Trichocera* (*Trichoceridae*); **11** *Psychoda* (*Psychodidae*); **12** *Anisopus* (*Anisopodidae*).

Sektion *Calyptratae*

Anthomyiidae – Blumenfliegen
Scathophagidae
Muscidae – Echte Fliegen
Gasterophilidae – Magendasseln
Hippoboscidae – Lausfliegen
Streblidae
Nycteribiidae – Fledermausläuse
Calliphoridae – Schmeißfliegen
Sarcophagidae – Aas- od. Fleischfliegen
Tachinidae – Raupenfliegen, Schmarotzerfliegen
Oestridae – Magen-, Rachen-, Nasendasseln, Biesfliegen

Die Bestimmung ist in vielen Gruppen äußerst schwierig, nur dem Spezialisten möglich u. zumindest bis zur Art oft nur durch Genitalpräparate erreichbar. Der Benutzer des Bestimmungsschlüssels sei darauf aufmerksam gemacht, daß bei den Dipteren mit einer Lupe in den meisten Fällen günstigstenfalls nur größere Kategorien (Familien, Gattungen) erkannt werden können, während normalerweise ein Binokular mit 60–100facher Vergrößerung zur näheren Identifizierung erforderlich ist, ganz abgesehen von der erwähnten Notwendigkeit einer Präparation der Genitalien. Trotz dieser Schwierigkeiten wurde versucht, die folgenden Bestimmungstabellen dem Charakter dieser Exkursionsfauna entsprechend auf relativ einfach erkennbaren Merkmalen aufzubauen, was aber nicht in allen Fällen möglich war.
Die folgenden Tabellen beinhalten alle Dipterenfamilien u. soweit möglich kleinere Kategorien, die in der DDR, der BRD u. den angrenzenden Gebieten angetroffen werden können.

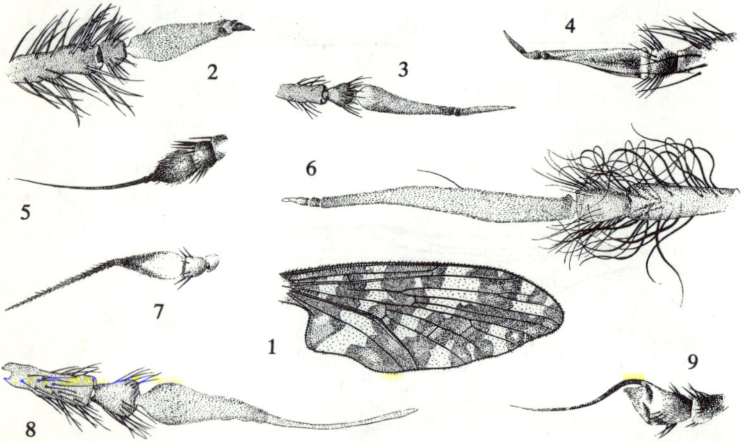

Abb. **312/1–9.** **1** Fl von *Protoplasa fitchii* (*Tanyderidae*); **2** F von *Thereva*; **3** u. **4** F von *Empis* (*Empididae*); **5** F von *Platypeza* (*Platypezidae*); **6** F von *Promachus* (*Asilidae*); **7** F von *Tachydromia* (*Empididae*) **8** F von *Bombylius* (*Bombyliidae*); **9** F von *Dolichopus* (*Dolichopodidae*).

Verzeichnis der in den Schlüsseln u. in den Abb. am häufigsten gebrauchten Abkürzungen:

a	Analader
ac	Akrostichalborste
AL	Alula
als	Vordere laterale Scutellarborste
am	Anterodorsale Mesopleuralborste
an	Vordere Notopleuralborste
ap	Apikalborste des Scutellums
AR	Arista
c	Costa
Cd	Diskoidalzelle
dc	Dorsozentralborste
DSC	Diskale Fläche des Scutellums
ES	Episternit (Propleura)
FS	Squamula alaris („Schüppchen“)
G	Backe (Gena)
h	Humeralquerader
HAL	Haltere
HPL	Hypopleura
K	Kopf
L	Larve
ls	Laterale Scutellarborste
LU	Lunula
m	Media (Längsader)
MNM	Mesonotum
MPL	Mesopleura
MT	Metanotum
MTSP	Metanotalstigma
NP	Notopleuraldepression
oc	Ocellarborste
ors	Orbitalborste
P	Puppe, Puparium
pal	Postalarborste
PF	Parafacialien (Wangen)
pls	Hintere laterale Scutellarborste

pm	Hintere Mesopleuralborsten
pn	Hintere Notopleuralborste
pp	Propleuralborste
prs	Praesuturale Borste
ps	Peristomalhaare (Haare auf der Vorderfront der Backen entlang des Mundrandes)
PS	Ptilinalnaht
pstg	Poststigmatikalborste
PTPL	Pteropleura
pvt	Postvertikalborste
Q	Praescutalnaht
r_1	Radius$_1$ (Längsader)
r_{2+3}	Radius$_{2+3}$ (Längsader)
r_{4+5}	Radius$_{4+5}$ (Längsader)
sa	Supraalarborste
sc	Subcostalader
Sc	Subcostalzelle
SCU	Scutellum
SG	Subgena
SPO	Stigmenöffnung
st	Sternopleuralborste
stg	Stigmatikalborste
STPL	Sternopleura
T	Tergum (T 1, T 2 usw. – 1. Tergum, 2. Tergum usw.)
ta	Mittlere Querader
tp	Hintere Querader
TPU	Sprengungsnaht des Pupariums
Uc 1, Uc 2	Scheinbare Unterbrechungsstellen der Costa
vi	Vibrissenähnliche Borste
VP	Vertikalborste
vte	Äußere Scheitelborste
vti	Innere Scheitelborste
WP	Wangenplatte

Beachte: In den Schlüsseln u. Beschreibungen werden allgemeine Größenangaben erwähnt. Dabei bedeutet „mittelgroß“ ungefähr die Größe einer Stubenfliege; „klein“ besagt kleiner u. „groß“ größer als deren Ausmaße. „Sehr klein“ weist auf eine Lg von weniger als 3 mm hin u. „sehr groß“ bedeutet 20 mm od. mehr.

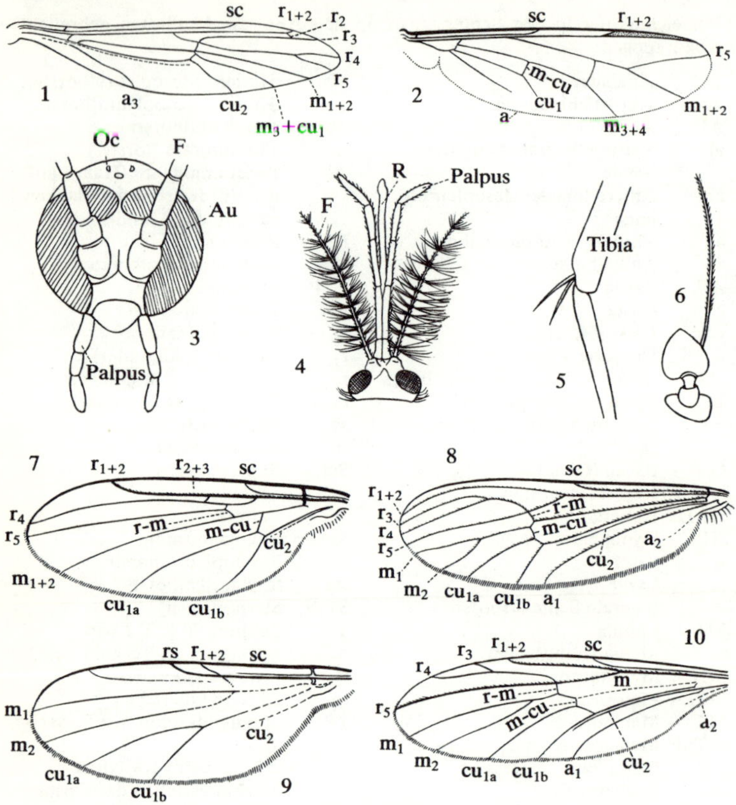

Abb. **314/1–10.** **1** Fl einer Ptychopteride; **2** Fl von *Acrocera* (*Acroceridae*); **3** K von *Sciara* (*Sciaridae*); **4** K von *Aedes* ♂ (*Culicidae*); **5** Tibia des HB von *Chrysops* (*Tabanidae*); **6** F von *Phora* (*Phoridae*); **7** Fl von *Thaumalea* (*Thaumaleidae*); **8** Fl von *Dixa* (*Dixidae*); **9** Fl von *Ceratopogon* (*Ceratopogonidae*); **10** Fl einer Pachyneuride.

Klassifizierungsübersicht

1 F vielgld, verlängert (im allgemeinen 2 WurzelGld u. eine vielgld, perlschnurähnliche Geißel). UOrdnung *Nematocera*

1* F im allgemeinen nur dreigld, kurz (außer 2 Wurzelgliedern meist ein größeres 3. mit $\pm$ gegliedertem Griffel od. apikal-dorsal mit einer Bo).
Unterordnung *Brachycera* s. l. (= *Brachycera* u. *Cyclorrhapha*) **2**

2 Im. verlassen Puparium durch T-förmigen Spalt. UOrdnung *Brachycera*

2* Im. verlassen Puparium durch kreisförmigen Schlitz. UOrdnung *Cyclorrhapha* **3**

3 Ohne Ptilinalnaht. Division *Aschiza*

3* Mit Ptilinalnaht (Abb. **307**/1: PS). ... Division *Schizophora* **4**

4 FlSchüppchen sehr klein (Abb. **309**/1); 2. FGld im allgemeinen ohne od. nur mit kurzer Andeutung eines dorsalen Längsspaltes (Abb. **311/6**); Thorax im allgemeinen ohne vollständige Quernaht. Sektion *Acalyptratae*
4*FlSchüppchen im allgemeinen groß, HAL verbergend; 2. FGld stets mit einem deutlichen dorsalen Spalt (Abb. **311**/5); Thorax im allgemeinen mit vollständiger Quernaht. Sektion *Calyptratae*

Hauptschlüssel

1 Fl vorhanden u. vollständig ausgebildet **2**
1*Fl fehlend od. weitgehend reduziert **115**
2 F vielgld, verlängert, bestehend aus deutlich gegliederten Sgm (im allgemeinen 2 WurzelGld u. eine vielgld, perlschnurähnliche Geißel) (Abb. **311**/7–12), bei einigen ♂♂ sehr lg gefiedert (Abb. **314**/)4 .... **3**
2*F bestehen aus höchstens 5 (im allgemeinen 3) deutlich gegliederten Sgm, das 3. gelegentlich geringelt u. apikal-dorsal oft mit einem Griffel (Abb. **308**/1–7) od. einer Arista (Abb. **308**/8–15, **307**/1: AR), in der Regel nicht lg gefiedert . **26**
3 Mesonotum (MNM) mit einer V-förmigen Naht; B lg u. schlank (Abb. **316**/1–2) **4**
3*MNM ohne V-förmige Naht **6**
4 2–3 Oc vorhanden. – FlAder a_2 sehr kurz, bogenförmig, schon kurz nach der FlWurzel den FlHRand erreichend (Abb. **311**/10, **317**/1). – Schlanke mittelgroße Mücken, im Herbst u. zeitigen Frühling, selbst im Winter bei Sonnenschein in der Luft u. über Schnee tanzend od. auf dem Schnee sitzend. Familie *Trichoceridae* S. 350
4*Oc fehlend. – FlAder r mit 4 od. weniger Zweigen, die den FlRand erreichen; FlZelle M_3 ohne Querader **5**
5 Nur eine Analader erreicht den FlRand. – r_{4+5} gegabelt; Hauptqueradern nahe der FlM (Abb. **314**/1); Pulvillen vorhanden, Empodium klein; 1. FGld größer als das 2.; Tibien mit Spornen. – Größere, lgbeinige, glänzendschwarze Mücken, die oberflächlich den *Tipulidae* ähneln, mit meist gefleckten Fl; an Blüten u. Pfl in Wassernähe (siehe auch Nr. 19). Familie *Ptychopteridae* S. 354
5*2 Analadern erreichen den FlRand. – a_2 lg u. erst in ziemlicher Entfernung von der FlWurzel in den FlRand mündend; Queradern jenseits der FlM (Abb. **317**/2–3); Pulvillen fehlen, Empodium vorhanden. – Größte Nematoceren: „Schnaken" (Abb. **316**/1–2), B leicht abfallend. An feuchten Stellen, in Wäldern, schwerfällig fliegend, nie stechend od. blutsaugend. (Siehe auch Nr. 120.) Familie *Tipulidae* S. 351
6 (3*) Oc vorhanden **7**
6*Oc fehlend **17**
7 FlGeäder reduziert, mit höchstens 4 Adern, die den FlRand erreichen. – Tibien ohne Sporne; kleine Mücken **8**
7*FLGeäder nicht reduziert **9**
8 F im allgemeinen lg, die Sgm deutlich gegliedert; Hlb mit 8 Sgm vor den Genitalien; Fl meist behaart (Abb. **317**/4). – Basitarsus länger als das 2. Gld. – „Gallmücken". (Siehe auch Nr. 123.) Familie *Cecidomyiidae*, Unterfamilie *Lestremiinae* S. 358
8*F kurz, Sgm kurz u. schwer voneinander unterscheidbar; Hlb mit nur 7 deutlichen Sgm vor den Genitalien; Fl kahl. – Costa (c) nur bis zur Mündung der rs reichend, höchstens über ³/₄ der FlLg sich erstreckend; rs nicht gegabelt, m-cu fehlend, Adern im vorderen FlTeil nahe des Randes dick, die übrigen

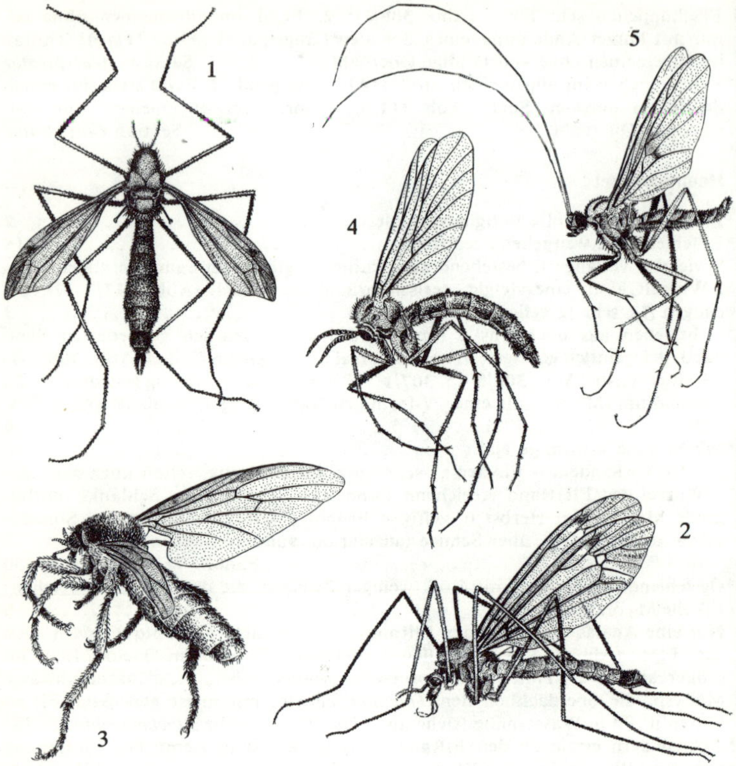

Abb. 316/1–5. **1** u. **2** *Tipula* (*Tipulidae*) (17 mm); **3** *Bibio* (*Bibionidae*) (12 mm); **4** *Symmerus* (*Mycetophilidae*) (6 mm); **5** *Macrocera* (*Mycetophilidae*) (5 mm).

nur schwach u. faltenartig (Abb. **317**/5). – Kleine, kahle, im allgemeinen schwarze Mücken, in Mengen an Pfl, verlausten Blättern, in der Nähe von Fäkalien, Toiletten, oft an Fenstern. (Siehe auch Nr. 16* u. 122.)
Familie *Scatopsidae* S. 358

9 **(7*)** Diskoidalzelle (1. M_2) vorhanden, in der Nähe der FlM liegend. – 4. hintere Zelle (M_3) offen (Abb. **311**/12, **317**/6) (Gattung *Sylvicola* HARRIS). – Mittelgroße schlanke Mücken mit gefleckten Fl. Eine Art bes im Winter an Wohnungsfenstern häufig. (Siehe auch Nr. 15.) Familie *Anisopodidae* S. 357

9* Diskoidalzelle fehlend (Abb. **317**/7–9) **10**

10 Schnakenähnliche Mücken, mit lg B; Tibialsporne reduziert od. fehlend; Analecke des Fl hervorragend; Fl manchmal mit einem spinnwebartigen Netz zarter Linien zw den Adern. – Kleine lgbeinige Mücken, selten, in der Nähe schnellfließender Gewässer auf Steinen u. Blättern.
Familie *Blephariceridae* S. 354

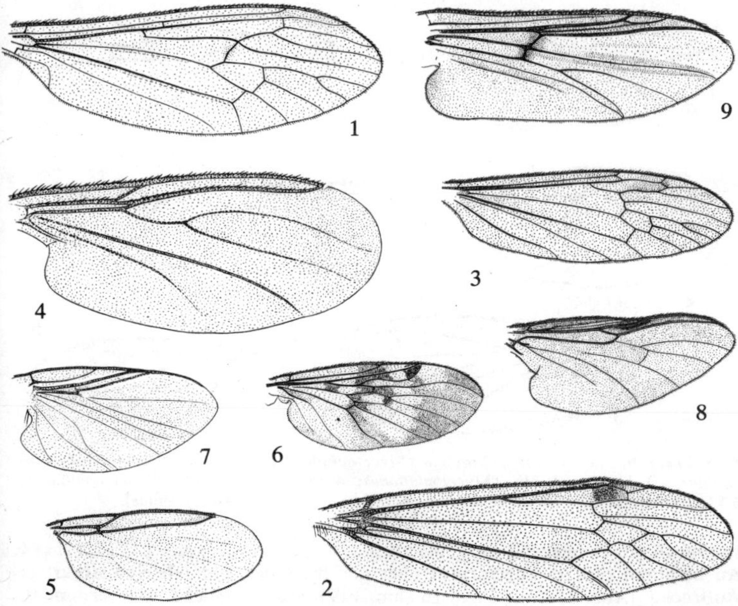

Abb. **317**/1–9. **1** Fl von *Trichocera* (*Trichoceridae*); **2** Fl von *Cnetophora* (*Tanyptera*) (*Tipulidae*); **3** Fl von *Limnophila* (*Tipulidae*); **4** Fl von *Lestremia* (*Cecidomyiidae*); **5** Fl von *Scatopse* (*Scatopsidae*); **6** Fl. von *Sylvicola* (*Anisopodidae*); **7** Fl von *Simulium* (*Simuliidae*); **8** Fl von *Bibio* (*Bibionidae*); **9** Fl von *Trichotanypus* (*Chironomidae*).

10* B u. Tibialsporne variabel; Fl variabel, aber wenn Analecke des Fl hervorspringt, dann B kurz u. keine Ähnlichkeit mit einer Schnake; Fl ohne Netz feiner Linien zw den Adern **11**

11 Pulvillen vorhanden; 2. Basalzelle (M) u. m-cu vorhanden (Abb. **317**/8); a_1 u. a_2 im allgemeinen nicht bis zum FlHRand reichend; F im allgemeinen kürzer als der Thorax, ziemlich kräftig (Abb. **311**/8) u. tief am Gesicht entspringend, unter den Au, dem Mundrand nahe, GeißelSgm eng beisammen (Abb. **316**/3); Tibien mit Apikalspornen. – Düster aussehende Mücken, im Frühj oft scharenweise auftretend („Märzfliegen"); auf Dolden häufig. (Siehe auch Nr. 125.) Familie *Bibionidae* S. 357

11* Pulvillen fehlend od. sehr klein, 2. Basalzelle (M) fehlend od. unvollkommen entwickelt (Abb. **318**/1–5); F in der Lg unterschiedlich, im allgemeinen ungefähr in Höhe der AuM od. höher entspringend; Tibialsporne vorhanden od. fehlend **12**

12 Tibien mit Apikalspornen; Hü im allgemeinen lg (Abb. **316**/4–5); F im allgemeinen so lg od. länger als der Thorax **13**

12* Tibien im allgemeinen ohne Apikalsporne; Hü kurz; F kurz u. kräftig. – Kleine braune od. schwarze Mücken, bis 3 mm lg **16**

13 rs dreigabelig (r_3, r_4, r_5). – m-cu etwas vor der r-m; m von der FlWurzel her zart u. nur faltenartig (Abb. **314**/10). Familie *Pachyneuridae*

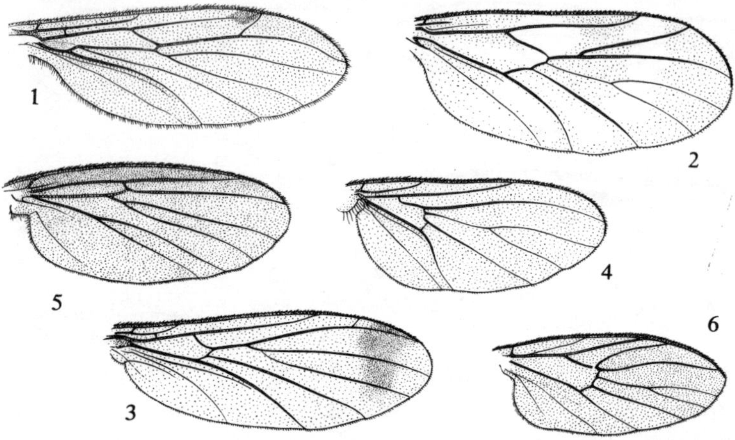

Abb. **318/1–6.** **1** Fl von *Bolitophila* (*Mycetophilidae*); **2** Fl von *Ditomyia* (*Mycetophilidae*); **3** Fl von *Orfelia* (*Mycetophilidae*); **4** Fl von *Diadocidia* (*Mycetophilidae*); **5** Fl von *Mycetophila* (*Mycetophilidae*); **6** Fl von *Mycetobia* (*Anisopodidae*).

13* rs einfach od. zweigabelig **14**

14 Au berühren sich im allgemeinen über der Basis der F durch eine stegartige AuBrücke (Abb. **314**/3); FlAdern am FlVRand auffallend stärker; m-cu fehlend. – Kleine, dunkle, schlanke „Trauermücken", leben an feuchten, schattigen Orten. (Siehe auch Nr. 122*). Familie *Sciaridae* S. 358

14* Au berühren sich nicht über der Basis der F **15**

15 Basalzellen verwachsen u. an der Spitze durch die m-cu u. r-m geschlossen; rs gegenüber od. gerade vor der r-m gegabelt (Abb. **318**/6); sc vollständig entwickelt, in der Costa endend; a_2 fast den FlRand erreichend. – Mittelgroße schlanke Mücken mit gefleckten Fl. An feuchten Stellen, auf Laub, eine Art bes. im Winter an Wohnungsfenstern häufig. (Siehe auch Nr. 9.) Familie *Anisopodidae* S. 357

15* m-cu fehlend, Basalzellen variabel; rs einfach od. wenn gegabelt, dann ist die Gabel von r-m entfernt, od. die r-m ist durch den Zusammenschluß rs u. m ersetzt; sc u. a_2 veränderlich. – F nahe der AuM, lg, GeißelSgm deutlich voneinander getrennt (Abb. **311**/9), mit Haarspiralen. – Schlanke „Pilzmücken" (Abb. **316**/4–5), bes. an feuchten u. schattigen Stellen, bevorzugen die Dämmerung u. pilzreiche Wälder, laufen schnell u. stellen sich manchmal tot. Familie *Mycetophilidae* S. 357

16 **(12*)** rs gegabelt; c über das Ende der r_{4+5} hinaus u. fast bis zur FlSpitze sich erstreckend; Palpen mit 3–4 Sgm; F mit 12 Sgm. – (Bisher aus dem Gebiet nicht gemeldet.) Familie *Hyperoscelidae*

16* rs nicht gegabelt; c erreicht nur das E der rs u. erstreckt sich höchstens über nur ca. $^3/_4$ der FlLg (Abb. **317**/5); FlAdern im vorderen FlTeil nahe des Randes dick, die übrigen nur schwach u. faltenartig; m-cu fehlend; Palpen mit nur 1 Sgm; F kurz, mit 7 bis 12 kurzen, breiten u. nicht leicht unterscheidbaren Sgm. – Kahle, kleine, im allgemeinen schwarze Mücken mit unbehaarten Fl; Hlb mit nur 7 deutlichen Sgm vor den Genitalien. In Mengen an Pfl, verlausten Blättern, in der Nähe von Fäkalien u. Toiletten, oft an Fenstern. (Siehe auch Nr. 8* u. 122.) Familie *Scatopsidae* S. 358

17 (6*) 10 (bei einigen *Psychodidae* 11) Adern od. ihre Zweige erreichen den FlRand **18**

17* Höchstens 8 Adern od. ihre Zweige erreichen den FlRand **22**

18 Hauptqueradern nahe der FlM od. darüber hinaus; größere, lgbeinige Mükken **19**

18* Hauptqueradern nahe der FlWurzel; Fl kurz, breit, die Spitze verjüngt, im allgemeinen dicht behaart (Abb. **320**/1) u. in Ruhe dachartig über dem Körper gehalten (Unterfamilie *Psychodinae*) od. auf dem Körper zusammengelegt (Unterfamilie *Phlebotominae*); rs vierfach verzweigt. – F: (Abb. **311**/11). – Kleine behaarte, motten- u. schmetterlingsähnliche Mücken, häufig in Toilettennähe, im Laufen flink, im Fliegen ungeschickt.
Familie *Psychodidae* S. 354

9 r_{4+5} gegabelt (Abb. **314**/1). – 1. FGld größer als das 2.; Tibien mit Spornen. – Größere, lgbeinige, glänzendschwarze Mücken, die oberflächlich den *Tipulidae* ähneln, mit meist gefleckten Fl; Hlb schwarz mit gelbbraunen Querbinden, an Blüten u. Pfl in Wassernähe. (Siehe auch Nr. 5.)
Familie *Ptychopteridae* S. 354

9* r_{4+5} einfach **20**

0 rs u. seine Zweige bogenförmig (Abb. **314**/8); FlAdern u. FlRand nicht mit Schuppen besäumt; Körper u. B nicht schuppig; F lg u. dünn, GeißelSgm schwer unterscheidbar; 2. FGld kurz u. sehr dick. – Kleine, lgbeinige Mücken, an feuchten Stellen in Auen u. Wäldern. Familie *Dixidae* S. 354

0* rs u. seine Zweige gerade od. fast gerade; FlRand u. oft auch die FlAdern mit Schuppen besäumt (Abb. **320**/2) **21**

1 R lg, weit über den Clypeus vorragend (Abb. **314**/4); FlAdern, Körper u. B stark beschuppt bzw. behaart; 1. FGld rudimentär, 2. vergrößert; Tibien ohne deutliche Sporne. – „Stechmücken". Familie *Culicidae* S. 355

1* R kurz, nur wenig über den Clypeus vorragend; sofern Schuppen vorhanden, bleiben sie meist auf den FlRand beschränkt.
Familie *Chaoboridae* S. 355

2 (17*) Höchstens 4 Adern erreichen den FlRand (Abb. **320**/3); erste zwei FGld ungefähr gleich lg; F im allgemeinen sehr lg; Basitarsi sehr kurz, kürzer als das 2. TarsenGld. – „Gallmücken".
Familie *Cecidomyiidae*, Unterfamilie *Cecidomyiinae* S. 358

2* Zumindest 6 Adern erreichen den FlRand; 1. FGld rudimentär, 2. ± vergrößert; Basitarsi fast immer länger als das 2. TarsenGld **23**

3 FlQueradern im ersten FlDrittel (nahe der FlWurzel). – 7 Adern erreichen den FlRand, aber m einfach (Abb. **314**/7); F ungefähr so lg wie der K, auf dem 2. kräftigen Gld sitzen die drei folgenden verdickten Sgm wie ein keulenförmiger Komplex auf, gefolgt von einer dünnen, borstenartigen Geißel. – Kleine, unbehaarte rötlichgelbe od. bräunliche Mücken, vorwiegend im Geb.
Familie *Thaumaleidae* S. 356

3* FlQueradern, sofern vorhanden nahe der FlM **24**

4 Fl sehr breit, die vorderen Adern auffallend dick, die hinteren schwach (Abb. **317**/7); m gegabelt; F kurz u. unbehaart (Abb. **311**/7). – F ungefähr so lg wie der K, FGld breit u. eng aneinander. – Kleine dunkelgetönte Mücken, meist um 3 mm lg, von einer etwas buckligen Gestalt u. mit kurzen dicken B. – Schwarze „Kriebelmücken", Blutsauger, im Frühling u. Herbst auftretend.
Familie *Simuliidae* S. 357

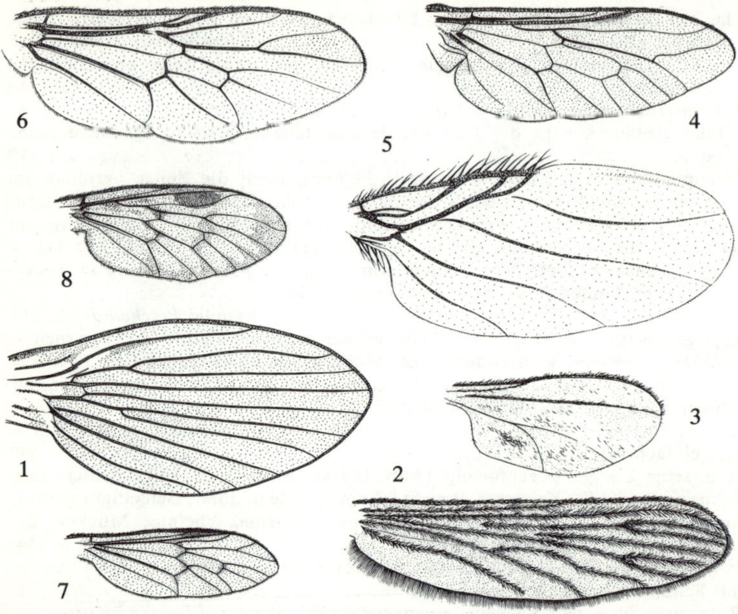

Abb. **320/1–8.** **1** Fl von *Ulomyia* (*Psychodidae*); **2** Fl von *Anopheles* (*Culicidae*); **3** Fl von *Asphondylia* (*Cecidomyiidae*); **4** Fl von *Tabanus* (*Tabanidae*); **5** Fl von *Megaselia* (*Phoridae*); **6** Fl von *Solva* (*Xylomyidae*); **7** Fl von *Xylophagus* (*Xylophagidae*); **8** Fl von *Rhagio* (*Rhagionidae*).

24* Fl nicht sehr breit; die hinteren Adern im allgemeinen kräftiger; F behaart, besonders beim ♂ **25**

25 m_{1+2} gegabelt (Abb. **314**/9); Metanotum abgerundet, ohne Längsfurche; VB nicht verlängert; Mundteile stechend (Stechrüssel vorhanden); im allgemeinen Fl in Ruhe flach auf dem Rücken übereinandergelegt. – Kleine Mücken, auf Mensch u. Vieh blutsaugende „Gnitzen".
Familie *Ceratopogonidae* S. 356

25* m_{1+2} einfach, nicht gegabelt (Abb. **317**/9); Metanotum im allgemeinen mit einer Längsfurche od. einem Kiel; VB verlängert; Mundteile nicht stechend (R verkümmert); Fl mit Ausnahme der Gattung *Podonomus* in Ruhe nicht auf dem Rücken flach übereinandergelegt (Abb. **321**/1). – Meist massenhaft auftretende Mücken, bes. abends in Säulen in der Luft tanzend, sitzend ständig mit den VB zuckend. (Siehe auch Nr. 124.) Familie *Chironomidae* S. 357

26 (**2***) Empodien an den Füßen haftlappenförmig: Tarsen mit 3 gleichgestalteten Haftlappen (Abb. **311**/2). – (Bei einigen *Dolichopodidae* u. *Empididae* sind die Empodien ebenfalls so entw, diese sind aber durch das FlGeäder erkennbar.) **27**

26* Empodien nur borstenartig od. fehlend: Tarsen mit nur 2 Haftlappen (Abb. **311**/1), bisweilen fehlen Haftlappen ganz **33**

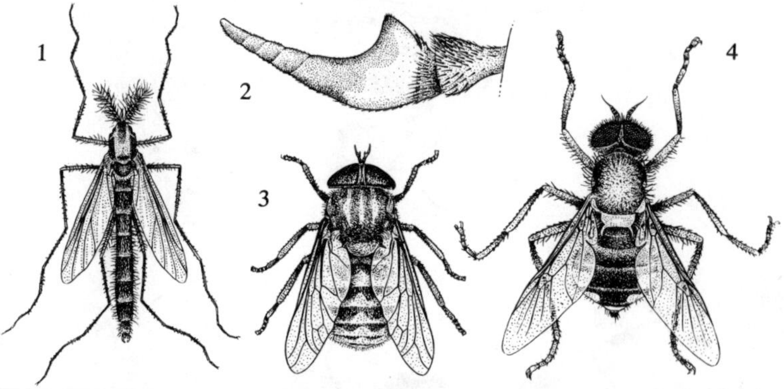

Abb. **321**/**1–4.** **1** *Chironomus* (*Chironomidae*) (11 mm); 2 F von *Tabanus* (*Tabanidae*); 3 *Tabanus* (*Tabanidae*) (23 mm); **4** *Oxycera* (*Stratiomyidae*) (7 mm).

27 3. FGld noch deutlich aus Ringen (Sgm) bestehend (Abb. **308**/2–4, 7) **28**

27* 3. FGld kompakt, Ringe od. Sgm nicht mehr erkennbar (Abb. **308**/1, 5–6, **322**/4), sondern gewöhnlich mit einem Griffel (Abb. **308**/1, 5–6) od. einer Arista **31**

28 Calyptra (Thoraxschüppchen: Abb. **311**/4) groß u. auffallend; r_4 u. r_5 laufen zu einer breiten Gabel auseinander, die die FlSpitze einschließt (Abb. **320**/4). – Tibien mit Spornen, zumindest an den MB (Abb. **314**/5); F wie in Abb. **321**/2; Analzelle (Cu) am FlRand od. davor geschlossen. – Kräftige mittelgroße bis sehr große (22 mm) Fliegen, „Bremsen" (Abb. **321**/3), mit großem flachem K, Au im Leben meist mit glänzend gefärbten Flecken od. Bändern; ♀♀ blutsaugend an Mensch u. a. Warmblütern, ♂♂ Blütenbesucher u. Pollenfresser. Familie *Tabanidae* S. 361

28* Calyptra meist klein od. rudimentär; r_4 u. r_5 variabel **29**

29 Wenigstens die Tibien der MB mit apikalen Spornen; rs entspringt gewöhnlich deutlich proximal zur Basis der Diskoidalzelle; die Zweige der r nicht nahe dem kostalen Rand zusammengedrängt **30**

29* Tibialsporne fehlen; rs entspringt gegenüber der Basis der auffallend kleinen Diskoidalzelle; die Zweige der r sind nahe dem kostalen Rand zusammengedrängt (Abb. **323A**/2); r_5 (od. r_{4+5}, wenn nicht gegabelt) endet vor der FlSpitze. – Zelle M_3 offen; Adern im hinteren FlTeil blasser als im vorderen; F wie in Abb. **308**/7. – Schöne, häufig schwarz u. gelb od. grün gezeichnete od. glänzend grüne od. blaue „Waffenfliegen" (Abb. **321**/4); sonneliebende, harmlose Blumenbesucher, häufig an Doldengewächsen u. Korbblütengewächsen, auch in Wassernähe. Familie *Stratiomyidae* S. 360

30 4. hintere Zelle (M_3) geschlossen (Abb. **320**/6); Tibien der VB ohne apikale Sporne. – Vorwiegend im Wald. (Abb. **308**/4, **322**/1.)
Familie *Xylomyidae* S. 360

30* 4. hintere Zelle M_3 offen (Abb. **320**/7); Tibien der VB mit apikalen Spornen. – Mittelgroße od. kleine, meist schlanke, teilweise ichneumonidenähnliche Fliegen (Abb. **308**/3, **322**/2–3), vorwiegend im Wald, auf Baumstämmen.
Familie *Xylophagidae* S. 359

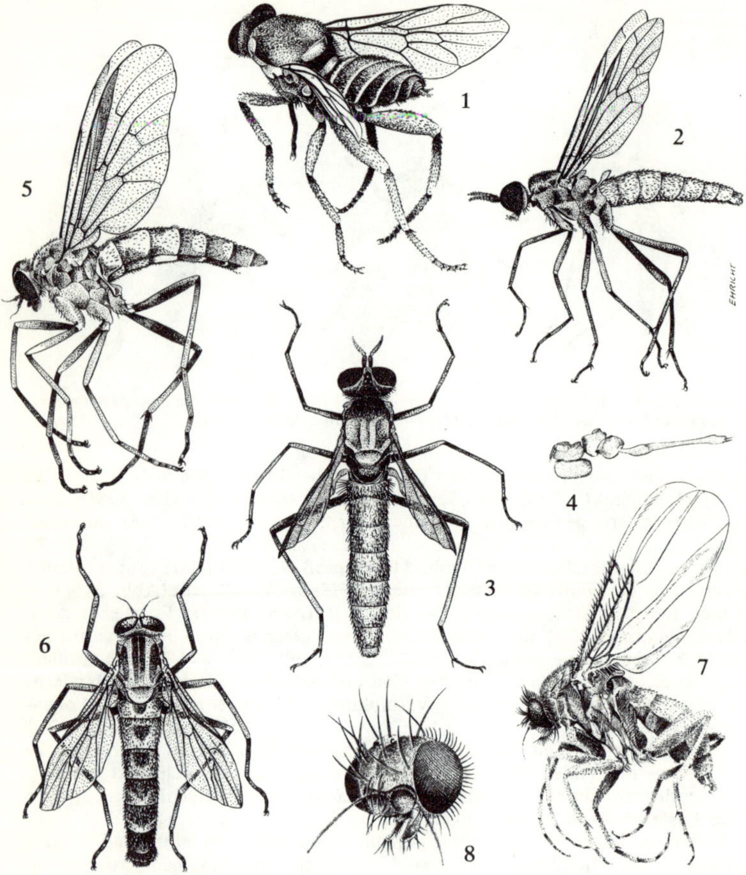

Abb. **322/1–8.** **1** *Solva* (*Xylomyidae*) (5,5 mm); **2** u. **3** *Xylophagus* (*Xylophagidae*) (9 mm); **4** F von *Ogcodes* (*Acroceridae*); **5** u. **6** *Rhagio* (*Rhagionidae*) (12 mm); **7** *Megaselia* (*Phoridae*) (2 mm); **8** K von *Megaselia*.

31 **(27*)** Calyptra sehr groß; K sehr klein, gegenüber dem Thorax sehr tief liegend u. fast völlig aus den Au bestehend; F: Abb. **322**/4; der Körper erscheint bucklig, die Gestalt im ganzen kugelförmig; c erstreckt sich nur bis zur Fl. Spitze; FlGeäder reduziert (Abb. **314**/2). – Hlb ballonförmig. – Auf Gesträuch. Ziemlich seltene, kleine bis mittelgroße Fliegen. Familie *Acroceridae* S. 365

31* Calyptra klein od. rudimentär; K von normaler Größe, Gesicht od. Stirn breit; c variabel; FlGeäder nicht reduziert **32**

32 FlGeäder abnorm, bes. eigentümlich: in der äußeren FlHälfte mehrere kleine zusätzliche Zellen, zum FlHRand auffallend parallel orientiert; c endet ge-

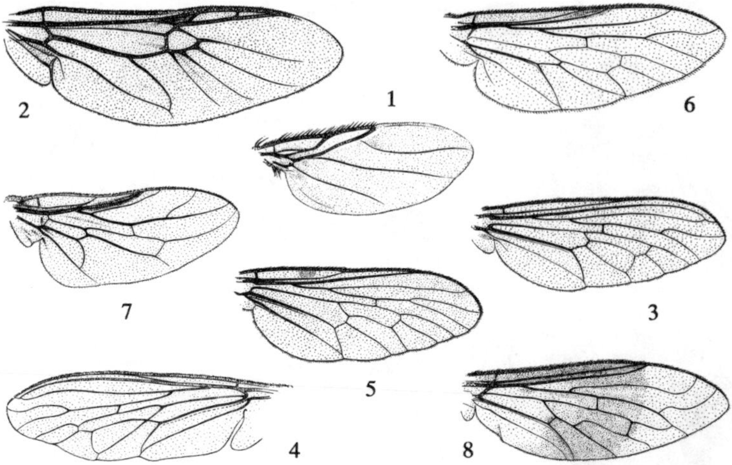

Abb. **323A/1–8.** **1** Fl von *Phora* (*Phoridae*); **2** Fl von *Oxycera* (*Stratiomyidae*); **3** Fl von *Laphria* (*Asilidae*); **4** Fl von *Machimus* (*Asilidae*); **5** Fl von *Isopogon* (*Asilidae*); 6 Fl von *Thereva* (*Therevidae*); **7** Fl von *Scenopinus* (*Scenopinidae*); **8** Fl von *Callisioma* (*Bombyliidae*).

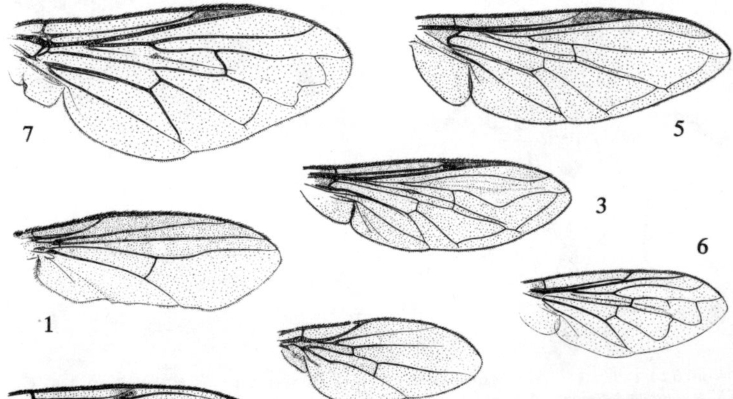

Abb. **323B/1–8.** **1** Fl von *Dolichopus* (*Dolichopodidae*); **2** Fl von *Lonchoptera* (*Lonchopteridae*); **3** Fl von *Didea* (*Syrphidae*); **4** Fl von *Volucella* (*Syrphidae*); **5** Fl von *Syrphus* (*Syrphidae*); **6** Fl von *Microdon* (*Syrphidae*); **7** Fl von *Eumerus* (*Syrphidae*); **8** Fl von *Chlorops* (*Chloropidae*).

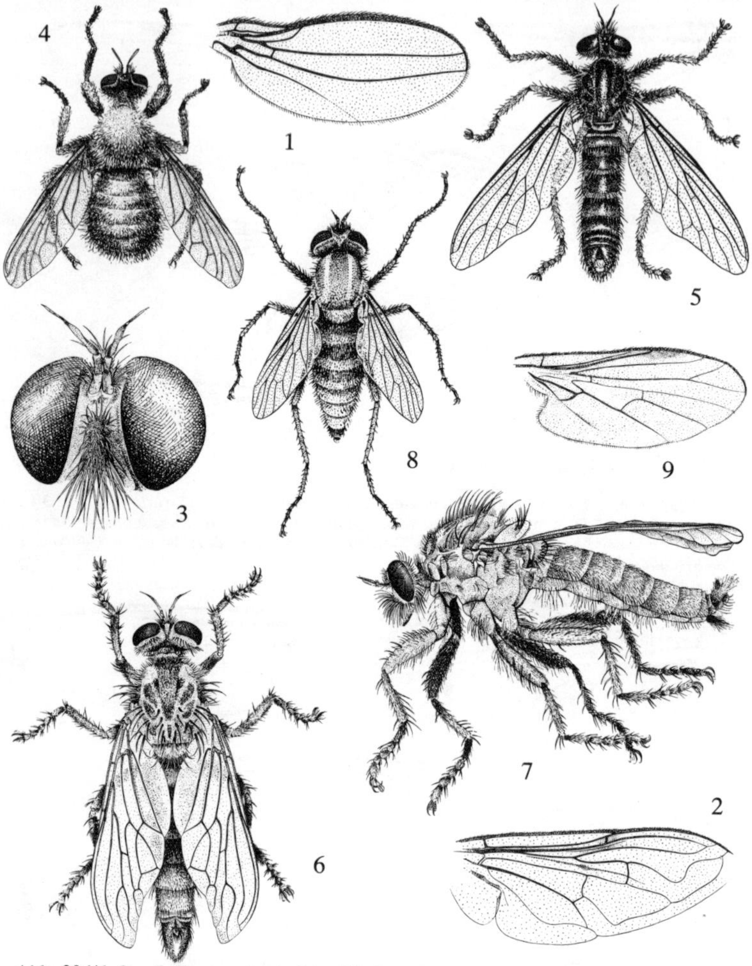

Abb. **324/1–9.** **1** Fl von *Asteia* (*Asteiidae*); **2** Fl von *Eristalis* (*Syrphidae*); **3** K von *Machimus* (*Asilidae*); **4** *Laphria* (*Asilidae*) (17 mm); **5** *Pamponerus* (*Asilidae*) (15 mm); **6** u. **7** *Machimus* (*Asilidae*) (17 mm); **8** *Thereva* (*Therevidae*) (11 mm); **9** Fl von *Gloma* (*Empididae*).

wöhnlich an der FlSpitze; Tibien ohne apikale Sporne. – Mittelgroße Fliegen mit relativ großem K u. lg R, Blumenbesucher. Selten.

Familie *Nemestrinidae* S. 365

32* FlGeäder normal (Abb. **320**/8); c setzt sich um die FlSpitze herum fort; r_1 auffallend kurz, nach vorn gebogen; mittlere u. hintere Tibien gewöhnlich mit apikalen Spornen. – Hlb verlängert. – Schlanke lgbeinige Fliegen (Abb. **308**/1, 5–6, **322**/5–6), häufig in Wäldern in der Nähe feuchter Stellen, auf Laub u. Gras. Familie *Rhagionidae* S. 362

33 **(26*)** Stirn ohne Ptilinalnaht **34**

33* Stirn mit Ptilinalnaht (Abb. **307**/1) **48**

34 FlGeäder abnorm, stark reduziert, Fl apikal gerundet, vorn mit starken, hinten mit schwachen, schrägen, ohne Queradern verbundenen Adern; sc u. r kurz u. stark, deutlich vor der FlSpitze in die c mündend (Abb. **320**/5, **323A**/1); F scheinbar einsegmentig, mit einer lg Arista (Abb. **314**/6, **322**/8). – HB lg, Femora seitlich abgeplattet. – Kleine od. winzige Fliegen von buckliger Gestalt (Abb. **322**/7), schnell, ruckweise, gleichsam hüpfend laufend, auf Blättern, Blüten, oft an Fenstern. (Siehe auch Nr. 126.) Familie *Phoridae* S. 370

34* FlGeäder normal od. Fl am Apex spitz; F nicht wie unter 34 .... **35**

35 FlAdern r_4 u. r_5 nicht verschmolzen, sondern gegabelt u. damit getrennt den FlRand erreichend (Abb. **323A**/3–8) od. r zumindest 4fach verzweigt erscheinend **36**

35* r_4 u. r_5 verschmolzen, nicht gegabelt, so daß r nur mit 3 Zweigen (Abb. **322B**/1–8,, **324**/1–2) endet **41**

36 Vertex zw den Au eingesenkt, das OTeil des K erscheint von vorn gesehen nach innen gewölbt, die Au stehen hervor (Abb. **324**/3). – Au in beiden Geschlechtern deutlich getrennt; Gesicht bärtig (Abb. **324**/3); Hlb lggestreckt (Abb. **312**/6, **324**/4–7). – „Raubfliegen", die andere Insekten bis zu ihrer eigenen Größe od. größere fangen, die Beute mit ständiger KBewegung u. ± seitwärts geneigtem Körper erwartend. Familie *Asilidae* S. 363

36* Vertex zw den Au wenig od. gar nicht eingesenkt, Au nicht hervorstehend .. **37**

37 5 hintere Zellen (fünf Zellen außer der Diskoidalzelle liegen zw r_5 u. cu_1: R_5, M_1, M_2, M_3, M_4 der Abb. **323A**/6); Hlb lg u. spitz zulaufend. – Au der ♂♂ sich berührend; ♀♀ mit einem Dornenkranz rund um den Ovipositor. – Mittelgroße Fliegen (Abb. **324**/8, **326**/1, **312**/2), nicht sehr häufig, auf Wiesen u. Weiden. Familie *Therevidae* S. 362

37* Höchstens 4 hintere Zellen (Abb. **323A**/7–8, **324**/9); Hlb gewöhnlich oval od. länglich **38**

38 m_1 endet an der FlSpitze od. davor; c setzt sich nicht über die FlSpitze hinaus fort; nur 3 hintere Zellen (Abb. **323A**/7). – F ohne Griffel od. Bo. – Sehr kahle, kleine, schwarze Fliegen mit flachem Hlb, bisweilen häufig an Fenstern. Familie *Scenopinidae* S. 363

38* m_1 endet jenseits der FlSpitze; die c setzt sich gewöhnlich über die FlSpitze hinaus fort; meist 4 hintere Zellen (Abb. **324**/9) **39**

39 Analzelle (Cu) offen (Abb. **323A**/8) od. nahe dem FlRand geschlossen; Körper meist auffallend behaart u. robust (Abb. **326**/2–4) **40**

39* Analzelle (Cu) weit vor dem FlRand geschlossen (Abb. **324**/9, **331**/1) od. ganz fehlend; sc bisweilen ± reduziert, die c nicht erreichend; Körper nicht auffallend behaart u. meist nicht robust (Abb. **326**/5–6, **328**/1, **312**/3–4, 7). – Kleine bis mittelgroße (nicht über 10 mm) räuberische Fliegen mit hornigem u. oft lg R, ♂♂ tanzen in Schwärmen („Tanzfliegen"), manche Arten Blütenbesucher, andere hygropetrisch, auch Wasserläufer. (Siehe auch Nr. 45, 47 u. Nr. 127.) Familie *Empididae* S. 366

40 Eine geschlossene Diskoidalzelle vorhanden (Abb. **323A**/**8**). – Meist gleichsam bepelzte, dicht behaarte, mittelgroße bis große Fliegen (Abb. **326**/2–4, **312**/8), Körper mit hell getönten Mustern u. kugelförmigem K; viele mit gebänderten

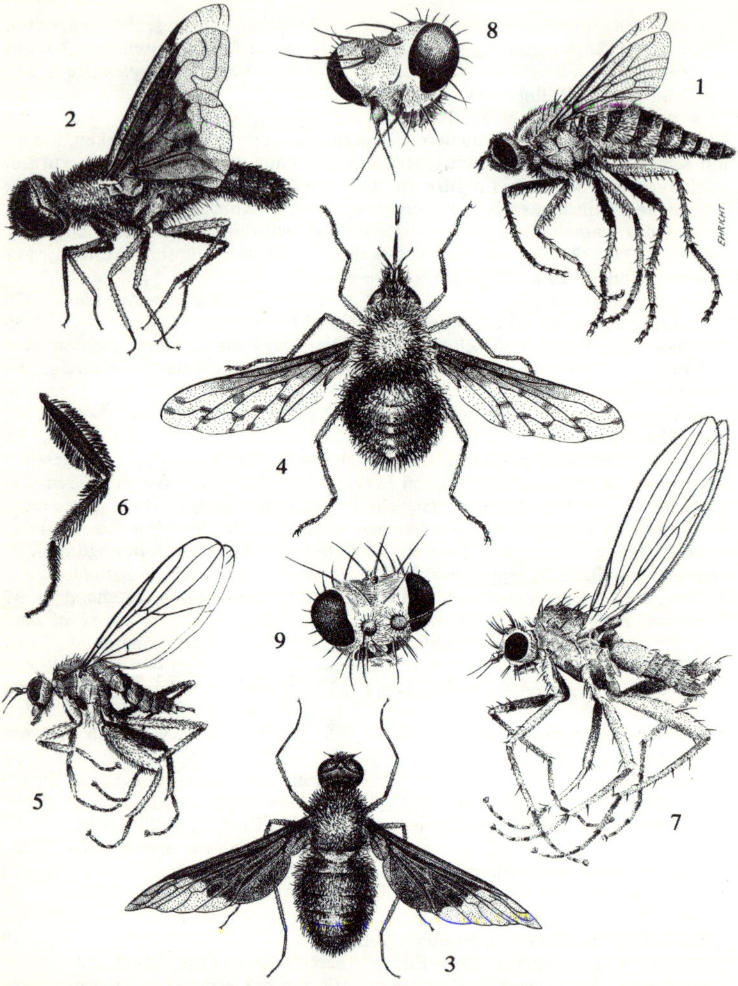

Abb. **326/1–9.** **1** *Thereva* (*Therevidae*) (11 mm); **2** u. **3** *Hemipenthes* (*Bombyliidae*) (12 mm); **4** *Bombylius* (*Bombyliidae*) (11 mm); **5** *Tachydromia* (*Empididae*) (3 mm); **6** HB von *Empis* (*Empididae*); **7** *Lonchoptera* (*Lonchopteridae*) (2 mm); **8** u. **9** K von *Lonchoptera* (*Lonchopteridae*).

od. gefleckten Fl; sehr schnelle Flieger, sehr beweglich, im Netz gefangen, wie Bienen summend; Fl in Ruhe ± gespreizt gehalten; vorwiegend an sonnigen, trockenen Stellen als Blumenbesucher; L Räuber.

Familie *Bombyliidae* S. 366

40* Keine geschlossene Diskoidalzelle. – Kleine (3–5 mm) dunkelbraune bis schwarze Fliegen. Familie *Hilarimorphidae*

41 (35*) Fl lanzettförmig (spitz am Apex) u. ohne Queradern in der FlM, sondern diese dicht an der Basis (Abb. **323B**/2). – Kleine (2–4 mm lg), schlanke, bräunliche od. gelbliche Fliegen (Abb. **326**/7–9), auf Wiesen, im Wald u. an Bachrändern. Familie *Lonchopteridae* S. 370

41* Fl gerundet am Apex, zumindest mit einer Querader jenseits der FlBasis od. in der FlM (Abb. **323B**/1, 3–7) **42**

42 Analzelle (Cu) verlängert, länger als die zweite basale Zelle (M), gewöhnlich apikal zugespitzt u. nahe dem FlRand verengt od. geschlossen (Abb. **323B**/3–7, **324**/2); gewöhnlich ohne KBorsten **43**

42* Analzelle (Cu) in der Regel kürzer, in einiger Entfernung vom FlRand geschlossen od. fehlend (Abb. **323B**/1, **324**/9, **331**/1); KBo in der Regel vorhanden **47**

43 R in der Regel lg, länger als der K, vorspringend, schlank, steif u. manchmal zweifach gekniet; Gesicht breit, mit Gruben unterhalb der F; Hlb keulenförmig, am Apex nach unten gebogen (Abb. **329**/9). Zelle R_5 geschlossen u. apikal zugespitzt (Abb. **329**/9). – K ± groß u. aufgeblasen: „Dickkopffliegen“, bräunlich getönt, 3–20 mm, manche mit wespenähnlicher Zeichnung, Honigsauger, Blumenbesucher. (Siehe auch Nr. 48 u. Nr. 76.)
Familie *Conopidae* S. 383

43* R klein, s verlängert; Gesicht schmal, ohne Gruben unter den F; Hlb u. Zelle R_5 variabel **44**

44 Zelle R_5 durch die nach vorn gebogene u. parallel zum FlRand verlaufende m_1 geschlossen; in der Regel kreuzt eine Scheinader (vena spuria) die r–m zw r_{4+5} u. m_1 (Abb. **323B**/3–7, **324**/2). – Querader m, die die Diskoidalzelle an ihrer Spitze abschließt, verläuft ebenfalls ± parallel. – Kleine bis große „Schwebfliegen“ (Abb. **328**/3–10), viele schön u. hell gefärbt, so daß sie Bienen, Wespen usw. ähneln, häufig auf Blumen. Familie *Syrphidae* S. 372

44* Zelle R_5 offen, obwohl manchmal apikal verengt; m_1 bisweilen nach vorn gebogen, aber niemals parallel zum FlRand verlaufend u. weder die r_{4+5} treffend noch parallel zur Querader m verlaufend; keine Scheinader (vena spuria) **45**

45 sc ± reduziert, erreicht die Costa (c) nicht (Abb. **331**/1); R lg, schlank u. starr; Genitalien des ♂ endständig (terminal) u. nicht nach vorn unter den Hlb gefaltet (Abb. **328**/1). – Kleine bis mittelgroße (kaum über 10 mm) räuberische Fliegen (Abb. **326**/5–6, **328**/1, **312**/3–4, 7). ♂♂ tanzen in Schwärmen („Tanzfliegen“), manche Arten Blütenbesucher, andere hygropetrisch, auch Wasserläufer. (Siehe auch Nr. 39*, 47 u. 127.) Familie *Empididae* S. 366

45* sc vollständig, in die Costa mündend; R klein u. weich; Genitalien des ♂ gewöhnlich nach vorn unter den Hlb gefaltet **46**

46 Arista dorsalständig; K sehr groß, halbkugelförmig, in beiden Geschlechtern überwiegend aus den vergrößerten Au bestehend; das Gesicht sehr schmal; Tibien u. Tarsen der HB nicht abgeflacht od. verbreitert. – „Augenfliegen“ (Abb. **328**/11, **329**/1) elegante Schweber (2–9 mm), in Wäldern, auf Wiesen.
Familie *Pipunculidae* S. 371

46* Arista endständig (terminal) (Abb. **312**/5); K nicht ungewöhnlich groß od. kugelförmig, das Gesicht klein u. breit; Tibienspitzen u. Tarsen der HB bes. beim ♂ oft abgeflacht u. verbreitert (Abb. **329**/2–5). – FlGeäder wie in Abb. **329**/6. – Kleine als ♂♂ braune od. schwarze, als ♀♀ hellgrau u. schwarz gezeichnete Fliegen, im Wald. Familie *Platypezidae* S. 370

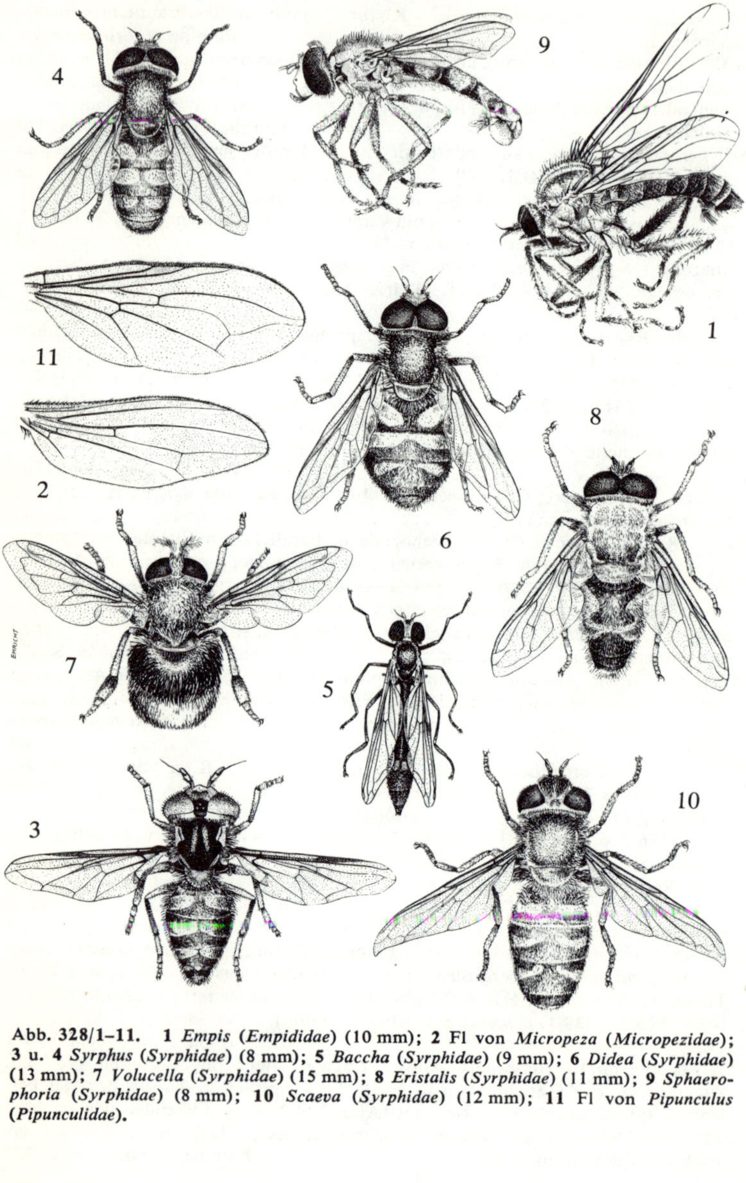

Abb. 328/1–11. **1** *Empis* (*Empididae*) (10 mm); **2** Fl von *Micropeza* (*Micropezidae*); **3** u. **4** *Syrphus* (*Syrphidae*) (8 mm); **5** *Baccha* (*Syrphidae*) (9 mm); **6** *Didea* (*Syrphidae*) (13 mm); **7** *Volucella* (*Syrphidae*) (15 mm); **8** *Eristalis* (*Syrphidae*) (11 mm); **9** *Sphaerophoria* (*Syrphidae*) (8 mm); **10** *Scaeva* (*Syrphidae*) (12 mm); **11** Fl von *Pipunculus* (*Pipunculidae*).

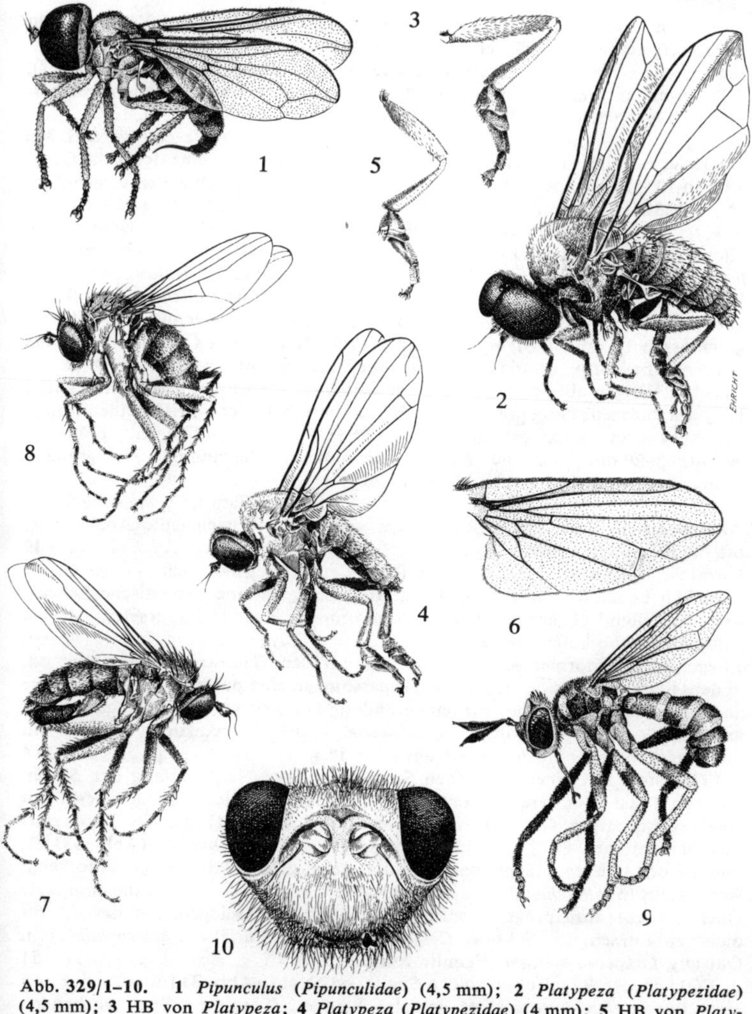

Abb. **329/1–10.** **1** *Pipunculus* (*Pipunculidae*) (4,5 mm); **2** *Platypeza* (*Platypezidae*) (4,5 mm); **3** HB von *Platypeza*; **4** *Platypeza* (*Platypezidae*) (4 mm); **5** HB von *Platypeza*; **6** Fl von *Platypeza*; **7** *Dolichopus* (*Dolichopodidae*) (5,5 mm); **8** *Dolichopus* (*Dolichopodidae*) (4,5 mm); **9** *Conops* (*Conopidae*) (11 mm); **10** K von *Hypoderma* (*Oestridae*).

7 (42*) Querader r–m liegt jenseits des basalen Viertels des Fl (der FlM genähert), so daß 1. Basalzelle (R) ziemlich lg ist; Gabel von rs in der Regel nicht geschwollen u. gebräunt (Abb. **324**/9, **331**/1); Genitalien des ♂ am E des

Hlb, nicht nach vorn unter den Hlb gefaltet (Abb. **328**/1); Körper nicht metallisch getönt od. glänzend. – Kleine bis mittelgroße (kaum über 10 mm) räuberische Fliegen mit hartem u. oft lg. R (Abb. **326**/5–6, **328**/1, **312**/3–4, 7), ♂♂ tanzen in Schwärmen („Tanzfliegen"), manche Arten Blütenbesucher, andere hygropetrisch, auch Wasserläufer. (Siehe auch Nr. 39*, 45, 127.)
Familie *Empididae* S. 366

47* Querader r–m liegt im basalen Viertel des Fl od. fehlt (nur eine deutliche Querader in FlM: Querader m); Gabel von rs in der Regel geschwollen u. gebräunt (Abb. **323B**/1); Genitalien des ♂ oft nach vorn unter den Hlb gefaltet (Abb. **329**/7); Körper gewöhnlich metallisch getönt, ± glänzend u. beborstet. – Kleine lgbeinige, räuberische Fliegen (Abb. **329**/7, **312**/9), oft mit weichem, fleischigem R, besonders in Sumpf- u. Gewässernähe, in Waldungen u. auf Wiesen. Familie *Dolichopodidae* S. 368

48 **(33*)** Analzelle (Cu) sich fast od. ganz bis zum FlRand ausdehnend. – Zelle R_5 geschlossen u. apikal zugespitzt (Abb. **329**/9); (nur in der Gattung *Dalmannia* ROBINEAU-DESVOIDY ist die Analzelle sehr kurz; ♀ mit Ovipositor). R in der Regel lg, länger als der K, nach vorn gerichtet, manchmal zweifach gekniet; K ± aufgeblasen; Gesicht breit, mit Gruben unterhalb der F; Hlb keulenförmig, am Apex nach unten gebogen (Abb. **329**/9). – „Dickkopffliegen", bräunlich getönt, 3–20 mm, manche mit wespenähnlicher Zeichnung, Honigsauger, Blumenbesucher. (Siehe auch Nr. 43 u. 76.)
Familie *Conopidae* S. 383

48* Analzelle (Cu) kurz, den FlRand nicht erreichend, obgleich die Analader a_1 oft bis zu diesem verläuft **49**

49 Normale Fliegen, K weder auf dem Thorax zurückliegend noch in einer Grube desselben befindlich; Körper nicht in Anpassung an eine parasitische Lebensweise auffallend abgeflacht; Hü dicht zusammen; B ventral angesetzt. – Keine ektoparasitische Lebensweise **50**

49* Fliegen von abnormer Körpergestalt: K auf dem Thorax zurückliegend od. in denselben inseriert od. Körper in Anpassung an eine parasitische Lebensweise an Säugetieren, Vögeln od. Bienen verändert; Hü weit getrennt; B lateroventral angesetzt. – Ektoparasitische Lebensweise. – Fl oft reduziert, fehlend od. von eigentümlicher Form. (Siehe auch Nr. 1*.) **114**

50 2. FGld stets mit einer deutlichen Spalte od. einer Naht entlang der oberen äußeren S fast über deren gesamter Lg (Abb. **311**/5); Thorax in der Regel mit einer vollständigen Quernaht od. diese zumindest als MLinie des Thorax erkennbar, hintere Calli deutlich ausgeprägt u. unterschieden (Abb. **331**/2); unteres od. inneres FlSchüppchen in der Regel groß u. die HAL verdeckend, wenn klein (*Scathophagidae*), dann sind aber die hinteren Calli u. die thorakale Quernaht gut ausgeprägt. – Mittelgroße od. kleine Fliegen, Au der ♂♂ oft dicht zusammen. ... Sektion *Calyptratae* (außer Familie *Gasterophilidae* u. Gattung *Loxocera* MEIGEN [Familie *Psilidae*]) **51**

50* 2. FGld in der Regel ohne solche Spalte od. Naht (Abb. **311**/6) od. nur mit einer kurzen Andeutung eines dorsalen Saumes. (Wenn ein Spalt vorhanden ist, dann ist aber die thorakale Quernaht nur an den S des Thorax ausgebildet u. die hinteren Calli sind nicht durch eine nahtähnliche Depression hervorgehoben, s. Abb. **331**/3.) Thorax in der Regel ohne vollständige Quernaht (Abb. **331**/3); unteres FlSchüppchen in der Regel klein od. rudimentär (wenn etwas entw, dann sind die hinteren Calli nicht ausgeprägt u. unterschieden). – Meist kleine Fliegen, Au in beiden Geschlechtern deutlich getrennt. ... Sektion *Acalyptratae* u. Familie *Gasterophilidae* **57**

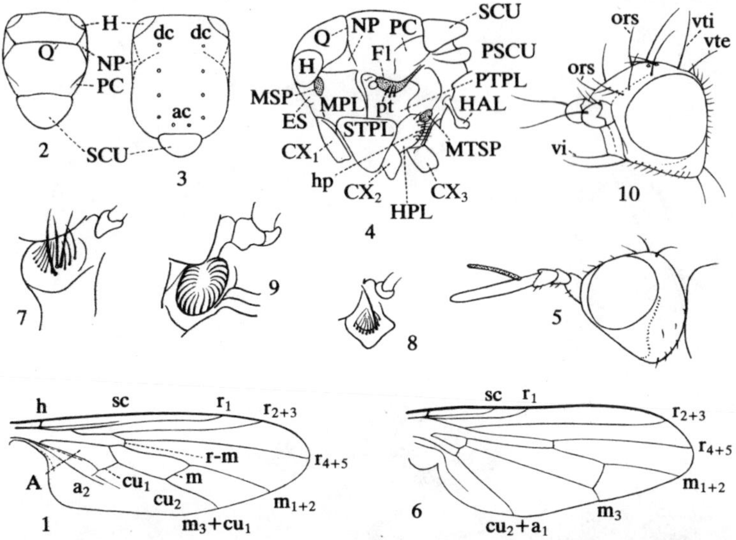

Abb. **331/1–10.** **1** Fl einer Empidide; **2** MNM der *Calyptratae* (PC = hinterer Callus); **3** MNM der *Acalyptratae*; **4** Thorax einer Tachinide (CX = Hü, F = Fl, PSCU = Postscutellum, PC = hinterer Callus, hp = HypopleuralBo, pt = PteropleuralBo); **5** K von *Loxocera* (*Psilidae*); **6** Fl einer *Scathophagine* (*Scathophagidae*); **7–9** Metathorakalstigmen mit umgebenden Haaren von: *Orygma* (*Sepsidae*) (7); *Sepsidae* (8), andere *Acalyptratae* (9); **10** K von *Clusia* (*Clusiidae*).

51 Mundöffnung klein, Mundteile rudimentär od. fehlend (Abb. **329**/10); Körper pelzig behaart. – HypopleuralBo vorhanden, bogenförmig unter dem Metathorakalstigma angeordnet (Abb. **331**/4); Sch sehr kurz; Postscutellum in der Regel gut entw, stark nach außen gewölbt (Abb. **331**/4: PSCU); K auf der ventralen S scheinbar geschlossen, die Palpen gewöhnlich groß; Arista kahl. – Hummel- od. bienenähnliche, große, s zu findende Fliegen („Magen-, Nasenbremsen, Dasselfliegen") (Abb. **332**/1, **308**/13). Familie *Oestridae* S. 403

51* Mundöffnung normal, Mundteile funktionierend; Körper in der Regel mit Bo **52**

52 Postscutellum entw, stark nach außen gewölbt (Abb. **331**/4: PSCU); Hypopleura u. Pteropleura mit Bo, die HypopleuralBo bogenförmig unter dem Metathorakalstigma angeordnet (Abb. **331**/4: hp, pt); Zelle R_5 in der Regel apikal verengt od. geschlossen (Abb. **332**/2); abdominale Terga in der Regel mit starken Bo außer den feineren Haaren; die Ränder der abdominalen Terga greifen über die Sterna; Arista in der Regel kahl (Abb. **332**/3). – Mittelgroße „Raupen- od. Schmarotzerfliegen", grob den Stuben- u. Fleischfliegen, manche den Bienen od. Wespen ähnlich, häufig auf Blumen, im Gras od. Laub, nicht sehr auffällig. Familie *Tachinidae* S. 403

52* Postscutellum nicht od. sehr schwach entw (vgl. Abb. **306**/2); Hypopleura, Zelle R_5 u. abdominale Terga variabel; Arista in der Regel zumindest teilweise gefiedert **53**

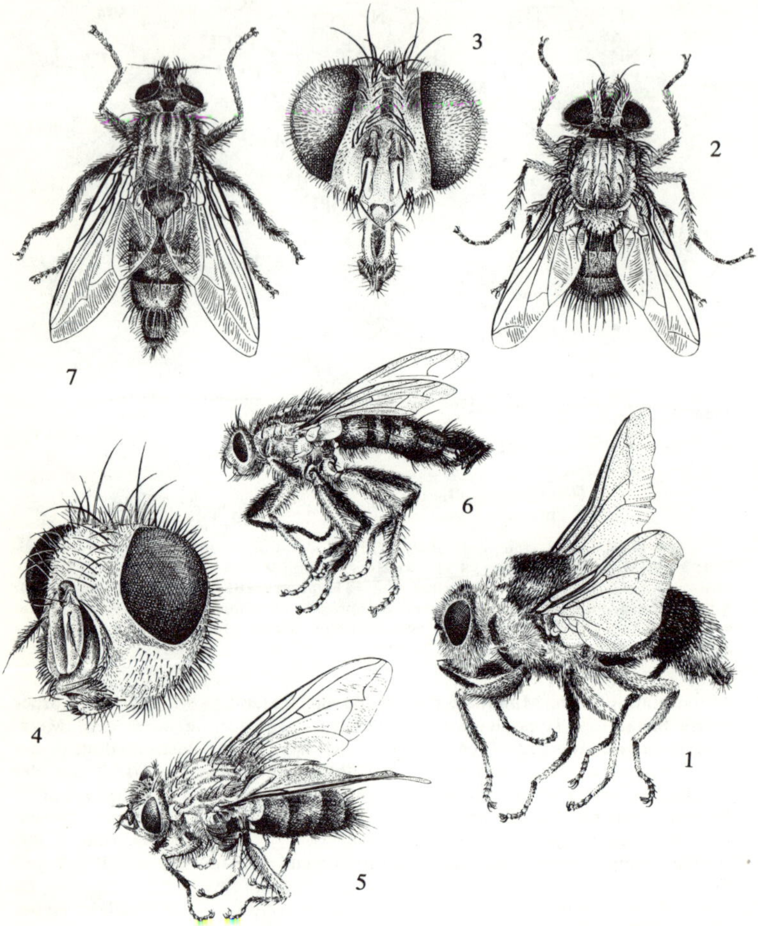

Abb. 332/1–7. **1** *Hypoderma* (*Oestridae*) (12 mm); **2** *Winthemia* (*Tachinidae*) (8 mm); **3** K von *Winthemia* (*Tachinidae*); **4** K von *Calliphora* (*Calliphoridae*); **5** *Calliphora* (*Calliphoridae*) (12 mm); **6** u. **7** *Sarcophaga* (*Sarcophagidae*) (16 mm).

53 Hypopleura u. Pteropleura mit Bo; Zelle R_5 apikal verengt od. geschlossen . **54**

53* Hypopleura in der Regel ohne Bo, obgleich sehr kleine Haare in ± unregelmäßiger Anordnung vorhanden sein können (wenn Hypopleura mit Bo, dann fehlen sie auf den Pteropleura od. die Zelle R_5 ist nicht apikal verengt) **55**

54 Hinterste posthumerale Bo gegenüber der PräsuturalBo tiefer, mehr lateral angeordnet (d. h. den Pleuren genähert); in der Regel 2 (selten 3) NotopleuralBo

(Abb. **306**/2); Arista in der Regel auch jenseits der basalen Hälfte bis zur Spitze gefiedert (Abb. **332**/4); Propleura in der Regel fein behaart; 3 SternopleuralBo in dreieckiger Anordnung; Körper oft metallisch glänzend. – Etwa stubenfliegengroße od. etwas größere, goldgrüne od. metallisch-blaue „Schmeißfliegen" (Brummer, eigentliche „Fleischfliegen") (Abb. **332**/5).
Familie *Calliphoridae* S. 402

54* Hinterste posthumerale Bo höher (d. h. von den Pleuren entfernter) od. auf gleicher Höhe mit der PräsuturalBo; in der Regel 4 NotopleuralBo (vgl. Abb. **306**/2); Arista in der Regel nur in der basalen Hälfte gefiedert od. kahl (Abb. **308**/11); Propleura kahl; 2 od. 3 SternopleuralBo, ist eine 3. vorhanden, steht sie fast in einer Linie mit den anderen beiden; Körper nicht metallisch glänzend. – Etwa stubenfliegengroße od. etwas größere, grauschwarze Fliegen mit dunklen Thoraxlängsstreifen u. einem mosaikartigen Muster auf dem Hlb (Abb. **332**/6–7)
Familie *Sarcophagidae* S. 403

55 **(53*)** VibrissenBo (vgl. Abb. **307**/1: vi) vorhanden; Mesonotum mit Bo . **56**

55* VibrissenBo fehlen; Mesonotum ohne Bo außer über den Fl; drittes FGld länger als die Arista (Abb. **331**/5). – Mesopleural- u. SternopleuralBo (vgl. Abb. **306**/2) fehlen; Oc-Dreieck groß; Vertikalplatten klein u. rudimentär; Fl mit charakteristischer, deutlicher Querfalte, die von der Spitze der sc, die Basis der r_{2+3} u. die Basalzelle M kreuzend, verläuft; Ovipositor lg. – (Gattung *Loxocera* MEIGEN). (Siehe auch Nr. 101*.) Familie *Psilidae* S. 384

56 Mit dichter, seidenartig feiner Behaarung am unteren HK.
Familie *Scathophagidae* (Abb. **308**/10) S. 400

56* Ohne dichte, seidenartig feine Behaarung am unteren HK.
Familien *Muscidae* („Stubenfliege" usw.) u.
Anthomyiidae (Abb. **334**/1–2, **336**/1, **308**/8–9) S. 400

57 **(50*)** Mundteile rudimentär, in einer sehr kleinen Mundöffnung verborgen (Abb. **334**/3–4); r_5 u. m_{1+2} laufen distal auseinander. – Ziemlich große, hummel- od. bienenähnliche Fliegen, mit sehr kurzen F.
Familie *Gasterophilidae* S. 401

57* Mundteile normal entw, die Mundöffnung groß; r_5 u. m_{1+2} parallel od. distal zusammenlaufend **58**

58 Metathorakalstigma mit zumindest einem lg Haar neben der kurzen Behaarung (Abb. **331**/7–8); Palpen rudimentär. – Costa vollständig, an od. nahe der Mündung der r_1 auch nicht teilweise unterbrochen **59**

58* Metathorakalstigma nur mit der kurzen Behaarung, ohne hervorragende längere Haare od. Bo (Abb. **331**/9); Palpen in der Regel gut entw **60**

59 K kugelförmig; Backen nicht auffallend entw; Hlb spitz zulaufend u. in der Regel an der Basis verengt (Abb. **334**/5). – Kleine, kahle, metallisch-schwarze od. rötliche Fliegen, oft mit einem schwarzen Fleck an der Spitze der sonst klaren Fl; in der Umgebung von Exkrementen, Dung usw. u. auf Blüten, die Fl auf- u. niederklappend. Familie *Sepsidae* S. 388

59* K abgeflacht; Backen stark verbreitert (extrem hoch); Fl gebräunt, aber ohne Spitzenfleck (Abb. **336**/2). – Mittelgroße, graue, sehr borstige Fliegen mit abgeflachtem Thorax; ♂ mit auffallend großem, symmetrischem, zangenartig unter den Hlb gebogenem Hypopygium (Genitalarmatur). – Nur an Meeresküsten, auf Tang, faulenden Algen.
Gattung *Orygma* MEIGEN (Familie *Sepsidae*) S. 388

60 **(58*)** sc vollständig od. fast vollständig, endet in der Costa (c) od. kurz davor, fließt distal nicht mit der r_1 zusammen (Abb. **309**/1, **312**/1, **336**/3–4); Analzelle (Cu) vorhanden **61**

60* sc unvollständig, erreicht die Costa nicht, verschmilzt oft distal mit der r_1 (Abb. **336**/5–6, **324**/1); Analzelle (Cu) vorhanden od. fehlend **93**

61 Dorsaler Thorax abgeflacht; B u. Hlb auffallend borstig (Abb. **334**/6). – PostvertikalBo konvergierend od. sogar gekreuzt (dieses BoPaar steht unmittelbar hinter dem Ocellendreieck; vgl. Abb. **307**/1: pvt); a_1 erreicht den

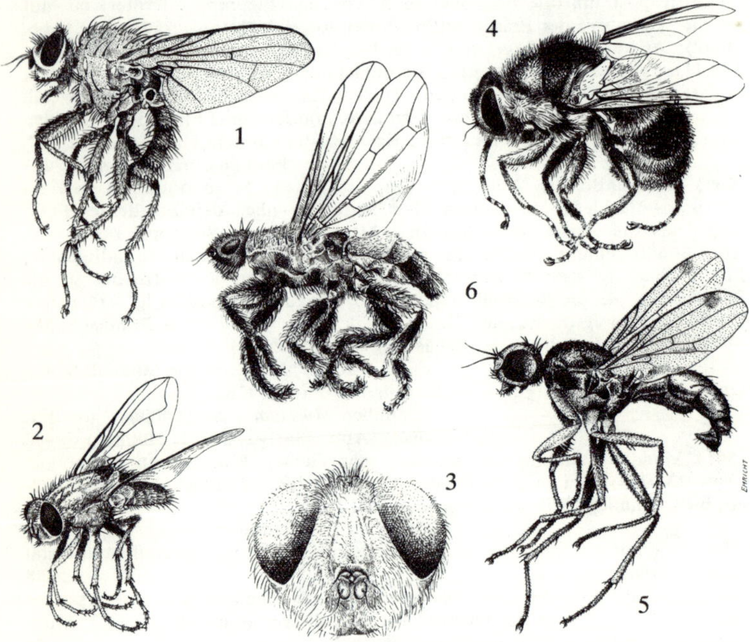

Abb. **334/1–6.** **1** *Phorbia* (*Anthomyiidae*) (10 mm); **2** *Musca* (*Muscidae*) (7 mm); **3** K von *Gasterophilus* (*Gasterophilidae*); **4** *Gasterophilus* (*Gasterophilidae*) (10 mm); **5** *Sepsis* (*Sepsidae*) (4 mm); **6** *Coelopa* (*Coelopidae*) (5,5 mm).

FlHRand als ein dunkler Schatten; die Analzelle (Cu) durch eine starke Querader abgeschlossen u. eine deutliche Spitze gegen den FlRand bildend; Costa vollständig, an od. nahe der Mündung der r_1 auch nicht teilweise unterbrochen (Abb. **336**/3); Backen hervortretend, mit einer Anzahl Bo, aber ohne eine einzelne deutliche VibrissenBo; letztes TarsenGld verbreitert. – Mittelgroße, sehr borstige, graue, dunkelbraune od. schwarze Fliegen mit abgeflachtem K. – Nur an Meeresküsten, auf Tang, faulenden Algen.

Familie *Coelopidae* S. 387

61* Dorsaler Thorax nicht abgeflacht, sondern wie üblich nach außen gewölbt; wenn mehr abgeflacht, dann B nicht borstig **62**

62 VibrissenBo (vi) vorhanden (vgl. Abb. **307**/1: vi)[1] **63**a, **63**

62* VibrissenBo fehlen **74**

63a Costa nur nahe der Mündung der Humeralquerader (h) gebrochen; Au mit mikroskopisch feiner Behaarung: PostvertikalBo weit getrennt u. auseinanderlaufend (divergent). – Sehr kleine Fliegen (2 mm), auf Pilzen u. Aas. (Siehe auch Nr. 74.) Familie *Acartophthalmidae* S. 398

63 Costa vollständig od. nur nahe der Mündung der sc in die Costa gebrochen bzw. verdünnt od. nahe der Mündung der sc in die Costa und nahe der Humeralquerader (h) gebrochen bzw. verdünnt[2]; PostvertikalBo auseinanderlaufend (divergent), parallel od. fehlend (vgl. Abb. **307**/1: pvt) **64**

63* Costa vollständig od. nur nahe der Mündung der sc in die Costa gebrochen bzw. verdünnt od. nahe der Mündung der sc in die Costa und nahe der Humeralquerader (h) gebrochen bzw. verdünnt[2]; PostvertikalBo zusammenlaufend (konvergent) od. sich kreuzend **71**

64 F vertikal gerichtet, in tiefen Gesichtsgruben liegend u. in diese zurückziehbar; Gesicht fliehend; Au klein u. rund; Sch außergewöhnlich lg od. zumindest abgeflacht, mit zwei kurzen apikalen, starke Bo tragenden Höckern. – Vorderer Stirnrand mit nach vorn gebogenen Bo; a_1 den FlRand nicht erreichend; Costalbruch vor der Mündung der sc in die c. – Sehr seltene kleine bis mittelgroße, schwarze, schwarzbraune, gelblichbraune od. stahlblaue Fliegen. (Siehe auch Nr. 107.)
Familie *Thyreophoridae*

64* F, Gesicht u. Sch nicht wie unter 64 .... **65**

65 Zweite basale (M) u. Diskoidalzelle (1. M_2) durch Fehlen der Querader verschmolzen (Abb. **336**/7) **66**

65* Zweite basale (M) u. Diskoidalzelle (1. M_2) durch eine Querader getrennt (Abb. **309**/1) **67**

66 Arista gefiedert; PostvertikalBo vorhanden u. groß; präscutellare AkrostichalBo kräftig (vgl. Abb. **331**/3: ac). – Costa gedornt. (Siehe auch Nr. 112.)
Familie *Curtonotidae* S. 395

66* Arista nur pubescent; PostvertikalBo fehlen; präscutellare AkrostichalBo fehlen. – Costalbruch nahe der Mündung der sc in die Costa (Abb. **336**/7). – Kleine Fliegen an ausfließendem Baumsaft od. faulenden PflStoffen. (Siehe auch Nr. 112*.) Familie *Aulacigastridae* S. 399

67 **(65*)** Vertikal- (Scheitel-) Platten (VP) nach vorn ausgedehnt, mit 2–4 Paar OrbitalBo; 2. FGld in der Regel mit einem spitzen Forts auf der Außenseite; Arista subapikal (Abb. **331**/10). – Analzelle (Cu) mit einem nach außen gewölbten äußeren Rand; a_1 erreicht nicht den FlRand, auch nicht als Falte; Costalbruch nahe der Mündung der sc in die c. – Kleine (3–4 mm), relativ seltene Fliegen mit rauchig getönten Fl, gelb bis schwarz; im Wald. Familie *Clusiidae* S. 397

---

[1] Die Feststellung des Merkmals des Vorhandenseins od. Fehlens der VibrissenBo bedarf besonderer Sorgfalt in bezug auf die Stellung u. Stärke dieser Bo, die selbst innerhalb einer Gruppe teils vorhanden sind, teils fehlen od. in ihrer Stärke u. Ausbildung variieren. Auch ist es leicht möglich, starke PeristomalBo (vgl. Abb. **307**/1: vi) u. längere u. sich deutlich abhebende Bukkalhaare mit den VibrissenBo zu identifizieren od. zu verwechseln. [So fehlen z. B. bei den *Tephritidae* echte VibrissenBo, aber es kommen starke PeristomalBo vor (siehe Nrn. 85, 87, 93)]. Die Feststellung dieser Bo sollte daher stets als Vergleichsmerkmal in Verbindung zu anderen diagnostischen Momenten angesehen u. behandelt werden. In einigen Fällen, die eine Einordnung der betreffenden Familien in den Bestimmungsschlüssel u. damit ihre Identifizierung erschweren, sind diese daher in der Tabelle an zwei Stellen aufgeführt.

[2] Für dieses Merkmal gilt sinngemäß das in obiger Fußnote Gesagte: Sorgfältige Prüfung u. Vergleich mit anderen diagnostischen Merkmalen erforderlich.

67* Vertikal- (Scheitel-) Platten kurz (nach vorn stark abgekürzt) mit höchstens 2 Paar OrbitalBo (Abb. **307**/1); 2. FGld ohne spitzen Forts auf der Außenseite; Arista subbasal (Abb. **307**/1); Costalbruch in der Regel vor der Mündung der sc in die Costa (Abb. **309**/1) **68**

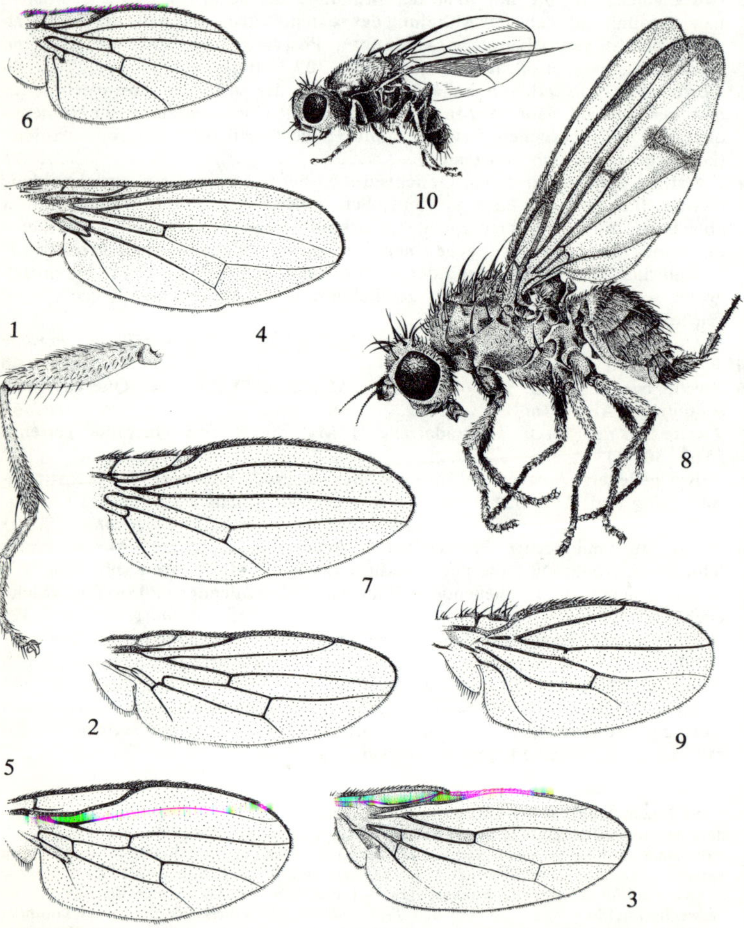

Abb. **336/1–10.** **1** VB von *Fannia* (*Muscidae*); **2** Fl von *Saltella* (*Sepsidae*); **3** Fl von *Coelopa* (*Coelopidae*); **4** Fl von *Tanypeza* (*Tanypezidae*); **5** Fl von *Periscelis* (*Periscelidae*); **6** Fl von *Cryptochetum* (*Cryptochetidae*); **7** Fl von *Aulacigaster* (*Aulacigastridae*); **8** *Palloptera modesta* ♀ (*Pallopteridae*) (4 mm); **9** Fl von *Leptocera* (*Sphaeroceridae*); **10** *Piophila* (*Piophilidae*) (3 mm).

68 Au gerundet, nicht sehr groß; K in Seitenansicht ± kugelförmig (HSeite nach außen gewölbt): Abb. **336**/8 .... **69**

68* Au groß; nicht gerundet, sondern oval od. ± halbkreisförmig; K in Seitenansicht ± halbkugelförmig, hinterseits abgeflacht (Abb. **306**/1). – HAL schwarz; Fl klar, ohne Flecken (Abb. **309**/1); nur 1 Paar OrbitalBo (ors); Stirn des ♂ verengt bis auf $^1/_4$ od. $^1/_5$ der KBreite; ♀ mit stilettförmigem, bohrerartigem Ovipositor (Abb. **306**/1–2, **307**/1). – 1–7 vibrissenähnliche Bo: Unterfamilie *Dasiopinae* u. wenige andere Arten. (Siehe auch Nr. 89* u. 90.) – ± glänzende, blau bis braunschwarze Fliegen (2–7 mm), vornehmlich im Wald u. in dessen Nähe. Familie *Lonchaeidae* S. 392

69 Stirn des ♂ verengt bis auf $^1/_4$ od. $^1/_5$ der KBreite; ♀ mit stilettförmigem, bohrerartigem Ovipositor (Abb. **336**/8). – HAL hell; nur 1 Paar OrbitalBo. –Keine VibrissenBo, aber bei einigen Arten ein längeres Bukkalhaar. (Siehe auch Nr. 89* u. 90*.) – Graue, rötlichgelbe od. gelbe Fliegen (3–6 mm), mit in der Mehrzahl der Arten gefleckten Fl, nicht häufig, vornehmlich im Wald u. auf Wiesen, oft im Sitzen die Fl vibrierend. Familie *Pallopteridae* S. 391

69* Stirn des ♂ nicht verengt; ♀ nicht mit stilettförmigem, bohrerartigem Ovipositor **70**

70 Costa mit Dörnchen (wie in Abb. **336**/9) (s ohne: Gattung *Actenoptera* CZERNY); Analader (a_2) erreicht den FlRand; 4–5 SternopleuralBo (st); 2 Paar OrbitalBo. (ors); OcDreieck groß. – Selten. Familie *Neottiophilidae* S. 391

70* Costa ohne Dörnchen; Analader (a_2) erreicht den FlRand nicht; 2 SternopleuralBo (st); 0–2 Paar OrbitalBo (ors); OcDreieck von normaler Größe. – Metallischschwarze od.- bläuliche Fliegen (Abb. **336**/10), zahlreich in der Nähe von faulenden Stoffen, Käse, Kadavern, Exkrementen usw.
Familie *Piophilidae* S. 391

71 **(63*)** Tibien mit dorsalen präapikalen Bo; Costa mit Dornen (wie in Abb. **336**/9); VibrissenBo (vi) gut entw **72**

71* Tibien ohne, höchstens nur mit ganz unscheinbaren dorsalen präapikalen Bo; Costa ohne od. nur mit schwachen Dörnchen; VibrissenBo variabel 73

72 Vertikal- (Scheitel-) Platten lg, erstrecken sich fast bis zum Ansatz der F; 2–3 Paar OrbitalBo (ors); Analader (a_2) erreicht niemals den FlRand; sc nur ziemlich schwach, obgleich deutlich bis zur Mündung in die c entwickelt, fast parallel mit der r_1 verlaufend. – PropleuralBo (pp) vorhanden (vgl. Abb. **306**/2); Palpen nicht reduziert. – Kleine (bis 3 mm) gelbe od. dunkle Fliegen, an trockenen, sandigen Stellen. (Siehe auch Nr. 103.)
Familie *Trixoscelididae* S. 398

72* Vertikalplatten kurz, erreichen nicht den Ansatz der F; 1–2 Paar OrbitalBo (ors); a_2 variabel; erreicht manchmal den FlRand; sc stark entw, von der r_1 gegen die Mündung in die Costa divergierend. – Kleine bis größere (bis 8 mm) bräunliche bis gelbliche Fliegen, auf Exkrementen, Kadavern, ausfließenden Baumsäften, einige in natürlichen Höhlen, Tierbauten usw. (Siehe auch Nr.73 u. 132*.) Familie *Heleomyzidae* S. 398

73 **(71*)** PropleuralBo vorhanden; a_2 erreicht den FlRand; VibrissenBo vollständig entw. (Siehe auch Nr. 72* u. 132*.)
Gattungen *Borboropsis* CZERNY u. *Oldenbergiella* CZERNY (Familie *Heleomyzidae*) S. 398

73* PropleuralBo fehlen; a_2 erreicht nicht den FlRand (Abb. **338**/1); VibrissenBo schwach entw. – Costalbruch vor der Mündung der sc in die c; 2–3 Paar OrbitalBo; Palpen reduziert. – Kleine (1–3 mm) hellgelbe Fliegen, im Freien s, hin u. wieder an Fenstern. Familie *Chyromyidae* S. 399

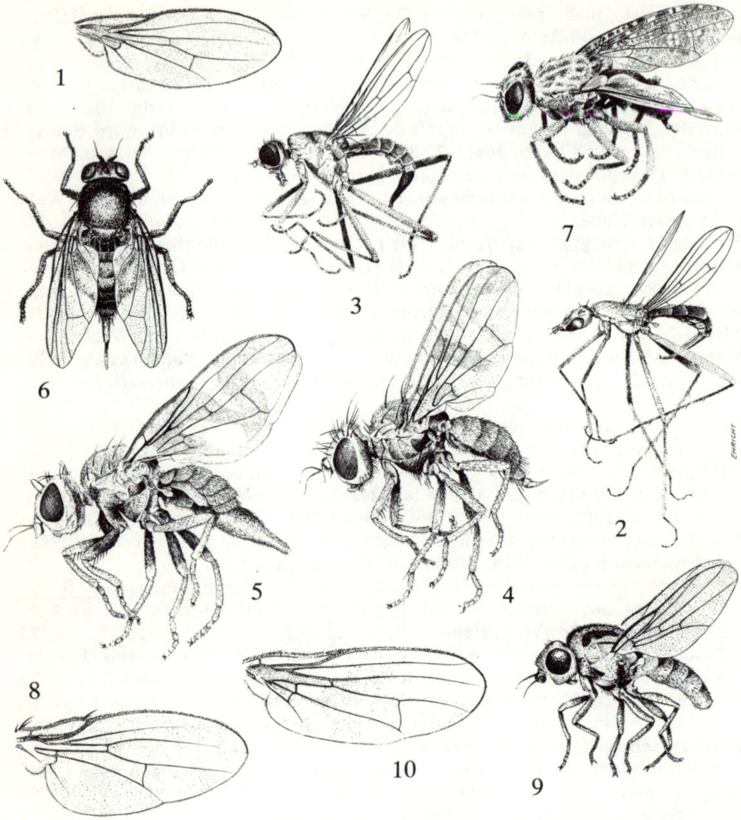

Abb. **338**/**1–10.** **1** Fl von *Chyromya* (*Chyromyidae*); **2** *Micropeza* (*Micropezidae*) (5,5 mm); **3** *Cnodacophora* (*Micropezidae*) (7 mm); **4** *Rhagoletis* (*Tephritidae*) (3,5 mm); **5** *Urophora* (*Tephritidae*) (5,5 mm); **6** *Lonchaea peregrina* ♀ (*Lonchaeidae*) (7 mm); **7** *Platystoma* (*Platystomatidae*) (7,5 mm); **8** Fl von *Leucophenga* (*Drosophilidae*); **9** *Chlorops* (*Chloropidae*) (2,5 mm); **10** Fl von *Psila* (*Psilidae*).

74 **(62*)** Costa nur nahe der Humeralquerader (h) gebrochen; Au mit mikroskopisch feiner Behaarung; PostvertikalBo weit getrennt u. auseinanderlaufend (divergent). – Sehr kleine (2 mm) Fliegen, auf Pilzen u. Aas. (Siehe auch Nr. 63 a.) Familie *Acartophthalmidae* S. 398

74* Costa vollständig od. nur nahe der Mündung der sc gebrochen bzw. verdünnt od. nahe der Mündung der sc und nahe der Humeralquerader (h) gebrochen bzw. verdünnt; PostvertikalBo variabel **75**

75 Zelle R_5 geschlossen od. apikal stark verengt (Abb. **338**/3, **328**/2); B in der Regel lg, schlank u. stelzenartig **76**

75* Zelle R_5 offen u. in der Regel nicht apikal verengt; wenn apikal enger, dann sind die B nicht ungewöhnlich lg u. schlank **78**

76 R sehr lg u. schlank, nach vorn gerichtet, oft scharf gekrümmt (gekniet). – K ± aufgeblasen; Hlb oft keulenförmig (Abb. **329**/9) u. Analzelle (Cu) lg u. zugespitzt, sich fast od. ganz bis zum FlRand erstreckend (in der Gattung *Dalmannia* ROBINEAU-DESVOIDY ist die Analzelle sehr kurz; ♀ mit Ovipositor). – Kleine bis ziemlich große (3–20 mm) kahle, od. ziemlich schwach behaarte, bräunliche, oft wespenähnliche Fliegen, Blumenbesucher. (Siehe auch Nr. 43 u. 48.) Familie *Conopidae* S. 383

76* R kurz, in der Regel dick, nicht wie unter 76. – Arista dorsal; Tibien ohne präapikale Bo; Hlb lg u. schlank; Costa vollständig, ohne Unterbrechung **77**

77 K in Seitenansicht höher als lg; Analzelle (Cu) apikal gerundet; keine SternopleuralBo. – Selten. Familie *Tanypezidae* S. 385

77* K im Profil etwa so hoch wie lg od. länger als hoch; Analzelle (Cu) quadratisch od. apikal zugespitzt (Abb. **338**/2–3); 1 SternopleuralBo od. keine. – Kleine bis mittelgroße, schlanke Fliegen mit sehr lg B u. Fl, an feuchten Stellen, wie auf Stelzen laufend.
Familie *Micropezidae* S. 384

78 (75*) Einige od. alle Tibien mit einer präapikalen dorsalen Bo (Vgl. Abb. **314**/5, **341**/1); Costa vollständig, ohne Unterbrechung; Körper in der Regel zumindest teilweise hell gefärbt **79**

78* Tibien in der Regel ohne eine präapikale dorsale Bo, wenn präapikale TibialBo vorhanden sind, dann ist entweder der Ovipositor lg u. verhärtet od. r ist oberseits behaart od. die Ader, die das distale Ende der Analzelle (Cu) bildet, ist gebogen; Costa vollständig od. nahe der Mündung der sc unterbrochen . **82**

79 PostvertikalBo zusammenlaufend (konvergent) od. sich kreuzend **79a**, **79b**

79* PostvertikalBo parallel, auseinanderlaufend (divergent) od. selten fehlend . **80**

79a In der Regel kleinere Fliegen (bis höchstens 6 mm), mit glasklaren od. nur schwach getönten Fl; stets mit PräapikalBo an den Tibien der VB u. MB, nicht immer auch an denen der HB; Tibien der MB mit 1 bis 2 Endspornen.– Analader kurz, den FlRand nicht erreichend; Analzelle (Cu) kurz, äußerer Rand bauchig, niemals spitzwinkelig geschlossen; 2 Paar OrbitalBo, s nur eines; letztes TarsenGld nicht verbreitert. – Unter schattiger Vegetation an feuchten Stellen verborgen. Familie *Lauxaniidae* S. 391

79b In der Regel größere Fliegen (bis 12 mm), meist mit netzartig gezeichneten od. stärker getönten Fl; an den Tibien der VB u. HB außer Endspornen ein bis zwei PräapikalBo; Tibien der MB außerdem am Ende mit Dornenkranz. – Femora mit Bo, eine charakteristische Bo in der Regel nahe der M der VSeite der Femora der MB (Abb. **341**/1); r_1 endet in FlM; in der Regel die F vorwärts gerichtet, das Gesicht lggestreckt (Abb. **341**/3); Mesonotum mit höchstens zwei Paar DorsozentralBo (hinter der Quernaht). – Graue, gelblich od. bräunlich gefärbte Fliegen, in Gewässernähe. (Siehe auch Nr. 80.)
Familie *Sciomyzidae* S. 388

80 Femora mit Bo, eine charakteristische Bo in der Regel nahe der M der VorderS der mittleren Femora (Abb. **341**/1); r_1 endet in FlM; in der Regel die F vorwärts gerichtet, das Gesicht lggestreckt (Abb. **341**/3). – An den Tibien der VB u. HB außer Endspornen 1 bis 2 PräapikalBo; Tibien der MB außerdem am Ende mit Dornenkranz; Mesonotum mit höchstens 2 Paar DorsozentralBo (hinter der Quernaht). – In der Regel mittelgroße (bis 12 mm) Fliegen, grau, gelblich od. bräunlich gefärbt, oft mit gemusterten Fl, bes. in der Nähe von Gewässern. (Siehe auch Nr. 79b.) Familie *Sciomyzidae* S. 388

80* Femorale Bo nicht entw; r_1 endet jenseits der FlM; F in der Regel nicht vorwärtsragend **81**

81 3. FGld kugelförmig; F durch einen Kiel getrennt; Palpen ohne apikale Bo; Mundrand nicht vorstehend; gut ausgebildete DorsozentralBo vor der Thoraxquernaht; Costa mit Dörnchen. – 6–10 mm große Fliegen, nur am Meeresstrand. Familie *Helcomyzidae* S. 387

81* 3. FGld länger als breit; F nicht getrennt; Palpen mit apikaler Bo; Mundrand vorstehend. – Costa ohne Dörnchen. – Kleine bis mittelgroße, gelbliche od. rötlichbraune Fliegen, an faulender Substanz u. Exkrementen od. Pilzen, bis spät in den Herbst. Familie *Dryomyzidae* S. 388

82 **(78*)** Hintere Femora verdickt, mit zwei ventralen Dornenreihen; Hlb lg mit einer Taille; Analzelle (Cu) relativ lg u. parallelseitig; Analader fast od. ganz den FlRand erreichend; Costa ohne Unterbrechung. – Seltene, schlanke, schwarzgrüne Fliegen (8–9 mm), bes. in Auwäldern. Familie *Megamerinidae* S. 385

82* Hintere Femora nicht verdickt u. bedornt; Analzelle (Cu) relativ kurz u. breit nicht parallelseitig **83**

83 Oc vorhanden **84**

83* Oc fehlen. – 2. FGld verlängert, gegenüber dem 1. gewinkelt; Basalsegment des ♀-Ovipositors größer als der Hlb, nicht abgeflacht u. von der Form eines Vogelschnabels; PropleuralBo fehlen; Analzelle (Cu) außen durch eine winkelig gebogene Querader abgeschlossen (Abb. **341**/4). – Seltene, mittelgroße bis große Fliegen, oft mit beträchtlicher Färbung in den Fl. Familie *Pyrgotidae* S. 387

84 cu_2 in der Mitte in Richtung auf die FlWurzel gebogen, die Analzelle (Cu) hinten mit einem spitzen distalen Forts (Abb. **338**/4); Fl in der Regel gemustert **85**

84* cu_2 gerade od. in Richtung auf den FlHRand gekrümmt, die Analzelle (Cu) hinten ohne einen spitzen distalen Forts (Abb. **341**/5); FlFarbe variabel . **86**

85 Untere OrbitalBo vorhanden; Costa nahe der Mündung der sc in die Costa unterbrochen [eine zweite Verdünnung od. Unterbrechung der Costa nahe der Mündung der Humeralquerader (h) ist oft nur angedeutet]; sc apikal fast rechtwinkelig zur Costa hin gebogen, verliert sich in der Regel, bevor sie die Costa erreicht (vom Winkel bis zur c ± nur als Falte erhalten: Abb. **341**/6). – VibrissenBo fehlen, aber meist sind eine od. mehrere stärkere PeristomalBo vorhanden; ♀ mit stilettförmigem, bohrerartigem, steifem u. nicht zurückziehbarem Ovipositor; Fl oft auffällig gemustert; Stirn in der Regel mit 2–3 Paar einwärts gebogenen OrbitalBo, die auf den nach oben entlang der Augenränder ausgedehnten Wangenplatten stehen (Abb. **338**/4–5). – Schöne, kleine bis mittelgroße „Fruchtbohrfliegen", auf Blüten u. Vegetation. (Siehe auch Nr. 87 u. 93.) Familie *Tephritidae* S. 387

85* Untere OrbitalBo fehlen; Costa nahe der Mündung der sc in die Costa od. gleich hinter der Humeralquerader (h) unterbrochen od. vollständig u. ohne Unterbrechung; sc apikal in weniger scharfem Winkel zur Costa hin gebogen u. diese in der Regel erreichend. – Kleine bis mittelgroße Fliegen, mit glasklaren od. schwarz, braun od. gelblich gemusterten Fl. (Siehe auch Nr. 92*.) Familie *Otitidae* S. 385

86 **(84*)** Costa nahe der Mündung der sc in diese gebrochen (Abb. **309**/1) ... **87**

86* Costa nahe der Mündung der sc in diese nicht gebrochen (Abb. **341**/5) ... **91**

87 sc apikal fast rechtwinkelig zur Costa hin gebogen, verliert sich in der Regel, bevor sie die Costa erreicht (vom Winkel bis zur c ± nur als Falte erhalten:

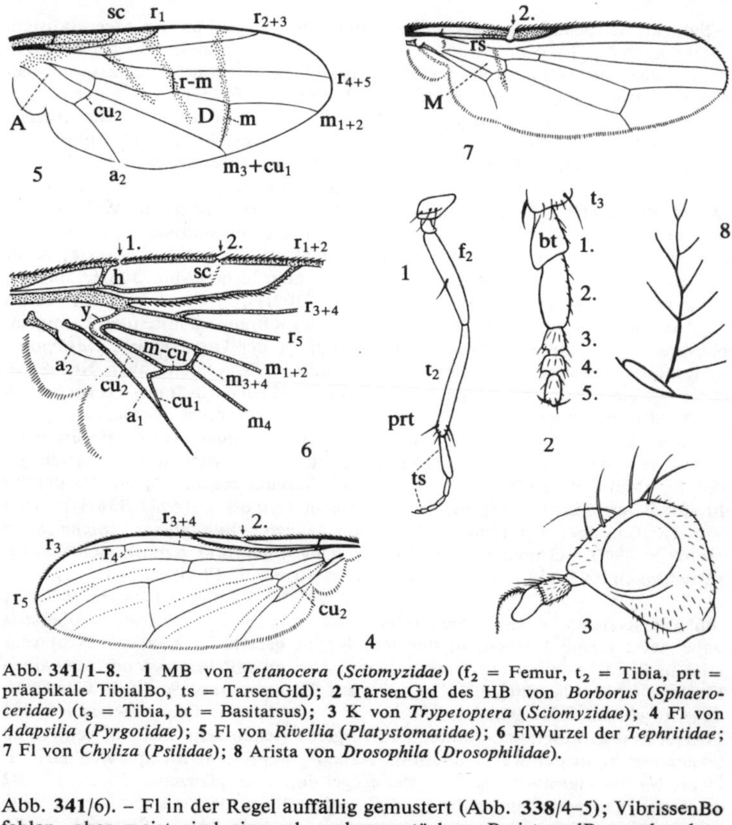

Abb. **341/1–8.** **1** MB von *Tetanocera* (*Sciomyzidae*) (f_2 = Femur, t_2 = Tibia, prt = präapikale TibialBo, ts = TarsenGld); **2** TarsenGld des HB von *Borborus* (*Sphaeroceridae*) (t_3 = Tibia, bt = Basitarsus); **3** K von *Trypetoptera* (*Sciomyzidae*); **4** Fl von *Adapsilia* (*Pyrgotidae*); **5** Fl von *Rivellia* (*Platystomatidae*); **6** FlWurzel der *Tephritidae*; **7** Fl von *Chyliza* (*Psilidae*); **8** Arista von *Drosophila* (*Drosophilidae*).

Abb. **341**/6). – Fl in der Regel auffällig gemustert (Abb. **338**/4–5); VibrissenBo fehlen, aber meist sind eine od. mehrere stärkere PeristomalBo vorhanden; ♀ mit stilettförmigem, bohrerartigem, steifem u. nicht zurückziehbarem Ovipositor; Stirn in der Regel mit 2–3 Paar einwärts gebogenen OrbitalBo, die auf den nach oben entlang der Augenränder ausgedehnten Wangenplatten stehen (Abb. **338**/4–5). – Schöne, kleine bis mittelgroße „Fruchtbohrfliegen", auf Blüten u. Vegetation. (Siehe auch Nr. 85 u. 93.)

Familie *Tephritidae* S. 387

87* sc apikal in weniger scharfem Winkel zur Costa hin gebogen, diese in der Regel erreichend **88**

88 cu_2 gerade, nicht eingewölbt od. nach außen gebogen; Analzelle (Cu) apikal abgestumpft, ihre Spitze rechtwinkelig, nicht in einen Zipfel ausgezogen . **89**

88* cu_2 in Richtung auf den FlRand gekrümmt; Analzelle (Cu) apikal gerundet, ihre Spitze ± rechtwinkelig, nicht in einen Zipfel ausgezogen **90**

89 3–5 Paar OrbitalBo; keine SternopleuralBo; 2 vibrissenähnliche Bo; sc vollständig, gegen die Mündung in die c aber verblassend, teilweise sehr dicht neben der r_1 verlaufend; OcDreieck groß, bis zum vorderen Stirnrand reichend.

– Sehr kleine (bis 3,5 mm) graue od. graubraune Fliegen, an den Meeresküsten. (Siehe auch Nr. 101.) Familie *Canacidae* S. 393

89* Nur 1 Paar OrbitalBo; 1 bis mehrere starke SternopleuralBo; sc in ihrem gesamten Verlauf gut ausgebildet u. deutlich getrennt von der r_1, in guter Entfernung vor dieser in die Costa mündend; OcDreieck klein, kaum $^1/_4$ der StirnLg erreichend. – ± glänzende, blaue bis braunschwarze Fliegen (2–7 mm), mit klaren, ungefleckten Fl, vornehmlich im Wald od. in dessen Nähe. ... Familie *Lonchaeidae* (s. Nr. 68*, 90) od. graue, rötlichgelbe od. gelbe Fliegen (3–6 mm), mit in der Mehrzahl der Arten gefleckten Fl, vornehmlich im Wald u. auf Wiesen. Familie *Pallopteridae* (siehe Nr. 90*)

90 (88*) Au groß, nicht gerundet, sondern oval od. ± halbkreisförmig; K in Seitenansicht ± halbkugelförmig, hinterseits abgeflacht (Abb. **306**/1, **307**/1); HAL schwarz; Fl klar, ohne Flecken (Abb. **309**/1). – Nur 1 Paar OrbitalBo (ors); Stirn des ♂ verengt bis auf $^1/_4$ od. $^1/_5$ der KBreite; ♀ mit stilettförmigem, bohrerartigem Ovipositor (Abb. **338**/6); (nur in der Unterfamilie *Dasiopinae* u. wenigen anderen Arten 1–7 vibrissenähnliche Bo). (Siehe auch Nr. 68* u. 89*.) ± glänzende, blaue bis braunschwarze Fliegen (2–7mm), vornehmlich im Wald u. in dessen Nähe. Familie *Lonchaeidae* S. 392

90* Au gerundet, nicht sehr groß; K in Seitenansicht ± kugelförmig (HSeite nach außen gewölbt): Abb. **336**/8; HAL hell; Fl in der Mehrzahl der Arten gefleckt. – Nur 1 Paar OrbitalBo; Stirn des ♂ verengt bis auf $^1/_4$ od. $^1/_5$ der KBreite; ♀ mit stilettförmigem, bohrerartigem Ovipositor (Abb. **336**/8); keine VibrissenBo, aber bei einigen Arten ein längeres Bukkalhaar. (Siehe auch Nr. 69 u. 89*.) – Graue, rötlichgelbe od. gelbe Fliegen (3–6 mm), nicht häufig, vornehmlich im Wald u. auf Wiesen, oft im Sitzen die Fl vibrierend. Familie *Pallopteridae* S. 391

91 (86*) PostvertikalBo zusammenlaufend (konvergent) od. fehlend; r_1 oberseits unbehaart; kleine Fliegen, in der Regel grau gefärbt. – Analzelle (Cu) sehr kurz u. klein; Analader (a_1) fast fehlend; Hlb oft mit braunen od. schwarzen Flecken. – „Blattlausfliegen" (1–4 mm), auf Blättern, Gras, Schilf, in Gewässernähe. (Siehe auch Nr. 96.) Familie *Chamaemyiidae* S. 391

91* PostvertikalBo auseinanderlaufend (divergent) (selten sehr klein u. schwer zu erkennen); r_1 in der Regel oberseits behaart, wenigstens im apikalen Drittel; kleine bis mittelgroße Fliegen, in der Regel dunkel u. glänzend **92**

92 Analzelle (Cu) verhältnismäßig lg, die vordere Seite mehr als ein Viertel so lg wie die hintere Seite der Diskoidalzelle (1. M_2) (Abb. **341**/5); SternopleuralBo fehlend; PropleuralBo schwach entw od. fehlend; r_1 behaart; 3. FGld bisweilen verlängert, sich bis zum Mundrand erstreckend (Gattung *Rivellia*). – PostvertikalBo sehr klein; nur 3 SupraalarBo, die vorderste fehlt; Costa nahe der Mündung der Humeralquerader (h) in diese gebrochen; sc vollständig; r_5 deutlich vor der FlSpitze endend, so daß Zelle R_5 vor bzw. an der FlSpitze liegt. – Kleine Fliegen mit angeschwollenem HK u. sehr schön gemusterten Fl. (Abb. **338**/7). Familie *Platystomatidae* S. 386

92* Analzelle (Cu) kürzer, die vordere Seite in der Regel weniger als ein Viertel so lg wie die hintere Seite der Diskoidalzelle (1. M_2); SternopleuralBo in der Regel vorhanden, PropleuralBo manchmal entw; r_1 kahl od. behaart; 3. FGld variabel. (Siehe auch Nr. 85*.) Familie *Otitidae* S. 385

93 (60*) sc apikal fast rechtwinkelig zur Costa hin gebogen, sich in der Regel hinter der Biegung verlierend (vom Winkel bis zur c ± nur als Falte erhalten: Abb. **341**/6); Analzelle (Cu) in der Regel hinten mit einem spitzen distalen

Forts; Fl in der Regel auffällig gemustert (Abb. **338**/4–5). – VibrissenBo fehlen, aber es sind meist 1 od. mehrere stärkere PeristomalBo vorhanden; ♀ mit stilettförmigem, bohrerartigem, steifem u. nicht zurückziehbarem Ovipositor; Stirn in der Regel mit 2–3 Paar einwärts gebogenen OrbitalBo, die auf den nach oben entlang der Augenränder ausgedehnten Wangenplatten stehen (Abb. **338**/4–5). – Schöne, kleine bis mittelgroße „Fruchtbohrfliegen", auf Blüten u. Vegetation. (Siehe auch Nr. 85 u. 87.) Familie *Tephritidae* S. 387

93* sc u. Analzelle (Cu) nicht wie unter 93; FlFarbe variabel **94**

94 Basitarsi der HB sehr kurz u. ± geschwollen, kürzer als das 2. Sgm (Abb. **341**/2). – OrbitalBo (ors) kräftig, niemals einwärts gebogen, aber oft klein u. zwischen ihnen gekreuzte Interfrontalhaare; Zweige der m jenseits der Diskoidalzelle (1. M_2) manchmal nur als Falte erhalten; VibrissenBo vorhanden, aber oft undeutlich; Fl manchmal reduziert (siehe Nr. 128); Costa zweimal unterbrochen, einmal nahe der Mündung der Humeralquerader (h) u. einmal nahe der Mündung der r_1 (Abb. **336**/9). – Kleine schwarze od. braune Fliegen (1–5 mm), an menschlichen u. tierischen Exkrementen, an faulender organischer Substanz, an ausfließenden Baumsäften usw.
Familie *Sphaeroceridae* S. 392

94* Basitarsi der HB normal, nicht geschwollen, in der Regel länger als das 2. Sgm **95**a, **95**

95a 3. FGld groß, fast bis zum URand des K reichend; Arista fehlend, aber ein kurzer Dorn od. ein knotenartiger Vorsprung an der Spitze des 3. FGld vorhanden; Au groß, vertikal verlängert. – Kleine, dunkel getönte Fliegen (kleiner als 2 mm): Gattung *Cryptochetum* RONDANI (Abb. **336**/6).
Familie *Cryptochetidae* S. 400

95 Costa vollständig u. ohne Unterbrechung **96**

95* Costa nahe der Mündung der sc (bzw. deren Fortsatzes) od. der der r_1 gebrochen od. zumindest verdünnt, stark eingeschnürt od. mit Narben einer Bruchstelle; bisweilen Costalbruch außerdem nahe der Mündung der Humeralquerader (h) **98**

96 sc vollständig (von der Wurzel bis zur Mündung in die Costa deutlich entw), aber bisweilen vor ihrer Mündung in die Costa mit der verdickten u. verbreiterten r_{1+2} zusammenlaufend (die r_{1+2} ist kurz vor der Mündung der sc in die Costa nach dem FlRand zu gebogen, berührt dort die sc bzw. fließt mit der c zusammen u. ist im weiteren Verlauf wieder divergent gegenüber der c, bis sie in diese mündet); PostvertikalBo konvergent od. fehlend; Arista nur pubeszent.– Tibien ohne dorsale präapikale Bo; VibrissenBo fehlen. – Kleine, in der Regel graue „Blattlausfliegen", Hlb oft mit braunen od. schwarzen Flecken, auf Blättern, Gras, Schilf, in Gewässernähe. (Siehe auch Nr. 91).
Familie *Chamaemyiidae* S. 391

96* sc deutlich unvollständig, nur der Basalteil sichtbar, im weiteren Verlauf als Falte verschwindend; PostvertikalBo divergent; Arista pubeszent od. gefiedert. – Tibien ohne dorsale präapikale Bo; nur 1 Paar OrbitalBo (ors) **97**

97 Die Fortsetzung der Costa erreicht nur die Mündung der r_{4+5}; Zelle R_5 gegen den FlRand nicht verengt (r_{4+5} u. m_{1+2} gegen die Mündung in die Costa nicht konvergent); Basalzelle M vorhanden (Abb. **336**/5); 2. FGld zuweilen dorsal wie eine Kapuze über das 3. Gld vorspringend; Arista gefiedert. – VibrissenBo fehlen. – 1 pp; 2 st; Fl mit einer Art Querfalte od. Verdünnung, die von der Costa nahe der FlBasis, die Basalzellen kreuzend bis etwas unter die Spitze der Analzelle läuft (etwas der Querfalte der *Psilidae* ähnelnd). –

Sehr kleine bis kleine Fliegen, grau getönt od. gelbgrau mit schwarz-gelb gestreiften B, an ausfließendem Baumsaft. Familie *Periscelididae* S. 391

97* Die Fortsetzung der Costa reicht bis zur Mündung der m_1; Zelle R_5 sehr lg an ihrer Basis u. gegen den FlRand stark verengt; r_{4+5} u. m_{1+2} gegen die Mündung in die Costa konvergent; Basalzelle M fehlend; r_{2+3} zuweilen auffallend kurz u. schon dicht bei der r_1 in die Costa mündend; Querader r-m schon nahe der FlWurzel (Abb. **324**/1); 2. FGld niemals wie eine Kapuze das 3. Gld überragend; Arista pubeszent od. gefiedert; VibrissenBo vorhanden, aber schwach. – Keine Querfalte im Fl; in der Gattung *Asteia* MEIGEN r_{2+3} kurz, in der basalen Hälfte des Fl nahe der r_1 in die Costa mündend (Abb. **324**/1), in der Gattung *Leiomyza* MACQUART r_{2+3} bis nahe der Fl-Spitze ausgedehnt; hintere Querader bei *Leiomyza* vorhanden (nahe der vorderen Querader u. vor der FlM); bei *Asteia* fehlend; Analzellen fehlend; OrbitalBo nicht einwärts gerichtet. – Sehr kleine bis kleine Fliegen, mit sehr charakteristischem FlGeäder u. auffallender Färbung (z. B. dorsaler Thorax glänzend schwarz, Pleuren u. B gelb, Hlb rötlich od. gelblich u. schwarz gemustert), im Wald od. dessen Nähe, manchmal im Herbst an Fenstern. (Siehe auch Nr. 109.) Familie *Asteiidae* S. 400

98 (95*) Costa nur nahe der Mündung der sc (respektive deren Falten- od. Nervenfortsatzes) od. der der r_1 gebrochen (Abb. **323B**/8) **99**

98* Costa nahe der Mündung der sc (respektive deren Falten- od. Nervenfortsatzes) od. der der r_1 und auch nahe der Mündung der Humeralquerader (h) gebrochen (Abb. **338**/8) **107**

99 Analzelle (Cu) fehlend (Abb. **323B**/8); OcDreieck auffallend groß u. charakteristisch, weit nach vorn reichend u. oft den größeren Teil der Stirn plattenähnlich einnehmend (Abb. **344**/1); PostvertikalBo konvergent od. fehlend. – KBo schwach entw od. fehlend; VibrissenBo meistens fehlend; Tibien ohne präapikale DorsalBo. – Sehr kleine bis kleine, fast kahle, borstenlose Fliegen (Abb. **338**/9), schwarz, gelb u. schwarz, grünlichgelb, gelb od. grün u. schwarz, oft mit dunklen Längsstreifen auf dem Thorax u. anderen dunkel gefärbten

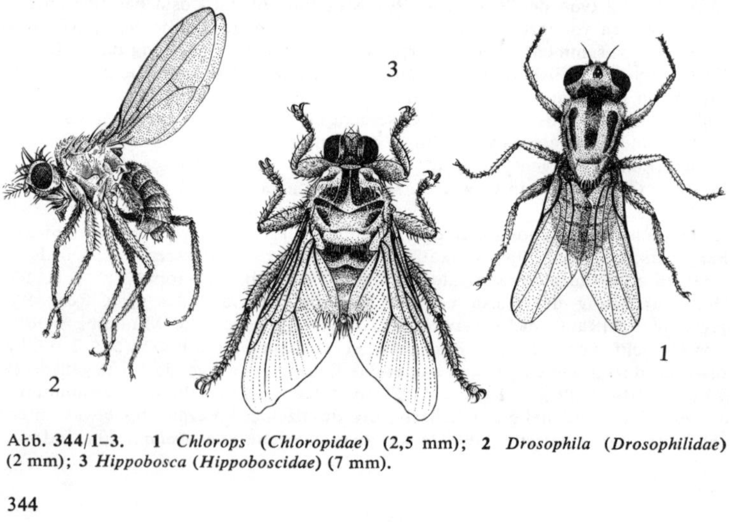

Abb. 344/1–3. **1** *Chlorops* (*Chloropidae*) (2,5 mm); **2** *Drosophila* (*Drosophilidae*) (2 mm); 3 *Hippobosca* (*Hippoboscidae*) (7 mm).

Zeichen; sehr häufig auf Wiesen, zu bestimmen Zeiten Schwärme bildend, im Herbst oft massenhaft in Häusern. (Siehe auch Nr. 130.)
Familie *Chloropidae* S. 396

99* Analzelle (Cu) vorhanden; OcDreieck u. PostvertikalBo variabel **100**

100 Keine SternopleuralBo; PostvertikalBo auseinanderlaufend (divergent) od fehlend **101**

100* SternopleuralBo vorhanden; PostvertikalBo variabel **102**

101 VibrissenBo vorhanden; Fl ohne Querfalte; Analzelle (Cu) klein; OcDreieck groß u. glänzend, bis zum VRand der Stirn reichend. – 3–5 Paar nach außen gebogene, divergente OrbitalBo; 2 vibrissenähnliche Bo; sc vollständig, aber gegen die Mündung in die Costa verblassend, teilweise sehr dicht neben der r_1; Querader cu_2 gerade, die Analzelle (Cu) an der Spitze rechtwinkelig. Kleine graue od. graubraune Fliegen (bis 3,5 mm), nur an den Meeresküsten. (Siehe auch Nr. 89.) Familie *Canacidae* S. 393

101* VibrissenBo fehlen; Fl mit einer deutlichen Querfalte, die von der Spitze der sc, die Basis der r_{2+3} u. die Basalzelle M kreuzend verläuft (Abb. **341**/7, **338**/10); Analzelle (Cu) u. Zelle M (2. Basalzelle) lg u. breit; OcDreieck zuweilen etwas kürzer, nur bis etwas über die Stirn M reichend. – Obere OrbitalBo dorsalwärts gekrümmt; Tibien ohne PräapikalBo; meist ohne starke Bo auf den Meso- u. Sternopleuren; Mesonotum fast kahl; Costa bis zur Mündung der m_1 reichend; basaler Teil der sc sehr dicht neben der r_1 laufend u. daher nicht leicht feststellbar, in ihrem Verlauf bricht sie plötzlich ab u. verschwindet als senkrechte Falte zur Costa hin. – In der Regel größere Fliegen (3–15 mm), schlank, träge; mit weiter Verbreitung. (Siehe auch Nr. 55*.)
Familie *Psilidae* S. 384

102 (100*) PostvertikalBo zusammenlaufend (konvergent); VibrissenBo vorhanden, aber bisweilen schwach entw **103**

102* PostvertikalBo auseinanderlaufend (divergent) od. fehlend; VibrissenBo variabel **105**

103 Costa mit Dörnchen (vgl. Abb. **336**/9); zumindest einige der 2–3 Paar OrbitalBo nach hinten gebogen. – Zumindest 1 PropleuralBo vorhanden; Vertikalplatten lg, erstrecken sich fast bis zum FAnsatz; Analader a_2 erreicht niemals den FlRand; sc nur ziemlich schwach entw, obgleich ± deutlich bis zur Mündung in die Costa erkennbar, fast parallel mit der r_1 verlaufend. – Kleine (bis 3 mm) gelbe od. dunkle Fliegen, an trockenen, sandigen Stellen. (Siehe auch Nr. 72.) Familie *Trixoscelididae* S. 398

103* Costa ohne Dörnchen; OrbitalBo variabel **104**

104 Alle 1–4 Paar OrbitalBo nach außen gerichtet (keine einwärts gerichtet); präsuturale DorsozentralBo vorhanden (vor der angedeuteten Thoraxquernaht stehende Bo, vgl. Abb. **331**/3: dc). – OcDreieck nicht länger als die Hälfte der Stirn; Tibien ohne PräapikalBo; sc schwach entw, nur im basalen Teil erkennbar, danach nicht von der r_1 getrennt, sondern bis zu ihrer Spitze mit dieser zusammenlaufend. – Sehr kleine bis kleine, graugetönte od. bräunliche Fliegen (1,5–3 mm). Vorwiegend nur an den Meeresküsten.
Familie *Tethinidae* S. 393

104* Zumindest 1 Paar OrbitalBo nach hinten gebogen; präsuturale DorsozentralBo (vor der angedeuteten Thoraxquernaht stehende) fehlen. – Insgesamt 2–3 Paar OrbitalBo, keine davon einwärts gerichtet; 3. FGld mit ungewöhnlich langer Pubeszenz; Arista pubeszent od. gefiedert; keine Mesopleural-, 2 SternopleuralBo; Femora der VB in der Regel mit einem ventralen borstenähnlichen Dorn; Tibien ohne PräapikalBo; Costa mit langen, feinen

Cilien, aber ohne dornähnliche stärkere Bo; sc schwach, sich vor einer Mündung in die Costa verlierend, hintere Querader in FlM. – Sehr kleine bis kleine Fliegen (bis 3 mm), mit schlankem Körper u. in der Regel langen, schmalen Fl, in Gras u. anderer Vegetation in Gewässernähe. (Siehe auch Nr. 131.) Familie *Anthomyzidae* S. 398

105 **(102*)** VibrissenBo vorhanden **106**

105* VibrissenBo fehlen. – PostvertikalBo meist fehlend, nur 1 Paar OrbitalBo, nach hinten geneigt; OcDreieck klein, stets 1 Mesopleural- u. 1 SternopleuralBo vorhanden; Mesonotum mit 1 DorsozentralBo vor der angedeuteten Quernaht u. 2–3 dahinter; Tibien ohne PräapikalBo; Fl lg u. schmal; Costa bis zur m_1 reichend; 2. Basal- (M) u. Analzelle (Cu) klein; r_{2+3} sehr lg u. gegen die Mündung der r_{4+5} in die Costa konvergierend. – Kleine schlanke Fliegen (2–4 mm), mit gefleckten Fl, im Unterholz des Waldes, in Gras u. Röhricht. Familie *Opomyzidae* S. 399

106 Vertikalplatten (mit 2 Paar nach hinten gebogenen OrbitalBo) reichen fast bis zu den Wangenplatten (mit 1 Paar einwärts gebogenen unteren OrbitalBo); Hlb mit 5 sichtbaren Sgm vor den Genitalien u. dunklen Flecken; Ovipositor einziehbar. – 1 DorsozentralBo vor der Thoraxquernaht u. 3 hinter derselben; Tibien mit PräapikalBo, wenn ohne, dann Tibien der MB mit einem Kranz von Endspornen. – Sehr kleine bis kleine, grauschwarze, seltene Fliegen mit breiten Fl, in denen zumindest die Queradern bräunlich umwölkt sind, an Baumwunden, ausfließenden Baumsäften. Familie *Odiniidae* S. 396

106* Vertikalplatten (mit 2 Paar OrbitalBo) auf die obere Stirnhälfte beschränkt; in der Regel mehrere einwärts gerichtete, untere OrbitalBo; Hlb mit 6 sichtbaren Sgm vor den Genitalien; Ovipositor bohrerartig, Basalteil nicht einziehbar. – Tibien ohne dorsale, präapikale Bo. – Sehr kleine bis kleine, schwärzliche od. gelbliche Fliegen (nur wenige mm), in der Regel als Im. nicht häufig („Minierfliegen"). Familie *Agromyzidae* S. 397

107 **(98*)** F vertikal gerichtet, in tiefen Gesichtsgruben liegend u. in diese zurückziehbar; Gesicht fliehend; Au klein u. rund; Sch außergewöhnlich lg od. zumindest abgeflacht, mit 2 kurzen, apikalen, starke Bo tragenden Höckern; vorderer Stirnrand mit nach vorn gebogenen Bo; PostvertikalBo lg u. auseinanderlaufend (divergent); jederseits 2 gleich starke u. lange VibrissenBo vorhanden; a_1 den FlRand nicht erreichend. – Sehr seltene, kleine bis mittelgroße, schwarze, schwarzbraune, gelblichbraune od. stahlblaue Fliegen. (Siehe auch Nr. 64.) Familie *Thyreophoridae*

107* Der Beschreibung unter 107 nicht entsprechend **108**

108 Ohne konvergente od. parallele PostvertikalBo [höchstens mit divergenten Postvertikal- od. divergenten PostocellarBo (zw od. hinter den 2 oberen Oc stehend) od. ganz ohne PostvertikalBo]; Analzelle (Cu) fehlend; VibrissenBo vorhanden od. fehlend **109**

108* Mit konvergenten od. parallelen PostvertikalBo; Analzelle (Cu) variabel; VibrissenBo in der Regel vorhanden **110**

109 Costa nur sehr undeutlich nahe der Mündung der Humeralquerader (h) u. der der r_1 gebrochen (Unterbrechungen nur als Verdünnung od. Einschnürung erkennbar); r_{4+5} u. m_{1+2} gegen die Mündung in die Costa konvergent; Zelle R_5 sehr lg, an ihrer Basis u. gegen den FlRand verengt; r_{2+3} zuweilen auffallend kurz u. schon dicht bei der r_1 in die Costa mündend (Abb. **324**/1); Querader r-m schon nahe der FlWurzel; sofern Arista gefiedert, Härchen in einer od. zwei Reihen; divergente PostvertikalBo u. schwache VibrissenBo vorhanden. – Tibien ohne dorsale, präapikale Bo. – Sehr kleine bis kleine

Fliegen, mit sehr charakteristischem FlGeäder u. auffallender Färbung (z. B. dorsaler Thorax glänzend schwarz, Pleuren u. B gelb, Hlb rötlich od. gelblich u. schwarz gemustert), im Wald od. dessen Nähe, manchmal im Herbst an Fenstern. (Siehe auch Nr. 97*.) Familie *Asteiidae* S. 400

109* Costa zweimal deutlich gebrochen; r_{4+5} u. m_{1+2} nicht konvergent; r_{2+3} niemals auffallend kurz u. dicht bei der r_1 in die Costa mündend; r-m näher der FlM als der FlWurzel; wenn Arista gefiedert, Härchen immer nur auf der OS; PostvertikalBo fehlend, aber zuweilen mit 1 Paar divergenter PostocellarBo; VibrissenBo fehlend od. schwach entwickelt u. dann nur undeutlich von den übrigen Bo um den Mundrand unterscheidbar. – Gesicht stark vorgewölbt; Tibien ohne dorsale PräapikalBo; m_{1+2} gerade; Fl zuweilen mit dunklen Zeichen od. dunkel mit hellen Stellen. – Sehr kleine bis kleine, graue od. braune Fliegen, vorwiegend in Wasser- od. Sumpfnähe oft in großen Mengen (zuweilen als Wasserläufer), an den Meeresküsten, selbst an milden Wintertagen zu finden. Familie *Ephydridae* S. 394

110 (108*) Das vorderste untere Paar OrbitalBo gekrümmt, nach vorn u. außen od. ± nach innen; VibrissenBo vorhanden, oft nur schwach differenziert. – Sehr kleine bis kleine, grauschwarze od. glänzend schwarze Fliegen, auf anderen Insekten, bei Ameisen. (Siehe auch Nr. 130*.) Familie *Milichiidae* S. 393

110* Keine ± nach innen gekrümmte OrbitalBo; VibrissenBo in der Regel gut differenziert u. sich deutlich abhebend **111**

111 Costa in der Regel mit dornenähnlichen Bo (vgl. Abb. **336**/9); Mesopleura mit Bo **112**

111* Costa ohne dornenähnliche Bo; Mesopleura s mit Bo **113**

112 Nach vorn geneigte (proklinate) OrbitalBo v o r den nach hinten gebogenen (reklinaten), beide von den Au entfernt stehend; Arista lg gefiedert. – sc ± deutlich bis zur Mündung in die Costa entwickelt; 2. Basalzelle (M) mit der Diskoidalzelle (1. M_2) durch Fehlen der Querader verschmolzen; PostvertikalBo groß; präscutellare AkrostichalBo (ac) kräftig. (Siehe auch Nr. 66.) Familie *Curtonotidae* S. 395

112* Nach vorn geneigte (proklinate) OrbitalBo h i n t e r dem vordersten nach hinten gebogenen (reklinaten) Paar, dicht an den Au stehend; Arista kurz gefiedert od. pubeszent. – sc im Basalteil deutlich, im weiteren Verlauf mit der r_1 verschmolzen bzw. nur als Falte verlaufend; 2. Basalzelle (M) nicht deutlich von der Diskoidalzelle (1. M_2) getrennt, die Querader mithin unvollständig; Analzelle (Cu) vorhanden; 2–3 Paar OrbitalBo an der Basis dicht beieinander inseriert, vordere eingerückt stehend u. nach hinten geneigt (reklinat), die zweite dicht am AuRand u. nach vorn gebogen (umgekehrte Anordnung gegenüber der bei den *Aulacigastridae*, Nr. 66*); 1 Paar starke VibrissenBo vorhanden, die sich deutlich von der übrigen Behaarung um den Mundrand abheben; Tibien mit präapikaler Bo. – Sehr kleine bis kleine, graue od. bräunlichgraue Fliegen. Familie *Diastatidae* S. 395

113 (111*) SternopleuralBo vorhanden; keine MesopleuralBo; Tibien der HB in der Regel mit präapikalen Bo; Körper in der Regel nicht metallisch, sondern oft gelblich od rötlichbraun, mit hellen roten Au (Abb. **344**/2); Analzelle (Cu) vorhanden; 2. Basalzelle (M) mit der Diskoidalzelle (1. M_2) vereinigt od. getrennt (Abb. **338**/8). – Arista in der Regel gefiedert, mit einer charakteristischen Gabel an der Spitze (gebildet aus der Arista selbst u. dem letzten Haar) (Abb. **341**/8); starke PostvertikalBo, 2–3 Paar OrbitalBo, nicht einwärts gebogen, eine oft nach vorn geneigt, die übrigen nach hinten gekrümmt (reklinat); VibrissenBo vorhanden, zuweilen undeutlich; Tibien mit präapikaler Bo; sc im Basalteil deutlich, im weiteren Verlauf als Falte verschwindend u. ± mit der r_1 verschmolzen. – Sehr kleine bis kleine Fliegen (2–4 mm), vorwiegend überall in der Nähe faulender od. gärender Stoffe, vor allem Früchte: „Essigfliegen", oft in Wohnungen, Brauereien usw., einige Arten im Wald u. auf Wiesen. (Siehe auch Nr. 132.) Familie *Drosophilidae* S. 395

113* SternopleuralBo fehlt; MesopleuralBo vorhanden; Tibien der HB ohne präapikale Bo; Körper metallisch; Analzelle (Cu) u. 2. Basalzelle (M) fehlend. – Arista gefiedert, zusätzlich zu den langen oberen Haaren einige lange Flaumhärchen; PostvertikalBo nicht stark entwickelt; VibrissenBo vorhanden; sc nur im Basalteil ± als Ader erkennbar, im weiteren Verlauf nur als Spur erhalten. – Seltene, sehr kleine bis kleine, glänzende schwarze Fliegen. Familie *Camillidae* S. 396

114 (49*) Palpen schlank u. verlängert, eine Scheide für den R bildend; Fl (wenn vorhanden) mit kräftigen, nach vorn zusammengedrängten Adern, die hinteren Adern schwach od. fehlend (Abb. **344**/3); Tarsenkrallen deutlich vorragend, lg u. gekrümmt, an der Basis gezähnt; Au gut entw, oval. – Ektoparasiten von Vögeln u. Säugetieren. – K u. Thorax dorsoventral abgeflacht; K eng in eine Einkerbung des Thoraxvorderrandes inseriert; Fl vorhanden, reduziert od. fehlend. – Dunkelbraune „Lausfliegen", etwas kleiner als die Stubenfliege. (Siehe auch Nr. 118.) Familie *Hippoboscidae* S. 401

114* Palpen breiter als lg, blattartig vorn am K hervorragend; Fl (wenn vorhanden) gleichmäßig geädert, aber dickadrig u. behaart; Tarsenkrallen einfach, nicht deutlich gezähnt; Au u. Oc klein od. rudimentär. – Meist Ektoparasiten von Fledermäusen. – K mit fleischigem Hals, freier beweglich; Hü der HB vergrößert. – Höchstens im äußersten S des Gebietes vorkommend (sonst nur in Südeuropa). (Siehe auch Nr. 118*.) Familie *Streblidae* S. 402

115[1] **(1*)** Hü auf der Ventralseite des Thorax getrennt, sich nicht berührend; Hlb zuweilen nur undeutlich segmentiert **116**

115* Hü auf der Ventralseite des Thorax einander berührend; Hlb deutlich segmentiert **119**

116 Mesonotum kurz, den Sgm des Hlb ähnelnd (Thorax nicht deutlich vom gerundeten Hlb unterschieden); Sch fehlt. – Ektoparasiten der Honigbiene (außen auf dem Bienenkörper lebend): „Bienenläuse". – K breit; F in seitlichen Gruben; Au sehr klein; Oc fehlend; frontale u vertikale Bo fehlen; kräftige B; Klauen unscheinbar, aber mit 1 Paar kammähnlicher Anhänge; ohne Halteren. – Abnormale, milbenähnliche, sehr kleine Fliegen (1–1,5 mm). Familie *Braulidae* S. 392

116* Thorax u. Hlb differenziert; Sch vorhanden. – Parasiten von Vögeln u. Säugetieren **117**

117 K sehr klein u. schmal, sehr beweglich, in Ruhe in eine Grube auf dem Mesonotum zurückziehbar. – Au u. Oc rudimentär od. fehlend; B lg; Femora u. ± Tibien verdickt; Basitarsi lg, schlank u. gekrümmt; Klauen gut entwickelt, HAL vorhanden. – Spinnenartiges Aussehen, Ektoparasiten von Fledermäusen, ca. 3 mm, selten. Familie *Nycteribiidae* S. 402

117* K größer, nicht in eine Grube auf dem Mesonotum zurückgezogen bzw. zurückziehbar, obgleich in eine Thoraxkerbe eingefügt **118**

[1] FlReduktion oder Verlust der Fl kann außer in den unter den folgenden Nrn. aufgeführten Familien bzw. Gattungen in weiteren vorkommen. Die wesentlichen Gruppen des Gebietes wurden jedoch hier berücksichtigt.

118 K eng in eine entsprechende Einkerbung des Thorax-VRandes eingepaßt; Palpen schlank u. verlängert, eine Scheide für den R bildend; Au oval od. rund. – K u. Thorax dorsoventral abgeflacht; Tarsenkrallen deutlich vorragend, lg u. gekrümmt, an der Basis gezähnt. – Ektoparasiten von Vögeln u. Säugetieren, dunkelbraune „Lausfliegen". (Siehe auch Nr. 114.)
Familie *Hippoboscidae* S. 401

118* K mit fleischigem, beweglichem Hals; Palpen breit, blattartig vorn am K hervorragend; Au u. Oc rudimentär od. fehlend. – Tarsenkrallen einfach, nicht deutlich gezähnt; Hü der HB vergrößert. – Meist Ektoparasiten von Fledermäusen. – Höchstens im äußersten S des Gebietes vorkommend (sonst nur in Südeuropa). (Siehe auch Nr. 114*.) Familie *Streblidae* S. 402

119 (115*) F aus 6 od. mehr deutlich gegliederten Sgm bestehend; Palpen in der Regel segmentiert **120**

119* F aus höchstens 5 Sgm bestehend; Palpen nicht segmentiert **126**

120 Mesonotum mit einer V-förmigen Naht (wie in Abb. **316**/1); ♀ mit langem chitinisiertem, verhärtetem Ovipositor. – Im Winter auf Schnee od. hochalpin auf Gletschern, mit spinnenartiger Bewegung, ca. 4,5 mm (Gattung *Chionea* DALMAN). (Siehe auch Nr. 5*.) Familie *Tipulidae* S. 351

120* Mesonotum ohne V-förmige Naht; ♀ ohne verhärteten Ovipositor **121**

121 Au sich über den F berührend (Abb. **314**/3) **122**

121* Au weit auseinander, sich nicht über den F berührend **123**

122 Sch u. HAL vorhanden; B kräftig; Tibien ohne apikale Sporne. – 2 mm, an Sümpfen (Gattung *Thripomorpha* ENDERLEIN). (Siehe auch Nr. 8* u. 16*.)
Familie *Scatopsidae* S. 358

122* Sch u. HAL fehlend; B schlank; Tibien mit apikalen Spornen. – (Gattung *Epidapus* HALIDAY.) (S. auch Nr. 14.) Familie *Sciaridae* S. 358

123 (121*) Tarsenklauen gezähnelt. – Pulvillen fehlen; Tibien ohne apikale Sporne. – Etwa 2 mm. (Gattung *Wasmanniella* KIEFFER.) (Siehe auch Nr. 8.)
Familie *Cecidomyiidae* S. 358

123* Tarsenklauen nicht gezähnelt **124**

124 Oc fehlend; Mesothorax groß u. bucklig, eine Haube über der KBasis bildend. HAL vorhanden; Hlb an der Basis eingeschnürt. – Winzige Mücken (1,5 mm), an Meeresküsten (Gattung *Clunio* HALIDAY). (Siehe auch Nr. 25*.)
Familie *Chironomidae* S. 357

124* Oc vorhanden; Mesothorax klein, den K nicht überragend **125**

125 Körper von der üblichen Mückengestalt: mit deutlichem Unterschied zw Thorax u. Hlb. – FAnsatz unter den Au, neben der Mundöffnung. – Etwa 5,5 mm (Gattung *Penthetria* MEIGEN). (Siehe auch Nr. 11.)
Familie *Bibionidae* S. 357

125* Körper von abnormer, asselförmiger od. larvenförmiger Gestalt; Hlb breit u. ohne Einschnürung dem Thorax angeschlossen. HAL u. Sch fehlend; FAnsatz über den Au. – (Gattung *Dahlica* ENDERLEIN).
Familie *Mycetophilidae* S. 357

126 (119*) F anscheinend aus einem einzigen kugeligen Sgm bestehend, ± in Gruben eingesenkt; Femora der HB robust u. seitlich abgeflacht. – Körper kurz, breit, ± stark abgeflacht, asselförmig (Thorax u. HlbSgm von fast gleichartiger Ringform: in Aufsicht zusammen einen eiförmigen Rumpf bildend, K beinahe so breit wie der Thorax); Sch fehlend; Tibien der MB u. HB mit apikalen Spornen; Klauen nicht kammartig; 3. FGld das 2. glockenförmig umhüllend. – 3 mm, Parasiten der Ameisen (Gattung *Aenigmatias* MEINERT). (Siehe auch Nr. 34.) Familie *Phoridae* S. 370

126* F deutlich zwei- od. dreisegmentig; Femora der HB nicht seitlich abgeflacht **127**

127 Stirn ohne Ptilinalnaht; 3. FGld ± spitz auslaufend. – 1 mm, an Meeresküsten u. Flüssen (Gattung *Chersodromia* WALKER). (Siehe auch Nr. 39*, 45 u. 47.) Familie *Empididae* S. 366

127* Stirn mit Ptilinalnaht; 3. FGld ± oval, eiförmig, mit dorsaler Arista ... **128**

128 Basitarsi der HB kurz u. ± geschwollen, kürzer als das 2. Sgm (Abb. **341**/2). Etwa 3 mm (Gattung *Apterina* MACQUART). (Siehe auch Nr. 94.) Familie *Sphaeroceridae* S. 392

128* Basitarsi der HB nicht kurz u. geschwollen u. länger als das 2. Sgm **129**

129 OcDreieck stark entw, nach vorn beträchtlich verlängert **130**

129* OcDreieck normal, nicht auffallend verlängert **131**

130 KBo schwach entw od. fehlend. – Fast borstenlose Fliegen mit auffallend großem, plattenähnlichem OcDreieck, das fast den größten Teil der Stirn einnimmt; VibrissenBo in der Regel fehlend; Tibien ohne PräapikalBo (Unterfamilie *Oscinellinae*). – Kräftige, starke, dicht pubeszente Arista; Sch häufig mit warzigem Rand (Warzen tragen die RandBo); dorsaler Thorax mit Längsreihen kleiner Punkturen (Gattung *Elachiptera* MACQUART). (Siehe auch Nr. 99.) Familie *Chloropidae* S. 396

130* KBo normal entw. – Thorax normal beborstet; Hlb ± aufgebläht u. angeschwollen. – Kleiner als 1 mm; glänzend schwarz, Hlb, Tibien u. Tarsen der VB gelb, 2. FGld rostrot; ektoparasitisch im Flaum verschiedener Vögel lebend (*Carnus hemapterus* NITZSCH). (Siehe auch Nr. 110.) Familie *Milichiidae* S. 393

131 **(129*)** Tibien ohne präapikale Bo. – 3. FGld auffallend stark pubeszent; VibrissenBo vorhanden; keine Mesopleural-, aber 2 SternopleuralBo. – 1 mm (Gattung *Stiphrosoma* CZERNY). (Siehe auch Nr. 104*.) Familie *Anthomyzidae* S. 398

131* Tibien mit dorsaler präapikaler Bo **132**

132 Arista gefiedert. (Siehe auch Nr. 113.) Familie *Drosophilidae* S. 395

132* Arista pubeszent od. kahl. – Auf der Stirn mit bestäubten Streifen (Vertikalplatten), auf welchen nicht mehr als 2 OrbitalBo stehen. (Siehe auch Nr. 72* u. 73.) Familie *Heleomyzidae* S. 398

Unterordnung *Nematocera*

Familie *Trichoceridae* (Abb. **351**/1–3)

Sehr ähnlich einigen kleineren *Tipulidae*. L in faulender Substanz, in Pilzen, Höhlen u. Minen.

1 Au unbehaart; Ovipositor kurz u. fleischig. Gattung *Diazosma* BERGROTH
Nur eine Art, 5–8 mm. *Diazosma hirtipenne* SIEBKE

1* Au behaart; Ovipositor hart, nach unten gebogen. Gattung *Trichocera* MEIGEN

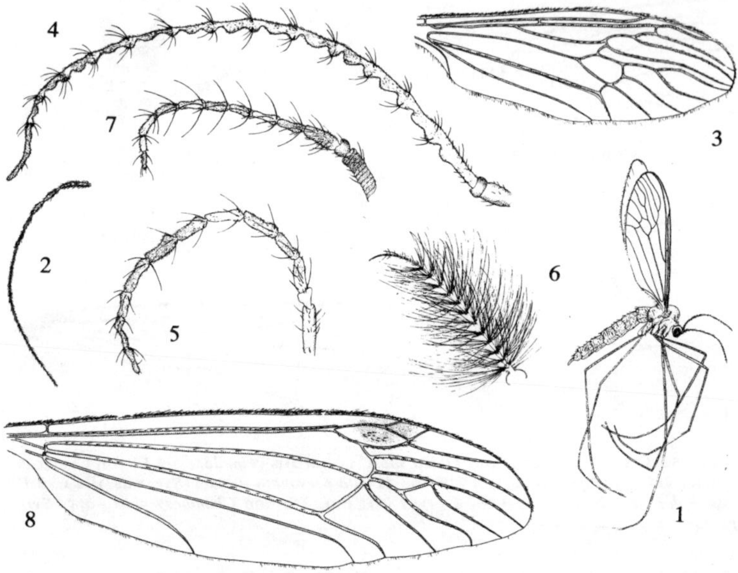

Abb. **351/1–8.** **1** *Trichocera* (*Trichoceridae*) (7 mm); **2** F von *Trichocera*; **3** Fl von *Trichocera*; **4** F von *Nephrotoma* (*Tipulidae*); **5–7** F von *Tipula* (*Tipulidae*); **8** Fl von *Nephrotoma* (*Tipulidae*).

Familie *Tipulidae* (Abb. **351**/4–8)

Mücken mit schlankem Körper, schmalen Fl, sehr zarten B u. von sehr unterschiedlicher Größe. Genitalien in beiden Geschlechtern vorragend. Graue od. graubraune L, oft bedeutende Schädlinge der Landwirtschaft. LE bei kaudaler Betrachtung einer Teufelsmaske ähnlich (Abb. **352**/1).

1 FlAder sc in die r mündend; Palpen lg; Tibien in der Regel mit Spornen; F in der Regel mit 13 Sgm. Unterfamilie *Tipulinae* S. 351

1* sc in der Regel in die Costa mündend; Palpen in der Regel kurz; F meist mit 14 bis 16 Sgm **2**

2 rs nur mit 2 Zweigen und Tibien mit Spornen. Unterfamilie *Cylindrotominae* S. 353

2* rs mit 3 Zweigen oder Tibien ohne Sporne. Unterfamilie *Limoniinae* S. 354

Unterfamilie *Tipulinae*

1 Fl ohne Diskoidalzelle (1. M_2); Tibien ohne Sporne. Gattung *Dolichopeza* CURTIS

1* Fl mit Diskoidalzelle; alle Tibien mit Spornen **2**

2 F ohne wirtelig angeordnete lg Haare **3**

2* F mit wirtelig angeordneten lg Haaren **6**

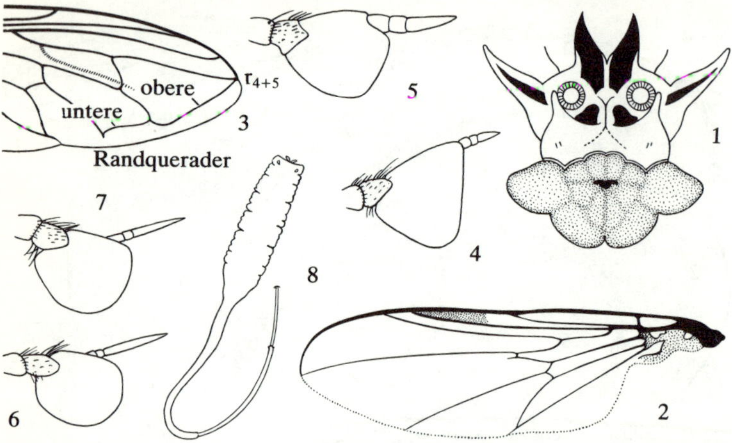

Abb. **352/1–8.** **1** HE der L von *Tipula soosi* MANNHEIMS (*Tipulidae*); **2** Fl von Chalarus spurius FALLÉN (*Pipunculidae*); **3** FlE von *Pocota personata* HARRIS (*Syrphidae*); **4** u. **5** F von *Pelecocera tricincta* MEIGEN, ♂ (4), ♀ (5); **6** u. **7** F von *Chamaesyrphus* – ♂♂ (*Syrphidae*); **8** Syrphiden L.

3 F des ♂ mit kammartig angeordneten Fortsätzen; F des ♀ sägeartig od einfach; glänzende Arten; Grundfarbe gelb mit schwarzen Zeichen od. fast ganz schwarz **4**

3* F des ♂ sägeartig; F des ♀ einfach; matte Arten; Grundfarbe bräunlichgrau mit schwarzen Zeichen. Gattung *Prionocera* LOEW

4 F des ♂ mit einem lg basalen Fortsatz u. einem etwas kürzeren subapikalen am 4. u. den folgenden Sgm; F des ♀ mit einfachen GeißelSgm u. außer dem 1. kurz u. gerundet, breiter als lg. Gattung *Dictenidia* BRULLÉ

4* F des ♂ mit mehr als 2 Fortsätzen am 4. u. den folgenden Sgm; F des ♀ mit sägeartigem Geißelgld od. vorwiegend länger als breit **5**

5 F des ♂ am 4. u. den folgenden Sgm mit 2 lg basalen Fortsätzen u. einem ziemlich kurzen, gerundeten; F des ♀ mit zumindest dem basalen GeißelGld, lg, nur die EndGld sägeartig; Ovipositor mehr als $^1/_3$ so lg wie der Hlb. Gattung *Tanyptera* LATREILLE

5* F des ♂ am 4. u. den folgenden Sgm mit 2 lg basalen u. 2 etwas kürzeren subapikalen Fortsätzen; am F des ♀ alle GeißelGld kurz u. sägeartig; Ovipositor weniger als $^1/_5$ so lg wie der Hlb. Gattung *Ctenophora* MEIGEN

6 **(2*)** FlAder rs in der Regel kurz; sc endet nahe der Basis der rs; Körperfarbe schwarz u. gelb; Körper in der Regel glänzend; vorderer Teil des dorsalen Thorax mit 3 bisweilen ineinanderfließenden blanken, schwarzen Streifen. Gattung *Nephrotoma* MEIGEN (Abb. **353**/6)

6* rs in der Regel lg; sc endet weit entfernt von der Basis der rs; Körperfarbe in der Regel grau, braun od. mattgelb, selten schwarz; wenn Thoraxstreifen vorhanden, in der Regel matt, selten schwach glänzend. Gattung *Tipula* L. (Abb. **353**/1–5, 7)

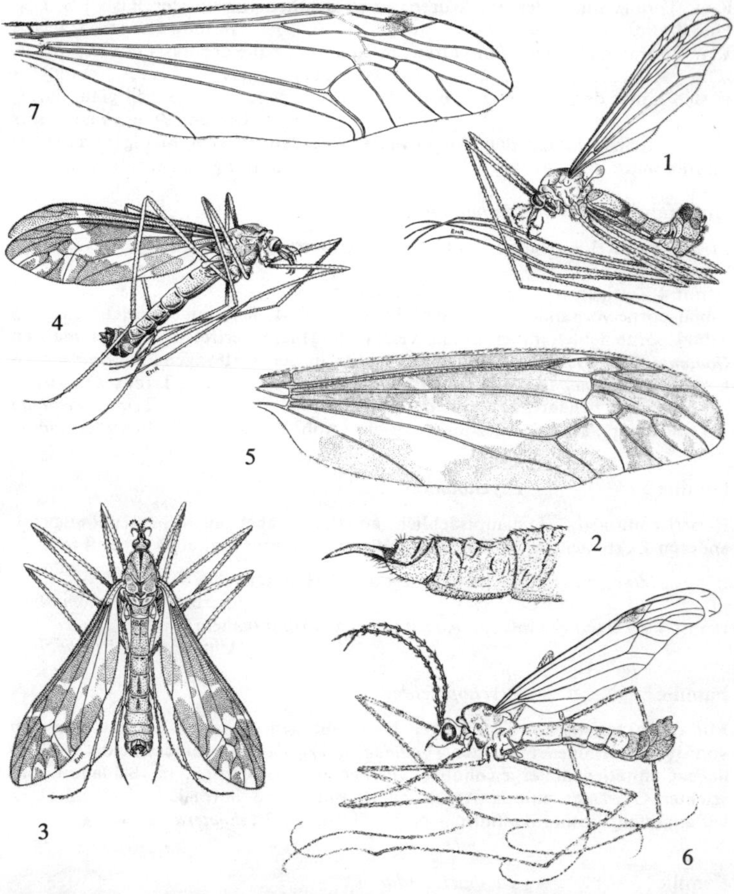

Abb. **353/1–7** **1** *Tipula* (*Tipulidae*) (15 mm); **2** Hlb u. Ovipositor von *Trichocera* (*Trichoceridae*); **3** u. **4** *Tipula* (*Tipulidae*) (23 mm); **5** Fl von *Tipula*; **6** *Nephrotoma* (*Tipulidae*) (12,5 mm); **7** Fl von *Tipula*.

Unterfamilie *Cylindrotominae*

L in der Regel hellgrün, raupenähnlich, auf Land- u. Wassermoosen od. blühenden Pfl.

1 FlZelle M_1 vorhanden (oberste der 3 von der Diskoidalzelle ausgehenden Adern gegabelt). Gattung *Cylindrotoma* MACQUART

1* Zelle M_1 fehlend (3 einfache Adern gehen von der Diskoidalzelle aus) **2**

2 K u. Thorax mit tiefen Punkturen; m-cu deutlich jenseits der Basis der Diskoidalzelle. Gattung *Triogma* SCHINER

2* K u. Thorax glatt, ohne Punkturen; m-cu an od. nahe der Basis der Diskoidalzelle 3

3 K sich hinter den Au stetig u. beträchtlich verengend; Thorax hell glänzend. Gattung *Diogma* EDWARDS

3* K unmittelbar hinter den Au etwas eckig; danach sich mäßig verengend; Thorax matt. Gattung *Phalacrocera* SCHINER

Unterfamilie *Limoniinae*

1 FlAder rs mit 3 Zweigen (r_{2+3} einfach, 1 Unterrandzelle); Tibialsporne fehlend. Tribus *Limoniini*

1* rs mit 4 Zweigen (r_{2+3} gegabelt, 2 Unterrandzellen) 2

2 Tibialsporne vorhanden, wenn auch klein; Zelle M_1 fast immer vorhanden . 3

2* Tibialsporne fehlen (aber durch verstärkte Haare vertreten bei den meisten *Gonomyia*-Arten); Zelle M_1 fehlend (außer in den Gattungen *Crypteria* BERGROTH u. *Neolimnophila* ALEXANDER). Tribus *Eriopterini*

3 Au pubeszent behaart; sc_2 nahe der Mitte der sc. Tribus *Pediciini*

3* Au unbehaart; sc_2 nahe der Spitze der sc (Abb. **317**/3). Tribus *Hexatomini*

Familie *Psychodidae*

F perlschnurartig. L hauptsächlich aquatisch, aber auch in Kuhdung od. anderen Exkrementen, in feuchten, faulenden Substanzen, auch synanthrop.

1 rs mit 3 Zweigen (1 einfache Ader zw den 2 Hauptgabeln). Unterfamilie *Trichomyiinae*

1* rs mit 4 Zweigen (2 einfache Adern zw den 2 Hauptgabeln). Unterfamilie *Psychodinae*

Familie *Ptychopteridae*

Mit charakteristischer U-förmiger Naht auf dem dorsalen Thorax, die sich von der V-förmigen Naht der *Tipulidae* u. *Trichoceridae* unterscheidet. Männliche Genitalien außergewöhnlich vorragend. L aquatisch, im Schlamm sehr seichter Gewässer, mit lg Atemrohr; P mit einem normalen u. einem stark verlängerten Prothorakalhorn. – Nur 1 Gattung: *Ptychoptera* MEIGEN.

Familie *Blephariceridae*

L u. P in der Nähe von Steinen in schnell fließenden Gebirgsbächen, mit einer Serie ventraler Saugorgane. – Nur 1 Gattung *Liponeura* LOEW.

Familie *Dixidae*

In der allgemeinen Erscheinung nicht unähnlich einigen kleineren *Tipulidae*, aber durch das Fehlen der V-förmigen Mesonotalnaht leicht von diesen unterscheidbar. FlAder sc endet über od. vor der Basis der rs. L aquatisch, aber nicht sehr aktive Schwimmer, meist auf Steinen od. Vegetation an der Wasseroberfläche, häufig den Körper in Form eines verkehrten U gekrümmt. – Nur 1 Gattung *Dixa* MEIGEN: ♂♂ u. ♀♀ Blütenbesucher.

Familie *Chaoboridae*

Durch FlGeäder u. gefiederte F der ♂♂ den *Culicidae* ähnlich, aber unterschieden durch die kurzen Mundteile. Beim ♂ erreichen die Fl in ihrer Lg beachtlicherweise nicht das HlbE, wodurch sie bei oberflächlicher Betrachtung leicht mit einigen *Chironomidae* verwechselt werden können. ♂ u. ♀ Blütenbesucher. L karnivor, auf *Culicidae*-L, kleinen Crustaceen usw., Planktonorganismen.

1 Basitarsus kurz, ca. $^1/_4$ der Lg des stark verlängerten 2. Tarsengliedes; Klauen mit 1 kurzen basalen u. 1 sehr langen zentralen Zahn.
Gattung *Mochlonyx* LOEW

1* Basitarsus normal verlängert, fast od. gerade zweimal so lg wie das 2. TarsenGld; Klauen klein, einfach. Gattung *Chaoborus* LICHTENSTEIN

Familie *Culicidae* (Abb. **355**/1–2)

Von der Mehrzahl anderer Nematoceren durch den verlängerten R unterschieden. ♂♂ von den ♀♀ durch die gefiederten F unterscheidbar. ♂♂ Blüten-

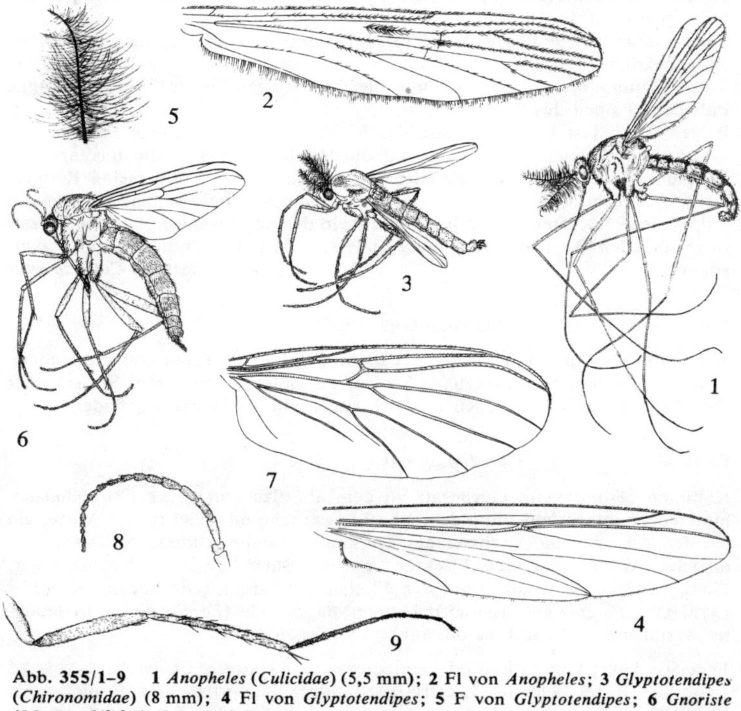

Abb. **355**/1–9 **1** *Anopheles* (*Culicidae*) (5,5 mm); **2** Fl von *Anopheles*; **3** *Glyptotendipes* (*Chironomidae*) (8 mm); **4** Fl von *Glyptotendipes*; **5** F von *Glyptotendipes*; **6** *Gnoriste* (*Mycetophilidae*) (9 mm); **7** Fl von *Gnoriste*; **8** F von *Gnoriste*; **9** HB von *Gnoriste*.

besucher, ♀♀ Blutsauger. L in Teichen u. langsam fließenden Gewässern ohne Wellengang, mit dem Atemrohr an der Wasseroberfläche hängend.

1 Palpen des ♀ schlank u. verlängert, von gleicher Lg wie der R; Palpen des ♂ fast von gleicher Lg wie beim ♀, aber mit einem glatten Stiel u. mit einem behaarten, golfstockähnlichen K endend; Hlb in beiden Geschlechtern ohne Schuppen, nur mit feinen Haaren; in Ruhestellung Hlb von der Unterlage weiter entfernt angehoben als der Thorax, R in einer Linie mit dem Thorax. – „Fiebermücken" (Abb. **355**/1–2). Tribus *Anophelini*
Gattung *Anopheles* MEIGEN (Sch gleichmäßig gerundet, mit ununterbrochener BoReihe.)

1* Palpen des ♀ kurz, $^1/_8$–$^1/_2$ so lg wie der R; Palpen des ♂ lg u. behaart, an der Spitze nur bei wenigen Arten verstärkt; Hlb in beiden Geschlechtern stark beschuppt; in Ruhestellung R mit dem Hlb einen Winkel bildend, Hlb parallel zur Oberfläche gehalten, auf der die Mücke sitzt. Tribus *Culicini* S. 356

Tribus *Culicini*

1 Mit Bo hinter dem Prothorakalstigma; Klauen des ♀ an den VB u. MB gezähnt; Hlb des ♀ spitz zulaufend. Gattung *Aedes* MEIGEN

1* Hinter dem Prothorakalstigma keine Bo; alle Klauen des ♀ einfach, ungezähnt; Hlb am E stumpf 2

2 Tarsen ohne bleiche Ringe; letzte TarsenGld mit Pulvillen; Spitzen der Palpen des ♂ gekniet. Gattung *Culex* L.

2* Tarsen zumindest an den HB mit bleichen Ringen; letzte TarsenGld ohne Pulvillen; Palpen des ♂ anders gestaltet 3

3 Palpen des ♀ fast halb so lg wie der R; R schwarz, mit einem auffallenden weißen Ring; bleiche Tarsalringe auf die HB beschränkt u. die Basitarsi der MB; dorsaler Thorax mit schmalen weißen Längslinien; allgemeine Körperfarbe schwarz u. weiß. Gattung *Orthopodomyia* THEOBALD

3* Palpen des ♀ höchstens $^1/_3$ so lg wie der R, in der Regel weniger; bleiche Tarsalringe an allen B; Thoraxzeichnung anders. – Mit Bo vor dem Prothorakalstigma. Gattung *Culiseta* FELT

Familie *Thaumaleidae*

3–4 mm große Mücken, mit kurzer sc u. mit gegen den FlRand konvergierenden r_4 u. r_5. L aquatisch, bevorzugen Stellen, wo kaltes, sehr seichtes Wasser über Steine rieselt, so daß der LRücken sich außerhalb des Wassers befindet.

Familie *Ceratopogonidae*

K hinten gerundet, im Gegensatz zu dem abgeflachten K der *Chironomidae*; hinterer Thoraxrücken ohne deutliche Längsfurche od. -kiel in der Mitte, ein bei den *Chironomidae* vorhandenes Merkmal. Mundteile kurz, ♀♀ Blutsauger; manche Arten auch auf Insekten, andere Blütenbesucher, Nektarsauger. Dunkle Flecken u. Wolken auf den Fl charakteristisch. (Gattungen *Culicoides* LATREILLE, *Forcipomyia* MEIGEN). L unter Baumrinde (*Forcipomyia*), in feuchter, verfallender PflSubstanz od. aquatisch (*Culicoides*).

1 Fl relativ kahl; L aquatisch od. semiaquatisch. Gattung *Culicoides* LATREILLE

1* Fl in der Regel behaart; L terrestrisch, unter Baumrinde, an ausfließenden Baumsäften. Gattung *Forcipomyia* MEIGEN

Familie *Chironomidae* (Abb. **355**/3–5)

Leicht in Gestalt u. Größe mit den *Chaoboridae* zu verwechseln; die ♂♂ der *Chironomidae* haben aber gefiederte F u. Fl, die sich nicht bis zum HlbE erstrecken; auf den Fl keine Schuppen auf den Adern od. am HRand, das Geäder sehr charakteristisch. Insgesamt sehr zarte Mücken, oft von beachtlicher Schönheit. In SAnsicht beide Geschlechter mit auffallend buckligem Thorax, der den K überdeckt. Die meisten *Chironomidae* sind aquatisch, wenige terrestrisch. L in großen Mengen im Wasser, wichtige Fischnahrung, Bedeutung als Indikatoren spezieller Wasserqualitäten; in Aquarienhandlungen als Fischfutter in Form „roter Mückenlarven".

Familie *Simuliidae*

Von großer wirtschaftlicher Bedeutung, verursachen Krankheit u. Tod von Haustieren u. Vieh. L in fließendem Wasser.

Familie *Anisopodidae*

L in faulender organischer Substanz, Dünger usw.

1 Diskoidalzelle (1. M_2) vorhanden (Abb. **317**/6). Gattung *Sylvicola* HARRIS
1* Diskoidalzelle fehlend (Abb. **318**/6). Gattung *Mycetobia* MEIGEN

Familie *Bibionidae*

Im. versch. Arten bisweilen für kurze Zeit in ungewöhnlicher Menge als Plage auftretend. Vorwiegend schwarz, behaart, von kräftiger Gestalt, mit kurzen, breiten Fl u. kräftigen B. Im. von Bedeutung für die Befruchtung der Obstbäume, L als Schädlinge an PflWurzeln.

1 Tibien ohne Sporne. Gattung *Penthetria* MEIGEN
1* Tibien mit Präapikalspornen **2**
2 An der Spitze der Tibien der VB eine Dornenkrone (kleiner Kreis von Spornen); auf dem VTeil des Thorax eine zweifache Dornenkette. Gattung *Dilophus* MEIGEN
2* Tibien der VB ohne Dornenkrone, aber mit klauenähnlichem, schnabelförmigem Fortsatz; ohne Dornenkette auf dem Thorax. Gattung *Bibio* GEOFFROY

Familie *Mycetophilidae* (Abb. **355**/6–9)

Zarte „Pilzmücken" (L vorwiegend fungivor) mit vom buckligen Thorax überragtem K. Hü lg u. Tibien mit Spornen.

1 sc kurz, nur als basaler Stumpf erhalten, frei endend, nicht in die Costa mündend **3**
1* sc vollständig entwickelt, in die Costa mündend **2**
2 Querader r–m deutlich ausgeprägt. – rs gegabelt in r_{1+2}, r_4 u. r_5 (r_4 entweder in die r_{1+2} od. in die Costa mündend), nur wenig vor der FlM aus der r_1 entspringend; r–m nahe der FlM, weit entfernt von der basal gelegenen m–cu (Abb. **318**/1). Unterfamilie *Bolitophilinae*

2* r–m fehlend (r u. m auf kurze Distanz dicht nebeneinander verlaufend: Abb. **318**/3. (Gattungen *Macrocera* MEIGEN u. *Orfelia* COSTA).
Unterfamilie *Keroplatinae*

3 (1) Querader m–cu fehlend (Abb. **318**/5). Unterfamilie *Mycetophilinae*

3* m–cu vorhanden 4

4 rs gegabelt in r_4 u. r_5, nahe der FlM aus der r_1 entspringend; r–m vor der Gabel der rs (Abb. **318**/2). Unterfamilie *Ditomyiinae*

4* rs nicht gegabelt, nahe der FlBasis aus der r_1 entspringend; r–m u. m–cu in gerader Fortsetzung übereinanderstehend (Abb. **318**/4).
Unterfamilie *Diadocidiinae*

Familie *Sciaridae* (Abb. **359**/1–2)

Selten größer als 4 mm. L in Pilzkellern od. Gewächshäusern bisweilen als Schädlinge. Hauptsächliche Gattung *Sciara* MEIGEN. Die L von *Sciara militaris* durchziehen als „Heerwurm-Trauermücken“ in Zügen bis 15 m Lg (in der Regel unter 4 m) u. einer Breite von etwa 15 cm gelegentlich den Waldboden. Viele L unter Baumrinde.

Familie *Scatopsidae*

Biologie praktisch unbekannt. Wenige bekannte L in zerfallender organischer Substanz. Im Gegensatz zu den *Bibionidae* mit unbehaartem Körper, fehlenden Tibialspornen u. mit in beiden Geschlechtern über den F genäherten Au, ähnlich den *Sciaridae* u. *Lestremiinae*. – Häufigste Art *Scatopse notata* L., deren ♂ von anderen Arten durch die extrem kurzen Basitarsi der HB unterscheidbar.

Familie *Cecidomyiidae*

Trotz ihres Namens „Gallmücken“ verursachen nur etwa zwei Drittel aller *Cecidomyiidae* Gallen an Pflanzen. L der *Lestremiinae* leben in verfallender organischer Substanz, unter Baumrinde, manche schädigen primär Pilze. Viele *Cecidomyiinae*-L leben als Inquilinen in den Gallen von anderen Insekten, unter Baumrinde, in faulendem Holz od. als Räuber. – Durch die vielen gallbildenden Arten fallen die L mehr auf als die Im. Viele Gallen sind artspezifisch u. können die Bestimmung unterstützen. Viele L sind bedeutende land- u. forstwirtschaftliche Schädlinge („Hessenfliege“, Kiefer-Weiden-Gallmücken u. a.). – Die Im. sind kleine bis winzige, zarte Mücken (kaum größer als 4–5 mm), mit breiten, oft am HRand lg behaarten u. bewimperten Fl; B lg u. dünn; F lg, perlschnurartig, sehr charakteristisch jedes Gld mit Haarquirlen verziert; Genitalien in beiden Geschlechtern vorragend, Ovipositor oft sehr lg; FlGeäder weitgehend reduziert, bisweilen erreichen nur 3 lg Adern den FlRand, Queradern, wenn vorhanden, nahe der FlBasis.

1 Oc vorhanden. – Au über den F genähert od. sich berührend; Tibien ohne Apikalsporne. Unterfamilie *Lestremiinae*

1* Oc fehlend. – Basitarsi sehr kurz, kürzer als das 2. TarsenGld.
Unterfamilie *Cecidomyiinae*

Unterordnung *Brachycera*

Familie *Xylophagidae*

Im. saugen Säfte u. Nektar, die L sind Räuber unter Baumrinde (*Xylophagus*) od. leben in verfallender PflSubstanz (*Coenomyia*). – Im. bei oberflächlicher Betrachtung den *Xylomyidae* ähnelnd, aber von weniger robuster Gestalt u.

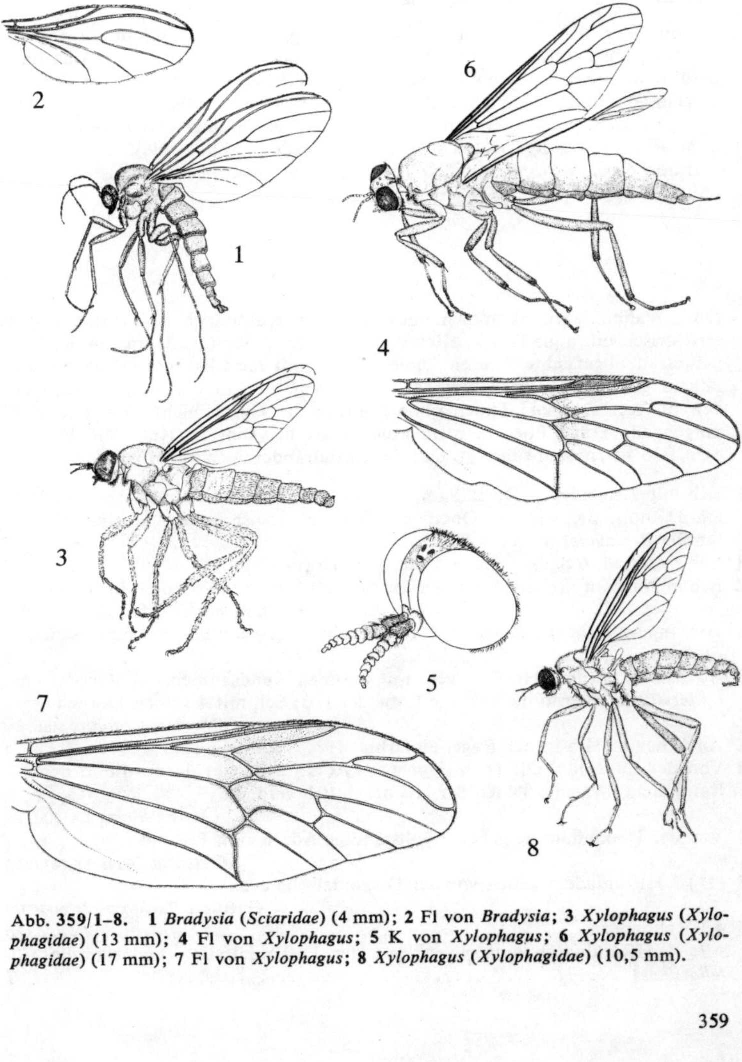

Abb. **359/1–8.** **1** *Bradysia* (*Sciaridae*) (4 mm); **2** Fl von *Bradysia*; **3** *Xylophagus* (*Xylophagidae*) (13 mm); **4** Fl von *Xylophagus*; **5** K von *Xylophagus*; **6** *Xylophagus* (*Xylophagidae*) (17 mm); **7** Fl von *Xylophagus*; **8** *Xylophagus* (*Xylophagidae*) (10,5 mm).

relativ leicht von diesen zu unterscheiden durch das Fehlen einer geschlossenen Zelle unmittelbar unter der Diskoidalzelle.

1 Sch mit Dornen; Au des ♂ sich berührend. *Coenomyia ferruginea* SCOPOLI

1* Sch ohne Dornen; Au des ♂ getrennt (Abb. **359**/3–8).
Gattung *Xylophagus* MEIGEN

Familie *Xylomyidae*

L unter der Rinde vorwiegend von Laubhölzern, räuberisch u. saprophag, insbesondere unter Pappel- u. Akazienrinde. Bei den Im. Au des ♂ sich nicht berührend, insgesamt von ichneumonidenähnlicher Gestalt. Körper schwarz u. gelb, B gelblich, Sch ohne Dornen. Körper robuster als bei den ähnlichen Xylophagiden, von diesen durch das Vorhandensein einer geschlossenen Zelle unmittelbar unter der Diskoidalzelle unterschieden (Abb. **320**/6).
Gattung *Solva* WALKER mit den Arten *maculata* MEIGEN u. *marginata* MEIGEN (Abb. **322**/1).

Familie *Stratiomyidae*

Die „Waffenfliegen" kommen vorwiegend in Waldungen u. Forsten vor. L terrestrisch od. aquatisch. – Kleine bis ziemlich große (3–20 mm), in der Körpergestalt abgeflachte Fliegen, ohne Bo, oft mit metallischem Glanz od. auffallend gefärbt; 3. FGld geringelt; Au des ♂ sich in der Regel berührend; Sch oft mit Dornen; Tibien ohne Sporne; die Costa nicht den ganzen Fl umgebend. Träge Fliegen, mehr ruhend als fliegend. In Ruhe die Fl über dem Hlb so zusammengelegt, daß die Costalränder ± parallel verlaufen.

1 Hlb mit 7 sichtbaren DorsalSgm. – Sch mit 4 od. 6 dornähnlichen Fortsätzen am HRand, die wie die Oberfläche des Sch selbst pubeszent sind. (Unterfamilie *Beridinae*) 2

1* Hlb mit 5 od. 6 Sgm. – Sch mit od. ohne Dornen 5

2 Hlb in Aufsicht kreisrund; Tibien der MB mit 2 kleinen Spornen; über 7 mm lg.
Exodontha dubia ZETTERSTEDT

2* Hlb in Aufsicht parallelseitig; Tibien ohne Sporne; unter 7 mm; schlanke Fliegen 3

3 Au nackt; mittlere HlbSgm gelb mit braunen Randsäumen. – FlGeäder charakteristisch, ebenso die kräftige Entw der HB; Sch mit 4 gelben Dornen.
Chorisops tibialis MEIGEN

3* Au behaart; Hlb in der Regel einfarbig 4

4 Von der Diskoidalzelle (1. M_2) gehen 4 Adern aus, von denen die 3. den Fl-Rand nicht erreicht; Tibien der HB beachtlich verdickt.
Actina nitens LATREILLE

4* Von der Diskoidalzelle gehen 3 vollständige Adern zum FlRand.
Gattung *Beris* LATREILLE

5 (1*) 3 HRandadern gehen von der Diskoidalzelle aus.
Gattung *Pachygaster* MEIGEN

5* 4 HRandadern 6

6 Alle 4 HRandadern entspringen aus der Diskoidalzelle. (Unterfamilie *Clitellariinae*) 7

6*4. HRandader entspringt nicht aus der Diskoidalzelle, sondern aus der 2. Basalzelle (M) **10**
7 Sch mit 2 Dornen **8**
7* Sch ohne Dornen **9**
8 Vor den FlWurzeln am Mesothorax jederseits ein großer Dorn; F mit Endgriffel; Mesothorax rötlich behaart. *Clitellaria ephippium* F.
8* Mesothorax ohne Dorn oberhalb der FlWurzel; F mit EndBo; Hlb in der Regel gerundet, mit auffallender gelber Zeichnung (Abb. **321**/4). Gattung *Oxycera* MEIGEN
9 **(7*)** Unterer Teil des K in Seitenansicht charakteristisch, stark nasenförmig nach vorn verlängert; 3. FGld mit deutlicher Ringelung; kleinere schwarze u. weiße Fliegen, ca. 5 mm; ♂♂ mit sich berührenden Au u. mit in der Regel vorwiegend weißem Hlb mit schwarzen Zeichen; ♀♀ mit vorwiegend schwarzem Hlb mit weißen od. bleichgelben Flecken. Gattung *Nemotelus* GEOFFROY
9* K nicht nasenförmig verlängert; über 10 mm. Gattung *Lasiopa* BRULLÉ
10 **(6*)** 3. FGld gerundet, mit langer Arista an der Spitze; Körper erzgrün glänzend. – Sch ohne Dorne **11**
10* 3. FGld spindelförmig u. ohne Arista; Körper nie erzgrün glänzend **13**
11 Au dicht behaart. Gattung *Chloromyia* DUNCAN
11* Au kaum behaart od. nackt **12**
12 Kleine Fliegen (unter 5 mm); nackt. Gattung *Microchrysa* LOEW
12* Größere Fliegen (über 6 mm); meist ziemlich dicht behaart. Gattung *Sargus* F.
13 **(10*)** Über 10–11 mm KörperLg; 1. FGld dreimal so lg wie das 2. Gattung *Stratiomys* GEOFFROY
13* Unter 10 mm KörperLg; 1. FGld weniger als dreimal so lg wie das 2. Gattung *Odontomyia* MEIGEN

Familie *Tabanidae*

Nur für einen kleinen Teil der Arten sind die Lebensweisen bekannt. Diese betreffen meist L aus semiaquatischen Biotopen. Von einigen wird angenommen, daß sie in stehenden od. fließenden Gewässern leben od. an feuchten terrestrischen Stellen. Manche L räuberisch od. kannibalisch. Einige Arten haben eine weite Verbreitung, andere sind auf bestimmte Fundorte mit speziellen Bedingungen beschränkt. – Fliegen ohne Bo, mit großem K, so breit od. breiter als der Thorax. 3. FGld geringelt; Au des ♂ sich berührend, des ♀ getrennt; Mundteile kräftig, beim ♀ dolchartig stechend-saugend. Saugt an Menschen, Vieh u. Wild, ♂♂ leben vorwiegend von Nektar; Palpen vorragend, beim ♀ herabhängend; Costa sich um den ganzen Fl erstreckend. Einige der größten u. schnellsten Flieger unter den heimischen Fliegen.

1 Tibien der HB mit Apikalspornen **2**
1* Tibien der HB ohne Apikalsporne **4**
2 Fl mit auffallender, dunkler, schwarzbrauner bis schwarzer Querbinde, die bisweilen fast den ganzen Fl einnimmt, ca. 10 mm (♀♀ durch HlbZeichnung u. Färbung unterscheidbar). Gattung *Chrysops* MEIGEN
2* Fl ohne dunkle Zeichnung **3**
3 R normal; 3. FGld mit 5 Ringen; 10–13 mm. *Silvius alpinus* SCOPOLI
3* R schlank u. etwa körperlg; 3. FGld mit 8 Ringen. – Sehr groß (16–22 mm). *Pangonius micans* MEIGEN

4 **(1*)** 3. FGld asymmetrisch, mit einem ± spitzen Höcker; F säbelförmig (Abb. **308**/2); große, kräftige Fliegen (bis zu 50 mm FlSpannweite).
Gattung *Tabanus* L.

4* 3. FGld zylindrisch, schlank **5**

5 Fl ohne Zeichnung; F scheinbar sechsgld, da Endgriffel aus 3 fast gleichen Sgm bestehend, die vom 3. FGld deutlich abgesetzt sind; 12–14 mm.
Heptatoma pellucens F.

5* Fl nicht klar, sondern mit weißen Flecken od. Bändern gezeichnet; Endgriffel der F deutlich vom 3. Gld abgesetzt, aber mit nur undeutlichen Sgm. – In Ruhe Fl dachartig über den Hlb gelegt. Gattung *Haematopota* MEIGEN

Familie *Rhagionidae*

Im. u. L räuberisch. *Symphoromyia*-Fliegen saugen bei Mensch u. Wirbeltieren Blut; *Atherix*-L sind aquatisch, andere L der Familie sind terrestrisch. *Atherix*-♀♀ sammeln sich in großen Mengen an Vegetation, die über Wasser hängt, legen ihre Eier auf die eigenen Körper u. sterben danach; L entwickeln sich im Wasser. – Kleine bis ziemlich große, schlanke, lgbeinige Fliegen, ohne Bo; F nicht vorragend, 3. FGld nicht geringelt u. in der Regel mit Griffel; Au des ♂ sich in der Regel berührend.

1 Tibien der HB mit 2 Spornen; in der Regel größere Arten (5–14 mm) **2**

1* Tibien der HB mit höchstens einem Sporn; in der Regel kleinere Arten von 2–7 mm, aber auch solche bis 14 mm **3**

2 3. FGld rund, oval od. konisch, mit lg mittelständiger EndBo (Abb. **308**/6); Fl häufig mit Flecken; Analzelle (Cu) offen. Gattung *Rhagio* F.

2* 3. FGld nierenförmig, mit dorsaler od. subdorsaler Arista (Abb. **308**/1); Analzelle (Cu) geschlossen. Gattung *Atherix* MEIGEN

3 **(1*)** 3. FGld nierenförmig **4**

3* 3. FGld rund, oval od. konisch **5**

4 1. FGld sehr dick, lg u. stark behaart. *Symphoromyia crassicornis* PANZER

4* 1. FGld kleiner als das 3., nackt od. fast unbehaart.
Gattung *Symphoromyia* FRAUENFELD

5 **(3*)** 3. FGld mit Endgriffel **6**

5* 3. FGld mit lg, schlanker Arista, deutlich länger als die basalen 3 Sgm zusammen; Fl häufig mit Flecken. Gattung *Chrysopilus* MACQUART

6 Endgriffel nahe der M des 3. FGld. Gattung *Ptiolina* ZETTERSTEDT

6* Endgriffel am unteren Ende des 3. FGld (Abb. **308**/5).
Gattung *Spania* MEIGEN

Familie *Therevidae*

Im. gelegentlich an den Blüten von Sträuchern od. auf Laub, häufiger in trokkener, sandiger Umgebung, mit oft schnellem Flug von kurzer Dauer. Wirklich räuberische Lebensweise der Im. wurde bisher nicht nachgewiesen. – L räuberisch od. kannibalisch, im Sand od. verrottendem Holz. – Borstige Fliegen mit schlanken B; BasalSgm der F lg, 2. Gld sehr kurz; 3. konisch verlängert, mit kurzem, scharfem Endgriffel (Abb. **312**/2); Costa den gesamten Fl umgebend. Der Name „Stilettfliegen" rührt von der charakteristischen Körpergestalt der Im. her: Der Thorax entspricht dem „Griff" u. der lg zugespitzte Hlb der „Klinge".

1 Gesicht u. Stirn dicht behaart. Gattung *Thereva* LATREILLE
1* Gesicht kahl **2**
2 1. FGld lg, stark verdickt u. viel größer als das 2. u. 3. Gld zusammen; Parafacialien bisweilen mit Haaren. Gattung *Tabuda* WALKER
2* 1. FGld nicht ungewöhnlich groß, niemals verdickt, schlank, zylindrisch; Parafacialien kahl. Gattung *Psilocephala* ZETTERSTEDT

Familie *Scenopinidae*

Lebensweise der Im. nicht bekannt; alle L offensichtlich Räuber anderer Insekten, wie Vorratsschädlinge, Borkenkäfer usw. – Im. ohne Bo; F herabhängend, zwei BasalGld kurz, 3. lg, ohne Griffel; Au des ♂ sich berührend [*Scenopinus fenestralis* (L.)] od. getrennt.
Die Familie ist im Gebiet nur durch die Gattung *Scenopinus* LATREILLE vertreten. Häufigste Art: *Scenopinus fenestralis* (L.), oft an Fenstern; mattschwarze Fliegen, mit rötlichbraunen B u. diese mit schwärzlicher Zeichnung; F tief angesetzt in einer Grube, 3. FGld verlängert u. gegen das Ende leicht zugespitzt, wo sich eine merkwürdige ovale Depression befindet; auf dem 2. HlbTergit in beiden Geschlechtern 1 Paar eigentümliche ovale Narben.

Familie *Asilidae* (Abb. **363**/1–3, **364**/1–6)

Im. räuberisch gegenüber anderen Insekten od. solchen ihrer eigenen Art, auf die sie in eigenartiger Weise am Boden od. auf Ästen sitzend warten, wobei die *Leptogaster*-Arten meist Gras, die *Laphria*-Arten Waldungen bevorzugen. Die meisten L karnivor wie die Im., oft im Boden od. Stöcken u. liegenden Bäumen. – Mittelgroße bis große, kräftige beborstete u. behaarte Fliegen von schlanker Gestalt mit stark beborsteten B; 3. FGld nicht geringelt, außer der Gattung *Laphria* mit einem Griffel; Gesicht mit vorragendem Bart; Mundteile hart u. in beiden Geschlechtern zum Stechen entwickelt; Empodium borstenähnlich; Pulvillen groß od. fehlend (Gattung *Leptogaster*); in Ruhe Fl über dem Hlb gefaltet; Genitalien in beiden Geschlechtern vorragend.

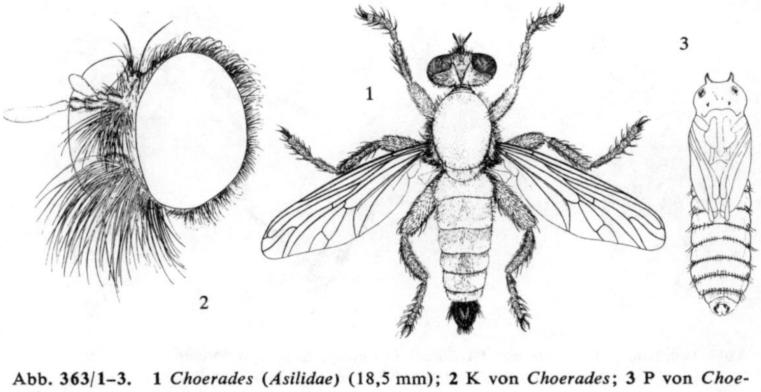

Abb. 363/1–3. **1** *Choerades* (*Asilidae*) (18,5 mm); **2** K von *Choerades*; **3** P von *Choerades*.

1 Taster eingld; F mit ± lg EndBo am 3. Gld **2**
1* Taster zweigld; 3. FGld mit od. ohne Endgriffel **8**
2 Auffallend zarte u. schlanke Fliegen mit lg Hlb, besonders im Flug gestaltlich fast tipulidenähnlich erscheinend; Tarsen ohne Pulvillen; FlZelle R_1 stets offen. – Alula u. Axillarlappen der Fl fehlend; Empodium wie eine Klaue entwickelt, die üblichen Krallen stark verlängert u. nur wenig gekrümmt; Mundteile gegenüber anderen *Asilidae* vergleichsweise schwach entwickelt.
Gattung *Leptogaster* MEIGEN
2* Kräftigere Fliegen, mit Pulvillen an den Tarsen, Zelle R_1 stets geschlossen u. mit Stiel an der Spitze **3**
3 HlbSgm ohne stärkere Bo vor den HRändern **4**
3* HlbSgm mit deutlichen starken Bo vor den HRändern der Tergite u. bisweilen auch der Sternite **6**
4 Gesicht unter den F unbestäubt. – Glänzend schwarze Fliegen.
Rhadiurgus variabilis ZETTERSTEDT
4* Gesicht deutlich bestäubt **5**
5 Auffallend schwefelgelb u. rostrote Fliegen, sehr groß (20–25 mm); am UGesicht ohne deutlichen Höcker. – 3. FGld mit dünnem Griffel.
Asilus crabroniformis L.
5* Einfarbig braungraue Fliegen, etwas kleiner (18–21 mm); mit stark vorspringendem Gesichtshöcker (Abb. **324**/5).
Pamponerus germanicus LOEW

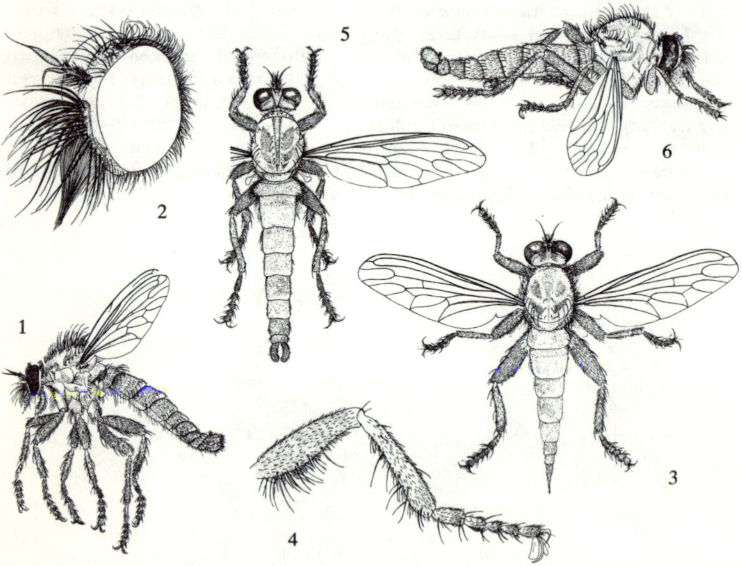

Abb. **364**/**1–6**. **1** *Neoitamus* (*Asilidae*) (13 mm); **2** K von *Neoitamus*; **3** *Neoitamus* (*Asilidae*) (15 mm); **4** VB von *Neoitamus*; **5** u. **6** *Neoitamus* (*Asilidae*) (17,5 mm).

6 **(3*)** HKBo lg u. etwa auf halber Lg fast rechtwinkelig nach vorn umgebogen; 7. u. oft auch 8. HlbSgm des ♀ glänzend schwarz od. dunkelblau, auch beim ♂ diese Sgm bisweilen unbestäubt (Abb. **364**/1–6).
Gattung *Neoitamus* OSTEN SACKEN

6* HKBo kurz u. kräftig, nicht stark gebogen **7**

7 Vor der Mesonotalquernaht (Q) keine Dorsozentral(dc)- od. AkrostichalBo (ac). – Größere Fliegen (ca. 15 mm), häufig in Sanddünen an der Küste od. an sandigen Stellen des Binnenlandes; hellgraue Körperfarbe mit beträchtlicher weißlicher Bestäubung u. weißlichen Bo; Ovipositor des ♀ an der Spitze mit 4 od. 6 kräftigen, kurzen Bo. *Philonicus albiceps* MEIGEN

7* Vor der Mesonotalquernaht Dorsozentral- u. AkrostichalBo vorhanden; Gesichtshöcker kräftig entwickelt u. zumindest bis etwas über die GesichtsM reichend (Abb. **324**/3, 6–7, **323A**/4).
Gattung *Machimus* LOEW

8 **(1*)** Größere bis große, in der Regel stark behaarte, teilweise hummelähnliche Fliegen; 3. FGld ohne Endgriffel; FlZelle R_1 stets geschlossen u. am E gegen die FlSpitze gestielt (Abb. **324**/4, **323A**/3).
Gattung *Laphria* MEIGEN

8* Zarte, kaum behaarte Fliegen; 3. FGld mit Endgriffel; Zelle R_1 offen **9**

9 Tibien der VB mit starkem, gekrümmtem Apikalsporn **10**

9* Tibien der VB ohne Apikalsporne **11**

10 Tibien der MB mit Apikalspornen. Gattung *Isopogon* LOEW

10* Tibien der MB ohne Apikalsporne.
Gattungen *Selidopogon* RONDANI *u. Dasypogon* MEIGEN

11 **(9*)** F länger als der K hoch, auf einem Stirnfortsatz oberhalb der AuM stehend; Pleuren mit silbrigen, glänzenden Binden. – Femora der HB mit kurzer, aufrechter Behaarung auf ihrer ganzen Lg. Gattung *Dioctria* MEIGEN

11* F kürzer als der K hoch; Pleuren ohne glänzende Binden.
Gattungen *Holopogon* LOEW, *Stichopogon* LOEW, *Lasiopogon* LOEW, *Cyrtopogon* LOEW

Familie *Nemestrinidae* (Abb. **366**/1–2)

Selten zu beobachtende Fliegen; in der Regel schwebend u. sich mit lautem Gesumm niederstürzend. Einige L Parasiten anderer Insekten. Im Gebiet *Hirmoneura obscura* WIEDEMANN (14 mm).

Familie *Acroceridae* (Abb. **366**/3–4)

Alle bekannten Arten sind Innenparasiten von *Araneae*. 4–5 mm große, borstenlose Fliegen mit bemerkenswert kugeligem Körper u. kleinem K; Au in beiden Geschlechtern sich berührend; F mit nur 2 Sgm (BasalSgm verborgen); R fehlend od. stummelförmig; Costa sich nicht über die FlSpitze hinaus erstreckend; in der Gattung *Ogcodes* Adern ziemlich schwach u. undeutlich.

1 FAnsätze unter der KMitte; 3. FGld mit lg, dünnem Griffel (Abb. **322**/4).
Gattung *Ogcodes* LATREILLE

1* FAnsätze über der KMitte (nahe dem Scheitel); 3. FGld mit sehr langer Arista.
Gattung *Acrocera* MEIGEN

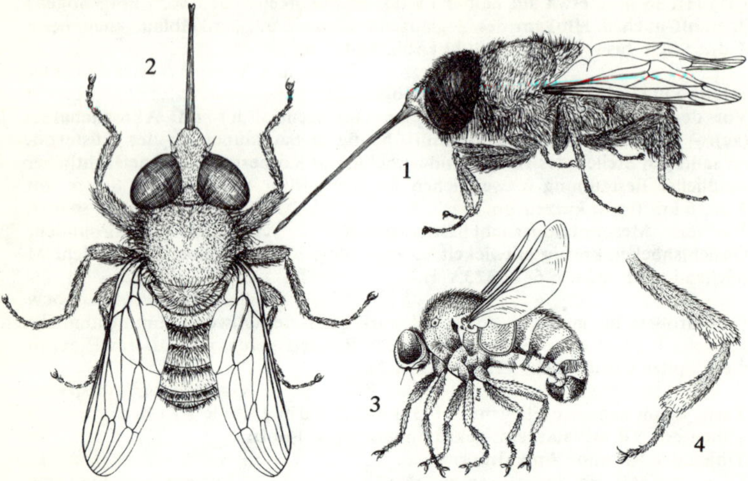

Abb. **366/1–4.** **1** u. **2** *Neorhynchocephalus* (*Nemestrinidae*) (13 mm ohne R); **3** *Ogcodes* (*Acroceridae*) (4,5 mm); **4** HB von *Ogcodes*.

Familie *Bombyliidae*

Im. („Hummel- u. Trauerschweber") Nektar- u. Pollenfresser, ruhen häufig auf kahlen Stellen des Bodens, auf Steinen, Holz u. Blättern. L Endo- od. Ektoparasiten von L anderer Endopterygota od. räuberisch. – Fliegen mit lg dünnen B; 3. FGld nicht geringelt, Griffel klein od. rudimentär, segmentiert; Costa den Fl umgebend.

1 R sehr lg, dünn u. chitinös; Au des ♂ sich berührend od. genähert.
Gattungen *Bombylius* L. u. *Phthiria* MEIGEN

1* R kurz, mit vorragenden Labellen, fleischig; Au des ♂ getrennt. – HRand der Au tief eingebuchtet, eine von dieser Bucht in das Au verlaufende Linie teilt die Facetten (Abb. **377**/1–4). Gattungen *Anthrax* SCOPOLI u. *Villa* LIOY (Untergattungen *Hemipenthes* LOEW u. *Thyridanthrax* OSTEN SACKEN)

Familie *Empididae*

Die „Tanzfliegen" weisen im FlGeäder u. in der Genitalstruktur mehr Verschiedenheiten auf als irgendeine andere Fliegenfamilie. Die 1–15 mm langen, vorwiegend beborsteten Im. haben in vielen Gattungen bei den ♂♂ sich berührende Au. Wahrscheinlich sind alle Im. Räuber kleiner Dipteren. Ein od. mehrere BPaare einiger Arten sind vergrößert u. gespornt od. in ihrer Gestalt verändert (verdickte Femora od. Basitarsi); Empodium in der Regel dünn u. borstenähnlich, in der Gattung *Clinocera* MEIGEN polsterartig; Fl in Ruhe über dem Hlb gefaltet; FlGeäder oft weitgehend reduziert; FlFläche bisweilen bewölkt od. bebändert. Ein charakteristisches Merkmal aller *Empididae* ist das Vorhandensein eines Einschnittes od. einer Kerbe an den inneren AuRändern, nahe der Basis der F. – L in feuchter Erde, verrottendem Holz od. verfallender Vegetation, unter Baumrinde od. aquatisch, alle räuberisch.

1 Diskoidalzelle (1. M_2) fehlend; Längsadern (mit Ausnahme der Radio-Cubital-Gabel) nicht gegabelt; in der Regel ohne Analzelle (Cu), wenn diese vorhanden, dann kürzer als die Basalzelle u. die Analader nur schwach entw. – In der Regel laufende Fliegen. Unterfamilie *Tachydromiinae*
Häufigste Gattungen:
a) Gattung *Platypalpus* MACQUART: Femora der MB beträchtlich vergrößert u. mit extremen Dornen behaftet, während die Tibien der MB einen gekrümmten Apikalsporn aufweisen; die Tibien werden auf die Femora zurückgeklappt u. bilden so für die ergriffene Beute eine Art Messer.
b) Gattung *Tachydromia* MEIGEN: Fl häufig mit dunklem Querband. Im. schnell über den Boden laufend od. auf Baumstämmen u. Blättern, selten fliegend.
c) Gattung *Tachypeza* MEIGEN: Auch oft braun getönte Fl; Im. häufig auf Baumstämmen laufend.
d) Gattung *Chersodromia* WALKER: mit hellen Fl; Im. am Strand od. Ufer von Salz- od. Süßwasser.
e) Gattung *Drapetis* MEIGEN.

1* Diskoidalzelle (1. M_2) vorhanden (wenn fehlend, sind die Längsadern gegabelt: Gattung *Hemerodromia* MEIGEN, od. zumindest die m-Ader gegabelt: Gattung *Bicellaria* MACQUART, od. die VB zu Raubbeinen umgebildet: Gattung *Phyllodromia* ZETTERSTEDT); Analzelle selten fehlend (Gattung *Hemerodromia* MEIGEN), dann VB als RaubB entw u. Längsadern gegabelt 2

2 Alula u. Axillarlappen deutlich entwickelt u. fast einen rechten Winkel bildend: Fl am Ende der 2. Basalzelle so breit od. breiter als in FlM; Hü der VB nicht auffallend verlängert (kürzer als die Femora) u. VB nicht zu RaubB entw; Hü der MB vertikal unter der M des Thorax 3

2* Alula u./od. Axillarlappen nur sehr schwach entw od. fehlend: Fl schmal, am Ende der 2. Basalzelle viel schmaler als in FlM; Hü der VB stark verlängert u. VB zu RaubB umgewandelt (außer Gattung *Clinocera* MEIGEN: Empodium polsterartig); Hü der MB vertikal unter dem hinteren Drittel des Thorax, VB dem K genähert u. von den HB entfernt; Femora der VB verdickt (außer *Clinocera*), ventral mit Dornen. Unterfamilie *Hemerodromiinae*
(Im. im schattigen Laubwerk über fließendem Wasser; alle bekannten L aquatisch. – Gattungen *Hemerodromia* MEIGEN, *Chelifera* MACQUART, *Chelipoda* MACQUART, *Clinocera* MEIGEN usw.)

3 Analzelle länger als die 2. Basalzelle oder (in der Regel) die Ader, die die Analzelle abschließt, kurz u. einen deutlichen Winkel mit der Analader bildend (meist nicht mehr als 90°): von der unteren Basalzelle M läuft cu_2 höchstens rechtwinklig ab, nicht aber in Richtung zur FlBasis; in zweifelhaften Fällen (Gattungen *Gloma* MEIGEN [Abb. **324**/9] u. *Oreogeton* SCHINER) ist der R kurz; Metapleura ohne Bo (außer bei *Oreogeton*). Unterfamilie *Hybotinae*
(Gattungen *Hybos* MEIGEN: im Unterholz feuchter, bewaldeter Stellen; *Ocydromia* MEIGEN usw.)

3* Der die Analzelle abschließende Längsaderteil (cu_2) länger u. so von der unteren Basalzelle (M) in Richtung zur FlBasis zurücklaufend, daß er die Analader ohne deutlichen Winkel trifft (Abb. **331**/1); R in der Regel sehr lg, länger als der K, vertikal gerichtet. – Zum Teil größere Fliegen (bis 12 mm).
Unterfamilie *Empidinae* S. 368

Unterfamilie *Empidinae*

1 r_{4+5} einfach, nicht gegabelt. – Metapleura mit deutlichen Bo od. borstigen Haaren vor den Halteren. Gattung *Rhamphomyia* MEIGEN

1* r_{4+5} gegabelt 2

2 Metapleura mit deutlichen Bo vor den Halteren. – Costa an der FlSpitze endend od. im weiteren Verlauf undeutlich; 3. FGld mit Endgriffel. – Im. mit komplizierten Paarungstänzen. L in fruchtbarem, feuchtem Boden. Gattung *Empis* L.

2* Metapleura ohne deutliche Bo. – Costa um den gesamten Fl reichend; sc vollständig u. in die Costa mündend. – Im. häufig entlang schmaler Wasserläufe, oft in der Luft tanzend. Gattung *Hilara* MEIGEN

Familie *Dolichopodidae*

Im. praktisch überall, obgleich viele Arten begrenzte Lebensräume in der Nähe von Gewässern od. feuchten Stellen haben. Die ♂♂ einiger Arten, bes. aus der Gattung *Dolichopus* mit charakteristischen Paarungstänzen. Die meisten L räuberisch u. unter Baumrinde lebend, od. in verfallender Pflanzensubstanz, aquatisch. – K in SAnsicht in der Regel lg-oval, höher als breit; Au in beiden Geschlechtern getrennt; Empodium in der Regel borstenförmig, aber in den Gattungen *Hydrophorus*, *Medeterus* etc. polsterartig; Fl manchmal mit weißen od. dunklen Zeichen; sc schwach entw od. fehlend; 2. Basalzelle (M) u. Diskoidalzelle (1. M_2) vereinigt; Analzelle (Cu) kurz; Genitalien des ♂ oft weit vorragend.

1 FlAder m gegabelt in m_1 u. m_2 (der untere Zweig der Gabel oft schwach, aber trotzdem stets leicht unterscheidbar); zarte Fliegen mit sehr lg B. Unterfamilie *Sciapodinae*
(Gattung *Sciapus* ZELLER: Sch mit 2 starken Bo u. bisweilen einem schwachen basalen Haar.)

1* m nicht gegabelt 2

2 1. FGld auf der DorsalS behaart; HK nach außen gewölbt. – Tibien der MB mit Kranz von 5 ApikalBo; Genitalien des ♂ deutlich sichtbar. Unterfamilie *Dolichopodinae* S. 369

2* 1. FGld dorsal nicht behaart (wenn ausnahmsweise, dann HK nach innen gewölbt od. Genitalien des ♂ klein u. nicht frei sichtbar) 3

3 FBo apikal (höchstens subapikal) auf dem 3. FGld 4

3* FBo dorsal auf 3. FGld 5

4 HK nach innen gewölbt u. sich dem Thorax anlegend; Genitalien des ♂ groß; Tibien der MB u. HB ohne apikalen BoKranz; 3. FGld kurz. Unterfamilie *Medeterinae* S. 369

4* HK nach außen gewölbt; Tibien der MB mit apikalem Kranz von 5 Bo; 3. FGld in der Regel sehr stark verlängert; Genitalien des ♂ groß. Unterfamilie *Rhaphiinae*

Häufige Gattungen:

a) Gattung *Raphium* MEIGEN: Im. in der Regel auf Laub an feuchten Stellen. – *R. appendiculatum* ZETTERSTEDT mit enorm verlängertem, bandartigem 3. FGld, das einen dünnen gegliederten Griffel an der Spitze aufweist.

b) Gattung *Syntormon* LOEW: häufig in Küstennähe.

5 (3*) HK nach innen gewölbt, sich dem Thorax anlegend; in der Regel silbern glänzende Fliegen. Unterfamilie *Diaphorinae* S. 369
5* HK nach außen gewölbt; ohne Silberglanz 6
6 Thorax vor dem Sch deutlich abgeplattet; Genitalien des ♂ groß; Hlb lg, die Fl knapp überragend. Unterfamilie *Neurigoninae*
Gattung *Neurigona* RONDANI: Im. auf Baumstämmen u. im Unterholz. Lebensweise der L unbekannt.
6* Thorax vor dem Sch nicht abgeplattet; Genitalien des ♂ klein; Hlb kurz, die FlSpitze nicht erreichend 7
7 Palpen breit u. spatelförmig, dem R anliegend; m-cu im äußeren FlDrittel. Unterfamilie *Hydrophorinae* S. 370
7* Palpen klein u. unscheinbar; m-cu in FlM. – Im. bisweilen auf der Oberfläche von Teichen u. träge fließenden Gräben laufend, auch im Winter. Unterfamilie *Sympycninae*

Unterfamilie *Dolichopodinae*

1 Basitarsi der HB dorsal mit 1 od. mehreren starken Bo; Arista nackt od. nur schwach pubeszent. Gattung *Dolichopus* LATREILLE
1* Basitarsi der HB ohne Bo 2
2 Arista gefiedert; Fl mit schwarzem Querband. Gattung *Poecilobothrus* MIK
2* Arista nackt od. nur pubeszent. Femora der HB mit mehreren PräapikalBo. Gattung *Tachytrechus* HALIDAY

Unterfamilie *Medeterinae*[1]

1 Analader fehlend. – Haare u. Bo gelb. Gattung *Thrypticus* GERSTÄCKER
(Im Gegensatz zu den L der Gattung *Medetera* sollen die L von *Thrypticus* phytophag sein.)
1* Analader vorhanden 2
2 Sch mit 4 Bo. – Bo selten gelb. Gattung *Medetera* FISCHER VON WALDHEIM
2* Sch mit 2 Bo 3
3 AkrostichalBo in zwei Reihen vorhanden; 6 DorsozentralBo; Au behaart. – Hü der HB mit 1 aufrechten Bo; Femora der HB ohne PräapikalBo; 3. FGld ± kurz u. gerundet, mit apikaler od. subapikaler Arista. (♀♀ kaum zu bestimmen) Gattung *Chrysotus* MEIGEN (Unterfamilie *Diaphorinae*)
3* AkrostichalBo fehlend; 3 DorsozentralBo; Au nackt. Gattung *Oligochaetus* MIK

Unterfamilie *Diaphorinae*

1 Costa bis zur r_{4+5} reichend; m an der Biegungsstelle verdünnt od. unterbrochen. Gattung *Asyndetus* LOEW
1* Costa bis zur m reichend; m nicht verdünnt od. unterbrochen 2
2 Sch mit 4 Bo. – 3. FGld ± dreieckig, URand verlängert. – Im. häufig auf feuchtem Boden u. in der Krautschicht in Gewässernähe. Gattung *Argyra* MACQUART
2* Sch mit 2 Bo.
Gattungen *Diaphorus* MEIGEN, *Chrysotus* MEIGEN (vgl. Tabelle *Medeterinae*)

[1] Aus praktischen Gründen wurde hier die Gattung *Chrysotus* (Unterfamilie *Diaphorinae*) mit aufgenommen.

Unterfamilie *Hydrophorinae*

1 AkrostichalBo einreihig vorhanden. – Femora der VB in der Basalhälfte verdickt u. unterseits stark beborstet. – Oft als Wasserläufer, häufige Küstenarten. Gattung *Hydrophorus* FALLÉN

1* AkrostichalBo fehlend. Gattung *Thinophilus* WAHLBERG u. a.

Unterordnung *Cyclorrhapha*

Division *Aschiza* (*Cyclorrhapha* ohne Ptilinalnaht)

Familie *Lonchopteridae*

L unter Blättern u. verfallender Pflanzensubstanz. – Im. mit ± kugelförmigem 3. FGld u. langer Arista; Au in beiden Geschlechtern getrennt; Pulvillen klein; Empodium fehlend; Genitalien des ♂ vorragend.

Gattung *Lonchoptera* MEIGEN

Familie *Phoridae*

Grauschwarze, braune od. gelbe, unauffällige Fliegen. Häufig in der Umgebung verfallender pfl u. tierischer Substanz. Lebensweise der L teils parasitisch, teils fungivor etc. – Gattungen u. Arten schwer zu bestimmen. – Sehr charakteristisches FlGeäder; 3. FGld groß, die beiden BasalSgm verbergend, mit langer dorsaler u. apikaler Arista; Au in beiden Geschlechtern getrennt; in Ruhe Fl über dem Hlb gefaltet; Fl bisweilen bei den ♀♀ reduziert od. fehlend; sc kaum unterscheidbar; Genitalien des ♂ in der Regel vorragend, mit einem bes. Analorgan.

1. Gattungsgruppe (mit *Phora* LATREILLE): Tibien mit deutlichen, isolierten größeren Bo; in beiden Geschlechtern mit Fl. – L z. T. in toten Schnecken, anderem Aas u. Pilzen.
2. Gattungsgruppe (mit *Megaselia* RONDANI, *Pseudacteon* COQUILLETT): Tibien ohne isolierte Haare, aber in der Regel mit zahlreichen, kurzen schwachen Bo od. nur Härchen; in beiden Geschlechtern mit Fl.
L der ersten beiden Gruppen in der Regel saprophag, aber auch parasitisch gegenüber *Coleoptera*- u. *Lepidoptera*-L.
3. Gattungsgruppe (mit *Aenigmatias* MEINERT): Parasiten von Ameisen; ♂ stets mit Fl: Körper sehr kurz, breit u. abgeflacht; K im Dorsalaspekt fast so breit wie der Thorax u. diesem eng ansitzend. ♀ flügellos, in der Körpergestalt einer winzigen Schabe gleichend.

Familie *Platypezidae*

Im Unterholz feuchter Wälder mit gedämpftem Sonnenschein auf Blättern im Zickzack ruckartig laufend od. bewegungslos in der Luft schwebend od. über den feuchten Sand von Gewässern laufend. – L, soweit bekannt, fungivor. – Dünn behaarte Fliegen, in den meisten Fällen durch die abgeflachten Tarsen der HB u. das FlGeäder charakterisiert; Au des ♂ sich berührend;

B kurz u. kräftig; an den HB die drei od. vier basalen Sgm der Tarsen vergrößert u. 3. FGld kurzoval (Ausnahmen siehe Gattungen); Genitalien des ♂ unter den Hlb gekrümmt, manchmal vorragend.

1 Hintere Querader des Fl fehlend. ... Unterfamilie *Opetiinae* 2
1* Hintere Querader vorhanden. ... Unterfamilien *Platypezininae* u. *Platypezinae* 4
2 Vordere Querader (r-m) vorhanden; m_{1+2} vollständig 3
2* Vordere Querader (r-m) fehlend; vorderer Zweig der m_{1+2} nur gegen den FlRand durch einen Aderrest vertreten, dieser ohne Verbindung zum hinteren Zweig. Gattung *Microsania* ZETTERSTEDT
3 m_{1+2} gegabelt; Akrostichal- u. DorsozentralBo nicht deutlich unterscheidbar. Gattung *Opetia* MEIGEN
3* m_{1+2} nicht gegabelt; Akrostichal- u. DorsozentralBo deutlich unterscheidbar. Gattung *Atelestus* WALKER
4 (1*) AkrostichalBo vorhanden; Körper schlank u. zart. ... Unterfamilie *Platypezininae* 5
4* AkrostichalBo fehlend; Körper kurz u. plump. – m_{1+2} gegabelt. ... Unterfamilie *Platypezinae* 7
5 m_{1+2} gegabelt. Gattung *Platypezina* WAHLGREN
5* m_{1+2} nicht gegabelt 6
6 r_1 mit Dornen. Gattung *Callomyia* MEIGEN
6* r_1 ohne Dornen. Gattung *Agathomyia* VERRALL
7 (4*) Analzelle sehr lg, zumindest zweimal so lg wie ihre Entfernung vom FlRand. Gattung *Polyporivora* KESSEL & MAGGIONCALDA
7* Analzelle kurz od. von mittlerer Lg, deutlich weniger als zweimal so lg wie ihre Entfernung vom FlRand 8
8 Hintere Querader, verglichen auf der 5. Längsader, deutlich mehr als ihre Lg vom FlRand entfernt. Gattung *Plesioclythia* KESSEL & MAGGIONCALDA
8* Hintere Querader, verglichen auf der 5. Längsader, nicht weiter als ihre Lg vom FlRand entfernt 9
9 Basitarsi der HB länger als 3. TarsenGld in beiden Geschlechtern. Gattung *Protoclythia* KESSEL
9* 3. TarsenGld der HB länger als die Basitarsi in beiden Geschlechtern 10
10 Vordere Querader (r-m) weit vor der Mündung der sc in die Costa (etwa in Zweidrittel Höhe der zweiten Costalzelle). Gattung *Paraplatypeza* KESSEL & MAGGIONCALDA
10* Vordere Querader (r-m) kurz vor der Mündung der sc in die Costa. Gattung *Platypeza* MEIGEN

Familie *Pipunculidae*

Dünn behaarte Fliegen in langsamem, schwachem, schwebendem Flug zw Gras u. niedriger Vegetation. Gesicht u. Stirn auch der ♀♀ nur wenig mehr als ein schmaler Kiel mit den FAnsätzen; 3. FGld kurz u. gerundet, nierenförmig od. mit ventralem, nach außen gebogenem Schnabel; Au des ♂ in der Regel sich berührend, wenig getrennt beim ♀; Fl viel länger als der Hlb; in der Regel an der Spitze breit u. basal beträchtlich verengt; FlGeäder charakteristisch: r_{4+5} u. m_1 gebogen u. gegen den FlRand konvergierend; Analzelle lg, nahe dem

FlRand geschlossen (in der Gattung *Chalarus* WALKER m_1 gekürzt u. hintere Querader fehlend); Ovipositor des ♀ mit zwiebelförmiger Basis u. lg schnabelförmigem Ende. – L Innenparasiten von Insekten, vorwiegend Homopteren.

1 OcBo vorhanden; Occiput in SAnsicht nicht od. kaum die Au überragend; mehr behaarte Arten. ... Unterfamilie *Chalarinae* **2**
1* OcBo fehlend; Occiput in Seitenansicht ± vorragend; in der Regel nicht dicht behaarte Arten **3**
2 Diskoidalzelle am Ende offen, keine äußere Querader (Abb. **352**/2). Gattung *Chalarus* WALKER
2* Diskoidalzelle durch eine Querader geschlossen. Gattung *Verrallia* MIK
3 (1*) Im HRand des Au ein tiefer Ausschnitt; Thorax u. Sch mit starken RandBo; sehr große Fliegen. Gattung *Nephrocerus* ZETTERSTEDT
3* Kein deutlicher HRandausschnitt des Au; Thorax u. Sch ohne starke Bo; nie sehr große Fliegen. ... Unterfamilie *Pipunculinae* **4**
4 Sc nicht überschattet **5**
4* Sc ganz od. teilweise dunkel überschattet **6**
5 r-m ungefähr in Höhe der M der Diskoidalzelle. – (Bei einigen Arten Au des ♂ sich berührend.) Gattung *Alloneura* RONDANI
5* r-m in Höhe des basalen Teiles der Diskoidalzelle. – Au des ♂ auf der Stirn getrennt, manchmal nur extrem schmal. Gattung *Dorylomorpha* ACZÉL
6 (4*) Diskaler Thorax gleichmäßig behaart. – Mit einem Fächer propleuraler Haare. Gattung *Pipunculus* LATREILLE
6* Thorax nur mit sehr kurzen Haaren in zwei dorsozentralen Reihen, zw diesen kahl **7**
7 Fächer propleuraler Haare vorhanden; in der Regel mehr glänzende Arten; Körper nie ganz matt. Gattung *Cephalops* FALLÉN [= *Pipunculus* LATREILLE]
7* Ohne Fächer propleuraler Haare; in der Regel sehr matte, bräunliche od. bräunlich-schwarze Arten. Gattung *Pipunculus* LATREILLE (Untergattung *Eudorylas* ACZÉL)

Familie *Syrphidae*

♂♂ oft fast bewegungslos in der Luft schwebend; wenn sie beunruhigt werden schießen sie schnell seitlich davon. Unter den L zwei grundsätzliche Typen: eine primitive, in der Regel saprophage in der Unterfamilie *Milesiinae* u. eine zweite karnivore, in der Regel aphidophage Type in der Unterfamilie *Syrphinae*. L der *Eristalini* „Rattenschwanzlarven" (Abb. **352**/8) in faulem od. stagnierendem Wasser. – Meist borstenlose Fliegen; F in der Regel herabhängend, bisweilen verlängert u. nach vorn gerichtet, mit einer dorsalen Arista (Gattung *Callicera* PANZER mit kurzem Endgriffel), die in der Regel kahl ist (aber z. B. in der Gattung *Volucella* GEOFFROY gefiedert); Au des ♂ in der Regel sich berührend, aber in einigen Fällen deutlich getrennt (z. B. in der Gattung *Helophilus* MEIGEN); an den HB Femora u. Tibien manchmal stark verdickt u. gebogen (z. B. in den Gattungen *Helophilus* MEIGEN u. *Mallota* MEIGEN); Tarsen der ♂♂ bisweilen mit sekundären Geschlechtsmerkmalen (z. B. in der Gattung *Platycheirus* LEPELETIER & SERVILLE); Fl mit einer „vena spuria" (falsche Ader), die zw der r_{4+5} u. der m_1 liegt u. an keinem Ende mit einer anderen Ader verbunden ist. – Ein sehr charakteristisches Merkmal der Familie ist neben der vena spuria, daß von den FlAdern quasi ein zweiter HRand gebildet wird, der ± parallel zum tatsächlichen HRand des Fl verläuft. – Genitalien des ♂ in der Regel nicht vorragend.

Für die praktische Bestimmung scheinen Merkmale u. Gliederung von COE (1953) am besten geeignet. Die nachstehenden Tabellen der kleineren Kategorien dieser Familie folgen daher im wesentlichen seinem Schlüssel. COES Gliederung entspricht aber nur noch teilweise dem neuesten System, weswegen eine Übersicht desselben u. von Fall zu Fall Hinweise auf die Einordnung seiner Kategorien u. der einzelnen Gattungen gegeben werden.

Übersicht der Familiengliederung

1 L saprophag. Unterfamilie *Milesiinae*

1* L karnivor, in der Regel aphidophag. Unterfamilie *Syrphinae*

Unterfamilie *Milesiinae*: Tribus *Cheilosiini*
Tribus *Myoleptini*
Tribus *Chrysogastrini*
Tribus *Callicerini*
Tribus *Pelecocerini*
Tribus *Eumerini*
Tribus *Microdontini*
Tribus *Volucellini*
Tribus *Sericomyiini*
Tribus *Milesiini*
Tribus *Merodontini*
Tribus *Eristalini*

Unterfamilie *Syrphinae*: Tribus *Syrphini*
Tribus *Bacchini*
Tribus *Melanostomatini*
Tribus *Paragini*
Tribus *Pipizini*
Tribus *Chrysotoxini*

1 F verlängert, zumindest so lg wie der K; Gesicht stark u. gleichmäßig nach außen gewölbt, ohne Spur eines zentralen Vorsprunges; Au in beiden Geschlechtern breit voneinander getrennt; ziemlich große rundliche Fliegen. Tribus *Microdontini* S. 374

1* F in der Regel kürzer als der K od. wenn so lg wie dieser, dann Gesicht mit einem deutlichen zentralen Vorsprung 2

2 Gesicht flach, bisweilen fliehend, ohne Spur eines zentralen Vorsprunges; HlbTergite immer mit 3 Paaren schräg liegender, weißlicher Zeichen; Au des ♂ sich berührend; kleine schlanke Fliegen. Tribus *Eumerini* S. 375

2* Gesicht in der Regel gut entw, mit einem zentralen Vorsprung u. auch am vorderen Mundrand deutlich ausgeprägt, od. wenn flach, sind die Tergite (zumindest einiger Arten) ohne 3 Paare schräg liegender weißlicher Zeichen .. 3

3 Humeri (H) vollkommen ohne Haare od. mit wenigen Haaren nur entlang des HRandes; Femora einfach, an ihren Basen ohne vorn liegende Stellen stummelhafter schwarzer Dorne; Basen der Tibien einfach, gerundet; r-m immer vor der M der Diskoidalzelle 4

3* Humeri mit Haaren; Femora häufig vergrößert, ihre Basen oft mit vorderen Stellen stummelhafter, schwarzer Dorne; Tibien häufig verändert; r-m entweder basal od. distal gegenüber der Diskoidalzelle 5

4 F in der Regel kurz; wenn lg, ist der Hlb nicht nach außen gewölbt od. eingekerbt. Gattungsgruppe A S. 375

4* F deutlich verlängert; Hlb nach außen gewölbt u. eingekerbt. Tribus *Chrysotoxini* S. 376

5 **(3*)** Arista nahe der Basis od. zumindest vor der M des 3. FGld entspringend **6**

5* F mit einem echten Griffel od. einer Arista jenseits der M des 3. FGld **10**

6 r-m vor der M der Diskoidalzelle (außer bisweilen in den Gattungen *Ferdinandea* RONDANI (Tribus *Cheilosiini*) u. *Sericomyia* MEIGEN (*Sericomyiini*), wo sie gegenüber der M der Diskoidalzelle sein kann); Querader sc_1 (Abb. **311**/3) fehlend (außer bisweilen in der Gattung *Volucella* GEOFFROY) **7**

6* r-m gegenüber od. jenseits der M der Diskoidalzelle (außer in der Gattung *Syritta* LEPELETIER & SERVILLE, wo sie sich wenig vor der M befindet); Querader sc_1 vorhanden od. fehlend **9**

7 Arista gefiedert; obere Randquerader (Abb. **352**/3) zurücklaufend; Costa an der Stelle, wo sie die r_{4+5} trifft, bisweilen vom tatsächlichen FlRand zurücklaufend (Tribus *Volucellini*) **8**

7* Arista kahl od. pubeszent; gefiedert nur in der Gattung *Hammerschmidtia* SCHUMMEL, die weder eine obere Randquerader noch eine zurücklaufende Costa hat. Gattungsgruppe B S. 377

8 Obere Randquerader stark zurücklaufend; Costa bisweilen an der Stelle zurücklaufend, wo sie die r_{4+5} trifft; a_2 (Abb. **311**/4) im hinteren Teil etwas nach innen gewölbt; r-m immer deutlich vor der M der Diskoidalzelle. Tribus *Volucellini* S. 380

8* Obere Randquerader nur mäßig zurücklaufend; Costa an der Stelle, wo sie die r_{4+5} trifft, nicht zurücklaufend; a_2 in ihrem vorderen Teil stets nach innen gewölbt; r-m nur wenig vor der M der Diskoidalzelle od. gegenüber deren M. Tribus *Sericomyiini* S. 380

9 **(6*)** r_{4+5} stets eine Schleife bildend (Abb. **324**/2); alle Femora mit einer deutlichen basalen Stelle stummelförmiger schwarzer Dorne; Metasternum immer behaart; Querader sc_1 vorhanden (außer bei einigen Arten der Gattung *Helophilus* MEIGEN). Gattungsgruppe C S. 380

9* r_{4+5} nur leicht gewunden, aber niemals eine Schleife bildend; nur die Femora der VB u. MB mit basalen Stellen von Dornen; Metasternum mit od. ohne Behaarung; Querader sc_1 fehlend (od. bisweilen mit einer unvollständigen sc_1 in der Gattung *Pocota* LEPELETIER & SERVILLE u. bei einigen Arten der Gattung *Criorhina* MEIGEN). Tribus *Milesiini* S. 381

10 **(5*)** F verlängert, mit echtem Endgriffel; große, stattliche, in der Regel metallisch glänzende Fliegen. Tribus *Callicerini* S. 382

10* F fast so tief wie lg; Arista ungefähr in der M od. an der Spitze des 3. FGld entspringend; kleine, schwarze Fliegen; Hlb gelb gebändert. Tribus *Pelecocerini* S. 382

Tribus *Microdontini*

[Unterfamilie *Microdontinae* sensu COE]

Nur Gattung *Microdon* MEIGEN: FlLg 6–9 mm (Abb. **323B**/6). – L in Anbetracht ihrer halbkugeligen Gestalt zuerst als Schnecken beschrieben, dann als Cocciden; in der Regel in Ameisennestern lebend.

Tribus *Eumerini*

[Unterfamilie *Eumerinae* sensu COE]

Nur Gattung *Eumerus* MEIGEN: FlLg 3–7 mm (Abb. **323B**/7). – L wahrscheinlich alle in verfaulender PflSubstanz; Fraß an gesunden Pfl fraglich.

Gattungsgruppe A

[Unterfamilie *Syrphinae* sensu COE]

1 1. HlbSgm gut entw, bes. oberseits, wo es häufig fast halb so lg wie das 2. Sgm ist u. stets deutlich bis über das Sch hinaus ausgeprägt ist, an der größten Lg (gegen die Seiten) ca. $^3/_4$ so lg wie das 2. Sgm; Hlb schwarz, oft mit einer zentralen orangenen Zeichnung; kleinste Fliegen der Gattungsgruppe (FlLg 3–5 mm). – L häufige Räuber von Aphiden, meist solchen ohne wirtschaftliche Bedeutung. Gattung *Paragus* LATREILLE (Tribus *Paragini*)

1* 1. HlbSgm klein u. (außer in der Gattung *Baccha* F.) oberseits stark reduziert, wo es häufig fast linear u. praktisch vom Sch verdeckt ist, an der größten Lg (gegen die Seiten) höchstens $^1/_3$ der Lg des 2. Segments; häufig viel weniger; Hlb oft gelb u. schwarz 2

2 2. HlbSgm stark eingeschnürt, an der schmalsten Stelle nicht halb so breit wie das Sch; 3. Sgm beim ♂ ähnlich, weniger eingeschnürt beim ♀; Alula praktisch fehlend; Sch bronzefarben. – FlLg 4,5–8 mm. (Abb. **377**/5) – L wirkungsvolle Räuber wirtschaftlicher Schädlinge, Aphiden u. Schildläuse. Gattung *Baccha* F. (Tribus *Bacchini*)

2* 2. HlbSgm in der Regel breit, wenn eingeschnürt, ist es kaum schmaler als das Sch; 3. Sgm breit; Alula normal; Sch bronzefarben, bräunlich od. gelb ... 3

3 Sch bronzefarben; Gesicht mit vollständig dunkler Grundfarbe, obgleich oftmals bestäubt 4

3* Sch zumindest teilweise bräunlich od. gelb; Gesicht mit zumindest teilweise gelber Grundfarbe (außer bei *Syrphus quadrimaculatus* VERRALL, wo auch das Sch kupferbraun bis schwarz ist) 7

4 Hlb sich stetig von der Basis bis zur Spitze des 3. Sgm verbreiternd, bemerkenswert breit u. abgeflacht; Tarsi der VB u. MB beachtlich ausgedehnt beim ♂ von *P. granditarsa* (FORSTER). – FlLg 5,25–8,5 mm. Gattung *Pyrophaena* SCHINER (Tribus *Melanostomatini*)

4* Hlb sich höchstens von der Basis bis zur Spitze des 2. Sgm verbreiternd, obgleich das 3. Sgm ganz parallelseitig sein kann 5

5 Tibien der VB u./od. Tarsen des ♂ auffallend ausgedehnt (weniger in *sticticus* MEIGEN), des ♀ bemerkenswert breit u. abgeflacht. – FlLg 4,25 bis 9 mm. – L der *Melanostomatini* sind, soweit bekannt, Übergangsformen zw saprophagen u. rein entomophagen Typen. *Melanostoma*- u. *Platycheirus*-L wurden an Aphiden fressend beobachtet, an kleinen Raupen u. anderen Insekten ebenso wie an verrottendem PflMaterial. Gattung *Platycheirus* LEPELETIER & SERVILLE (Tribus *Melanostomatini*)

5* Tibien u. Tarsen der VB in beiden Geschlechtern einfach 6

6 Hlb breit, flach, eiförmig, mit großen Makeln; 3. FGld groß, fast zweimal so lg wie die ersten beiden Sgm zusammen (an der InnenS gemessen); ziemlich große Fliegen. – FlLg 8,75–11,5 mm. Gattung *Xanthandrus* VERRALL (Tribus *Melanostomatini*)

6* Hlb schmal, nicht eiförmig; 3. FGld klein od. zumindest nicht bemerkenswert groß, nicht od. nur wenig länger als die ersten beiden Sgm zusammen (an der InnenS gemessen); ziemlich kleine Fliegen. – FlLg 4,5–8 mm.
Gattung *Melanostoma* SCHINER (Tribus *Melanostomatini*)

7 (3*) Thorax mit glänzenden gelben Randlinien; Pleuren mit glänzenden gelben Mustern 8

7* Thorax mit od. ohne unscheinbare bleiche Randlinien; Pleuren dunkel od. teilweise ganz matt grau 10

8 Gesicht viel mehr entw als die Stirn; Fl mit Ausnahme der gelblichen Sc ohne Tönung; Hlb schmal, verlängert od. keulenförmig, beim ♂ oft länger als die Fl. – FlLg 4,25–7 mm. (Abb. **328**/9.)
Gattung *Sphaerophoria* LEPELETIER & SERVILLE (Tribus *Syrphini*)

8* Gesicht nicht mehr entw als die Stirn; FlVRand mit Ausnahme der Sc braun getönt; Hlb nicht länger als die Fl 9

9 Hlb gegen die Basis stark eingeschnürt, zylindrisch; 2. Sgm an der Spitze kaum breiter als das Sch; 3. u. 4. Sgm mit vollständigen gelben Bändern; wespenähnliche Fliegen. – FlLg 11,25–13,25 mm.
Gattung *Doros* MEIGEN (Tribus *Syrphini*)

9* Hlb an der Basis nicht eingeschnürt, abgeflacht, breit; 2. Sgm an der Spitze zweimal so breit wie das Sch; alle gelben Bänder geteilt. – FlLg 6,5–10,25 mm.
Gattung *Xanthogramma* SCHINER (Tribus *Syrphini*)

10 (7*) Hlb mit scharf begrenzten gelben Bändern od. Paaren gelber od. weißlicher Flecken od. Streifen; Fl ungefleckt 11

10* Hlb nur mit einem breiten gelben Basalband; keine folgenden gelben Muster; Fl mit einem dunklen Flecken in der M; Gesicht etwas einfallend mit einem dunklen zentralen Streifen. – FlLg 7,75–10 mm.
Gattung *Leucozona* SCHINER (Tribus *Syrphini*)

11 Stirn beträchtlich vorgewölbt, mehr beim ♂; Abdominalflecken auf den 3. u. 4. Tergiten stark halbmondförmig; Au behaart. – FlLg 8,5–12 mm (Abb. **328**/10).
Gattung *Scaeva* F. (Tribus *Syrphini*)

11* Stirn nicht vorgewölbt; Abdominalflecken manchmal halbmondförmig, aber in der Regel anders geformt; Au kahl od. behaart 12

12 r_{4+5} eine Schleife bildend (Abb. **323B**/3); Hlb ziemlich flach; Sch ohne Franse unter dem Rand, manchmal einige einzelne Haare vorhanden. – FlLg 7 bis 11,5 mm (Abb. **377**/6–8, **328**/6).
Gattung *Didea* MACQUART (Tribus *Syrphini*)

12* r_{4+5} keine Schleife bildend, obgleich etwas eingebogen bei *S. annulipes* ZETTERSTEDT u. *S. lapponicus* ZETTERSTEDT; Hlb in der Regel oben nach außen gewölbt; Sch mit einer Franse unter dem Rand. – FlLg 5–12,25 mm (Abb. **323B**/5, **328**/3–4).
Gattung *Syrphus* F. sensu COE[1] (Tribus *Syrphini*)

Tribus *Chrysotoxini*

[Unterfamilie *Chrysotoxinae* sensu COE]

Nur Gattung *Chrysotoxum* MEIGEN: FlLg 7–13 mm. – Biologie nur wenig bekannt; L wurden in Ameisennestern, an verrottendem Holz, Komposthaufen u. unter Steinen gefunden. Sie sind offenbar karnivor.

---

[1] Gattung *Syrphus* F. sensu COE (1953) bedeutet einschließlich *Melangyna*, *Stenosyrphus*, *Mesosyrphus*, *Episyrphus*, *Ischirosyrphus*, *Epistrophe*, *Metasyrphus*, *Syrphella* u. *Syrphidis* VON KLOET & HINCKS (1945): A Check List of British Insects.

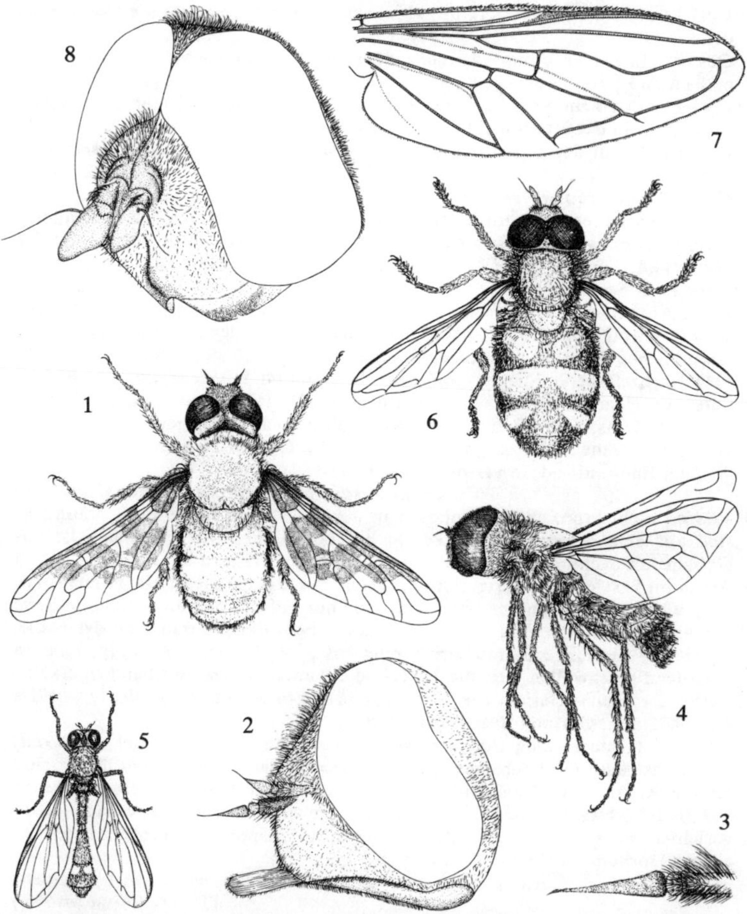

Abb. 377/1–8. **1** *Villa* (*Thyridanthrax*) (*Bombyliidae*) (11,5 mm); **2** K von *Villa* (*Thyridanthrax*); **3** F von *Villa* (*Thyridanthrax*); **4** *Villa* (*Bombyliidae*); **5** *Baccha* (*Syrphidae*) (8 mm); **6** *Didea* (*Syrphidae*) (12,5 mm); **7** Fl von *Didea*; **8** K von *Didea*.

Gattungsgruppe B

[Unterfamilie *Cheilosiinae* sensu COE]

1 Gesicht unten in eine lg gerade Schnauze ausgezogen; r_{4+5} weit unter der FlSpitze in die Costa mündend. – FlLg 6–9,5 mm.

Gattung *Rhingia* SCOPOLI (Tribus *Cheilosiini*)

1* Gesicht ohne Schnauze; r_{4+5} an od. etwas vor der FlSpitze in die Costa mündend 2
2 Gesicht ohne einen Vorsprung (gerundete Erhebung) in der M, obgleich manchmal unten etwas vorgezogen 3
2* Gesicht mit einem Vorsprung in der M zw F u. Mundrand, manchmal klein; Mundrand in der Regel nicht scharf entw 16
3 Fl ohne Bo auf der r, obgleich unscheinbare feine Haare vorhanden sein können 4
3* Fl mit einigen bemerkenswert feinen Bo auf der r 5
4 Gesicht entweder nach innen gewölbt u./od. in der unteren Hälfte diagonal nach vorn entw od. in Seitenansicht gerade mit einem stark vorspringenden Mundrand; Femora der HB einfach od. sehr dick u. gezähnt 7
4* Gesicht in Seitenansicht gerade, Mundrand nicht od. nur schwach vorspringend; Au behaart; Femora der HB einfach od. distal mäßig geschwollen, bisweilen ventral fein gezähnt; obere Randquerader mit der r_{4+5} deutlich vor der tatsächlichen FlSpitze zusammenlaufend 11
5 (3*) Bronzefarbene Fliegen, auf dem Mesonotum mit sehr starken Bo od. borstigen Haaren, bes. auffallend seitlich am Thorax u. entlang des HRandes des Scutellums; Gesicht in der oberen Hälfte nach innen gewölbt, gerundet, aber unten ohne Vorsprung in der M. – FlLg 6,25–11,25 mm. – L in ausfließendem Baumsaft od. in verrottendem Holz.
Gattung *Ferdinandea* RONDANI (Tribus *Cheilosiini*)
5* Fliegen nicht bronzefarben, sondern in der Regel grau u. gelb od. bräunlich; sind auf dem Mesonotum starke Bo od. borstige Haare vorhanden, ist das Gesicht tief nach innen gewölbt u. unten schräg vorragend 6
6 Arista im basalen Dreiviertel mit lg Haaren, die meisten dieser Haare mehrmals so lg wie die Arista an der Basis dick, alle nur auf der oberen u. unteren Seite der Arista angeordnet; MesonotalBo stark; obere Randquerader an der Stelle, wo sie mit der r_{4+5} zusammentrifft, einwärts gebogen, der Anhang lg; Femora auffallend geschwollen, bes. die der HB, diese unten mit zahlreichen bemerkenswerten Dornen. – Gesicht des ♂ mit Vorsprung in der M; siehe Nr. 17. – FlLg 8,25–9,75 mm. Gattung *Brachyopa* MEIGEN
(Untergattung *Hammerschmidtia* SCHUMMEL ♀) (Tribus *Chrysogastrini*)
6* Arista fast kahl od. höchstens an der Basis mit Haaren, die kaum länger sind als die Arista dick; Haare alle rings um die Arista herum; MesonotalBo in der Regel schwach, haarartig; obere Randquerader an der Stelle nach außen gerichtet, wo sie die r_{4+5} trifft, Anhang kurz; Femora schlanker mit schwächeren Dornen. – FlLg 6,5–9,25 mm.
Gattung *Brachyopa* MEIGEN (Untergattung *Brachyopa* MEIGEN)
(Tribus *Chrysogastrini*)
7 (4) Gesicht in der oberen Hälfte stark fliehend, in der unteren Hälfte stumpf u. schräg nach vorn vorspringend; Femora der HB mäßig verdickt, unten gegen die Spitze mit kurzen Dornen; obere Randquerader praktisch an der FlSpitze mit der r_{4+5} zusammenlaufend. – (Gesicht des ♂ mit einem Vorsprung in der M; siehe Nr. 16.) – FlLg 6–8,75 mm. – L in verrottendem Holz.
Gattung *Myolepta* NEWMAN ♀ (Tribus *Myoleptini*)
7* Gesicht gerade od. in der oberen Hälfte sehr schwach fliehend; Mundrand stets ± nach vorn entw 8
8 Hlb kurz, oval, kompakt od. abgeflacht 9
8* Hlb verlängert, schlank, in der Regel an der Basis eingeschnürt u. oft ganz gestielt; Mundrand häufig stark nach vorn entwickelt; F ziemlich kurz 10

9 Au dicht behaart; vena spuria fehlend; vorderer Mundrand stark vorspringend; Hlb nach außen gewölbt u. oval; Körper blauschwarz. – FlLg 6–7,5 mm. – L unbekannt. Gattung *Psilota* MEIGEN (Tribus *Chrysogastrini*)

9* Au kahl; vena spuria in der Regel vorhanden, obgleich bisweilen schwach; grünliche od. schwärzliche, teilweise od. ganz metallisch glänzende Fliegen. – (Gesicht des ♂ in einigen Fällen mit einem Vorsprung in der M, siehe Nr. 18.) – FlLg 4–7,25 mm. – L aquatisch, z. B. unter den Wurzeln von *Glycera*. Gattung *Chrysogaster* MEIGEN s.l.[1] ♂ z.T., ♀ (Tribus *Chrysogastrini*)

10 **(8*)** Äußere rückwärtige Ecken der FlSubapikalzelle fast rechtwinklig; Arista kahl, etwa so lg wie das 3. FGld; 3.FGld in der Regel verlängert. – FlLg 3–5,5 mm. – L aquatisch od. semiaquatisch. Gattung *Neoascia* WILLISTON (Tribus *Chrysogastrini*)

10* Untere Ecke der FlSubapikalzelle gerundet; Arista in der Regel pubeszent, länger als das gerundete 3. FGld. – FlLg 4,75–7 mm. – Bekannte L unter Baumrinde. Gattung *Sphegina* MEIGEN (Tribus *Chrysogastrini*)

11 **(4*)** HlbTergite 2 u. 3 gut entw u. unter sich in der Lg gleich; Tergit 4 winzig u. von oben kaum sichtbar. – FlLg 4,25–5 mm. – L auf *Artemisia* in Aphidenkolonie gefunden. Gattung *Triglyphus* LOEW (? Tribus *Pipizini*)

11* HlbTergite 2, 3 u. 4 gut entw u. in der Lg unter sich gleich **12**

12 Zw dem Mesothorakalstigma (MSP) u. dem nach außen gewölbten Teil der Mesopleura einige lg Haare; sc beim ♂ gegenüber od. hinter der r-m endend, beim ♀ in der Regel etwas vor der r-m; obere Randquerader beim ♂ schräg, beim ♀ in der Regel mehr gerade. – FlLg 4–6 mm. – L offenbar unbekannt. Gattung *Parapenium* COLLIN (Tribus *Pipizini*)

12* Keine lg Haare zw dem Mesothorakalstigma u. dem nach außen gewölbten Teil der Mesopleura. – ♀ mit einer ± flachen transversalen Depression über dem vorderen Teil der Stirn, in der Gattung *Pipizella* oft nur schwach **13**

13 ♂ Stirn nicht kegelförmig nach vorn vorspringend, im oberen Teil nach außen gewölbt ohne eine abgeflachte Fläche in der M. – ♂♀ mit zumindest einigen lg Haaren auf dem oberen transversalen Rücken der Hypopleura **14**

13* ♂ Stirn mehr kegelförmig, im oberen Teil nicht nach außen gewölbt, oft mit einer abgeflachten Fläche eines deutlichen Musters in der M. – ♂♀ ohne lg Haare auf dem Rücken der Hypopleura; 3. FGld niemals viel länger als breit; sc gegenüber od. jenseits der r-m endend; R_5 am Ende nicht abgestutzt. – FlLg 4,5–9,25 mm. – L der *Pipizini* sind aphidophag, bevorzugen Woll- od. Wurzelaphiden mit wachsartigen Sekretionen, die sie über u. unter der Erde angreifen. Gattung *Pipiza* FALLÉN (Tribus *Pipizini*)

14 sc gegenüber od. vor der r-m endend; R_5 am Ende abgestutzt; obere Randquerader mehr gerade. – FlLg 3,75–6,25 mm. Gattung *Pipizella* RONDANI[2] (? Tribus *Pipizini*)

14* sc jenseits der r-m endend; R_5 am Ende weniger abgestutzt; obere Randquerader mehr schräg **15**

15 ♂ Hü u. Trochanteren ohne Sporne. – ♀ 3. FGld viel länger als breit; Stirn mit auffälligen seitlichen bestäubten Flecken. – FlLg 4,25–6,25 mm. Gattung *Heringia* RONDANI (Tribus *Pipizini*)

---

[1] Gattung *Chrysogaster* MEIGEN s. l. bedeutet nach COE (1953) einschließlich *Orthoneura* u. *Sulcatella* von KLOET & HINCKS (1945) u. *Chrysogaster* s. str.

[2] Gattung *Pipizella* RONDANI sensu COE (1953) = *Phalangus* MEIGEN von KLOET & HINCKS (1945).

15* ♂ Hü der MB u. Trochanteren der HB mit lg Spornen; Hü der HB mit kurzem Sporn. – ♀ 3. FGld nicht od. nur wenig länger als breit; Stirn mit sehr kleinen u. unscheinbaren Staubflecken od. diese fehlend. – FlLg 4,25–6,5 mm.
Gattung *Neocnemodon* GOFFE (Tribus *Pipizini*)

16 (2*) Obere Randquerader praktisch an der FlSpitze mit der r_{4+5} zusammenlaufend. – (♀ Gesicht ohne Vorsprung in der M; siehe Nr. 7). – FlLg 6–8,75 mm. – L in verrottendem Holz.
Gattung *Myolepta* NEWMAN ♂ (Tribus *Myoleptini*)

16* Obere Randquerader in einiger Entfernung vor der FlSpitze mit der r_{4+5} zusammenlaufend, der Appendix ziemlich lg **17**

17 Femora auffällig geschwollen, bes. an den HB, dort mit zahlreichen u. beachtlichen Dornen unterseits; Körper vollständig braun. – (♀ Gesicht mit einem Vorsprung in der M; siehe Nr. 6). – FlLg 8,25–9,75 mm.
Gattung *Brachyopa* MEIGEN (Untergattung *Hammerschmidtia* SCHUMMEL ♂) (Tribus *Chrysogastrini*)

17* Femora nicht od. nur schwach geschwollen; Körper schwarz **18**

18 Stirn gewölbt u. auffällig vorspringend; HlbTergite auf dem gesamten diskalen Teil matt, nur um den Rand des Hlb herum glänzend. (Gesicht des ♂ in anderen Untergattungen von *Chrysogaster* u. bei allen ♀♀ ohne Vorsprung in der M; siehe Nr. 9*). – L aquatisch, z. B. unter den Wurzeln von *Glycera*. FlLg 4 bis 7,25 mm. Gattung *Chrysogaster* MEIGEN s. str. ♂ (Tribus *Chrysogastrini*)

18* Stirn anders ausgeprägt als unter Nr. 18 beschrieben; HlbTergite vollständig glänzend od. der diskale Teil nur teilweise matt. – FlLg 4,5–11,75 mm. – L phytophag, in Stengeln u. Wurzeln verschiedener Pflanzen u. Pilze.
Gattung *Cheilosia* MEIGEN[1] (Tribus *Cheilosiini*)

Tribus *Volucellini*

[Unterfamilie *Volucellinae* sensu COE]

Nur Gattung *Volucella* GEOFFROY: FlLg 8–18 mm. – (Abb. **328**/7, **323B**/4.) – L in den Nestern von *Bombus* u. *Vespula*.

Tribus *Sericomyiini*

[Unterfamilie *Sericomyiinae* sensu COE]

1 Gesicht mäßig entw u. nur etwas unter den untersten AuRand ragend, Vorsprung in der M deutlich entw; Körper ziemlich spärlich behaart; HlbTergite mit gelben Makeln. – FlLg 9,25–14 mm. – „Rattenschwanzlarven" wurden in feuchtem, in Zersetzung befindlichem Torfrasen in einem Torfmoor gefunden.
Gattung *Sericomyia* MEIGEN

1* Gesicht sehr flach u. auffallend weit unter den untersten AuRand ragend, Vorsprung in der M sehr schwach; Körper dicht behaart; HlbTergite ohne gelbe Makel. – FlLg 10–13,5 mm. Gattung *Arctophila* SCHINER

Gattungsgruppe C

[Unterfamilie *Eristalinae* sensu COE]

1 FlZelle R_1 geschlossen. – FlLg 6,5–13 mm. – (Abb. **328**/8, **324**/2.) – L der *Eristalini* aquatisch. Die von *Eristalis* u. *Helophilus* werden häufig in großer

[1] Gattung *Cheilosia* MEIGEN sensu COE (1953) bedeutet einschließlich *Chilomyia*, *Portevinia* u. *Cartosyrphus* von CLOET & HINCKS (1945).

Zahl in faulem od. stagnierendem Wasser od. in feuchten Exkrementen gefunden u. als „Rattenschwanzlarven" bezeichnet.

Gattung *Eristalis* LATREILLE[1] (Tribus *Eristalini*)

1* R_1 zumindest etwas offen 2

2 Obere Randquerader zurücklaufend; Femora der HB an der bauchwärts liegenden Seite mit einem subapikalen, flachen, dreieckigen Fortsatz mit Zähnen. – FlLg 8,5–10,25 mm. – L phytophag u. „kurzschwänzig". Ihrer Lebensweise wegen aus der Tribus *Eristalini* herausgenommen. L der Narzissenfliege *Merodon equestris* (F.) durch den Handel weit verbreitet u. bedeutender Primärschädling der Narzissenzwiebel u. anderer Zwiebelgewächse.

Gattung *Merodon* MEIGEN (Tribus *Merodontini*)

2* Obere Randquerader nicht zurücklaufend; Femora der HB ohne Fortsatz . 3

3 Au behaart, beim ♂ sich auf beträchtlicher Entfernung wirklich berührend. – „Rattenschwanzlarven" in wassergefüllten Baumhöhlen. – FlLg 7–12 mm.

Gattung *Myiatropa* RONDANI *Myiatropa florea* (L.)

3* Au kahl, beim ♂ zumindest schwach getrennt 4

4 Thorax mit deutlichen grauen od. gelben Streifen; Haare spärlich u. ziemlich kurz, nicht die Grundfarbe verdeckend; Au in beiden Geschlechtern breit getrennt. – FlLg 5,75–12,25 mm. – L vgl. Nr. 1.

Gattung *Helophilus* MEIGEN[2] (Tribus *Eristalini*)

4* Thorax nicht deutlich gestreift; Haare dicht u. lg, die Grundfarbe verdeckend; Au beim ♂ vorn ziemlich dicht genähert. – FlLg 11,25–12,5 mm. – „Rattenschwanzlarven" von *Mallota cimbiciformis* FALLÉN kommen in feuchten, von Fäulnis verursachten Baumhöhlen vor.

Gattung *Mallota* MEIGEN (Tribus *Eristalini*)

Tribus *Milesiini*

[Unterfamilie *Xylotinae* sensu COE]

L in der Regel in verrottendem Holz od. unter Baumrinde; die L einiger Gattungen in ausfließendem Baumsaft, in Baumhöhlen mit Fäulnischarakter od. semiliquid in verfaulender organischer Substanz. – Die Im. einiger Gattungen mit Mimikry aculeater Hymenopteren.

1 Femora der HB stark geschwollen, bauchwärts anteroventral mit einem großen, abgeflachten, dreieckigen Fortsatz gegen die Spitze; Gesicht seitlich zusammengedrückt, mit einem Kiel auf der MLinie. – FlLg 5,5–8,25 mm.

Gattung *Tropidia* MEIGEN

1* Femora der HB ohne anteroventralen Fortsatz gegen die Spitze 2

2 Gesicht seitlich zusammengedrückt, schwach aber deutlich gekielt auf der MLinie; Femora der HB stark geschwollen; Scheitel des ♂ ungewöhnlich lg u. schmal. – FlLg 4,25–7 mm. Gattung *Syritta* LEPELETIER & SERVILLE

2* Gesicht nicht zusammengedrückt, ohne Spur eines Kieles in der M; Scheitel des ♂ normal 3

3 Obere Randquerader läuft mit der r_{4+5} an od. praktisch an deren Spitze zusammen, nach außen gerichtet bis zur Mündung (Abb. **352**/3) 4

---

[1] Gattung *Eristalis* LATREILLE sensu COE (1953) bedeutet einschließlich *Eristalinus*, *Tubifera* u. *Lathyrophthalmus* von KLOET & HINCKS (1945).

[2] Gattung *Helophilus* MEIGEN sensu COE (1953) bedeutet einschließlich *Lejops*, *Anasimyia* u. *Parhelophilus* von KLOET & HINCKS (1945).

3* Obere Randquerader läuft mit der r_{4+5} deutlich vor deren Spitze zusammen, am Berührungspunkt aufwärts gerichtet **5**

4 K klein, viel schmaler als der Thorax; Mesonotum mit langen, dichten gelben u. schwarzen Haaren; Tibien der HB in der M dorsal abgeflacht, danach stark eingeschnürt; Squamae schwärzlich; hummelähnlich. – FlLg 11–13 mm. Gattung *Pocota* LEPELETIER & SERVILLE

4* K normal, so breit wie der Thorax; Mesonotum mit ziemlich kurzen, schwarzen Haaren; Tibien der HB in der M dorsal nicht abgeflacht, danach kaum eingeschnürt; Squamae weißlich. – FlLg 8–9,5 mm. Gattung *Blera* BILLBERG

5 (**3***) Hlb hell messingartig bronzefarben, ziemlich lg u. schmal; Stirn vor den Au auffallend zapfenförmig vorragend; Gesicht zum großen Teil gelblich. – FlLg 11–12,5 mm. Gattung *Calliprobola* RONDANI

5* Hlb nicht hell messingartig bronzefarben; Stirn vor den Au in der Regel nur schwach hervorragend **6**

6 Gesicht deutlich bis unter die untere AuHöhle herabreichend; Arten mit langer Behaarung **7**

6* Gesicht nicht od. kaum bis unter die untere AuHöhle herabreichend; kurzbehaarte Arten. – FlLg 5,5–12 mm. Gattung *Xylota* MEIGEN[1]

7 Gesicht viel weniger tief als die Tiefe der Au, von kurz unter den F bis fast zum oberen Mundrand mäßig nach innen gewölbt. – FlLg 8,5–10,75 mm. Gattung *Brachypalpus* MACQUART

7* Gesicht so tief od. tiefer als die Tiefe der Au, nur in der oberen Hälfte mäßig od. stark nach innen gewölbt, danach fast flach nach einem schwachen Vorsprung. – FlLg 8–14 mm. Gattung *Criorhina* MEIGEN

Tribus *Callicerini*

[Unterfamilie *Callicerinae* sensu COE]

Nur Gattung *Callicera* PANZER: FlLg 9,75–15 mm. – L von *Callicera rufa* (SCHUMMEL) wurden im Wasser einer Kiefernhöhle gefunden.

Tribus *Pelecocerini*

[Unterfamilie *Pelecocerinae* sensu COE]

L offenbar unbekannt.

1 3. FGld beim ♂ oben gerade u. flach, nur unten gerundet, auffallend tief, beutelähnlich, dreieckig mit der Spitze unten (Abb. **352**/4), beim ♀ unten mehr gerundet (Abb. **352**/5); Arista sehr dick, stachelähnlich, an der äußersten Ecke des 3. FGld angesetzt. – FlLg 3,5–5,25 mm. – Kleine schwarze u. gelbe od. orangene Fliegen, vorwiegend auf Heiden. Gattung *Pelecocera* MEIGEN

1* 3. FGld fast ganz gerundet; Arista gegen die Basis nur mäßig verdickt u. zumindest etwas vor der äußersten Ecke des 3. FGld angesetzt (Abb. **352**/6–7). – FlLg 4–6,25 mm. – Kleine schwarze u. gelbe od. orangene Fliegen; vorwiegend in niedrigem Gras, an schattigen, feuchten Stellen. Gattung *Chamaesyrphus* MIK

[1] Gattung *Xylota* MEIGEN senu COE (1953) bedeutet einschließlich *Zelima* u. *Xylotomima* von KLOET & HINCKS (1945).

Familie *Conopidae*

L Innenparasiten vorwiegend von Hymenopteren. Im. häufig auf Blüten. – Mittelgroße bis ziemlich große, in der Regel kahle od. ziemlich dünn behaarte Fliegen, oft mit großer Ähnlichkeit zu Hymenopteren; K groß, in Dorsalansicht so breit od. breiter als der Thorax; F lg, 3. FGld mit Endgriffel (*Conopinae*), od. kurz, herabhängend, mit kurzer, dorsaler, gegliederter Arista (*Myopinae*); Mundöffnung breit, mit lg, schlankem (außer in der Gattung *Leopoldius*) vorwärts gerichtetem R, der gegliedert od. gekrümmt sein kann, entweder nur an der Basis od. auch in der M, im letzten Fall ist der vordere Abschnitt wie ein Taschenmesser zurückgeklappt; Fl bisweilen mit dunklen Mustern; Analzelle lg, zugespitzt, Spitze meist dicht am HRand (nur in der Gattung *Dalmannia* ist die Analzelle kurz); Hlb oft basal eingeschnürt, bes. beim ♂; Genitalien in SAnsicht in beiden Geschlechtern in der Regel vorragend u. von ungewöhnlicher Form.

1 Analzelle (Cu) lg u. zugespitzt, sich fast od. ganz bis zum FlRand ausdehnend; Hlb in der Regel keulenförmig 2
1* Analzelle sehr kurz, nicht zugespitzt u. weit vor dem FlRand endend; Hlb in Dorsalansicht fast kreisförmig. Unterfamilie *Dalmanniinae*
Nur Gattung *Dalmannia* ROBINEAU-DESVOIDY
2 3. FGld mit Endgriffel; Oc fehlend. – Mit Spuren einer vena spuria. Unterfamilie *Conopinae* S. 383
2* 3. FGld mit dorsaler Arista; Oc vorhanden. Unterfamilie *Myopinae* S. 383

Unterfamilie *Conopinae*

1 R kurz u. kräftig, in SAnsicht kürzer als die Breite des K. Gattung *Leopoldius* RONDANI
1* R länger als der K in SAnsicht breit. Gattungen *Conops* L. u. *Physocephala* SCHINER

Unterfamilie *Myopinae*

1 R nur an der Basis gekniet. Gattung *Zodion* LATREILLE
1* R an der Basis u. in der M gekniet 2
2 Backen sehr hoch, in SAnsicht zumindest gleich der Höhe der Au. – Hlb an der Basis kaum zugespitzt; Fl ± getrübt durch Schatten, besonders an den Queradern. Gattung *Myopa* F.
2* Backen in SAnsicht viel schmaler (niedriger) als die Höhe der Au, die mehr als die Hälfte der KHöhe erreicht 3
3 F viel länger als ihr Abstand vom Scheitel, in der Regel so lg wie der K; kleine, grau getönte Fliegen, ca 4–6 mm. – Unterer Teil des Gesichtes etwas silbrig. Gattung *Thecophora* RONDANI
3* F viel kürzer als ihr Abstand vom Scheitel; rostbraune Fliegen, ca. 9–14 mm. Gattung *Sicus* SCOPOLI

Division *Schizophora* (*Cyclorrhapha* mit einer Ptilinalnaht)

Sektion *Acalyptratae*

Familie *Micropezidae*

Die von nur wenigen L bekannte Lebensweise ist saprophag. Im. in der Regel auf Büschen u. niedriger Vegetation an Flußufern u. Bachrändern, räuberisch gegen Aphiden u. kleinere Dipteren. – 3. FGld kurz u. gerundet; Gesicht fliehend (bes. stark in der Gattung *Micropeza* MEIGEN); OcBo u. VibrissenBo fehlend; R kräftig; Tibien ohne PräapikalBo; Fl schmal, Alula reduziert; Costa ohne Unterbrechung; sc vollständig, manchmal basal dicht neben der r_1 u. deswegen gegen das Ende besser zu erkennen; r_{2+3} u. r_{4+5} gegen den FlRand konvergierend; Diskoidalzelle getrennt od. (in der Gattung *Micropeza*) mit der 2. Basalzelle vereinigt; Genitalien in beiden Geschlechtern vorragend u. charakteristisch.

1 Tibien der MB u. HB gleichmäßig fein behaart u. ohne Bo.
Unterfamilie *Calobatinae*
(Gattungen *Cnodacophora* CZERNY u. *Compsobata* CZERNY)

1* Tibien der MB u. HB auf der HS der ganzen Lg nach mit kurzen Bo 2

2 Diskoidalzelle (1. M_2) u. 2. Basalzelle (M) getrennt.
Unterfamilie *Taeniapterinae* (Gattung *Rainieria* RONDANI)

2* Diskoidalzelle u. 2. Basalzelle verschmolzen (trennende Querader fehlt).
Unterfamilie *Micropezinae*
– (Gattung *Micropeza* MEIGEN: K in SAnsicht auffallend flach-dreieckig, schlangenkopfähnlich.)

Familie *Psilidae*

L phytophag, in den Wurzeln u. Stengeln von Pfl u. unter Baumrinde lebend (u. a. „Möhrenfliege" als landwirtschaftlicher Schädling von einiger Bedeutung.) – Im. ruhen auf Laub u. Gras, sind meist schattenliebend. – Kleine bis mäßig große Fliegen; PostvertikalBo divergent od. fehlend; Oc-Dreieck groß; Costa in einiger Entfernung vor der Mündung der r_1 unterbrochen; Genitalien in beiden Geschlechtern meist unscheinbar, in der Gattung *Loxocera* MEIGEN ♀ mit langem Ovipositor.

1 Analzelle (Cu) distal bauchig (cu_2 nach außen gewölbt); 2 NotopleuralBo (n); 1 MesopleuralBo (m).
Gattung *Strongylophthalmyia* HELLER (UFamilie *Strongylophthalmyiinae*)

1* Analzelle (Cu) distal gerade (cu_2 gerade); MesopleuralBo fehlend; NotopleuralBo vorhanden od. fehlend 2

2 3. FGld sehr lg u. dünn, bandförmig, od. alle drei FGld verlängert; Femora der HB vor der Spitze mit lggestrecktem Haarpolster; 1 NotopleuralBo. – ♀ mit langem Ovipositor; auffallend schwarz u. rot gefärbte, schmale Fliegen.
Gattung *Loxocera* MEIGEN (Unterfamilie *Psilinae*)

2* 3. FGld nicht auffallend verlängert, in der Regel höchstens dreimal so lg wie breit (wenn etwas verlängert, dann gegen das E verschmälert u. Arista buschig behaart); Femora der HB ohne Haarpolster 3

3 HK abgeflacht, so daß K in SAnsicht halbkreisförmig; Breite der Backen geringer als $^1/_3$ der Lg des vertikalen AuDurchmessers; 1 NotopleuralBo.
Gattung *Chyliza* FALLÉN (Unterfamilie *Chylizinae*)
3* HK nach außen gewölbt; UGesicht stark fliehend; Backen breiter als $^1/_3$ der Lg des vertikalen AuDurchmessers 4
4 NotopleuralBo fehlend; ♀ mit eigenartig gebautem, maulartigem Legerohr; ♂ mit gebogenen u. verdickten Femora der HB.
Gattung *Psilosoma* ZETTERSTEDT
4* NotopleuralBo vorhanden; ♀ mit einfachem Legerohr; ♂ Femora der HB ohne Besonderheiten. Gattung *Psila* MEIGEN (Unterfamilie *Psilinae*)

Familie *Tanypezidae*

Nur Gattung *Tanypeza* FALLÉN: *Tanypeza longimana* FALLÉN: L unbekannt. – Im. 6–8 mm, mit silberner Fläche auf dem Vertex u. auf beiden Seiten der Stirn; im Gegensatz zu den *Micropezidae* mit 4 Bo am Sch (2 bei den *Micropezidae*).

Familie *Megamerinidae*

Nur Gattung *Megamerina* RONDANI: L wahrscheinlich räuberisch unter Baumrinde. – Fl schmal; Alula fehlend; sc vollständig, leicht gebogen.

Familie *Otitidae*

L der meisten Arten saprophag. – PostvertikalBo parallel od. divergent; Tibien ohne PräapikalBo; Ovipositor des ♀ mit nicht zurückziehbarer Scheide.

1 FlAder r_1 auf der dorsalen Oberfläche unbehaart; R_5 gegen den FlRand stark verengt bis geschlossen; Fl glashell bis einfarbig durchscheinend. – Analzelle (Cu) mit deutlichem Zipfel, aus dem die Analader hervorgeht.
Unterfamilie *Ulidiinae*
(außer Gattung *Homalocephala* ZETTERSTEDT) S. 385
1* r_1 auf der dorsalen Oberfläche behaart od. beborstet; Fl oft auffällig gemustert.
Unterfamilie *Otitinae* (außer Gattung *Seioptera* KIRBY) S. 386

Unterfamilie *Ulidiinae*

A. Gattung *Homalocephala* ZETTERSTEDT: r_1 beborstet; Analzelle (Cu) ohne Zipfel, stumpf; R_5 gegen den FlRand nicht verengt. – L unter Baumrinde u. in Baumsaft.

B. Übrige Gattungen der Unterfamilie (hier nur Auswahl):

1 F in tiefen, scharf umgrenzten Gruben. – Im. auf Exkrementen u. Blüten an feuchten Stellen. Gattung *Ulidia* MEIGEN
1* FGruben vollkommen fehlend od. nur sehr flach u. nicht scharf umgrenzt . 2
2 r_{4+5} u. m gegen den FlRand bis zur Berührung genähert od. miteinander verschmolzen (R_5 geschlossen). – Im. auf Pferdedünger u. Dunghaufen, wo sich die L entwickeln, u. auf verfallender PflSubstanz.
Gattung *Physiphora* FALLÉN
2* r_{4+5} u. m gegen den FlRand nicht auffällig genähert (R_5 nicht deutlich verengt od. geschlossen). Gattung *Euxesta* LOEW

Unterfamilie *Otitinae*

A. Gattung *Seioptera* KIRBY: r_1 unbehaart; MesopleuralBo fehlend; 2 SternopleuralBo vorhanden. – Typisches FlWippen. – Im. räuberisch auf kleinen Homopteren. L in Mist u. Gartenerde, offenbar auch phytophag.
B. Übrige Gattungen der Unterfamilie (hier nur Auswahl): Mesopleural- u. 1 SternopleuralBo vorhanden:

1 PropleuralBo fehlend. Gattung *Cephalia* MEIGEN
1* PropleuralBo vorhanden **2**
2 Kein Gesichtskiel u. keine deutlichen FGruben vorhanden: Analzelle (Cu) mit verlängertem, deutlichem Zipfel. L teilweise unter Baumrinde. Gattung *Myennis* ROBINEAU-DESVOIDY
2* Gesichtskiel u. FGruben deutlich; Analzelle nur mit sehr kleinem Zipfel .. **3**
3 Backen schmal, ihre Breite nicht mehr als $^1/_6$ bis $^1/_4$ des vertikalen AuDurchmessers **4**
3* Backenbreite wenigstens $^1/_3$ des vertikalen AuDurchmessers **5**
4 r_{4+5} u. m gegen den FlRand deutlich konvergierend (R_5 am E verengt); 3. FGld in der Regel am Oberrand deutlich nach innen gewölbt, mit scharfer Spitze. – Größere Arten (6–8 mm). Gattung *Ceroxys* MACQUART
4* r_{4+5} u. m am E parallel (R_5 gegen den FRand nicht verengt); 3. FGld am Oberrand nicht nach innen gewölbt, aber häufig ebenfalls mit deutlicher, wenn auch nicht sehr scharfer Spitze. – Kleinere Arten (3–6 mm). Gattung *Herina* ROBINEAU-DESVOIDY
5 **(3*)** 3. FGld am Oberrand nach innen gewölbt, am E mit scharfer Spitze .. **6**
5* 3. FGld am Oberrand nach außen gewölbt, am E stets abgerundet, ± elliptisch **7**
6 Auf dem Mesonotum stehen auch vor der transversalen Quernaht DorsozentralBo. Gattung *Melieria* ROBINEAU-DESVOIDY
6* DorsozentralBo nur hinter der Quernaht. Gattung *Hypochra* LOEW
7 **(5*)** F stets ± deutlich u. meist auffällig verlängert; 2. FGld stets länger als das erste; 3. FGld gegen das E deutlich verschmälert, so daß es eine etwas dreieckige Gestalt erhält. – K in SAnsicht oft schlangenkopfähnlich. Gattung *Dorycera* LOEW
7* F nie verlängert; 2. FGld nicht erheblich länger als das erste; 3. FGld gleichmäßig elliptisch, gegen das E nicht verschmälert **8**
8 K etwas blasig aufgetrieben; Wangen auffallend breit; etwa halb so breit wie der horizontale AuDurchmesser. Gattung *Tetanops* FALLÉN
8* K nicht blasig aufgetrieben; Wangen nicht auffallend breit, schmaler als der halbe horizontale AuDurchmesser. Gattung *Otites* LATREILLE

Familie *Platystomatidae*

Lebensweise offenbar saprophag. – Tibien ohne dorsale PräapikalBo; Ovipositor des ♀ mit nicht zurückziehbarer Scheide.

1 3. FGld kurz u. gerundet; FlMembran dunkel mit zahlreichen klaren Flecken. Gattung *Platystoma* MEIGEN
1* 3. FGld lg u. dünn; FlMembran klar, mit gedunkelter Basis u. Spitze u. zwei schmalen transversalen Bändern dazwischen. Gattung *Rivellia* ROBINEAU-DESVOIDY

Familie *Pyrgotidae*

Nächtliche Lebensweise, alle bekannten L *Scarabaeidae*-Parasiten, nützlich.

Familie *Tephritidae*

Die ♀♀ der meisten *Tephritidae*-Arten legen ihre Eier in lebendes, gesundes PflGewebe u. ihre L leben u. fressen in verschiedenen PflTeilen. Einige sind Gallbildner, wenige Blattminierer, andere entw sich in Früchten u. Samen od. in Blüten von Korbblütengewächsen. L von bes. wirtschaftlicher Bedeutung als Schädlinge, leben in Früchten u. Pfl u. vernichten weltweit beachtliche Werte. Zum Beispiel in Südfrüchten u. anderem Obst: *Ceratitis capitata* (WIEDEMANN) (oft eingeschleppt), Spargelfliege: *Platyparea poeciloptera* SCHRANK, Kirschfliege: *Rhagoletis cerasi* (L.).
Nach der Lebensweise der L lassen sich grob folgende vier Gruppen unterscheiden:

1. Gruppe: Entw in Blütenköpfen (Gattungen *Urophora* ROBINEAU-DESVOIDY, *Myopites* BLOT, *Trypeta* MEIGEN, *Xyphosia* ROBINEAU-DESVOIDY, *Trupanea* SCHRANK, *Ensina* ROBINEAU-DESVOIDY, *Noeeta* ROBINEAU-DESVOIDY, *Tephritis* LATREILLE usw.).
Diese Gruppe greift vorwiegend die Blütenköpfe von Korbblütengewächsen an (Disteln u. a.).
2. Gruppe: Blattminierer (Gattungen *Euleia* WALKER, *Urophora* ROBINEAU-DESVOIDY, *Acidia* ROBINEAU-DESVOIDY usw.).
In diese Gruppe gehört die Selleriefliege *Euleia heracleii* (L.).
3. Gruppe: Entw in Stengeln od. Wurzeln (Gattungen *Oxyna* ROBINEAU-DESVOIDY, *Spathulina* RONDANI, *Cerajocera* RONDANI, *Dithryca* RONDANI usw.).
4. Gruppe: Entw in Früchten (Gattungen *Rhagoletis* LOEW, *Anomoia* WALKER, *Ceratitis* MACLEAY usw.).

Familie *Helcomyzidae*

Entw in faulendem Tang

1 Sch behaart; Costa beborstet. – Arista sehr kurz. – Nur *Helcomyza ustulata* CURTIS: Stirn u. Mesonotum gelblichgrau; Fl weißlich; 6–10 mm.
Gattung *Helcomyza* CURTIS

1* Sch unbehaart; Costa unbeborstet. – Nur *Heterocheila buccata* FALLÉN: B glänzend rostgelb; 4,5–7,5 mm.
Gattung *Heterocheila* RONDANI

Familie *Coelopidae*

Alle bekannten L leben in faulendem Tang.

1 Peristomalien, Hlb u. B mit Bo (Macrochaeten).
Untergattung *Fucomyia* HALIDAY (Gattung *Coelopa* MEIGEN)

1* Peristomalien, Hlb u. B ohne Bo (Macrochaeten), mit weicher, stellenweise verlängerter Behaarung.
Untergattung *Coelopa* MEIGEN (Gattung *Coelopa* MEIGEN)

Familie *Dryomyzidae*

Im. in feuchten Wäldern. L nur ungenügend bekannt. Nur Gattung *Dryomyza* FALLÉN.

Familie *Sepsidae*

VB des ♂ oft mit sekundären Geschlechtsmerkmalen: Femora u. Tibien deformiert u. mit Dornen od. stachligen Auswüchsen; Tibien mit od. ohne PräapikalBo; Costa ohne Unterbrechung; sc vollständig u. deutlich von der r_1 getrennt.

1 Fl an der Mündung der r_{2+3} in die Costa mit einem dunklen Punkt. Gattung *Sepsis* FALLÉN

1* Fl stets ohne dunklen subapikalen Punkt 2

2 1. u. 2. Basalzelle (R u. M) miteinander verschmolzen. Gattung *Saltella* ROBINEAU-DESVOIDY

2* 1. u. 2. Basalzelle getrennt 3

3 MesopleuralBo u. äußere ScheitelBo (vte) fehlend 4

3* Zumindest die MesopleuralBo stets vorhanden u. gut entw 5

4 Sch mehr als halb so lg wie breit, mit 2 gleichmäßig ausgebildeten ScutellarBoPaaren; PostvertikalBo (pvt) fehlend; äußere ScheitelBo (vte) vorhanden. – Einzige Art: *Ortalischema albitarse* (ZETTERSTEDT). Gattung *Ortalischema* FREY

4* Sch nicht halb so lg wie breit; nur die apikalen ScutellarBo kräftig; PostvertikalBo (pvt) vorhanden; äußere ScheitelBo (vte) fehlend. Gattung *Themira* ROBINEAU-DESVOIDY

5 (3*) Backen auffallend breit (extrem hoch), etwa so breit wie der AuDurchmesser; 3 DorsozentralBo (dc) u. 3 lg OrbitalBo (ors) vorhanden; größere Fliegen (6–8 mm). – K u. Thorax abgeflacht; Fl gebräunt; ♂ mit auffallend großem, symmetrischem, zangenartig unter den Hlb gebogenem Hypopygium (Genitalarmatur). – Nur an Meeresküsten, auf Tang, faulenden Algen. Gattung *Orygma* MEIGEN

Nur *Orygma luctuosum* MEIGEN.

5* Backen viel schmaler; höchstens 2 dc u. höchstens 1 deutliche ors vorhanden; kleinere Fliegen (bis 4 mm) 6

6 OrbitalBo (ors) kräftig ausgebildet. Gattung *Meroplius* RONDANI

6* OrbitalBo (ors) nur sehr schwach ausgebildet od. fehlend. Gattung *Nemopoda* ROBINEAU-DESVOIDY

Familie *Sciomyzidae*

Soweit bekannt, parasitisch od. räuberisch gegenüber Wasserschnecken. L vorwiegend aquatisch; einige Arten möglicherweise in feuchter Erde, Exkrementen od. verfallender PflSubstanz. – K bei dorsaler Betrachtung so breit wie od. breiter als der Thorax; 2. FGld bisweilen bedeutend verdickt od. verlängert; 3. FGld in der Regel dreieckig (Oberrand ± nach innen gewölbt), manchmal kurz-oval; Arista kahl od. gefiedert; Tibien mit PräapikalBo; Fl oft auffallend länger als der Hlb, manchmal mit dunklen Zeichen; sc vollständig; in ihrem Verlauf gegen die Mündung in die Costa deutlich von der r_1 getrennt; 2. Basal- (M) u. Analzelle (Cu) kurz, Analzelle distal nach außen gewölbt; Hlb meist lg u. schmal.

1 Analzelle in der unteren Ecke spitz. Unterfamilie *Salticellinae* S. 389
1* Analzelle senkrecht begrenzt od. mit gerundetem Ende; PostvertikalBo deutlich konvergent 2
2 Tibien der MB u. HB mit Bo in der M. Unterfamilie *Pelidnopterinae* S. 389
2* Tibien der MB u. HB ohne Bo in der M. Unterfamilie *Sciomyzinae* S. 389

Unterfamilie *Salticellinae*

Nur 1 Gattung: *Salticella* ROBINEAU-DESVOIDY.
FlAdern r_{4+5} u. m im Endabschnitt konvergent u. vor der FlSpitze den FlRand erreichend; Femora der VB u. HB auffallend verdickt u. unterseits zweizeilig bedornt. – 7,5–10 mm.

Unterfamilie *Pelidnopterinae*

Nur 1 Gattung: *Pelidnoptera* RONDANI [*Phaeomyia* SCHINER].
Vorwiegend im Geb; 8–11 mm.

Unterfamilie *Sciomyzinae*

1 PropleuralBo vorhanden. Tribus *Sciomyzini* S. 389
1* PropleuralBo fehlend. – Gesichtskiel vorhanden u. deutlich ausgeprägt. Tribus *Tetanocerini* S. 390

Tribus *Sciomyzini*

1 Stirn durch Verlängerung des OcDreiecks geteilt (eine Stirnmittelleiste vorhanden in Form einer chitinigen Platte zw OcDreieck u. FAnsätzen) 2
1* Stirn ohne Mittelleiste 5
2 Stirnmittelleiste bandförmig, überall gleich breit. Gattung *Ditaenia* HENDEL
2* Stirnmittelleiste vorn zugespitzt od. nach vorn gleichmäßig verschmälert u. linienförmig auslaufend 3
3 1 Paar OrbitalBo (ors); Gesicht in SAnsicht nasenförmig vorspringend; Backen halb so breit wie die AuHöhe. Gattung *Ditaeniella* SACK
3* 2 Paar OrbitalBo; Gesicht nicht nasenartig vorspringend; Backen meist von nur $^1/_3$ der AuHöhe 4
4 Fl gegittert od. mit schwärzlichen Punktreihen. Gattung *Pherbellia* ROBINEAU-DESVOIDY
4* Fl ohne Gitter u. ohne Punktreihen; höchstens mit gebräunten Queradern. Gattung *Oxytaenia* SACK
5 (1*) Analader als Falte in Richtung zur FlSpitze gebogen, fast parallel zum FlHRand verlaufend, diesen aber nicht erreichend; Fl mit 2 Querbinden. – 2–4 mm. Gattung *Colobaea* ZETTERSTEDT
5* Analader normal zum FlHRand verlaufend 6
6 Arista dorsal fast am E des 3. FGld entspringend (subapikal); 2. FGld oben mit 1 lg Bo; nur 1 NotopleuralBo; ♀ mit Legeröhre. – 3–4,5 mm. Gattung *Tetanura* FALLÉN
6* Arista dorsal nahe der Basis des 3. FGld entspringend; 2. FGld ohne lg Borste; ♀ ohne Legeröhre 7
7 Gelbe, braune od. graue Fliegen, nie glänzend schwarz, mit breiten Backen. – Häufig über 4 mm 8

7* Schwarz glänzende Fliegen mit linearen Backen u. gelb u. schwarz gezeichneten B. – In der Regel unter 4 mm 9
8 Fl mit Netzmuster. – 3–4 mm. Gattung *Graphomyzina* MEIGEN
8* Fl ohne Netzmuster. – 3–10 mm. Gattung *Sciomyza* FALLÉN
9 (7*) 3. FGld stark verlängert, Oberseite nach innen gewölbt. – 2–3 mm. Gattung *Ctenulus* RONDANI
9* 3. FGld nicht verlängert, oval. – 2,5–4 mm. Gattung *Pteromicra* LIOY

Tribus *Tetanocerini*

1 Sch mit 2 Bo 2
1* Sch mit 4 Bo 4
2 Tibien der HB mit 2 PräapikalBo; Thoraxbeborstung normal. Gattung *Antichaeta* HALIDAY (Untergattung *Parantichaeta* ENDERLEIN)
2* Tibien der HB mit 1 PräapikalBo; Pleuren u. Hlb ohne Macrochaeten; NotalBo wenig entw; Femora der HB unterseits zweizeilig gedornt 3
3 2. FGld griffelförmig, doppelt so lg wie das 3. – 6–9 mm. Gattung *Sepedon* LATREILLE
3* 2. FGld etwa so lg u. breit wie das 3. – 5–8 mm. Gattung *Dichetophora* RONDANI
4 (1*) 2. FGld höchstens $^1/_3$ so lg wie das 3. 5
4* 2. FGld zumindest halb so lg wie das 3., meist viel länger 7
5 Tibien der HB mit 1 PräapikalBo. – 4–7 mm. Gattung *Renocera* HENDEL
5* Tibien der HB mit 2 schräg übereinanderstehenden PräapikalBo 6
6 Fl viel länger als der Hlb u. stets breit; 2 Paar DorsozentralBo (dc). – 4 bis 6 mm. Gattung *Antichaeta* HALIDAY (Untergattung *Antichaeta* HALIDAY)
6* Fl nicht länger od. kürzer als der Hlb u. sehr schmal; nur das hinterste DorsozentralBoPaar vorhanden. Gattung *Heteropteryx* HENDEL
7 (4*) Kleine, schwarz glänzende Fliegen; 3. FGld griffelförmig verlängert, etwa dreimal so lg wie das 2. Gld. – 4–5 mm. Gattung *Ectinocera* ZETTERSTEDT
7* Größere, nie glänzende schwarze Fliegen; 3. FGld nie griffelartig verlängert u. höchstens doppelt so lg wie das 2. Gld, meist aber viel kürzer 8
8 Arista mit lg abstehenden Fiedern, Fiederfläche so breit wie od. breiter als das 3. FGld 9
8* Arista nackt od. kurz behaart, Fiederfläche stets schmaler als das 3. FGld . 13
9 Pleuren unbeborstet 10
9* Meso- u. Pteropleuren mit Bo; Fl mit Netz- od. Gitterzeichnung 11
10 Fl nicht gegittert, nur bräunlich getrübt, mit schwach getönten Queradern. – 4–12 mm. Gattung *Tetanocera* DUMÉRIL
10* Fl gegittert. – 7–11 mm. Gattung *Lunigera* HENDEL
11 (9*) 1 Paar OrbitalBo. – 4–6 mm. Gattung *Dictya* MEIGEN
11* 2 Paar OrbitalBo 12
12 Fl dunkel mit weißlichen Flecken. Gattung *Trypetoptera* HENDEL
12* Fl hell mit dunkler Netzzeichnung. Gattung *Pherbina* ROBINEAU-DESVOIDY
13 (8*) Fl nicht gegittert. – 6–10 mm. Gattung *Elgiva* MEIGEN
13* Fl gegittert 14
14 3. FGld am E beborstet. – Größere Fliegen: 6–10 mm. Gattung *Coremacera* RONDANI
14* 3. FGld am E nicht beborstet. – Teilweise auch kleinere Fliegen: 3,5–10 mm. Gattung *Limnia* ROBINEAU-DESVOIDY

Familie *Lauxaniidae*

L saprophag unter Laub, Stroh, pfl Abfall, überwintertem Klee, in Vogelnestern usw. Im. in der Regel schattenliebend, im Wald u. in dichter Vegetation in Wassernähe, manchmal auf Blüten. – Kleine Fliegen von verschiedener Färbung, bisweilen mit gefleckten Fl; Costa ohne Unterbrechung; sc vollständig u. deutlich von der r_1 getrennt verlaufend. – Gattungen schwer unterscheidbar.

Familie *Chamaemyiidae*

L einiger Gattungen Räuber von *Aphidae*, *Chermesidae* u. *Coccidae*. – Determination der Im. schwierig, nur durch diffizile Beborstungsmerkmale unterscheidbare Gattungen.

Familie *Periscelididae*

Seltene Fliegen. – Nur Gattung *Periscelis* LOEW: Tibien ohne PräapikalBo.

Familie *Piophilidae*

L in tierischen Produkten u. Pilzen, an Kadavern, in moderndem Holz u. in Vogelnestern.
Nur Gattung *Piophila* FALLÉN mit mehreren Untergattungen. 2. FGld mit vorragender, aufrechter Bo; VibrissenBo stark; Costa an der Mündung der sc od. nahe derselben gebrochen; sc vollständig, nahe der Mündung der r_1 ebenfalls in die Costa fließend; ein einziges Paar DorsozentralBo (dc). – *Piophila casei* (L.) – Käsefliege, L weltweiter Vorratsschädling. – L mit Sprungvermögen bis zu 23 cm weit u. 20 cm hoch.

Familie *Neottiophilidae*

L ektoparasitische Blutsauger in den Nestern verschiedener Vogelarten.

1 OcDreieck mit der Spitze fast bis zum VRand der Stirn reichend; unterhalb der Vibrisse eine Reihe gleich starker Bo; Femora der HB auf der US ohne Dornen; Costa stark gedörnelt. – *Neottiophilum praeustum* (MEIGEN); 8,5 bis 9,5 mm; Fl mit Schatten an den Queradern u. an der FlSpitze; Analzelle (Cu) durch gewundene Querader geschlossen. *Neottiophilum* FRAUENFELD

1* OcDreieck kurz, unter der Vibrisse keine Bo; Femora der HB auf der US mit 2 Reihen Dornen; Costa ungedörnelt. – *Actenoptera hilarella* (ZETTERSTEDT). ca. 4,5 mm. Gattung *Actenoptera* CZERNY

Familie *Pallopteridae*

L saprophag, phytophag u. räuberisch, im letzten Fall teilweise forstwirtschaftlich sehr nützlich als Feinde der Borkenkäfer u. deren L; in Blütenköpfen, PflStengeln u. unter Baumrinde lebend. – Die Im. einiger Arten bewegen im Sitzen die Fl auf u. nieder.

1 Meist mit 4 sehr starken u. langen SternopleuralBo; Costa deutlich gedörnelt; 6 DorsalzentralBo (dc). – Einzige Gattung: *Eurygnathomyia* CZERNY mit einer einzigen Art: *E. bicolor* ZETTERSTEDT. Unterfamilie *Eurygnathomyiinae*

1* Nur 1 SternopleuralBo (s 2); Costa nicht gedörnelt; höchstens 4 DorsozentralBo. – Nur 1 Gattung: *Palloptera* FALLÉN, mit zahlreichen Arten, deren Unterscheidung nach den Schatten auf den Fl u. Beborstungsmerkmalen erfolgt.
Unterfamilie *Pallopterinae*

Familie *Lonchaeidae*

Die L der meisten Arten dringen sekundär in kranke od. geschwächte PflSubstanz ein, sehr viele Arten leben als L zusammen mit Borken- u. Bockkäfern sowie deren L unter Baumrinde, einige durch Vernichtung dieser Forstschädlinge ausgesprochen nützlich. Wenige Arten besiedeln primär Koniferensamen, greifen Früchte an od. verursachen Gallbildung an Gräsern. Im Gebiet sind die meisten Arten im Wald od. in dessen Nähe zu finden. – Wesentliches Erkennungsmerkmal der *Lonchaeidae*-Im. sind die stets dunklen (schwarzen od. schwarzbraunen) Halteren.

1 Poststigmatikalhaare od. -Bo vorhanden (Abb. **306**/2: pstg); bei den meisten Arten auf der Vorderfront der Backen 1–7 starke vibrissenähnliche Bo.
Unterfamilie *Dasiopinae*

1* Poststigmatikalhaare od. -Bo fehlend; deutliche Vibrissen- oder vibrissenähnliche Bo in der Regel fehlend. Unterfamilie *Lonchaeinae*

Familie *Sphaeroceridae*

L in Exkrementen verschiedener Wirbeltiere, einschließlich Vieh u. Pferde od. Kaninchen u. anderer in Erdbauen lebender Tiere, in denen sich die L entwickeln; andere in verfallender organischer Substanz, bei Pilzen od. an Baumsäften usw., einige an Tang an den Küsten. – Winzige bis kleine Fliegen mit charakteristisch verbreiterten u. verkürzten Basitarsi der HB; Femora kräftig, Tibien oft mit gebogenem Apikalsporn.

1. Gruppe: 4. u. 5. FlLängsadern scheinen an der hinteren Querader beim Verlassen der Diskoidalzelle aufzuhören od. werden hiernach sehr schwach; 2. Basalzelle mit der Diskoidalzelle vereinigt; Analzelle fehlend; Bo am Sch vorhanden: Gattung *Leptocera* OLIVIER u. weitere. (Diese Gruppe vereinigt einen großen Teil der Gattungen u. Arten der Familie.)

2. Gruppe: Die 5. Längsader erreicht nicht den FlRand; 2. Basal- u. Analzelle vorhanden; Sch mit Bo: Gattung *Copromyza* FALLÉN.

3. Gruppe: Die 5. Längsader erreicht den FlRand; 2. Basal- u. Analzelle vorhanden; Sch ohne Bo; aber manchmal mit Zähnen od. mit warzigen Auswüchsen auf seiner diskalen Fläche, die auch auf dem dorsalen Thorax od. sogar auf der Stirn vorkommen können: Gattung *Sphaerocera* LATREILLE.

Familie *Braulidae*

Nur Gattung *Braula* NITZSCH: *Braula coeca* NITZSCH. „Bienenlaus“; durch das Fehlen der Fl u. HAL sowie die Umwandlung der beiden Krallen jedes Tarsi zu einem vielzähnigem Kamm unschwer von allen übrigen Dipteren unterscheidbar.

Familie *Tethinidae*

L u. ihre Lebensweise offenbar unbekannt. Im. der Gattung *Tethina* HALIDAY kommen wahrscheinlich nur an Meeresküsten vor, die von *Pelomyia* WILLISTON an der Küste u. an Binnensalzstellen.

1 2. Basalzelle u. Diskoidalzelle nicht deutlich getrennt (Querader reduziert); AkrostichalBo (ac) fehlend; kleine gekreuzte Bo auf der Stirn fehlend. Gattung *Pelomyia* WILLISTON

1* 2. Basal- u. Diskoidalzelle deutlich getrennt; AkrostichalBo vorhanden; kleine gekreuzte Bo auf der Stirn vorhanden. Gattung *Tethina* HALIDAY

Familie *Milichiidae*

L saprophag od. koprophag. Die *Milichiidae*-Im. oft bei Kadavern. Exkrementen od. verfallendem PflMaterial. Einige Arten in Ameisen-, andere in Vogelnestern (*Carnus hemapterus* NITZSCH blutsaugende Ektoparasiten im Flaum verschiedener Vögel), andere Kommensalen räuberischer Insekten.

1 Fl an der distalen Unterbrechung der Costa tief eingeschnitten; sc am inneren E dieses Einschnittes mündend. Unterfamilie *Milichiinae* (Gattungen *Milichia* MEIGEN u. *Milichiella* GIGLIO-TOS)

1* Fl an der distalen Costa-Unterbrechung nicht eingeschnitten 2

2 Fl ohne Queradern; Fl nur bei jungen Im. vorhanden, später abbrechend. Gattung *Carnus* NITZSCH. Einzige Art: *C. hemapterus* NITZSCH

2* Fl mit Queradern, stets erhalten 3

3 Queradern r-m u. m-cu sehr nahe beieinander (Abstand etwa gleich der Lg der hinteren Querader m-cu). Gattung *Meoneura* RONDANI (Unterfamilie *Carninae*)

3* Abstand der beiden Queradern größer als die Lg der m-cu 4

4 3. FGld des ♂ etwa halb so groß wie ein Au; Au behaart. Gattung *Phyllomyza* FALLÉN (Unterfamilie *Madizinae*)

4* 3. FGld von normaler Größe, viel kleiner als ein Au; Au nackt od. fast nackt 5

5 Thorax u. meist auch der Hlb unbestäubt, glänzend schwarz. Gattung *Madiza* FALLÉN (Unterfamilie *Madizinae*)

5* Thorax u. Hlb mit dichter grauer bis bräunlicher Bestäubung, nicht stark glänzend. Gattungen *Desmometopa* LOEW, *Leptometopa* BECKER u. *Neophyllomyza* MELANDER (Unterfamilie *Madizinae*)

Familie *Canacidae*

L fressen Algen auf sandigem Strand od. von Wellen überspülten Steinen u. Felsen. Im. auf der Oberfläche von Salztümpeln.

1 4 Paar starke, schwarze DorsozentralBo (dc) u. andere Bo auf dem dorsalen Thorax. – 2,5 mm. *Canace nasica* (HALIDAY)

1* Nur 2 Paar DorsozentralBo; alle Bo weißlich u. nur schwach entw. – 2 bis 2,5 mm. *Xanthocanace ranula* (LOEW)

Familie *Ephydridae*

L in Sümpfen, nützlich als Nahrung für Wasservögel. L aquatisch od. semiaquatisch, teilweise räuberisch. Einige auf verfallender PflSubstanz od. Exkrementen, minieren Blätter od. befinden sich in den Stengeln von Land- u. WasserPfl. Im. in der Regel auf der Oberfläche von Schlamm od. Wasser od. auf niedriger, aus dem Wasser ragender Vegetation od. an den Küsten. Einige Arten (z. B. Gerstenminierfliege) als Schädlinge an Getreide von gewisser landwirtschaftlicher Bedeutung. Im. räuberisch auf kleinen Insekten, auf faulendem Material u. Exkrementen.

1 2. FGld mit einem nach vorn gerichteten, gekrümmten Dorn **2**
1* 2. FGld ohne solchen Dorn **3**
2 Costa an der Mündung der r_{4+5} endend. Gattung *Notiphila* FALLÉN
2* Costa bis zur Mündung der m reichend; r_{2+3} sehr lg, zunächst dicht neben u. parallel der r_1 verlaufend, in Höhe deren Mündung in die Costa so gebogen, daß sie von hier ab parallel dem FlRand bis zu ihrer eigenen Mündung verläuft. – 1,5 mm. Gattung *Clanoneurum* BECKER
Clanoneurum cimiciforme (HALIDAY): 1,5 mm.
3 **(1*)** Mundöffnung klein; Au in der Regel mit deutlicher Behaarung **4**
3* Mundöffnung sehr groß; Au meist ohne deutliche Behaarung. – Gesicht stark vorgewölbt **7**
4 Costa an der Mündung der r_{4+5} endend. – Nur 1 DorsozentralBo (dc) dicht vor dem Sch, dieses mit nur 2 Bo; nur 1 NotopleuralBo. Gattung *Axysta* HALIDAY
Axysta cesta (HALIDAY): 1–1,4 mm.
4* Costa bis zur Mündung der m reichend **5**
5 Arista oberseits gefiedert **6**
5* Arista nackt od. nur mikroskopisch pubeszent. Schwer bestimmbare Gattungen
6 Hü u. Femora der VB stark verdickt; Femora der VB mit einer Dornenreihe; Tibien der VB mit langem Apikalsporn (Tibie in Femur einknickbar wie ein Taschenmesser): RaubB. Gattung *Ochthera* LATREILLE
6* Hü u. Femora der VB normal, nicht verdickt. – 3 Paar DorsozentralBo. – 1–3 mm. Gattung *Hydrellia* ROBINEAU-DESVOIDY
7 **(3*)** Clypeus nicht vor den Mundrand vortretend; Arista gefiedert od. nackt **8**
7* Clypeus deutlich sichtbar, vor den Mundrand hervortretend; Arista nackt, höchstens pubeszent **14**
8 Arista gefiedert (Cilien stets nur auf der OS) **9**
8* Arista nackt od. mikroskopisch pubeszent **10**
9 5 Paar DorsozentralBo (dc); Sch behaart. – Tarsenklauen kurz, krumm, mit deutlichen Pulvillen. Gattung *Coenia* ROBINEAU-DESVOIDY
9* Nur 3 Paar DorsozentralBo; Sch nackt. – Tarsenklauen gekrümmt. Gattung *Philotelma* BECKER
10 **(8*)** Costa nur bis zur Mündung der r_{4+5} reichend. Gattung *Scatophila* BECKER
10* Costa bis zur Mündung der m reichend **11**
11 Mesonotum mit 5 Paar DorsozentralBo; Tarsenklauen gerade; Pulvillen undeutlich. Gattung *Ephydra* FALLÉN
11* Mesonotum mit nur 2 Paar DorsozentralBo **12**
12 Fl gefleckt. Gattung *Scatella* ROBINEAU-DESVOIDY
12* Fl ungefleckt **13**

13 Sch mit 2–4 Bo. Gattung *Lamproscatella* HENDEL

13* Sch mit 6 Bo. Gattung *Tichomyza* MACQUART

14 (7*) sc auf ihrer ganzen Lg von der r_1 getrennt u. selbst in die Costa mündend. – 4–5 mm. *Halmopota salinarum* (BOUCHÉ)

14* sc nur im Basalteil deutlich, im weiteren Verlauf mit der r_1 vereinigt. – 2,5 bis 5 mm. Gattung *Parydra* STENHAMMAR

Familie *Curtonotidae*

Kleine, grau getönte, bucklige, kräftige Fliegen, den *Drosophilidae* nahestehend. L nur von einer afrikanischen Art bekannt. – Im Gebiet nur eine Gattung mit einer Art: *Curtonotum anus* (MEIGEN): 6 mm; wohl nur im S vorkommend.

Familie *Drosophilidae*

Fliegen meist in der Umgebung verdorbener Früchte, von Säften, in Pilzen usw., L leben von Mikroorganismen solcher Substrate. Einige Arten in Blüten, auf Baumsäften od. in verfallender organischer Substanz. Einige *Scaptomyza*-Arten sind Blattminierer, verschiedene *Chymomyza*-L u. die L von *Stegana* (*Steganina*) *coleoptrata* (SCOPOLI) leben unter Baumrinde, letztere vorwiegend in den Lentizellen der Birken- u. Kirschbaumrinde. – *Drosophilidae* in Konservenfabriken usw. eine gewisse Bedeutung als Schädlinge. Viele *Drosophila*-Arten leicht zu züchten, werden in Laboratorien für genetische, cytologische u. physiologische Untersuchungen häufig verwendet.

1 Arista gefiedert 2

1* Arista kahl od. höchstens pubeszent; PostvertikalBo schwach. Gattungen *Acletoxenus* FRAUENFELD u. *Cacoxenus* LOEW

2 2. Basalzelle (M) u. Diskoidalzelle (1. M_2) vereinigt (Querader fehlt). – PostvertikalBo stark; Arista mit mindestens 2 Haaren hinter der Gabel an der Spitze; unterste (vordere) der nach hinten gebogenen (reklinaten) OrbitalBo viel schwächer als die dahinter. Gattung *Drosophila* FALLÉN

2* 2. Basalzelle (M) u. Diskoidalzelle (1. M_2) durch eine Querader getrennt. Gattungen *Stegana* MEIGEN u. *Amiota* LOEW

Die sehr kleinen Fliegen der Gattung *Scaptomyza* HARDY haben im Gegensatz zur Gattung *Drosophila* an der Arista nur ein unteres Haar hinter der Gabel an der Spitze. – In den Gattungen *Chymomyza* CZERNY u. *Leucophenga* MIK sind die PostvertikalBo schwach, die unterste der nach hinten gebogenen (reklinaten) OrbitalBo so stark wie die dahinter, u. in der Gattung *Leucophenga* sind die FlQueradern einander genähert.

Familie *Diastatidae*

Fliegen auf sumpfigen Wiesen u. im Wald.

1 Nur eine etwas eingerückt stehende, rückwärts gebogene (reklinate) OrbitalBo; Mesopleuren mit Bo; 3. FGld kurz. Gattung *Diastata* MEIGEN

1* 2 etwas eingerückt stehende, rückwärts gebogene (reklinate) OrbitalBo; Mesopleuren kahl; 3. FGld zylindrisch, über zweimal so lg wie breit. Gattung *Campichoeta* MACQUART

Familie *Camillidae*

Nur Gattung *Camilla* HALIDAY mit zwei 1–2 mm großen Arten.

Familie *Chloropidae*

Die meisten Fliegen der Unterfamilie *Chloropinae* gelb u. schwarz gestreift, was die allgemeine Erscheinungsform in der ganzen Familie ist. Die häufigeren Arten der *Oscinellinae* sind vorwiegend dunkelgrau bis schwarz u. unscheinbarer. – Die L vieler Arten saprophag, andere phytophag, vorwiegend in Grasstengeln minierend, darunter einige „Halmfliegen“ als wirtschaftlich wichtige Getreideschädlinge: *Oscinella frit* (L.), *Chlorops pumilionis* BJERKANDER, *Meromyza*-Arten u. a. *Lipara*-Arten sind Gallbildner, andere karnivor.

1 Costa bis zur Mündung der m reichend (selten unmittelbar vor deren Mündung endend, aber stets bis deutlich hinter die M zw den Mündungen der r_{4+5} u. m sichtbar); m nicht zarter als die anderen Längsadern; vorwiegend dunkelgraue bis schwarze, unauffällige Fliegen. ... Unterfamilie *Oscinellinae* 2

1* Costa nur bis zur Mündung der r_{4+5} reichend od. etwas darüber hinaus, aber nie die M zw den Mündungen der r_{4+5} u. m erreichend; m oft auffallend zarter als die anderen Längsadern; Färbung auffallend gelb, grün u. schwarz (als Streifen u. Flecken). ... Unterfamilie *Chloropinae* 3

2 KörperLg höchstens 3 mm. Verschiedene Gattungen, darunter *Elachiptera* MACQUART (viele Arten am Sch mit warzigem Rand, die Warzen tragen die Bo; Arista auffallend kräftig u. dicht pubeszent, buschig behaart), *Oscinella* BECKER [mit der Fritfliege *O. frit* (L.)] u. a.
In einigen Gattungen FlReduktion: vgl. Nr. 130 der Haupttabelle.

2* KörperLg 4–8 mm. Gattung *Lipara* MEIGEN
Lipara lucens MEIGEN verursacht beachtliche Gallen in Schilfbeständen.

3 (1*) Femora der HB stark verdickt; Tibien der HB entsprechend gekrümmt 4

3* Femora der HB nicht verdickt; Tibien der HB ± gerade.
Gattungen *Chlorops* MEIGEN, *Thaumatomyia* ZENKER u. a.

4 OcDreieck fast die ganze Stirn einnehmend, mit stark nach außen gewölbten Seitenrändern, punktiert u. behaart; Stirn weit vor den Au hervorragend.
Gattung *Platycephala* FALLÉN
P. planifrons (F.), 7–8 mm; *P. umbraculata* (F.), 3–5 mm. – Beide Arten im Schilf, L in den Schilfstengeln.

4* OcDreieck klein, den Stirnvorderrand nicht erreichend, mit geraden SRändern, ein gleichseitiges, spitzes, ± glänzendes Dreieck bildend, nicht punktiert, nicht behaart; Stirn nur wenig vor den Au hervorragend.
Gattung *Meromyza* MEIGEN
L Getreideschädlinge: *Meromyza saltatrix* (L.).

Familie *Odiniidae*

Lebensweise der L wenig bekannt; sie wurden aus den Gängen des Rüsselkäfers *Cryptorhynchus lapathi* L. gezüchtet. Wahrscheinlich leben die L von den Exkrementen des Käfers. – Im. wurden an Baumwunden, Pilzen u. an verrottendem Holz gefunden.

1 Mesopleuren nackt, ohne Bo od. Haare; 5 DorsozentralBo (dc); PostvertikalBo lg u. kräftig; Tibien ohne PräapikalBo, aber die Tibien der MB mit einem Kranz von Endspornen. KörperLg 2–4 mm, zwei Arten.
Gattung *Odinia* ROBINEAU-DESVOIDY

1* Mesopleuren behaart, am HRand mit 2 Bo; nur 4 dc vorhanden; PostvertikalBo winzig; Tibien mit PräapikalBo; Tibien der MB nur mit einem Endsporn.
Gattung *Neoalticomerus* HENDEL

Einzige Art *N. formosus* (LOEW).

Familie *Agromyzidae*

Die L der meisten Arten sind Minierer in Blättern od. Stengeln einer sehr großen Zahl von Pfl, aber nur von unbedeutendem wirtschaftlichem Interesse. – Die Bestimmung nach den Wirtspflanzen u. der Minenart der zahlreichen Arten ist leichter als nach den wenig häufigen Im. Die nicht gefiederte Arista läßt die Minierfliegen (*Agromyzidae*) von den minierenden Arten der *Drosophilidae* unterscheiden, die eine auffallend gefiederte Arista haben.

Charakteristische Merkmale einiger Gattungen:
Melanagromyza HENDEL: HAL schwarz.
Ophiomyia BRASCHNIKOV: HAL dunkel wie in der Gattung *Melanagromyza* HENDEL, aber außerdem mit Gesichtskiel.
Phytobia LIOY (Untergattung *Phytobia* LIOY): L im Kambium des untersten Teiles von Laubholzstämmen u. Wurzeln, bewirken „Markflecken“ u. „Braunfleckigkeit“ des befallenen Holzes.
Cerodontha RONDANI: 3. FGld mit subapikalem Dorn.
Liriomyza MIK: Sch gelb; Costa bis zur Mündung der m reichend.
Pseudonapomyza HENDEL: FlZelle M oben offen.
Napomyza WESTWOOD: Hintere FlQuerader vorhanden, aber ganz nahe der FlBasis, eine sehr kurze Diskoidalzelle bildend; Costa nur bis zur Mündung der r_{4+5} reichend.
Phytomyza FALLÉN: Hintere FlQuerader fehlend; Costa nur bis zur Mündung der r_{4+5} reichend; hintere FlAdern deutlich schwächer als die vorderen.

Familie *Clusiidae*

Die bisher bekannten L leben unter Baumrinde. Die Fliegen befinden sich meist in der Nähe von verrottendem Holz u. Pilzen.

1 Alle OrbitalBo (ors) rückwärts gerichtet 2
1* Die vordersten OrbitalBo konvergent od. vorwärts gerichtet 3
2 F voneinander entfernt; Arista dick. Gattung *Hendelia* CZERNY
2* F nahe beieinander; Arista dünn. – Ein Paar kleine gekreuzte InterfrontalBo zw den vorderen OrbitalBo; FlQueradern sehr dicht beieinander u. vor der FlM; 2. FGld das 3. überragend u. mit auffallender oberer u. unterer Borste; dunkelgefärbte Fliegen. Gattung *Clusiodes* COQUILLETT
3 (1*) KreuzBo auf der Stirn fehlend. – Vorderste OrbitalBo vorwärts gerichtet; PraescutellarBo fehlend. Gattung *Heteromeringia* CZERNY
3* KreuzBo auf der Stirn vorhanden 4
4 Postvertikal- u. PraescutellarBo fehlend; hintere ScutellarBo konvergent; vorderste OrbitalBo konvergent (nach innen gebogen). – FlQueradern weiter voneinander entfernt als in der Gattung *Clusiodes*. Gattung *Clusia* HALIDAY

4* Postvertikal- u. PraescutellarBo vorhanden; hintere ScutellarBo divergent; vorderste OrbitalBo vorwärts gerichtet. Gattung *Paraclusia* CZERNY

Familie *Acartophthalmidae*

Einzige Gattung: *Acartophthalmus* CZERNY.

1 Vorderer Teil der Stirn u. F mit Ausnahme des Vorder- u. Oberrandes des 3. FGld gelb; Gesicht u. Backen weiß od. gelblich; FlVRand gebräunt. – 2 mm. *Acartophthalmus bicolor* OLDENBERG

1* Ganzer K schwarz; Fl hyalin. – 2 mm. *Acartophthalmus nigrinus* (ZETTERSTEDT)

Familie *Heleomyzidae*

Soweit bekannt, leben die Larven der *Suilliinae* in Pilzen, Im. werden häufig an schattigen Stellen gefunden. Die *Heleomyzinae* sind mit verschiedenartiger, verfallender pfl u. tierischer Substanz verbunden; Im. kommen in Vogelnestern u. Tierbauen vor.

1 Vertikalplatten schräg einwärts liegend (vorderer Teil vom AuRand getrennt); nur je 1 OrbitalBo auf den Vertikalplatten; Analader den FlRand nicht erreichend. Unterfamilie *Suilliinae* S. 398

1* Vertikalplatten dem AuRand anliegend u. ihm parallel mit 1–2 OrbitalBo; Analader den FlRand erreichend. – 1 starke PropleuralBo vorhanden. Unterfamilie *Heleomyzinae* S. 398

Unterfamilie *Suilliinae*

1 HumeralBo (h) fehlend. Gattung *Suillia* ROBINEAU-DESVOIDY

1* HumeralBo vorhanden. Gattung *Allophyla* LOEW

Unterfamilie *Heleomyzinae*

1 Costa ohne od. nur mit schwachen Dörnchen; Tibien ohne, höchstens nur mit ganz unscheinbaren, dorsalen, präapikalen Bo. – 2–3,5 mm. Gattungen *Borboropsis* CZERNY u. *Oldenbergiella* CZERNY

1* Costa mit Dornen; Tibien mit dorsalen präapikalen Bo. Weitere schwierig zu bestimmende Gattungen.

Familie *Trixoscelididae*

Nur Gattung *Trixoscelis* RONDANI: Fl mit ± kräftigen Flecken od. Schatten. Bes. an den Meeresküsten u. in Heiden.

Familie *Anthomyzidae*

L sind in Schilfgallen, in den Stengeln von Binse (*Juncus*) u. Reisquecke (*Leersia*) zw den Blättern von *Arundo*, Rohrkolben, Taubnessel u. a. gefunden worden, wobei unklar ist, ob sie saprophag od. phytophag sind. – Die *Anthomyzidae* sind bes. gekennzeichnet durch die in der FlM liegende hintere Querader in

Verbindung mit der ungewöhnlich langen Pubeszenz des 3. FGld u. den langen Costalcilien. – Eine abnorme FlEntw findet sich in der Gattung *Stiphrosoma* CZERNY, wo die Fl in der Regel teilweise verkümmert u. bisweilen nur bandartig ausgeprägt sind (vgl. Nr. 131). Jedoch finden sich auch Exemplare, bei denen Fl u. Geäder fast normal entw sind.

1 Fl mit unvollständigem Geäder oder Fl stark verkümmert u. weitgehend reduziert. – Körper kurz u. gedrungen. Gattung *Stiphrosoma* CZERNY
1* Fl normal. – Körper schlank 2
2 2. FGld über das 1. kappenförmig übergreifend. Gattung *Anagnota* BECKER
2* 2. FGld nicht kappenförmig auf das 1. übergreifend. Gattung *Anthomyza* FALLÉN

Familie *Opomyzidae*

Die bekannten L leben phytophag in den Halmen von Wildgräsern u. Getreide, wo sie bisweilen schädlich werden.

1 PostvertikalBo vorhanden. Gattung *Anomalochaeta* FREY
Nur eine Art: *A. guttipennis* (ZETTERSTEDT); 2 mm.

1* PostvertikalBo fehlend 2
2 Axillarlappen u. Alula deutlich ausgeprägt; Sch behaart; Arista pubeszent. Gattung *Opomyza* FALLÉN
2* Axillarlappen u. Alula fehlend (Fl schmal u. lanzettförmig); Sch nackt; Arista auf der Oberseite gefiedert. Gattung *Geomyza* FALLÉN

Familie *Chyromyidae*

Die L einiger Arten wurden in Vogelnestern, Tierbauen u. verrottendem Holz gefunden. – Die Im. haben gewisse Ähnlichkeit mit den *Heleomyzidae*, aber ohne Dörnchen an der Costa u. ohne präapikale Bo an den Tibien. Auch die für die *Heleomyzidae* charakteristischen Vertikalplatten sind nicht in dieser Weise ausgeprägt. F sehr kurz, BasalGld oft verborgen; Gesicht fliehend; sc vollständig, aber gegen die Mündung in die Costa schwach entw, ± parallel zur r_1 verlaufend u. teilweise durch sie verborgen; Queradern genähert.

1 Analader den FlRand erreichend; HK nach innen gewölbt; Metanotum ganz od. zur Hälfte schwarz. Gattung *Aphaniosoma* BECKER
1* Analader den FlRand nicht erreichend; Metanotum ganz gelb. Gattung *Chyromya* ROBINEAU-DESVOIDY

Familie *Aulacigastridae*

L im Baumfluß. – Einzige Gattung: *Aulacigaster* MACQUART; einzige Art: *A. leucopeza* (MEIGEN): glänzend braun; ca. 2 mm. – 2 Paar OrbitalBo, an den Wurzeln dicht beieinanderstehend, die vordere nach vorn gebogen u. die etwas nach innen gerückte hintere rückwärts gebogen (umgekehrte Anordnung gegenüber der bei den *Diastatidae*); 2 Paar starke VibrissenBo vorhanden u. eine Haarreihe rings um den Mundrand; Mundöffnung sehr breit, ähnlich der der *Ephydridae*; sc vollständig; HlbTergite mit transversalen Furchen.

Familie *Asteiidae*

Über die Biologie der Familie ist fast nichts bekannt. Die Im. sind zarte Fliegen, die s gesammelt werden.

1 Hintere FlQuerader fehlend; Arista gefiedert; Alula fehlend; r_{2+3} kurz, dicht bei der Mündung der r_1 in der Basalhälfte des Fl in die Costa mündend. – 1,5–2,5 mm. Gattung *Asteia* MEIGEN

1* Hintere Querader vorhanden, der vorderen Querader genähert, vor der FlM; Arista pubeszent; Alula vorhanden 2

2 r_{2+3} lg, erst nahe der FlSpitze in die Costa mündend (weit entfernt von der r_1). – 1,5–2 mm. Gattung *Leiomyza* MACQUART

2* r_{2+3} kurz, weit vor der FlM in die Costa mündend. – 2 mm. Gattung *Astiosoma* DUDA

Familie *Cryptochetidae*

Alle bekannten L sind *Coccidae*-Parasiten. – Nur eine Gattung: *Cryptochetum* RONDANI, mit nur einer Art im Gebiet: *C. buccatum* HENDEL.

Sektion *Calyptratae*

Familien *Anthomyiidae*, *Scathophagidae* u. *Muscidae*

Die L bes. aus der Unterfamilie *Anthomyiinae* zeigen in ihrer Lebensweise eine große Vielfalt. Sie sind als WurzelfliegenL bekannt. Viele Arten der Gattungen *Delia* ROBINEAU-DESVOIDY u. *Pegomya* ROBINEAU-DESVOIDY gehören zu den wichtigsten landwirtschaftlichen Schädlingen, wie die Brachfliege *Delia coarctata* (FALLÉN), Zwiebelfliege *Delia antiqua* (MEIGEN), Kleine u. Große Kohlfliege/Rettichfliege *Delia brassicae* HOFFMANNSEGG apud WIEDEMANN u. *Delia floralis* (FALLÉN), Salatfliege *Pegohylemyia gnava* (MEIGEN), Rübenfliege *Pegomya hyoscyami* (PANZER) u. a. – Die L versch *Scathophagidae* leben koprophag bes. in Kuhdung, einige sind aquatisch, andere räuberisch. – Die L der Gattung *Fucellia* ROBINEAU-DESVOIDY sind aquatisch od. semiaquatisch u. zoophag. Die Biologie vieler Arten aus der Familie *Scathophagidae* ist unbekannt, aber die bekannten Lebensweisen deuten auf eine extreme Vielfalt hin. Die meisten bekannten L sind phytophag, einige Blattminierer, andere leben in Blütenblättern von Seerosen (*Nymphaea*) od. zerstören die Blütenknospen von Wiesen-Lieschgras (*Phleum pratense*), kommen auch an anderen Gräsern vor u. werden so zu landwirtschaftlichen Schädlingen. Viele *Scathophaga*-L leben im Dung.

Von 1964 790 bekannten *Muscidae*-Arten aus der pal Region liegen (nach HENNIG in LINDNER, E.: Die Fliegen der palaearktischen Region. Bd. VII_2, 2. Hälfte; 1964) nur von 18% Beobachtungen über die Lebensweise der L vor. Diese verteilen sich auf folgende ökologischen Verhältnisse u. umfassen Saprophagie sowie räuberisches u. kommensales Dasein: Faulende Stoffe pfl u. tierischer Herkunft einschließlich Aas; Dünger u. Exkremente von Tieren u. vom Menschen; Nester u. Bauten von Säugetieren, Vögeln u. Insekten; tote u. geschwächte L u. Im. von Insekten; Eigelege von Heuschrecken; Strandanwurf, Algenmatten, Moospolster in Gewässernähe usw.; in Pilzen; unter Baumrinde, in verrottendem Holz, in Harzgallen; phytophag in lebenden Pfl; im Darm u. in anderen Körperhöhlen, in Wunden beim Menschen.

Die Im. der *Anthomyiidae* ähneln mit ihrem dunklen Körper vielen *Muscidae*-Arten, deren KörperLg zw 2 u. 12 mm variiert. Einige *Muscidae* sind gelblich od. schwarz, aber die meisten Arten grau u. braun. Ihre Fl sind in der Regel ungefleckt. Die Im. der meisten Gattungen leben räuberisch od. in der Umgebung des Menschen, wie die Stubenfliege (*Musca domestica* L.). Die Fliegen aus der Tribus *Stomoxyini* sind Blutsauger [*Stomoxys calcitrans* (L.)]. Die Unterscheidung der Familien *Anthomyiidae*, *Scathophagidae* u. *Muscidae* ist außerordentlich schwierig. Es ist praktisch unmöglich, Merkmale anzugeben, nach denen man diese Familien mit Hilfe einer zehnfachen Lupe, wie sie die vorliegende Fauna fordert, sicher unterscheiden kann. Auch für die Untergliederung dieser Gruppen u. selbst zum Erkennen einzelner Gattungen genügen die Merkmale, die man mit einer solchen Lupe sehen kann, kaum. Selbst in der vereinfachten Bestimmungstabelle für die Gattungen der *Muscidae* (HENNIG in LINDNER, E.: Die Fliegen der palaearktischen Region. Bd. VII_2, 2. Hälfte; 1964, p. 1064–1068) sind einzelne Gruppen mit einer zehnfachen Lupe nicht zu determinieren. Diese Tabelle stellt die beste u. sorgfältigste dar, die bisher jemals für diese Familie erarbeitet wurde. Unter der Voraussetzung einer stärkeren Vergrößerung sei jeder Interessent auf sie verwiesen. In folgender Übersicht werden daraus nur wenige Ausschnitte wiedergegeben:

1 Arten mit stark sklerotisiertem StechR, der in der Ruhe nicht in die Kapsel eingezogen wird; Pteropleura stets behaart; Arista zumindest auf der OS lg gefiedert. Tribus *Stomoxyini*
(Im. Blutsauger: Gattungen *Stomoxys* GEOFFROY u. *Haematobia* LE PELETIER & SERVILLE)

1* Arten ohne StechR 2

2 Pteropleura behaart od. beborstet; Arista lg gefiedert.
Tribus *Muscini* (Gattung *Musca* L. u. a.)

2* Pteropleura nackt; Arista kurz behaart od. fast nackt. – sc nur mit einer Biegung in der Nähe ihrer Wurzel, von da ab ziemlich geradlinig zum FlRand verlaufend u. sich dabei stetig weiter von der r_1 entfernend; die 2. Analader (a_2) umgreift die stark verkürzte Analader ($cu_2 + a_1$) bogenförmig.
Unterfamilie *Fanniinae* (Gattung *Fannia* ROBINEAU-DESVOIDY u. a.)

Familie *Gasterophilidae*

L endoparasitisch bei Säugetieren, entwickeln sich im Magen u. im Darm der *Equidae* u. sind als „Pferdebiesfliegen“ u. „Magenbremsen“ bekannt.
Gattung *Gasterophilus* LEACH: um 12 mm.

Familie *Hippoboscidae*

Die meisten Arten sind auf einen engen Wirtskreis beschränkt. Viviparie (Pupiparie) kennzeichnet die Vermehrung in dieser Familie.

1 Fl vollständig, wenn auch im Vergleich zu anderen Dipteren mäßig entw, mit mehr als 3 Adern 2

1* Fl reduziert (entweder von normaler Größe, aber mit weniger als 4 Adern, od. gesamter Fl größenmäßig reduziert) od. ganz fehlend 3

2 Auf Eulen, Falkenvögeln, Tauben, Hähern, Singvögeln.
Gattungen *Ornithoica* RONDANI, *Ornithomya* LATREILLE, *Ornitheza* SPEISER

2* Auf Reihern, Rohrdommeln, Tauben. Gattung *Lynchia* WEYENBERGH
2** Auf Säugetieren, im Wald u. in dessen Nähe. Gattung *Hippobosca* L.
3 (1) Fl u. HAL in beiden Geschlechtern vollständig fehlend. – Auf Schafen. Gattung *Melophagus* LATREILLE *M. ovinus* (L.): „Schaflaus"
3* Fl reduziert vorhanden (Geäder od. Größe reduziert) 4
4 Fl von normaler Größe, jedoch mit nur 3 Längsadern, weitere höchstens als zarte Falten angedeutet. – Adern mit präformierter Bruchstelle nahe der FlBasis, wo die Fl nach Erreichen des Wirtes abbrechen (junge Im. besitzen in beiden Geschlechtern die reduzierten Fl); HAL vorhanden (hierdurch u. durch das Verbleiben eines Restes der FlBasis sind auch die flügellosen Tiere von *Melophagus*-Exemplaren zu unterscheiden). – Auf Reh, Rotwild, Wildschwein, Dachs u. Fuchs, oft auch am Menschen, bes. im Haar. Gattung *Lipoptena* NITZSCH *Lipoptena cervi* (L.)
4* Fl auffallend klein od. abgebrochen 5
5 Fl abgebrochen, aber ein Rest der FlWurzel erhalten. – HAL vorhanden (vgl. Nr. 4). Gattung *Lipoptena* NITZSCH
5* Fl klein, lanzettlich zugespitzt (Fl so weit reduziert, daß sie für den Flug nicht mehr ausreichen u. die Tiere flugunfähig sind) 6
6 Winzige Oc vorhanden; bandartige Fl fast so lg wie die B. *Stenepteryx hirundinis* (L.)
6* Oc fehlend; Fl breiter, von ungefähr halber BLg. *Crataerina pallida* LATREILLE

Stenepteryx hirundinis (L.) u. *Crataerina pallida* LATREILLE kommen an Schwalben u. Mauerseglern vor.

Familie *Streblidae*

Pupipare Dipteren, obligate, blutsaugende Ektoparasiten der Fledermäuse. Einige Arten ohne Fl u. fluguntüchtig. Im Gebiet höchstens Gattung *Nycteribosca* SPEISER.

Familie *Nycteribiidae*

Flügellos u. pupipar. Gestalt etwas ähnlich derjenigen von *Melophagus ovinus* (L.) (*Hippoboscidae*), aber mehr degeneriert (vgl. Nr. 117, S. 348).

1 Oc fehlend; ohne starke Behaarung 2
1* Oc auf jeder KS; B u. Hlb mit dichter u. lg Behaarung. Gattung *Penicillidia* KOLENATI
2 Tibien deutlich verbreitert u. abgeflacht. Gattung *Nycteribia* LATREILLE (Untergattung *Listropodia* KOLENATI)
2* Tibien nicht verbreitert 3
3 AnalSgm des ♂ dick geschwollen, das des ♀ mit 2 zapfenförmigen Anhängen. Gattung *Nycteribia* LATREILLE (Untergattung *Stylidia* WESTWOOD)
3* AnalSgm in beiden Geschlechtern normal. Gattung *Nycteribia* LATREILLE

Familie *Calliphoridae*

Im. fressen auf Blüten u. verschiedenen organischen Stoffen, Vertreter der Familie gehören zu den wichtigsten Aasfliegen. Die L sind omnivor, nekrophag, karnivor od. parasitisch. In Anbetracht ihrer Brut- u. Fraßgewohnheiten sind die Fleisch- u. Schmeißfliegen von beachtlicher Bedeutung für die Übertragung von Krankheiten. Determination schwierig. In diese Familie gehören u. a. die Gattungen: *Calliphora* ROBINEAU-DESVOIDY [mit *C. vicina* ROBINEAU-DESVOIDY u. *C. vomitoria* (L.) den bekannten „Brummern" u. „Schmeißfliegen"] u. *Lucilia* ROBINEAU-DESVOIDY [mit *L. caesar* (L.), den „Goldfliegen"].

Familie *Sarcophagidae*

Nahrung der L ist außerordentlich verschieden, besteht aber fast niemals aus pfl Stoffen. Im. benötigen Zucker, den sie als Nektar, Honigtau od. aus Baumsäften u. aus den Säften beschädigter Früchte aufnehmen. Die L der Unterfamilie *Miltogramminae*, soweit bekannt, leben in Hymenopterennestern als Parasiten. Bei den L der Unterfamilie *Sarcophaginae* sind alle Stufen des Parasitismus ausgeprägt, die von ihrer ursprünglichen Nekrophagie ausgehen.

Familie *Tachinidae*

Die L der *Tachinidae* sind Innenparasiten vorwiegend von Insekten, bes. von Lepidopteren, in etwas geringerem Maße auch von Coleopteren, Hemipteren, Orthopteren u. Hymenopteren sowie gelegentlich anderer Gruppen. Die Parasiten greifen in der Regel die L ihrer Wirte an, manche aber auch die Im. selbst. Meist bewirken sie den Tod derselben. – Die in der Regel stark beborsteten u. in der Gestalt robusten Dipteren sind sehr flugtüchtig. Manche Im. besuchen Blüten, andere laufen schnell am Boden, offenbar auf der Suche nach den Wirten od. den Pfl, auf denen diese leben. Vermehrung durch winzige Eier, die auf Pfl gelegt u. von den Wirten beim Fraß des PflGewebes mit aufgenommen werden, durch größere Eier, die auf den Wirt selbst abgelegt werden, od. durch L, die die Fliegen ebenfalls auf den Wirt od. in dessen Nähe absetzen. Viele Arten nützlich u. von Bedeutung für die biologische Schädlingsbekämpfung.
Die Taxonomie der Familie ist wie die der *Anthomyiidae* u. *Muscidae* extrem schwierig. Eine Bestimmungstabelle für kleinere Kategorien erscheint unter der Bedingung einer zehnfach vergrößernden Lupe unmöglich. Abgesehen davon ist auch bei stärkerer Vergrößerung eine Bestimmung der *Tachinidae* wie der anderen beiden Familien nur nach langer Einarbeitung durchführbar.

Familie *Oestridae*

L Endoparasiten bei Säugetieren, die der Unterfamilie *Oestrinae* in der Nasen- u. Rachenhöhle, die der *Hypodermatinae* in Dasselbeulen unter der Haut ihrer Wirtstiere.

1 m_{1+2} bzw. m_1 nicht vor dem FlRand mit der r_{4+5} zusammentreffend (FlZelle R_5 offen od. höchstens unmittelbar am FlRand geschlossen) **2**

1* m_{1+2} vor dem FlRand in die r_{4+5} mündend (R_5 deutlich vor dem FlRand geschlossen u. zu diesem gestielt.) – m_1 hat an der Krümmungsstelle in der Regel keinen m_2-Forts; Clypeus schmal, kahl; Gesicht durch eine Furche in der M geteilt. Unterfamilie *Oestrinae* S. 404

2 m_1 an der Krümmungsstelle ohne Forts; Clypeus stark vergrößert, breit u. flach, schildförmig ausgeprägt, viel breiter als der Gesichtsrücken (im Gebiet außer bei *Portschinskia neugebaueri* PORTSCHINSKIJ) oft behaart. – L unter der Haut von Säugetieren. Unterfamilie *Hypodermatinae* S. 404

2* m_1 an der Krümmungsstelle stets mit einem Fortsatz (m_2); Clypeus schmal, kahl. Unterfamilie *Cephenemyiinae* S. 404

Unterfamilie *Oestrinae*

1 Gesichtskiel sehr breit, flach; Mesonotum glatt, ohne feine schwarze Kleinhöcker; die Costa $^2/_3$ der FlVRandLg einnehmend; Stiel der R_5 zum FlRand liegt senkrecht zur Längsachse des Fl; 6. HlbTergit $^1/_4$ so lg wie das 5.
Gattung *Cephalopina* STRAND
Einzige Art: *Cephalopina titillator* (CLARK): 9–11 mm; L in den KHöhlen von Kamelen u. Dromedaren.

1* Gesichtskiel schmal, zw den F mit einem tiefen Sattel; Costa $^7/_8$ der FlVRandLg einnehmend; Stiel der R_5 zum FlRand liegt schief gegen die Längsachse des Fl; 6. HlbTergit so lg od. etwas kürzer als das 5. 2

2 Orbiten mit Vertiefungen, die auf dem Grund schwarze Plättchen tragen; R (selbst ein rudimentärer) fehlend; Hlb glatt mit wechselnd schimmernder Zeichnung. Gattung *Oestrus* L.
Im Gebiet nur eine Art: *Oestrus ovis* L. „Schafbremse", 10–12 mm.

2* Orbiten mit großen braunen Warzen besetzt; ein (rudimentärer) R vorhanden; Hlb in der Regel mit großen schwarzen Warzen. Gattung *Rhinoestrus* BRAUER
Im Verbreitungsgebiet höchstens *Rhinoestrus purpureus* (BRAUER), 9–11 mm; L in den KHöhlen von Pferd u. Esel.

Unterfamilie *Cephenemyiinae*

1 m_1-Forts (m_2) an dessen Krümmungsstelle lg, apikalwärts allmählich verjüngt; 6. HlbTergit ungefähr so lg wie das 5.; Körper dicht u. lg behaart. – Mit einem vorragenden Mundbart glänzender rötlicher Haare.
Gattung *Cephenemyia* LATREILLE
Sämtliche L der Gattung parasitieren in Nasen- u. Rachenhöhlen der *Cervidae* (Hirsche) mit strenger Wirtsspezifität. Körperlg der Im. 14–18 mm.

1* m_1-Forts (m_2) apikal plötzlich abbrechend; 6. HlbTergit halb so lg wie das 5.; Körper spärlich u. kurz behaart, scheinbar kahl. – L parasitieren an verschiedenen Unterarten des Hirsches, beim Damwild u. Reh in Nasen- u. Rachenhöhle. KörperLg der Im. 13–14 mm. Gattung *Pharyngomyia* SCHINER

Unterfamilie *Hypodermatinae*

1 Mesonotum u. Hlb mit Macrochaeten (Macrochaeten an den Rändern des Mesonotums, den Pleuren, der SchSpitze u. an den HRändern der HlbTergite); 3. FGld freiliegend; kugelförmige Tst u. rudimentärer R vorhanden; Thorakalschüppchen länglich. – Clypeus schildförmig. Tribus *Oestromyini*
Einzige Gattung *Oestromyia* BRAUER: 12–14 mm; L parasitieren unter der Haut von Nagetieren.

1* Mesonotum u. Hlb behaart (Haare manchmal lg u. dicht, bisweilen kurz u. schütter), Macrochaeten fehlen; 3. FGld entweder frei od. im 2. FGld eingeschlossen; entweder kugelförmige Tst od. rudimentärer R erhalten; öfter jedoch fehlen die Mundwerkzeuge; Thorokalschüppchen rund 2

2 Clypeus schildförmig, etwas länger als breit od. so lg wie breit; Legeröhre des ♀ lg, aus dem Hlb vorschiebbar, fernrohrartig. – L parasitieren unter der Haut von Huftieren. Tribus *Hypodermatini* S. 405

2* Clypeus lanzettlich, mehrfach so lg wie breit; Legeröhre des ♀ kurz, aus dem Hlb nicht vorschiebbar. Tribus *Portschinskiini*
Einzige Gattung *Portschinskia* SEMENOW: L unter der Haut von Nagetieren. Im Gebiet ist bisher nur eine Art bekannt:
Portschinskia neugebaueri PORTSCHINSKIJ: 18,5 mm.

Tribus *Hypodermatini*

1 2. FGld glänzend; Sch hinten entweder ganzrandig, mit einer schwachen Längsfurche in der M od. mit einem tiefen Sattel, der mit aufrechten Haaren besetzt ist; Längsstreifen des Mesonotums deutlich, glänzend; Körper entweder lg u. dicht od. kurz u. spärlich behaart; FlZelle R_5 offen, sehr selten am FlRand geschlossen. – 3. FGld freiliegend (zumindest sein Großteil sichtbar); Clypeus behaart; Tst fehlen; Pulvillen vorhanden; Tibien in der M verdickt. Gattung *Hypoderma* LATREILLE S. 405

1* 2. FGld matt; Sch am HRand in der M mit einem tiefen Sattel, in welchem hängende Haare einen eigenartigen kleinen Zopf bilden; Längsstreifen des Mesonotums schwach ausgeprägt, matt; Körper kurz u. spärlich behaart; FlZelle R_5 am FlRand geschlossen. – Hlb mit einer schachbrettartigen, schillernd-veränderlichen Zeichnung. Gattung *Crivellia* GRUNIN

Im Gebiet höchstens *Crivellia silenus* BRAUER vorkommend: 11 mm; L unter der Haut der Hausziege, seltener des Schafes u. Mufflons.

Gattung *Hypoderma* LATREILLE

1 Sch am HRand nur mit seichter Längsfurche, nicht 2 deutliche Ausbuchtungen bildend; Körper lg behaart **2**

1* Sch zweispitzig (am HRand in Dorsalansicht mit 2 deutlichen Ausbuchtungen); Körper dicht u. kurz behaart **3**

2 Haarkleid des Mesonotums vor u. hinter der Quernaht verschieden gefärbt (vordere Hälfte gelb, hintere dunkel graubraun-schwarz). – Mesonotalhaare vor der Quernaht gelblich; 3. FGld des ♂ von außen sichtbar, sein sichtbarer Teil ist aber viel kürzer als das 2. FGld. – KörperLg 13–15 mm, hummelähnlich. – L parasitieren im Körper von Rindern, s in Pferden, Ziegen u. gelegentlich beim Menschen. *Hypoderma bovis* (L.)

2* Haarkleid des Mesonotums vor u. hinter der Quernaht gleich gefärbt (gelblich grau bis braun). – Saum der Thorakalschüppchen bräunlich; Femora schwarz od. schwarzbraun; Apikalhaare am Hlb bräunlichgelb. – 11–13 mm. – L in der Regel im Körper des Rindes, bisweilen des Pferdes, der Ziege, des Schafes u. s sogar im Menschen. *Hypoderma lineatum* (VILLERS)

3 **(1*)** Fl mit braunem Fleck am Berührungspunkt des Anallappens u. der Alula. – 12,5–13 mm. – L in der Haut des Hirsches. *Hypoderma actaeon* BRAUER

3* Fl ohne Fleck am Berührungspunkt des Anallappens u. der Alula. – Obere $^2/_3$ der Orbiten dunkel, unteres Drittel hellbraun; Krallen braun, am Ende schwarz. – 11–12 mm. – L in der Regel unter der Haut von Hirsch u. Reh. *Hypoderma diana* BRAUER

LITERATURVERZEICHNIS

Teile der Bestimmungsschlüssel des Abschitts Zweiflügler folgen in ihren Grundzügen den hier zitierten Werken.

BORROR, D. J. and DELONG, D. M.: An Introduction to the Study of Insects. New York, Chicago, San Francisco, Toronto, London 1964.

COE, R. L.: *Diptera Syrphidae*. In: Handbooks for the Identification of British Insects. Vol. X, Part 1. London 1953.

COE, R. L.: *Diptera Pipunculidae*. In: Handbooks for the Identification of British Insects. Vol. X, Part 2 (c). London 1966.

COE, R. L.; FREEMAN, P. and MATTINGLY, P. F.: *Diptera* 2. *Nematocera:* families *Tipulidae to Chironomidae*. In: Handbooks for the Identification of British Insects. Vol. IX, Part 2. London 1953.

COLLIN, J. E.: *Empididae*. In: British Flies. Vol. VI. Cambridge 1961.

COLYER, CH. N. and HAMMOND, C. O.: Flies of the British Isles. London, New York 1951.

CURRAN, C. H.: The Families and Genera of North American *Diptera*. 2nd Ed. Woodhaven 1965.

ENDERLEIN, G.: 22. Ordnung: Zweiflügler, *Diptera*. In: BROHMER, P.; EHRMANN, P. und ULMER, G.: Die Tierwelt Mitteleuropas. Bd. VI, Insekten, 3. Teil. Leipzig 1936.

HENDEL, F.: 11. Teil. Zweiflügler oder *Diptera*. II.: Allgemeiner Teil: In: DAHL: Die Tierwelt Deutschlands und der angrenzenden Meeresteile nach ihren Merkmalen und ihrer Lebensweise. Jena 1928.

HENNIG, W.: 31. Diptera (Zweiflügler). In: KÜKENTHAL, W.: Handbuch der Zoologie. Bd. 4. Berlin 1973.

KESSEL, E. L. and MAGGIONCALDA, E. A.: A Revision of the Genera of *Platypezidae*, with the Descriptions of Five New Genera, and Considerations of Phylogeny, Circumversion, and Hypopygia. (*Diptera*). The WASMAN Journal of Biology. Bd. 26, p. 33–106; 1968.

LINDNER, E.: Die Fliegen der palaearktischen Region. Bd. 1. Stuttgart 1949.

LINDNER, E. et al.: Die Fliegen der palaearktischen Region. Stuttgart 1923. – (In vielen Teilen, manche noch im Erscheinen).

MCALPINE, J. F.: Insect Identification. Supplement No. 1, Second Edition. To Armed Forces Manual on Pest Control. Ottawa 1967.

MCALPINE, J. F. et al.: Manual of Nearctic Diptera, Vol. 1. Research Branch Agric. Canada, Monograph Nr. 27, 1981.

MORGE, G.: Die *Lonchaeidae* und *Pallopteridae* Österreichs und der angrenzenden Gebiete. 1. Teil: Die *Lonchaeidae*. In: Naturkundl. Jahrbuch der Stadt Linz. Bd. 9. Linz 1963. – 2. Teil: Die *Pallopteridae*. In: Naturkundliches Jahrbuch der Stadt Linz. Bd. 13. Linz 1967.

OLDROYD, H.: *Diptera*, I. Introduction and Key to Families. In: Handbooks for the Identification of British Insects. Vol. IX, Part 1. London 1949.

ROSS, H. H.: A Textbook of Entomology. New York, London, Sydney 1965.

SICK, F.: 25. Ord. Diptera, Zweiflügler. In: BROHMER, P.: Fauna von Deutschland. Heidelberg 1977.

SOÒS, A.: Torpikkelynélküli Legyek I. *Muscidae Acalyptratae* I. Fauna Hung. 48. Budapest 1959.

STEYSKAL, G. C.: The Subfamilies of *Sciomyzidae* of the World (*Diptera Acalyptratae*). Annals of the Entomological Society of America. Vol. 58, p. 593 to 594; 1965.

STONE, A.; SABROSKY, C. W.; WIRTH, W. W.; FOOTE, R. H. and COULSON, J. R.: A Catalog of the *Diptera* of America North of Mexico. Washington 1965.

Register der deutschen Tiernamen

Register der wissenschaftlichen Tiernamen

Alle Abbildungen (außer Abschnitt „Blattläuse“) wurden von Herrn Hans-Jürgen Ehricht, Köthen, nach Originalen oder Vorlagen der Autoren gezeichnet. Die Zeichnungen für den Abschnitt „Blattläuse“ fertigte Herr Prof. Dr. Fritz Paul Müller, Rostock, nach Originalen an.

Verzeichnis der Abkürzungen und Zeichen

A	Anfang (z. B. A III = Anfang März)
Alp, alp	Alpen, alpin
Am, am	Amerika, amerikanisch
An	Sachsen-Anhalt
Arkt, arkt	Arktis, arktisch
As, as	Asien, asiatisch
Atl, atl	Atlantischer Ozean, atlantisch
Au	Auge
B.	Biologie
B	Bein, Beine
Ba	Bayern
bes.	besonders
Bez.	Bezirk
Bo	Borste, Borsten
Br	Brust; bei Verbreitungsangaben Brandenburg mit Berlin
ca.	zirka, etwa
E	Ende (z. B. E III = Ende März; HlbE = Hinterleibsende)
Eiabl	Eiablage
Entw, entw	Entwicklung, entwickelt
Eur, eur	Europa, europäisch
F	Fühler (Antennen)
Fl	Flügel
Fld	Flügeldecken
FlSp	Flügelspannweite
Forts	Fortsatz
Frühj	Frühjahr
G.	Gestalt
g	gemein, häufig
Geb	Gebirge
Gen	Generation
Gld, gld	Glied, Glieder, gliedrig
H	Hinter-
He	Hessen
HFl	Hinterflügel
Hlb	Hinterleib (Abdomen)
holarkt	holarktisch
Hsch	Halsschild (Pronotum)
Hü	Hüfte (Coxa)
Im.	Imago
J	Jahr, Jahre
Jh	Jahrhundert
K	Kopf
Kf	Kiefer
KOS	Kopfoberseite
Kosm, kosm	Kosmopolit, kosmopolitisch
Ksch	Kopfschild (Clypeus)
L.	Lebensstätte
L	Larve (auch Raupe), Larven
LabTst	Labialtaster
Laubw	Laubwald
Lg, lg	Länge, lang
M	Mitte (z. B. M III = Mitte März); auch Mitte des Gebiets, Mittel-
MaxTst	Maxillartaster
Me	Mecklenburg
medit	mediterran
MGeb	Mittelgebirge
min	Minuten
Mischw	Mischwald
Mon	Monat, Monate
N	Norden, Nord- (auch Norden des Gebiets)
Na	Nahrung
Nadelw	Nadelwald
nördl	nördlich
Ns	Niedersachsen mit Bremen
O	Ober-; Osten, Ost- (auch Osten des Gebiets)